Perspektiven der Mathematikdidaktik

Reihe herausgegeben von

Gabriele Kaiser, Sektion 5, Universität Hamburg, Hamburg, Deutschland

In der Reihe werden Arbeiten zu aktuellen didaktischen Ansätzen zum Lehren und Lernen von Mathematik publiziert, die diese Felder empirisch untersuchen, qualitativ oder quantitativ orientiert. Die Publikationen sollen daher auch Antworten zu drängenden Fragen der Mathematikdidaktik und zu offenen Problemfeldern wie der Wirksamkeit der Lehrerausbildung oder der Implementierung von Innovationen im Mathematikunterricht anbieten. Damit leistet die Reihe einen Beitrag zur empirischen Fundierung der Mathematikdidaktik und zu sich daraus ergebenden Forschungsperspektiven.

Reihe herausgegeben von
Prof. Dr. Gabriele Kaiser
Universität Hamburg

Fiene Bredow

Mathematisches Argumentieren im Übergang von der Arithmetik zur Algebra

Eine qualitative Studie von Lehrkrafthandlungen im Mathematikunterricht

 Springer Spektrum

Fiene Bredow
Bremen, Deutschland

Dissertation zur Erlangung des akademischen Grades Dr. rer. nat. eingereicht am Fachbereich 3 der Universität Bremen im Dezember 2022
Erstgutachterin: Prof. Dr. Christine Knipping, Universität Bremen
Zweitgutachter: Prof. Dr. Sebastian Rezat, Universität Paderborn
Datum der Disputation: 24. Februar 2023

ISSN 2522-0799   ISSN 2522-0802   (electronic)
Perspektiven der Mathematikdidaktik
ISBN 978-3-658-42461-9   ISBN 978-3-658-42462-6   (eBook)
https://doi.org/10.1007/978-3-658-42462-6

Die Deutsche Nationalbibliothek verzeichnet diese Publikation in der Deutschen Nationalbibliografie; detaillierte bibliografische Daten sind im Internet über http://dnb.d-nb.de abrufbar.

Planung/Lektorat: Marija Kojic
Springer Spektrum ist ein Imprint der eingetragenen Gesellschaft Springer Fachmedien Wiesbaden GmbH und ist ein Teil von Springer Nature.
Die Anschrift der Gesellschaft ist: Abraham-Lincoln-Str. 46, 65189 Wiesbaden, Germany

Geleitwort

Mathematisches Argumentieren und Begründen wird in den Bildungsstandards und Bildungsplänen der letzten Jahrzehnte als explizites prozessbezogenes Ziel formuliert. An Lehrkräfte wird damit die anspruchsvolle Erwartung gestellt, dies auch in ihrem Unterricht umzusetzen. Aus der Forschung ist jedoch bekannt, dass die Realität von Mathematikunterricht hinter diesem Anspruch oftmals zurückbleibt. Welche komplexen Anforderungen Lehrkräfte beim Argumentieren ihrer Schülerinnen und Schüler im Mathematikunterricht zu bewältigen haben, ist Gegenstand der vorliegenden Arbeit.

Am Beispiel des mathematischen Argumentierens im Übergang von der Arithmetik zur Algebra zeigt Fiene Bredow damit in alltäglichem Unterricht verbundene fachliche und didaktische Herausforderungen auf. Insbesondere bei den ersten Versuchen mathematischen Argumentierens von Schülerinnen und Schülern erweisen sich unterrichtliche Beiträge von Lehrkräften als zentral. Im Übergang von der Arithmetik zur Algebra sind diese ersten Versuche oftmals besonders fragil. Wie diese Fragilität konkret aussieht und warum dies so ist, rekonstruiert Fiene Bredow an konkreten Unterrichtssituationen, die sie auf vielschichtige Weise interpretiert. So entsteht ein komplexes Bild vom mathematischen Argumentieren im Unterricht, welches die vielfältigen Herausforderungen dieser spezifischen mathematischen Lehr- / Lernprozesse auf neue Weise verstehen lässt. Eine dieser Herausforderungen ist an der Schnittstelle der Prozess-Produkt-Dualität mathematischer Objekte zu verorten, die bislang in der mathematikdidaktischen Forschung erst ansatzweise im Zusammenhang mathematischer Argumentationen untersucht worden ist. Die Arbeit liefert damit innovative Beiträge von hoher Relevanz, insbesondere auch für das Lernen von Schulalgebra.

Dabei wird deutlich, dass die Deutung von Repräsentationen für die meisten Lernenden eine große Herausforderung darstellt und nur mithilfe der Unterstützung durch ihre Lehrkräfte für sie bewältigbar ist. Dies gilt analog für die Ablösung von Beispielen, um so allgemeingültige, strukturelle Argumentationen hervorzubringen. Durch die Betrachtung der Prozess-Produkt Dualität in den hervorgebrachten Argumenten und Argumentationen, wird verständlich ob und wie notwendige Deutungen der mathematischen Objekte und ihrer Repräsentationen durch die Lehrkräfte adressiert werden. Die differenzierten Rekonstruktionen und Analysen von Deutungsaushandlungen und Argumentationsprozessen illustrieren die besonderen Herausforderungen von Lehrkräften in diesem Kontext.

In den empirischen Rekonstruktionen der Unterrichtshandlungen wird zudem deutlich, dass Lehrkräfte auch bei gleichen Aufgabenstellungen situativ sehr verschieden handeln und ihre Schülerinnen und Schüler auf sehr unterschiedliche Weise unterstützen. Diese Handlungen sind sehr vielfältig und kontextgebunden, sodass über die insgesamt 119 rekonstruierten unterrichtlichen Argumente hinweg, keine einfachen Zuordnungen von spezifischen Lehrkrafthandlungen und von Argumentationstypen zu einzelnen Lehrkräften möglich sind. Deutlich wird jedoch, dass unterrichtliches Nicht-Handeln ebenso von Bedeutung ist, wie ein aktives Handeln der Lehrkräfte. Fiene Bredow klassifiziert dieses Nicht-Handeln als zusätzliche weitere „derangierende Handlungen" für den eigenständigen Argumentationsprozess von Schülerinnen und Schülern. Sie veranschaulicht, wie etwa durch das Ignorieren von falschen Aussagen oder Unterbrechungen mathematische Argumentationen im Unterricht verhindert oder gestört werden können.

Konstruktive Meta-Bemerkungen durch die Lehrkraft dagegen, wie etwa das Einbringen von zusätzlichem Fakten- oder Methodenwissen, können es Schülerinnen und Schülern ermöglichen, eine mathematische Argumentation zustande zu bringen. Last, but not least, zeigt Fiene Bredow, welche Relevanz insbesondere auch dem Zulassen von Schülerhandlungen zukommt. Gewähren Lehrkräfte Schülerinnen und Schülern Raum für eigene Fragen und Beiträge, so unterstützen sie dadurch meist ihre Lernenden beim mathematischen Argumentieren und fördern insgesamt die Entwicklung von mathematischen Argumentationen im Unterricht. Anhand ihrer umfangreichen Analysen kommt Fiene Bredow so zu einer begründeten Erweiterung des Kategoriensystems von Conner et al. (2014), mit der nicht nur die Bedeutung von Lehrkrafthandlungen für unterrichtliche Argumentationen rekonstruiert werden kann, sondern auch die Relevanz der Handlungen von Schülerinnen und Schülern.

Fiene Bredow zeigt zudem, dass nicht nur Handlungen und flankierende Beiträge, sondern insbesondere auch der Rahmung von Argumentationen eine entscheidende Bedeutung zukommt. Die Generierung von Vermutungen oder die Hervorbringung von generischen und strukturellen Argumenten gelingt nur bei entsprechenden Rahmungen, welche insbesondere durch die Lehrkräfte unterstützt und hergestellt werden. Generische Argumente etwa erweisen sich oft in den Unterrichtssituationen als schwierig und eine Loslösung vom konkreten Beispiel gelingt oftmals nur, wenn dies entsprechend von den Lehrkräften angestrebt und gerahmt wird. Dies zeigt sich besonders auch bei strukturellen Argumenten, die im Unterricht entwickelt werden. Die hervorgebrachten narrativ-strukturellen Argumente sind meist unvollständig wie auch fehlerhaft, ihre Rahmung stellt an Lehrkräfte somit enorme Herausforderungen. Halten sich die Lehrkräfte in diesen Situationen eher zurück, greifen nicht ein, wie in vielen in der vorliegenden Arbeit rekonstruierten Unterrichtssituationen, wirken ihre Nicht-Handlungen als „derangierende Handlungen". „Meta-Handlungen" seitens der Lehrkräfte, wie auch Elaborationen, Bewertungen und Ergänzungen wären nötig, um die Schülerinnen und Schüler in der Hervorbringung fachlich tragfähiger Argumente zu unterstützen.

Auch beim Übergang zu algebraischen Argumenten kommt der Lehrkraft und ihren Rahmungen der Argumente eine besondere Bedeutung zu. Zwar gelingt es Lernenden im Unterricht oftmals mithilfe ikonisch-generischer Argumente mathematisch richtige Aussagen zu formulieren und zu generalisieren. Diese visuellen Argumente jedoch in algebraische Argumente zu übersetzen, erweist sich im Unterricht als schwerfällig. Dieser Transfer gelingt in den von Fiene Bredow analysierten Unterrichtsepisoden eher ausgehend von Zahlbeispielen in arithmetischen Argumenten. Termdarstellungen mit Variablen können hier mit Unterstützung der Lehrkraft aus den arithmetischen Zahlbeispielen gewonnen und generalisiert werden. Doch auch eine solche Generalisierung gelingt Schülerinnen und Schülern im Unterricht nur mit einer entsprechenden Rahmung durch die Lehrkraft. Die Entwicklung algebraischer Argumente fordert die Lehrkräfte in der Regel sehr, denn die Konstruktion und Interpretation von Termen ist für Schülerinnen und Schülern oftmals mit großen Hürden verbunden. Auch hier sind fokussierte Fragen, arithmetisch-algebraische Bezüge, Bewertungen von falschen Aussagen, wie auch das Einbringen von Teilen eines algebraischen Arguments nötig, um gemeinsam im Unterricht auch fachlich tragfähige Argumente zu entwickeln.

Die Rahmung von Argumenten ist insbesondere auch mit der Prozess-Produkt Dualität von mathematischen Objekten eng verbunden. Fiene Bredow zeigt, dass die Ablösung von konkreten Zahlenbeispielen dabei eine besondere Herausforderung darstellt. Die Herausarbeitung von mathematischen Strukturen und eine produktorientierte Deutung stellt eine besondere Rahmungsanforderung an Lehrkräfte, die ihnen nicht immer gelingt. Die notwendig verschiedenen Deutungen von mathematischen Objekten, etwa von der prozessorientierten Bedeutung des Gleichheitszeichens als Rechenaufforderung hin zur Deutung dieses Zeichens als Beschreibung der Gleichwertigkeit von Termen, müssen oftmals von Lehrkräften ergänzt werden. Schülerinnen und Schüler gelingen Deutungswechsel oft nicht allein, wie Fiene Bredow zeigt. Das Verweilen bei Deutungsaushandlungen und die Fokussierung auf Bedeutungswechsel durch Lehrkräfte ist dabei erforderlich. In den analysierten Unterrichtsprozessen ist jedoch eine solche explizite Deutungsaushandlung oftmals nicht gegeben, auch wenn eine Generalisierung von den Lehrkräften eingefordert wird. Zwar gelingt Schülerinnen und Schülern durchaus eine strukturelle Deutung der Objekte, wie Fiene Bredow zeigt, die erforderliche Generalisierung des Arguments ist ihnen ohne die Unterstützung durch ihre Lehrkräfte in der Regel jedoch nicht immer möglich. In vielen der untersuchten Unterrichtssituationen der vorliegenden Studie erweist sich die Rahmung von Argumenten mit diesem Deutungswechsel auch für Lehrkräfte als überfordernd. Wie Lehrkräfte Lernende in diesen Situationen besser unterstützen können, muss in weiteren Studien genauer untersucht werden. Die von Fiene Bredow diesbezüglich herausgearbeiteten Hypothesen wagen nicht nur Erklärungen für diese Herausforderungen, sondern eröffnen zugleich Anschlussmöglichkeiten für weitere Studien.

Die Dissertation von Fiene Bredow überzeugt insgesamt durch einen herausragend klaren Aufbau, eine stringente und äußerst verständliche Darstellung. Konzeptionell überzeugt die Arbeit durch eine kenntnisreiche Auseinandersetzung mit dem aktuellen Forschungsstand der Mathematikdidaktik im Schnittfeld des mathematischen Argumentierens, der Rolle von Lehrkräften und des Übergangs von der Arithmetik zur Algebra. Methodisch werden neue Ansätze dargelegt, welche insbesondere auch die Bedeutung und den Erkenntniswert von Argumentationsanalysen innovativ voranbringen. Die detailreichen Argumentationsanalysen liefern neue, tiefgehende Erkenntnisse bezüglich der Herausforderungen von Lehrkräften mathematische Argumentationen im Unterricht zu unterstützen, die insbesondere auch Anhaltspunkte für die weitere Erforschung dieser komplexen Herausforderungen liefern.

Prof. Dr. Christine Knipping

Danksagung

Meine Dissertation ist das Produkt eines langen Prozesses. Auf meinem Weg zur Promotion haben mich viele liebe Menschen begleitet, unterstützt, gefördert und gefordert. Diesen Menschen möchte ich an dieser Stelle von Herzen danken!

Ein besonderer Dank geht an meine Betreuerin Prof. Dr. Christine Knipping. Du hast mich immer hervorragend betreut und zu den richtigen Zeitpunkten gefördert oder auch gefordert. Ich danke dir für deine fortwährende Unterstützung, die anregenden Rückmeldungen und Gespräche sowie alle Möglichkeiten, mich auszuprobieren.

Auch möchte ich mich bei meinem Zweitgutachter Prof. Dr. Sebastian Rezat bedanken. Danke für deine wertvollen Anregungen und deine konstruktive Kritik.

Zusätzlich möchte ich mich bei allen weiteren wissenschaftlichen Wegbegleiterinnen und Wegbegleitern bedanken, die mir auf Konferenzen oder auch in persönlichen Gesprächen hilfreiches Feedback gegeben haben. Ein besonderer Dank geht auch an die Lehrkräfte und Schülerinnen und Schüler, die an meiner Datenerhebung teilgenommen haben!

Ich danke meinen Kolleginnen und Kollegen der Arbeitsgruppe Didaktik der Mathematik an der Universität Bremen, die mich stetig begleitet und motiviert haben. Danke für die interessanten Forschungsseminare, euren Rückhalt und die netten Gespräche beim Mittagessen oder Kaffeetrinken. Danke an Christine, Nele, Luisa und Tarik für die gewinnbringenden Docs-Runden und vor allem auch für die scheinbar unendlichen Diskussionen der Rekonstruktionen der mathematischen Argumente. Daniela und Anna, euch danke ich von Herzen für eure lieben Worte und die Motivation, die ihr mir immer wieder zurückgegeben habt – wir schaffen das!

Ohne meine Familie und meine Freunde wäre mein Weg nicht möglich gewesen. Ich danke euch für euren Rückhalt! Meinen Eltern danke ich, dass sie mir stets den Rücken gestärkt haben und mir Vertrauen geschenkt haben. Danke an Johannes und Emilia für die spaßigen und teilweise notwendigen Ablenkungen und den Zusammenhalt. Jannik, ich danke dir für alles. Anja, Nikklas und Rika, ihr habt euch stets mein Nörgeln angehört, habt mich immer wieder aufgebaut, ehrlich beraten und unterstützt. Danke!

Inhaltsverzeichnis

Abbildungsverzeichnis

Tabellenverzeichnis

Einleitung

1

„[…] students are dependent on the teacher or other "experts" as models for developing ways of communicating with peers in the classroom, […] the classroom teacher must take an active role in establishing expectations, in monitoring types of questions and responses she or he gives, and in encouraging students to remain curious about the mathematics they investigate." McCrone (2005, S. 132)

Das einleitende Zitat verdeutlicht die besondere Rolle der Lehrkraft im Mathematikunterricht. Lehrerinnen und Lehrer sind in der Unterrichtspraxis mit einer Vielzahl an Aufgaben und Herausforderungen konfrontiert. Speziell in mathematischen Argumentationsprozessen sind Lehrkräfte von besonderer Bedeutung. Es ist die Aufgabe der Lehrkraft, mathematische Argumentationen zu initiieren, diese zu rahmen und ihre Schülerinnen und Schüler zu unterstützen. Lehrkräfte haben einen entscheidenden Einfluss, ob und wie mathematische Argumentationen im Unterricht gelingen (vgl. Schwarz, Hershkowitz & Azmon, 2006; Yackel, 2002). In dieser Studie wird daher ein besonderer Blick auf die Lehrkraft beim mathematischen Argumentieren gerichtet und ihre Rolle herausgearbeitet.

Mathematische Argumentationen haben eine große Relevanz im Mathematikunterricht und sind sowohl national als auch international in die Curricula eingebunden (bspw. NCTM, 2000; Kultusministerkonferenz, 2003). Beispielsweise wird in den deutschen Bildungsstandards für den mittleren Schulabschluss die Kompetenz „Mathematisch argumentieren" dargestellt. Mit den Tätigkeiten „Routineargumentationen wiedergeben" bis hin zu „komplexe Argumentationen erläutern oder entwickeln" (Kultusministerkonferenz, 2003, S. 13) wird ein

© Der/die Autor(en), exklusiv lizenziert an Springer Fachmedien Wiesbaden GmbH, ein Teil von Springer Nature 2023
F. Bredow, *Mathematisches Argumentieren im Übergang von der Arithmetik zur Algebra*, Perspektiven der Mathematikdidaktik,
https://doi.org/10.1007/978-3-658-42462-6_1

breites Spektrum abgedeckt. Lehrkräfte sind aufgefordert, mathematische Argumentationen in ihren Unterricht zu integrieren und Lerngelegenheiten für alle Schülerinnen und Schüler in diesen verschiedenen Anforderungen zu schaffen. Die Förderung der Partizipation von allen Schülerinnen und Schülern stellt eine große Herausforderung für Lehrkräfte dar (Brunner, 2014a; Krummheuer, 2000). Partizipationsmöglichkeiten sind aber bedeutsam, um Lernen für alle zu ermöglichen. Daher ist es in der Forschung von besonderem Interesse, die Handlungen und Äußerungen von Lehrkräften in mathematischen Argumentationen in Klassengesprächen zu analysieren und deren Einfluss auf die Schülerinnen und Schüler und die hervorgebrachten Argumente zu rekonstruieren (bspw. Conner, Singletary, Smith, Wagner & Francisco, 2014).

Im Mathematikunterricht fehlen laut verschiedenen Studien (bspw. Reiss, 2002; Brunner, 2014b, 2019) regelmäßige Lerngelegenheiten zum mathematischen Argumentieren. Falls überhaupt argumentiert wird, dominieren häufig formale, kalkülorientierte Beweise (Brunner, 2014b). Solche formalen Argumentationen stellen oft eine sehr hohe Anforderung für die Schülerinnen und Schüler dar, weil sie einen hohen Abstraktionsgrad beinhalten und losgelöst von konkreten Beispielen sind. Auch bleibt die algebraische Symbolsprache dabei oftmals unverstanden und Lernende zeigen Probleme, die eigentlichen Strukturen der algebraischen Symbolsprache zu erfassen (Kieran, 2020; Pedemonte, 2008). Die Erfassung der Struktur ist jedoch ein entscheidendes Kriterium für erfolgreiches, allgemeingültiges mathematisches Argumentieren. Formale, kalkülorientierte Argumente und Beweise sollten daher nicht als Einführung zum mathematischen Argumentieren dienen, sondern eher ein Ziel darstellen (Brunner, 2014a). Lehrkräfte sind somit mit der Herausforderung konfrontiert, mathematische Argumentationsanlässe in ihren Unterricht einzubauen und dabei andere Formen von Argumenten neben formalen Argumenten und Beweisen zu etablieren (Meyer & Prediger, 2009). Aber auch anschauliche und beispielgebundene Argumente sind herausfordernd und müssen erlernt werden, wie die vorliegende Arbeit zeigen wird (vgl. Biehler & Kempen, 2016; Kempen, 2019). Schülerinnen und Schüler müssen unterstützt werden, beim Argumentieren mathematische Strukturen zu erfassen (Kieran, 2020).

Mathematische Argumentationen sind diskursiv konzipiert und eng mit einem sozialen Kontext verknüpft (Krummheuer, 2015; Yackel & Cobb, 1996). Im Mathematikunterricht finden Argumentationsprozesse oft im gemeinsamen Klassengespräch statt. Schülerinnen und Schülern wird in solchen Prozessen ermöglicht, an der Konstruktion von mathematischen Ideen und an Aushandlungsprozessen teilzuhaben (Boaler & Humphreys, 2005). Solche Argumentations- und

Aushandlungsprozesse sind von besonderer Relevanz für das Lernen von Schülerinnen und Schülern: „Lernen in der unterrichtlichen Interaktion bedeutet die Veränderung und den Erwerb inhaltlicher und sozialer Kompetenzen in der Teilhabe an der interaktiven Produktion von geteilt geltendem Wissen." (Voigt, 1984, S. 42). Krummheuer (2015) spezifiziert, dass mathematisches Lernen von Schülerinnen und Schülern von ihrer Teilnahme und Teilhabe an mathematischen Argumentationen abhängt. Im Unterrichtsgespräch kann und muss gemeinsam eine Bedeutung ausgehandelt werden, mit dem Ziel, eine geteilte Deutung, einen Konsens zwischen den Beteiligten herzustellen (Krummheuer, 2015). Schülerinnen und Schüler lernen also durch die Teilhabe an Argumentationen, sowohl soziale als auch inhaltliche Kompetenzen (Voigt, 1984).

Mathematisches Argumentieren bietet damit eine Möglichkeit, sich über individuelle Vorstellungen auszutauschen und Bedeutungen auszuhandeln (vgl. Yackel, 2002; Krummheuer, 1992). Solche Aushandlungsprozesse führen in der Regel zu neuen inhaltlichen Erkenntnissen und mathematischen Einsichten. Mathematische Argumentationen sind daher in allen Themenfeldern relevant, auch über die verschiedenen Jahrgänge hinweg. Speziell im Übergang von der Arithmetik zur Algebra sind die Schülerinnen und Schüler mit Umbrüchen und besonderen Herausforderungen konfrontiert, denen in argumentativen Aushandlungsprozessen begegnet werden kann. In dieser Studie wird der *Übergang von der Arithmetik zur Algebra* fokussiert und untersucht, wie mathematische Argumentationsprozesse in diesem Kontext ausgeprägt sind.

In mathematischen Argumentationen kann die Lehrkraft ihren Schülerinnen und Schülern Verantwortung für den Inhalt von Gesprächen übertragen und somit eine Enkulturation in den mathematischen Diskurs anbahnen (Yackel & Cobb, 1996; Boero, 1999). Die Lehrkraft hat dabei einerseits fachlich die Aufgabe, verschiedene mathematische Ideen aufzugreifen und fachliche Korrektheit zu etablieren. Anderseits kann die Lehrkraft aber auch ein produktives Argumentationsklima entstehen lassen und den Austausch zwischen den Beteiligten ermöglichen, moderieren oder rahmen. Diese Arbeit fokussiert auf *mathematische Argumentationen in Klassengesprächen* und wie *Lehrkräfte* solche Prozesse begleiten. Lehrkräfte initiieren mathematische Argumentationen in ihrem Unterricht und rahmen diese Prozesse, um ihren Schülerinnen und Schülern eine Teilhabe an und eine Konstruktion von mathematischen Argumentationen zu ermöglichen. Dabei ist es in dieser Studie von besonderem Interesse, durch welche Aktivitäten und Handlungen die Lehrkraft die mathematischen Argumentationsprozesse im Übergang von der Arithmetik zur Algebra rahmt. Daraus ergibt sich die zentrale Forschungsfrage der vorliegenden Arbeit:

Forschungsfrage: Welche Rolle spielt die Lehrkraft bei der Entwicklung von mathematischen Argumentationen im Übergang von der Arithmetik zur Algebra?

Conner et al. (2014) beschreiben in ihrem Rahmenwerk verschiedene Unterstützungsmöglichkeiten für Schülerinnen und Schüler durch Lehrkräfte in kollektiven mathematischen Argumentationen. Beispielsweise zählen zu diesen Unterstützungshandlungen gezielte Fragen durch die Lehrkraft oder andere Aktivitäten, wie das Bewerten oder Fokussieren von Aussagen. Mit dem Rahmenwerk von Conner et al. (2014) wird es möglich mathematische Gespräche, insbesondere mathematische Argumentationen, zu analysieren und herauszuarbeiten, wie Lehrkräfte ihre Schülerinnen und Schüler unterstützen, um die mathematischen Argumentationen voranzubringen oder die Partizipation von Schülerinnen und Schülern zu fördern. In dieser Arbeit werden ebensolche Handlungen der Lehrkraft fokussiert. Dabei werden die Lehrkrafthandlungen aber nicht nur rekonstruiert, sondern auch in die im Mathematikunterricht stattfindende Interaktion eingeordnet. Gleichzeitig sollen weitere Tätigkeiten der Beteiligten, die die Interaktions- und Aushandlungsprozesse in mathematischen Argumentationen rahmen, herausgearbeitet werden.

Beim mathematischen Argumentieren können im Mathematikunterricht zwei Aspekte fokussiert werden: einerseits das *Lernen vom Argumentieren* und andererseits das *Lernen durch Argumentieren* (Andriessen, Baker & Suthers, 2003; Krummheuer & Brandt, 2001; Knipping & Reid, 2015). Argumentieren kann im Mathematikunterricht somit sowohl einen Lerngegenstand als auch ein Lernmedium darstellen, wie auch das Erklären (Erath, 2017). Beim *Lernen vom mathematischen Argumentieren* geht es darum, den Ablauf vom mathematischen Argumentieren zu erlernen, gültige Argumente und Repräsentationsformen zu erkennen – Vorstellungen und Methodenwissen zum mathematischen Argumentieren sollen aufgebaut werden. Der Fokus beim *Lernen durch mathematisches Argumentieren* liegt wiederum auf dem Erlernen von fachlichen, mathematischen Inhalten. Bei der Thematisierung der Aussage „Die Summe von einer geraden und einer ungeraden Zahl ist ungerade" kann beispielsweise einerseits etwas über Paritäten von Zahlen gelernt und weitere mathematische Zusammenhänge erkannt werden (Lernen durch Argumentieren). Andererseits können verschiedene Repräsentationen des Arguments diskutiert werden und dadurch Vorstellungen über das mathematische Argumentieren aufgebaut werden (Lernen vom Argumentieren). Die Lehrkraft kann in einzelnen Unterrichtssituationen bewusst den Schwerpunkt entweder auf das Lernen vom mathematischen Argumentieren oder auf das Lernen durch mathematisches Argumentieren legen, um einen Fokus zu setzen und ihre Schülerinnen und Schüler nicht zu überfordern. Gleichzeitig kann beiden Schwerpunkten im Mathematikunterricht Raum gegeben werden. In dieser Untersuchung wird der Fokus auf dem *Lernen vom mathematischen Argumentieren* liegen. In den beforschten Unterrichtssituationen werden etwa verschiedene Repräsentationen von Argumenten, die Bedeutung von Gegenbeispielen oder die Allgemeingültigkeit von mathematischen Geltungsansprüchen thematisiert. Dabei wird gleichzeitig inhaltliches Lernen im Übergang von der Arithmetik zur Algebra initiiert und ermöglicht. Beispielsweise wird der Umgang mit und die Bedeutung von Variablen thematisiert. Lehrkräfte initiieren solche Bedeutungsaushandlungen im Mathematikunterricht, ihr Handeln ist der Fokus dieser Arbeit.

In dieser Untersuchung werden neben den im schulischen Kontext stattfindenden mathematischen Argumentationsprozessen auch die entwickelten *Argumente* analysiert und wie Lehrkräfte diese rahmen. Es gibt eine Vielfalt an mathematischen Argumenten und Beweisformen, die sich beispielsweise anhand ihrer Repräsentation und ihres Abstraktionsgrades unterscheiden lassen. Mathematische Argumente können an konkrete Beispiele gebunden sein. Diese Argumente sind oftmals nicht allgemeingültig. Es stellt eine Herausforderung für die Schülerinnen und Schüler dar, die zugrunde liegende mathematische Struktur in den Beispielen zu erkennen und für das mathematische Argument zu nutzen. Lehrkräfte können solche Interpretationsprozesse in ihrem Mathematikunterricht unterstützen, was gerade im Übergang von der Arithmetik zur Algebra entscheidend ist (vgl. Kieran, 2020). Gleichzeitig können Lehrkräfte potenzielle Lerngelegenheiten verstreichen lassen.

Eine Besonderheit im Übergang von der Arithmetik zur Algebra stellt die Prozess-Produkt Dualität von algebraischer Symbolsprache dar. Mathematische Objekte können operational, das heißt prozessorientiert, oder strukturell, das heißt produktorientiert, verstanden werden (Sfard, 1987, 1991). Auch die algebraische Symbolsprache, die selbst zunächst einen Lerngegenstand darstellt, kann auf diese zwei Weisen gedeutet werden (Caspi & Sfard, 2012; Sfard & Linchevski, 1994). Wie sich diese Dualität und damit eine prozesshafte oder produkthafte Deutung von mathematischen Objekten wiederum in mathematischen Argumentationen widerspiegelt und welchen Einfluss die Lehrkraft darauf nimmt, ist noch weitestgehend unerforscht und wird in meinem Dissertationsprojekt näher untersucht. Offen ist, ob eine eher prozess- oder produkthafte Deutung von mathematischen Objekten in den durch die Schülerinnen und Schüler hervorgebrachten Argumenten sichtbar wird und inwieweit diese Deutungen durch Handlungen der Lehrkräfte forciert werden.

Allgemeingültige mathematische Argumente in Klassengesprächen zu entwickeln, stellt also gerade im Übergang von der Arithmetik zur Algebra eine besondere Herausforderung dar. In dieser Arbeit wird herausgearbeitet, dass in allgemeingültigen Argumenten in diesem Übergang zunehmend mit mathematischen Strukturen argumentiert wird und strukturelle, mathematische Eigenschaften herausgestellt werden. Dabei ist in der Regel also das Erfassen der mathematischen Strukturen eine Voraussetzung und eine produktorientierte Deutung von mathematischen Objekten notwendig, um allgemeingültig argumentieren zu können. Welche Handlungen von Lehrkräften dazu beitragen diesen Wechsel zu ermöglichen und solche allgemeingültigen Argumente entstehen zu lassen, wird in diesem Forschungsprojekt analysiert. Ein Blick wird in dieser Studie daher auf die *Prozess-Produkt Dualität von mathematischen Objekten* gelegt, die eine besondere Herausforderung sowohl für Lehrkräfte als auch Schülerinnen und Schüler darstellt. Weitere, zentrale Forschungsfragen dieser Arbeit sind:

Forschungsfragen: Welche mathematischen Argumente werden im Mathematikunterricht im Übergang von der Arithmetik zur Algebra hervorgebracht? Welche Bedeutung hat die Prozess-Produkt Dualität von mathematischen Objekten in den hervorgebrachten Argumenten? Wie adressiert die Lehrkraft die Deutungen der Schülerinnen und Schüler in den hervorgebrachten Argumenten?

Bedeutsam in Bezug auf mathematische Argumentationsprozesse im Unterricht sind auch die fachlichen Vorstellungen und Erfahrungen der Lehrkraft (Steele & Rogers, 2012; Knuth, 2002a,b). Nur wenn eine Lehrkraft über ausreichend fachliches sowie didaktisches Wissen verfügt, ist es ihr möglich, mathematische Argumentationen in einer angemessenen Art und Weise zu initiieren und zu begleiten. Steele & Rogers (2012) verdeutlichen, dass es wichtig ist, sowohl den mathematischen Hintergrund einer Lehrkraft als auch ihre Umsetzung im Unterricht zu betrachten. Die Realisierung von mathematischem Argumentieren stellt in der Unterrichtspraxis oft eine Herausforderung für Lehrkräfte dar. In dieser Studie wird daher neben den Unterrichtssituationen auch ein Blick auf die *Vorstellungen und Erfahrungen der Lehrkräfte* in Bezug auf mathematisches Argumentieren und die Prozess-Produkt Dualität von algebraischer Symbolsprache gelegt. Dabei werden folgende Forschungsfragen fokussiert:

Forschungsfragen: Welche Vorstellungen und welche Erfahrungen haben die an der Studie teilnehmenden Lehrkräfte zum mathematischen Argumentieren? Welche Vorstellungen haben sie zur Prozess-Produkt Dualität von algebraischer Symbolsprache?

Ziele und Vorgehen

Ein Ziel dieser Dissertation ist es, die Rolle der Lehrkraft in mathematischen Argumentationen im Übergang von der Arithmetik zur Algebra zu charakterisieren. Dazu werden die Handlungen und Äußerungen der Lehrkräfte bei mathematischen Argumentationen in Klassengesprächen vor dem Hintergrund der Unterrichtssituation und Dynamik zwischen den Beteiligten eingeordnet. Dabei wird auch einbezogen, welche Vorstellungen und Vorerfahrungen die beteiligten Lehrkräfte bezüglich mathematischen Argumentierens im Übergang von der Arithmetik zur Algebra haben.

Um die Forschungsfragen zu beantworten, werden Unterrichtssituationen im Übergang von der Arithmetik zur Algebra in drei Klassen erhoben und die stattfindenden Argumentationsprozesse mit einem besonderen Blick auf die Lehrkraft analysiert. Die Handlungen und Äußerungen der Lehrkräfte werden herausgearbeitet (Conner et al., 2014), die mathematischen Argumente rekonstruiert (Toulmin, 2003) und beides zusammengebracht. Die Interaktions- und Aushandlungsprozesse während der mathematischen Argumentationen und die Handlungen der Lehrkräfte in diesen Prozessen stehen im Fokus der Untersuchung. Ausgehend von diesen Prozessen werden mögliche Erklärungen für die Handlungen und Äußerungen der Lehrkräfte abgeleitet. Komparationen und Kontrastierungen der Unterrichtssituationen ermöglichen tiefergehende Einsichten in die Unterrichtsdynamiken und Handlungsmöglichkeiten der Lehrkräfte. Auch werden Interviews mit den Lehrkräften über ihre Vorstellungen zum mathematischen Argumentieren und zur Prozess-Produkt Dualität von algebraischer Symbolsprache herangezogen, um weitere Erklärungen für die Handlungen der Lehrkräfte zu finden.

Neben den mathematischen Argumentationsprozessen werden die hervorgebrachten Argumente analysiert. Es werden etwa Argumente in verschiedenen Repräsentationen, ihre Generalität und ihre fachliche Korrektheit betrachtet. Ein besonderer Blick wird dabei auf die Prozess-Produkt Dualität von mathematischen Objekten gelegt, die im Übergang von der Arithmetik zur Algebra eine besondere Herausforderung darstellt, sowohl für Lehrkräfte als auch für Schülerinnen und Schüler.

Insgesamt soll in dieser Arbeit die besondere Rolle der Lehrkraft herausgearbeitet werden und ein Beitrag zum Forschungsstand geleistet werden, wie Lehrkräfte mathematische Argumentationen im Übergang von der Arithmetik zur Algebra rahmen. Dabei werden neben Aktivitäten der Lehrkraft, die die Schülerinnen und Schüler oder das mathematische Argument unterstützen, auch solche herausgearbeitet, die die Argumentation nicht voranbringen oder sogar hindern.

Aufbau der Arbeit

Im ersten Teil der Arbeit werden zunächst der theoretische Hintergrund und der Forschungsstand zum Argumentieren im Mathematikunterricht und zum Argumentieren im Übergang von Arithmetik zu Algebra dargelegt. Die für diese Arbeit zentralen Begriffe, wie „mathematisches Argument" und „mathematische Argumentation", werden beleuchtet und geklärt, wie sie in dieser Arbeit verwendet werden (vgl. Abschnitt 2.1, 2.1.1 und 2.1.2). Daraufhin werden in Abschnitt 2.1 (Abschnitt 2.1.3, 2.1.4 und 2.1.5) verschiedene Repräsentationen von mathematischen Argumenten voneinander abgegrenzt und ihre Bedeutung im Mathematikunterricht herausgestellt. Es folgt ein Blick auf mathematisches Argumentieren als sozialer Prozess im Mathematikunterricht, wobei aus Perspektive der interpretativen Unterrichtsforschung typische Interaktionsmuster, die Rollen der Partizipierenden und auch Schwierigkeiten von Lernenden und Lehrenden benannt werden (vgl. Abschnitt 2.2). Anschließend wird in Abschnitt 2.3 die besondere Rolle der Lehrkraft beim mathematischen Argumentieren beschrieben und ein Einblick in den diesbezüglichen Forschungsstand gewährt. Eine fachliche Einordnung vom Übergang von der Arithmetik zur Algebra und vom mathematischen Argumentieren in diesem Kontext werden in Abschnitt 2.4 dargelegt. Es folgt in Kapitel 3 ein Exkurs, in welchem eine Lernumgebung zum mathematischen Argumentieren im Übergang von der Arithmetik zur Algebra beschrieben wird. Diese Lernumgebung stellt die Grundlage der erhobenen und analysierten Unterrichtssituationen dieser Studie dar.

Im Anschluss werden die Forschungsfragen dieser Arbeit präzisiert und methodologische und methodische Überlegungen vorgestellt. Methodologisch verortet sich diese Arbeit in interaktionistischen Ansätzen der interpretativen Unterrichtsforschung (vgl. Krummheuer, 1992; Krummheuer & Brandt, 2001). Die Beschreibung der Methodik wird in zwei Kapitel aufgetrennt: die Auswertung der Interviews (Abschnitt 4.3) und die Auswertung der Unterrichtssituationen (Abschnitt 4.4, für eine Beschreibung der Lernumgebung vgl. Kapitel 3).

Der Ergebnisteil dieser Arbeit beginnt mit einem Kapitel zu den Vorstellungen und Erfahrungen der beteiligten Lehrkräfte (Kapitel 5). Kapitel 6 fokussiert auf die Rolle der Lehrkraft in mathematischen Argumentationen in Klassengesprächen. Ein Kategoriensystem zur Erfassung von Handlungen der Lehrkraft in mathematischen Argumentationen wird in Kapitel 6 vorgestellt. Das folgende Kapitel 7 fokussiert auf die hervorgebrachten mathematischen Argumente und die Rahmungen der Lehrkräfte. In Kapitel 8 liegt der Schwerpunkt auf dem Umgang mit der Prozess-Produkt Dualität in den mathematischen Argumentationen und den hervorgebrachten Argumenten. Eine Diskussion und eine Zusammenfassung der Ergebnisse finden sich in Kapitel 9. Abgeschlossen wird diese Arbeit mit einem Fazit und Ausblick in Kapitel 10.

Theoretischer Hintergrund

Im folgenden Kapitel wird der theoretische Hintergrund der Arbeit dargestellt und ein Einblick in den Forschungsstand zum mathematischen Argumentieren im Übergang von der Arithmetik zur Algebra gewährt. In Abschnitt 2.1 „Mathematische Argumente im Unterricht" werden zunächst die Begriffe „mathematisches Argument" und „mathematische Argumentation" voneinander abgegrenzt. Daraufhin wird auf mathematische Argumente als Produkte der Argumentationen fokussiert und es werden Charakteristika und verschiedene Repräsentationen dieser diskutiert. Abschnitt 2.3 „Argumentationen als soziale Prozesse im Mathematikunterricht" beschäftigt sich mit mathematischen Argumentationen und damit, wie solche Prozesse im Mathematikunterricht gestaltet sein können. Ein Blick wird dabei jeweils auf die Interaktionen, die Partizipation und die Kompetenzen von Schülerinnen und Schülern geworfen. Die Rolle der Lehrkraft wird in Abschnitt 2.3 fokussiert. Dabei wird sowohl die Rolle von Lehrkräften in mathematischen Argumentationen als auch die Rolle von Schülerinnen und Schülern diskutiert. Auch wird auf der Basis vom Forschungsstand beschrieben, wie Lehrkräfte mathematische Argumentationen unterstützen und rahmen. Individuelle Vorstellungen der Lehrkräfte zum mathematischen Argumentieren spielen dabei eine Rolle und werden ebenso thematisiert. Abschnitt 2.4 spezifiziert mathematische Argumentationen im Übergang von der Arithmetik zur Algebra. Der Themenbereich wird eingegrenzt und Herausforderungen, die sich für Schülerinnen und Schüler ergeben, werden benannt. Ein besonderer Fokus wird auf die Prozess-Produkt Dualität von algebraischer Symbolsprache gelegt. Abschließend

F. Bredow, *Mathematisches Argumentieren im Übergang von der Arithmetik zur Algebra*, Perspektiven der Mathematikdidaktik, https://doi.org/10.1007/978-3-658-42462-6_2

werden Charakteristika und Besonderheiten von mathematischen Argumentationen und mathematischen Argumente im Übergang von der Arithmetik zur Algebra diskutiert.

2.1 Mathematische Argumente im Unterricht

Im folgenden Kapitel werden zunächst die Begriffe *mathematisches Argument* und *mathematische Argumentation* voneinander abgegrenzt. Dazu werden Bezüge zur Literatur und zum Forschungsstand hergestellt, um anschließend ihr Verständnis in dieser Arbeit herauszuarbeiten (Abschnitt 2.1.1).

Im Anschluss fokussiert diese Arbeit zunächst auf *mathematische Argumente* und ihre Charakteristika. Dazu werden in Abschnitt 2.1.2 der Aufbau von Argumenten und die verschiedenen Elemente eines Arguments nach Toulmin (2003) dargelegt. Im Mathematikunterricht können Argumente auf diverse Weisen repräsentiert werden. Um diesen Aspekt zu beleuchten, werden unterschiedliche Abgrenzungen aus der Literatur diskutiert (Abschnitt 2.1.3). Anschließend werden in Abschnitt 2.1.4 eine Unterscheidung von mathematischen Argumenten hinsichtlich ihrer Repräsentation und Generalität vorgestellt und didaktische Implikationen diskutiert (Abschnitt 2.1.5).

2.1.1 Begriffsklärung mathematische Argumente und mathematische Argumentationen

Diverse Aspekte werden mit den Begriffen „mathematisches Argument" und „mathematische Argumentation" in der Forschungsliteratur verbunden. In der Forschung herrscht keine Einigkeit darüber, wie genau eine mathematische Argumentation und ein mathematisches Argument voneinander unterschieden werden können (vgl. Reid & Knipping, 2010). Im Folgenden werden verschiedene Abgrenzungen aus der Literatur vorgestellt und das Verständnis und die Abgrenzung von mathematischen Argumenten und mathematischen Argumentationen in dieser Arbeit präzisiert. Zusätzlich wird am Ende dieses Kapitels die Beziehung zwischen mathematischen Argumentationen und Beweisen andiskutiert.

Der Philosoph Stephen Toulmin hat mit seinem Werk „The Uses of Argument" (1958/2003) einen entscheidenden Beitrag zum Argumentationsverständnis und zur Diskussion über die Auffassung von Argumentationen geleistet. Sein Argumentationsverständnis ist bereichsunabhängig, also sowohl auf alltägliche als auch juristische oder mathematische Argumentationen übertragbar. Er initiierte mit seinem Werk eine Distanzierung von der klassischen formalen Logik, indem er auf ihre Grenzen hingewiesen hat. Argumentationen lassen sich oft nicht durch formale Logik fassen, obgleich sie rational und logisch aufgebaut sind (Toulmin, 2003). Toulmin regt mit seinem Modell an, die Struktur von Argumenten funktional zu betrachten (vgl. Abschnitt 2.1.2). Dabei werden Argumente als rationale Begründungen von Geltungsansprüchen gefasst.

In seinem Werk spricht Toulmin (2003) hauptsächlich über Argumente und unterscheidet Argumente und Argumentationen nicht explizit. Der Philosoph und Soziologe Jürgen Habermas (1981) differenziert dagegen zwischen den Begriffen Argumentation und Argument, indem er ihren prozesshaften und produkthaften Charakter unterscheidet. Argumentationen werden mit einem Prozess verbunden, wobei Argumente ihre Produkte darstellen. Eine Argumentation wird als eine Unterbrechung des kommunikativen Handelns gefasst, die durch das Beschreiten einer Gültigkeit von einem Geltungsanspruch entsteht (Habermas, 1981). Argumentationen treten laut Habermas also nur auf, wenn strittige Punkte zwischen den Partizipierenden expliziert werden. Ein Austausch über die strittigen Punkte emergiert. Ob und wie solche strittigen Punkte auch im Mathematikunterricht auftreten, wird in einem folgenden Abschnitt aufgegriffen.

Auch die Definition von van Eemeren, Grootendorst, Johnson, Plantin und Willard (1996), die international und über die Mathematikdidaktik hinaus rezipiert wird, hebt strittige Standpunkte als zentrale Elemente von Argumentationen hervor. Gleichzeitig werden der verbale Austausch und der soziale Rahmen der Argumentation betont.

> „Argumentation is a verbal and social activity of reason aimed at increasing (or decreasing) the acceptability of a controversial standpoint for the listener or reader, by putting forward a constellation of propositions intended to justify (or refute) the standpoint before a rational judge." (van Eemeren et al., 1996, S. 5)

Aufbauend auf dem Argumentationsbegriff von Habermas spezifiziert Cramer (2018) in ihrer Dissertation das *mathematische* Argumentieren:

> „ ,*Mathematische* Argumentation' nennen wir den Typus von Rede, in dem die Teilnehmer *mathematische* Geltungsansprüche thematisieren und versuchen, diese mit Argumenten zu *legitimieren* oder zu *kritisieren*. Ein solches Argument enthält Gründe, die in systematischer Weise mit dem Geltungsanspruch verknüpft sind. Die Teilnahme an mathematischer Argumentation wird als ,*mathematisches Argumentieren*' bezeichnet." (H.i.O., Cramer, 2018, S. 68)

Wie Habermas, hebt Cramer (2018) den Prozesscharakter des mathematischen Argumentierens hervor, während mathematische Argumente die Produkte solcher Prozesse darstellen. Auch Schwarzkopf (2003) teilt diese Unterscheidung. Er stellt heraus, dass bei der mathematischen Argumentation die *sozialen Merkmale der Interaktion im Vordergrund* stehen, während bei mathematischen Argumenten *inhaltliche Zusammenhänge* im Fokus stehen, die von den Beteiligten während der mathematischen Argumentation entwickelt werden. Mathematische Argumentationen finden also innerhalb eines sozialen Rahmens im Diskurs, beispielsweise Unterrichtsgespräch, statt, wobei der Lehrkraft eine entscheidende Rolle zukommt. Die erarbeiteten inhaltlichen Zusammenhänge werden im Mathematikunterricht häufig schriftlich notiert, beispielsweise an der Tafel oder auf Arbeitsblättern. Schriftliche Ausführungen können somit in der Regel als mathematische Argumente aufgefasst werden.

Andere Wissenschaftlerinnen und Wissenschaftler fassen dagegen schriftliche Ausführungen als mathematische Argumentationen und nicht als Argumente auf. Beispielsweise betrachtet Douek (1998, 2002) den durch den Argumentationsprozess entstanden Text auch als eine Argumentation, wohingegen Argumente die dabei hervorgebrachten Gründe für oder gegen eine Aussage oder Meinung umfassen. Eine Argumentation umfasst nach ihrer Definition somit ein oder mehrere Argumente, die logisch verknüpft sind, etwa durch Deduktion oder Induktion. Douek fasst den Begriff Argumentationen also breiter. Auch Knipping greift den Argumentationsbegriff von Habermas ähnlich wie Douek auf. Sie fasst Argumentationen als „eine Folge von Äußerungen […], in der ein Geltungsanspruch formuliert wird und Gründe mit dem Ziel vorgebracht werden, diesen Geltungsanspruch rational zu stützen." (Knipping, 2003, S. 30). Eine Abgrenzung von den Begriffen Argumentation und Argument expliziert Knipping (2003) nicht. Laut Knipping (2003) können mit ihrem Argumentationsbegriff sowohl mündliche, schriftliche, mathematische als auch nicht-mathematische Argumentationen gefasst werden. Es wird somit ermöglicht, alltägliche Unterrichtssituationen im Mathematikunterricht zu beschreiben, die ganz unterschiedlich aufgebaut sein können, nicht nur deduktiv.

Ähnlich wie bei Habermas sind auch bei Krummheuer (1997) Strittigkeiten oder zu begründende Geltungsansprüche Ausgangspunkte von Argumentationen. Krummheuer (1997) erarbeitet den Begriff Argumentation auf Basis einer Analyse von „Koordinationsproblemen, die zwischen Interaktanden bei ihrem Bemühen um gemeinsames Handeln entstehen. Argumentation stellt dabei eine bestimmte Methode zur Lösung dieser interpersonellen Aufgabe in der Interaktion dar." (Krummheuer, 1997, S. 6). Argumentieren kann als wechselseitiges Aufzeigen der Rationalität des Handelns aufgefasst werden (Goffman, 1981;

Krummheuer & Brandt, 2001). Gerade in schulischen Argumentationen sind häufig keine echten Unstimmigkeiten vorhanden, sondern in der Regel sind die zu begründenden Geltungsansprüche Grundlage einer Argumentation (vgl. Cramer, 2018; Krummheuer, 1997). Das heißt, dass in der Schule strittige Punkte (Habermas, 1981) auf einer anderen Ebene als in der Gesellschaft auftreten. Im Mathematikunterricht sind solche Aspekte in der Regel epistemologisch. Es können Lerngelegenheiten entstehen und neue (mathematische) Erkenntnisse gewonnen werden, indem ein Konsens ausgehandelt wird (Krummheuer, 1997).

Krummheuer (1997) stellt zwei wesentliche Aspekte des Argumentationsbegriffs in den Fokus: Argumentationen sind *verbal geführte Auseinandersetzungen* mit dem *Ziel, einen Konsens zwischen den Beteiligten* zu entwickeln. Auch Krummheuer fokussiert also den prozesshaften Charakter von mathematischen Argumentationen. Zur Rekonstruktion von Argumenten aus Unterrichtssituationen hat Krummheuer (1995) als erster in der Mathematikdidaktik das Schema von Toulmin (2003) aufgegriffen (vgl. Abschnitt 2.1.2).

Gleichzeitig beschreibt Krummheuer (1997), was gelungene Argumentationen charakterisiert und wie sie im Argumentationsprozess identifiziert werden können: „Eine Argumentation gilt als gelungen, wenn der Rationalitätsanspruch durch *überzeugende Argumente* gerechtfertigt werden kann. Indikator hierfür ist z. B. ein erzielter Konsens zwischen den Beteiligten oder die Anhörung einer anerkannten fachlichen Autorität." (H.i.O., Krummheuer, 1997, S. 8). Argumente stellen somit das *Produkt von Argumentationen* dar (vgl. Krummheuer, 1995). In Unterrichtssituationen kann eine gelungene mathematische Argumentation einerseits durch die Lehrkraft, als fachliche Autorität, autorisiert werden. Andererseits kann eine Lehrkraft initiieren, dass ein (neuer) gemeinsamer Konsens in Zusammenarbeit mit den Schülerinnen und Schülern entwickelt wird. In solchen Situationen wird den Schülerinnen und Schülern Autorität übertragen und sie sind mitverantwortlich für den mathematischen Inhalt (Yackel & Cobb, 1996; Yackel, 2002).

Oftmals wird in Bezug auf gemeinsame mathematische Argumentationen in Unterrichtsgesprächen auch von *kollektiven Argumentationen* gesprochen. Kollektive Argumentationen zeichnen sich nach Krummheuer und Brandt (2001) dadurch aus, dass mehrere Partizipierende gemeinsam den Geltungsanspruch einer Behauptung etablieren oder dies versuchen. Die Beteiligten haben dabei in der Regel aber keine echten Meinungsverschiedenheiten (vgl. Habermas, 1981), sondern erarbeiten gemeinsam Gründe für einen mathematischen Geltungsanspruch. Dabei können den Teilnehmenden aber unterschiedliche Rollen zukommen (vgl. Abschnitt 2.2.3).

„Es treten dann nicht wie in der klassisch-rhetorischen Vorstellung Proponenten und Kontrahenten auf, die autonom verschiedene Standpunkte argumentativ verteidigen; vielmehr werden die Schüler in der Klasse in der Regel in Interaktionsprozesse eingebunden, die in der Gesamtheit ihrer Handlungen eine Argumentation erzeugen." (Krummheuer & Brandt, 2001, S. 18)

Reine Zusammenfassungen oder Vorstellungen von individuell erarbeiteten Argumenten können somit nicht als kollektive Argumentationen gefasst werden. Kollektive Argumentationen gehen darüber hinaus. Die individuell hervorgebrachten Argumente werden durch einen Interaktionsprozess weiter ausgebaut und können sich erst so komplett entfalten (Brandt, 2004). Nach Brandt und Krummheuer (2000) stellen kollektive Argumentationen lernförderliche und lernermöglichende Interaktionsprozesse dar.

Auch Brunner (2014b) betont, dass mathematische Argumentationen im Mathematikunterricht diskursiv konzipiert sind und eng mit einem sozialen Kontext verknüpft sind. „[…] sie spielen sich in einem mathematischen Diskurs ab, in dessen Rahmen es darum geht, eine rationale Begründung zu formulieren bzw. eine solche innerhalb einer fachlichen (Lern-)Gemeinschaft auf ihre Überzeugungskraft hin zu prüfen." (Brunner, 2014b, S. 230). Während einzelne Argumente und Gründe auch individuell erarbeitet werden können, ist zur Validierung immer ein Austausch über den Geltungsanspruch mit anderen notwendig (vgl. Krummheuer, 1992; Knipping, 2003).

Abgrenzung zwischen den Begriffen „Mathematische Argumentation" und „Mathematisches Argument" in dieser Arbeit
Das zugrundliege Argumentationsverständnis in dieser Arbeit schließt sich den Überlegungen an, mathematische Argumentationen als Prozesse aufzufassen, deren Produkte mathematische Argumente sind. Mathematische Argumentationen sind Interaktions- und Aushandlungsprozesse, in denen gemeinsam über einen mathematischen Geltungsanspruch verhandelt wird. Solche Argumentationsprozesse finden im Mathematikunterricht häufig mündlich, etwa in Klassengesprächen oder bei Gruppenarbeiten, statt. Dabei kann zwischen verschiedenen Aktivitäten unterschieden werden. Beispielsweise kann ein mathematischer Geltungsanspruch exploriert werden oder auch Gründe für ihn entwickelt werden. Die soziale Interaktion steht im Fokus von mathematischen Argumentationen, wobei die Lehrkraft oftmals eine besondere Rolle innehat.

Das Ziel von diesen interaktiven Aushandlungsprozessen ist, einen Konsens zwischen den Beteiligten zu schaffen, indem Gründe für (oder gegen) einen mathematischen Geltungsanspruch entwickelt und systematisch verknüpft werden. Ziel einer mathematischen Argumentation ist es, ein überzeugendes mathematisches Argument in einem sozialen Kontext zu entwickeln. Ein mathematisches Argument umfasst also die hervorgebrachten Gründe und den inhaltlichen Zusammenhang, der von den Beteiligten in der Argumentation entwickelt wird (vgl. Schwarzkopf, 2003). Mathematische Objekte und ihre Beziehungen stehen im Fokus solcher mathematischen Argumente. Im Mathematikunterricht werden Argumente häufig schriftlich fixiert, etwa an der Tafel oder auf Arbeitsblättern. Dabei können die mathematischen Argumente mit verschiedenen Repräsentationen gefasst werden. Beispielsweise können algebraische Terme oder visuelle Darstellungen, wie Punktemuster, genutzt werden. Ob ein Argument akzeptiert wird, hängt von Normen der jeweiligen Gemeinschaft ab und wird während der mathematischen Argumentation verhandelt (Yackel & Cobb, 1996). In dieser Arbeit werden schriftliche Ausführungen somit als mathematische Argumente gefasst, da sie in der Regel die hervorgebrachten Gründe für einen mathematischen Geltungsanspruch darlegen.

In dieser Arbeit wird unter einem mathematischen Argument und einer mathematischen Argumentation Folgendes verstanden: Ein *mathematisches Argument* enthält Gründe, die systematisch mit einem mathematischen Geltungsanspruch verbunden sind. Eine *mathematische Argumentation* ist der Prozess oder die Aktivität, die zu einem mathematischen Argument hinführt. Die Teilnehmenden versuchen in solchen Prozessen, einen mathematischen Geltungsanspruch zu begründen oder zu widerlegen. In Anlehnung an Cramer (2018) wird die Teilnahme an mathematischen Argumentationen als *mathematisches Argumentieren* gefasst.

Beziehung zwischen mathematischen Argumentationen und Beweisen

Auch herrscht in der Forschung keine Einigkeit darüber, welche Beziehung zwischen dem Beweisen und dem mathematischen Argumentieren besteht. Einerseits werden beide als zwei verschiedene Tätigkeiten betrachtet (bspw. Duval, 1991), andererseits als eng miteinander verwobene Aktivitäten aufgefasst (bspw. Boero, 1999). Eine ausführliche Differenzierung zwischen den beiden Perspektiven findet sich in Reid und Knipping (2010).

Diese zweite Auffassung, mathematisches Argumentieren als eng mit dem Beweisen verbundene Aktivität aufzufassen, ist das Verständnis von mathematischem Argumentieren in dieser Arbeit. Hanna et al. (2008) formulieren die Beziehung von Argumentation und Beweisen aus dieser Sichtweise als Kontinuum. Mathematische Argumentationen fokussieren auf die Produktion von mathematischen Argumenten im Zusammenhang mit Problemlösungen, Experimenten und Erkundungen. Diese mathematischen Argumente können weiterführend logisch, formal-deduktiv organisiert werden, um einen gültigen mathematischen Beweis zu bilden. Mathematisches Argumentieren kann also als eine Vorstufe zum mathematischen Beweisen in der Fachdisziplin angesehen werden. Mathematische Beweise sind somit eine besondere Form von mathematischen Argumenten. Auch Boero (1999) greift in seinem Phasenmodell zum Beweisprozess mathematische Argumentationen als entscheidende Tätigkeiten in Beweisprozessen auf. Es ergeben sich laut Boero (1999) mehrere Funktionen von mathematischen Argumentationen in Beweisprozessen. Beispielsweise kann durch Argumentation bei der Konstruktion einer Hypothese oder Vermutung eine Problemsituation analysiert, die Gültigkeit einer entdeckten Regelmäßigkeit hinterfragt oder eine Vermutung verfeinert werden. Auch werden laut Boero (1999) Gründe zur Validierung einer Aussage hervorgebracht und die Akzeptanz dieser Gründe in einer Gemeinschaft diskutiert.

Sowohl Beweise als auch mathematische Argumente sollen von der Wahrheit einer mathematischen Aussage überzeugen, sie begründen oder widerlegen. Dabei kann sowohl die Darstellung als auch die Stringenz der Verkettung der Aussagen in mathematischen Argumenten und Beweisen verschieden sein, da verschiedene Zielgruppen angesprochen werden. Die Tätigkeiten mathematisches Argumentieren und Beweisen verfolgen aber das gleiche Ziel – eine mathematische Aussage zu begründen. Wenn im Folgenden Forschungsergebnisse in Bezug zum Beweisen aufgegriffen werden, werden *Beweise als eine besondere Form des mathematischen Argumentierens* verstanden. Gleichzeitig wird aber immer wieder die Passung der Ergebnisse zum mathematischen Argumentieren reflektiert.

2.1.2   Aufbau von Argumenten nach dem Toulmin Modell

Ein *mathematisches Argument* enthält Gründe, die systematisch mit einer mathematischen Behauptung verbunden sind. Wie aber sind solche mathematischen Argumente aufgebaut? Toulmin (1958/2003) beschreibt in seinem Schema die Struktur von Argumenten. Ein Argument kann aus bis zu sechs Teilen bestehen (Abbildung 2.1), welche im Folgenden näher erläutert werden: *Konklusion (claim), Datum (data), Garant (warrant), Modaloperator (modal qualifier), Ausnahmebedingung (rebuttal), Stützung (backing).*

Jedes Argument enthält laut Toulmin (2003) eine *Konklusion*: Eine Aussage, die begründet werden soll. Die Konklusion oder auch der „Claim" (Toulmin, 2003, S. 90) ist der Geltungsanspruch, den die Teilnehmenden in der Argumentation validieren oder widerlegen möchten. In mathematischen Argumentationen

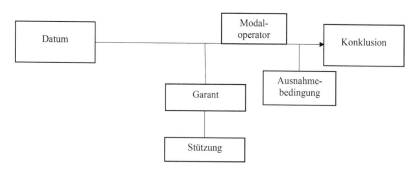

Abbildung 2.1 Vollständiges Toulmin-Schema. (Eigene Abbildung, vgl. Toulmin, 2003, S. 97)

ist die Konklusion eine mathematische Aussage, wie beispielsweise „Die Summe von zwei geraden Zahlen ist gerade.".

Zur Begründung der Konklusion werden sogenannte *Daten* herangezogen. Daten sind akzeptierte, unbestrittene Fakten oder geteiltes Wissen einer (Klassen-)Gemeinschaft, der Ausgangspunkt eines Arguments. Sie liefern die notwendigen Informationen für einen Argumentationsschritt. Mit einem *Garanten* wird der Schritt von den Daten zur Konklusion legitimiert. Garanten sind also allgemeingültige Regeln, wie beispielsweise mathematische Sätze oder Rechengesetze. Manche Argumente enthalten auch *Stützungen*, die angeben, warum ein Garant im Allgemeinen gültig und anwendbar ist. Toulmin (2003) betont, dass die Art der Stützung, die für die Garanten erforderlich ist, abhängig ist vom Bereich der Argumentation. Stützungen in mathematischen Argumentationen unterscheiden sich also von Stützungen in alltäglichen Argumentationen.

Um die Gewissheit eines Argumentationsschrittes zu beschreiben, kann ein *Modaloperator* in das Argument integriert werden. Beispielsweise kann durch einen Modaloperator Unsicherheit ausgedrückt werden: „Ich vermute...". Auch eine Aussage wie „Aber ich weiß es." wird als Modaloperator rekonstruiert, da sie die subjektive Sicherheit einer Person ausdrückt. In einigen Argumenten weisen *Ausnahmebedingungen* auf Umstände hin, unter denen die allgemeine Gültigkeit des Garanten außer Kraft tritt und damit die Konklusion nicht gültig ist. Einige Argumente gelten beispielsweise nur in bestimmten Zahlenbereichen.

Nach Toulmin (2003) verfügt jedes Argument mindestens über die drei Elemente Datum, Garant und Konklusion. Stützungen müssen dagegen nicht explizit gemacht werden, sind aber theoretisch für jeden gültigen Garanten vorhanden. Zusätzlich können Argumente Ausnahmebedingungen und Modaloperatoren enthalten, die aber nicht immer vorhanden sind. Inglis, Mejia-Ramos und Simpson (2007) betonen, dass es entscheidend ist, nicht nur die Grundbausteine (Datum, Garant, Stützung und Konklusion, vgl. Krummheuer, 1995) zu betrachten, sondern alle Elemente eines Arguments zu rekonstruieren (vgl. Abschnitt 4.4.5).

Neben den von Toulmin (2003) benannten Bausteinen von Argumenten wird eine sogenannte *Widerlegung* (Knipping & Reid, 2015, 2019) in dieser Arbeit als ein Teil von mathematischen Argumenten betrachtet (vgl. Abbildung 2.2). Eine Widerlegung ist nicht mit einer Ausnahmebedingung gleichzusetzen, da Widerlegungen komplette Teile von Argumenten widerlegen, während Ausnahmebedingungen die Konklusion nur lokal einschränken (Knipping & Reid, 2015). Widerlegungen können sich auf alle Teile eines Arguments beziehen. Einerseits können Daten als falsche Annahme identifiziert werden oder auch Garanten beziehungsweise Stützungen als mathematisch unkorrekt herausgestellt werden. Aber auch Konklusionen können widerlegt werden. In fertigen, korrekten mathematischen Argumenten wären solche Widerlegungen in der Regel nicht mehr enthalten. Laut Knipping und Reid (2015) ist es dennoch wichtig, widerlegte Aussagen in die Rekonstruktionen mit einzubeziehen, da die stattfindende Argumentation in ihrer Gesamtheit dargestellt werden soll. Ebenfalls sind Widerlegungen entscheidend, wenn Argumentationsstrukturen herausgearbeitet werden.

Toulmin (2003) unterscheidet zwischen *substanziellen* und *analytischen* Argumenten.

„An argument from D to C will be called analytic if and only if the backing for the warrant authorising it includes, explicitly or implicitly, the information conveyed in the conclusion itself. Where this is so, the statement 'D, B, and also C' will, as a rule, be tautological. (This rule is, however, subject to some exceptions which we shall study shortly.) Where the backing for the warrant does not contain the information conveyed in the conclusion, the statement 'D, B, and also C' will never be a tautology, and the argument will be a substantial one." (Toulmin, 2003, S. 116)

In substanziellen Argumenten enthalten der Garant und die Stützung nicht alle Informationen, die in der Konklusion eingeschlossen sind. Solche Argumente sind niemals mit vollständiger Sicherheit gültig, da die Bedeutung der Propositionen ausgeweitet werden. Substanzielle Argumente erweitern das Wissen (Krummheuer & Brandt, 2001). Dagegen besteht bei analytischen Argumenten keine Unsicherheit bezüglich der Gültigkeit, denn alle notwendigen Informationen für die Begründung der Konklusion sind vorhanden. Mathematische Beweise sind in

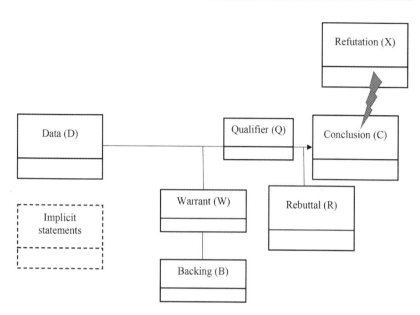

Abbildung 2.2   Vollständiges Toulmin-Schema mit einer Widerlegung in Anlehnung an die Rekonstruktion der Argumente in dieser Arbeit

der Regel analytische Argumente (Toulmin, 2003). In der (Grund-)Schule sind laut Krummheuer (1995) auch substanzielle Argumente von Bedeutung, gerade für das Lernen von Mathematik.

> „As Toulmin strongly emphasized, a substantial argumentation should not be subordinated or related to an analytic one in the sense that the latter is the ideal type of arguing and that one can always identify in substantial arguments the logical gulf in comparison to an analytic one. Substantial argumentation has a right by itself. By substantial argumentation a statement or decision is gradually supported. This support is not conducted by a formal, logically necessary conclusion, nor by an arbitrary edict such as declared self-evidence, but is motivated by the accomplishment of a convincing presentation of backgrounds, relations, explanations, justification, qualifiers, and so on." (Krummheuer, 1995, S. 236)

Im folgenden Kapitel werden weitere Unterscheidungen und Klassifizierungen von mathematischen Argumenten vorgestellt.

2.1.3 Klassifizierungen von mathematischen Argumenten in der Literatur

Es ist offensichtlich, dass sich mathematische Argumente inhaltlich voneinander unterscheiden. Es können aber auch unterschiedliche Darstellungen oder Objekte beim Argumentieren im Mathematikunterricht einbezogen werden. In der Literatur finden sich diverse Abgrenzungen zwischen mathematischen Argumenten, bei denen verschiedene Blickwinkel auf mathematische Argumente eingenommen werden. Beispielsweise können der Einbezug von Beispielen, verschiedene Repräsentationen oder die Gültigkeit von mathematischen Argumenten unterschieden werden. Mathematische Argumente können an konkrete arithmetische Zahlenbeispiele gebunden sein, sind dann aber oftmals nicht allgemeingültig. Es ist herausfordernd, die zugrunde liegende mathematische Struktur in den Beispielen zu erkennen und für das Argument zu nutzen, um allgemeingültige mathematische Argumente zu entwickeln. Mathematische Argumente mit Variablen kommen oftmals ohne Beispiele aus und sind in der Regel allgemeingültig.

Im folgenden Abschnitt werden ausgewählte Ansätze aus der Literatur zur Unterscheidung von mathematischen Argumenten dargestellt und daraufhin in Abschnitt 2.1.4 die Abgrenzung zwischen verschiedenen mathematischen Argumenten in dieser Arbeit dargestellt. Die mathematikdidaktische Relevanz der verschiedenen mathematischen Argumente wird in Abschnitt 2.1.5 dargestellt.

Unterschiedliche Abgrenzungen
Fachlich betrachtet lassen sich verschiedene Beweisformen in der Mathematik unterscheiden: Direkter Beweis, indirekter Beweis, Widerspruchsbeweis, Gegenbeweis durch Gegenbeispiel und vollständige Induktion (Grieser, 2017, S. 161 f.). Diese Beweisformen sind für eine fachmathematische Unterscheidung geeignet. Mathematische Argumente und Beweise können aber auch auf Basis ihrer Schlussweisen, wie beispielsweise dem deduktiven, induktiven oder abduktiven Schließen oder Analogieschlüssen, unterschieden werden. Eine ausführliche Darstellung dazu findet sich beispielsweise in Reid und Knipping (2010). In der Schule ist eine solche Abgrenzung hinsichtlich der Beweistypen oder Schlussweisen oftmals eher wenig hilfreich. In der Mathematikdidaktik werden Beweise und mathematische Argumente ausdifferenziert, die näher an den von Schülerinnen und Schülern hervorgebrachten Argumenten liegen. Da in dieser Arbeit schulische Argumentationsprozesse betrachtet werden, werden im Folgenden solche Unterscheidungen fokussiert. In Abschnitt 2.4.6 werden Besonderheiten

von mathematischen Argumenten im Übergang von der Arithmetik zur Algebra beschrieben.

Mathematische Argumente können verschieden repräsentiert sein. Bruner (1974) unterscheidet zwischen drei Repräsentationsebenen, welche auf mathematische Argumente übertragbar sind: Die enaktive Repräsentation, die ikonische Repräsentation und die symbolische Repräsentation (Bruner, 1974, S. 49). Bei einer *enaktiven* Repräsentation wird ein Sachverhalt handlungsorientiert präsentiert. Diese Handlungen sollen laut Bruner (1974) geeignet sein, um ein bestimmtes Ziel zu erreichen. Beispielsweise werden beim mathematischen Argumentieren Plättchen zusammengelegt. Diese Plättchen sind für die Lernenden haptisch erfahrbar und der Abstraktionsgrad somit niedrig. Laut Wittmann (2014) sind bereits Viertklässlerinnen und Viertklässler in der Lage mittels Plättchen Muster zu legen und damit zu begründen, dass die Summe von zwei geraden Zahlen immer gerade ist. In solchen enaktiven Begründungen steht oftmals der experimentelle Charakter im Vordergrund. Es kann aber auch generisch argumentiert werden. *Ikonische* Repräsentationen nutzen dagegen bildliche Darstellungen (Bruner, 1974). Hier werden Plättchen rein visuell mithilfe von Kreisen oder Pünktchen dargestellt. Die Schülerinnen und Schüler sind aufgefordert zu abstrahieren. Laut Wittmann (2014) muss daher das enaktive Umlegen von Plättchen klar von den visuellen Darstellungen von Plättchen abgegrenzt werden. Bildliche Darstellungen können beim mathematischen Argumentieren generisch genutzt werden, sodass allgemeingültige Argumente entstehen (vgl. Abschnitt 2.1.4). In der *symbolischen* Repräsentation können mathematische Zusammenhänge und Argumente formal mittels der algebraischen Symbolsprache oder auch durch eine Folge „logischer Lehrsätze" (Bruner, 1974, S. 49) formuliert und umgeformt werden. Dabei werden auch schriftsprachlich repräsentierte Argumente als symbolisch klassifiziert (vgl. Reid & Knipping, 2010). Ein weiterer Abstraktionsschritt und gegebenenfalls auch das Mathematisieren sind in dieser Repräsentation erforderlich. Der Grad der Abstraktion ist somit steigend vom Enaktiven über das Ikonische hin zum Symbolischen.

Ausgehend von diesen Repräsentationsebenen von Bruner (1974) können Argumente unter Einbezug von Stufen der Generalität (verschiedene Abstraktionsstufen) und der Nutzung von Beispielen weiter ausdifferenziert werden. Eine solche Unterscheidung liefern Reid und Knipping (2010, S. 131) und beziehen sich dabei unter anderem auf Branford (1908), Semadeni (1984), Balacheff (1988) und Harel und Sowder (1998). Reid und Knipping (2010) unterscheiden zwischen empirischen, generischen, symbolischen und formalen Argumenten sowie Zwischenstufen. Insgesamt ergeben sich daraus sieben Kategorien mit mehreren Subkategorien (Tabelle 2.1).

Tabelle 2.1 Klassifizierung von Argumenten (Reid & Knipping, 2010, S. 131, eigene Übersetzung)

Kategorie	Subkategorie
Empirische Argumente: nicht repräsentative Beispiele	Einfache Aufzählung, Erweiterung von einem Muster, Überprüfung an einem typischen Beispiel, Überprüfung mittels einer Fallunterscheidung, Anschauungsbeweis
Zwischen nicht repräsentativen und repräsentativen Beispielen	Beweis durch Fallunterscheidung, Gegenbeispiele
Generische Argumente: Repräsentative Beispiele	Numerische, konkrete, bildliche und situative generische Beispiele
Zwischen dem Generischen und Symbolischen	Geometrische Argumente
Symbolische Argumente: Darstellungen mit Worten und/oder Symbolen	Narrativ, symbolisch
Zwischen repräsentativen und nicht repräsentativen Symbolen	Manipulativ (basierend auf algebraischen Umformungen)
Formale Argumente: nicht repräsentative Symbole	

In *empirischen* Argumenten werden Beispiele genutzt, welche nicht exemplarisch für eine allgemeine Klasse stehen. Damit sind solche mathematischen Argumente nicht allgemeingültig. Reid und Knipping (2010) differenzieren empirische Argumente in fünf Subkategorien aus (vgl. Reid & Knipping, 2010, S. 131 ff.; Tabelle 2.1), welche an dieser Stelle nicht weiter ausgeführt werden. Besonderheiten stellen dabei mathematische Argumente mit Gegenbeispielen und Begründungen mit (vollständigen) Fallunterscheidungen dar. Sie sind einerseits konkrete Beispiele, aber gleichzeitig sind solche Argumente in der Regel auch allgemeingültig. Daher werden solche Argumente von Reid und Knipping (2010) auf einer Zwischenstufe (zwischen empirischen und generischen Argumenten) eingeordnet.

Mathematische Argumente, die an konkrete Beispiele gebunden sind, gleichzeitig aber die mathematische Struktur verdeutlichen und somit eine allgemeine Begründung liefern, nennt man *generische Argumente* (Reid & Knipping, 2010). Bei diesen Argumenten werden von Reid und Knipping (2010) wiederum vier Repräsentationen ausdifferenziert. *Numerische generische* Argumente nutzen konkrete Zahlen und die inhärente mathematische Struktur, um eine allgemeine mathematische Aussage zu begründen. Im Gegensatz dazu dienen bei *bildlichen generischen* Argumenten Transformationen an visuellen Objekten dazu, die mathematischen Strukturen hervorzuheben und mit ihnen zu argumentieren. Die Handlungen werden dabei nur mental ausgeführt. Andernfalls sind es *konkrete generische* Argumente, sogenannte „action proofs" (Reid & Knipping, 2010, S. 135), bei denen mit konkreten Objekten Handlungen durchgeführt werden, um zu begründen. Diese Handlungen können auf einer enaktiven oder einer ikonischen Ebene stattfinden. In *situativen generischen* Argumenten, welche auch als „reality-oriented proofs" (Reid & Knipping, 2010, S. 137) bezeichnet werden, wird mittels realer Situationen argumentiert. Beispielsweise kann beim Argumentieren über Größenverhältnisse von Brüchen mit Mischungsverhältnissen von Schorlen argumentiert werden (vgl. ebd., S. 137 f.). Geometrische Argumente werden in dieser Klassifizierung als Zwischenstufe (zwischen generischen und symbolischen Argumenten) verortet, da bei ihnen einerseits der generische Charakter der Zeichnung als auch die symbolischen Darstellungen relevant sind (vgl. ebd., S. 138 f.).

Symbolische Argumente basieren auf Wörtern oder Symbolen. In *symbolisch narrativen* Argumenten wird sprachlich argumentiert, während in anderen symbolischen Argumenten ausschließlich die algebraische Symbolsprache genutzt wird. Auch eine Mischung aus Wörtern und Symbolen ist möglich. Dabei ist entscheidend, dass die Symbole oder Wörter eine Bedeutung haben. Sie repräsentieren mathematische Objekte oder ähnliches. Auch in *formalen* Argumenten werden Wörter und Symbole genutzt. Anders als in symbolischen Argumenten haben diese Darstellungen aber keinen semantischen Gehalt, sondern nur die Syntax ist entscheidend (Reid & Knipping, 2010, S. 141). Formale Argumente sind in der Schule eher unüblich.

Als Zwischenstufe zwischen symbolischen und formalen Argumenten werden *„manipulative"* Argumente benannt. Für solche Argumente ist charakteristisch, dass einige Symbole etwas repräsentieren und andere nicht. Wird beispielsweise die Äquivalenz von zwei algebraischen Ausdrücken begründet, haben die beiden Ausdrücke oftmals eine Bedeutung. Die Terme, die bei den Umformungen entstehen, sind wiederum ohne Interpretation und Bedeutung zu verwenden, sie sind „not representational" (Reid & Knipping, 2010, S. 141).

Mit ihrer Unterscheidung liefern Reid und Knipping (2010) eine feingliedrige Ausdifferenzierung von mathematischen Argumenten. Andere Wissenschaftlerinnen und Wissenschaftler unterscheiden gröber und fokussieren stärker auf die Gültigkeit der mathematischen Argumente.

Wittmann und Müller (1988) grenzen drei „Beweistypen" im Zusammenhang mit deren Repräsentationsform ab. Sie unterscheiden zwischen *experimentellen*, *inhaltlich-anschaulichen* und *formal-deduktiven* Beweisen. Wittmann und Müller (1988) beziehen sich dabei auf Branfords Überlegungen (1913), vor allem bei der Konzeption von inhaltlich-anschaulichen Beweisen. Experimentelle „Beweise" sind an Beispiele gebunden. Sie verdeutlichen und verifizieren eine mathematische Aussage für genau diese Beispiele. Daher sind solche experimentellen Beweise nicht allgemeingültig und werden in der Mathematik nicht als Beweis akzeptiert. Inhaltlich-anschauliche Beweise basieren dagegen „auf Konstruktionen und Operationen, von denen intuitiv erkennbar ist, daß sie sich auf eine ganze Klasse von Beispielen anwenden lassen und bestimmte Folgerungen nach sich ziehen" (Wittmann & Müller, 1988, S. 249). Inhaltlich-anschauliche Beweise stellen in der Regel eine allgemeingültige Verifikation dar. Sie stehen in einem Zusammenhang mit *operativen Beweisen*. Nach Wittmann (2014) haben operative Beweise folgende Charakteristika:

> „• *ergeben sich aus der Erforschung eines mathematischen Problems, insbesondere im Rahmen eines Übungskontextes, und klären einen Sachverhalt,*
>
> • *gründen auf Operationen mit „quasi-realen" mathematischen Objekten,*
>
> • *nutzen dazu die Darstellungsmittel, mit denen die Schüler auf der entsprechenden Stufe vertraut sind und*
>
> • *lassen sich in einer schlichten, symbolarmen Sprache führen.*" (H.i.O., Wittmann, 2014, S. 226)

Wittmann (2014) betont, dass vor allem die letzten beide Punkte entscheidend sind, da die Akzeptanz von Begründungen im Klassenraum sozial ausgehandelt wird. Als Beispiel für inhaltlich-anschauliche (bzw. operative) Beweise benennen Wittmann und Müller (1988) die Zerlegung von einer Trapezzahl, die in einem Punktemuster dargestellt ist, in Dreierspalten. Diese Zerlegung in Dreierspalten ist eine „universell anwendbare Operation" (Wittmann & Müller, 1988, S. 249) für Trapezzahlen und lässt somit Folgerungen für das Dreierrestverhalten der Trapezzahl zu. Operative Beweise benötigen oftmals zusätzliche Erläuterungen (vgl. Biehler & Kempen, 2016). Sie sind in der Regel nicht selbsterklärend und müssen interpretiert werden. Formal-deduktive oder auch symbolische Beweise basieren auf logischen Umformungen, wobei eine Aussage aus einer anderen hergeleitet wird (Wittmann & Müller, 1988). Solche Beweise sind in mathematischer Sprache, also der algebraischen Symbolsprache, oder formaler Sprache verfasst. Sie sind also formal und abstrakt.

Blum und Kirsch (1989, 1991) prägen den Begriff *präformale Beweise*, der im folgenden englischen Zitat sehr prägnant gefasst ist. In solchen Beweisen entsprechen die Schlüsse denen in korrekten formal-mathematischen Argumenten – eine prinzipielle Formalisierbarkeit der Beweisschritte ist somit gegeben (vgl. Biehler & Kempen, 2016). Sie definieren präformale Beweise wie folgt:

> „[…] we mean by a *preformal proof* a chain of correct, but *not formally represented conclusions* which refer to valid, *non-formal premises*. Particular examples of such premises include concretely given real objects, geometric-intuitive facts, reality-oriented basic ideas, or intuitively evident, 'commonly intelligible', 'psychologically obvious' statements [...]. The conclusions should succeed one another in their 'psychologically natural' order." (H.i.O., Blum & Kirsch, 1991, S. 187)

Insgesamt unterscheiden Blum und Kirsch folgende Beweise: Experimentelle „Beweise", präformale Beweise und formale Beweise (Blum & Kirsch, 1989, S. 203). Als präformale Beweise im obigen Sinne klassifizieren Blum und Kirsch (1989) handlungsbezogene Beweise (Kirsch, 1979) und inhaltlich-anschauliche Beweise. Dabei verstehen Blum und Kirsch (1989) inhaltlich-anschauliche Beweise laut eigener Aussage anders als Wittmann und Müller (1988), Semadeni (1984) folgend, da in ihrem Verständnis eine Formalisierbarkeit der Beweisschritte gegeben sein muss.

In den obigen Unterscheidungen von mathematischen Argumenten steht größtenteils die Repräsentation der Argumente im Vordergrund. Anders ist das bei der Klassifikation von Berlin (2010). Sie fokussiert auf den Umgang mit Beispielen und die Allgemeingültigkeit der mathematischen Argumente. Die Repräsentationsebenen werden dabei nur untergeordnet betrachtet. Basierend auf einer Typisierung von mathematischen Argumenten für die Grundschule (Schwarzkopf, 2003), hat Berlin (2010, S. 78 ff.) fünf „Argumentationstypen" für höhere Klassenstufen herausgearbeitet. Sie unterscheidet zwischen drei arithmetischen, einem prä-algebraischen und einem algebraischen Argument. Dabei ist entscheidend, wie Beispiele genutzt werden, ob ein Muster strukturell erkannt wird und ob und wie die Allgemeingültigkeit in den mathematischen Argumenten dargestellt wird. Berlin (2010, S. 78 ff.) unterscheidet folgende Argumente:

- „Arithmetisch-numerisch": Die Aussage wird mittels gegebener (Zahlen-)Beispiele überprüft.
- „Arithmetisch-konstruktiv": Die Aussage wird zusätzlich durch selbstgewählte (Zahlen-)Beispiele gestützt. Die Vorgehensweise wird also auf selbstgewählte Beispiele übertragen.
- „Arithmetisch-strukturell": Ein Muster wird beobachtet und die Allgemeingültigkeit dieses Musters an einem konkreten Beispiel erläutert.

- „Prä-algebraisch": Die Struktur des Musters und damit die mathematische Struktur der Aussage wird erfasst. Dabei wird die Allgemeingültigkeit verbal oder mithilfe von Gegenständen dargestellt.
- „Algebraisch": Die Struktur des Musters und damit die mathematische Struktur der Aussage wird erfasst. Dabei wird die Allgemeingültigkeit mittels algebraischer Symbolsprache und Operationen formal dargestellt.

Während die ersten beiden Typen von Argumenten handlungsbasiert sind und auf (Zahlen-)Beispiele beschränkt sind, wird beim dritten Typ „arithmetisch-strukturell" erstmalig ein Muster innerhalb der Beispiele beobachtet. Dennoch wird die Struktur der Aussage und damit die Allgemeingültigkeit nur bei „prä-algebraischen" und „algebraischen" Argumenten wirklich erfasst und genutzt. Nur diese beiden Typen von Argumenten sind somit allgemeingültig. Berlin betont, dass diese fünf Typen von Argumenten keine Stufung darstellen, sondern dass das konstruierte Argument von der eingenommenen Rahmung der Schülerinnen und Schüler abhängt. Gerade im Übergang von der Arithmetik zur Algebra ist diese Klassifizierung relevant und zeigt, dass es beim mathematischen Argumentieren in der Algebra entscheidend ist, mathematische Strukturen zu erfassen.

Zusammenfassung

In der Literatur gibt es verschiedene Klassifizierungen von mathematischen Argumenten, deren Abgrenzungen oftmals auf der Repräsentationsform der mathematischen Argumente basieren. In Tabelle 2.2 wird eine Gegenüberstellung von den oben beschriebenen Unterscheidungen von mathematischen Argumenten angestrebt. Basierend auf der detaillierten Aufgliederung von Reid und Knipping (2010) werden die Abgrenzungen der anderen Autorinnen und Autoren dem gegenübergestellt. Dabei können einzelne Elemente mehrfach zugeordnet werden. Beispielsweise kann die „symbolische" Repräsentationsebene von Bruner (1974) sowohl ein empirisches als auch ein generisches oder symbolisches Argument nach Reid und Knipping (2010) beschreiben.

Bei genauer Betrachtung der Tabelle 2.2 wird deutlich, dass sich die Abgrenzungen einerseits auf die verschiedenen *Repräsentationen* der mathematischen Argumente fokussieren. Dabei wird differenziert, ob mit enaktiven, ikonischen oder symbolischen Mitteln argumentiert wird (vgl. Bruner, 1974). Anderseits werden mathematische Argumente auch hinsichtlich ihrer *Generalität* unterschieden. Das heißt, ob sie empirisch, generisch oder strukturell sind (vgl. Reid & Knipping, 2010; Berlin, 2010). Es ergibt sich also ein Spannungsverhältnis zwischen der Repräsentation und der Generalität von mathematischen Argumenten im

Tabelle 2.2 Zusammenhang von Klassifizierungen mathematischer Argumente

Reid & Knipping (2010)	Bruner (1974)	Wittmann & Müller (1988)	Blum & Kirsch (1989)	Berlin (2010)
Empirical arguments	Enaktiv, ikonisch, symbolisch	Experimenteller Beweis	Experimentelle „Beweise"	Arithmetisch-numerisch, arithmetisch-konstruktiv
Generic arguments (concrete, pictorial, situational)	Ikonisch, (enaktiv)	Inhaltlich-anschaulicher Beweis	Präformale Beweise	Prä-algebraisch
Generic arguments (numeric)	Symbolisch			Arithmetisch-strukturell oder Prä-algebraisch
Symbolic arguments (narrative)	Symbolisch			Prä-algebraisch
Symbolic arguments	Symbolisch	Formal-deduktiver Beweis	Formale Beweise	Algebraisch

Mathematikunterricht, woraus im folgenden Kapitel eine eigene Unterscheidung von mathematischen Argumenten herausgearbeitet wird.

2.1.4 Unterscheidungen von mathematischen Argumenten in dieser Arbeit

In diesem Abschnitt wird der Zusammenhang zwischen den zwei Dimensionen *Generalität* und *Repräsentation* analysiert. Diese zwei Dimensionen wurden aus dem Vergleich von verschiedenen Klassifizierungen von mathematischen Argumenten aus der Literatur herausgearbeitet (Abschnitt 2.1.3). Die Unterscheidung von mathematischen Argumenten in dieser Arbeit entlang der beiden Dimensionen wird im Folgenden dargestellt. Bei der Unterscheidung von mathematischen Argumenten in dieser Arbeit wird sich an einzelnen Aspekten aus bereits bekannten Abgrenzungen orientiert, gleichzeitig aber eine neue, eigene *Unterscheidung entlang der Generalität und der Repräsentation von mathematischen Argumenten* gewählt, da diese beiden Dimensionen sich bei der Auseinandersetzung mit dem Forschungsstand als zentral herausgestellt haben (Abschnitt 2.1.3).

Zunächst wird in den folgenden Abschnitten die Generalität von mathematischen Argumenten beschrieben und in drei Stufen der Generalität ausdifferenziert: empirisch, generisch und strukturell. Anschließend werden fünf Repräsentationsebenen charakterisiert: enaktiv, ikonisch, symbolisch-arithmetisch, symbolisch-narrativ und symbolisch-algebraisch. Diese Repräsentationen werden mit den Stufen der Generalität in Verbindung gebracht und anhand von Beispielen veranschaulicht. Bei der Unterscheidung von mathematischen Argumenten hinsichtlich ihrer Repräsentation und ihrer Generalität ergeben sich elf verschiedene Formen von mathematischen Argumenten (vgl. Tabelle 2.3). Zusätzlich werden Widerlegungen, also Argumente mit Gegenbeispielen, als ein Spezialfall betrachtet.

Die Tabelle 2.3 kann einerseits zeilenweise, also hinsichtlich der Repräsentationsform von mathematischen Argumenten, oder spaltenweise, hinsichtlich ihrer Generalität, gelesen werden.

Ein Aspekt, der in dieser Arbeit zur Unterscheidung von mathematischen Argumenten herangezogen wird, ist die *Generalität*. Unter Generalität wird in dieser Arbeit der Bezug zu (Zahlen-)Beispielen und die Reichweite beziehungsweise die Gültigkeit von mathematischen Argumenten verstanden. Mathematische Argumente können empirisch, generisch oder strukturell sein (vgl. Reid & Knipping, 2010; Berlin, 2010). *Empirische* Argumente basieren auf (Zahlen-)Beispielen. Sie sind in der Regel nicht allgemeingültig, da die Beispiele keine allgemeine Klasse von Objekten repräsentieren (Reid & Knipping, 2010). Ausnahmen stellen Gegenbeispiele beim Widerlegen einer mathematischen Aussage dar. Sie widerlegen einen mathematischen Geltungsanspruch mit nur einem Zahlenbeispiel und stellen somit gültige Argumente dar (vgl. Abschnitt „Argumente mit Gegenbeispielen und Widerlegungen").

Generische Argumente basieren auf Beispielen anhand derer eine mathematische Struktur verdeutlicht wird. Sie sind daher oftmals allgemeingültig. Wenn den Lernenden bewusst ist, dass die durchgeführten Operationen nicht nur für die betrachteten, konkreten Objekte oder Zahlen angewandt werden können, sondern für eine bestimmte Klasse von Objekten (beispielsweise für alle ungeraden Zahlen), dann ergibt sich damit die Allgemeingültigkeit ihrer Beobachtungen beziehungsweise Vermutungen (Wittmann, 2014). Generische Argumente sind in der Regel nicht selbsterklärend.

Strukturelle Argumente sind dagegen losgelöst von konkreten (Zahlen-)Beispielen. Sie nutzen allgemeine mathematische Notationen oder Darstellungen, die mathematische Strukturen und Relationen für eine Klasse von Objekten repräsentieren. Strukturelle Argumente sind in der Regel allgemeingültig. Dabei ist jedoch zu beachten, dass beim Versuch solche mathematischen Argumente

Tabelle 2.3 Charakterisierung von mathematischen Argumenten

	Empirisch	Generisch	Strukturell
Enaktiv	Enaktiv-empirische Argumente	Enaktiv-generische Argumente	–
Ikonisch	Ikonisch-empirische Argumente	Ikonisch-generische Argumente	Ikonisch-strukturelle Argumente
Symbolisch-arithmetisch	Arithmetisch-empirische Argumente	Arithmetisch-generische Argumente	–
Symbolisch-narrativ	Narrativ-empirische Argumente	Narrativ-generische Argumente	Narrativ-strukturelle Argumente
Symbolisch-algebraisch	–	–	Algebraische Argumente

zu generieren auch Argumente mit Fehlern oder Lücken entstehen können. Das heißt, nicht immer ist der erste Versuch fachlich korrekt und gültig.

Als zweite Eigenschaft von mathematischen Argumenten werden verschiedene *Repräsentationsebenen* unterschieden. Eine Repräsentationsebene beschreibt, wie ein (mathematischer) Sachverhalt dargestellt ist. Basierend auf Bruner (1974) lassen sich enaktive, ikonische und symbolische Argumente unterscheiden (vgl. Abschnitt 2.1.3). Ausgehend von Reid und Knipping (2010) kann die symbolische Repräsentation in symbolisch-arithmetisch, symbolisch-narrativ und symbolisch-algebraisch ausdifferenziert werden. Diese Abgrenzung ist entscheidend und wird in dieser Arbeit verfolgt, um die hervorgebrachten Argumente von den Schülerinnen und Schülern unterscheiden zu können und didaktische Herausforderungen für Lehrkräfte herauszuarbeiten. Gerade im Übergang von der Arithmetik zur Algebra sollte unterschieden werden zwischen Argumenten, die Zahlen nutzen oder sprachlich dargestellt sind und solchen Argumenten, die formalisiert sind und Variablen nutzen. Auch gibt es Argumente, die aus einer Mischung von Wörtern, Zahlen, Darstellungen und Symbolen bestehen. Solche Argumente können mehreren Repräsentationsebenen zugeordnet werden.

Theoretisch wäre es auch möglich enaktive und ikonische Repräsentationen feiner zu unterteilen, beispielsweise in ikonisch-bildliche und ikonisch-situative Argumente (vgl. Reid & Knipping, 2010, S. 136 ff.). Eine solche Unterscheidung wird in dieser Arbeit aber nicht vorgenommen, da in dieser Arbeit der Umgang mit symbolischen Darstellungen in mathematischen Argumentationen im Übergang von der Arithmetik zur Algebra näher untersucht wird. Auch wird in der beforschten Lernumgebung auf Punktemuster als ikonische Repräsentationen fokussiert.

Insgesamt wird in dieser Arbeit also zwischen folgenden Repräsentationsebenen differenziert:

- enaktiv
- ikonisch
- symbolisch-arithmetisch
- symbolisch-narrativ
- symbolisch-algebraisch

Im Folgenden werden diese fünf Repräsentationsebenen charakterisiert, mit den Stufen der Generalität in Verbindung gebracht und anhand von beispielhaften Argumenten veranschaulicht. Die Aussage „Die Summe von einer geraden und einer ungeraden Zahl ist ungerade." wird als Beispiel herangezogen.

Enaktive Argumente

In *enaktiven* Argumenten wird eine mathematische Aussage handlungsorientiert präsentiert (vgl. Bruner, 1974). Durch Handlungen soll eine mathematische Aussage überprüft, bestätigt und/oder veranschaulicht werden. Beispielsweise werden in der Mathematik Plättchen genutzt (Wittmann, 2014). Diese können von den Schülerinnen und Schülern verschoben, umgelegt oder gruppiert werden, um mathematische Geltungsansprüche zu begründen.

Im Zusammenhang mit der Generalität lassen sich *enaktiv-empirische* und *enaktiv-generische* Argumente unterscheiden. In enaktiv-empirischen Argumenten werden konkrete Objekte als Beispiele genutzt, ohne allgemeine mathematische Strukturen abzuleiten. Beispielsweise wird bestätigt, dass die Summe von einer geraden und einer ungeraden Zahl ungerade ist, indem zwei Plättchen und drei Plättchen zusammengeschoben werden. Insgesamt hat man dann fünf Plättchen, was eine ungerade Anzahl bedeutet. Dabei ist die Anordnung der Plättchen nicht relevant.

Enaktiv-generische Argumente nutzen konkrete Zahlen oder Beispiele, anhand derer allgemeine mathematische Strukturen beschrieben werden, um mathematische Aussagen zu begründen. Bezogen auf die Summe von einer geraden und einer ungeraden Zahl, würde das bedeuten, dass ebenfalls zwei Plättchen und drei Plättchen zusammengeschoben werden – diese sind nun aber gruppiert (vgl. Abbildung 2.3 zur ikonischen Repräsentation). Dadurch kann herausgestellt werden, dass der erste Summand (gerade Zahl) in Zweierreihen aufteilbar ist und beim zweiten Summanden (ungerade Zahl) ein einzelnes Plättchen übrigbleibt. Schiebt man nun die Summanden zusammen, ergeben sich Zweierreihen und ein einzelnes Plättchen; also eine ungerade Zahl. Eine solche Argumentation ist enaktiv-generisch, da die allgemeinen mathematischen Strukturen anhand eines konkreten Beispiels beschrieben werden.

Enaktive Argumente können nicht strukturell sein, da Handlungen immer an konkrete Objekte und damit an Beispiele gebunden sind.

Ikonische Argumente

In *ikonischen* Argumenten werden bildliche Darstellungen genutzt. Es ist eine Abstraktion gegenüber der enaktiven Repräsentation erforderlich. Beispielsweise werden in ikonischen Argumenten die Plättchen visuell durch Pünktchen oder Kreise dargestellt. Solche Darstellungen werden in dieser Arbeit als *Punktemuster* bezeichnet.

In Bezug auf die Generalität werden *ikonisch-empirische, ikonisch-generische* und *ikonisch-strukturelle* Argumente unterschieden (vgl. Abbildung 2.3). Ikonisch-empirische Argumente repräsentieren konkrete Zahlenbeispiele, ikonisch-generische Argumente veranschaulichen mathematische Strukturen anhand solcher konkreter Zahlenbeispiele, während ikonisch-strukturelle Argumente mathematische Strukturen allgemein darstellen. Punktemuster können also als Demonstration der allgemein ausführbaren Operationen verstanden werden (Biehler & Kempen, 2016, S. 165).

Für die Summe von einer geraden und einer ungeraden Zahl bedeutet das, dass in einem ikonisch-empirischen Argument beispielsweise zwei und drei Punkte gezeichnet werden und die Summe mit fünf Punkten. Dabei können die Punkte ungruppiert oder in Zweierreihen gruppiert sein (Abbildung 2.3). Anders als bei der empirischen Repräsentation wird die Handlung, in diesem Fall die Addition, nur mental durchgeführt. Die Darstellung bestätigt, dass die Summe von zwei und drei fünf ist, also eine ungerade Zahl. Es wird durch ikonisch-empirische Argumente keine Generalität ausgedrückt.

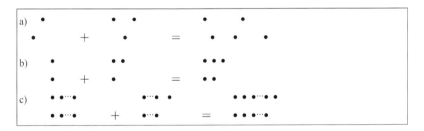

Abbildung 2.3 Ikonische Argumente zur Summe von einer geraden und einer ungeraden Zahl (a) ikonisch-empirisch, b) ikonisch-generisch, c) ikonisch-strukturell)

In einem ikonisch-generischen Argument werden in Zweierreihen gruppierte Punkte verwendet, um die mathematische Struktur von geraden und ungeraden Zahlen zu verdeutlichen (Abbildung 2.3). Ähnlich wie beim empirisch-generischen Argument kann so begründet werden, dass die Summe von einer geraden und einer ungeraden Zahl immer ungerade ist.

Ein ikonisch-strukturelles Argument ist losgelöst von einem konkreten Zahlenbeispiel. Beispielsweise stellt ein „allgemeines Punktemuster" ein ikonisch-strukturelles Argument dar. Dabei wird nun also nicht mehr die Summe von den Zahlen zwei und drei dargestellt. Das Punktemuster repräsentiert allgemein eine gerade und eine ungerade Zahl – die mathematische Struktur wird verdeutlicht unabhängig von spezifischen Zahlen. Dazu werden die Pünktchen in Zweierreihen gruppiert und durch „..." die beliebige Größe der Zahlen visualisiert (Abbildung 2.3). Es wird deutlich, dass die Summe von einer gerade und einer ungeraden Zahl immer ungerade ist, da bei der Summe ein Pünktchen nicht in die Zweierreihe gruppiert werden kann und die Summe somit eine ungerade Zahl sein muss.

Symbolisch-arithmetische Argumente

Symbolische Argumente basieren auf Wörtern oder Symbolen. Eine Form von symbolisch repräsentierten Argumenten sind symbolisch-arithmetische Argumente. In *symbolisch-arithmetischen* Argumenten (kurz: arithmetische Argumente) werden Zahlen und Operatoren genutzt, um mathematische Aussagen zu begründen.

Hinsichtlich ihrer Generalität lassen sich *arithmetisch-empirische* und *arithmetisch-generische* Argumente differenzieren. Arithmetisch-empirische Argumente sind in der Regel Zahlenbeispiele, die eine mathematische Aussage bestätigen. Ein arithmetisch-empirisches Argument für die Summe von einer geraden und einer ungeraden Zahl wäre beispielsweise „$2 + 3 = 5$". Ähnlich wie beim enaktiv- und ikonisch-empirischen Argument werden zwei und drei zusammenaddiert und fünf ist das Ergebnis. Dabei wird die Rechnung in diesem Fall numerisch in Form von Zahlen dargestellt. In arithmetisch-generischen Argumenten werden Zahlenbeispiele genutzt, um mathematische Strukturen zu veranschaulichen und mit ihnen zu argumentieren. Häufig werden solche Argumente auch als *generische Beispiele* bezeichnet (vgl. Mason & Pimm, 1984; Biehler & Kempen, 2016). Ein Beispiel ist generisch, wenn es nicht nur für ein konkretes (Zahlen-)Beispiel gilt, sondern für eine bestimmte Menge von Beispielen exemplarisch ist (Hefendehl-Hebeker & Schwank, 2015).

Möchte man zeigen, dass die Summe von einer geraden und einer ungeraden Zahl immer ungerade ist, könnten, basierend auf dem obigen Beispiel „$2 + 3 = 5$", die mathematischen Strukturen herausgestellt werden und somit ein allgemeingültiges Argument konstruiert werden. Dazu muss die Struktur von (un-) geraden Zahlen verwendet werden: Gerade Zahlen sind als Produkt mit dem Faktor zwei darstellbar, bei ungeraden Zahlen bleibt der Rest eins. Also kann man beispielsweise auch „$2 + 3 = (2 \cdot 1) + (2 \cdot 1 + 1)$" schreiben. Diese Gleichung drückt aus, dass der erste Summand, in diesem Fall zwei, gerade ist und der zweite Summand, in diesem Fall drei, ungerade ist. Wird dieser Term nun wieder umgeformt zu „$2 + 3 = (2 \cdot 1) + (2 \cdot 1 + 1) = 2 \cdot 2 + 1$" (weitere Zwischenschritte sind möglich), wird deutlich, dass die Summe immer ungerade sein muss. Es ist hier also nicht mehr relevant, dass die Summe fünf ist, sondern es wird auf die mathematische Struktur und die Charakteristika der Summe fokussiert. Arithmetische Argument können nicht strukturell sein, da sie immer an Zahlen, also Beispiele, gebunden sind.

Die Unterscheidung, ob ein Zahlenbeispiel exemplarisch (arithmetisch-empirisch) oder generisch (arithmetisch-generisch) ist, ist teilweise nicht eindeutig und hängt von der individuellen Deutung und Interpretation des mathematischen Arguments ab. Der oder die Leserin muss das Generische in das Beispiel hineininterpretieren und verstehen, wie sich das Prinzip auf andere Zahlen übertragen lässt. Die kann eine Herausforderung darstellen (Biehler & Kempen, 2016, Kempen, 2019). Andernfalls kann die Struktur des Beispiels nicht für eine Argumentation genutzt werden und das mathematische Argument ist nicht allgemeingültig.

Symbolisch-narrative Argumente

Symbolisch-narrative Argumente (kurz: narrative Argumente) nutzen Wörter, also Sprache, um mathematische Aussagen zu bestätigen oder zu begründen. Dabei repräsentieren Wörter mathematische Objekte und es werden mathematische Beziehungen auf einer sprachlichen Ebene ausgedrückt.

Im Zusammenhang mit der Generalität lassen sich *narrativ-empirische, narrativ-generische* und *narrativ-strukturelle* Argumente unterscheiden. Narrativ-empirische Argumente sind versprachlichte Zahlenbeispiele. In Bezug auf die Summe von einer geraden und einer ungeraden Zahl könnte ein narrativ-empirisches Argument wie folgt lauten: „Wenn ich zwei und drei addiere, kommt fünf raus. Daher ist die Summe ungerade.". Bei narrativ-generischen Argumenten wird eine Kommentierung bezüglich der mathematischen Struktur der Zahlenbeispiele ergänzt, um mathematische Zusammenhänge zu begründen oder Relationen zu verdeutlichen. Beispielsweise könnte wie folgt argumentiert werden:

> „Wenn ich eine gerade Zahl, wie bspw. zwei, und eine ungerade Zahl, wie bspw. drei addiere, kommt eine ungerade Zahl, in diesem Fall fünf, raus. Das ist so, weil man jede ungerade Zahl zu einer geraden Zahl plus eins umformen kann. Also ist drei auch zwei plus eins. Addiert man zwei gerade Zahlen, in diesem Fall zwei plus zwei, ist das Ergebnis gerade, in diesem Fall vier. Nun muss man noch das übrige plus eins von der Drei zu der entstandenen geraden Zahl addieren und damit ist das Ergebnis ungerade. Daher ist die Summe von einer geraden und einer ungeraden Zahl immer ungerade."

Narrative Argumente können aber auch losgelöst von konkreten Zahlenbeispielen sein und werden dann als narrativ-strukturelle Argumente bezeichnet, wie beispielsweise das folgende Argument verdeutlicht:

„Gerade Zahlen sind Zahlen, die durch zwei geteilt werden können. Ungerade Zahlen lassen den Rest eins, wenn man sie durch zwei teilt. Man kann ungerade Zahlen also zu einer geraden Zahl plus eins umformen. Also kann man die Summe von einer ungeraden und einer geraden Zahl zu der Summe von zwei geraden Zahlen plus eins umformen. Zwei gerade Zahlen haben den gemeinsamen Faktor zwei. Ein einzelner bleibt immer übrig. Daher ist die Summe von einer geraden und einer ungeraden Zahl immer ungerade."

Narrativ-generische und narrativ-strukturelle Argumente können also ähnlich formuliert sein.

Symbolisch-algebraisch Argumente

In *symbolisch-algebraischen* Argumenten (kurz: algebraische Argumente) wird die algebraische Symbolsprache zum mathematischen Argumentieren genutzt. Es wird mit Zahlen, Variablen und Operatoren argumentieren. Dabei haben die Symbole in solchen Argumenten eine Bedeutung und repräsentieren mathematische Objekte. In diesem Zusammenhang ist es erforderlich, dass die Schülerinnen und Schüler abstrahieren und formalisieren. Weitere didaktische Implikationen finden sich in Abschnitt 2.1.5 sowie in Kapitel 3. In diesem Abschnitt wird zunächst auf die Unterscheidung von mathematischen Argumenten fokussiert.

Anders als bei den zuvor beschriebenen Repräsentationsformen gibt es keine algebraisch-empirischen oder algebraisch-generischen Argumente. Durch die Verwendung von Variablen sind algebraische Argumente in der Regel nicht an Beispiele gebunden, sondern allgemein. Daher gibt es nur *algebraisch-strukturelle* Argumente, welche in dieser Arbeit auch kurz als algebraische Argumente bezeichnet werden. Durch die Nutzung der algebraischen Symbolsprache wird eine mathematische Struktur ausgedrückt und für eine Begründung herangezogen. Ein algebraisches Argument zur Begründung, dass die Summe von einer geraden und einer ungeraden Zahl immer ungerade ist, könnte beispielsweise wie folgt aussehen: „$2 \cdot x + 2 \cdot y + 1 = 2 \cdot (x+y) + 1$". Ähnlich wie beim arithmetisch-generischen Argument werden in diesem Argument die mathematischen Strukturen von (un-)geraden Zahlen und Umformungen von Termen genutzt, um die mathematische Aussage zu begründen. Statt zwei und drei als Summanden zu nehmen, wird mit Variablen gearbeitet. Die beiden Summanden repräsentieren eine gerade beziehungsweise eine ungerade Zahl. Der Term „$2 \cdot (x+y) + 1$", also die Summe, stellt eine ungerade Zahl dar. Bei algebraischen Argumenten ist also eine Interpretation der Terme erforderlich.

Argumente mit Gegenbeispielen und Widerlegungen

Ein besonderer Fall sind Argumente mit Gegenbeispielen, also Widerlegungen durch Gegenbeispiele. Betrachtet man beispielsweise die falsche Aussage „Die Summe von zwei geraden Zahlen ist ungerade.", kann diese Aussage durch das Gegenbeispiel „2 + 4 = 6" widerlegt werden. Zwei und vier sind gerade Zahlen, aber deren Summe ist sechs, also gerade. Die Aussage kann somit durch ein einziges Gegenbeispiel gültig widerlegt werden.

Das Gegenbeispiel kann in solchen Widerlegungen verschieden repräsentiert sein – mit Plättchen, Punktemustern, Zahlen oder verbal. Solche Argumente kön nen also enaktiv, ikonisch oder auch symbolisch-arithmetisch beziehungsweise symbolisch-narrativ sein.

Hinsichtlich der Generalität ist keine eindeutige Einordnung solcher Argumente möglich. Mithilfe von einem Gegenbeispiel kann gezeigt werden, dass eine allgemeine mathematische Aussage falsch ist. Ein Beispiel kann also allgemeingültig widerlegen. Trotzdem sind Gegenbeispiele nicht strukturell, da sie auf einem Beispiel basieren und strukturelle Argumente losgelöst von konkreten (Zahlen-)Beispielen sind. Sie sind aber mehr als empirische Argumente, da ihre Aussagekraft größer ist als die von einem exemplarischen Beispiel. Dennoch sind sie nicht generisch, verdeutlichen keine mathematischen Strukturen und sind nur bedingt auf andere Zahlenbeispiele übertragbar. In dieser Arbeit werden Argumente mit Gegenbeispielen und Widerlegungen daher als gesonderte Kategorie von mathematischen Argumenten klassifiziert. Sie basieren auf Beispielen, ohne mathematische Strukturen zu verdeutlichen, stellen aber gültige Argumente dar.

In dem folgenden Kapitel werden didaktische Implikationen und die Relevanz von den zuvor beschriebenen mathematischen Argumenten für den Mathematikunterricht herausgearbeitet.

2.1.5 Relevanz für den Mathematikunterricht und didaktische Implikationen

Im Folgenden wird die Bedeutung von mathematischen Argumenten (vgl. Tabelle 2.3) für den Mathematikunterricht mit Bezug zum Forschungsstand dargestellt.

Hinsichtlich der *Generalität* sind die Argumente in Tabelle 2.3 von links nach rechts immer mehr von (Zahlen-)Beispielen gelöst: Empirisch, generisch, strukturell. Dennoch kann in diesem Kontext nur bedingt von einer Stufung gesprochen werden, da laut Berlin (2010) das hervorgebrachte Argument von der eingenommenen Rahmung der Schülerinnen und Schüler abhängt. Gleichzeitig ist die

Akzeptanz von mathematischen Argumenten abhängig von der mathematischen Community (vgl. Knipping, 2003; Wittmann, 2014), in diesem Fall der Klassengemeinschaft. Ob beispielsweise arithmetisch-generische Argumente akzeptiert werden oder etwa algebraische Argumente eingefordert werden, kann in verschiedenen Klassen(-stufen) variieren. Im Allgemeinen werden empirische Argumente nicht als gültige mathematische Argumente betrachtet, da sie sich nur auf einzelne Beispiele beziehen und daher keine allgemeinen mathematischen Aussagen begründen können.

Mason (1996) beschreibt, dass Lernende einem schrittweisen Lernprozess folgen können, um allgemeingültige Argumente mittels algebraischer Symbolsprache konstruieren zu können. Diese Schritte stehen mit der Generalität von mathematischen Argumenten in Verbindung (empirisch-generisch-strukturell). Das heißt, ausgehend von konkreten arithmetischen Beispielen und der Analyse der Struktur dieser Beispiele, können strukturelle Argumente unter Nutzung der algebraischen Symbolsprache entwickelt werden. Lehrkräfte können unterstützen, das Allgemeine im Spezifischen zu entdecken und reichhaltige Lerngelegenheiten schaffen (vgl. Swafford & Langrall, 2000). Der Blick auf die Struktur und die Beziehungen in konkreten Beispielen führt für das algebraische Denken zu wichtigen Denkhandlungen, wie beispielsweise dem Strukturieren, dem Verallgemeinern und dem Abstrahieren (vgl. Fischer, Hefendehl-Hebeker & Prediger, 2010; Abschnitt 2.4.1). Weitere Ansätze stützen die These, dass algebraisches Denken ausgehend von der Analyse der Struktur von Zahlenbeispielen angebahnt werden kann (vgl. Berlin, Fischer, Hefendehl-Hebeker & Melzig, 2009; Siebel, 2010) und Lernende somit zu generischen oder strukturellen Argumenten geführt werden können (vgl. Kapitel 3).

Auch Krumsdorfs (2009) Prinzip *„Beispielgebundenes Beweisen"* ist nach einem ähnlichen Schema aufgebaut, wie Masons Beschreibung des Lernprozesses von Schülerinnen und Schülern. Die Schülerinnen und Schüler werden beim „Beispielgebundenen Beweisen" zunehmend aufgefordert, sich von (Zahlen-) Beispielen zu lösen, um die mathematischen Strukturen und die Allgemeingültigkeit der Aussage zu erkennen und darzustellen. Dabei argumentieren die Lernenden zunächst in Umgangssprache und werden immer mehr an die mathematische Fachsprache herangeführt. Gleichzeitig weist Krumsdorf (2009) daraufhin, dass zu viele Beispiele die Lernenden vom beispielgebundenen Beweisen abhalten können. Daher ist es gewinnbringend, den Fokus im Mathematikunterricht auf wenige Beispiele und deren strukturelle Merkmale zu legen.

In Bezug auf die *Repräsentationsform* steigen die Anforderungen an Schülerinnen und Schüler vom Enaktiven über das Ikonische hin zum Symbolischen, da immer weiter abstrahiert, mathematisiert und formalisiert wird (vgl. Bruner,

1974; Wittmann, 2014). In diesem Sinne kann von einer Stufung der mathematischen Argumente gesprochen werden. Algebraische Argumente stellen daher keinen angemessenen Einstieg in das mathematische Argumentieren dar (vgl. Britt & Irwin, 2008; Dreyfus, Nardi & Leikin, 2012; Mason, 1996). Enaktive Argumente können dagegen schon in der Grundschule genutzt werden: „Plättchen sind im Bereich der Grundschule ein fundamentales Darstellungsmittel." (Wittmann, 2014, S. 214). Die durch den Umgang mit Plättchen entstandenen Argumente lassen sich in höheren Klassenstufen algebraisch formulieren. Daher sind Aktivitäten mit Plättchen eine gute Vorbereitung für die Algebra (Wittmann, 2014). Im Übergang von der Arithmetik zur Algebra kann immer weiter abstrahiert werden. Gleichzeitig ist der händische Umgang mit Plättchen in der 8. Klasse nicht mehr altersgemäß. Daher wird in dieser Studie vor allem auf ikonische und symbolische Argumente fokussiert.

Eine Stufung von ikonischen Argumenten (bzw. operativen Beweisen) und algebraischen Argumenten ist aber nicht genuin gegeben: „Zwischen operativen und formalen Beweisen besteht bei genauerer Betrachtung kein grundsätzlicher Unterschied, sondern nur ein Unterschied in den eingesetzten Mitteln." (Wittmann, 2014, S. 226). Operative, anschauliche Argumente basieren auf Darstellungen von mathematischen Objekten, wie beispielsweise Punktemustern, und Operationen mit diesen Objekten. Diese Objekte werden dagegen in algebraischen Argumenten (formal-deduktiven Beweisen) mit der algebraischen Symbolsprache beschrieben und es wird auf der symbolischen Ebene mit ihnen operiert, unabhängig von Beispielen (vgl. ebd.).

Operative und formale-deduktive Beweise können im Mathematikunterricht also aus mathematikdidaktischer Perspektive als gleichwertig betrachtet werden. Für Schülerinnen und Schüler stellt die Abstraktion und der Umgang mit algebraischer Symbolsprache in der Regel eine Herausforderung dar (Kieran, 2020), anders als bei Expertinnen und Experten in der Fachdisziplin Mathematik. Deswegen fordern Wittmann und Müller „eine Loslösung von formalen, deduktiv durchorganisierten Darstellungen der für die Schule relevanten elementarmathematischen Gebiete zugunsten inhaltlich-anschaulicher Darstellungen" (Wittmann & Müller, 1988, S. 254). Aber auch ikonische Argumente müssen von Schülerinnen und Schülern erlernt werden (Biehler & Kempen, 2016). Zusammengefasst lässt sich ein unterschiedlicher Abstraktionsgrad und damit auch Schwierigkeitsgrad für Schülerinnen und Schüler in den verschieden repräsentierten Argumenten identifizieren (vgl. Wittmann & Müller, 1988), auch wenn die Gültigkeit der Argumente vergleichbar sein kann.

Nicht die Repräsentation eines mathematischen Arguments entscheidet also über seine Gültigkeit, sondern der Inhalt der Argumente. Auch Leiß und Blum

(2010) heben hervor, dass die Überzeugungs- und Aussagekraft von einem mathematischen Argument nicht vom Grad der Formalisierung und damit auch nicht von der Repräsentation des Arguments abhängt. „Vielmehr sind schlüssige mathematische Begründungen auf verschiedenen Darstellungsebenen möglich." (Leiß & Blum, 2010, S. 37). Daher sind in der Schule gerade verschiedene Repräsentationsformen von mathematischen Argumenten geeignet, um mathematische Argumentationen einzuführen (vgl. Meyer & Prediger, 2009). Verschieden repräsentierte Argumente können akzeptiert werden, solange die Argumente inhaltlich schlüssig sind und somit gültige mathematische Argumente darstellen. Auch können unterschiedliche Repräsentationsformen gleichzeitig in einem mathematischen Argument genutzt werden. Beispielsweise kann bei einem generischen Argument mit einer Plättchen-Darstellung eine zusätzliche sprachliche Erklärung die mathematische Struktur verdeutlichen.

Auch kann, wenn unterschiedliche Repräsentationsformen im Mathematikunterricht etabliert sind, ein *Vergleich von mathematischen Argumenten* gewinnbringend eingesetzt werden. Pinkernell (2011) stellt heraus, dass sich der Vergleich von verschieden repräsentierten Argumenten dazu eignet, strukturelle Gemeinsamkeiten herauszuarbeiten und damit das Argumentationsverständnis von Schülerinnen und Schüler zu fördern. Gleichzeitig kann eine Übersetzung einer Begründung in eine andere Repräsentation dazu genutzt werden, um Schülerinnen und Schüler an das selbstständige Begründen und das mathematische Argumentieren heranzuführen (ebd.).

Das Überprüfen von korrekten mathematischen Aussagen und auch falsche Aussagen können in den Mathematikunterricht integriert werden, um Schülerinnen und Schülern Erfahrungen in Bezug auf die Gültigkeit und Reichweite von Geltungsansprüchen zu ermöglichen. Dabei sind auch Gegenbeispiele und Widerlegungen von mathematischen Aussagen bedeutsam (vgl. Komatsu & Jones, 2022; Zazkis, Liljedahl & Chernoff, 2008; Harel & Sowder, 1998). In solchen Prozessen benötigen Schülerinnen und Schüler eine Anleitung durch Lehrkräfte, um die mathematischen Konventionen und Normen zu entdecken (Bieda, 2010). Beispielsweise, dass ein einzelnes Gegenbeispiel ausreicht, um eine mathematische Aussage zu widerlegen.

Besonders interessant und relevant erscheint es, in dieser Arbeit einen Fokus auf generische und strukturelle mathematische Argumente in den verschiedenen Repräsentationen zu legen und darauf, wie Lehrkräfte zugehörige Argumentationsprozesse begleiten. Solche Argumente können bei Aufgabenanlässen im Übergang von der Arithmetik zur Algebra beim mathematischen Argumentieren genutzt werden. In Abschnitt 2.4.6 wird spezifisch auf mathematische Argumente

im Übergang von der Arithmetik zur Algebra fokussiert und es werden sogenannte „strukturorientierte Argumente" diskutiert. Im folgenden Abschnitt wird
die Relevanz von generischen Argumenten weiter ausgeführt.

Relevanz und Bedeutung von generischen Argumenten im Mathematikunterricht
Generische Argumente sind nicht an bestimmte Repräsentationen gebunden
(Biehler & Kempen, 2016, vgl. Tabelle 2.3), obgleich in der Regel auf die
Nutzung von algebraischer Symbolsprache verzichtet wird. Ausgehend von
generischen Argumenten können wiederum strukturelle Argumente entwickelt
werden, in denen die algebraische Symbolsprache genutzt wird (Mason & Pimm,
1984; Mason, 1996; Dreyfus et al., 2012; Kempen & Biehler, 2020). Somit
können generische Argumente im Mathematikunterricht als „didaktische Zwischenstufe" in Vorbereitung auf algebraische Argumente dienen (Biehler &
Kempen, 2016, S. 168). Auch Wittmann (2014) bestätigt, dass viele operative
Beweise der Grundschule später algebraisch ausgedrückt werden können. Generische Argumente stellen somit eine gute Vorbereitung für die Algebra dar und
können den Übergang von der Arithmetik zur Algebra erleichtern. Im Unterricht ist es gewinnbringend, wenn neben strukturellen Argumenten verschieden
repräsentierte generische Argumente integriert werden.

Beispielsweise betonen Hefendehl-Hebeker und Schwank (2015) in Bezug
auf generische Repräsentationen, dass es wichtig sei, verschiedene „gedanken-
förderliche Darstellungsmittel einzusetzen und dabei Kinder an arithmetische
Überlegungen dieser Art heran zu führen" (Hefendehl-Hebeker & Schwank, 2015,
S. 94). Dabei wird neben „der Übung im arithmetischen Denken eine wichtige
Grundlage für die Entwicklung des algebraischen Denkens [...] wie auch für ihre
Entwicklung eines Funktionsverständnisses" (Hefendehl-Hebeker & Schwank,
2015, S. 94) gelegt. Generische Argumente stellen Lerngelegenheiten für das
selbstständige Konstruieren von Argumenten, aber auch das Nachvollziehen von
Argumenten dar (Leron & Zaslavsky, 2013).

Gleichzeitig sind Repräsentationen der generischen Argumente nicht „selbs-
tevident" (Biehler & Kempen, 2016, S. 146). Das heißt, die Schülerinnen und
Schüler müssen die Darstellungen zunächst interpretieren und den Umgang mit
ihnen lernen. Daher sollte im Mathematikunterricht auf gut ausgewählte Repräsentationen und Darstellungen fokussiert werden. Auch Meyer und Voigt (2009)
bestätigen, dass es eine Herausforderung für Schülerinnen und Schüler ist, das
Allgemeine im Konkreten zu sehen. Mathematische Strukturen zu erfassen ist in
der Regel nicht einfach. Auch haben Schülerinnen und Schüler beim sprachlichen
Ausdruck des Allgemeinen teilweise Schwierigkeiten. Wird zu schnell in eine
algebraische Darstellung gewechselt, können einige Schülerinnen und Schüler

diese gegebenenfalls nicht mehr mit den eigenen Erfahrungen verbinden. Daher ist es laut Meyer und Voigt (2009) sinnvoll, im Mathematikunterricht zunächst auch Umgangssprache zu erlauben.

Besonders relevant im Übergang von der Arithmetik zur Algebra sind **ikonisch-generische Argumente mit Punktemustern.** Kempen und Biehler (2020, S. 13) heben hervor, dass „figurierte Zahlen", die in dieser Arbeit als „Punktemuster" bezeichnet werden, den Übergang von der Arithmetik zur Algebra erleichtern können und zu einem bedeutungsvollen Umgang mit Variablen beitragen können. Dabei verorten sie die Punktemuster im Zusammenspiel von Algebra, Arithmetik und Geometrie (Kempen & Biehler, 2020).

Der Gebrauch von Punktemustern kann aber nicht nur als Hilfe für die Lernenden oder gar als „einfache Mathematik" angesehen werden (Kempen & Biehler, 2020). Auch der Umgang mit figurierten Zahlen muss zunächst gelernt werden, da diese eben nicht selbsterklärend sind: „The explanatory quality of such 'pictures' or 'proofs' has to be considered as an 'offer' and not as a 'present'." (Kempen & Biehler, 2020, S. 14). Vorerfahrungen der Schülerinnen und Schüler sind entscheidend, um mit figurierten Zahlen arbeiten zu können und diese zu verstehen (ebd.).

Die Interpretation von Punktemustern ist individuell und kann bei verschiedenen Schülerinnen und Schülern unterschiedlich sein (Rivera & Becker, 2008; Kempen & Biehler, 2020). Das bedeutet wiederum, dass im Unterrichtsgespräch potenziell unterschiedliche Interpretationen von Schülerinnen und Schülern aufeinandertreffen, was Lehrkräften bewusst sein sollte. Schülerinnen und Schüler entwickeln ad hoc eine eigene Interpretation eines Punktemusters. Wenn sie in Klassengesprächen auf andere Interpretationen treffen, stellt es eine Herausforderung für die meisten Schülerinnen und Schüler dar, ihr initiale Deutung zu verändern und das Punktemuster auf eine andere Weise zu interpretieren (Kempen & Biehler, 2020). Lehrkräfte können Aushandlungsprozesse über verschiedene Deutungen in Unterrichtsgesprächen initiieren und reichhaltige Lerngelegenheiten für Schülerinnen und Schüler schaffen.

Wittmann (2014) unterstreicht die Relevanz von Darstellungen ohne algebraische Symbolsprache, wie etwa Punktemuster:

„Für den Mathematikunterricht sind nichtsymbolische Darstellungen mathematischer Objekte unverzichtbar, da sie eine leicht zugängliche ‚Quasi-Realität' verkörpern. Muster werden gewissermaßen ‚sichtbar', wenn zu ihrer Beschreibung Darstellungsmittel wie Plättchen, die Zahlengerade, die Stellentafel, Rechnungen mit Zahlen oder Konstruktionen geometrischer Figuren benutzt werden." (Wittmann, 2014, S. 227)

Dennoch sind diverse Schwierigkeiten bei der Arbeit mit Punktemustern zu bewältigen: „Welche geometrische Repräsentation ist in der Aufgabe angemessen? Welche Operation ist passend und zielführend? Welche Umformungen führen zur Konklusion? Welche geometrische Konstellation soll durch diese Umformungen erreicht werden?" (Kempen & Biehler, 2020, S. 7, eigene Übersetzung und Zusammenfassung). Alle diese Fragen müssen zusätzlich zur eigentlichen mathematischen Aufgabe beantwortet werden. Wenn Punktemuster in den Mathematikunterricht eingebunden werden, ist es die Lehrkraft, die Schülerinnen und Schüler bei diesen Herausforderungen unterstützen kann und eine angemessene Rahmung solcher Argumentationsprozesse herstellen kann.

In ihren Studien mit Lehramtsstudierenden haben Kempen und Biehler (zusammengefasst in Kempen & Biehler, 2020, S. 11 ff.; vgl. Kempen, 2019) folgende Ergebnisse gewonnen: Die Studierenden haben oftmals Probleme figurierte Zahlen, also Punktemuster, beim Beweisen zu interpretieren und in eigene Beweise zu integrieren. Die Probleme werden von den Studierenden damit begründet, dass einerseits der Darstellungswechsel vom mathematischen Problem hin zu einem Punktmuster eine Herausforderung ist. Andererseits basieren diese Schwierigkeiten laut Kempen und Biehler (2020) darauf, dass die Studierenden in ihrer Schullaufbahn nur selten (oder gar nicht) mit Punktemustern (figurierten Zahlen) konfrontiert wurden. Ihnen fehlen somit Erfahrungen im Umgang mit Punktemustern. Daher ist es nicht erstaunlich, dass algebraische Argumente und formale Beweise für die Lehramtsstudierenden mehr überzeugend und erklärend wirken als generische Beweise mit Punktemustern. Vor diesem Hintergrund ist es nachvollziehbar, dass in der Untersuchung von Brunner (2014b) nur etwa in einem Drittel der deutschsprachigen Klassen generische Argumente genutzt werden. Es stellt für Lehrkräfte vermutlich eine enorme Herausforderung dar, Punktemuster in ihren eigenen Unterricht zu integrieren. Gleichzeitig können reichhaltige Lerngelegenheiten durch die Einbindung von ikonisch-generischen Argumenten entstehen.

Auch **arithmetisch-generische Argumente** bieten eine Chance mathematisches Argumentieren im Übergang von der Arithmetik zur Algebra zu forcieren. Wie bereits erwähnt, stellen solche Argumente eine Möglichkeit dar, basierend auf Zahlenbeispielen mathematische Strukturen zu analysieren und für mathematische Argumente zu nutzen. Ausgehend von solchen *generischen Beispielen* können dann strukturelle Argumente unter Nutzung der algebraischen Symbolsprache entwickelt werden (Mason, 1996; Berlin et al., 2009; Siebel, 2010; Krumsdorf, 2009). Beim Wechsel von einem arithmetisch-generischen Argumente hin zu einem algebraischen Argument müssen die Zahlen sinnvoll durch Variablen ersetzt werden. Beispielsweise kann ausgehend von der Gleichung

„2 + 3 = (2·1) + (2·1 + 1) = 2·2 + 1" die Gleichung „2·x + 2·y + 1 = 2 · (x+y) + 1" entwickelt werden. In beiden symbolischen Darstellungen wird die Struktur von (un-)geraden Zahlen verdeutlicht und für das mathematische Argument verwendet. Dennoch bedarf es bei dem arithmetisch-generischen Argument einer Erklärung hinsichtlich der Allgemeingültigkeit, wohingegen das algebraische Argument bereits generalisiert ist.

Insgesamt zeigt sich, dass generische Argumente eine Fülle an *Vorteilen im Mathematikunterricht* haben. Biehler und Kempen (2016) benennen diesbezüglich folgende Aspekte: Einerseits werden Argumentationsprozesse für die Schülerinnen und Schüler zugänglich gemacht, was „auch die Erkundung des Sachverhalts und das Aufstellen von Vermutungen umfasst" (Biehler & Kempen, 2016, S. 168). Andererseits kann die mathematische Idee hinter dem mathematischen Argument sichtbar werden und somit zu einem tieferen Verständnis bei den Schülerinnen und Schülern führen. Anknüpfend an generische Argumente kann eine „mögliche sinnstiftende Nutzung" (Biehler & Kempen, 2016, S. 168) der algebraischen Symbolsprache etabliert werden. Nach Wittmann (2014) können generische Argumente dazu dienen, mathematische Objekte zu verstehen. Bei der Arbeit mit generischen Argumenten kann exploriert werden, wie mathematische Objekte „*konstruiert werden und wie sie sich verhalten, wenn auf sie Operationen (Handlungen, Konstruktionen, Transformationen, ...) angewandt werden.*" (H.i.O., Wittmann, 2014, S. 228)

Generische Argumente können also vielfältig im Mathematikunterricht genutzt werden und haben ein großes didaktisches Potential. Auch Wittmann (2014) hebt mit seinem „*operativen Prinzip*" hervor, wie generische Argumente (bei ihm operative Beweise) gewinnbringend in den Mathematikunterricht integriert werden können, um mathematische Objekte zu erforschen.

> „*Daher müssen die Lernenden systematisch angeleitet werden,*
>
> *(1) die Operationen, die man auf die Objekte anwenden kann, in ihrer Gesamtstruktur zu erforschen,*
>
> *(2) dabei herauszufinden, welche Eigenschaften den Objekten durch die Konstruktion aufgeprägt werden,*
>
> *(3) und unter der Leitfrage ‚Was geschieht, wenn ...?' zu beobachten, welche Wirkungen die Operationen auf die Eigenschaften und Beziehungen haben.*" (H.i.O., Wittmann, 2014, S. 228)

Für die Implementation in den Mathematikunterricht bedeutet dies, dass Lernende mit dem operativen Prinzip aktiv mathematische Objekte „erforschen", um ebendiese verstehen zu können. Bei der Konstruktion von operativen Beweisen sollte eine Beweisidee zu Beginn der Lernumgebungen nicht präsent sein. Beispielsweise können mathematische Muster in Rechnungen eingebettet sein, diese beobachtet und daraufhin begründet werden (vgl. Wittmann, 2014; Kapitel 3).

In mathematischen Argumenten ist eine Dualität bezüglich der Deutung von mathematischen Objekten inhärent, welche in Abschnitt 2.4.2 dieser Arbeit fokussiert wird. An dieser Stelle soll nur angedeutet werden, dass sich diese Dualität auch in den generischen Argumenten wiederspielt. Schwarzkopf (2015) hebt auf Basis von Überlegungen von Steinbring (2000) hervor, dass „sich mathematisches Wissen in einer Spanne zwischen zwei Polen" (Schwarzkopf, 2015, S. 34) entwickelt. Einerseits werden mathematische Objekte mit konkreten Objekten als Gegenstände repräsentiert und der handelnde Umgang steht im Vordergrund. In der enaktiven Repräsentation sind die Objekte dabei sogar anfassbar, wohingegen die Objekte in der ikonischen Repräsentation visuell dargestellt werden und mentale Operationen durchgeführt werden. Anderseits wird eine „relationale Allgemeinheit" (Schwarzkopf, 2015, S. 34) ausgedrückt, wobei mathematische Strukturen zwischen den Objekten fokussiert werden. Diese allgemeine Struktur kann wiederum auch in algebraischer Symbolsprache dargestellt werden. „Eine fruchtbare *Lernchance* kann nur dann entstehen, wenn eine *Balance* zwischen diesen beiden Polen der mathematischen Wissensentwicklung hergestellt wird." (H.i.O., Schwarzkopf, 2015, S. 34). Die Lehrkraft kann eine solche Balance im Mathematikunterricht herstellen und dabei auch einen Austausch über Deutungen anstoßen. Wie Argumentationsprozesse im Mathematikunterricht eingebunden werden und ablaufen können, wird im folgenden Kapitel beschrieben.

2.2   Argumentationen als soziale Prozesse im Mathematikunterricht

Im folgenden Kapitel werden mathematische Argumentationen als soziale Prozesse fokussiert. Während im vorherigen Kapitel nach der Begriffsklärung und Abgrenzung zwischen „mathematischen Argumenten" und „mathematischen Argumentationen" auf die mathematischen Argumente als Produkte fokussiert wurde, sollen nun mathematische Argumentationen und damit einhergehende Aushandlungsprozesse im Mathematikunterricht betrachtet werden. Solche Prozesse sind von besonderer Relevanz für das Lernen im Mathematikunterricht.

Lernen kann aus unterschiedlichen Perspektiven betrachtet werden. Krummheuer und Brandt (2001, S. 13) argumentieren, dass Lernen und Lernprozesse mit einer individuellen Perspektive „nicht erschöpfend erfasst" werden und erst durch das interpretative Paradigma eingeordnet werden können. „Lernen ist ebenso ein sozialer Prozess, der in Interaktion zwischen Menschen stattfindet." (Krummheuer & Brandt, 2001, S. 13). Sie betonen aber gleichzeitig, dass nicht jeder Lernprozess mit Interaktion verbunden sein muss. Als Beispiel wird Literaturarbeit benannt. Dieser von Interaktion unabhängige Lernprozess findet laut ihnen aber eher in einer „späten Phase der individuellen Entwicklung" (Krummheuer & Brandt, 2001, S. 13 f.) statt.

Auch mathematische Argumentationen finden in einem sozialen Kontext statt und können Lerngelegenheiten für Schülerinnen und Schüler bieten. Im Mathematikunterricht im Übergang von der Arithmetik zur Algebra sind solche Interaktions- und Aushandlungsprozesse daher von besonderem Interesse. Krummheuer (2015) betont, dass das Erlernen von Mathematik von der Teilnahme der Schülerinnen und Schüler an (kollektiven) mathematischen Argumentationsprozessen abhängt.

Wie mathematische Argumentationen im Unterricht stattfinden können, wird im folgenden Kapitel fokussiert. Dazu wird zunächst der Ablauf von mathematischen Argumentationen bei Expertinnen und Experten und in schulischen Kontexten betrachtet. Es werden in Abschnitt 2.2.1 unterschiedliche (Prozess-) Modelle von mathematischen Argumentationen aus der Literatur vorgestellt. Daraufhin werden gemeinsame mathematische Argumentationsprozesse fokussiert. Es lassen sich unterschiedliche Argumentationsmuster und typische Interaktionsmuster im Mathematikunterricht rekonstruieren (Abschnitt 2.2.2). In solchen Prozessen können den Partizipierenden verschiedene Rollen zugewiesen werden (Abschnitt 2.2.3). Zusätzlich werden in Abschnitt 2.2.4 Einblicke in den Forschungsstand zur Argumentationskompetenz von Schülerinnen und Schülern und Lehrenden gewährt und in das Forschungsparadigma dieser Arbeit eingeordnet. Abschließend wird die Bedeutung von (negativer) Diskursivität in mathematischen Argumentationen beschrieben (Abschnitt 2.2.5).

2.2.1 Mathematische Argumentationen im Unterricht

Wie bereits in der Begriffsklärung in Abschnitt 2.1.1 beschrieben, wird in dieser Arbeit als mathematische Argumentation ein Prozess verstanden, der zu einem mathematischen Argument hinführt. Dabei kann dieser Prozess unterschiedlich verlaufen, zielt jedoch stets darauf ab, einen mathematischen Geltungsanspruch zu begründen oder zu widerlegen. In diesem Sinne ist das mathematische Argumentieren ein Prozess, während das Argument „nur das *Produkt* eines längeren *Prozesses* ist, in dem die enthaltenen Ideen *entwickelt* wurden." (H.i.O., Ufer &

Heinze, 2009, S. 43)[1]. Dies wird in der Schule häufig nur wenig berücksichtigt. Oft werden im Mathematikunterricht nur fertige Beweise beziehungsweise Argumente oder einzelne isolierte Teilschritte diskutiert. Mathematisches Argumentieren und Beweisen lernt man in der Regel so aber nicht (vgl. ebd.). Der Argumentationsprozess im Mathematikunterricht sollte somit auch in der Forschung mehr in den Vordergrund gestellt werden. Im folgenden Abschnitt wird daher auf Argumentationsprozesse fokussiert. Es wird ein Prozessmodell zum Beweisen (Boero, 1999) vorgestellt, welches in Hinblick auf den Mathematikunterricht reflektiert wird. Das Modell von Boero (1999) wird aufgegriffen, da es sehr vielschichtig ist. Es wird zwar als ein Prozessmodell zum Beweisen betitelt, kann aber auch im Schnittbereich vom Problemlösen, Argumentieren und Beweisen verortet werden. Es beschreibt eine Anbahnung und einen Ablauf von Erkenntnisprozessen. Das Modell stellt dar, wie die Exploration eines mathematischen Sachverhalts, das Finden einer Vermutung und das Begründen dieser Vermutung zusammenspielen. Daher ist es auch in Bezug auf das Forschungsinteresse dieser Arbeit, also in Bezug auf mathematische Argumentationen, von Interesse. Anschließend wird ein Prozessmodell für das schulische Argumentieren und Beweisen (Brunner, 2014a) beschrieben. Ausgehend von diesen Bezügen wird in Abschnitt 3.2.2 ein Ansatz zum mathematischen Argumentieren beschrieben, der bei der Konstruktion von Argumentationsaufgaben genutzt werden kann.

Da mathematische Argumentationen darauf abzielen mathematische Argumente zu entwickeln, ist der Argumentationsprozess eng mit dem Produkt, also dem mathematischen Argument, verknüpft. Im Folgenden wird daher zwar der mathematische Argumentationsprozess betrachtet, aber auch die Beziehung zum mathematischen Argument verdeutlicht.

Beweisen, und damit auch mathematisches Argumentieren, kann als Aneinanderreihung von Aktivitäten beschrieben werden (Boero, 1999; Reiss & Ufer, 2009). Beispielsweise unterscheidet Boero (1999) sechs Stufen des Beweisprozesses auf Basis des Vorgehens von Expertinnen und Experten aus dem Bereich Mathematik. Dieses Prozessmodell ist daher auf das Vorgehen bei der Konstruktion von formal-deduktiven Beweisen hin orientiert und eine eher idealtypische Darstellung eines Beweisprozesses. Es kann aber auf mathematische Argumentationen übertragen werden, indem einzelne Änderungen vorgenommen werden (vgl. Boero, 1999; Reiss & Ufer, 2009). Es können nicht nur Beweisprozesse, sondern auch epistemologische Erkenntnisprozesse laut Reiss und Ufer (2009) beschrieben werden. Diese Arbeit wird jedoch zeigen, wie die Dynamik im

---

[1] Ufer & Heinze (2009) benutzen die Begriffe „Beweisen" und „Beweis".

Mathematikunterricht weit von dieser idealtypischen Darstellung entfernt sein kann und auch die Interaktion und Dynamik zwischen den Beteiligten von Bedeutung ist.

Folgende Phasen werden von Boero (1999) in Bezug auf den Beweisprozess benannt (eigene Zusammenfassung und Übersetzung), die nicht immer linear durchlaufen werden:

1. Exploration des Problems und Finden einer Vermutung
2. Formulierung einer Vermutung nach den gültigen Standards (der mathematischen Community)
3. Exploration der Gültigkeit und Reichweite der Vermutung; Identifikation von geeigneten Argumenten für die Validierung; Verknüpfung mit einer Rahmentheorie
4. Auswahl und deduktive Verkettung von Argumenten
5. Organisation der deduktiven Verkettung der Argumente zu einem Beweis (nach aktuell gültigen Standards der Mathematik)
6. Annäherung an einen formalen Beweis

Boero (1999) expliziert einen Unterschied zwischen Prozessen und Produkten, welcher für ihn beim Beweisen, also auch beim mathematischen Argumentieren, von Bedeutung ist. Zunächst wird nach einer Explorationsphase (Phase 1) eine Vermutung formuliert (Phase 2). Diese Vermutung ist ein Produkt, wohingegen das zugehörige Vermuten einen Prozess darstellt. Gleiches gilt für den Beweis (als Produkt) und das Beweisen (als Prozess). Die Produkte stellen dabei nur bedingt den jeweiligen Prozess in der Gesamtheit dar, sondern sind in der Regel nur ein Abbild von einem Ausschnitt aus diesem Prozess, ein Kondensat. Die Vermutung wird erkundet (Phase 3) und zu einem mathematischen Geltungsanspruch, der nun begründet werden soll. Es wird eine Auswahl an geeigneten mathematischen Ideen identifiziert und diese Ideen werden passend miteinander verkettet. Boero (1999) bezeichnet diese mathematischen Ideen als einzelne Argumente, die somit Teile des Beweises darstellen. In diesem Prozess wird sich an den gültigen Standards der Mathematik beziehungsweise der Gemeinschaft orientiert (vgl. Phase 2, 4 und 5). Inwiefern solche „gültigen Standards der Mathematik" nur in diesem Idealmodell existieren oder auch in der Realität vorhanden sind, bleibt offen. Schließlich wird laut Boero (1999) ein formaler Beweis formuliert (Phase 6). In schulischen Argumentationsprozessen sind auch andere Schlüsse als deduktive Verkettungen möglich (vgl. Knipping, 2003). Außerdem wird in der Regel kein formaler Beweis formuliert (Phase 6), sondern andere Arten von mathematischen Argumenten hervorgebracht (vgl. Abschnitt 2.1.4).

Die Aushandlungsprozesse in den jeweiligen Phasen von Boero (1999) haben verschiedene Intentionen. In den ersten zwei Phasen geht es vor allem darum, die Vermutung in Hinblick auf Validität zu untersuchen und die Gültigkeit zu analysieren. Dabei kann eine Vermutung präzisiert und ein entsprechender Geltungsanspruch herausgearbeitet werden. Dagegen werden in der dritten Phase Gründe für die Anwendbarkeit gesucht und die Verknüpfungen zwischen den (Teil-)Argumenten relevant. In der fünften Phase spielt Argumentieren laut Boero (1999) wiederum eine Rolle, wenn die produzierten Texte (Beweise) in Hinblick auf „die mathematischen Standards" verglichen werden; es wird sich an in der Gemeinschaft etablierten Normen beziehungsweise Konventionen orientiert. In schulischen Argumentationsprozessen findet eine Validierung in der Regel im Anschluss an die Formulierung eines mathematischen Arguments statt. Es wird gemeinsam ausgehandelt, ob ein mathematisches Argument akzeptiert wird. Dabei hat die Lehrkraft oftmals eine entscheidende Funktion inne und rahmt solche Validierungen. Reiss und Ufer (2009) ergänzen das Modell von Boero daher um eine siebte Stufe, die den sozialen Rahmen bei der Validierung hervorhebt und die „7) Akzeptanz durch die mathematische Community" (Reiss & Ufer, 2009, S. 162) einfordert.

Die Phasen des Beweisprozesses sind miteinander verknüpft und nicht immer linear zu durchlaufen (Boero, 1999). Beispielsweise kann es im Beweisprozess notwendig sein, wenn ein Fehler erkannt wird, Phasen erneut zu durchlaufen. Das Problem kann nochmal exploriert werden (Phase 1) und gegebenenfalls eine neue Vermutung konstruiert werden (Phase 2). Auch in der Schule sind Argumentations- und Beweisprozesse nur selten linear und es können Fehler auftreten, die ein neues Ansetzen erfordern.

In der Schule sind laut Boero (1999) in den ersten drei Phasen (teilweise auch in der vierten Phase) empirische Argumente, visuelle Begründungen oder andere Referenzen nützlich und auch wichtig, um einen Zugang zum mathematischen Argumentieren und Beweisen zu ermöglichen. Nach der vierten Phase, also wenn eine deduktive Verkettung zu einem Beweis hergestellt werden soll, müssen die empirischen Argumente aber verworfen werden. Ab der dritten Phase sollen sich die Schülerinnen und Schüler auf theoretisch begründete Argumente und mathematische Ideen beziehungsweise Sätze aus einer Rahmentheorie beziehen. Eine Rahmentheorie ist in der Schule aber nicht immer vorhanden beziehungsweise in der Regel nicht axiomatisch aufgebaut (Reiss & Ufer, 2009). Beispielsweise müssen in der Geometrie Begriffe häufig ohne axiomatischen Hintergrund anschaulich oder erfahrungs-/ handlungsbasiert hergeleitet werden. Dennoch werden auch im Klassenraum Sätze und Aussagen formuliert und etabliert und damit eine „toolbox" (Reid & Vallejo Vargas, 2019, S. 809) geschaffen, auf die beim mathematischen Argumentieren zurückgegriffen werden kann.

Auch wird von Boero (1999) betont, dass die Schlussweise (Art der Argumente) relevant ist. Häufig sind für Lernende Beispiele oder auch Analogien ausreichend, um sie von der Validität einer mathematischen Aussage zu überzeugen. Diese Beispiele und Analogien sind bei einigen Aktivitäten (insbesondere in der ersten und dritten Phase) nützlich und akzeptabel, während diese in der fünften Phase nicht mehr genügen und daher nicht akzeptiert werden können. Laut Boero (1999) sind bei der Konstruktion von einem Beweis nur noch deduktive Verkettungen gültig, wohingegen empirische Argumente nicht mehr ausreichen. Knipping (2003) betont wiederum, dass Beweise in der Schule nicht zwingend deduktiv geführt werden, obgleich empirische Argumente in der Regel ungenügend sind.

Es gibt also entscheidende Unterschiede zwischen den Beweisprozessen von Expertinnen und Experten auf der einen Seite und Lernenden im Unterricht auf der anderen Seite:

> „[...] working mathematicians are able to play not only the game of a rich and free argumentation (especially in Phases I and III) but also the game of argumentation under the increasing constraint of the strict rules inherent in the acceptability of final products (especially in Phases II and V); by contrast, students face serious difficulties in learning the rules of the latter game and passing from one game to the other (but we must recognize that they also experience difficulties in free argumentation in mathematics!)." (Boero, 1999, S. 5)

Das heißt, in der Regel unterscheiden sich auch die mathematischen Konventionen und „Standards" der Gemeinschaft zwischen Fachmathematikerinnen und Fachmathematikern und Lernenden. Was als ein gültiges mathematisches Argument akzeptiert wird, ist in der Schule oft situationsabhängig und variiert je nach Klasse(-nstufe). Lehrkräfte können Aushandlungsprozesse über Akzeptanzkriterien und die Gültigkeit von verschiedenen mathematischen Argumenten im Unterricht anstoßen.

Boero (1999) betont auch, dass im Mathematikunterricht die Art der Aufgabenstellung relevant ist und auch dabei die Lehrkraft eine entscheidende Rolle einnimmt. Die Hervorbringung von empirischen oder theoretischen Argumenten („nature of arguments – empirical or theoretical") und auch die Schlussweise („nature of reasoning – deductive") wird beeinflusst.

Insgesamt ist Boeros Phasenmodell auf eine formal-deduktive Beweiskonstruktion ausgerichtet. Im Mathematikunterricht werden dagegen auch andere

Argumentationsformen genutzt (vgl. Abschnitt 2.1.4). Beispielsweise kann generisch argumentiert werden und somit generische Argumente konstruiert werden. Aufgrund der nur bedingten Passung für schulische Beweisprozesse wurde von Brunner (2013, 2014a) ein weiteres „Prozessmodell des schulischen Beweisens" vorgestellt. In diesem Modell können verschiedene Formen von mathematischen Argumenten entwickelt werden (vgl. Abschnitt 2.1.4). Brunner unterscheidet in ihrem Prozessmodell die kollektive und die individuelle Ebene, wobei auf der kollektiven Ebene der diskursive, soziale Rahmen von Argumentationen fokussiert wird und auf der individuellen Ebene psychologische Prozesse. Auch dieses Prozessmodell ist eine „idealtypische Darstellung eines in Wirklichkeit deutlich komplizierteren Prozesses" (Brunner, 2014a, S. 71) und kann daher Unterrichtsrealität nur bedingt abbilden. Im alltäglichen Unterricht sind mathematische Argumentationen in der Regel komplexer und auch verschieden gestaltet. Beispielsweise zeigt Erath (2017) in ihrer empirischen Studie, dass „gute" Erklärungen in verschiedenen Klassen sehr unterschiedlich ablaufen. Dennoch kann ein solches Prozessmodell hilfreich sein, um verschiedene Phasen im Mathematikunterricht zu identifizieren und den stattfindenden Aushandlungsprozess zu reflektieren.

Brunners Prozessmodell (Abbildung 2.4) ist von unten nach oben zu lesen. Zu Beginn des Argumentationsprozesses steht eine Behauptung, eine Vermutung oder eine fehlende Gewissheit zu einer mathematischen Aussage im Raum. Das Ziel der Argumentation ist es, „Gewissheit über die Allgemeingültigkeit des Zusammenhangs" (Brunner, 2014a, S. 72) zu erlangen. Gerahmt wird der gesamte Argumentationsprozess durch die diskursive Situation, in welcher durch das mathematische Argumentieren „Überzeugungsarbeit" geleistet werden soll, die zu einer „kollektiven Gewissheit" und „Akzeptanz des Beweises in der Community" hinführt (Brunner, 2014a, S. 72). Es müssen also mathematische Argumente für die Aussage entwickelt werden, die andere überzeugen und in der (Klassen-) Gemeinschaft akzeptiert werden (können). Die Gültigkeit von einem mathematischen Argument wird also interaktiv ausgehandelt, wobei der Lehrkraft in diesem Aushandlungsprozess eine besondere Rolle zukommt.

Das Prozessmodell von Brunner zum schulischen Beweisen wird im Folgenden kurz beschrieben (für eine detaillierte Beschreibung vgl. Brunner, 2013; Brunner, 2014a). Von einem mathematischen Geltungsanspruch und einem Beweisbedürfnis ausgehend, kann auf drei Ebenen argumentiert werden, die an die Beweistypen von Wittmann und Müller (1988) anknüpfen: *1) Auf der Ebene von Beispielen mittels eines experimentellen Beweises.* Die Schülerinnen und Schüler explorieren dabei die Vermutung. Das heißt, es werden Beispiele

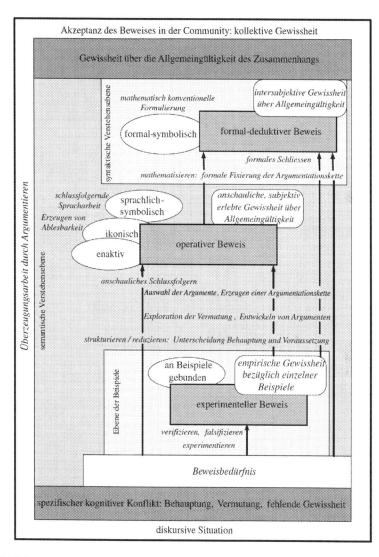

Abbildung 2.4 Prozessmodell des schulischen Beweisens (Abbildung aus Brunner, 2014a, S. 72)

betrachtet, die den mathematischen Geltungsanspruch verifizieren oder widerlegen. *2) Auf einer semantischen Verstehensebene mittels eines operativen Beweises.* Dabei wird die Allgemeingültigkeit des Geltungsanspruches durch die Schülerinnen und Schüler subjektiv erfahren und anschaulich herausgearbeitet. Ähnlich wie beim Prozessmodell von Boero (1999) werden in dieser Phase Teile des Arguments entwickelt und miteinander verknüpft. Die mathematischen Argumente können laut Brunner (2014a) auf dieser Ebene enaktiv, ikonisch oder symbolisch-narrativ repräsentiert sein. *3) Auf einer syntaktischen Verstehensebene mittels eines formal-deduktiven Beweises.* In dieser Phase sind die Schülerinnen und Schüler aufgefordert zu mathematisieren, zu formalisieren und die algebraische Symbolsprache zu nutzen. Eine „mathematisch konventionelle Formulierung" (Brunner, 2014a, S. 72) wird angestrebt und die Allgemeingültigkeit des Geltungsanspruchs belegt. Lehrkräfte begleiten solche Argumentationsprozesse im Mathematikunterricht.

In Brunners Prozessmodell ist es möglich, von den unteren Ebenen auf eine höhere Ebene zu wechseln. Beispielsweise kann laut Brunner (2014a) ausgehend von einem experimentellen Beweis ein formal-deduktiver Beweis konstruiert werden. Für den Mathematikunterricht bedeutet dies, dass auf Basis von der Arbeit mit Beispielen, generische oder strukturelle Argumente durch die Schülerinnen und Schüler entwickelt werden können.

Das konstruierte mathematische Argument muss anschließend der Gemeinschaft präsentiert und gemeinsam validiert werden. In diesem Prozess kann das mathematische Argument verworfen oder akzeptiert werden, sodass „kollektive Gewissheit" entsteht. Es ist somit abhängig von der jeweiligen Klassengemeinschaft („Community"), welche mathematischen Argumente überzeugen und akzeptiert werden. Lehrkräfte können solche Aushandlungsprozesse anstoßen, in denen gemeinsame Normen verhandelt und etabliert werden. Beispielsweise ist es möglich, dass in der Grundschule in einzelnen Aufgaben experimentelle Beweise und damit die Betrachtung von Beispielen ausreichend sind, obwohl mit ihnen noch keine Allgemeingültigkeit gezeigt wird. In anderen Kontexten und Klassengemeinschaften werden dagegen symbolische Argumente verlangt, die die Allgemeingültigkeit von dem mathematischen Geltungsanspruch belegen. Boero et al. (1995) heben die besondere Rolle der Lehrkraft in solchen Aushandlungsprozessen von Akzeptanzkriterien hervor: „The teacher must necessarily play the role of a committed 'dissenter' opposing the naive or non-'scientific' ways of thinking of the students and, often, of the same environment they come from." (Boero et al., 1995, S. 146).

In mathematischen Argumentationsprozessen kann es dennoch sinnvoll sein, zunächst Beispiele zu betrachten, obwohl empirische Argumente nicht ausreichen.

Ausgehend von der Verifizierung der mathematischen Aussage durch Beispiele kann ein neues „Beweisbedürfnis" bei den Schülerinnen und Schülern entstehen, welches wiederum Gewissheit über die Allgemeingültigkeit der mathematischen Aussage anstrebt. Eine genauere Untersuchung der mathematischen Struktur der Beispiele kann dadurch angeregt werden, die schließlich zu einer Begründung der Allgemeingültigkeit hinführt. Die Lehrkraft kann in solchen Phasen durch Impulse explizit auffordern, beispielsweise auf eine ikonische Ebene zu wechseln, indem eine Abbildung zum Problem gezeichnet werden soll, um die mathematischen Strukturen sichtbar zu machen.

Im Mathematikunterricht können alle drei Ebenen (experimentell, operativ, formal-deduktiv), im Sinne eines genetischen Vorgehens, nacheinander durchlaufen werden. Das heißt, es werden ausgehend von einer Vermutung und dem zugehörigen Beweisbedürfnis zunächst Beispiele betrachtet. Eine empirische Gewissheit wird bei den Schülerinnen und Schülern erzeugt. Anschließend wird unter Nutzung der mathematischen Strukturen mittels einer generischen Argumentation (bspw. mit einem Punktemuster) die anschauliche, subjektive Gewissheit geschaffen und letztlich durch ein strukturelles Argument (bspw. mit einem algebraischen Argument) intersubjektive Gewissheit über die Allgemeingültigkeit des mathematischen Geltungsanspruches konstruiert. Bei diesem Vorgehen ist die Lehrkraft aufgefordert, die verschiedenen Verstehensebenen miteinander zu verbinden und Verknüpfungen für die Schülerinnen und Schüler transparent zu machen. Der erste Übergang von der Ebene der Beispiele hin zur semantischen Ebene kann beispielsweise durch Impulse der Lehrkraft zum Wechseln der Repräsentation (s. o.) angeregt werden. Dabei kann eine Lehrkraft auch anregen, auf mathematischen Strukturen zu fokussieren. Im zweiten Übergang von der semantischen zur syntaktischen Verstehensebene ist eine Mathematisierung beziehungsweise Formalisierung erforderlich. Bei einem solchen Vorgehen wird also schrittweise immer mehr abstrahiert und formalisiert. Nach Brunner (2014a, S. 75) stellt dieses genetische Vorgehen „eine idealtypische didaktische Bearbeitung" einer mathematischen Argumentation dar.

Eine solche normativorientierte Beschreibung von Argumentations- beziehungsweise Beweisprozessen kann in der Schule stattfindende mathematische Argumentationen oft nur bedingt abbilden, da diese Prozesse in der Regel viel komplexer und vielschichtiger sind. Ihre Details können in der Regel nur durch detaillierte qualitative Analysen zugänglich gemacht werden. Dennoch haben Argumentationsprozesse im Mathematikunterricht Gemeinsamkeiten, die auch quantitativ herausgearbeitet werden können. Brunner (2019) stellt ein „Kodiersystem zur Analyse von Argumentationsprozessen" vor, um den schriftlichen Begründungsprozess von Lernenden der fünften und sechsten Klassen einer quantitativen Analyse zugänglich zu machen (Abbildung 2.5). Dabei greift sie einerseits die von Stylianides (2007, 2016) beschrieben Komponenten einer Argumentation auf (Set akzeptierter Statements, Modus der Argumentation, Art der Repräsentation). Andererseits werden auch die von Lindmeier, Brunner und Grüßing (2018) beschriebenen vier Teilprozesse vom mathematischen Argumentieren (für den Elementar- und Primarbereich) herangezogen. Dabei versteht Brunner das Set akzeptierter Statements, welches in der Begründung herangezogen wird, als „zentrale Begründungsidee" (Brunner, 2019, S. 1132) innerhalb des jeweiligen Teilprozesses. Diese Idee variiert je nach Aufgabe und somit ist eine „aufgabenbezogene Kodierung für die inhaltliche Lösungsidee sowie die Beurteilung ihrer Korrektheit und ihrer Vollständigkeit" (ebd., S. 1132) notwendig. Außerdem differenziert Brunner die hervorgebrachten Argumente hinsichtlich der Beweistypen (Wittmann & Müller, 1988) und der Repräsentationsform (Bruner, 1974).

Zusätzlich werden im „Kodiersystem zur Analyse von Argumentationsprozessen" vier Teilprozesse des Begründens unterschieden: „1) Erkennen, 2) Beschreiben, 3) Begründen, 4) Verallgemeinern" (Brunner, 2019, S. 1133). Im ersten Schritt sind die Schülerinnen und Schüler aufgefordert, eine mathematische Struktur zu erkennen, welche sie daraufhin im zweiten Schritt beschreiben beziehungsweise darstellen müssen. Daraufhin müssen die gefundenen mathematischen Strukturen begründet werden. Abschließend müssen sich die Schülerinnen und Schüler vom Konkreten lösen und es muss eine Verallgemeinerung stattfinden (vgl. Lindmeier et al., 2018). In mathematischen Argumentationen kann durchaus aber auch zunächst eine gefundene mathematische Struktur verallgemeinert werden (Teilprozess 4) und anschließend eine Begründung (Teilprozess 3) konstruiert werden (vgl. Boero, 1999; Abschnitt 3.2.2).

Beim Codieren der schriftlichen Bearbeitungen der Schülerinnen und Schüler wird von Brunner (2019) analysiert, ob der jeweilige Teilprozess des mathematischen Begründens stattgefunden hat. Wenn er stattgefunden hat, werden die weiteren Merkmale betrachtet. Es wird in jedem Teilprozess die „Ausführungsqualität" (ebd., S. 1133) analysiert, indem die Vollständigkeit und mathematische Korrektheit untersucht wird. Zusätzlich werden in Ausschnitten, die den Teilprozessen 2 bis 4 zugeordnet worden sind, die Lösungsidee und Repräsentationsform betrachtet. Außerdem wird der „Beweistyp" (ebd., S. 1133) betrachtet, womit eine Einschätzung der Generalität des Arguments vorgenommen wird. Laut Brunner, Lampart und Jullier (2020) können mit diesem System zentrale Aspekte der Denkprozesse und die Repräsentation des Argumentationsprozesses aus schriftlichen Begründungen rekonstruiert werden. Es finden also inhaltliche Rekonstruktionen statt, die eine Charakterisierung der (schriftlichen) mathematischen Argumentationsprozesse und Argumente ermöglicht.

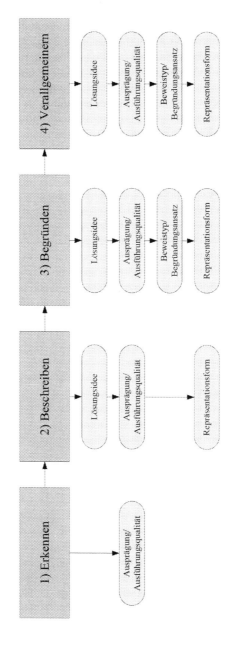

Abbildung 2.5 Vier Teilprozesse mathematischen Begründens (Abbildung aus Brunner, 2019, S. 1133)

Bedeutung für das mathematische Argumentieren im Mathematikunterricht
Die Phasenmodelle von Boero (1999) und Brunner (2013, 2014a) sind beide aus theoretischen, normativen Überlegungen gewonnene Modelle und explizit keine aus der Empirie gewonnenen Darstellungen von mathematischen Argumentations- oder Beweisprozessen. Boeros (1999) Phasenmodell zum Beweisen ist zudem stark an einem individuellen, formal-deduktiven Beweisprozess orientiert. In dieser Arbeit wird aber den sozialen Prozessen beim mathematischen Argumentieren und gemeinsamen Argumentationen ein entscheidender Einfluss für gelingende Argumentationsprozesse zugesprochen. Gleichzeitig sind im Mathematikunterricht verschiedene Typen von mathematischen Argumenten von Bedeutung. Daher ist es notwendig, didaktische Konzepte für den Klassenunterricht zu entwickeln, die den sozialen, kollektiven Rahmen stärker einbeziehen. Brunners (2014) Prozessmodell für das schulische Beweisen bietet einen Ansatzpunkt, wobei individuelle und kollektive Prozesse miteinander verbunden werden. Dennoch können schulische Argumentationsprozesse in ihrer Komplexität und Vielschichtigkeit mit diesem Modell nur bedingt abgebildet werden. Lehrkräfte spielen in solchen mathematischen Argumentationsprozessen eine besondere Rolle, wie auch Hanna (1995) auf Basis von diversen Studien zusammenfasst.

> „In exploring new ways to teach proof, these studies have shown the value of such approaches as debating, restructuring, and preformal presentation, all of which posit a crucial role for the teacher in helping students to identify the structure of a proof, to present arguments, and to distinguish between correct and incorrect arguments." (Hanna, 1995, S. 44)

In dieser Studie werden daher schulische Argumentationen mit einem Fokus auf die Rolle der Lehrkraft betrachtet. Detaillierte Analysen der mathematischen Argumentationsprozesse und der Interaktionen sind erforderlich, um die Komplexität der Unterrichtswirklichkeit rekonstruieren zu können.

Brunners (2019) Teilprozesse des mathematischen Begründens deuten real stattfindende Argumentationsprozesse an und wie sich diese Prozesse in schriftlichen Produkten widerspiegeln. Gleichzeitig sind diese Teilprozesse aber auf einer individuellen Ebene, also losgelöst von sozialen, kollektiven Prozessen, und nicht spezifisch für einzelne mathematische Argumente. Mit diesem Schema können schriftliche Argumente quantitativ untersucht werden und ausgehend von den Produkten Ausschnitte aus dem Argumentationsprozess gefasst werden. Es wird dabei aber nicht auf die inhaltliche Rekonstruktion der Argumente oder eine Analyse der sozialen Prozesse und Interaktionen abgezielt. Um konkrete schulische Argumentationsprozesse und die stattfindenden Interaktions- und

Aushandlungsprozesse zu beschreiben und zu erklären, bedarf es spezifischer Betrachtungsweisen. Einen Rahmen für solche Analysen kann die interpretative Unterrichtsforschung geben. Im folgenden Abschnitt werden daher zunächst typische Argumentationsmuster, die stattfindende mathematische Argumentationen beschreiben, vorgestellt (vgl. Abschnitt 2.2.2). Anschließend wird ein Blick auf die Partizipation in mathematischen Argumentationen und die Rollen beim mathematischen Argumentieren geworfen (vgl. Abschnitt 2.2.3).

2.2.2 Interaktionen und typische Argumentationsmuster im Mathematikunterricht

Beim mathematischen Argumentieren sind Interaktions- und Aushandlungsprozesse im Unterricht von besonderer Bedeutung (vgl. Krummheuer & Brandt, 2001; Schwarzkopf, 2015; Reid & Knipping, 2010). Einen Ansatzpunkt, solchen komplexen Situationen zu begegnen, liefert die interpretative Forschung: „Die interpretative Forschung versucht die Unterrichtswirklichkeit und die mathematischen Themen in ihr aus der ‚Binnenperspektive der Handelnden' zu verstehen." (Maier & Voigt, 1991, S. 8). Die Analyse von Interaktion und Partizipation (vgl. Abschnitt 2.2.3) in (kollektiven) mathematischen Argumentationen ist vielversprechend, um die Komplexität von solchen Prozessen zu rekonstruieren (vgl. Krummheuer & Brandt, 2001; Brandt, 2015; Krummheuer, 2015; Cramer & Knipping, 2018). Partizipationstheoretische Analysen und Argumentationsanalysen können sich fruchtbar ergänzen (vgl. Krummheuer & Brandt, 2001; Brandt, 2004; Cramer, 2018; Cramer & Knipping, 2018).

Interaktionsprozesse werden dabei „im Sinne eines von mehreren anwesenden Personen in *wechselseitiger Abhängigkeit erzeugten* Prozesses" (Krummheuer & Brandt, 2001, S. 14) verstanden. Das heißt, Aussagen erhalten ihre gemeinsam geteilte Bedeutung erst im Verlauf der Interaktion (Bauersfeld, 1982; Cobb & Bauersfeld, 1995). Es wird ein Arbeitskonsens erzeugt (auch „Deutungsinterim" genannt, vgl. Schütte et al., 2021). Dieser Aspekt der Interaktion wird als „Bedeutungsaushandlung" bezeichnet (vgl. Krummheuer & Naujok 1999; Krummheuer & Fetzer, 2005). Gleichzeitig ist die Interaktionsanalyse nicht oder nur bedingt geeignet, um individuelle Leistungen oder individuelle Verstehensprozesse herauszuarbeiten.

Die Betrachtungen von einzelnen Schulklassen sind dabei jedoch mehr als deskriptive Beschreibungen der Interaktionen. Ausgehend von Analysen der Interaktionen in den Klassen können theoretische Konstrukte und mathematikdidaktische Theorien entwickelt werden (Steinbring, 2013).

„Die interpretative mathematische Forschung kann Verstehensvorgänge in realen mathematischen Interaktionen nicht durch bloßes Beobachten direkt aufklären, sondern muss (dokumentierte)mathematische Interaktionen mit Hilfe von Forschungsmethoden in einen theoretisch fundierten, rationalen Konnex von wissenschaftlichen Begriffen und Modellen einordnen und so objektiv nachvollziehbare Deutungen rekonstruieren." (Steinbring, 2013, S. 64)

Unterrichtsrealität wird also in einen Zusammenhang von theoretischen Überlegungen und Modellen eingeordnet, um interaktive Argumentations- und Aushandlungsprozesse zu rekonstruieren und zu verstehen.

Interaktionen sind im Mathematikunterricht relevant, vor allem in gemeinsamen mathematischen Argumentationen sowie im Inhaltsbereich der frühen Algebra (vgl. Abschnitt 2.4). Verschiedene Studien haben gezeigt, dass Schülerinnen und Schüler (gemeinsam mit ihren Lehrkräften) mathematische Strukturen auf unterschiedliche Weisen generalisieren (bspw. Harel & Tall, 1991; Radford, 2003; Rivera & Becker, 2008; Zazkis et al., 2008). Kieran (2020) stellt heraus, dass die Lehrkraft und Interaktionen zwischen Schülerinnen und Schülern eine wichtige Rolle bei der Unterstützung als auch bei der Entwicklung von produktiven Generalisierungen im Mathematikunterricht spielen. Besonders relevant sind Lehrkraft-Interventionen (sowie zielführende Aufgabenstellungen) bei der Wahrnehmung der Gleichwertigkeit von Termen. Diese stellt eine epistemologische Hürde für viele Schülerinnen und Schüler dar (Kieran, 2020). Interaktionen zwischen Lehrerinnen und Lehrern und ihren Lernenden sind in der (frühen) Algebra also von besonderer Relevanz, um fachliches Lernen zu ermöglichen oder zu unterstützen.

Mathematische Argumentationsprozesse können vor diesem Hintergrund als lernermöglichende und lernförderliche Interaktionsprozesse betrachtet werden (Krummheuer 1992, 1995, 2015; Krummheuer & Brandt, 2001). Lehrkräfte können ihre Schülerinnen und Schüler bei epistemologischen Hindernissen unterstützen, indem sie neue oder weitere Lerngelegenheiten bieten (Nührenbörger & Steinbring, 2009). Dabei wird die Konstruktion von geteilter Bedeutung angeregt. Wenn mathematische Argumentationen im Unterricht betrachtet werden, können aus Perspektive der interpretativen Forschung verschiedene „Muster" beschrieben werden.

Daher erscheint es sinnvoll, Interaktionen zwischen den Beteiligten im Mathematikunterricht im Übergang von der Arithmetik zur Algebra in den Blick zu nehmen. Gleichzeitig sind mathematische Interaktionen und Kommunikationsprozesse aber in der Regel komplex (Steinbring 2005, 2015) und damit nicht einfach zu erfassen. Sie finden in einem Zusammenspiel von mathematischem Wissen (oder geteilter Bedeutung), (individuellen) Lernprozessen und sozialen Prozessen statt (Steinbring, 2005, 2015).

Dennoch gibt es Zugänge zu Interaktionen im Mathematikunterricht und es können Argumentationsprozesse rekonstruiert werden. Dabei können verschiedene Ebenen des Unterrichtsgesprächs betrachtet werden. Einerseits können Unterrichtsgespräche grob anhand von Gesprächsformen und sogenannten *Kommunikationsmustern* unterschieden werden. Diese Gesprächsformen unterscheiden sich bezüglich des Grads der Lenkung der Lehrkraft und durch die aktive Partizipation der Schülerinnen und Schüler an ihnen. Andererseits können mathematische Argumentationen und stattfindende Interaktionsprozesse detaillierter betrachtet werden und spezifischere Strukturen herausgearbeitet werden. Dabei können typische *Interaktionsmuster* (Voigt, 1984) und *Formate* (Krummheuer, 1992) beschrieben werden. Die drei Konzepte Kommunikationsmuster, Interaktionsmuster und Formate werden im Folgenden dafür (kurz) erläutert.

Kommunikationsmuster im Mathematikunterricht

Im Unterricht können verschiedene Sozialformen unterschieden werden. Die Sozialform beeinflusst die Zusammenarbeit und Kommunikation zwischen den Beteiligten. Meyer (2014) differenziert zwischen Einzelarbeit, Tandem- beziehungsweise Partnerarbeit, Gruppenunterricht und Plenumsunterricht. Laut Meyer (2014) gibt es innerhalb der verschiedenen Sozialformen unterschiedliche „Handlungsformen", wie etwa Tafelarbeit, Vorträge, Textarbeit oder auch Unterrichtsgespräche. Da mathematisches Argumentieren mit einem sozialen Kontext verbunden und diskursiv konzipiert ist (Abschnitt 2.1.1), wird im Folgenden auf Unterrichtsgespräche fokussiert.

In Klassengesprächen kann ein Austausch über Vorstellungen, Vorkenntnisse und Deutungen stattfinden (vgl. Krummheuer & Brandt, 2001). Alle Schülerinnen und Schüler können sich gemeinsam mit der Lehrkraft über einen mathematischen Sachverhalt oder ein mathematisches Problem verständigen und eigene Ideen einbringen. Mathematische Konzepte können in einem solchen Gespräch gemeinsam konstruiert werden (Cobb, Yackel & Wood, 1992). Auch bieten Unterrichtsgespräche die Möglichkeit, Inhalte zu vernetzten und (neue) Konzepte zu reflektieren (Meyer & Prediger, 2009). Beispielsweise kann über Vor- und Nachteile von verschiedenen Repräsentationen von mathematischen Argumenten gesprochen werden, um die Vorstellungen von Schülerinnen und Schülern zu vernetzen. Voraussetzung dafür ist, dass die Lehrkraft eine Argumentationskultur etabliert, die solche Aktivitäten und Bedeutungsaushandlungen ermöglicht

(Yackel & Cobb, 1996). Lehrkräfte sollten als Vorbilder agieren und ihren Schülerinnen und Schülern Raum geben für eigene Überlegungen und Denkrichtungen (Cusi & Malara, 2013).

Lehrkräfte beeinflussen also Unterrichtsgespräche im Klassenraum. Je nachdem, inwieweit eine Lehrkraft ein Unterrichtsgespräch lenkt, können verschiedene Gesprächsformen im Unterricht auftreten. Leisen (2007) differenziert zwischen verschiedenen Formen des Unterrichtsgesprächs. Seine Aufgliederung basiert auf dem Grad der Lenkung der Lehrkraft. Dabei sinkt der Grad der Lenkung der Lehrkraft zwischen den aufgezählten Formen von Unterrichtgesprächen. Er unterscheidet zwischen folgenden Unterrichtsgesprächen (Leisen, 2007, S. 122 f., eigene Zusammenfassung):

- *Lehrkraftvortrag*: Die Lehrkraft thematisiert beziehungsweise präsentiert Inhalte und gibt damit die Inhalte und die Ziele des Gesprächs vor. Dabei entsteht keine (oder nur wenig) Interaktion mit den Lernenden (bspw. bei Rück- oder Verständnisfragen).
- *Fragend-entwickelndes Gespräch*: Die Lehrkraft entwickelt einen Inhalt oder eine Problematik aus Sicht und in Sprache der Lernenden. Dabei wird das Vorwissen als auch das logische Argumentationsvermögen der Lernenden gewinnbringend genutzt.
- *Sokratisches Gespräch*: Die Lernenden sollen selbstständig Inhalte erarbeiten. Dabei stellt keiner eine Autorität für den anderen dar. Die Lehrkraft, als Gesprächsleitung, achtet auf den Gesprächsverlauf und beteiligt sich nicht inhaltlich.
- *Schülergespräch*: Die Lernenden interagieren und diskutieren untereinander. Die Lehrkraft gibt dabei Impulse und regt die Lernenden damit zu weiterführenden Beiträgen und zum Austausch an. Damit bindet die Lehrkraft die Lernenden diskursiv ein.
- *Diskussion/Debatte/Pro-Contra*: Diese Gesprächsform dient der Erörterung beziehungsweise Klärung strittiger Fragen und Probleme.
- *Unterhaltung/Austausch*: Finden in der Regel in Partner- oder Gruppenarbeiten und nicht im Plenumsunterricht statt. Das Gespräch findet dabei zwischen den Lernenden, meistens ohne Beteiligung der Lehrkraft statt.

Leisen (2007) weist darauf hin, dass alle Gesprächsformen in der Unterrichtsrealität vorkommen und zum „Berufsrepertoire" von Lehrkräften zählen. Ein didaktisch gut durchdachter Einsatz und eine qualitativ hochwertige methodische Umsetzung sind entscheidend und spiegeln Professionalität von Lehrkräften

wider. In Bezug auf das mathematische Argumentieren sind alle Gesprächsformen potenziell vorstellbar. Die eben beschriebenen Gesprächsformen sind
nicht auf den Mathematikunterricht fokussiert, sondern auch für verschiedene
Fächer und Kontexte relevant. Im folgenden Abschnitt werden verschiedene
Kommunikationsmuster spezifisch für den Mathematikunterricht herausgearbeitet.

Brunner (2013, 2014b) beschreibt aus der Theorie heraus vier Kommunikationsmuster im Mathematikunterricht, die sich ebenfalls bezüglich des Grades
der Lenkung der Lehrkraft sowie durch die aktive Partizipation der Lernenden
unterscheiden (Brunner, 2014b, S. 235):

„1) Modeling (Collins et al. 1989)

2) Lehr-Lern-Dialog entlang des I-R-E-Musters (Mehan 1979)

3) Scaffolding (Collins et al. 1989)

4) Ko-konstruktiver Dialog."

Das „Modeling" kennzeichnet, dass die Lehrkraft das Unterrichtsgespräch domi-
niert und die Lernenden lediglich als Zuhörerinnen und Zuhörer fungieren (vgl.
Brunner, 2014b). Es lässt sich dem Lehrkraftvortrag nach Leisen (2007) zuordnen. Ein solches Kommunikationsmuster wird in Bezug auf das mathematische
Argumentieren oft kritisiert, da Lernenden nur bedingt eine aktive Teilnahme
ermöglicht wird und nur wenige oder keine Aushandlungsprozesse stattfinden
(vgl. Krummheuer, 1997).

Mehan (1979) hat das sogenannte „I-R-E Muster" anhand empirischer Daten
herausgearbeitet: Initiation, Reply, Evaluation. Die Lehrkraft stellt eine Frage
(Initiation), worauf sie eine eng gefasst Antworterwartung hat. Die Schülerinnen und Schüler antworten (Reply) und abschließend evaluiert die Lehrkraft die
Antwort(en) der Lernenden (Evaluation). In diesem Muster werden eher kurze
Antworten gegeben (vgl. Brunner, 2014b; Leisen, 2007). Dieses Muster findet
sich häufig im fragend-entwickelnden Mathematikunterricht.

Als drittes Kommunikationsmuster nennt Brunner (2013, 2014) das „Scaffolding" nach Collins, Brown und Newman (1989). In diesem Kommunikationsmuster stellt die Lehrkraft ein Gerüst für das Gespräch und übernimmt die fachliche
Moderation der Beiträge. Lernende bringen aktiv Äußerungen und Ideen in das
Gespräch mit ein und nehmen Bezug aufeinander (vgl. Brunner, 2014b). Diese
Art von Gespräch kann dem Schülergespräch nach Leisen (2007) zugeordnet
werden.

Außerdem kann es „Ko-konstruktive Dialoge" im Mathematikunterricht geben.
Diese kennzeichnet eine gleichberechtigte Beteiligung von allen Partizipierenden

des Gesprächs. Also sowohl die Schülerinnen und Schüler als auch die Lehrkraft sind vollwertige Gesprächsteilnehmende (vgl. Brunner, 2014b). In einem solchen Gespräch ist der Grad der Lenkung der Lehrkraft eher gering.

Betrachtet man diese verschiedenen Kommunikationsmuster in Hinblick auf das mathematische Argumentieren mit dem Grundgedanken, dass Lernen sich durch aktive Partizipation an Diskursen ausdrückt (Krummheuer, 2015), wird vor allem durch das Scaffolding oder durch einen ko-konstruktiven Dialog eine aktive Partizipation der Schülerinnen und Schüler im Unterrichtsgespräch eingefordert. Auch werden bei diesen beiden Gesprächsformen Bezüge zueinander hergestellt, die gemeinsame Argumentationen im Mathematikunterricht ermöglichen und entstehen lassen (Krummheuer, 1997). Gleichzeitig ist es gerade zu Beginn notwendig, dass die Lehrkraft das Gespräch leitet und die mathematische Argumentation lenkt (Krummheuer, 1992). Zunehmend können die Partizipation und die Autonomie der Schülerinnen und Schüler gesteigert werden. Die Rolle der Lehrkraft variiert.

Unterrichtliche Argumentationsprozesse sind in der Realität häufig sehr komplex, was durch die Kommunikationsmuster nur bedingt abgebildet wird. Im folgenden Abschnitt wird Forschung zu mathematischen Unterrichtsgesprächen und Interaktionen detaillierter betrachtet und es werden Interaktionsmuster beschrieben, die im alltäglichen Mathematikunterricht rekonstruiert werden können.

Interaktionsmuster

Bauersfeld (1978) und Voigt (1984) haben Interaktionsmuster in Hinblick auf Lernprozesse im Mathematikunterricht herausgearbeitet. Diese lassen sich anders als die eben beschriebenen Gesprächsformen nicht nur anhand des Grades der Lenkung der Lehrkraft und der aktiven Partizipation der Lernenden differenzieren, sondern bilden spezifischere Strukturen der Interaktion zwischen den Beteiligten im Mathematikunterricht ab. Im folgenden Abschnitt wird zunächst erläutert, was Interaktionsmuster sind, und anschließend werden einige Interaktionsmuster beschrieben.

Zunächst muss geklärt werden, was unter einem Interaktionsmuster zu verstehen ist. Voigt (1984) definiert ein Interaktionsmuster wie folgt:

„Als ein Interaktionsmuster soll eine Struktur der Interaktion zweier oder mehrerer Subjekte verstanden werden, wenn

– mit der Struktur eine spezifische soziale, themenzentrierte Regelmäßigkeit der Interaktion rekonstruiert wird,

– *die Struktur sich auf die Handlungen, Interpretationen, wechselseitigen Wahrneh-*
   mungen mindestens zweier Interaktionspartner bezieht und nicht als Summe der
   individuellen Aktivitäten darstellbar ist,
– *die Struktur nicht mit der Befolgung von vorgegebenen Regeln im Sinne einer*
   expliziten oder impliziten Grammatik deduktiv erklärt werden kann und
– *die beteiligten Subjekte die Regelmäßigkeit nicht bewußt strategisch erzeugen und*
   sie nicht reflektieren, sondern routinemäßig vollziehen." (H.i.O., Voigt, 1984, S. 47)

Ein Interaktionsmuster ist somit eine Struktur, die interaktiv (vgl. Punkt 2) und themenbezogen (vgl. Punkt 1) konstruiert wird. Sie ist also nicht genuin vorgege- ben. Gleichzeitig wird ein Interaktionsmuster routinemäßig vollzogen (vgl. Punkt 4). Auch das eben erwähnte „I-R-E" Muster von Mehan (1979) kann als eine Art Interaktionsmuster aufgefasst werden.

Schon 1978 stellt Bauersfeld das sogenannte „Trichter-Muster" vor: „Hand- lungsverengung durch Antworterwartung" (Bauersfeld, 1978, S. 162). Situatio- nen, die nach diesem Muster ablaufen, zeichnet aus, dass im Interaktionsprozess, ausgehend von einer Fragestellung mit eindeutiger Antwort, jeweils eine Aktion eine bestimmte Reaktion erfordert. Dabei ist immer weniger Handlungs- und Ant- wortspielraum vorhanden, da die Fragestellung durch die Lehrkraft immer enger formuliert wird, bis eine Person die intendierte Antwort nennt. Die Offenheit vom Gespräch wird also immer weiter verengt, wie bei einem Trichter.

Voigt (1984) beschreibt das „Erarbeitungsprozeßmuster" und das „Inszenie- rungsmuster" als Interaktionsmuster im fragend-entwickelnden Mathematikun- terricht. Das „Erarbeitungsprozeßmuster" wird von einer Lehrkraft mit einer offenen Frage oder Aufgabe eingeleitet. Anschließend werden Lösungsansätze durch die Schülerinnen und Schüler formuliert. Geleitet durch die Lehrkraft wird ein gemeinsam produziertes Ergebnis konstruiert. Dieses Ergebnis wird abschlie- ßend im Gespräch interpretiert und reflektiert. Dieses Muster erinnert stark an das „I-R-E" Schema von Mehan (1979). Das „Inszenierungsmuster", auch „Mus- ter der inszenierten Alltäglichkeit" (Voigt, 1984, S. 178), kennzeichnet, dass eine Lehrkraft ein Thema über einen außerschulischen oder alltäglichen Kontext ein- führt. Dabei wird der Realitäts-/Alltagsbezug „inszeniert", da die alltäglichen Perspektiven und Handlungsmuster der Schülerinnen und Schüler nicht zur wei- teren Bearbeitung genutzt werden können. Sondern sie werden von der Lehrkraft durch veränderte Aufgabenbedingungen „indirekt aus der offiziellen Entwicklung des Themas gelöst" (Voigt, 1984, S. 178).

Bei der Rekonstruktion von Interaktionsmustern wurde gezeigt, dass inhalt- liche Argumentationen „zumeist zugunsten eines „glatt" ablaufenden Unter- richtsprozesses aufgegeben werden" (Krummheuer, 1997, S. 2; vgl. Bauerfeld,

1978; Voigt, 1984). Das heißt, „echte" argumentative Aushandlungsprozesse werden im Mathematikunterricht nur selten zu Ende geführt. Auch führen „ernstliche inhaltliche, argumentative Auseinandersetzungen zwischen den Beteiligten im Unterricht zu fragilen und eher dem Zusammenbruch ausgelieferten Strukturierungen der Interaktion" (Krummheuer, 1997, S. 2). Argumentative Aushandlungsprozesse herzustellen und aufrechtzuerhalten, stellt also eine Herausforderung dar.

Formate im Mathematikunterricht
Krummheuer stellt den Begriff „Format" für den mathematischen Lernprozess von Schülerinnen und Schülern vor. Dieser Begriff basiert auf Überlegungen von Bruner (1987), der ihn für den Spracherwerb konstruiert hat (vgl. Krummheuer, 1992, S. 144). Laut Bruner kann ein Format wie folgt definiert werden: Ein Format ist ein „eingespieltes, standardisiertes Ablaufmuster von Handlungen und Redeaktivitäten zwischen Kind und Erwachsenem" (Bruner, 1983, S. 131, zitiert nach Krummheuer, 1992, S. 144). Zunehmende Autonomie des Kindes ergibt sich im Lernprozess.

Sprachlernprozesse sind nicht oder nur bedingt auf schulisches Lernen übertragbar. Dennoch ist der Format-Begriff auf andere Lernprozesse übertragen worden. Schulisches Lernen ist mit sozialen Aushandlungen verbunden, ähnlich wie der Spracherwerb mit sozialen Prozessen verbunden ist. Lehrkräfte initiieren und rahmen schulische Lernprozesse. In dieser Arbeit wird rekonstruiert, wie interaktive (Argumentations-)Prozesse im Übergang von der Arithmetik zur Algebra ablaufen und welche Bedeutung der Lehrkraft dabei zukommt. Das heißt, in dieser Arbeit wird nach Formaten mathematischen Argumentierens geschaut.

Auch in den empirischen Daten von Krummheuer (1992) finden sich solche Formate in Bezug auf (Bedeutungs-)Aushandlungen in kollektiven Argumentationen im Mathematikunterricht. Er beschreibt Argumentations-Formate als von der Lehrkraft „verbindlich eingeführte Interaktionsfolge zwischen Äußerungen in einer kollektiven Argumentation" (Krummheuer, 1992, S. 173). Ein solches Schema wird also von der Lehrkraft eingeführt.

Durch solche Argumentations-Formate integriert die Lehrkraft eine Verbindlichkeit und reguliert damit die Argumentationsabfolge in ihrem Unterricht. Dadurch wird die mathematische Argumentation für die Lernenden zugänglicher und kann somit zunehmend fließender erfolgen (Krummheuer, 1992, S. 172). Krummheuer argumentiert, dass Lernprozesse „im Mathematikunterricht aus der **Partizipation an kollektiven Argumentationsprozessen**" (H.i.O., Krummheuer, 1992, S. 144) hervorgehen. Durch die Partizipation an kollektiven Argumentations-Formaten und sozialen Aushandlungen gewinnen Schülerinnen und Schüler immer mehr Autonomie und Eigenständigkeit in der Interaktion und der selbstständigen Durchführung von mathematischen Argumentationen. Letztlich können Argumentations-Formate dazu führen, dass Lernende ohne Unterstützung durch die Lehrkraft kollektive mathematische Argumentationen initiieren und entwickeln. Ob und wie solche Prozesse im Übergang von der Arithmetik zur Algebra stattfinden, wird in dieser Arbeit rekonstruiert.

Ein wichtiger Begriff in der Theorie von Krummheuer ist die „Rahmung". Die Rahmung ist eine „standardisierte und routinisierte Situationsdefinition" (Krummheuer, 1992, S. 24). Das heißt, Objekte werden vor dem Hintergrund der individuellen Rahmung gedeutet, die aus Erfahrungen von Personen in ähnlichen Situationen hervorgeht. Mathematisches Lernen bedeutet nun in diesem Zusammenhang eine „situationsüberdauernde Neukonstruktion oder Modifikation von Rahmungen in Bezug auf mathematische Inhalte und Argumentationsweisen" (Schütte et al., 2021, S. 539). Eine Aushandlung von Rahmungsdifferenzen kann so Lernen ermöglichen.

Krummheuer (1992) beschreibt auf Basis von empirischen Daten aus dem Algebraunterricht einer 8. Klasse, wie sich Argumentations-Formate im Unterricht widerspiegeln. Inhaltlich geht es dabei um das „erweiterte Distributivgesetz: $(a + b)(c + d) = ac + ad + bc + bd$" (Krummheuer, 1992, S. 75). Dieses wird in den Unterrichtssituationen auch anschaulich mit geometrischen Formen visualisiert. Es zeigt sich eine Rahmungsdifferenz: Einerseits werden die Ausdrücke durch die Lehrkraft algebraisch, strukturell interpretiert, während die Schülerinnen und Schüler anderseits auf den algorithmischen, rechnerischen Aspekt fokussieren. Basierend auf diesen beiden Rahmungen ergibt sich eine Spannung „zwischen einer struktur-mathematisch orientierten Argumentation (distributive Struktur) […] und einer eher algorithmisch orientierten Argumentation (Klammer-Ausrechnen)." (Krummheuer, 1992, S. 148). Die Rahmungsdifferenz wird im Unterrichtsgespräch zunächst nicht ausgehandelt, sondern ignoriert. Der Versuch der Aushandlung führt schließlich zum Zusammenbruch der Interaktion und eine argumentative Aushandlung wird unterbunden. Das bereits bekannte algorithmisch orientierte Argumentations-Format wird in dieser Situation bestärkt (ebd., S. 149). Es findet kein „Lernen durch Perspektivübernahme" (ebd., S. 176) statt. Unterrichtliche Argumentationsprozesse sind also komplex und fragil. Rahmungsdifferenzen auszuhandeln und damit auch Lernen zu ermöglichen, ist herausfordernd. Lehrkräfte begleiten solche Prozesse im Mathematikunterricht und sind daher von besonderer Bedeutung. In dieser Arbeit wird analysiert, durch welche Handlungen Lehrkräfte interaktive Argumentationsprozesse rahmen und Aushandlungen initiieren.

Nachdem nun Interaktionsmuster und Formate in Bezug auf den Mathematikunterricht beschrieben wurden, stellt sich die Frage, ob und wie diese beiden Konzepte in Verbindung zueinanderstehen.

Beziehung zwischen Interaktionsmustern und (Argumentations-)Formaten
Interaktionsmuster und Formate sind in Bezug auf die Standardisierung ähnlich (Krummheuer, 1992, S. 174). Sie folgen immer einem bestimmten Ablauf im Mathematikunterricht. Unterschiede ergeben sich aber durch die (Nicht-) Aushandlung von Rahmungsdifferenzen. Bei Argumentations-Formaten werden *Perspektivenübernahmen* und damit das Aushandeln von Rahmungsdifferenzen durch eine Standardisierung der Interaktionsfolge einer kollektiven Argumentation ermöglicht. Dagegen werden bei Interaktionsmustern die Rahmungsdifferenzen in der Regel nicht ausgehandelt: „Die zu unterstellende Rahmungsdifferenz wird interaktiv nicht ‚ausgehalten' und unter der Hand ‚weggeredet'." (Krummheuer, 1992, S. 174). Somit wird häufig auf gemeinsam hervorgebrachte mathematische Argumentationen verzichtet.

Argumentations-Formate können zudem (auf der empirischen Ebene) nicht den „gleichen Grad an Stabilität und Routinisierung erreichen wie Interaktionsmuster" (Krummheuer, 1992, S. 174). Schülerinnen und Schüler werden immer autonomer und übernehmen Teile eines Argumentations-Formates oder Argumentations-Fragmente, während die Rollenzuweisungen in Interaktionsmustern nicht variieren. Bei einem Interaktionsmuster werden die Schülerinnen und Schüler stets in Abhängigkeit von der Lehrkraft stehen (Krummheuer, 1992, S. 175). Im zeitlichen Verlauf ergibt sich eine Routine bei den Beteiligten (Voigt, 1984). Mathematische Sachverhalte werden interaktiv verhandelt und gelöst, wobei die Autonomie der Schülerinnen und Schüler aber nicht gefördert wird. Der Grund dafür ist laut Krummheuer (1992) eine „unzureichende argumentative Auseinandersetzung bei der Hervorbringung eines Interaktionsmusters" (Krummheuer, 1992, S. 175). Im Unterricht haben Argumentations-Formate somit ein deutlich höheres Potential für Lerngelegenheiten. Im Mathematikunterricht können Lehrkräfte durch die Aushandlung von Rahmungsdifferenzen und durch den aktiven Einbezug von Schülerinnen und Schüler in mathematische Argumentationen, mathematisches Lernen ermöglichen (vgl. Krummheuer, 1992; Schütte et al., 2021). Die vorliegende Arbeit fokussiert, wie Lehrkräfte solche interaktiven Argumentationsprozesse im Übergang von der Arithmetik zur Algebra begleiten.

Fazit
Mathematische Unterrichtsgespräche und Argumentationen lassen sich auf verschiedenen Ebenen betrachten. Oberflächlich können Gesprächsformen

und Kommunikationsmuster beschrieben werden. Bei Interaktionsmustern und Argumentations-Formaten wird ein spezifischerer Blick auf die Interaktion und den Gesprächsinhalt geworfen. Daraus lässt sich ableiten, dass beim mathematischen Lernen die sozialen Bedingungen von besonderer Relevanz sind und die Partizipation in Aushandlungsprozessen entscheidend ist (vgl. Krummheuer, 1992). Fachlich akzeptierte Rahmungen müssen im Unterrichtsgespräch konstruiert werden. Gleichzeitig sind unterrichtliche Argumentationsprozesse komplex und fragil. Yackel und Cobb (1996) sehen es als Aufgabe der Lehrkraft, eine gemeinsame Argumentationskultur zu etablieren, die solche Prozesse und Aushandlungen ermöglicht. In mathematischen Argumentationsprozessen nehmen Lehrkräfte und Schülerinnen und Schülern also oftmals unterschiedliche Rollen ein. Auch können verschiedene Formen der Partizipation rekonstruiert werden, die im folgenden Abschnitt fokussiert werden.

2.2.3 Partizipation an mathematischen Argumentationen

Interaktionen in mathematischen Argumentationen sind vielfältig (vgl. Abschnitt 2.2.2). Um Interaktions- und Aushandlungsprozesse zu rekonstruieren und zu verstehen, kann auch die Beteiligung von einzelnen Personen betrachtet werden – die *Partizipation*. Schülerinnen und Schüler und ihre Lehrkraft können auf verschiedene Weisen in mathematische Argumentationen eingebunden sein, ihnen kommen verschiedene Rollen zu (Krummheuer & Brandt, 2001). Die Rollen der Beteiligten im Diskurs können mittels *Partizipationsanalysen* von Unterrichtsgesprächen herausgearbeitet und unterschieden werden. Partizipation in Aushandlungsprozessen und an gemeinsamen Argumentationen ist entscheidend für mathematisches Lernen (Krummheuer, 1992). Die Lehrkraft beeinflusst in mathematischen Argumentationsprozessen die Rolle der Schülerinnen und Schüler (vgl. Steele & Rogers, 2012) und kann somit Lerngelegenheiten initiieren. Im folgenden Abschnitt wird die Partizipation an mathematischen Argumentationen fokussiert und es werden verschiedene Rollen im Unterrichtsgespräch beschrieben.

Differenziert man für jede einzelne Äußerung die Beteiligung, werden Partizipationsanalysen durchgeführt. Dabei kann laut Krummheuer und Brandt für jeden Beitrag (2001; vgl. Brandt, 2004, 2015) das *Produktionsdesign* (Verantwortlichkeit für Formulierung und Inhalt) und das *Rezipientendesign* (Hörerschaft) unterschieden werden. Steele und Rogers (2012) analysieren ebenfalls die verschiedenen *Rollen der Gesprächsbeteiligten*. Dabei unterscheiden sie für einzelne Episoden (nicht für jeden Beitrag), wer die Aussagen konstruiert oder validiert

hat, als mathematische Autorität fungiert oder die Situation lediglich beobachtet. Der Fokus auf Partizipation scheint besonders interessant in Hinblick auf die
Lehrkraft, da sie die Rolle von allen Beteiligten beeinflusst und die Verortung
der mathematischen Autorität bestimmt (Steele & Rogers, 2012). Die Ansätze
von Krummheuer und Brandt als auch Steele und Rogers werden im Folgenden
dargestellt und mit dem Mathematikunterricht in Verbindung gebracht.

Mathematisches Argumentieren ist diskursiv konzipiert und eng mit einem
kommunikativen Austausch und Gespräch verbunden (vgl. Abschnitt 2.1.1).
Goffman (1981) stellt heraus, dass es in einem Gespräch mehr Partizipationsmöglichkeiten als nur die „klassischen Rollen" des Sprechers und des Zuhörers
gibt. Kommunikation lässt sich nicht auf einen Sender und einen Empfänger reduzieren. Er differenziert die Rollen der Beteiligten weiter aus, indem er sowohl die
Art der Beteiligung im Gespräch, die Art der Adressierung als auch die Verantwortlichkeit für den Inhalt der Aussage betrachtet. Goffman (1981) betrachtet
das Gespräch also sowohl syntaktisch als auch semantisch (vgl. Krummheuer,
2015). Die Rollen der Beteiligten im Gespräch sind dynamisch und werden
immer wieder neu ausgehandelt und zugewiesen.

Auf Basis der Arbeit von Goffman (1981) beschreiben Krummheuer und
Brandt (2001) verschiedene Möglichkeiten der Partizipation in mathematischen
Unterrichtsgesprächen. Sie haben ein Partizipationsmodell für *polyadische Inter-
aktionen*, das heißt Interaktionen mit mehr als zwei Beteiligten, entwickelt. Das
Partizipationsmodell von Krummheuer und Brandt (2001; vgl. Brandt, 2015)
leistet eine Ausdifferenzierung der „klassischen Rollen" des Sprechers und des
Zuhörers über das Produktionsdesign und das Rezipientendesigns. Mit dem
Produktionsdesign wird die Verantwortlichkeit für Formulierung und Inhalt aus-
differenziert. Das Rezipientendesign differenziert die Hörerschaft. Diese beiden
Designs werden im Folgenden näher beschrieben und die Bedeutung für mathe-
matisches Argumentieren im Unterricht herausgestellt. Auch wenn in dieser
Arbeit keine detaillierten Partizipationsanalysen durchgeführt werden, spannen
die im Folgenden beschriebenen Sprecher- und Hörerrollen nach Krummheuer
und Brandt (2001) dennoch einen relevanten theoretischen Rahmen für diese
Arbeit auf. Durch den Aspekt der Partizipationsrollen wird ein neuer, ergänzender
Blickwinkel auf mathematisches Argumentieren und interaktive Aushandlungsprozesse eröffnet. Die Komplexität und die Vielschichtigkeit von interaktiven
Argumentationsprozessen werden (erneut) hervorgehoben. Der Lehrkraft kommt
dabei eine besondere Rolle zu, da sie die Rollen der Schülerinnen und Schüler in
solchen Prozessen beeinflussen kann.

Das *Produktionsdesign* greift die Verantwortlichkeit der Sprechenden für ihre
Aussagen und ebenso die Verantwortung für den Inhalt der Aussagen auf.

Nach Krummheuer und Brandt (2001; vgl. Brandt, 2015) kann hier zwischen der Authentizität und den Ursprüngen der Sprechbeiträge differenziert werden. Bei ihrer Analyse werden daher drei Aspekte herausgearbeitet (Krummheuer & Brandt, 2001, S. 42): Lautsprecherfunktion, syntaktisches Gebilde (Wortwahl und Form – Formulierungsfunktion), semantischer Gehalt (Inhaltsfunktion). Eine Sprechende oder ein Sprechender ist immer für die Lautsprechfunktion zuständig, während die Formulierungs- und Inhaltsfunktion auch bei nicht sprechenden Personen liegen kann. Beispielsweise, wenn Aussagen wiederholt werden. Bei der Formulierungsfunktion geht es um die Wortwahl und die Form der Aussage. Die Inhaltsfunktion differenziert den Ursprung beziehungsweise die Initiation von einzelnen Beiträgen.

Im Klassenunterricht übernehmen die Lehrkraft und die Lernenden oftmals selbst die Formulierungsfunktion. Wenn aber beispielsweise eine Aussage vorgelesen oder wortwörtlich wiederholt wird, liegt die Formulierungsfunktion und die Inhaltsfunktion nicht bei der sprechenden Person, sondern bei jemand anderem. Auch kann eine Aussage mit eigenen Worten umformuliert werden. Der oder die Sprechende besitzt in einem solchen Fall lediglich die Formulierungsfunktion, nicht aber die Inhaltsfunktion. Falls der oder die Sprechende keine Formulierungs- oder Inhaltsfunktion bezüglich seines oder ihres Beitrags hat, gibt es einen nicht sprechenden Partizipierenden, der diese Funktion innehat.

Mit dem *Rezipientendesign* werden wiederum verschiedene Hörerrollen ausdifferenziert, wobei die Art der Beteiligung und die Form der Adressierung entscheidend sind. Krummheuer und Brandt differenzieren dabei zwischen direkter und nicht-direkter Beteiligung und tolerierter beziehungsweise möglichst verhinderter Rezeption (Brandt, 2015; Krummheuer & Brandt, 2001).

Im Unterrichtsgespräch sind die Schülerinnen und Schüler in der Regel direkt beteiligt und werden etwa durch Namensnennungen direkt angesprochen. In Phasen der Gruppen- oder Partnerarbeit kommt es zu Situationen, in denen nicht alle Schülerinnen und Schüler beziehungsweise die Lehrkraft direkt am Gespräch beteiligt sind. Dabei werden Lernende oder die Lehrkraft zu „Mithörern", wenn ihr Zuhören akzeptiert wird, was zu einer spezifischen Themenwahl führt. Beispielsweise wird in der Regel auf private Gespräche verzichtet. Soll die Lehrkraft Äußerungen wiederum nicht erfassen, wie beispielsweise beim Vorsagen, wird sie zu einer ausgeschlossenen Person, zum sogenannten „Lauscher" (nicht synonym mit der alltagssprachlichen Bezeichnung des Lauschers zu verwenden).

Die Partizipationsrollen wurden auch entwickelt, um einen Lernfortschritt von Schülerinnen und Schülern erfassen zu können. Mathematiklernen kann aus interpretativer Perspektive als zunehmend autonomere Partizipation von Schülerinnen und Schülern und Teilhabe an Unterrichts- und Argumentationsprozessen beschrieben werden (vgl. Krummheuer & Brandt, 2001; Krummheuer, 2015). Krummheuer (2015, S. 67 f.) zeigt auf, dass sich verschiedene Grade an Autonomie in Interaktionen, also etwa im Unterrichtsgespräch, mittels der Analyse der Partizipationsrollen herausarbeiten lassen und damit Rückschlüsse auf den Lernfortschritt der Schülerinnen und Schüler gemacht werden können.

Laut Krummheuer (2015, S. 67 f.) befinden sich Lernende, die eine eigene Idee mit einer übernommenen Formulierung vortragen oder Ideen von anderen in eigenen Worten verbalisieren, auf dem Weg zu mehr Autonomie in gemeinsamen mathematischen Argumentationen. Sie übernehmen damit eigenständig entweder die Inhaltsfunktion oder die Formulierungsfunktion. Dagegen machen Schülerinnen und Schüler, die bereits ausformulierte Ideen wiederholen, erste Schritte, mathematisches Wissen in gemeinsamen Argumentationen anzuwenden. Schülerinnen und Schüler, die Formulierungs- *und* Inhaltsfunktion übernehmen und damit eigenständig (entscheidende) Teile des Arguments in die mathematische Argumentation einbringen, wenden vorheriges Wissen an. Sie lernen in dieser Situation laut Krummheuer (2015) somit keine neuen Inhalte, sondern etablieren und festigen ihre Kenntnisse. Gleichzeitig kann das Hervorbringen von einzelnen Elementen des Arguments, wie Garanten oder Konklusionen, in die Analysen der Argumentationsprozesse einbezogen werden: Lernende, die Garanten in die Argumentation einbringen, wissen und verstehen mehr als Lernende, die lediglich Daten oder Konklusionen hervorbringen (Krummheuer, 2015, S. 68).

Auch andere, nicht im engeren Sinne interpretativ arbeitende Forschende, haben sich mit der Partizipation an mathematischen Argumentationen beschäftigt. Auf der Basis von Unterrichtsbeobachtungen in Klassen von 25 verschiedenen Lehrkräften, haben Steele und Rogers (2012) Rollen der Beteiligten in den mathematischen Argumentationen analysiert und Unterrichtshandlungen der Lehrkräfte untersucht. Zusätzlich haben sie die Beziehung zum mathematischen Wissen über Argumentieren und Beweisen, das die Lehrkräfte in Interviews und schriftlichen Tests gezeigt haben, herausgearbeitet (vgl. Abschnitt 2.3.4). Bei der Analyse von Unterrichtsbeobachtungen unterscheiden sie verschiedene Teilnehmende im Unterricht: Lernende, Lehrkräfte und Außenstehende (wie etwa Schulbücher) (vgl. Steele & Rogers, 2012, S. 162). In Bezug auf das mathematische Argumentieren und Beweisen können verschiedene Rollen eingenommen werden: „ranging from observing another actor to the creation and validation of a proof" (Steele & Rogers, 2012, S. 162).

Insgesamt werden in Bezug auf das mathematische Argumentieren und Beweisen folgende Rollen von Steele und Rogers (2012, S. 169) auf Basis ihrer empirischen Daten (induktiv) herausgearbeitet:

- „Creator
- Validator
- Mathematical authority
- Observer
- Explainer
- Communicator"

Steele und Rogers (2012) erfassen die Rollen der Beteiligten in mathematischen Argumentationen nicht so detailliert wie Krummheuer und Brandt (2001). Steele und Rogers (2012) rekonstruieren die Partizipation nicht für jede Aussage, sondern pro Episode. Was genau unter den einzelnen Rollen zu verstehen ist, erläutern Steele und Rogers (2012) nicht. Dennoch beschreiben sie interessante Ergebnisse: Die Lehrkraft beeinflusst die Rollen aller Beteiligter und bestimmt die Verortung der mathematischen Autorität (Steele & Rogers, 2012). Besonders wichtig ist beim mathematischen Argumentieren laut Steele und Rogers auch die eingenommene Rolle der Schülerinnen und Schüler, da diese ihren Lernerfolg beeinflusst (vgl. Krummheuer & Brandt, 2001; Krummheuer, 2015): „[...] how students were positioned provided different opportunities for students to engage with proof." (Steele & Rogers, 2012, S. 176).

Wenn eine Lehrkraft ihren Schülerinnen und Schülern Verantwortung über die mathematische Korrektheit überträgt (vgl. Bauersfeld, 1982; Krummheuer, 1992; Yackel & Cobb, 1996) und die Lernenden damit als „mathematische Autoritäten" positioniert, entstehen reichhaltige Lerngelegenheiten: „Positioning students as mathematical authorities has the potential to [...] opening up spaces for students to develop more robust conceptualizations of what it means to know and do mathematics." (Steele & Rogers, 2012, S. 176).

Die Studie von Steele und Rogers (2012) liefert einen ersten Ansatzpunkt, dass die Analyse von mathematischem Wissen von Lehrkräften in Zusammenhang mit den Rollen der Beteiligten im Mathematikunterricht vielversprechende Erkenntnisse liefern kann und lohnend zu betrachten ist. Steele und Rogers betonen, dass noch weiter erforscht werden muss, wie Vorstellungen der Lehrkräfte zum mathematischen Argumentieren ihre Handlungen im Unterricht beeinflussen und dadurch Lerngelegenheiten für Schülerinnen und Schülern geschaffen oder auch vergeudet werden.

Fazit

In dieser Arbeit wird, wie in der Forschung von Steele und Rogers (2012), auf die Rolle der Lehrkraft fokussiert. In dieser Arbeit werden keine detaillierten Partizipationsanalysen wie etwa bei Krummheuer und Brandt (2001) durchgeführt, dennoch eröffnen die eben diskutierten Partizipationsrollen einen wichtigen theoretischen Rahmen für diese Arbeit. Auch wenn Lehrkräfte primär in den Blick genommen werden, ist es lohnend zu erfassen (bspw. mittels Interaktionsanalysen, vgl. Abschnitt 4.2), wie und welche Schülerinnen und Schüler (von den Lehrkräften) in das Gespräch eingebunden werden, ob sich Lernende aufeinander beziehen und Ideen gegenseitig aufgegriffen werden oder ob Lehrkräfte solche Verbindungen offenlegen. Auch ist es interessant in mathematischen Argumentationen zu rekonstruieren, wie Ideen entstehen und wie sie sich verbreiten. Ebenfalls lässt sich herausarbeiten, inwiefern Schülerinnen und Schüler direkt adressiert werden, sowohl von Lehrkräften als auch von Mitschülerinnen und Mitschülern. Eine Adressierung eröffnet Partizipationsmöglichkeiten und führt zu der Verpflichtung Bezüge zu anderen Beiträgen herzustellen (vgl. Krummheuer & Brandt, 2001). Lehrkräfte können Lernende beim mathematischen Argumentieren direkt ansprechen und damit anregen, etwas zum Gespräch beizutragen. Welche Fähigkeiten Schülerinnen und Schüler für die Partizipation an mathematischen Argumentationen benötigen und welche Vorstellungen sie in Bezug auf mathematisches Argumentieren zeigen, wird im folgenden Kapitel fokussiert.

2.2.4   Argumentationskompetenzen von Schülerinnen und Schülern

Die Teilhabe an und das Gelingen von gemeinsamen mathematischen Argumentationen hängt neben den sozialen Bedingungen auch von individuellen Voraussetzungen der Schülerinnen und Schüler und der Lehrkräfte ab. Wenn beispielsweise wichtiges Vorwissen fehlt, wird die Partizipation an mathematischen Argumentationen erschwert. Im folgenden Abschnitt wird ein Einblick in den Forschungsstand zur Argumentationskompetenz von Schülerinnen und Schülern gegeben (fokussiert auf den Übergang von der Arithmetik zur Algebra, vgl. Abschnitt 2.4). Einerseits wird in diesem Kapitel die Argumentationskompetenz von Schülerinnen und Schülern in Bezug auf ihre individuellen Vorstellungen betrachtet. Andererseits wird der inhaltliche Gehalt von hervorgebrachten Argumenten in Bezug auf Interaktionen im Unterrichtsgespräch analysiert.

Healy und Hoyles (2000) haben in einer empirischen large-scale Untersuchung „A Study of Proof Conceptions in Algebra" die Einschätzungen von Schülerinnen und Schülern zu mathematischen Argumenten beforscht. In ihrer Studie haben sie auf Beweise in der Algebra fokussiert, wobei mathematische Argumente in verschiedenen Repräsentationen und mit unterschiedlichem Grad an Generalität (vgl. Abschnitt 2.1.4) einbezogen wurden. Healy und Hoyles (2000) haben begabte 14- und 15-jährige Schülerinnen und Schüler (N = 2459) Fragebögen ausfüllen lassen, um zu erfassen, was aus Sicht der Lernenden einen mathematischen Beweis ausmacht und welche Rolle ein Beweis haben kann. Auch haben sie beforscht, welche Fertigkeiten die Schülerinnen und Schüler in Bezug auf Beweiskonstruktionen besitzen und wie diese die Beurteilungen ihrer Lehrkräfte einschätzen.

Beispielsweise haben Healy und Hoyles den Schülerinnen und Schülern Begründungen zur Aussage „Wenn man zwei gerade Zahlen addiert, ist das Ergebnis immer gerade" präsentiert (vgl. Methodenteil, Abschnitt 4.3.1, Interviewleitfaden). Healy und Hoyles (2000) haben dabei variiert zwischen einer für die Lernenden vertrauten mathematischen Aussage und einer eher neuen, unbekannten Aussage. Die Begründungen der mathematischen Aussagen wurden verschieden repräsentiert und unterscheiden sich auch in Bezug auf die mathematische Korrektheit. Die Lernenden waren aufgefordert zu beantworten, welche Antwort sie am ehesten selbst geben würden und welche ihrer Meinung nach am besten von ihrer Lehrkraft bewertet werden würde. Anschließend sollten die Schülerinnen und Schüler die Korrektheit und (Allgemein-)Gültigkeit für jedes Argument einschätzen („*validity rating*", Healy & Hoyles, 2000, S. 402). Zusätzlich haben die Lernenden bewertet, ob das jeweilige Argument für sie erklärend wirkt, also eine Erklärung darstellt, und sie in Hinblick auf die Gültigkeit der Aussage überzeugt („*expanatory power rating*", Healy & Hoyles, 2000, S. 402). Außerdem haben die Schülerinnen und Schüler eigenständig mathematische Argumente konstruiert, sodass sie ihrer Meinung nach die beste Note bekommen würden. Zusätzlich wurden mit einigen Schülerinnen und Schülern „follow-up" Interviews geführt, die an dieser Stelle nicht näher betrachtet werden.

Ein zentrales Ergebnis der Untersuchung von Healy und Hoyles (2000) ist, dass algebraische Argumente von den Schülerinnen und Schülern als besser benotet, aber weniger nachvollziehbar und verständlich angesehen werden. Schülerinnen und Schüler denken also, dass von ihnen erwartet wird, Begründungen mit der algebraischen Symbolsprache zu liefern, während sie diese aber oftmals nicht verstehen (vgl. Pedemonte, 2008). Gleichzeitig zeigte sich, dass Schülerinnen und Schüler mathematische Argumente bevorzugen und am ehesten selbst formulieren würden, die sie verständlich und überzeugend finden. Das sind oftmals narrative oder empirische Argumente. Größtenteils zählten algebraische Argumente aber nicht dazu (Healy & Holyes, 2000, S. 406).

Wenn Schülerinnen und Schüler selbstständig mathematische Argumente erstellen, liefern sie größtenteils empirische Argumente mit Beispielen (Healy & Hoyles, 2000). Diese Beispiele helfen den Schülerinnen und Schülern sich selbst zu überzeugen, dass eine Aussage gültig ist. Dabei ist gleichzeitig vielen Schülerinnen und Schülern bewusst, dass diese empirischen Argumente aber eben nicht für eine allgemeingültige Begründung ausreichen und dass sie auch nicht die besten Noten für diese Antworten bekommen würden. In einer Studie von Reiss, Hellmich und Thomas (2002, S. 58) wurde nachgewiesen, dass auch Lernende der 7. und 8. Klasse nicht sicher beurteilen können, ob ein mathematisches Argument fachlich korrekt und gültig ist. Lehrkräfte können im Mathematikunterricht immer wieder Aushandlungsprozesse über die Gültigkeit von mathematischen Argumenten anstoßen und so Lerngelegenheiten für Schülerinnen und Schüler entwickeln. Deutlich schwieriger ist es für die Schülerinnen und Schüler aber eigenständig ein mathematisches Argument zu konstruieren. Lehrkräfte können unterschiedliche Formen von mathematischen Argumenten in ihren Unterricht einbinden und so verschiedene Zugänge zum mathematischen Argumentieren für ihre Schülerinnen und Schüler ermöglichen (vgl. Abschnitt 2.1.4 und 2.1.5).

Andere Forschende haben weniger auf die Repräsentation oder Überzeugungskraft der mathematischen Argumente, sondern stärker auf den semantischen Gehalt der Argumente fokussiert. Koleza, Metaxas und Poli (2017) haben die Argumentationskompetenz von Lernenden der fünften und achten Klasse untersucht. Sie haben festgestellt, dass in mathematischen Argumentationen oft keine Schlussregel (Garant) explizit genannt wird. Auf Nachfrage der Lehrkraft wird jedoch ein Denkprozess bei den Schülerinnen und Schülern angeregt und es kann von den Lernenden eine semantische Schlussregel ergänzt werden. Laut Krummheuer (2015) zeigt das Einbringen von Garanten ein tiefes Verständnis der inhaltlichen Zusammenhänge. Durch geschickte Fragen, etwa nach Garanten, kann eine Lehrkraft also ermöglichen, dass Schülerinnen und Schüler eigenständig Argumente vervollständigen, und Lerngelegenheiten schaffen. Die regelmäßige Frage nach der Schlussregel kann dazu führen, Normen und eine Argumentationskultur im Mathematikunterricht zu etablieren, die Schülerinnen und Schüler zunehmend selbstständig Schlussregeln liefern lässt (Singletary & Conner, 2015). Auch haben Koleza et al. (2017) gezeigt, dass Schülerinnen und Schüler für sie Offensichtliches in mathematischen Argumentationen nicht benennen. Beispielsweise werden daher oftmals keine Stützungen in mathematischen Argumentationen benannt.

Vorstellungen vom mathematischen Argumentieren und die Fähigkeiten von Schülerinnen und Schülern diesbezüglich können auch ausgehend von realen Unterrichtssituationen betrachtet werden. Grundey (2015) hat ein Unterrichtskonzept zum mathematischen Argumentieren und Beweisen am Ende der Sekundarstufe entwickelt und eine vergleichende, empirische Untersuchung in deutschen und kanadischen Schulen durchgeführt. Dabei hat sie die Beweisvorstellungen und Fähigkeiten von Lernenden zur eigenständigen Durchführung von Beweisen analysiert. Die Lehrperson wird in ihrer Untersuchung zwar nicht fokussiert, aber sie hebt den Einfluss der Lehrperson auf die Veränderung der Beweisvorstellungen in den Beweisdiskussionsphasen immer wieder hervor (ebd., S. 281 f.).

In Grundeys Studie (2015) ist es einer Lehrkraft gelungen, die anfänglichen Vorstellungen der Lernenden zum Beweisen, die in einer „Brain-Stroming" Phase gewonnen wurden, mit den fachwissenschaftlichen Aspekten zu verbinden. Die Lehrkraft hat in dieser Unterrichtssituation eine Fokussierung auf wesentliche Beweisaspekte initiiert. Dabei gab die Lehrkraft den Schülerinnen und Schülern genügend Freiraum, um ihre eigenen Vorstellungen zu präsentieren (Grundey, 2011). Eine andere Lehrkraft hat diese Meta-Ebene in ihrem Unterricht dagegen nicht angeregt. Somit sind die Beweisvorstellungen der Lernenden und die Akzeptanzkriterien für mathematische Beweise oberflächlich und an den konkreten mathematischen Inhalt gebunden geblieben. Dadurch wird die Übertragbarkeit auf andere Kontexte erschwert. Eine weitere Lehrkraft regte zwar in ihrem Unterricht eine Diskussion über Beweiskriterien auf einer Meta-Ebene an, fokussierte dieses Gespräch aber nicht auf die wesentlichen Aspekte von Beweisen. Lernende konnten in dieser Situation nur schwer zwischen wichtigen und unwichtigen Beweisaspekten unterscheiden. Eine Ausschärfung ihrer Beweisvorstellungen wird daher erschwert.

Grundey (2015) hat außerdem an einem Fallbeispiel gezeigt, dass die Thematisierung von einem Gegenbeispiel als Widerlegung dazu führte, dass die Schülerinnen und Schüler ihre Beweisvorstellung um den Aspekt der Widerlegung erweitern. Die Schülerinnen und Schüler nutzen diesen Aspekt auch in den folgenden Aufgaben. Grundey zeigt, dass die Lehrkraft insgesamt „eine wesentliche Rolle bei den Veränderungen der vorhandenen Beweisvorstellungen" (Grundey, 2015, S. 284) einnimmt. Diese Ergebnisse können auch beim mathematischen Argumentieren beobachtet werden.

Weitere Studien zu Problemen von Lernenden beim mathematischen Argumentieren
Oftmals wird die Argumentationskompetenz von Schülerinnen und Schüler auch aus dem Blickwinkel von individuellen Schwierigkeiten, Problemen und Herausforderungen beim mathematischen Argumentieren betrachtet. Interaktionen und Bedeutungsaushandlungen werden in solchen Studien oftmals nicht rekonstruiert, sondern andere methodologische Rahmen in Abhängigkeit von den

Forschungsfragen verwendet. Auch wenn folgende Ergebnisse aus einem anderen Forschungsparadigma stammen, werden sie in dieser Arbeit zur Kenntnis genommen und auf das eigene Forschungsinteresse und -paradigma übertragen.

Heinze (2004) hat Schülerprobleme beim Lösen von geometrischen Argumentationsaufgaben herausgearbeitet. Dazu hat er eine Interviewstudie mit zehn Achtklässlern durchgeführt. Heinze (2004) stellt heraus: „Es zeigt sich, dass Schülerschwierigkeiten bei diesen Aufgaben im Wesentlichen auf das Faktenwissen, das Methodenwissen zum mathematischen Beweisen und die Entwicklung und das Verfolgen einer Beweisstrategie zurückgeführt werden kann." (Heinze, 2004, S. 150). Da Beweise als Spezialfälle von mathematischen Argumentationen aufgefasst werden, können diese Erkenntnisse auch auf mathematische Argumentationen übertragen werden. Gleichzeitig wird angenommen, dass Lernende im Übergang von der Arithmetik zur Algebra vergleichbare Probleme haben können, wie in der Geometrie. Ausreichendes *Fakten- und Methodenwissen* werden daher als entscheidende Faktoren für gelingende Argumentationsprozesse aufgefasst und im Folgenden näher betrachtet. Fakten- und Methodenwissen werden in dieser Arbeit aber nicht als Wissen verstanden, das einfach „abgegriffen" werden kann. Im Unterricht findet eine Verständigung über Begriffe und Konzepte statt und in der Regel wird gemeinsam eine geteilte Deutung ausgehandelt. Die Lehrkraft rahmt solche Aushandlungsprozesse und kann sie immer wieder anstoßen (vgl. Abschnitt 2.3.1).

Was genau ist unter Fakten- und Methodenwissen zu verstehen? Heinze (2004) liefert für beide Begriffe keine explizite Definition oder Beschreibung. Im Folgenden wird zunächst geklärt, was unter „Methodenwissen" zu verstehen ist und welche inhaltlichen Aspekte dazu gehören. Anschließend wird der Begriff „Faktenwissen" aufgegriffen. Dabei soll auch die Relevanz beider Begriffe in mathematischen Argumentationen dargestellt werden.

Reiss und Ufer (2009) verstehen unter Methodenwissen „im weiteren Sinne das Wissen über die Natur und die Funktion von Beweisen" (Reiss & Ufer, 2009, S. 165). Dazu zählt unter anderem die Kenntnis von Akzeptanzkriterien und das Verständnis der Funktion logischer Aussagen. Zum Methodenwissen zählt auch: „[…] das Wissen, welche Argumentationen aus Sicht des Fachs als gültige Beweise angesehen werden." (Ufer & Reiss, 2010, S. 249). Dabei inbegriffen ist das Wissen, dass lediglich das Testen von Beispielen nicht zu mathematisch gültigen Argumenten führen kann. Auch die Kenntnis von der Bedeutung von Gegenbeispielen in mathematischen Argumentationen kann zum Methodenwissen gezählt werden. Im Mathematikunterricht kann in interaktiven Aushandlungsprozessen über die Gültigkeit und Akzeptanz von mathematischen Argumenten diskutiert werden. Vorstellungen der Schülerinnen und Schüler können sich ausschärfen. Die Lehrkraft hat in solchen Prozessen eine entscheidende Rolle (vgl. Hanna, 1995; Grundey, 2015; Abschnitt 2.3.1).

Zusätzlich ist ein „mathematisch-strategisches Wissen" in mathematischen Argumentationsprozessen relevant, das „ökonomische Entscheidungen zwischen verschiedenen möglichen Lösungswegen" (Reiss & Ufer, 2009, S. 169) beinhaltet. Dieses Wissen ist bereichsspezifisch, aber nicht unbedingt detailliert. Heinze (2004) hat aufgezeigt, dass das Verfolgen einer Strategie in mathematischen Argumentationsprozessen für Schülerinnen und Schüler oft problematisch ist. In dieser Arbeit wird das „mathematisch-strategische Wissen" als Teil vom Methodenwissen betrachtet und der Begriff „Methodenwissen" somit weiter gefasst als von Heinze (2004) und Reiss und Ufer (2009). Auch die Thematisierung von Gesprächsregeln, wird zum Methodenwissen gezählt, da der soziale Rahmen beim mathematischen Argumentieren entscheidend ist. Wenn im Mathematikunterricht auf das Lernen *vom* mathematischen Argumentieren (vgl. Kapitel 1) fokussiert wird, wird Methodenwissen zum mathematischen Argumentieren implizit oder explizit thematisiert und ausgehandelt. Lehrkräfte sind als eine Art Vermittler in solchen interaktiven Prozessen von besonderer Bedeutung:

> „Resnik says we believe a proof in part because we have been prepared through our mathematics education to follow its reasoning. Here the role of the teacher is crucial. In addition to concepts specific to the mathematical topic at hand, the teacher has to make the students familiar with patterns of argumentation and with terms such as assumption, conjecture, example, counterexample, refutation and generalisation." (Hanna, 1995, S. 48)

Wie im Zitat von Hanna (1995) erwähnt, sind neben dem „Methodenwissen" auch fachliche Konzepte aus dem mathematischen Themenbereich beim mathematischen Argumentieren von Bedeutung. Reiss und Ufer (2009) bezeichnen diese Konzepte als „mathematisches Basiswissen". Mathematische Argumentationen haben stets einen semantischen Gehalt und in der Regel werden mathematische Objekte und ihre Beziehungen betrachtet. Für die Teilhabe an mathematischen Argumentations- und Beweisprozesse ist daher ein „mathematisches Basiswissen" relevant, welches mathematische Fakten und Konzepte in Bezug auf mathematische Objekte beinhaltet. Dieses Wissen wird in dieser Arbeit in Anlehnung an Heinze (2004) als „Faktenwissen" bezeichnet. Die Kenntnis von basalen Begriffen, Definitionen und Sätzen wird zum Faktenwissen gezählt. Zusätzlich wird auch eine Art „Überblickswissen" einbezogen, das die Beziehungen zwischen verschiedenen mathematischen Konzepten beinhaltet und Verknüpfungen der Konzepte ermöglicht (Reiss & Ufer, 2009). Die Verständigung über solche

Begriffe und ihre Beziehungen kann im Mathematikunterricht durch die Lehrkraft angestoßen werden. Ob und wie eine Lehrkraft Aushandlungsprozesse beim mathematischen Argumentieren im Übergang von der Arithmetik zur Algebra initiiert und wie sie diese Interaktionen rahmt und unterstützt, wird in dieser Studie untersucht

Beim mathematischen Argumentieren ist Faktenwissen also wichtig, um dem Inhalt der Argumentationen folgen zu können und selbstständig mathematische Ideen und Begründungsansätze einzubringen. „Partizipation setzt nicht nur einen minimalen fachlichen Konsens innerhalb der Gruppe voraus, sondern ebenso sehr fachliches Basiswissen." (Brunner, 2014a, S. 94).

In welcher Beziehung stehen Methodenwissen und Faktenwissen zu mathematischem Argumentieren im Unterricht? Welche Rolle hat die Lehrkraft dabei? Healy und Hoyles (1998) haben in ihrer breitangelegten Studie nachgewiesen, dass Schülerinnen und Schüler der zehnten Klasse, die ein größeres Faktenwissen besitzen, Beweisaufgaben besser lösen. Faktenwissen allein reicht aber wiederum nicht aus, um ein gültiges mathematisches Argument zu konstruieren. Ebenso ist Methodenwissen zum mathematischen Argumentieren notwendig (Heinze, 2004). Im Unterricht müssen immer wieder Aushandlungen stattfinden, um ein geteiltes Wissen aufzubauen. In dieser Studie wird untersucht, welches Handlungsrepertoire Lehrkräfte zeigen, um Aushandlungen von Fakten- und Methodenwissen anzuregen, geteiltes Wissen zu etablieren und somit Lerngelegenheiten für Schülerinnen und Schüler zu ermöglichen.

Auch wenn Lehrkräften die oben beschriebenen Probleme und angedeuteten Wissenslücken von Schülerinnen und Schülern beim mathematischen Argumentieren nicht unbedingt explizit bewusst sind, kann die Lehrkraft in ihrem Unterricht intuitiv oder auch bewusst Fakten- und Methodenwissen thematisieren. Sie unterstützt ihre Lernenden damit in Hinblick auf das mathematische Argumentieren (vgl. Abschnitt 2.3.3).

2.2.5 Diskursivität und Negative Diskursivität beim mathematischen Argumentieren

Mathematische Argumentationen finden im Unterricht häufig in Gesprächen statt. Interaktionen- und Bedeutungsaushandlungen sowie der soziale Rahmen sind von besonderer Bedeutung in solchen Prozessen. Mathematische Argumentationen sind diskursiv angelegt (vgl. Abschnitt 2.1.1). Im Folgenden werden zunächst (diskursive) Unterrichtssprüche aus einer theoretischen Perspektive betrachtet.

Anschließend wird auf die Aspekte „Diskursivität" und „Negative Diskursivität" fokussiert.

Ein Unterrichtsgespräch soll laut Leisen (2007) „strukturiert verlaufen (Strukturiertheit); didaktisch begründet [sein, FB] (Kohärenz); sich für die Lernenden lohnen (Ertrag); diskursiv angelegt sein (Diskursivität) und die Lernenden müssen sich dabei wertgeschätzt fühlen (Lernatmosphäre)" (Leisen, 2007, S. 115 f.). Wie Klassengespräche in unterrichtlichen Argumentationsprozessen im Übergang von der Arithmetik zur Algebra verlaufen und welche Rolle die Lehrkraft dabei hat, wird in dieser Arbeit untersucht.

Ein diskursives Unterrichtsgespräch ist offen. Das heißt, es ist mehr als eine intendierte Antwort möglich. Ein solches diskursives Gespräch verläuft also nicht nach dem Trichter-Muster (Bauersfeld, 1978; vgl. Abschnitt 2.2.2). Interaktionen zwischen den Beteiligten werden angestrebt und eingefordert. Die Schülerinnen und Schüler dürfen verschiedene, eigene Standpunkte einbringen und sind aufgefordert sich wechselseitig aufeinander zu beziehen. Aufgabe der Lehrkraft ist es, ein solches Gespräch zu ermöglichen, zu rahmen und die Schülerinnen und Schüler zu unterstützen.

Diskursivität ist in mathematischen Argumentationen in Unterrichtsgesprächen ein wichtiger Faktor. Laut Cohors-Fresenborg (2012) haben Walshaw und Anthony (2008) festgestellt, dass nicht nur Kommunikation gefördert werden sollte, sondern auch Gesprächsregeln und die Einhaltung dieser relevant sind, damit Lernen im Mathematikunterricht wahrscheinlicher ist (vgl. Cohors-Fresenborg, 2012, S. 150). Einerseits kann eine Lehrkraft als Vorbild für ihre Schülerinnen und Schüler wirken und andererseits auf die Einhaltung der Gesprächsregeln bestehen. Cohors-Fresenborg (2012) argumentiert, dass es daher sinnvoll ist, potentiell positive sowie eher „negativ zu bewertende Aktivitäten" (ebd., S. 150) von Lehrkräften zu analysieren. Negativ zu bewertende Aktivitäten erschweren die Teilhabe an Unterrichtsgesprächen für die Schülerinnen und Schüler. Auch in dieser Arbeit werden daher nicht nur die unterstützenden Handlungen der Lehrkräfte analysiert, sondern gleichzeitig solche herausgearbeitet, die einen eher negativen Effekt auf die mathematischen Argumentationen haben (vgl. Forschungsfrage 2; Abschnitt 4.1).

Cohors-Fresenborg und Kaune (2007) stellen in dem „Kategoriensystem zur Klassifizierung metakognitiver und (negativ) diskursiver Aktivitäten im Unterrichtsgespräch" verschiedene Aspekte und Aktivitäten in Bezug auf Metakognition, Diskursivität und negative Diskursivität vor. Mit diesem Kategoriensystem können sowohl die Aktivitäten von Lehrkräften als auch von Lernenden im Mathematikunterricht ausgehend von Transkripten klassifiziert werden (Cohors-Fresenborg & Kaune, 2007). Cohors-Fresenborg (2012) stellt schließlich eine

weiterentwickelte Version des Kategoriensystems vor, welche für eine fachüber-
greifende Nutzung angelegt ist. Nowińska (2016, S. 50, 51) entwickelt dieses
Kategoriensystem weiter für Codierungen ausgehend von Videos der Unterrichtssituationen. Im Folgenden wird auf die von Cohors-Fresenborg (2012)
vorgestellte Version des „Kategoriensystems zur Klassifizierung metakognitiver
und (negativ) diskursiver Aktivitäten im Unterrichtsgespräch" Bezug genommen, da auch in dieser Arbeit ausgehend von Transkripten gearbeitet wird.
Dabei werden Bezüge zu den Ausführungen von Nowińska (2016) und auch
Cohors-Fresenborg und Kaune (2007) hergestellt.

Abels (2021) hat in ihrer Dissertation Argumentationsanalysen und dieses
Kategoriensystem zur Untersuchung von geometrischen Beweisprozessen und
Beweisen von Studierenden herangezogen. In ihren Analysen hat sie mathematische Argumentationen und Metakognition in Verbindung gebracht. Ihre
erkenntnisreichen Auswertungen und Ergebnisse haben mich inspiriert das Kategoriensystem auch in dieser Arbeit aufzugreifen.

In dem „Kategoriensystem zur Klassifizierung metakognitiver und (negativ)
diskursiver Aktivitäten im Unterrichtsgespräch" von Cohors-Fresenborg (2012)
gibt es fünf Hauptkategorien. In dieser Arbeit werden die Kategorien „Diskursivität" und „Negative Diskursivität" aufgegriffen, die in den folgenden Abschnitten
erläutert werden. Außerdem gibt es die Kategorien „Planung", „Monitoring"
und „Reflexion", die der Metakognition zuzuordnen sind. Da in dieser Arbeit
auf Unterrichtsgespräche fokussiert wird, nicht aber auf Metakognition, wird im
Folgenden die sogenannte Diskursivität und negative Diskursivität fokussiert.

Zur *Diskursivität* zählen laut Cohors-Fresenborg (2012) „Aktivitäten […], die
zum Gelingen eines Diskurses beitragen" (Cohors-Fresenborg, 2012, S. 150).
Nowińska (2016) präzisiert Diskursivität als „Aktivitäten (…), die zur Verbes-
serung der Präzision und Stringenz eines Diskurses beitragen" (Nowińska, 2016,
S. 25). Dagegen werden als *negative Diskursivität* „Aktivitäten erfasst, die einen
Diskurs erschweren" (Cohors-Fresenborg, 2012, S. 150) oder auch „Verstöße
gegen eine diskursive Gesprächsführung" (Nowińska, 2016, S. 25) beinhalten.

Nowińska (2016, S. 25) betont, dass mit diesen zwei Kategorien Hinweise für „Scheingespräche" entdeckt werden können. Auch ist es möglich
zu identifizieren, wenn Gesprächsteilnehmer aneinander vorbeireden. Wenn die
Gesprächsteilnehmer aneinander vorbeireden, können Unterstützungen der Lehrkraft sowie gegenseitige Unterstützungen der Lernenden wirkungslos werden
und letztendlich kann eine gemeinsame, kollektive Argumentation unterbunden
werden (vgl. Bredow, 2020).

Im Folgenden werden die Kategorien *Diskursivität* und *Negative Diskursivität* aus dem Kategoriensystem von Cohors-Fresenborg (2012) dargestellt. Die

Diskursivität wird in zwei Unterkategorien unterteilt (H.i.O., Cohors-Fresenborg, 2012, S. 150):

> *„D1: Maßnahmen zur* Verbesserung *eines Diskurses/* Verankerung *eines Diskursbeitrages*
>
> D2: Erziehung *zum Diskurs"*

Die Unterkategorie D1 ist in weitere Teilaspekte gegliedert, etwa das Herstellen von Bezügen, Wiederholungen von Aussagen oder Strukturierung eines Diskurses. Zur Unterkategorie D2 werden die Vereinbarung und Offenlegung von Diskursregeln sowie die Überwachung der Einhaltung dieser Diskursregeln gezählt.

In der Kategorie Diskursivität werden Handlungen gefasst, die positiv auf den Diskurs wirken und ein gemeinsames Gespräch ermöglichen. Viele der Teilaspekte der Kategorie Diskursivität aus dem Kategoriensystem von Cohors-Fresenborg (2012) werden auch durch das Rahmenwerk von Conner et al. (2014) gefasst, dass Unterstützungen von Lehrkräften in mathematischen Argumentationen benennt und in der vorliegenden Arbeit aufgegriffen wird (vgl. Abschnitte 2.3.3 und 4.4.4). Beispielsweise sind Wiederholungen von Aussagen in der Kategorie „Andere unterstüztende Aktivitäten" von Conner et al. (2014) gefasst. In mathematischen Argumentationprozessen ist die Präzision und Stringenz des Gesprächs wichtig, um Interaktionen und gemeinsame Aushandlungsprozesse zu ermöglichen.

Die Aspekte, die zu „D2: Erziehung zum Diskurs" zählen, werden nicht mit dem Rahmenwerk von Conner et al. (2014) gefasst. Für das mathematische Argumentieren und vor allem bei den ersten Versuchen von mathematischen Argumentationen ist die Einhaltung und gegebenenfalls auch die Transparenz von (Gesprächs-)Regeln wichtig, um eine produktive Argumentationskultur zu etablieren (vgl. „Methodenwissen", Abschnitt 2.2.4). Inwiefern Lehrkräfte die Einhaltung solcher Regeln in mathematischen Argumentationsprozessen im Übergang von der Arithmetik zur Algebra einfordern oder auch explizit machen, wird in dieser Arbeit rekonstruiert.

Zur Negativen Diskursivität zählen vier Unterkategorien:

> *ND1:*Verstöße *gegen Regeln für einen geordneten* Diskursverlauf
>
> *ND2:* inadäquate Wortwahl *zur Beschreibung oder Kommentierung*
>
> *ND3:* falsche logische Struktur *einer Argumentation*

ND4: keine Intervention *gegen gravierenden Verstoß der Regeln eines Diskurses ergriffen, insbesondere nicht gegen Auseinanderfallen von Diskussionsbeiträgen, Einwand wird (mittelfristig) nicht berücksichtigt"* (H.i.O., Cohors-Fresenborg, 2012, S. 150)

Einerseits zählen *Verstöße gegen Regeln für einen geordneten Diskursverlauf* zur negativen Diskursivität (Cohors-Fresenborg, 2012). Diese Unterkategorie wird wiederum in vier Aspekte aufgliedert. Beispielsweise fallen in diese Unterkategorie Suggestivfragen oder Fragen, deren Antwort im weiteren Verlauf des Diskurses nicht mehr eingebunden werden. Ebenfalls werden reine Wiederholungen von Aussagen ohne inhaltlich neue Aspekte, aber auch Wiederholungen oder Zusammenfassungen, bei denen entscheidende Veränderungen vorgenommen werden, in diese Kategorie eingeordnet. Auch das Einbringen von alternativen Behauptungen oder Vermutungen ohne Kennzeichnung, dass es Alternativen sind, wird als „Negative Diskursivität" gefasst. Solche Aktivitäten können dazu führen, dass keine gemeinsame Gesprächsbasis vorhanden ist. Interaktionen und Aushandlungen werden somit unterbunden. Im Mathematikunterricht sind es Lehrkräfte, die solche Situationen identifizieren können und einen „geordneten" Gesprächsverlauf wiederherstellen oder einfordern. Des Weiteren werden Äußerungen oder Fragen ohne (eindeutigen) Bezug zu zuvor Gesagtem oder ein unkommentierter Wechsel des Bezugspunkts oder der Bedeutung mit dieser Unterkategorie erfasst. Alle diese vier Aspekte sind beim mathematischen Argumentieren wichtig, um gemeinsame Argumentationen und interaktive Bedeutungsaushandlungen zu ermöglichen.

Als eine weitere Unterkategorie wird die *inadäquate Wortwahl* zur Negativen Diskursivität gezählt. Auch beim mathematischen Argumentieren ist (Fach-)Sprache und Wortwahl relevant und kann über die Gültigkeit einer mathematischen Argumentation entscheiden. Die *logische Struktur einer Argumentation* wird ebenfalls im Kategoriensystem von Cohors-Fresenborg (2012) berücksichtigt. Falsche logische Strukturen werden als eine Unterkategorie codiert.

Gleichzeitig wird erfasst, wenn „keine Intervention bei gravierenden Verstoß der Regeln eines Diskurses ergriffen [wird], insbesondere nicht gegen Auseinanderfallen von Diskussionssträngen" (Nowińska, 2016, S. 50). Krummheuer (1992) und Voigt (1984) haben gezeigt, dass mathematische Argumentationen im Unterricht häufig fragil sind und es Situationen gibt, in welchen die Interaktion und der Austausch erschwert werden (etwa durch das Ignorieren von Rahmungsdifferenzen). Lehrkräfte können und sollten in solchen Unterrichtssituationen intervenieren. Wenn eine solche Intervention stattgefunden hat, diese aber mittelfristig nicht berücksichtigt wird, wird das ebenfalls der „Negativen Diskursivität" zugeordnet. Das heißt, dass mit dieser Unterkategorie auch erfasst wird, wenn Lehrkräfte nicht handeln, also keine Interventionen stattfinden. Cohors-Fresenborg (2012) betont, dass nur in dieser Kategorie das Unterlassen einer Handlung, also eine Nicht-Handlung, codiert wird.

Die Negative Diskursivität wird anders als die Diskursivität nicht im Rahmenwerk von Conner et al. (2014) aufgegriffen, da dieses auf Unterstützungen von kollektiven mathematischen Argumentationen fokussiert (vgl. Abschnitt 2.3.3). Um die Rolle der Lehrkraft in mathematischen Argumentationen beurteilen zu können, ist es sinnvoll, neben konstruktiven Handlungen auch „negativ diskursive" Handlungen zu analysieren und zu rekonstruieren. Solche negativen diskursiven Handlungen von Lehrkräften können in mathematischen Argumentationsprozessen derangierend wirken und beeinflussen somit die Interaktionen und Aushandlungsprozesse.

2.3 Rolle der Lehrkraft bei mathematischen Argumentationen

Der Lehrkraft kommt beim mathematischen Argumentieren eine wichtige Rolle zu, damit mathematische Argumentationen im Klassenraum gelingen können (vgl. Yackel & Cobb, 1996; Schwarz et al., 2006; Ellis et al., 2019). Wie bereits in der Einleitung motiviert, wird daher der Fokus in dieser Arbeit auf den Handlungen der Lehrkräfte liegen und analysiert, wie Lehrkräfte mathematische Argumentationen in Klassengesprächen rahmen und unterstützen. Im folgenden Kapitel wird zunächst die besondere Rolle der Lehrkraft in mathematischen Argumentationen mit Bezügen zum Forschungsstand dargelegt. Abschnitt 2.3.2 fokussiert die Rolle von Schülerinnen und Schülern als Gesprächspartnerinnen und -partner der Lehrkraft in mathematischen Argumentationen. Unterstützungsmöglichkeiten von mathematischen Argumentationen durch Lehrkräfte werden in Abschnitt 2.3.3 diskutiert. Abgeschlossen wird dieses Kapitel mit einem Einblick in den Forschungsstand zu Vorstellungen von Lehrkräften zum mathematischen Argumentieren und der Relevanz dieser Vorstellungen für ihren Unterricht (Abschnitt 2.3.4). Die Rolle der Lehrkraft bei mathematischen Argumentationen speziell im Übergang von der Arithmetik zur Algebra wird in Abschnitt 2.4.4 dargestellt.

2.3.1 Die besondere Rolle der Lehrkraft

Schon Yackel (2002) hebt hervor, dass die Lehrkraft eine wichtige Rolle beim mathematischen Argumentieren einnehmen muss, damit produktive kollektive Argumentationen im Klassenraum stattfinden können. Die Lehrkraft ist aufgefordert, Aushandlungsprozesse von Klassennormen zu initiieren, um damit mathematische Argumentationen als Kern der mathematischen Aktivität zu fördern (Yackel, 2002). Damit trägt die Lehrkraft zu einem produktiven Argumentationsklima in ihrer Klasse bei. Ein solches Argumentationsklima und die sozialen Bedingungen sind entscheidend in mathematischen Argumentationen (Krummheuer, 1992). Gleichzeitig kann eine Lehrkraft ihre Schülerinnen und Schüler im Gespräch unterstützen, sodass die Lernenden interagieren und gemeinsame Argumente entwickeln (vgl. Yackel & Cobb, 1996). Somit wird auch die Partizipation von den Schülerinnen und Schülern gefördert. Partizipation an mathematischen Argumentationen kann als Voraussetzung für mathematisches Lernen angesehen werden (Krummheuer, 2015). Ebenfalls kann eine Lehrkraft eine argumentative Unterstützung auf einer inhaltlichen Ebene leisten, indem sie durch das Herausschälen der Struktur des Arguments die mathematische Argumentation anreichert (Yackel, 2002). Die Lehrkraft rahmt also sowohl die soziale Interaktion als auch die inhaltliche Bedeutungsaushandlung in mathematischen Argumentationen.

Schülerinnen und Schüler sind beim mathematischen Argumentieren auf ihre Lehrkraft angewiesen. Lehrkräfte können als Vorbild agieren und ihren Schülerinnen und Schülern dabei geeignete Kommunikationsmöglichkeiten aufzeigen. Dabei nimmt die Lehrkraft eine aktive Rolle ein, indem sie Erwartungen transparent macht, bewusst Fragen und Antworten formuliert und die Schülerinnen und Schüler ermutigt, mathematische Sachverhalte oder Probleme zu untersuchen (McCrone, 2005). Auch ist eine Lehrkraft verantwortlich für die Initiierung und die Aufrechterhaltung von mathematischen Argumentationen als regelmäßiger Bestandteil des Mathematikunterrichts.

„As the leader of the classroom community, the teacher influences the roles of all actors and the location of mathematical authority." (Steele & Rogers, 2012, S. 163). Die Lehrkraft beeinflusst die Rollen aller anderen Teilnehmenden in der mathematischen Argumentation und ist verantwortlich für die Verortung der mathematischen Autorität. Sie kann den Schülerinnen und Schülern Autorität übertragen und eine Enkulturation in die mathematische Kultur der Klassengemeinschaft ermöglichen (vgl. Abschnitt 2.3.2).

Lehrkräfte sind auch verantwortlich, Fehler in ihren Unterricht konstruktiv einzubinden. Fehler werden konstruktiv beim mathematischen Argumentieren nicht als Problem angesehen, sondern als Chance verstanden, um Bedeutungsaushandlungen zu initiieren (vgl. Krummheuer, 1992). Auch Brunner (2014a, S. 86) betont: „Eine tolerante, positive Fehlerkultur ist unabdingbar.". Ein konstruktiver Umgang mit Fehlern trägt zu einer gewinnbringenden und offenen Argumentationskultur bei.

Die eben genannten Aspekte zur Rolle der Lehrkraft beim mathematischen Argumentieren sind größtenteils eher normativ orientiert. Es stellt sich daher die Frage: Welche Rolle nehmen Lehrkräfte im alltäglichen Mathematikunterricht ein? Schwarz, Hershkowitz und Azmon (2006) haben zwei Muster identifiziert, wie Lehrkräfte Klassengespräche anleiten, Erklärungen fördern und zu sinnvoll begründeten Argumenten erweitern. In ihrer Studie haben die Forschenden den Unterricht von zwei Lehrkräften in achten Klassen zum Thema Wahrscheinlichkeit analysiert. Im Unterricht hat Lehrkraft A die Rolle eines Mediators übernommen. Sie hat die Schülerinnen und Schüler aufgefordert, Erklärungen zu geben und diese gegebenenfalls weiter zu elaborieren. Dagegen gab es im Unterricht von Lehrkraft B nur lokale, geschlossene Fragen, auf welche die Lernenden kurze Antworten ohne Erklärungen lieferten:

> „They convey different mathematical norms and classroom cultures: with teacher A, students feel obligated to support claims by explaining; they are used to crystallize ideas by reaching agreement and negotiating mathematical meanings; with teacher B, students are committed to tune to the teacher's questions and to adopt her explanation as theirs." (Schwarz et al., 2006, S. 71)

Deutlich wird, dass die Argumentationskultur in einer Klasse die Beiträge und mathematischen Argumentationen der Schülerinnen und Schüler stark beeinflusst. Dabei ist es notwendig, die Rolle der Lehrkraft hin zu einem Mediator oder einer Mediatorin zu stärken. Ebenso sind aber auch inhaltliche Anregungen und offene Fragen der Lehrkraft für gelingende gemeinsame Argumentationen notwendig (Schwarz et al., 2006).

Azmon, Hershkowitz, Schwarz und Ubuz (2011) haben die Forschung von Schwarz et al. (2006) fortgesetzt und gezeigt, dass die Interaktion zwischen der Lehrkraft und den Schülerinnen und Schülern die Reichhaltigkeit der Argumentation beeinflusst, nicht aber die mathematische Korrektheit der Argumente. Im Klassenraum von Lehrkraft A wurden reichhaltigere Argumente hervorgebracht. Dieses Ergebnis könnte auf die in der Klasse etablierten Normen zurückzuführen sein (Azmon et al., 2011). Die Schülerinnen und Schüler in Klasse A haben Verantwortung für ihre Erklärung und die Wissenskonstruktion übernommen, da die Lehrkraft ihnen Raum dafür gegeben hat und sie dazu aufgefordert hat. Eine effektive Gesprächsführung durch Lehrkräfte ist also von besonderer Bedeutung beim mathematischen Argumentieren (vgl. Stylianides, Bieda & Morselli, 2016). Zusätzlich ist von Relevanz, dass Lehrkräfte als Mediatorinnen und Mediatoren in Argumentationsprozessen auftreten. Die Lehrkräfte ermutigen ihre Schülerinnen und Schüler zur Ausführung und Erklärung von eigenen Ideen und fordern solche Äußerungen auch ein.

Lehrkräfte etablieren Normen zum mathematischen Argumentieren in ihrem Unterricht, die auch den inhaltlichen Gehalt der Argumente beeinflussen. Fragen sie beispielsweise regelmäßig nach Garanten, wird die Norm konstituiert Garanten zu benennen (Singletary & Conner, 2015). Gleichzeitig merkt Fetzer (2015) an, dass es „herausfordernde *Aufgabenformate* [braucht, FB], bei denen sich Muster und Strukturen erkennen lassen und *Lernumgebungen*, die Spielraum für eigene Wege, das Abwägen von Alternativen und das Erkennen von Zusammenhängen eröffnen" (H.i.O., Fetzer, 2015, S. 15), damit Schülerinnen und Schüler selbstständig Garanten produzieren. Für die Konstruktion und den Einbezug solcher Aufgaben in den Mathematikunterricht ist die Lehrkraft verantwortlich. Solche Aufgaben allein reichen aber nicht aus (Fetzer, 2015). Lehrkräfte können in ihrem Unterricht bei den Schülerinnen und Schülern eine Fragehaltung etablieren und Explizitheit einfordern, um die Interaktionen auszubauen und zu fördern. Wenn Lehrkräfte eine Begründungshaltung etablieren, formulieren Schülerinnen und Schüler selbstständig Argumente zu eigenen Behauptungen und fordern Begründungen von anderen ein (Malle, 2002). Es wird ein ko-konstruktiver Prozess geschaffen, in welchem Schülerinnen und Schüler mitverantwortlich sind und Inhalte selbst produzieren (Greeno, 2006).

Lehrkräfte interagieren aber nicht nur in Klassengesprächen, sondern auch in Einzel- oder Gruppenarbeitsphasen mit ihren Schülerinnen und Schülern. Pedemonte (2018) hat untersucht, wie sich eine Intervention der Lehrkraft auf die mathematischen Argumentationen von Schülerinnen und Schüler bei der Konstruktion von geometrischen Beweisen auswirkt. Dazu hat sie Gespräche zwischen einer Lehrkraft und einem Schüler oder einer Schülerin betrachtet. Dabei waren die mathematischen Argumente der Lernenden nicht korrekt und es waren oftmals falsche Vorstellungen bei den Lernenden vorhanden. Mithilfe des Modells von Toulmin (2003) hat Pedemonte (2018) die mathematischen Argumente der Lernenden vor und nach der Intervention verglichen und die Intervention der Lehrkraft in die Rekonstruktion des mathematischen Arguments eingeordnet. Eines ihrer Ergebnisse ist, dass die Lehrkraftintervention den Lernenden oft nicht effektiv bei der Konstruktion eines mathematischen Arguments geholfen hat. Pedemonte zeigt aber, dass die Intervention hilfreich für die Lernenden ist, um ein korrektes Argument zu konstruieren, wenn die Vorstellungen der Lernenden falsch sind und die Intervention der Lehrkraft als externe Widerlegung der Argumentation der Lernenden wirkt. Entscheidend ist bei Interventionen von Lehrkräften, dass die Widerlegung die gleiche Stützung hat, wie die Argumentation des Schülers oder der Schülerin und mit deren Schlussregel kohärent ist. Das heißt, es muss eine Verbindung zwischen der Schlussrichtung der Argumentation der Lernenden und der Widerlegung der Lehrkraft bestehen. Deutlich wird, dass es eine große Herausforderung für die Lehrkraft ist, im Klassenunterricht eine gute Intervention zu wählen, da die Intervention sehr spezifisch zum mathematischen Argument passen muss. Gerade im Unterrichtsgespräch kann dies anspruchsvoll sein, weil verschiedene Schülerinnen und Schüler nicht zwangsläufig die gleichen Ideen und mathematischen Argumente entwickeln.

Insgesamt zeigt sich, dass Lehrkräfte mathematische Argumentationen im Unterricht in Hinblick auf diverse Aspekte beeinflussen und verschiedene Rollen dabei einnehmen (vgl. Abschnitt 2.2.3). Ihr Handeln hat einen großen Einfluss, ob und wie mathematische Argumentationen im Unterricht gelingen und inwiefern die Schülerinnen und Schüler in das Gespräch eingebunden sind. Auf die Rolle von Schülerinnen und Schülern beim mathematischen Argumentieren und die Einbindung von Schülerinnen und Schülern durch die Lehrkraft wird im nächsten Absatz fokussiert (Abschnitt 2.3.2). Mit welchen Handlungen die Lehrkräfte mathematische Argumentationen konkret unterstützen können, wird in Abschnitt 2.3.3 beschrieben.

2.3.2 Einbindung von Schülerinnen und Schülern durch Lehrkräfte

Wie bereits herausgearbeitet, hat die Lehrkraft eine besondere Rolle beim mathematischen Argumentieren im Unterricht und rahmt mathematische Argumentationsprozesse. Mathematische Argumentationen sind aber immer in einen sozialen Kontext eingebunden und mit Interaktionen und Bedeutungsaushandlungen verbunden. Um die Rolle der Lehrkraft vollständig verstehen und rekonstruieren zu können, müssen auch die anderen Teilnehmenden und ihre Einbindung betrachtet werden – die Rolle von Schülerinnen und Schülern beim mathematischen Argumentieren.

Ein Ziel des Mathematikunterrichtes, speziell bei mathematischen Argumentationen im Unterricht, ist die Entwicklung von Autonomie von Schülerinnen und Schülern (vgl. Wood, 2016). Bereits vor mehr als 25 Jahren wurde dieses Ziel von Yackel und Cobb benannt: "The development of intellectual and social autonomy is a major goal in the current educational reform movement." (Yackel &

Cobb, 1996, S. 473; vgl. Bauersfeld, 1978; Krummheuer, 1992). Sie definieren Autonomie in Bezug auf die (aktive) Partizipation von Schülerinnen und Schülern in Aktivitäten der Klassengemeinschaft (ebd.).

Auch in mathematischen Argumentationsprozessen ist es ein Ziel, dass Schülerinnen und Schüler eigenständig Ideen einbringen und miteinander interagieren. Kollektive mathematische Argumentationen entstehen (Krummheuer & Brandt, 2001), in denen Schülerinnen und Schüler sich austauschen und wechselseitig unterstützen. In der Realität nehmen die Schülerinnen und Schüler aber in unterschiedlichen Rollen an Unterrichtsgesprächen teil. Beispielsweise haben Krummheuer und Brandt (2001, vgl. Brandt, 2015) verschiedene Partizipationsrollen in mathematischen Argumentationen herausgearbeitet (vgl. Abschnitt 2.2.3).

In Argumentationsprozessen beeinflusst die Lehrkraft, welche Rolle die Schülerinnen und Schüler einnehmen (Steele & Rogers, 2012). Fujita, Jones and Kunimune (2010) haben in ihrer Studie gezeigt, dass es im Mathematikunterricht entscheidend für die Initiierung von Argumentationen ist, Schülerinnen und Schülern Raum zu geben, sich über mathematische Argumente und Ideen auszutauschen: "Our findings suggest that it is important, not only to encourage the uniting of students' conjecture production and proof construction, but also to give them opportunities to share their mathematical argument and reasoning within the classroom." (Fujita et al., 2010, S. 15). Lehrkräfte können ihren Schülerinnen und Schülern eine aktive Rolle zuweisen und einen solchen Austausch über mathematische Inhalte initiieren. Dies führt zu Routinen und es etablieren sich soziomathematische Normen (Yackel & Cobb, 1996; Yackel, 2002). Das bedeutet, dass Lehrkräfte dann nicht immer ihre Schülerinnen und Schüler auffordern müssen, sondern die Lernenden auch eigenständig interagieren und ihre Gedanken selbsttätig ausführen. Gleichwohl rahmt die Lehrkraft solche Prozesse weiterhin und bleibt bedeutend (Yackel, 2002).

Schülerinnen und Schüler haben in gelingenden mathematischen Argumentationsprozessen oftmals eine richtungsweisende Rolle. Lehrkräfte können sich und ihre eigenen Ideen zurücknehmen und die Aktivitäten von Schülerinnen und Schülern hervorheben, indem sie Äußerungen wahrnehmen und aufgreifen: „generating a context where students play a leading role and the teacher is receptive to emergent student ideas and is willing to adapt the lesson in response to them, which is essential for the development of argumentation" (Solar et al., 2021, S. 978). Auch Lehrkräfte können das eigenständige Entwickeln von mathematischen Ideen und Lösungsansätzen durch Schülerinnen und Schüler fördern.

Wenn einzelne Schülerinnen und Schüler beim mathematischen Argumentieren an ihre Grenzen stoßen, können sie sich gegenseitig unterstützen. Lehrkräfte können solche Interaktionen in ihrem Unterricht initiieren. Boaler und Humphreys (2005) beschreiben eine Situation, in der eine Schülerin oder ein Schüler ein Problem hat, einen mathematischen Sachverhalt zu erklären. Die Lehrerin (Cathy) sagte ihm oder ihr, er oder sie solle die anderen Lernenden um Hilfe bitten. „This relieved the tension that can so easily be created when a student is required to think publicly. It also showed that Cathy sees mathematical work as a collective enterprise." (Boaler & Humphreys, 2005, S. 51). Der Druck für die Person, die ihre Ideen präsentiert, wird verringert und eine gemeinsame Argumentation eingeleitet.

Wood (2016) hat untersucht, wie eine Lehrkraft die Autonomie von einzelnen Schülerinnen und Schülern beeinflusst. In der Studie hat die Lehrkraft ihre Schülerinnen und Schüler immer wieder aufgefordert neuen Ideen zu entwickeln. Sie hat die Schülerinnen und Schüler ermutigt, miteinander zu sprechen und sich gegenseitig ihre Antworten und Ideen zu erklären. Dabei hat sie aber auch gezeigt, dass die Aufforderungen zur Selbstständigkeit von den Schülerinnen und Schülern auf ganz unterschiedliche Weise interpretiert und aufgegriffen werden (Wood, 2016, S. 346). Für jede Person bedarf es einer anderen, teils individuellen Unterstützung durch Lehrkräfte. Dieses Ergebnis verdeutlicht, dass es eine enorme Herausforderung für Lehrkräfte ist, Autonomie von *allen* Schülerinnen und Schülern zu fördern, und wie komplex Interaktionsprozesse im Mathematikunterricht sein können.

Die Interaktionen von Schülerinnen und Schülern beim mathematischen Argumentieren sind vielfältig, komplex und lohnend genauer zu untersuchen. In dieser Arbeit wird jedoch nicht auf die Interaktionen und gegenseitige Unterstützung der Schülerinnen und Schüler, sondern auf die Lehrkraft und ihre Rolle bei mathematischen Argumentationen im Klassengespräch fokussiert. Es zeigt sich, dass die Handlungen von Lehrkräften und die Handlungen der Schülerinnen und Schüler in interaktiven Argumentationsprozessen eng miteinander verknüpft sind.

Wenn man die Rolle der Lehrkraft in mathematischen Argumentationen verstehen und analysieren will, wie die Lehrkraft eine mathematische Argumentation beeinflusst, ist es also wichtig, nicht nur ihre Handlungen und Äußerungen zu berücksichtigen, sondern auch die Handlungen und Beiträge der Lernenden zu betrachten. Mathematische Argumentationen in Klassengesprächen sind immer auch mit Interaktionen verbunden. Einerseits überträgt die Lehrkraft den Schülerinnen und Schülern Freiheit und Verantwortung beim mathematischen Argumentieren (vgl. Yackel & Cobb, 1996; Fujita et al., 2010). Die Lehrkraft fördert somit, dass die Lernenden sich gegenseitig helfen und unterstützen. Auch ermutigt die Lehrkraft die Schülerinnen und Schüler, ihre Lösungen zu begründen, sich aufeinander zu beziehen und die Ideen der anderen aufzugreifen. Es etablieren sich so soziomathematische Normen und eine Argumentationskultur (Yackel & Cobb, 1996). Andererseits bringt die Lehrkraft, wenn die Schülerinnen und Schüler sich wechselseitig helfen und Nachfragen stellen, diese Unterstützung oder Fragen nicht unbedingt selbst ein. Die Lehrkraft kann einen Teil der Verantwortung und Autorität durchaus an ihre Schülerinnen und Schüler abgeben und sich damit selbst immer mehr zurückziehen, auch wenn sie stets die mathematischen Argumentationen rahmt (Yackel, 2002).

2.3.3 Unterstützungen von mathematischen Argumentationen

Mathematische Argumentationen sind im Unterricht von besonderer Bedeutung für inhaltliches sowie soziales Lernen (vgl. Krummheuer, 1992; Voigt, 1984). Folgende Forschungsergebnisse beschreiben, wie die Lehrkraft mathematische Argumentationen in Klassengesprächen unterstützt. Zunächst wird im folgenden Abschnitt auf ein Rahmenwerk von Conner et. al (2014) fokussiert, das von besonderer Relevanz in dieser Arbeit ist. Anschließend werden weitere Ergebnisse anderer Forschungsgruppen benannt.

Rahmenwerk von Conner et al. (2014)
Conner, Singletary, Smith, Wagner und Francisco (2014) beschreiben in einem Rahmenwerk („framework") drei verschiedene Kategorien von Unterstützungen der kollektiven mathematischen Argumentationen in der Sekundarstufe seitens der Lehrkraft. Ihr Rahmenwerk basiert auf Analysen von mathematischen Argumentationen in Klassenräumen. In diesen Unterrichtssituationen arbeiten Lehrkräfte und Schülerinnen und Schüler gemeinsam, um den Geltungsanspruch einer mathematischen Aussage zu etablieren. Während in ihrer ersten Kategorie *Teile des Arguments einbringen* („Direct contributions") die Lehrkraft direkt Komponenten des Argumentes in das Unterrichtsgespräch einbringt, um die Argumentation voranzubringen oder zu vervollständigen, leitet die Lehrkraft die Schülerinnen und Schüler durch die anderen beiden Typen *Fragen stellen* („Questions") und *Andere unterstützende Aktivitäten* („Other supportive actions") dazu an, selbst Argumente oder fehlende Teile eines Arguments zu liefern.

   Bei Conner et al. (2014) werden kollektive Argumentationen, wie auch in dieser Arbeit (vgl. Abschnitt 2.1.1), sehr breit definiert: „We define *collective argumentation* very broadly to include any instance where students and teachers make mathematical claims and provide evidence to support it." (H.i.O.,

Conner et al., 2014, S. 404). Ihr Verständnis orientiert sich an Toulmin (2003) und Krummheuer (1995).

Unter dem Begriff *Unterstützungen* der Lehrkraft („teacher support") verstehen Conner et al. (2014): „Shifting our attention to teacher support, we defined it as any teacher move that elicited or responded to an argument component." (Conner et al., 2014, S. 409). Als Anmerkung ergänzen sie: „Note that a move did not have to be productive, nor did it have to be part of a productive or mathematically correct argument to be supportive. We interpreted a move as supporting collective argumentation if it elicited or responded to a component of an argument." (Conner et al., 2014, S. 409). Sie fassen den Begriff Unterstützung also sehr breit. Eine Unterstützung muss keine (positive) Auswirkung auf die Argumentation haben, obgleich sie mit einem Element des Arguments zusammenhängen muss. Da im Deutschen das Wort „Unterstützungen" deutlich positiv konnotiert ist, werden solche Aktivitäten der Lehrkräfte in dieser Arbeit als *Handlungen* gefasst. Zusätzlich werden in dieser Arbeit auch Handlungen der Lehrkraft einbezogen, die keinen direkten, inhaltlichen Bezug zu den rekonstruierten mathematischen Argumenten haben, aber die mathematische Argumentation beeinflussen und rahmen. Beispielsweise kann die Lehrkraft eine Aushandlung über die Bedeutung von Variablen während einer mathematischen Argumentation initiieren. Damit kann die Lehrkraft dazu beitragen, dass ein gültiges algebraisches Argument konstruiert wird. Dennoch ist die Aushandlung der Bedeutung von Variablen inhaltlich nicht im mathematischen Argument rekonstruierbar, sondern eine Nebendiskussion, die von der Lehrkraft angestoßen wird und die mathematische Argumentation rahmt. Solche Handlungen der Lehrkraft werden in der Arbeit auch einbezogen und rekonstruiert.

Methodisches Vorgehen von Conner et al. (2014)

Ihre Daten haben Conner et al. (2014) in einem Projekt gesammelt, das einerseits Vorstellungen von angehenden Mathematiklehrkräften der Sekundarstufe über Mathematik, Unterrichten und Beweisen analysiert und andersseits fokussiert, wie diese Lehrkräfte kollektive Argumentationen während ihrer Unterrichtsversuche unterstützen. Das erstellte Rahmenwerk basiert auf der Auswertung von zwei Teilnehmenden, welche laut Conner et al. (2014) unterschiedliche Unterrichtsstile haben. Dadurch, dass die Lehrkräfte angehende Lehrkräfte sind und erst wenig Unterrichtserfahrung haben, ist laut Conner et al. (2014) zu erwarten, dass eine große Spanne an Verhalten seitens der Lehrkraft gezeigt wird (bei den anderen Teilnehmenden ihrer Studie waren keine Videoaufnahmen gestattet). Die beiden angehenden Lehrkräfte haben jeweils an einem mathematischen und einem pädagogisch-orientierten Seminar der ersten zwei Autorinnen teilgenommen. Den Teilnehmenden wurde das Forschungsinteresse lediglich grob mitgeteilt, um Beeinflussungen ihrer Handlungen möglichst zu vermeiden.

Von den zwei Teilnehmenden wurde in einem Zeitraum von etwa zwei Wochen jeweils eine Unterrichtseinheit mittels Videoaufnahmen aufgezeichnet. Zusätzlich wurden Feldnotizen angefertigt und die Aufgaben und Bearbeitungen der Schülerinnen und Schüler gesichert. Basierend auf den Videoaufnahmen haben die Forschenden Transkripte erstellt, in welche Handlungen und Gesten der Teilnehmenden einbezogen wurden. Conner et al. (2014) haben die mathematischen Argumentationen mithilfe von funktionalen Argumentationsanalysen nach Toulmin (2003) rekonstruiert (vgl. dazu Knipping & Reid, 2015). Dabei haben sie zusätzlich (mit Farben und unterschiedlichen Linien) gekennzeichnet, wer die jeweiligen Teile des Arguments eingebracht hat.

Um die Unterstützungen der Lehrkraft zu identifizieren, haben Conner et al. (2014) die Transkripte und die Unterrichtsvideos herangezogen. Um direkte Beiträge der Lehrkraft zur Argumentation zu codieren, haben sie sich an Toulmins Modell orientiert. Induktiv haben sie aus dem Datenmaterial Codierungen für Fragen und unterstützende Handlungen der Lehrkraft herausgearbeitet. Die dabei identifizierten Fragen und Handlungen haben sie (mit Sprechblasen) in die Rekonstruktionen der mathematischen Argumente eingearbeitet. Außerdem haben sie implizite Teile der Argumentation, die aus dem Kontext des Klassengespräches und der Argumentation hervorgehen, (in Form von Wolken) in den Rekonstruktionen der Argumente ergänzt (vgl. Conner et al., 2014, S. 406 f.). Aus ihrem Datenmaterial haben sie 277 Diagramme erstellt auf deren Analyse ihr Rahmenwerk basiert.

Ihr entwickeltes Rahmenwerk (vgl. Tabelle 2.4) haben Conner et al. (2014) anhand von Unterrichtsepisoden aus der Forschungsliteratur überprüft (verschiedene Klassenstufen und Themenbereiche). Ihr Ergebnis ist, dass alle Handlungen der Lehrkräfte in den betrachteten Episoden mit ihrem Rahmenwerk gefasst werden können.

In den folgenden Abschnitten werden die drei Hauptkategorien aus dem Rahmenwerk von Conner et al. (2014) beschrieben.

Tabelle 2.4 Mögliche Unterstützungen von kollektiven mathematischen Argumentationen (Conner et al., 2014, S. 418, eigene Übersetzung und Zusammenfassung)

Kategorie	Beschreibung
Teile des Arguments einbringen	*Konklusionen* vorgeben
	Daten ergänzen
	Garanten ergänzen
	Ausnahmebedingungen ergänzen
	Modaloperatoren ergänzen
	Stützungen ergänzen
Fragen stellen	Zu einem mathematischen *Fakt*
	Um eine *Methode* zu demonstrieren oder theoretisch zu beschreiben
	Um *Ideen* zu finden, zu vergleichen oder zu ordnen
	Über eine *Elaboration* oder *Reflexion* einer Idee oder Aussage
	Zu einer *Evaluation* einer math. Aussage
Andere unterstützende Aktivitäten	Gespräch bzw. math. Erkundung *fokussieren oder lenken*
	Mathematische Exploration *unterstützen*
	Bewerten von Aussagen oder gewählten Methoden
	Informationen für das Argument geben
	Aussagen *wiederholen*

Hauptkategorie „Teile des Arguments einbringen"

Eine Möglichkeit, um eine mathematische Argumentation in einem Klassengespräch zu unterstützen, ist eine oder mehrere Komponenten des Arguments beizutragen. Zu der ersten Hauptkategorie von Conner et al. (2014) *Teile des Arguments einbringen* („Direct contributions") zählen Beiträge der Lehrkraft, die in mathematischen Argumenten rekonstruierbar sind (Conner et al., 2014, S. 417 f.): Konklusionen („Claims"), Daten („Data"), Garanten („Warrants"), Ausnahmebedingungen („Rebuttals"), Modaloperatoren („Qualifiers") und Stützungen („Backings").

Auf Grundlage von Rekonstruktionen der mathematischen Argumente (Toulmin, 2003) aus Unterrichtssituationen werden entsprechende Beiträge der Lehrkraft identifiziert. Dabei werden die jeweiligen Äußerungen der Kategorie „Teile des Arguments einbringen" zugeordnet, wenn sie von der Lehrkraft ohne jeglichen Beitrag von Schülerinnen und Schülern hervorgebracht werden. Die „Teile des Arguments" können laut Conner et al. (2014) durch Anschriebe an die Tafel, Aufgabenstellungen oder verbale Äußerungen durch die Lehrkraft in das Unterrichtsgespräch eingebracht werden.

Hauptkategorie „Fragen stellen"

Die zweite Hauptkategorie von Conner et al. (2014) ist mit *Fragen stellen* („Asking questions") (Conner et al., 2014, S. 417) benannt. Unter dem Begriff „Fragen" verstehen die Forschenden Aufforderungen der Lehrkraft, Informationen zu geben oder Handlungen durchzuführen: „ […] a request for action or information, not simply an interrogative sentence." (Conner et al., 2014, S. 417). Rhetorische Fragen werden also nicht mit einbezogen. Bei der Codierung dieser Kategorie wird die von der Lehrkraft intendierte Bedeutung der Frage berücksichtigt und nicht, wie die Lernenden die Frage im Verlauf der mathematischen Argumentation beantwortet haben.

Leistet eine Lehrkraft Unterstützung in Form von „Fragen stellen, die zu Teilen des Arguments hinführen", lassen sich diese Fragen in fünf Unterkategorien unterteilen (Conner et al., 2014, S. 417 ff.; für eine deutsche Übersetzung vgl. Tabelle 2.4): „Requesting a factual answer, […] a method, […] an idea, […] an elaboration, […] an evaluation". Die einzelnen Subkategorien werden im Methodenteil dieser Arbeit (Abschnitt 4.4.4) ausgeführt.

Hauptkategorie „Andere unterstützende Aktivitäten"

Conner et al. (2014) haben in ihrer Untersuchung festgestellt, dass Lehrkräfte kollektive Argumentationen nicht nur durch Fragen oder direkte Beiträge unterstützen. In einer weiteren Kategorie beschreiben sie *Andere unterstützende Aktivitäten* („Other supportive actions") (Conner et al., 2014, S. 418), die Lehrkräfte durchführen können (für eine deutsche Übersetzung vgl. Tabelle 2.4): „Directing, Promoting, Evaluating, Informing, Repeating". Die einzelnen Subkategorien werden im Methodenteil dieser Arbeit (Abschnitt 4.4.4) beschrieben.

Vorteile und Grenzen des Rahmenwerks von Conner et al. (2014)

Conner et al. (2014) beschreiben als eine Stärke ihres Rahmenwerks, dass andere Aktivitäten im Klassenraum nicht berücksichtigt werden, da aufbauend auf den Rekonstruktionen nach Toulmin die Handlungen der Lehrkräfte analysiert werden. Ein solches Vorgehen erlaubt einen Fokus auf die gemeinsame mathematische Argumentation und eine feinere Analyse der hervorgebrachten mathematischen Argumente.

Ebenso kann durch ihr Rahmenwerk ein Einblick gewonnen werden, was der jeweiligen Lehrkraft in ihrem Unterricht wichtig ist und welche Präferenzen sie in mathematischen Gesprächen zeigt. Beispielsweise kann analysiert werden, welche Teile von Argumenten die Lehrkraft selbst einbringt, welche sie von den Schülerinnen und Schülern einfordert und welche Teile von Argumenten implizit bleiben (Conner et al., 2014, S. 426). Die wichtigsten mathematischen Aspekte der Unterrichtsgespräche werden laut Conner et al. (2014) durch die Rekonstruktionen der Argumente herausgearbeitet (ebd., S. 425).

Begrenzt ist das Rahmenwerk laut Aussage von Conner et al. (2014) dadurch, dass es kein Urteil über die Produktivität der mathematischen Argumentation liefert. Es erlaubt zwar eine sehr feine Analyse der kollektiven Argumentationen, mathematisch unkorrekte und unvollständige Argumentationen werden dabei aber auch berücksichtigt und nicht von gültigen Argumenten unterschieden. Als offene Frage nennen Conner et al. (2014, S. 426), welche Unterstützungen zu produktiven Argumentationen führen und was genau produktive Argumentationen charakterisiert. In dieser Arbeit werden im Übergang von der Arithmetik zur Algebra hervorgebrachte mathematischen Argumente in Kapitel 7 charakterisiert und die Rahmungen der Lehrkräfte diskutiert.

Weiterer Forschungsstand

Eine Gruppe von Forschenden aus Chile (Solar & Deulofeu, 2016; Solar, Ortiz, Deulofeu, Ulloa, 2021) hat sich ebenfalls damit beschäftigt, wie Lehrkräfte mathematische Argumentationen unterstützen können. Unter mathematischem Argumentieren verstehen sie, sich selbst und andere von der Gültigkeit einer mathematischen Aussage zu überzeugen (Solar et al., 2021; vgl. Krummheuer, 1995). Kollektive Argumentationen im Mathematikunterricht sind danach Prozesse, in welchen Lernende sich an mathematischen Argumentationen beteiligen, um andere von der Gültigkeit ihrer Argumentation zu überzeugen (Solar et al., 2021, S. 979). Dabei fassen sie Unterstützungen der Lehrkraft als eine „Orchestrierung" der Möglichkeiten und Grenzen in den Unterrichtssituationen und der Interaktionen:

> "We conceive teacher support for collective argumentation as an orchestration, understanding the role of the teacher as an orchestration of the affordances and constraints of situations and the interaction as they present themselves." (Solar et al., 2021, S. 980)

Solar und Deulofeu (2016) haben zunächst zwei Strategien identifiziert mit denen
Lehrkräfte kollektive mathematische Argumentationen unterstützen: „communi-
cative strategies and mathematical tasks open to discussion" (Solar et al., 2021,
S. 980). Zu den *kommunikativen Strategien* zählt die Ermutigung von Partizipation, indem Aussagen nicht direkt durch die Lehrkraft validiert werden und
Lernende sich somit gegenseitig validieren können. Wenn in mathematischen
Argumentationen Fehler nicht direkt benannt werden, kann der Austausch zwischen den Lernenden angeregt werden. Die Schülerinnen und Schüler können so
wechselseitig ihre Fehler identifizieren. Auch das Stellen von gezielten Fragen
durch die Lehrkraft kann Erklärungen von Schülerinnen und Schülern anregen, die Diskussion offenhalten oder auf einen spezifischen Aspekt fokussieren.
Bezüglich der *Aufgabenstellung* sollen verschiedene Lösungswege oder -ideen
möglich sein, sodass ein Austausch in den mathematischen Argumentationen und
damit Aushandlungen zwischen den Schülerinnen und Schülern initiiert werden
(Solar & Deulofeu, 2016).

Aufbauend auf diesen Ansätzen fokussieren Solar, Ortiz, Deulofeu und Ulloa
(2021) unvorhergesehene Situationen und Ideen („contingencies") und wie diese
beim mathematischen Argumentieren von den Lehrkräften unterstützend einbezogen werden können. Theoretisch eingebettet sind solche unvorhergesehenen
Situationen im Wissensquartett („Knowledge Quartet") unter dem Begriff „con-
tingency" (Rowland, Huckstep & Thwaites, 2005). Gerade beim mathematischen
Argumentieren kann es im Unterricht dazu kommen, dass mathematische Ideen
oder Vorschläge geäußert werden, die von der Lehrkraft nicht antizipiert wurden.
Rowland et al. (2005) benennen drei Möglichkeiten zum Umgang mit solchen
unvorhergesehenen Situationen: 1) anerkennen und nicht weiter thematisieren; 2)
anerkennen und miteinbeziehen; 3) ignorieren.

Daraus ergibt sich laut Solar, Ortiz, Deulofeu und Ulloa (2021) eine weitere
Anforderung und Möglichkeit der Unterstützung der kollektiven Argumentation
für Lehrkräfte: „strategies to recognize students' thinking" (Solar et al., 2021,
S. 980). In unvorhergesehenen Situationen ist es notwendig die *Denkweisen von
Schülerinnen und Schülern nachzuvollziehen,* damit die dahinterliegenden Ideen
einbezogen werden können. Beispielsweise können Lehrkräfte den Lernenden
Raum geben, eigene Ideen zu entwickeln und Lernende ermutigen, ihre Ideen
geordnet und klar mitzuteilen oder zu vergleichen. Lehrkräfte können daraufhin
die mathematische Argumentation unterstützen, indem sie mathematische Ideen
evaluieren, ihren Unterricht dahingehend anpassen oder einzelne Ideen hervorheben, von denen andere Schülerinnen und Schüler profitieren (ebd.). Ebenso ist
die Identifikation von häufigen Denkmustern und typischen Fehlern in solchen
Argumentationsprozessen entscheidend.

Insgesamt gibt es laut Solar et al. (2021) also drei Unterstützungsstrategien von gemeinsamen Argumentationen: Aufgaben, die zu Diskussionen anregen; Kommunikative Strategien; Nachvollziehen von Denkweisen der Schülerinnen und Schülern.

Durch drei explorative Fallstudien haben Solar, Ortiz, Deulofeu und Ulloa (2021) herausgearbeitet, welche der drei Strategien Lehrkräfte nutzen, um mathematische Argumentationen zu unterstützen, die den Einbezug von unvorhergesehenen Ideen („contingencies") fördern. Die beteiligten Lehrkräfte haben an einem Lehrerfortbildungsprogramm teilgenommen, bei welchem sie Strategien zur Unterstützung von mathematischen Argumentationen kennengelernt haben. In den Unterrichtssequenzen wurden zunächst unerwartete Antworten („contingencies") identifiziert. Das heißt in diesem Fall, Fehler von Schülerinnen und Schülern, die die Lehrkraft nicht antizipiert hat. Daraufhin haben Solar et al. (2021) die Aufgaben und Unterstützungen der Lehrkraft hinsichtlich der drei Strategien analysiert. Die im Klassengespräch entstehenden Argumente haben sie mit dem (vollständigen) Toulmin-Schema rekonstruiert.

Es hat sich gezeigt, dass alle drei Unterstützungsstrategien die kollektiven mathematischen Argumentationen in unvorhergesehenen Situationen fördern. Offene mathematische Aufgaben lassen Diskussionen zu, in denen verschiedene Antworten, Lösungswege und auch Fehler thematisiert werden können. Lehrkräfte, die unvorhergesehene Antworten, Wege oder Fehler einbeziehen, fördern die mathematische Argumentation und bringen sie voran.

Auch kann durch die herausgearbeiteten Kommunikationsstrategien den unerwarteten Ideen der Schülerinnen und Schüler mehr Raum in den Argumentationsprozessen gegeben werden. Speziell das Nachvollziehen von Denkweisen der Schülerinnen und Schüler trägt dazu bei, unvorhergesehenen Situationen in den Mathematikunterricht einzubeziehen. Diskussionen über verschiedene Antworten, Lösungswege und damit unterschiedliche Denkweisen, bieten Schülerinnen und Schüler Möglichkeiten, an den Aushandlungsprozessen zu partizipieren. Es hängt also nicht nur davon ab, ob eine Lehrkraft verschiedene Denkweisen und unerwartete Fehler in ihrem Unterricht thematisieren möchte. Es ist entscheidend, dass Lehrkräfte Strategien für den Einbezug der Ideen oder Fehler kennen und flexibel reagieren (Solar, Ortiz, Deulofeu & Ulloa, 2021, S. 1003).

Zhuang und Conner (2022) beschreiben, wie Lehrkräfte falsche Antworten von Schülerinnen und Schülern im Unterrichtsgespräch einbeziehen, um die mathematische Argumentation zu fördern. Dabei ist laut den beiden Forschenden entscheidend, dass Lehrkräfte ein ausgewogenes Verhältnis zwischen der Korrektur von Fehlern und der Möglichkeit für die Schülerinnen und Schülern, an ihren Fehlern zu arbeiten, im Unterricht herstellen.

Vor dem Hintergrund, dass Partizipation und Autonomie von Schülerinnen und Schülern in mathematischen Argumentationen wichtig für mathematisches Lernen ist (vgl. Krummheuer, 2015; Yackel & Cobb, 1996), sollten Handlungen von Lehrkräften in Bezug auf den Umgang mit Ideen der Lernenden, auch die unerwarteten oder falschen, in der Forschung näher untersucht werden.

Auch Cusi und Malara (2009, 2013) haben sich mit der Rolle der Lehrkraft beschäftigt und dabei konkret die Rolle der Lehrkraft bei der Entwicklung von Beweisaktivitäten mit algebraischer Symbolsprache fokussiert. Dabei haben sie herausgearbeitet, wie die Lehrkraft als ein Vorbild für die Schülerinnen und Schüler im Unterricht handeln kann. Sie beschreiben mehrere charakteristische Handlungen der Lehrkraft (vgl. ebd.). Ihre Studie ist in einem größeren Projekt entstanden, in welchem es um die Unterstützung von Schülerinnen und Schüler zur Entwicklung von *Symbolsinn* („symbol sense") hin zu algebraischer Symbolsprache als einen *Denkgegenstand* („thinking tool") geht. Sie beziehen sich dabei auf die Arbeit von Arzarello, Bazzini und Chiappini aus dem Jahr 2001.

Cusi & Malara (2009, 2013) haben den Regelunterricht in Schulen als Basis für ihre Datenerhebungen gewählt. Sowohl Klassendiskussionen als auch Aktivitäten in Kleingruppen wurden analysiert. Cusi und Malara beschreiben charakteristische Handlungen einer effektiven Lehrkraft, die als Vorbild für ihre Lernenden agiert. Diese Charakterisierung ist normativ orientiert.

Für die Analyse der Rolle der Lehrkraft haben die beiden Forschenden das sogenannte M-$_{AE}$AB Konstrukt „*model of aware and effective attitudes and behaviours*" (Cusi & Malara, 2013, S. 3016) entwickelt. Im Folgenden werden die von ihnen beschrieben Rollen der Lehrkräfte benannt (H.i.O., Cusi & Malara, 2013, S. 3018 f.):

– „(a) *Investigating subject* and *constituent part of the class* in the research work being activated" – Lehrkräfte sollten Lernende stimulieren eine forschende Haltung bezüglich des mathematischen Problems anzunehmen und eine Gemeinschaft zu bilden.
– „(b) *Practical/strategic guide*" – Lehrkräfte sollten notwendiges Wissen und passende Strategien für das mathematische Problem im Klassengespräch mit den Lernenden teilen.
– „(c) *"Activator" of processes of generalization, modelling, interpretation and anticipation*" – Lehrkräfte sollten die Konstruktion und die Umsetzung von fundamentalen Fertigkeiten („key-competences") stimulieren und provozieren. Diese Kompetenzen sind für die Entwicklung von Denkprozessen mittels algebraischer Sprache notwendig.

- „(d) *Guide in fostering a harmonized balance between syntactical and the semantic level*" – Lehrkräfte sollten Lernende dabei unterstützen, die Bedeutung (semantische Ebene) und die syntaktische Korrektheit von ihren konstruierten algebraischen Ausdrücken zu kontrollieren und gleichzeitig die Gründe für Umformungen der algebraischen Ausdrücke zu hinterfragen.
- „(e) *Reflective Guide*" – Lehrkräfte sollten Schülerinnen und Schüler anregen über die Effektivität der verschiedenen genutzten Strategien, die im Klassengespräch thematisiert wurden, zu reflektieren.
- „(f) *"Activator" of both reflective attitudes and meta-cognitive acts*" – Lehrkräfte sollten Denkhandlungen der Lernenden auf einer Meta-Ebene stimulieren und provozieren, auch um einen Überblick beziehungsweise eine Rückschau auf den Prozess anzuregen.

Cusi und Malara haben festgestellt, dass Lehrkräfte, die nicht die oben beschrieben Rollen einnehmen und damit nicht als Vorbild agieren, teilweise einen pseudo-strukturellen Ansatz (vgl. Abschnitt 2.4.2) in Bezug auf algebraische Symbolsprache unterstützen: „[…] produce the opposite effect of stimulating a kind of pseudo-structural approach to the use algebraic language as a thinking tool." (Cusi & Malara, 2009, S. 367). Dabei bleibt die algebraische Symbolsprache unverstanden.

Andere Forschende, wie etwa Moutsios-Rentzos, Shiakalli und Zacharos (2019) oder Fetzer (2015), haben herausgearbeitet, wie Lehrkräfte Vorschul- oder Grundschulkinder beim mathematischen Argumentieren unterstützen können. Da in dieser Arbeit auf mathematische Argumentationen im Übergang von der Arithmetik zur Algebra, also auf die Sekundarstufe fokussiert wird, werden ihre Ergebnisse nicht näher erläutert.

Insgesamt zeigt sich, dass es verschiedene Unterstützungsmöglichkeiten seitens der Lehrkraft gibt. Ob und wie sich diese auf die mathematischen Argumente von Schülerinnen und Schülern auswirken, wurde bisher nur wenig erforscht. Auch sind mathematische Argumentationen komplex und vielschichtig. Daher werden in dieser Arbeit neben den potenziell unterstützenden Handlungen von Lehrkräften auch ihre weiteren Handlungen einbezogen und es wird ein Blick auf die Interaktionen von und mit den Schülerinnen und Schülern geworfen (vgl. Ergebniskapitel 6, 7 und 8). Es zeigt sich, dass auch die Vorstellungen von Lehrkräften zum mathematischen Argumentieren einen Einfluss beim mathematischen Argumentieren haben. Sie werden im nächsten Abschnitt fokussiert.

2.3.4 Vorstellungen von Lehrkräften zum mathematischen Argumentieren

Lehrkräfte müssen mehr als mathematisches Fachwissen besitzen, um mathematische Inhalte sinnvoll und gewinnbringend an ihre Schülerinnen und Schüler zu vermitteln (vgl. Yackel, 2002; Stylianides, 2007; Conner & Singletary, 2021). Es ist nicht ausreichend mathematische Argumentationen und Beweise tätigen zu können, um Lernende in diese Tätigkeit einzuführen. Laut Stylianides (2007) ist fachdidaktisches, mathematisches Wissen („mathematical knowledge for teaching proof") entscheidend, um Lerngelegenheiten zum mathematischen Argumentieren und Beweisen für Lernende zu strukturieren. Yackel (2002) hat gezeigt, dass die Moderationsfähigkeit von Lehrkräften in mathematischen Argumentationen von ihren individuellen Vorstellungen und ihrem Vorwissen abhängt. Lehrkräfte können nur in dem Maße Gelegenheiten zum mathematischen Argumentieren schaffen und die Entwicklung von mathematischen Ideen initiieren, wie sie in der Lage sind, solche Gelegenheiten im Mathematikunterricht zu erkennen. Die Vorstellungen der Lehrkräfte zum mathematischen Argumentieren beeinflussen, wie Argumentationen initiiert werden und die Schülerinnen und Schüler in mathematische Argumentationen und Interaktionen eingebunden werden (Ayalon & Even, 2016). Auch beeinflussen verschiedene Vorstellungen die Unterstützungshandlungen der Lehrkräfte in mathematischen Argumentationen (Conner & Singletary, 2021).

Einige Lehrkräfte sind der Meinung, dass mathematisches Argumentieren und Beweisen nur für begabte Schülerinnen und Schüler möglich ist und daher kaum als zentraler Lerninhalt für alle Schülerinnen und Schüler fungieren kann (Brunner, 2014a; Knuth, 2002b). In der Schule (in Deutschland und der Schweiz) dominieren häufig formale Beweise oder kalkülorientierte Argumentationen (Brunner, 2014b; Brunner & Reusser, 2019), sofern diese überhaupt thematisiert werden. Gleichzeitig hat Brunner gezeigt, dass in vielen der untersuchten Klassen auch operativ, also generisch, argumentiert wird, aber insgesamt nur wenig experimentell gearbeitet wird (Brunner, 2014b).

Dem gegenüber stehen die Erkenntnisse von Knuth (2002a,b) aus den Vereinigten Staaten. Er beschreibt, dass Lehrkräfte empirische Argumente gegenüber deduktiven Beweisen bevorzugen. Man kann nach Auffassung dieser amerikanischen Lehrkräfte empirischen Argumenten leichter folgen und sie sind überzeugender, weshalb diese Lehrkräfte oftmals empirische Argumente für ihren Unterricht wählen (ebd.). Dies verdeutlicht, dass das Verständnis und die Vorstellungen von Lehrkräften zum mathematischen Argumentieren ihre Wahl von Argumenten und damit auch die potenziellen Lerngelegenheiten für die Schülerinnen und Schüler beeinflusst.

Auch Sommerhoff, Brunner und Ufer (2019) haben herausgefunden, dass angehende Lehrkräfte verschiedene Repräsentationen von Argumenten (vgl. Abschnitt 2.1.4) unterschiedlich bewerten. Beispielsweise wurden narrativ-generische Argumente als akzeptabler (für einen mathematischen Beweis) eingestuft im Vergleich zu ikonisch-generischen Argumenten. Dabei basieren beide Argumente auf der gleichen mathematischen Idee, die wiederum als ähnlich von den angehenden Lehrkräften angesehen wurde. Ausgehend von ihren Ergebnissen sollte weitere Forschung klären, inwieweit die individuellen Einschätzungen von Lehrkräften die Auswahl des Arguments für den Unterricht beeinflussen (vgl. Sommerhoff et al., 2019).

Zu dem Forschungsfeld „Vorstellungen von Lehrkräften zum mathematischen Argumentieren" lassen sich verschiedene Zugänge wählen. Einerseits können mit Interviews, Fragebögen und verschiedenen Tests das spezifische Wissen und die Vorstellungen der Lehrkräfte zum mathematischen Argumentieren und Beweisen erfasst werden (bspw. Knuth, 2002a,b). Dabei bleibt die Frage offen, welchen Einfluss dieses Wissen und die Vorstellungen der Lehrkräfte auf die praktischen Tätigkeiten im Mathematikunterricht haben. Daher wird von anderen Forschenden auch der Einfluss von Wissen und Vorstellungen der Lehrkräfte auf die Unterrichtsrealität berücksichtigt. Neben Interviews wird die Analyse von Unterrichtspraxis als Ausgangspunkt für die Erfassung von Wissen und Vorstellungen herangezogen (bspw. Conner, 2006; Steele & Rogers, 2012). Dabei kann einerseits eher normativ notwendiges Wissen herausgearbeitet werden (Steele & Rogers, 2012), andererseits können Vorstellungen beschrieben werden (Conner, 2006). Häufig wird auf Beweisen und Beweise fokussiert (bspw. Knuth, 2002a,b; Steele & Rogers, 2012; Ko, 2010), statt mathematisches Argumentieren in den Blick zu nehmen (bspw. Conner, 2006).

Knuth (2002a,b) hat das Verständnis von Lehrkräften zum Thema Beweisen untersucht, wobei auf die Natur und die Rolle von Beweisen fokussiert wird. Ausgangspunkt dieser Untersuchung war die Forderung der NCTM (2000) in den „Principles and Standards für School Mathematics" Beweisen als Thematik durch das komplette Curriculum und für alle Lernenden in der Schule einzuführen. Diese Forderung umzusetzen, hängt von dem Verständnis der Lehrkräfte von Beweisen ab (Knuth, 2002a,b). Damit Lehrkräfte in ihrer Ausbildung und bei Fortbildungen darauf vorbereitet werden können, Beweisen zu unterrichten, ist wichtig, zu verstehen, welche Vorstellungen Lehrkräfte bezüglich der Thematik Beweisen haben. In seiner Untersuchung unterscheidet Knuth die Sichtweise von den Lehrkräften bezüglich der Disziplin Mathematik (Knuth, 2002a) und die

Sichtweise im Kontext der weiterführenden Schule („secondary schools") (Knuth, 2002b). Dabei werden Lehrkräfte also einerseits fokussiert als Personen, die Wissen über Mathematik besitzen, und andererseits als Personen, die an Schulen unterrichten.

Im ersten Teil der Studie (Knuth, 2002a) wurden sechszehn Lehrkräfte von weiterführenden Schulen semi-strukturiert interviewt, um ihr Verständnis von Beweisen bezüglich der Disziplin Mathematik zu erheben. Im zweiten Teil der Studie wurden den Lehrkräften fiktive Argumente zu verschiedenen mathematischen Aussagen vorgelegt und sie waren aufgefordert die Überzeugungskraft der Argumente zu benennen. Mehr als die Hälfte der Lehrerinnen und Lehrer nannte folgende Charakteristika von überzeugenden Argumenten: bestimmte Eigenschaften (wie beispielsweise visuelle Repräsentationen), Kenntnis des Arguments, eine ausreichende Menge an Details und die Allgemeingültigkeit des Arguments (Knuth, 2002a, S. 398). Die Darstellung und die Repräsentation des mathematischen Arguments werden von den Lehrkräften mehr berücksichtigt als die mathematische Korrektheit.

In einer zweiten Studie wurden Lehrkräfte im Sinne ihrer Tätigkeit als Lehrende an weiterführenden Schulen positioniert (Knuth, 2002b). Ihr Verständnis zur Natur und Rolle von Beweisen sowie ihre Erwartungen an die Schülerinnen und Schüler wurden erhoben. Knuth (2002b) hat dafür jeweils zwei semistrukturierte Interviews mit siebzehn Lehrkräften durchgeführt. Auch in dieser Untersuchung wurden den Lehrkräften während des Interviews fiktive Argumente zu verschiedenen mathematischen Aussagen vorgelegt, die sie bezüglich ihrer Angemessenheit für die Nutzung in der Schule bewerten sollen.

Lehrkräfte sehen Beweise als Argumente, die die Wahrheit einer Aussage schlüssig darstellen (Knuth, 2002b, S. 71). Sie unterscheiden zwischen formalen und informalen Beweisen aufgrund ihrer Gültigkeit. Formale Beweise sind allgemeingültig, während sich informale Beweise auf einzelne Beispiele beschränken (Knuth, 2002b, S. 72). Die Mehrheit der Lehrkräfte sieht Beweisen nicht als zentrale Idee, die sich durch die gesamte weiterführende Schule zieht (Knuth, 2002b, S. 73) und Lernenden helfen kann Mathematik besser zu verstehen. Dagegen erfassen sie Beweisen eher als eine spezielle Thematik, die gelernt werden muss.

Die Lehrkräfte haben informale Beweise als eine zentrale Idee konstituiert, die im alltäglichen Unterricht integriert ist und auch für schwächere Lernende angebracht ist (Knuth, 2002b, S. 76). Viele Lehrkräfte beschränken daher die Erfahrungen von Lernenden mit Beweisen auf informale Methoden (Knuth, 2002b, S. 74), wodurch die Fehlvorstellung begünstigt wird, dass mehrere Beispiele für einen Beweis ausreichend sind (Knuth 2002b, S. 76). Algebraische Argumente würden sie mit ihren Schülerinnen und Schülern nicht im Sinne von Beweisen thematisieren (Knuth, 2002b, S. 76). Elf Lehrkräfte (von siebzehn Befragten) sehen aber die Möglichkeit, ausgehend von informalen Argumenten formale Argumente zu entwickeln.

Der Mehrheit der Lehrkräfte ist es wichtig, Beweisen in ihrem Unterricht zu thematisieren, da die Lernenden logisches Denken entwickeln, was auch außerhalb der Mathematik relevant ist (Knuth, 2002b, S. 78). Zehn Lehrende sahen Beweise als ein soziales Konstrukt, wobei einzelne mathematische Argumente von der Klassengemeinschaft als Beweise akzeptiert werden. Vier Lehrkräfte sahen die Rolle von Beweisen auch darin, die Denkprozesse von Schülerinnen und Schülern aufzuzeigen und zugänglich zu machen. Beweise als Möglichkeit zu erklären, warum eine Aussage wahr ist, nannten sieben Lehrkräften. Vier Lehrkräfte sehen Beweisen auch als Möglichkeit, Schülerinnen und Schüler selbst Wissen konstruieren zu lassen (Knuth 2002b, S. 81).

Deutlich wird auch hier, dass Lehrkräfte verschiedene Vorstellungen vom Beweisen haben und unterschiedliche Präferenzen zeigen. Andere Studien belegen, dass Lehrkräfte auch in Bezug auf mathematische Argumentationen diverse Vorstellungen besitzen (vgl. Conner, 2006; Conner et al., 2011; Bersch, 2019).

Steele und Rogers (2012) haben ein Rahmenwerk mit mathematischem Wissen für das Unterrichten von Beweisen („mathematical knowledge for teaching proof (MKT-P) framework") vorgestellt, welches auf der Arbeit von Knuth (2002a,b) und der unveröffentlichten Dissertation von Steele basiert. In dem von Steele und Rogers (2012) vorgelegten Rahmenwerk werden vier Komponenten an Wissen unterschieden, die Lehrkräfte benötigen, um Beweise unterrichten zu können: Das Definieren von Beweisen, das Erkennen von korrekten Beweisen, das Verstehen der Rolle von Beweisen in der Mathematik und das Erstellen von Beweisen. Diese vier Komponenten haben wiederum verschiedene Charakteristika. Mit ihrem Rahmenwerk wird von Steele und Rogers (2012) kein Anspruch auf Vollständigkeit erhoben, sondern ein Ausgangspunkt für weitere Forschung basierend auf der bisherigen Forschung geschaffen.

Basierend auf diesem Rahmenwerk haben Steele und Rogers (2012) ausgewertet, welche Mechanismen wiederum bei der praktischen Umsetzung des Wissens im Mathematikunterricht relevant sind. Dafür haben sie das fachdidaktische Wissen der Lehrkräfte zum Beweisen, welches sich in Interviews und einem Test gezeigt hat, herausgearbeitet und mit dem von den Lehrkräften durchgeführten Unterricht in Beziehung gesetzt.

Steele und Rogers (2012) vergleichen in ihren Analysen zwei Fälle, einen Novizen und einen erfahrenen Lehrenden. Aspekte (vgl. Tabelle 2.5), die in den Interviews und Tests als entscheidende Merkmale von Beweisen aus Sicht der

Tabelle 2.5 Mathematisches Wissen für das Unterrichten von Beweisen (Steele & Rogers, 2012, S. 161, eigene Übersetzung)

Komponente	Kriterien für diese Komponente
Definieren von Beweisen	– Beweise als mathematisches Argument. – Beweise basieren auf mathematischen Fakten. – Beweise sind allgemeingültig (für eine bestimmte Klasse von mathematischen Objekten). – Beweise etablieren Wahrheit.
Erkennen von korrekten Beweisen	– Lehrkraft unterscheidet zwischen korrekten und falschen oder unvollständigen Beweisen. – Lehrkraft verbindet Eigenschaften von einem Argument mit der Definition von Beweisen. – Lehrkraft erkennt Beweise in verschiedenen Darstellungsformen.
Erstellen von Beweisen	– Lehrkraft kann Beweise in unterschiedlichen Darstellungsformen erstellen.
Verstehen der Rolle von Beweisen in der Mathematik	– Beweise, um die Wahrheit einer bekannten Aussage zu verifizieren. – Beweise, um Verständnis zu erzeugen und zu erklären, warum etwas gültig ist. – Beweise, um mathematische Ideen zu kommunizieren. – Beweise, um neues Wissen zu entwickeln. – Beweise, um eine Systematisierung des Bereichs zu erhalten.

Lehrkräfte hervorgetreten sind, haben unterschiedliche Bedeutungen im Unterrichtsgeschehen der beiden Lehrkräfte. Der Novize hat sich an der Definition von Beweisen orientiert und einen Fokus auf „Beweise als mathematisches Argument" und „Beweise basieren auf mathematischen Fakten" gelegt (Steele & Rogers, 2012, S. 175). Sein Unterricht hat nur wenig die Rolle des Beweisens als Erklärung, warum etwas gilt, fokussiert. Dieser Aspekt wurde von der Lehrkraft aber im Interview in den Vordergrund gestellt und auch in der Reflexion als ein Fokus der Unterrichtsstunde benannt. Selbsteinschätzung und Unterrichtsrealität stimmen also nur bedingt überein. Bei der erfahrenen Lehrkraft war dagegen die Verbindung zwischen ihrem Vorwissen und der Unterrichtspraxis deutlicher und stringenter. Die diversen Rollen von Beweisen und Konzepte von Beweisstrukturen wurden deutlich (ebd., S. 176). Aus diesem Ergebnis lässt sich die Relevanz und ein Nutzen ableiten, sowohl theoretisches Wissen und Vorstellungen von Lehrkräften als auch die praktische Umsetzung im Mathematikunterricht zu betrachten.

Forschung zu Vorstellungen von Lehrkräften zum *mathematischen Argumentieren* gibt es nur wenig (vgl. Klöpping, 2019). Conner (2006) fokussiert in ihrer Untersuchung auf drei Lehrkräfte und verbindet Vorstellungen mit Unterstützungshandlungen in mathematischen Argumentationen. Die Vorstellungen der Lehrkräfte zum mathematischen Argumentieren wurden in der Studie von Conner (2006) herausgearbeitet, indem unterschiedliche Auffassungen über die Funktionen von mathematischen Argumenten und Beweisen unterschieden wurden (vgl. de Villiers, 1990): Verifikation, Erklärung, Systematisierung, Entdeckung und Kommunikation. Conner (2006) hat festgestellt, dass es zwar Ähnlichkeiten in Bezug auf die Unterstützung von mathematischen Argumentationen bei den Lehrkräften gibt, aber die Vorstellungen der Lehrkräfte über den Zweck und die Notwendigkeit von mathematischen Argumentationen unterschiedlich sind. Aufbauend darauf haben Conner et al. (2011) eine größere Stichprobe untersucht und nahezu alle Funktionen von Beweisen als Vorstellungen bei Lehrkräften identifiziert (bis auf die Funktion „Entdeckung").

Sabrina Bersch fokussiert in ihrem Dissertationsprojekt auf Vorstellungen von Lehrkräften zum mathematischen Argumentieren im Themenbereich Analysis (Bersch, 2019). Auch in ihrer Studie konnten diverse Vorstellungen von Lehrkräften zum mathematischen Argumentieren rekonstruiert werden.

Die Vorstellungen von Lehrkräften zum mathematischen Argumentieren sind also individuell und unterschiedlich. Gleichzeitig haben die Vorstellungen einen Einfluss, wie mathematische Argumentationen von den Lehrkräften im Unterricht gerahmt werden. Dies beeinflusst wiederum die Interaktion zwischen den Beteiligten und das Gelingen von mathematischen Argumentationen in Klassengesprächen. Daher werden in dieser Arbeit neben den Handlungen der Lehrkraft in mathematischen Argumentationen, auch ihre Vorstellungen zum mathematischen Argumentieren analysiert (vgl. Ergebniskapitel 5). Die Vorstellungen zum mathematischen Argumentieren können neben Interaktionsanalysen herangezogen werden, um Erklärungen für die Handlungen und Entscheidungen der Lehrkräfte in den mathematischen Argumentationen zu diskutieren.

2.4 Argumentationen und Argumente im Übergang von der Arithmetik zur Algebra

Ausgehend von den theoretischen Überlegungen und dem theoretischen Hintergrund zum mathematischen Argumentieren wird im Folgenden auf den fachlichen Inhalt der Argumentationen, den Übergang von der Arithmetik zur Algebra, und mathematisches Argumentieren in diesem Bereich fokussiert. Dazu findet zunächst eine fachliche Einordnung und damit eine Eingrenzung vom Übergang von der Arithmetik zur Algebra statt (Abschnitt 2.4.1). Dabei wird auf die Schul-Mathematik und somit überwiegend die elementare Algebra fokussiert. Anschließend wird in Abschnitt 2.4.2 die Prozess-Produkt Dualität von algebraischer Symbolsprache thematisiert. Diese kann eine Herausforderung für Schülerinnen und Schüler sowie Lehrkräfte darstellen. Weitere Herausforderungen, mit denen Schülerinnen und Schüler im Übergang von der Arithmetik zur Algebra konfrontiert sind, werden in Abschnitt 2.4.3 beschrieben. Abschnitt 2.4.4 fokussiert die besondere Rolle der Lehrkraft in diesem Übergang. Abschließend werden mathematische Argumentationen (Abschnitt 2.4.5) und mathematische Argumente (2.4.6) im Übergang von der Arithmetik zur Algebra betrachtet und ihre Besonderheiten herausgestellt.

2.4.1 Der Übergang von der Arithmetik zur Algebra

Im Folgenden wird der Übergang von der Arithmetik zur Algebra aus fachlicher Perspektive eingegrenzt und verortet.

Im Handbuch der Mathematikdidaktik (2015) ordnen Hefendehl-Hebeker und Schwank (2015) die Arithmetik der Leitidee „Zahl" zu. Dabei geht es in der Arithmetik neben dem klassischen Rechnen mit Zahlen, wie beispielsweise „$2 + 3 = 5$", auch um die Erweiterungen des Zahlensystems, zum Beispiel die Einführung von negativen Zahlen oder Brüchen, und das Erlernen von Rechenverfahren, wie dem schriftlichen Multiplikationsverfahren. Die (elementare) Algebra wird der Leitidee „Symbol und Formalisierung" zugeordnet (Hefendehl-Hebeker & Rezat, 2015). Die algebraische Symbolsprache und im Besonderen Variablen sind ein wichtiges und „grundlegendes Darstellungsmittel der Mathematik" (Hefendehl-Hebeker & Rezat, 2015, S. 117). Das Besondere an der algebraischen Symbolsprache ist, dass durch sie eine Möglichkeit geschaffen wurde, allgemeine Zusammenhänge darzustellen und mit veränderlichen, unbestimmten oder allgemeinen Objekten zu hantieren (vgl. Malle, 1993). Durch die algebraische Symbolsprache ist es also möglich, weitreichende mathematische

Erkenntnisse zu erlangen. Gleichzeitig wird durch die Formalisierung aber auch der Abstraktionsgrad erhöht, was im Mathematikunterricht eine Herausforderung für Schülerinnen und Schüler (und auch ihre Lehrkräfte) darstellen kann.

Zunächst scheint also eine klare Unterscheidung zwischen Arithmetik und Algebra in der Schule möglich. Vereinfacht gesagt: Die Arithmetik beschäftigt sich mit Zahlen und die Algebra mit dem Operieren mit unbestimmten, veränderlichen oder allgemeinen Objekten. Die Übergänge zwischen Arithmetik und Algebra sind im Mathematikunterricht aber fließend und es wird häufig bereits im Arithmetikunterricht eine algebraische Perspektive eingenommen (vgl. Berlin et al., 2009). Solche Aktivitäten werden auch unter dem Begriff *frühe Algebra* („early algebra") gefasst (vgl. Cai & Knuth, 2011; Kieran, 2020; Kieran et al., 2016). Charakteristische Tätigkeiten sind dabei das Untersuchen von und das Arbeiten mit mathematischen Beziehungen, Mustern und arithmetischen Strukturen, ohne die algebraische Symbolsprache zu nutzen (Kieran, 2020). „Mathematical relations, patterns, and arithmetical structures lie at the heart of early algebraic activity, with processes such as noticing, conjecturing, generalizing, representing, justifying, and communicating being central to students' engagement." (Kieran et al., 2016, S. 1).

Gleichzeitig kann die Schulalgebra auch als Meta-Diskurs über (Reflexionen von) arithmetische(n) Beziehungen und Prozesse(n) verstanden werden: „*school (elementary) algebra is a meta-discourse of arithmetic*" (H.i.O., Caspi & Sfard, 2012, S. 45; Sfard, 2008).

Was genau ist Algebra in der Schule? – Aktivitäten und Denkhandlungen

Wo endet nun also die Arithmetik und wo beginnt die Algebra? Kieran (2020) fasst zusammen, dass es verschiedene Definitionen von Schulalgebra gibt, die jeweils unterschiedliche Aktivitäten hervorheben. Laut Kieran (2020) wird die Algebra in der Schule durch drei Typen von Aktivitäten charakterisiert: „generational, transformational, and global/meta-level" (Kieran, 2020, S. 38, erste Veröffentlichung in Kieran, 1996).

Bei den generierenden Aktivitäten („generational activity") werden mathematische Beziehungen und Strukturen oder Muster und Situationen interpretiert und mittels algebraischer Terme oder Gleichungen dargestellt. Dabei sind inhaltsbezogene Aspekte relevant und häufig werden Vorstellungen zu (mathematischen) Begriffen aufgebaut. Umformungsaktivitäten („transformational activity") fokussieren dagegen auf das Umformen von Termen und Gleichungen. Der letzte Bereich umfasst Aktivitäten auf einer Meta-Ebene („global/meta-level activity"), in denen Algebra als ein Werkzeug („tool") genutzt wird. Beispielsweise kann Algebra beim Problemlösen hilfreich sein, um Beziehungen und Strukturen zu entdecken (Kieran, 2020, S. 38; erste Veröffentlichung in Kieran, 1996), oder auch beim mathematischen Argumentieren für die Begründung einer Aussage herangezogen werden.

Häufig wird neben den verschiedenen Aktivitäten der Algebra auch vom „algebraischen Denken" („algebraic thinking") oder von „algebraischen Denkhandlungen" gesprochen (bspw. Radford, 2010; Hodgen, Oldenburg & Strømskag, 2018; Kieran, 2004; Hewitt, 2019; Becker & Rivera, 2008). Hodgen et al. (2018) definieren Algebra und algebraisches Denken wie folgt: „Whereas algebra is a cultural artefact – a body of knowledge embedded in educational systems across the world, algebraic thinking is a human activity – an activity from which algebra emerges." (Hodgen et al., 2018, 32 f.; vgl. Kaput, 2008). Algebra entsteht aus algebraischem Denken.

Fischer et al. (2010) unterscheiden in Bezug auf algebraische Denkhandlungen „allgemeine menschliche Denkhandlungen, die in der Algebra eine wichtige Rolle spielen" und „spezifisch algebraische Denkhandlungen". Zu der ersten Kategorie zählen etwa „Verallgemeinern" und „Darstellen", wohingegen „Mathematisieren" oder „Interpretationsfreies, kalkülhaftes Umformen" spezifisch für die Algebra sind (Fischer et al., 2010, S. 2). Neben solchen konkreten Denkhandlungen und Tätigkeiten gibt es in der Algebra auf einer Meta-Ebene erforderliche kognitive Errungenschaften, die durch die Natur der Algebra begründet sind.

Rezat (2019, S. 58) stellt die vier zentralen kognitiven Leistungen („main cognitive achievements") dar, die charakteristisch und entscheidend für die Entwicklung des algebraischen Denkens und der Algebra sind:

> „1. Algebra deals with objects of *indeterminate* nature (unknowns, variables, parameters) (Radford, 2010)
>
> 2. Indeterminate objects are dealt with in *analytic* manner (Radford, 2010).
>
> 3. The development of algebraic thinking is characterized by a transition from an operational to a structural or relational perspective, i.e. by 'reification' (Sfard, 1995) or "objectification" (Radford, 2010) of processes into mathematical objects.
>
> 4. The new mathematical objects are detached from their original content meanings and achieve a formal character." (H.i.O., Rezat, 2019, S. 58)

Der erste Punkt stellt die Objekte, mit denen in der Algebra hantiert wird, heraus. Die Objekte in der Algebra sind unbestimmt, wie etwa Unbekannte, Variablen oder Parameter. Mit diesen unbestimmten Objekten wird auf eine analytische Weise umgegangen (vgl. Punkt 2). Das heißt, es wird mit ihnen hantiert, als ob sie bekannt wären, indem auf ihre gegenseitigen Beziehungen und die Beziehungen zu bekannten Größen Bezug genommen wird (vgl. Hefendehl-Hebeker & Rezat, 2015). Zusätzlich ist die Entwicklung von algebraischem Denken mit einem Übergang von operationalen zu strukturellen Perspektiven beziehungsweise Interpretationen verknüpft (vgl. dazu auch den folgenden Abschnitt 2.4.2). Als letzter Punkt wird von Rezat (2019) die Formalität angesprochen. Die neuen mathematischen Objekte, die entstehen, sind von ihren ursprünglichen, inhaltlichen Bedeutungen gelöst (Rezat, 2019, S. 58). Sie sind formalisiert und abstrakt.

In den oben genannten algebraischen Tätigkeiten und Denkhandlungen sind (mathematische) Objekte und auch die algebraische Symbolsprache eingebunden. Die algebraische Symbolsprache lässt sich unterschiedlich deuten (vgl. Punkt 3, Rezat, 2019). Im Folgenden wird, ausgehend von allgemeinen, theoretischen Überlegungen zu Sichtweisen von mathematischen Objekten, die Prozess-Produkt Dualität der algebraischen Symbolsprache fokussiert. Dabei wird auch der Umgang von Schülerinnen und Schülern mit der algebraischen Symbolsprache thematisiert und es werden Schwierigkeiten beschrieben. Deutungen von mathematischen Objekten sind beim mathematischen Argumentieren noch weitestgehend unerforscht und gleichzeitig von besonderer Bedeutung, wie diese Arbeit zeigen wird. Daher wird die Prozess-Produkt Dualität von mathematischen Objekten als eine Herausforderung im Übergang von der Arithmetik zur Algebra in der vorliegenden Studie fokussiert. Weitere Herausforderungen werden in Abschnitt 2.4.3 beschrieben. In dieser Arbeit wird herausgearbeitet, inwieweit sich die Prozess-Produkt Dualität in den hervorgebrachten mathematischen Argumenten widerspiegelt und wie die Lehrkraft die Deutungen der Schülerinnen und Schüler rahmt.

2.4.2 Prozess-Produkt Dualität von algebraischer Symbolsprache

Mathematische Objekte sind abstrakt und aufgrund ihrer Natur in der Regel nicht sichtbar (Duval, 1999). Zugleich sind externe Repräsentationen möglich, die auf mathematische Objekte verweisen (vgl. Abschnitt 2.1.4 und 4.4.7). Beispielsweise lassen sich Terme, Variablen und Gleichungen nicht haptisch erfassen, sondern sind nur über Repräsentationen erfahrbar. Etwa stellt das Waagemodell (bspw. Vollrath & Weigand, 2009) eine Möglichkeit dar, Gleichungen „begreifbar" zu machen. Im Mathematikunterricht werden Terme und Gleichungen häufig auch mit algebraischer Symbolsprache dargestellt. Gleichzeitig haben Schülerinnen und Schüler individuelle Vorstellungen von mathematischen Objekten. Dabei lassen sich unterschiedliche Deutungen von mathematischen Objekten rekonstruieren. In der Literatur wird häufig eine prozesshafte und eine produkthafte Deutung unterschieden. Im Folgenden wird die Prozess-Produkt Dualität von mathematischen Objekten beschrieben und ein Einblick in den Forschungsstand gewährt.

Sfard (1987, 1991) unterscheidet zwischen einer *operationalen Sichtweise* („operational conception") und einer *strukturellen Sichtweise* („structural conception") von mathematischen Objekten. Bei der operationalen Sichtweise werden mathematische Objekte als Prozess, Algorithmus oder Handlung und damit dynamisch, sequenziell, detailliert wahrgenommen. Im Gegensatz dazu wird bei der strukturellen Sichtweise ein mathematisches Objekt als statisches Konstrukt, als Objekt gefasst (ebd.).

Auch die algebraische Symbolsprache muss interpretiert werden: „Algebraic symbols do not speak for themselves." (Sfard & Linchevski, 1994, S. 191). Formale Darstellungen in der algebraischen Symbolsprache sind zunächst nicht mehr als Verkettungen von Zeichen und gegebenenfalls Zahlen, welche Lernende und auch Lehrkräfte deuten müssen. Beispielsweise können Terme operational interpretiert werden, indem sie als Rechenvorschrift, im Sinne einer Handlungsaufforderung bestimmte Rechenoperationen auszuführen, gedeutet werden. Termumformungen sind in diesem Sinne Veränderungen von Rechenschemata. Werden Terme als ganzes Objekt aufgefasst, als ein Bauplan, wird eine strukturelle Sichtweise eingenommen (vgl. Berlin et al., 2009; Hefendehl-Hebeker & Rezat, 2015; Moschkovich, Schoenfeld & Arcavi, 1993; Vollrath & Weigand, 2009). Beispielsweise kann „$2n-1$" als ein Rechenschema verstanden werden: N wird mit zwei multipliziert und eins subtrahiert. Alternativ kann der Term „$2n-1$" auch als ein Ausdruck für eine ungerade Zahl gedeutet werden.

Auch in der Arithmetik sind bereits verschiedene Deutungen von mathematischen Objekten, wie Zahlen oder Termen, möglich und relevant. Beispielsweise kann beim Zahlenstrahl eine „objektgebundene" und eine „prozessgebundene" Zählweise unterschieden werden, indem Orte oder Handlungen (wie etwa Hüpfen) gezählt werden (vgl. Hefendehl-Hebeker & Schwank, 2015, S. 98 f.). Im Mathematikunterricht sollten Lehrkräfte einen Austausch über individuelle Deutungen initiieren und in solchen Interaktionen auch die unterschiedlichen Sichtweisen ihrer Schülerinnen und Schüler auf mathematische Objekte wahrnehmen.

Die sogenannte *Prozess-Objekt Dualität* („process-object duality") von mathematischen Objekten wird durch die verschiedenen Interpretationen der algebraischen Symbolsprache deutlich (Sfard & Linchevski, 1994): $a+b$ kann als Prozess und gleichzeitig als Produkt dieses Prozesses aufgefasst werden. Einerseits wird b zu a addiert, anderseits beschreibt der Term die Summe von a und b. Für Lernende kann diese Doppeldeutigkeit verwirrend sein (Sfard & Linchevski, 1994). Sfard (1991) betont, dass für ein vollständig ausgebildetes Verständnis von algebraischen Notationen beide Sichtweisen vorhanden sein müssen, da sie ergänzend sind. Je nach Aufgabenkontext sind verschiedene Deutungen von algebraischen Notationen erforderlich und gegebenenfalls auch Wechsel zwischen Deutungen notwendig. Gleichzeitig gibt es eine Hierarchie der beiden Sichtweisen: „what is conceived purely operationally at one level should be conceived structurally at a higher level" (Sfard, 1991, S. 16). Lernen folgt diesem Muster (Sfard & Linchevski, 1994). Das heißt, Schülerinnen und Schüler müssen zunächst ein operationales Verständnis entwickeln, um darauf aufbauend ein strukturelles Verständnis erlangen zu können. Innerhalb der Algebra bedeutet das, dass die Lernenden zunächst ein operationales Verständnis erarbeiten, indem sie Terme berechnen und mit ihnen hantieren. In einem nächsten Schritt kann dann ein strukturelles Verständnis aufgebaut werden und die Prozess-Objekt Doppeldeutigkeit wahrgenommen werden. Bedeutungsaushandlungen und Interaktionen ermöglichen eine solche Umdeutung. Als letzter Schritt kann ein funktionaler Zugang mit Variablen eingeführt werden (Sfard & Linchevski, 1994).

Wie genau der Übergang von Rechenoperationen (operational) zu abstrakten Objekten (strukturell) stattfinden kann, beschreibt Sfard in ihrer *Theory of Reification* (Sfard, 1987, 1991, 1995; Sfard & Linchevski, 1994). Drei Schritte müssen durchlaufen werden. Als erstes findet eine *Aneignung* („Interiorization") statt, wobei ein Ausführen und Üben vom Prozess stattfindet. Einen zweiten Schritt stellt die *Verdichtung* („Condensation") dar. Während der Verdichtung wird der Prozess immer mehr als Ganzes betrachtet und gegebenenfalls auch mit anderen Prozessen oder Darstellungen verbunden. Dennoch bleiben die Vorstellungen und die Vorstellungsentwicklung eng mit dem eigentlichen Prozess verknüpft. Die Lehrkraft kann in Unterrichtsgesprächen damit einhergehende Deutungsprozesse unterstützen. Den letzten, entscheidenden Schritt stellt die *Vergegenständlichung* („Reification") dar. Die Notation wird als ein vollwertiges, eigenständiges, abstraktes Objekt, unabhängig vom Prozess betrachtet. Dieser Schritt ist aber keinesfalls einfach: „Reification is a major change in the way of looking at things and as such is inherently difficult to achieve. [...] A revolutionary change in basic beliefs on the nature of mathematics must sometimes occur before the new idea is fully accepted." (Sfard, 1995, S. 17). Lehrkräfte sollten ihre Schülerinnen und Schüler dabei begleiten. Nachdem eine solche Vergegenständlichung stattgefunden hat, können darauf aufbauend neue Konzepte entwickelt werden. In neueren Schriften spricht Sfard auch von verschiedenen Diskursen, beispielsweise „Levels of elementary algebra discourse" (bspw.

Caspi & Sfard, 2012). Radford (2008) spricht in diesem Zusammenhang von einer Objektivierung („objectification"): „the process of making the objects of knowledge apparent." (Radford, 2008, S. 87). Radford versteht unter Objektivierung, dass (mathematische) Objekte sichtbar und bewusst gemacht werden. Da mathematische Objekte abstrakt und nicht sichtbar sind, wird in der Schule auf Repräsentationen („semiotic means of objectification") zurückgegriffen, um mathematische Objekte sichtbar zu machen (Radford, 2008).

Auch wenn die Vergegenständlichung häufig eine enorme Herausforderung für Schülerinnen und Schüler darstellt, ist sie von entscheidender Relevanz. Strukturelle Beschreibungen und strukturelle Erfassungen von mathematischen Objekten sind gegenüber einer operationalen Beschreibung abstrakter und allgemeiner. Aber ohne diese abstrakten Objekte wären die mentalen Aktivitäten schwieriger, da sie andere und neue Denkweisen ermöglichen. Weiterführende Schlüsse und mathematische Konstruktionen werden ermöglicht (Sfard & Linchevski, 1994). Mathematische Beziehungen und Strukturen können losgelöst von Beispielen analysiert werden und werden zugänglicher. Somit wird der Umgang mit allgemeinen mathematischen Strukturen erleichtert. „Es entlastet die Vorstellung und das Denken, indem das Argumentieren mit Gegenständen, Begriffen und Gedanken ersetzt wird durch das Operieren mit Zeichen, die an die Stelle dieser Gegenstände, Begriffe und Gedanken treten." (Hefendehl-Hebeker & Rezat, 2015, S. 125). Das heißt, es ist möglich, ohne konkrete Ergebnisse anzugeben, mit den Objekten und Operationen gedanklich zu hantieren. Der Wechsel zur strukturellen Sichtweise entlastet den Denkprozess, statt mehr Komplexität zu schaffen (Sfard & Linchevski, 1994).

In der Realität folgen Schülerinnen und Schüler nur bedingt den „idealen" Lernprozessen und bilden eigene Deutungen, die nicht immer angemessen und geeignet sind (Sfard & Linchevski, 1994). Pseudostrukturelle Auffassungen („pseudostructural conceptions") entstehen (Sfard, 1991; Sfard & Linchevski, 1994), wenn die Vergegenständlichung von einem Konzept noch nicht stattgefunden hat, obwohl darauf aufgebaut werden soll:

> „Once the developmental chain has been broken, the process of learning is doomed to collapse: without the abstract objects, the secondary processes will remain 'dangling in the air' [...] the new knowledge remains detached from its operational underpinnings and from the previously developed system of concepts. In these circumstances, the secondary processes must seem totally arbitrary." (Sfard & Linchevski, 1994, S. 116 f.)

Bei einer pseudostrukturellen Auffassung wird eine Darstellung direkt mit dem Objekt identifiziert. Beispielsweise wird das Symbol „x" als ein Objekt an sich verstanden und nicht als ein Verweis auf ein mathematisches Objekt. Oftmals können Schülerinnen und Schüler die Prozesse, wie Termumformungen, dennoch ausführen, aber ein wirkliches Verstehen bleibt aus. Argumentationsprozesse können solche unzureichenden Deutungen aufdecken (vgl. Caspi & Sfard, 2012), woraufhin Lehrkräfte eine erneute Bedeutungsaushandlung anstoßen können und damit die Vorstellungsentwicklung der Schülerinnen und Schüler unterstützen.

Ob Lernende in Unterrichtssituationen alle Schritte der „Theory of Reification" durchlaufen, hat Wille (2010) beforscht. Sie hat die vorbereitenden Schritte zu einer strukturellen Sichtweise auf Variablen untersucht und dazu eine Lernumgebung im Kontext einer Programmiersprache konstruiert. Als Ergebnis lässt sich festhalten, dass alle drei Phasen der „Theory of Reification" und ebenso deren beschriebene Abfolge im Lernprozess der Schülerinnen und Schüler in diesem Lernkontext erkennbar sind.

Sfard und Linchevski (1994) stellen heraus, dass der operationale Charakter der Algebra häufig mit verbalen Äußerungen verbunden ist. Dagegen sind für die strukturellen Erkenntnisse Wörter oftmals nicht ausreichend, sondern symbolische Notationen erforderlich: "words are not manipulable in the way symbols are. [...] introduction of a symbolic notion seems *necessary* for reification. On the other hand, it is *not sufficent* for the transition to the structural mode." (H.i.O., Sfard & Linchevski, 1994, S. 197). Die Einführung von algebraischer Symbolsprache ist also notwendig, damit der strukturelle Charakter der Algebra wahrgenommen werden kann. Gleichzeitig wird durch die algebraische Symbolsprache nicht automatisch eine strukturelle Sichtweise eingenommen. Symbolische Darstellungen können auch operational aufgefasst werden. Im folgenden Abschnitt wird daher thematisiert, wie Schülerinnen und Schüler mit der Prozess-Produkt Dualität von algebraischer Symbolsprache umgehen und vor welche Hürden sie gestellt werden. Dabei sollen auch die Möglichkeiten in den Blick genommen werden, die Lehrkräfte haben, um solche Lernprozesse im Mathematikunterricht anzustoßen, zu begleiten und zu unterstützen.

Umgang von Lernenden mit der Prozess-Produkt Dualität von algebraischer Symbolsprache

Sfard und Linchevski (1994) beschreiben, dass die Prozess-Produkt Dualität innerhalb der Algebra nicht offensichtlich und teilweise verwirrend für Schülerinnen und Schüler ist. Kieran und Sfard (1999) ergänzen, dass die Verbindung zwischen der Arithmetik und der Algebra für Schülerinnen und Schüler oft nicht direkt und nicht immer transparent erscheint. Lernende sehen und manipulieren Symbole, ohne die mathematischen Objekte, für die sie stehen, zu erkennen. Interaktive Bedeutungsaushandlungen können in diesem Kontext einen Austausch initiieren, sodass Lehrkräfte die Deutungen ihrer Schülerinnen und Schüler wahrnehmen und gegebenenfalls eine Umdeutung von mathematischen Objekten und eine gemeinsame Aushandlung anregen können.

In einer Studie von Sfard (1987), in der sie den Umgang von Schülerinnen und Schülern mit algebraischen Notationen beforscht hat, stellte sich heraus, dass Lernende operationale Aufgaben besser als strukturelle Aufgaben lösen konnten. Die Schülerinnen und Schüler zeigten in dieser Studie überwiegend eine operationale Sichtweise auf Terme (ebd.). Dies ist problematisch, da je nach Aufgabenstellung beide Sichtweisen notwendig sein können. Beispielsweise wird in Aufgaben mit Termumformungen eine operationale Sicht auf Terme benötigt. Sollen diese Terme dann interpretiert werden, etwa in Argumentationsaufgaben, ist eine strukturelle Sichtweise erforderlich. Ein Ziel vom Mathematikunterricht sollte es sein, eine Flexibilität im Umgang mit den zwei Deutungen zu entwickeln. Malle (1993) hat in einer Interviewstudie mit Schülerinnen und Schülern festgestellt, dass Lernende nur wenig Flexibilität zeigen und ein Umdeuten, wenn überhaupt, nur nach einer expliziten Aufforderung stattgefunden hat. Inwiefern Lehrkräfte Aushandlungen über Deutungen von mathematischen Objekten in mathematischen Argumentationen initiieren und damit auch die Entwicklung von Flexibilität anstoßen, wird in dieser Studie untersucht.

Inwieweit die Schwierigkeiten von Schülerinnen und Schülern in der Algebra auf fehlendes Verständnis der Strukturen in der Arithmetik zurückzuführen sind, haben Linchevski und Livneh (1999) in einer Interview-Studie mit Lernenden der 6. Klasse untersucht. Sie haben festgestellt, dass Schülerinnen und Schüler Probleme haben, die mathematische Struktur eines Ausdrucks zu erkennen. Die strukturelle Deutung von Termen als Produkt fällt ihnen schwer. Die Probleme treten aber nicht nur auf, wenn Variablen in den Termen oder Gleichungen vorhanden sind, sondern auch in rein arithmetischen Kontexten. Sie fordern daher, dass Schülerinnen und Schüler explizit dazu aufgefordert werden, die Struktur von mathematischen Ausdrücken in den Blick zu nehmen, auch in der Arithmetik. Lehrkräfte können solche Entdeckungsprozesse im Mathematikunterricht ermöglichen und ihre Schülerinnen und Schüler dabei unterstützen. Kieran (2020) bestätigt die Erkenntnisse auch für die heutige Zeit "more recent body of work tells us that: […] (c) students' difficulties with recognizing structure in algebraic expressions and equations are a reflection of the difficulties they have with recognizing structure in number and arithmetical operations." (Kieran, 2020, S. 39).

Auch Stacey (2011) hebt hervor, dass jüngere Schülerinnen und Schüler rechnen, ohne den Blick auf die Struktur von Rechenausdrücken zu lenken. Ein Blick

auf die Struktur von Termen und die Beziehung zwischen den Zahlen in Rechenausdrücken ist aber entscheidend für die Algebra. Ebenso beschreibt Link (2012),
dass Schülerinnen und Schüler beim Umgang mit der algebraischen Symbolsprache oft nur ein Schema abarbeiten, anstatt Zahlen und deren Beziehungen zu
betrachten (s. o. Terme als Rechenvorschrift). Lernende brauchen gezielte Anregungen, um Strukturen zu entdecken (ebd.) – solche kann in der Regel nur die
Lehrkraft geben. Da die Deutung der algebraischen Symbolsprache eine hohe
Abstraktion erfordert, wie auch wechselnde Bezugspunkte, sind eine klare Benennung dieser Bezugspunkte durch Impulse der Lehrkraft und eine hohe Stringenz
dabei notwendig. Es ist anzunehmen, dass es im Unterricht eine Herausforderung
für Lehrkräfte darstellt, solche Unterstützungen zu geben.

Auch betonen Sfard und Linchevski (1994, S. 88), dass verschiedene Interpretationen zu unterschiedlichen Vorgehensweisen beim Lösen eines mathematischen
Problems führen können und dadurch verschiedene Lösungen entstehen. Beispielsweise macht es einen Unterschied, ob die Gleichung „$(p + 2q)x^2 + x = 5x^2$
$+ (3p-q)x$" numerisch oder funktional betrachtet wird. Einerseits könnte untersucht werden, für welche x diese Gleichung gilt (in Abhängigkeit von p und q).
Andererseits können die Terme auf beiden Seiten der Gleichung als Funktionen
betrachtet werden und untersucht werden, für welche Werte von p und q die Funktionen gleich sind. Je nachdem, wie eine Schülerin oder ein Schüler einen Term
oder eine Gleichung deutet, können Aufgaben also unterschiedlich gelöst und
beantwortet werden. Diese potenzielle Doppeldeutigkeit von Aufgabenstellungen
erfordert eine besondere Aufmerksamkeit der Lehrkraft im Mathematikunterricht
und eine explizite Aushandlung.

Das Forschungsfeld zeigt also deutlich auf, dass Lernende sowohl im Bereich
der Arithmetik als auch in der Algebra häufig Probleme mit der Prozess-Produkt
Dualität von mathematischen Objekten haben. Eine operationale Sichtweise überwiegt bei den Schülerinnen und Schülern und sie müssen aufgefordert werden
ihren Blick auch auf die Struktur von Termen zu legen. Ziel vom Mathematikunterricht sollte es sein, dass Lernende eine Flexibilität im Umgang mit beiden
Interpretationen erlangen (Malle, 1993).

Akinwunmi (2012) hat sich in ihrer Dissertation mit der Prozess-Produkt
Dualität beschäftigt und konkret die Entwicklung von Variablenkonzepten beim
Verallgemeinern mathematischer Muster untersucht. Dazu hat sie Schülerinnen
und Schüler der vierten Klasse interviewt und ihnen verschiedene Aufgaben
gestellt, die Verallgemeinerungen erforderten. Um die verschiedenen Deutungen der Beziehungen zwischen zwei unbestimmten Zahlen zu analysieren, greift
sie auf Sfards Unterscheidung zwischen der operationalen und strukturellen
Sichtweise auf mathematische Objekte zurück (Akinwunmi, 2012, S. 236 f.).

Gleichzeitig unterscheidet sie eine einseitige und eine beidseitige Deutung der Beziehung (ebd., S. 238 ff.). Während bei der *einseitigen Deutung* der Beziehung beispielsweise nur der Zusammenhang von der ersten zur zweiten Zahl beschrieben wird, wird bei der *beidseitigen Deutung* zusätzlich der Zusammenhang der zweiten zur ersten Zahl ergänzt. Es ergeben sich somit folgende Deutungsmöglichkeiten für die Beziehungen von unbestimmten Zahlen: operational-einseitig, operational-beidseitig, strukturell-einseitig und strukturell-doppelseitig. Im Rahmen der Untersuchung wird die Frage, wie strukturelle Sichtweisen gefördert werden können, aber nicht explizit beantwortet (vgl. ebd.).

> „Es kann aber festgehalten werden, dass Kinder verschiedene Sichtweisen einbringen, welche im Unterricht aufgegriffen werden können. Dabei trägt eine Auseinandersetzung der Kinder mit ihren unterschiedlichen Deutungen in der Interaktion sicher zu einem Einnehmen anderer Blickwinkel bei." (Akinwumni, 2012, S. 254)

Es ist anzunehmen, dass Lehrkräfte in Argumentationsprozessen einen solchen Austausch unter den Schülerinnen und Schüler über ihre individuellen Deutungen anregen können, um eine geteilte Situationsdefinition zu entwickeln. Wie genau solche Prozesse von Lehrkräften beim mathematischen Argumentieren angestoßen werden, wird in dieser Arbeit untersucht.

Auch das Gleichheitszeichen ist ein Symbol, das eine Prozess-Produkt Dualität innehat (Winter, 1982). Einerseits kann es als „Zuweisungszeichen" (Malle, 1993, S. 137) einer Rechnung ein Ergebnis zuweisen und ist damit eine Aufforderung zum Ausrechnen (vgl. Kieran, 1981; Winter, 1982). Eine Gleichung wird von links nach rechts gelesen. Diese Interpretation wird häufig gerade im Anfangsunterricht in der Arithmetik angeregt. Andererseits kann das Gleichheitszeichen auch als „Vergleichszeichen" (Malle, 1993, S. 138) gelesen werden und eine Beziehung zwischen Termen verdeutlichen. Durch diese Deutung des Gleichheitszeichens kann eine Gleichung in beide Richtungen gelesen werden. Gerade beim mathematischen Argumentieren ist das Gleichheitszeichen als Vergleichszeichen von Bedeutung. Wenn beispielsweise ein Term aufgestellt und umgeformt wird, muss anschließend der Ergebnisterm mit dem Anfangsterm in Verbindung gebracht werden. Im Mathematikunterricht können Argumentationsprozesse genutzt werden, um einen Austausch und Bedeutungsaushandlungen über unterschiedliche Deutungen zu ermöglichen (vgl. Krummheuer, 1995).

In Hinblick auf den Übergang von der Arithmetik zur Algebra zeigt sich, dass in diesem Übergang ein Umbruch stattfindet und die Lernenden herausgefordert sind, eine andere Deutung des Gleichheitszeichens zu erkennen: „a majority of the students in 5th grade have an operational understanding of the equal sign, while a majority of those in the 8th grade have a relational understanding of the equal sign." (Opsal, 2019, S. 638; vgl. Rittle-Johnson et al., 2011). Bei einer operationalen Deutung des Gleichheitszeichens als „Zuweisungszeichen", kann eine Gleichung wie „5 + 1 = 4 + 2" nur schwer interpretiert werden. Ein Gleichheitszeichen wird hier (noch) nicht als Vergleichszeichen erkannt, welches zwischen gleich großen Termen steht und damit eine Beziehung zwischen diesen beiden Termen ausdrückt. Sondern es wird als Zuweisungszeichen verstanden, welches einer Rechnung ein Ergebnis zuweist und zum Berechnen auffordert. Bei einer solchen operationalen Deutung des Gleichheitszeichens wird in der Regel der Term vor dem Gleichheitszeichen „5 + 1" als Aufgabe verstanden, deren Ergebnis berechnet werden soll. Obige Gleichung „5 + 1 = 4 + 2" fokussiert aber (zunächst) auf die Beziehung zwischen den beiden Termen und nicht auf die Berechnung der Terme. Der typische Fehler (vgl. Falkner et al., 1999) in Gleichungen wie „5 + 1 = _ + 2" die Zahl „6" in die Leerstelle einzusetzen, kann durch eine operationale Deutung des Gleichheitszeichens begründet sein, die in diesem Fall unpassend ist. In der vorliegenden Arbeit wird untersucht, wie Lehrkräfte den Umbruch begleiten können, beispielsweise indem sie Gelegenheiten zum Austausch schaffen oder gezielte Aufgaben in ihrem Unterricht stellen, die Umdeutungen anregen.

Zwetzschler (2015) hat sich in ihrer Dissertation damit beschäftigt, wie das Konzept der Gleichwertigkeit von Termen entwickelt werden kann. Der Fokus liegt dabei nicht auf dem kalkülorientieren Ineinanderüberführen von Gleichungen, sondern darauf *inhaltliche Gleichwertigkeitskonzepte* zu entwickeln. Sie hat dazu ein diagnosegeleitetes Lehr-Lernarrangement für den Mathematikunterricht der achten Klasse entwickelt und beforscht. Als Ergebnis lässt sich festhalten, dass die Entwicklung von operationalen und relationalen (strukturellen) Konzepten eine Herausforderung im Lernprozess ist, wie auch diese Konzepte in Beziehung zueinander zu setzen. Sie rekonstruiert zwei verschränkte Entwicklungslinien zum Aufbau tragfähiger Konzepte (Zwetzschler, 2015, S. 328): konkret-allgemein und operational-relational. Eine Lehrkraft kann im Mathematikunterricht gezielt beide Entwicklungslinien integrieren.

Es bleibt die Frage, ab welchem Alter und mithilfe welcher Vorerfahrungen Schülerinnen und Schüler in der Lage sind, mathematische Strukturen in Termen zu erfassen und somit der Übergang von der Arithmetik zur Algebra angebahnt werden kann.

Ausgehend von den Überlegungen, dass Algebra als generalisierte Arithmetik und als Meta-Arithmetik in der Schule thematisiert werden kann, haben Caspi und Sfard (2012) Äußerungen von Schülerinnen und Schülern bei der Arbeit mit algebraischen Problemen untersucht. Dabei stellt sich heraus, dass schon vor der Einführung in die Algebra in den Gesprächen der Schülerinnen und Schüler algebra-ähnliche Merkmale („algebra-like features") zu finden sind, die sich normalerweise nicht in Alltagsgesprächen finden (Caspi & Sfard, 2012, S. 45).

Caspi und Sfard (2012) unterscheiden zwischen zwei Typen von meta-arithmetischen Aufgaben: Generalisierungen von (numerischen) Mustern und das Lösen von Gleichungen mit Unbekannten (Caspi & Sfard, 2012, S. 46). Die Forschenden definieren algebraisches Denken daher wie folgt: „[...] algebraic thinking occurs whenever one scrutinizes numerical relations and processes in the search for generalisation or in an attempt to find an unknown." (Caspi & Sfard, 2012, S. 46). Auch unterscheiden sie zwischen dem informalen („informal") und formalen („formal") algebraischen Diskurs (Caspi & Sfard, 2012, S. 46). Dabei argumentieren sie, dass sich historisch aus einem informalen Diskurs ein formaler Diskurs herausgebildet hat, in welchem die algebraische Symbolsprache genutzt wird, um die Kommunikation effektiver zu gestalten. Zusätzlich hat die Formalisierung und damit das Einbeziehen von Symbolen in den Diskurs laut Caspi und Sfard (2012, S. 46) das Ziel, dass eine Mehrdeutigkeit verringert und eine Standardisierung und Komprimierung ermöglicht wird. Der formale algebraische Diskurs wird in der Studie von Caspi und Sfard und auch in der vorliegenden Arbeit immer auf die Schulalgebra bezogen und darf daher nicht mit der abstrakten Algebra verwechselt werden.

Caspi und Sfard (2012, S. 46) präsentieren *fünf verschiedene Level im elementaren Algebra Diskurs*. Dabei bauen diese Level aufeinander auf und lassen sich in Gesprächen rekonstruieren. Das heißt, jedes Level ist der Meta-Diskurs des vorherigen Levels. Diese Struktur führt dazu, dass die Komplexität und auch die Generalisierungs-Kraft der Elemente zunimmt (Caspi & Sfard, 2012). Die ersten drei Level werden als *Algebra mit konstanten Werten* („constant value algebra") (Caspi & Sfard, 2012) beschrieben (in Sfard & Linchevski, 1994 als „fixed value algebra"). Dabei geht es zunächst um Unbekannte (vgl. Malle, 1993) und die Objekte stehen für spezifische Zahlen. Im zweiten Teil des Modells *Algebra mit variablen Werten* („variable value algebra") (Caspi & Sfard, 2012, S. 49) werden zusätzliche Prozesse in den Blick genommen (in Sfard & Linchevski, 1994 als „functional algebra"). Hier stehen die Variablen für Veränderliche (vgl. Malle, 1993) und Funktionen können entstehen.

Das heißt, im ersten Teil des Modells von Caspi und Sfard wird zunächst über mathematische Objekte gesprochen, die auf bestimmte, feste Zahlen verweisen, die entweder gegeben sind oder gesucht werden. Es wird in der Regel ein Wert fokussiert. Im zweiten Teil des Modells wird weiter verallgemeinert und laut Caspi und Sfard werden in den Diskursen Veränderungsprozesse in den Blick genommen:

„These discourses deal with numerical variation rather than with constant values. In this case, the algebraic expressions that, at level 3, were to be understood as signifying a single element of a pattern [...] or a specific output of a computational process are now used again, but are interpreted, this time, as denoting the pattern or the process as a whole." (Caspi & Sfard, 2012, S. 49).

Die gleichen mathematischen Objekte beziehungsweise algebraischen Ausdrücke werden also im zweiten Teil des Modells auf eine neue Weise interpretiert und als veränderlich betrachtet. Dieses Modell spiegelt auch die historische Entwicklung von Algebra und der algebraischen Symbolsprache wider. Der zweite Teil des Modells wird im Folgenden nicht weiter berücksichtigt, da das Erkenntnisinteresse dieser Arbeit im ersten Teil verortet ist und betrachtet wird, wie Schülerinnen und Schüler im Übergang von der Arithmetik zur Algebra mit der algebraischen Symbolsprache umgehen.

Worin unterscheiden sich die einzelnen Level im ersten Teil des Modells? Caspi und Sfard (2012) verdeutlichen die Unterschiede zwischen den ersten drei Leveln der *Algebra mit konstanten Werten* an einem Beispiel, dem Term „$3 + 2(n-1)$". Im ersten, *prozessualen Level* wird der Term laut Caspi und Sfard wie folgt beschrieben: „Subtrahiere 1 von n, multipliziere mit 2 und addiere 3." (eigene Übersetzung, Caspi & Sfard, 2012, S. 51). Dabei folgt die Beschreibung des Terms der Reihenfolge der Berechnung.

Auf der zweiten, *granularen Ebene* werden laut Caspi und Sfard einzelne Verben durch Nomen ersetzt: „Multipliziere die Differenz von n und 1 mit 2 und addiere 3." (eigene Übersetzung, Caspi & Sfard, 2012, S. 51). Einzelne Rechenschritte beziehungsweise -prozesse werden hier zu neuen Objekten umgedeutet. Im konkreten Beispiel wird eine Rechenhandlung, ausgedrückt durch das Verb „subtrahiere", umgedeutet zu einer Beziehung zwischen Objekten, ausgedrückt durch das Nomen „Differenz". Die Beziehung zwischen n und 1 wird nun fokussiert, statt die eigentliche Rechenhandlung.

Die Beschreibung auf Level drei ist vollständig *objektifiziert*: „Die Summe aus 3 und dem Produkt von 2 und der Differenz von n und 1." (eigene Übersetzung, Caspi & Sfard, 2012, S. 51). In dieser Beschreibung werden die Beziehungen zwischen den Objekten 2, n und 1 fokussiert, die eigentliche Rechenhandlung tritt in den Hintergrund. Beispielsweise wird „$n-1$" als Differenz aufgefasst. Dabei finden sich in solchen Beschreibungen laut Caspi und Sfard keine Verben, sondern alle Beziehungen und mathematischen Strukturen, die durch den Term ausgedrückt werden, werden durch Nomen versprachlicht.

Zusammenfassend geht es also zunächst um konkrete Rechenhandlungen. Dann werden in einzelnen Teilen des Terms die Beziehungen zwischen den

Objekten betrachtet und schlussendlich werden nur noch Beziehungen zwischen diesen Objekten beschrieben, wobei die konkrete Rechenhandlung in den Hintergrund tritt. Die Unterschiede zwischen den Beschreibungen werden laut Caspi und Sfard (2012) in der Benutzung von Verben oder Nomen deutlich und lassen sich somit aus Äußerungen der Schülerinnen und Schüler rekonstruieren. Die verschiedenen Deutungen der algebraischen Ausdrücke sind durchaus auch auf einer rein gedanklichen Ebene ohne gesprochene Sprache möglich[2], aber nur durch eine Verbalisierung zugänglich für eine Rekonstruktion. Ob solche Beschreibungen und Deutungen auch in mathematischen Argumentationsprozessen rekonstruiert werden können und wie Lehrkräfte die Deutungen der Schülerinnen und Schüler rahmen, ist ein Fokus in dieser Arbeit.

In der Untersuchung von Caspi und Sfard (2012) haben 12- bis 13-jährige Siebtklässlerinnen und Siebtklässler über einen Zeitraum von sechs Monaten zu vier Zeitpunkten teilgenommen. Die Lernenden wurden in der Schule noch nicht mit algebraischer Symbolsprache konfrontiert. Mit den Lernenden wurden Interviews durchgeführt. Nachdem Caspi und Sfard erste Analysen unternommen und erste Ergebnisse gewonnen hatten, haben sie ihre Stichprobe durch jüngere Schülerinnen und Schülern erweitert. Als Beispiel für im Interview thematisierte Aufgaben, nennen sie die Bestimmung von Elementen der Zahlenfolge „4, 7, 10, 13, 16, ...": drei folgende Elemente, das 20. Element und das 50. Element (Caspi & Sfard, 2012, S. 54). Die Schülerinnen und Schüler waren auch aufgefordert Beschreibungen des Musters der Zahlenfolgen zu geben und eine Regel zur Bestimmung von einem beliebigen Element der Zahlenfolge zu formulieren.

Als Ergebnis beschreiben Caspi und Sfard (2012), dass sich die Schülerinnen und Schüler der 7. Klasse auf dem Weg zu dem zweiten, granularen Level des algebraischen Diskurses befinden, obwohl sie in der Schule noch keinen Algebraunterricht hatten – „well-structured meta-arithmetical discourse can develop spontaneously, before children's first encounter with school algebra" (Caspi & Sfard, 2012, S. 58). Die Beschreibungen der Fünftklässler dagegen kommen nicht über das erste Level hinaus. „The older children's informal algebra [...] was more concise (compressed) and apparently more reified, and thus closer in its syntax to that formal algebra." (Caspi & Sfard, 2012, S. 64). Sie interpretieren die Unterschiede als zwei Entwicklungsstufen von einem Diskurs. Ohne direktes Zutun der Lehrkraft oder eine Thematisierung im Unterricht gibt es substanzielle Änderungen in Hinblick auf den Umgang der Lernenden mit Meta-Arithmetik („child's meta-arithmetic", ebd., S. 64). Einerseits kann das dadurch begründet sein, dass

---

[2] Vgl. „Thinking as Communicating" (Sfard, 2008): Denken als eine individualisierte Version der zwischenmenschlichen Kommunikation.

die Struktur von algebraischen Ausdrücken Ähnlichkeiten mit der Struktur von arithmetischen Ausdrücken besitzt. Andererseits kann die Präsenz von algebraischen Ausdrücken außerhalb des Mathematikunterrichts, beispielsweise in den Medien, laut den Forschenden eine Erklärung sein. Caspi und Sfard (2012) schließen daraus, dass das Entwickeln von einem formalen algebraischen Diskurs aus einem informalen algebraischen Diskurs ein vielversprechender Lernpfad sein kann. Das heißt für den Mathematikunterricht:

> „[...] the teacher can try to engage children in gradual formalization of their natural meta-arithmetic. She would begin with eliciting this spontaneously developed discourse. After a while, she may gently help the learners to become aware of certain imperfections of their (admittedly inventive and helpful) solutions. This would start the class on its way toward reifying, symbolizing and regulating. The rest can be done by proceeding systematically from both ends: by cultivating students' spontaneous meta-arithmetic and, at the same time, by gradually increasing the students' participation in the formal algebraic discourse." (Caspi & Sfard, 2012, S. 64 f.)

Auch die besondere Rolle der Lehrkraft und die Relevanz von interaktiven Aushandlungen wird im obigen Zitat deutlich. Wie genau Lehrkräfte die Entwicklung vom formalen algebraischen Diskurs im Mathematikunterricht rahmen und den Übergang von der Arithmetik zur Algebra beim mathematischen Argumentieren begleiten, wurde bisher nur wenig untersucht und wird in dieser Studie fokussiert.

Zusammenfassend ist die Prozess-Produkt Dualität von mathematischen Objekten und speziell der algebraischen Symbolsprache eine Hürde für Schülerinnen und Schüler im Übergang von der Arithmetik zur Algebra. Im Mathematikunterricht initiieren, begleiten und unterstützen Lehrkräfte Bedeutungsaushandlungen und können so Lerngelegenheiten für Schülerinnen und Schüler schaffen. Bereits in der Arithmetik kann diese Dualität durch einen Austausch über verschiedene Interpretationen von Zahltermen thematisiert werden. Beispielsweise indem in Unterrichtsgesprächen neben dem prozesshaften Ausrechnen auch auf die Zusammenhänge und Zahlbeziehungen fokussiert wird, was eine produktorientierte Deutung aufkeimen lassen kann. Ob und wie die Prozess-Produkt Dualität von mathematischen Objekten von Lehrkräften beim mathematischen Argumentieren im Übergang von der Arithmetik zur Algebra aufgegriffen wird, wird in der vorliegenden Arbeit untersucht.

2.4.3   Weitere Hindernisse im Übergang von der Arithmetik zur Algebra

Neben der Prozess-Produkt Dualität von algebraischer Symbolsprache gibt es weitere Herausforderungen für Schülerinnen und Schüler und ihre Lehrkräfte im Übergang von der Arithmetik zur Algebra. Ausgewählte Hürden, basierend auf dem Forschungsstand, werden im Folgenden dargestellt.

Auch wenn eine Verbindung zwischen der Arithmetik und Algebra besteht, ist der Übergang in der Schule mit diversen Umbrüchen verknüpft. Ähnlich wie beim Finden von Argumentationsansätzen hin zu fertigen Argumenten (vgl. Abschnitt 2.2.1 und 2.4.5), wird auch in Bezug auf den Übergang von der Arithmetik zur Algebra von einer kognitiven Lücke („cognitive gap") gesprochen (Linchevski & Herscovics, 1996). Um diese Lücke zu schließen, wird versucht, algebraisches Denken schon im Arithmetikunterricht zu integrieren – frühe Algebra („early algebra", vgl. Abschnitt 2.4.1). Im Folgenden werden diese „Lücke", die Umbrüche und damit einhergehende Konzepte und Herausforderungen genauer betrachtet.

Lernende müssen sich im Übergang von der Arithmetik zur Algebra von konkreten Zahlen lösen, verallgemeinern und abstrahieren. Rezat (2019) beschreibt, dass Schülerinnen und Schüler von Operationen mit bekannten Größen wechseln zu Operationen mit Unbekannten, vom Speziellen zum Allgemeinen und von Zahlen zu Symbolen: „students need to proceed from arithmetic to algebra, i.e. from operating with known quantities to operating with unknowns, from the particular to the general, from numbers to symbols." (Rezat, 2019, S. 56). Lehrkräfte begleiten diesen Lernprozess im Mathematikunterricht.

Gleichzeitig müssen in diesem Generalisierungs- und Abstraktionsprozess Strukturen gesehen werden (vgl. Abschnitt 2.4.2): "Complementary to the process of generalizing in the development of algebraic thinking is the process of seeing structure." (Kieran, 2020, S. 41).

Häufig wird in der Didaktik der Algebra der *Struktursinn* („structure sense", vgl. Linchevski & Livneh, 1999; Hoch & Dreyfus, 2004; Rüede, 2015) und der *Symbolsinn* („symbol sense", vgl. Arcavi, 1994, 2005) thematisiert. Beide Begriffe werden im Folgenden aufgegriffen.

Hoch und Dreyfus (2004) definieren *algebraischen Struktursinn* („algebraic structure sense") wie folgt:

> *„Structure sense, as it applies to high school algebra, can be described as a collection of abilities. These abilities include the ability to: see an algebraic expression or sentence as an entity, recognise an algebraic expression or sentence as a previously met*

structure, divide an entity into sub-structures, recognise mutual connections between structures, recognise which manipulations it is possible to perform, and recognise which manipulations it is useful to perform." (H.i.O., Hoch & Dreyfus, 2004, S. 51)

In dieser Definition werden Fähigkeiten beschrieben, die den Umgang mit algebraischen Ausdrücken in einem innermathematischen Kontext ermöglichen. Das formale Hantieren mit den Zeichen, also der syntaktische Aspekt, steht im Vordergrund (Vollrath & Weigand, 2009). Von besonderer Relevanz ist in Bezug auf den Struktursinn die Fähigkeit, algebraische Ausdrücke in (Teil-)Strukturen zu unterteilen und Beziehungen zwischen diesen (Teil-)Strukturen zu erfassen, die Manipulationen ermöglichen (Hefendehl-Hebeker & Rezat, 2015).

Der *Symbolsinn* („symbol sense") wird von Arcavi (1994, 2005) ebenfalls ausgehend von einer Liste von diversen, unterschiedlichen Fähigkeiten beschrieben (für eine Ausführung der einzelnen Fähigkeiten auf deutsch vgl. Meyer, 2015, S. 38 f.; Janßen, 2016, S. 5 f.). Der Symbolsinn umfasst mehr als der Struktursinn. Beispielsweise werden neben dem sinnhaften Umformen von algebraischen Ausdrücken auch das Lesen und Interpretieren von algebraischen Ausdrücken einbezogen. Die Bedeutung der Zeichen, also der semantische Aspekt, wird zusätzlich fokussiert (Vollrath & Weigand, 2009). Die von Arcavi beschriebenen Aktivitäten tragen dazu bei, dass Schülerinnen und Schüler Symbolsinn entwickeln und so Algebra auch als Werkzeug eingesetzt werden kann (Hefendehl-Hebeker & Rezat, 2015).

Laut Hefendehl-Hebeker und Rezat (2015, S. 132) sind Struktur- und Symbolsinn kognitive Fähigkeiten, die kennzeichnend für algebraisches Denken sind. Beim mathematischen Argumentieren im Unterricht stehen Struktur- und Symbolsinn miteinander in Verbindung und ermöglichen den Umgang mit und die Interpretation von mathematischen Strukturen. Rüede (2012, 2015) hat gezeigt, dass die beim Vorgang des Strukturierens konstruierte Bedeutung eines Terms oder einer Gleichung individuell verschieden ist. Dabei definiert er eine Strukturierung wie folgt: „Eine *Strukturierung* ist eine Auffassung eines Terms oder einer Gleichung als *Relation* (Bezug)." (Rüede, 2012, S. 123). Das heißt auch, dass Schülerinnen und Schüler im Mathematikunterricht vermutlich unterschiedliche Bezüge und mathematische Strukturen in Termen und Gleichungen sehen, was beim mathematischen Argumentieren eine Herausforderung darstellen kann. In seiner Untersuchung hat Rüede (2012, 2015) vier Ebenen des Herstellens von Bezügen identifiziert: „Den Ausdruck optisch einfacher machen, den Ausdruck ändern, den Ausdruck umdeuten, den Ausdruck klassifizieren." (Rüede, 2012, S. 136). Während auf der ersten Ebene „Ausdruck optisch einfacher machen" syntaktische Bezüge hergestellt werden, werden auf der zweiten Ebene „Ausdruck ändern" operationale Bezüge hergestellt. Beispielsweise werden dabei einzelne Summanden in Termen als „Bestandteile des Verfahrens" (Rüede, 2015, S. 167), nicht als Objekte selbst, verstanden. Auf der dritten und vierten Ebene, bei denen der Ausdruck umgedeutet beziehungsweise klassifiziert wird, werden auch strukturelle Bezüge hergestellt. Das heißt, auf diesen beiden Ebenen werden neue Bezüge in Ausdrücken entdeckt und mathematische Strukturen erkannt. Inwiefern Lehrkräfte im Mathematikunterricht beim mathematischen Argumentieren im Übergang von der Arithmetik zur Algebra einen Austausch über (individuelle) Interpretationen von Termen, Gleichungen oder auch mathematischen Strukturen anregen und damit auch Lerngelegenheiten in Bezug auf Struktur- und Symbolsinn schaffen, ist noch weitestgehend unerforscht und wird in dieser Arbeit untersucht.

Aber nicht nur die Umbrüche, die Entwicklung von Struktur- und Symbolsinn und Strukturierungen von Termen sind eine Herausforderung für Lernende und Lehrkräfte, sondern auch die verschiedenen *Aspekte und Bedeutungen von Variablen* (vgl. Malle, 1993) mit denen die Schülerinnen und Schüler konfrontiert werden. Malle (1993, S. 44 ff.) unterscheidet beispielsweise drei mögliche Sichtweisen auf Variablen – drei Variablenaspekte: den Gegenstands-, den Einsetzungs- und den Kalkülaspekt. Der Gegenstands- und Einsetzungsaspekt stehen eng mit dem Symbolsinn in Verbindung. Der Kalkülaspekt fokussiert dagegen auf den Struktursinn. Je nach Aufgabe sind andere Sichtweisen erforderlich und eine eindeutige Zuordnung von nur einem Aspekt zu einer Aufgabe ist oft nicht möglich. Die Variablenauffassungen nach Freudenthal (1973) sind dagegen meist klar voneinander abgrenzbar. Er unterscheidet zwischen Unbekannten, Unbestimmten und Veränderlichen. Eine Unbekannte fasst eine beliebige Zahl, die bestimmt werden kann. Wohingegen eine Unbestimmte ebenfalls eine beliebige Zahl repräsentiert, deren Wert nicht von Interesse ist. Eine Veränderliche ist dagegen variabel. Was eine Variable in einer spezifischen Unterrichtssituation und Aufgabe repräsentiert, kann im Mathematikunterricht in einem Austausch verhandelt werden.

Die Deutung von Variablen und algebraischer Symbolsprache stellt für die Mehrheit der Schülerinnen und Schüler eine enorme Herausforderung dar, ein algebraischer Struktursinn und das Denken in funktionalen Zusammenhängen bleibt vielen Lernenden in der Schule verschlossen (Kieran, 2020).

> „In school practice, however, algebra is not usually considered as a way of seeing and expressing relationships but as a body of rules and procedures for manipulating symbols. [...] Thus, algebra is taught and learned as a language and emphasis is given to its syntactical aspects. In this context, algebraic proof appears as a grammatical structure

made up of a sequence of formulae connected by calculus rules." (Pedemonte, 2008, S. 386)

Die algebraische Symbolsprache wird also teilweise nur als eine Aneinanderreihung von Zeichen verstanden. Das führt dazu, dass auch algebraische Argumente stellenweise unverstanden bleiben. In dieser Arbeit wird untersucht, inwiefern Lehrkräfte Bedeutungsaushandlungen über Variablen anstoßen können und damit ihre Schülerinnen und Schüler zu einem bedeutungsvollen Umgang mit der algebraischen Symbolsprache beim mathematischen Argumentieren anleiten.

Auch Meyer (2010) bestätigt, dass der Umgang mit der formalisierten Darstellung für Schülerinnen und Schüler häufig eine Schwierigkeit darstellt. Eine inhaltliche Deutung ist für die Lernenden oft nicht möglich und ein bedeutungsvoller Umgang mit Variablen muss gelernt werden (vgl. Meyer, 2015). Beim mathematischen Argumentieren ist eine inhaltliche Deutung, also ein Rückbezug zum mathematischen Problem, in der Regel notwendig (vgl. Symbolsinn). In zwei Fallstudien von Meyer haben jeweils zwei Lernende der neunten Klasse eines Gymnasiums mit Rechendreiecken gearbeitet. Die Studie von Meyer (2010) zeigt, dass Rechendreiecke dazu genutzt werden können, eine strukturelle Sichtweise bei Lernenden anzubahnen. Argumentativ gehen die Lernenden in den Fallstudien jedoch noch nicht mit der formalen algebraischen Symbolsprache um, denn ihre Deutungen bleiben am Kontext des Rechendreiecks verhaftet. Der Übergang von inhaltlichem zu formalem Denken ist damit noch nicht beschritten und bedarf weiterer Unterstützung durch die Lehrkraft.

Laut Hefendehl-Hebeker und Rezat (2015) herrscht heutzutage in der mathematikdidaktischen Forschung größtenteils Einigkeit, dass Schülerinnen und Schüler ein inhaltliches Verständnis der algebraischen Symbolsprache aufbauen sollen, um auch ihren Nutzen zu erkennen. Eine „Überbetonung des Formalen" (Malle, 1993, S. 18) kann einen Verlust inhaltlichen Denkens bei Schülerinnen und Schülern bewirken. Gleichzeitig wird dadurch häufig auch das Kalkül negativ beeinflusst. Als Beispiel führt Malle (1993) an, dass Lernende an eigentlich einfachen Aufgaben scheitern, weil sie keine inhaltlichen Überlegungen sondern komplexe, kalkülorientierte Berechnungen durchführen. Lehrkräfte können im Mathematikunterricht Schülerinnen und Schüler immer wieder anregen, mathematische Probleme inhaltlich zu betrachten, anstatt ad hoc in ein Kalkül zu wechseln (vgl. „Inhaltliches Denken vor Kalkül", Prediger, 2009).

Dagegen scheinen die Relevanz und der notwendige Umfang von rein schematischen Termumformungen in der Schule in der mathematikdidaktischen Community noch nicht geklärt. Damit bleibt die Frage „Wie viel Termumformungen braucht der Mensch?" (Hischer, 1993; Hefendehl-Hebeker & Rezat, 2015) offen.

Einerseits können Taschenrechner und Computer solche Termumformungen fehlerfrei und schnell durchführen, anderseits ist nicht klar, „wie viele operative Fähigkeiten für gehaltvolle Reflexionen" notwendig sind (Hefendehl-Hebeker & Rezat, 2015, S. 144).

Beispielsweise sind Umformungsregeln für Terme auch auf syntaktischer Ebene nicht immer nachvollziehbar, sondern wirken teilweise beliebig auf Schülerinnen und Schüler. Fischer et al. (2010) sprechen daher vom „Problem der erlebten Sinnlosigkeit" (Fischer et al., 2010, S. 1). Um dieses Problem zu verdeutlichen, ziehen sie die Terme „$(a + b) + 2 = a + b + 2$" und „$(a + b) \cdot 2 = a \cdot 2 + b \cdot 2$" als Beispiele heran. Im ersten Term „$(a + b) + 2 = a + b + 2$" erscheint es sinnvoll die Klammern wegzulassen; sie sind nicht notwendig. Sollen im zweiten Term „$(a+b) \cdot 2 = a \cdot 2 + b \cdot 2$" die Klammern auch weggelassen werden, tritt die Zwei plötzlich doppelt auf und der Term wird länger. Auf Lernende kann ein solches Vorgehen beliebig wirken, wenn sie die Termstrukturen nur oberflächlich betrachten und nicht auf die Operationszeichen fokussieren. Fischer et al. (2010) fordern daher solche Regeln sinnstiftend zu begründen. Lehrkräfte können neben dem Umformen auch andere Denkhandlungen, wie das Strukturieren und das Darstellen, explizit im Algebraunterricht thematisieren. Auch Malle (1993) bestätigt, dass Schülerinnen und Schüler es oftmals schaffen mit komplexen Gegenständen umzugehen. Gleichzeitig betont er, „daß oft *Einfaches* und *Grundsätzliches* unverstanden bleibt, etwa das Aufstellen und Interpretieren simpler Formeln oder das Umformen simpler Terme bzw. Gleichungen." (H.i.O., Malle, 1993, S. 5).

Auch nach der Einführung der algebraischen Symbolsprache und bei der Konstruktion von algebraischen Argumenten sollten inhaltliche Überlegungen weiterhin von Bedeutung sein und von Lehrkräften eingefordert werden. Prediger (2009) betont in Bezug auf das didaktische Prinzip „Inhaltliches Denken vor Kalkül", dass dies gerade für nachhaltige Lernprozesse entscheidend ist. Brunner (2014a) hebt diesbezüglich hervor:

> „Es geht deshalb um eine inhaltliche Bearbeitung auf inhaltlich-semantischer Ebene, bevor eine Formulierung auf algorithmisch-syntaktischer Ebene erfolgt. Liegt eine solche vor, ist es nötig, sie wiederum mit inhaltlicher Bedeutung zu füllen, um eine nachvollziehbare Brücke zwischen Semantik und Syntaktik herzustellen." (Brunner, 2014a, S. 88)

Um eine solche Bearbeitung im Mathematikunterricht zu ermöglichen, kommt der Lehrkraft und ihren Handlungen eine entscheidende Bedeutung zu.

2.4.4 Rolle der Lehrkraft beim Übergang

Lehrkräfte haben eine besondere Rolle im Mathematikunterricht, auch im Übergang von der Arithmetik zur Algebra. Eine zentrale Herausforderung für Schülerinnen und Schüler im Übergang von der Arithmetik zur Algebra ist die Dualität und die Deutung der algebraischen Symbolsprache, wie in Abschnitt 2.4.2 beschrieben. Lernende sind diesbezüglich häufig auf die Unterstützung von ihren Lehrkräften angewiesen.

Eine Möglichkeit, den Übergang von der Arithmetik zur Algebra für Schülerinnen und Schüler zu erleichtern, ist die frühe Algebra („early algebra") beziehungsweise die Integration von algebraischen Denkweisen in die Arithmetik (vgl. Abschnitt 2.4.1). Eine Aufgabe der Lehrkraft ist es genau solche Denkprozesse anzuregen: „early algebraic thinking does not develop on its own without appropriate instructional support." (Kieran et al., 2016, S. 33).

Im Folgenden wird die Rolle der Lehrkraft anhand von ausgewählten Studien zu verschiedenen Herausforderungen im Übergang von der Arithmetik zur Algebra diskutiert.

Lehrkräfte können durch eine geschickte Wahl von Aufgaben ihre Schülerinnen und Schüler beim Übergang zur Algebra unterstützen. Beim Übergang von der Arithmetik zur Algebra benötigt man Zeit, damit Lernende algebraische Denkweisen entwickeln können. Häufig starten Lernende in einem arithmetischen Denkrahmen und wollen immer eine Lösung berechnen (Kieran, 2020, S. 41). Sie können durch eine Lehrkraft sinnvoll und bedacht hin zu einer algebraischen Perspektive und Denkweise geführt werden, beispielsweise indem für die Schülerinnen und Schüler neue Denkrichtungen gemeinsam in Unterrichtsgesprächen entwickelt werden. In einer solchen, neuen Perspektive geht es dann weniger um konkrete Lösungen, sondern um Beziehungen und Zusammenhänge.

Kieran (2020) fasst in ihrem Handbuchartikel zum Unterrichten und Lernen von Algebra basierend auf diversen Studien *produktive Zugänge zur Algebra* zusammen. Laut Kieran (2020, S. 41) sind Zugänge zur Algebra produktiv, wenn sie

„(a) Verallgemeinerungen und den Ausdruck dieser Verallgemeinerungen im Rahmen von Aktivitäten betonen, die Muster, Funktionen und Variablen beinhalten;

(b) darauf fokussieren, über Gleichheit in einer relationalen Weise nachzudenken;

(c) über das Ziel der Suche nach der richtigen Lösung hinausgehen und sich die Zeit nehmen, Ausdrücke und Gleichungen mit dem Ziel zu untersuchen, die zugrunde liegenden Eigenschaften zu erkennen;

(d) bei der Demonstration von Verfahren explizite konzeptionelle Verbindungen herstellen; und

(e) Problemsituationen verwenden, die sich für mehr als eine Gleichungsdarstellung eignen und die Schülerinnen und Schüler dazu bringen, die resultierenden Darstellungen der Gleichungen zu vergleichen, um festzustellen, welche besser ist, weil sie verallgemeinerbar ist." (Kieran, 2020, S. 41, eigene Übersetzung)

Kieran (2020) fasst damit fünf wichtige Punkte zusammen, die bei der Konstruktion von Lernumgebungen im Übergang von der Arithmetik zur Algebra einbezogen werden sollten.

Außerdem ergänzt Kieran (2020), dass der Übergang von nicht symbolischem zu symbolischem algebraischen Denken ein langer Prozess ist. Auch dabei ist die Lehrkraft in besonderer Weise gefordert. Laut Kieran (2020, S. 41) müssen Lehrkräfte sensibel agieren und die Fähigkeit besitzen, ihre Schülerinnen und Schüler und deren Denkweisen genau zu beobachten und dem Gespräch gut zuzuhören. Somit können Bedeutungsaushandlungen und Lerngelegenheiten von den Lehrkräften begleitet und produktiv in den Mathematikunterricht eingebunden werden.

Auch das Entwickeln von Struktur- und Symbolsinn (vgl. Abschnitt 2.4.3) ist ein entscheidender Aspekt in der Algebra. Schülerinnen und Schüler müssen herangeführt werden, Strukturen in algebraischen Ausdrücken und Gleichungen wahrzunehmen (Kieran, 2020). Spezifische Handlungen von Lehrkräften unterstützen solche Interpretationsprozesse. Diesbezüglich werden beispielsweise in Star et al. (2015) drei Unterrichtsstrategien beschrieben.

Cusi und ihre Kolleginnen Malara und Morselli (Cusi & Malara, 2009, 2013; Cusi & Morselli, 2016) betonen die besondere Rolle der Lehrkraft im Übergang von der Arithmetik zur Algebra, speziell bei der Entwicklung von mathematischen Argumenten mit algebraischer Symbolsprache. Diesbezüglich haben sie charakteristische Aktivitäten von Lehrkräften beschrieben (vgl. Abschnitt 2.3.3). Cusi und Malara (2009) heben hervor, dass Lehrkräfte, die nicht als Vorbild für ihre Schülerinnen und Schüler agieren (vgl. Abschnitt 2.3.3), in einigen Fällen einen pseudo-strukturellen Ansatz in Bezug auf algebraische Symbolsprache bei ihren Schülerinnen und Schülern stimulieren.

Auch Generalisierungen sind im Übergang von der Arithmetik zur Algebra im Mathematikunterricht wichtig und können von Lehrkräften begleitet werden. Mata-Pereira und Ponte (2017) haben untersucht, wie Handlungen von Lehrkräften Schülerinnen und Schüler beim Generalisieren und Begründen unterstützen können. Dazu haben sie Unterrichtsgespräche in siebten Klassen über lineare

Gleichungen und Funktionen analysiert. Sie fassen die Handlungen von Lehrkräften in vier Gruppen zusammen: „inviting actions", „informing/suggesting actions", „supporting/guiding actions" und „challenging actions" (Mata-Pereira & Ponte, 2017, S. 172). Einladende Handlungen („inviting actions") haben das Ziel ein Klassengespräch oder eine Diskussion zu initiieren, indem Lehrkräfte die Schülerinnen und Schüler ermutigen sich zu beteiligen oder ihre Antworten zu teilen. Bei informierenden Handlungen („informing/suggesting actions") teilt die Lehrkraft Informationen mit den Lernenden oder validiert ihre Aussagen. Sollen die Schülerinnen und Schüler selbst Informationen präsentieren, fordert die Lehrkraft sie mit lenkenden/leitenden Handlungen („supporting/guiding actions") dazu auf. Herausfordernde Handlungen („challenging actions") sollen die Schülerinnen und Schüler ermutigen, über ihr Vorwissen hinauszugehen, und lassen neue Ideen zu.

Mata-Pereira und Ponte (2017) haben festgestellt, dass verschiedene Handlungen der Lehrkräfte Schülerinnen und Schüler zum Generalisieren und Begründen bringen: „Generalizations may arise from a central challenging action or from several guiding actions. Regarding justifications, a main challenging action seems to be essential, while follow-up guiding actions may promote a further development of this reasoning process." (Mata-Pereira & Ponte, 2017, S. 169). Es sind also in der Regel nicht nur einzelne Unterstützungshandlungen wichtig, sondern oftmals anschließende Impulse oder Handlungen von Lehrkräften erforderlich, um den Denk- und Lernprozess der Schülerinnen und Schüler voranzubringen. Durch welche Handlungen Lehrkräfte mathematische Argumentationsprozesse im Übergang von der Arithmetik zur Algebra rahmen und somit Lerngelegenheiten schaffen und verstreichen lassen, wird in dieser Studie untersucht.

Auch Cusi und Sabena (2020) haben sich mit Generalisierungsprozessen von Schülerinnen und Schülern der fünften Klasse beschäftigt. Sie haben dabei untersucht, wie Lehrkräfte bei der Interpretation von nicht-kanonischen arithmetischen Repräsentationen durch mathematische Argumentationen unterstützen können. Nicht-kanonische Repräsentation bedeutet hier, dass die Zwölf beispielsweise als „2 · 6" oder „11 + 1" dargestellt ist (vgl. Cusi, Malara & Navarra, 2011). In der qualitativen Analyse von Dokumenten von Lernenden und videografierten Unterrichtsausschnitten haben sie drei Aspekte berücksichtigt (Cusi & Sabena, 2020, S. 98): die Ebenen der Verallgemeinerung/Generalisierung (sachbezogenes, kontextbezogenes und standardalgebraisches Denken nach Radford, 2010), die mathematische Argumentation (bzgl. Korrektheit, Klarheit und Vollständigkeit) und die Rolle der Lehrkraft (Cusi & Malara, 2009, 2013).

Cusi und Sabena (2020) haben festgestellt, dass die Aufforderung der Lehrkraft an die Schülerinnen und Schüler, ihre Antworten mit *klaren, korrekten und vollständigen* Argumenten zu versehen, in zweierlei Hinsicht fruchtbar ist. Einerseits unterstützt es die Schülerinnen und Schüler, die Bedeutungen zu objektivieren, die sie mit dem jeweiligen numerischen Ausdruck verbinden (vgl. Prozess-Produkt Dualität, Abschnitt 2.4.2). Andererseits wird unterstützt, diese Bedeutungen von der kontextuellen auf die standardisierte Ebene der Verallgemeinerung zu übertragen. Ihre Analysen haben auch gezeigt, dass drei Rollen der Lehrkraft die Schülerinnen und Schüler bei Generalisierungsprozessen durch Argumentationen unterstützen (Cusi & Sabena, 2020, S. 104): reflektierender Anleitender („reflective guide"), Aktivator von reflektierenden Einstellungen („activator of reflective attitudes") und Aktivator von interpretativen Prozessen („activator of interpretative processes") (vgl. Abschnitt 2.3.3 zu Cusi & Malara, 2009, 2013). Lehrkräfte haben in Argumentationsprozessen im Übergang von der Arithmetik zur Algebra also eine besondere Bedeutung und können vielfältig handeln. Welchen Einfluss solche Handlungen auf die mathematischen Argumentationen und Interaktionen im Mathematikunterricht haben, wird in dieser Studie betrachtet.

Lehrkräfte beeinflussen auch, inwiefern das „Problem der erlebten Sinnlosigkeit" (Fischer et al., 2010, S. 1, vgl. Abschnitt 2.4.3) von Termumformungen von den Schülerinnen und Schülern in ihrem Unterricht wahrgenommen wird. Die Termumformungsregeln können „sinnstiftend" unterrichtet werden. Von der Lehrkraft kann angeregt werden, Terme nicht nur oberflächlich zu betrachten. Aber: „Viele Lehrer sind sich der Tatsache gar nicht bewußt, daß dem Umformen algebraischer Ausdrücke ein Termstrukturerkennen zugrundeliegt." (Malle, 1993, S. 254). Laut Malle (1993) kann die Lehrkraft durch geeignete Aufgabenstellungen oder Veranschaulichungen das Wahrnehmen von Termstrukturen anregen und damit den Lernprozess der Schülerinnen und Schüler unterstützen. Die Lehrkraft ist somit ein entscheidender Faktor, ob Aushandlungen über (verschiedene) Deutungen von Termen und Termstrukturen initiiert werden und Termumformungen als sinnvoll erlebt werden.

Die Lehrkraft spielt also eine wesentliche Rolle im Übergang von der Arithmetik zur Algebra, gerade auch beim mathematischen Argumentieren. Schülerinnen und Schüler sind auf ihre Lehrkräfte angewiesen, um fachlich korrekte Konzepte aufzubauen, und brauchen Unterstützungen im Übergang von der Arithmetik zur Algebra. In diesem Kapitel wurden diverse Unterstützungshandlungen von Lehrkräften beschrieben, etwa die Wahl von geeigneten Aufgaben oder auch kommunikative Unterstützungen beim mathematischen Argumentieren. Mit welchen Handlungen Lehrkräfte den Übergang von der Arithmetik zur Algebra und speziell die Prozess-Produkt Dualität von mathematischen Objekten beim mathematischen Argumentieren im Unterricht rahmen und potenziell auch unterstützen, wird in dieser Untersuchung fokussiert.

2.4.5   Argumentationen im Übergang

Im Mathematikunterricht sind oftmals formale, kalkülorientierte Argumente und Beweise eingebunden, bei welchen vielfach auf prozesshafte Umformungen von Symbolen fokussiert wird. Hierbei bleibt die algebraische Symbolsprache häufig unverstanden und Lernende zeigen Probleme, die eigentlichen Strukturen der algebraischen Symbolsprache zu erfassen (Kieran, 2020; Pedemonte, 2008). Die Erfassung der Struktur ist jedoch ein entscheidendes Kriterium für erfolgreiches, allgemeingültiges mathematisches Argumentieren (Bredow & Knipping, 2022).

Im folgenden Abschnitt wird auf das mathematische Argumentieren speziell im Übergang von der Arithmetik zur Algebra fokussiert. Dabei werden ausgehend von Einblicken in den Forschungsstand spezifische Herausforderungen für Schülerinnen und Schüler sowie für Lehrkräfte benannt und mögliche Ansatzpunkte beschrieben.

Mehrere Forscherinnen und Forscher haben sich mit der kognitiven Einheit („cognitive unity"), also dem Zusammenhang zwischen der Argumentation, bei der die Vermutung entwickelt wird, und dem zugehörigen Beweis beschäftigt (bspw. Boero et al., 1996; Pedemonte, 2007a,b).

Pedemonte (2007a) fokussiert auf die Beziehungen vom Erstellen und Begründen einer Vermutung beim Lösen von offenen Aufgaben in der Algebra. In der Regel findet sich zwischen solchen Tätigkeiten eine kognitive Distanz („cognitive distance") „not only in the structure (algebraic proofs are often characterised by a strong deductive structure) but also in the 'content'." (Pedemonte, 2007a, S. 643). Pedemonte (2007a,b) unterscheidet dabei zwei „Argumentationen": die konstruktive Argumentation und die strukturierende Argumentation. Bei *konstruktiven Argumentationen* geht es darum, eine Vermutung argumentativ zu konstruieren, während in *strukturierenden Argumentationen* argumentiert wird, um eine Vermutung zu begründen. Bei der Konstruktion einer Vermutung (konstruktive Argumentationen) werden in diesem Themenfeld häufig numerische Beispiele genutzt, die also arithmetischer Herkunft sind. Daraus ergibt sich zwangsläufig eine Distanz zu den Begründungen, etwa hinsichtlich der Repräsentation und Sprache. Begründungen werden laut Pedemonte häufig nicht arithmetisch, sondern mit algebraischen Symbolen gefasst. Diese Distanz zwischen dem Aufstellen und dem Begründen der Vermutung muss von Lernenden überwunden werden und stellt sie vor die Herausforderung eines Repräsentationswechsels, etwa wenn ausgehend von einem arithmetischen Beispiel ein algebraischer Term aufgestellt wird. Inwiefern Lehrkräfte solche Argumentationsprozesse begleiten und ihre Schülerinnen und Schüler etwa durch Unterrichtsgespräche und einen Austausch über verschiedene Deutungen und Vorgehensweisen unterstützen, wird in dieser Arbeit analysiert.

Pedemonte (2007a) kommt zu dem Schluss, dass bei der Lösung eines offenen Problems in der Algebra eine strukturierende Argumentation für die Konstruktion eines mathematischen Beweises nützlich sein kann. Dabei kann die strukturierende Argumentation die Kontinuität zwischen konstruktiver Argumentation (Aufstellen einer Vermutung) und dem Beweis unterstützen. Das ist beispielsweise der Fall, wenn in strukturierenden Argumentationen sowohl arithmetisches als auch algebraisches Denken und arithmetische und algebraische Darstellungen integriert werden. Damit wird die kognitive Lücke („cognitive gap") zwischen der konstruktiven Argumentation und dem mathematischen Argument beziehungsweise Beweis verringert.

Weitere Kontinuitäten und Diskontinuitäten zwischen Argumentationen und dem zugehörigen mathematischen Argument oder Beweis können hinsichtlich der Schlussweise ausgemacht werden. Ein zentrales Ergebnis von Pedemonte (2008) ist, dass die Diskontinuität zwischen abduktiven Argumentationen und den zugehörigen deduktiven Beweisen in der Algebra (im Gegensatz zur Geometrie[3]) keine Schwierigkeit für Schülerinnen und Schüler darstellt. Da algebraische Beweise durch eine stark deduktive Struktur gekennzeichnet sind, ist es dagegen sogar so, dass abduktive Schritte in der Argumentation nützlich sein können, um die Bedeutung der im algebraischen Beweis verwendeten Buchstaben und Symbole mit den in der Argumentation verwendeten Zahlen zu verknüpfen (Pedemonte, 2008, S. 385, 398). Lehrkräfte sollten daher im Mathematikunterricht einen (expliziten) Austausch über die Bedeutung der Symbole anregen und Schülerinnen und Schüler den Umgang mit der algebraischen Symbolsprache erlernen.

In der Schule wird Algebra oftmals nicht als Möglichkeit angesehen, Beziehungen zu analysieren und auszudrücken (Pedemonte, 2008). Dies sind aber zwei wichtige Tätigkeiten beim mathematischen Argumentieren. Laut Pedemonte (2008) wird Algebra häufig nur als ein System von Regeln und Prozeduren

---

[3] Bzgl. Geometrie: Diese Distanz (abduktive Argumentation vs. deduktiver Beweis) muss von den Lernenden überwunden werden. Dagegen findet sich teilweise Kontinuität bezüglich der Repräsentation und der fachlichen Bezüge (Konzepte, math. Sätze, etc.).

für die Umformung von Symbolen aufgefasst. Algebraische Argumente bleiben daher oft unverstanden und werden als eine Art grammatische Struktur
aufgefasst. Es ist anzunehmen, dass von der Lehrkraft gelenkte, interaktive
Bedeutungsaushandlungen einem solchen Verständnis entgegenwirken können.

Auch Martinez und Pedemonte (2014) haben sich mit der Beziehung zwischen
dem mathematischen Argumentationsprozess, der zur Konstruktion einer Vermutung führt, und ihrer algebraischen Begründung beschäftigt. Dabei haben sie auf
Kalender-Algebra-Probleme („Calendar Algebra problem") fokussiert. Diese wurden entwickelt, um die Konstruktion von Vermutungen durch Schülerinnen und
Schülern zu fördern, indem diese Regelmäßigkeiten in Kalendern analysieren und
entsprechende Begründungen konstruieren sollten. Solche Probleme bieten die
Möglichkeit, anhand konkreter numerischer Beispiele durch induktive Argumentation eine Vermutung aufzustellen und ein deduktives algebraisches Argument
zu konstruieren (Martinez & Pedemonte, 2014, S. 146).

Dabei begegnen die Schülerinnen und Schüler laut Martinez und Pedemonte
(2014) zwei potentiellen Hürden: i) der Übergang von der oftmals arithmetischen
Argumentation (Konstruktion einer Vermutung) zur algebraischen Begründung
beziehungsweise Beweisführung; ii) der Übergang von einer induktiven Argumentation zu einer deduktiven Begründung beziehungsweise Beweisführung. Ihre
Analyse hat gezeigt, dass einerseits die Handlung der Lehrkraft beim Übergang von der Konstruktion der Vermutung zum Begründungsprozess entscheidend
war. Aber andererseits ist auch die Stützung in den Argumenten entscheidend:
„[…] the bridging element between inductive argumentation in arithmetic and
deductive proof in algebra is the co-existence of arithmetic and algebra in the
backing of the arguments within the argumentation." (Martinez & Pedemonte,
2014, S. 147). Es ist also wichtig, dass die Stützung (vgl. Abschnitt 2.1.2;
Toulmin, 2003) von einem Element sowohl arithmetisch als auch algebraisch
ausgelegt ist. Das ist der Fall, wenn Elemente aus beiden Gebieten einbezogen
werden, wie etwa Zahlen und Variablen. Diese Ko-Existenz ist besonders wichtig,
da die beiden Bezugssysteme der Argumentation und des Beweises (Arithmetik und Algebra) miteinander verknüpft werden. Diese Verbindung wird in ihrer
Studie aber nur hergestellt, wenn die Schülerinnen und Schüler direkt in den
Kalender algebraische Symbole eintragen oder die Zahlen im Kalender durch
algebraische Symbole ersetzen. Im Mathematikunterricht sollten Lehrkräfte durch
geschickt gewählte Aufgaben eine Verbindung zwischen der Konstruktion einer
Vermutung und ihrer Begründung ermöglichen.

Andere Studien fokussieren speziell auf das mathematische Argumentieren im Übergang von der Arithmetik zur Algebra. Beispielsweisen haben sich
Rumsey (2012) oder Rumsey und Langrall (2016) mit dem mathematischen

Argumentieren beim Explorieren von arithmetischen Eigenschaften beschäftigt. In ihrer Dissertation hat Rumsey (2012) die hervorgebrachten Argumente aus einer Unterrichtseinheit in einer vierten Klasse mittels des Toulmin Modells (2003) rekonstruiert und mit den Elementen von einem Argument nach Stylianides (2007) untersucht. Basierend auf dieser Studie fokussieren Rumsey und Langrall (2016), wie mathematische Argumentationsprozesse mit allgemeinen Unterrichtsstrategien unterstützt werden können. Sie beschreiben die folgenden fünf Strategien, welche in den folgenden Abschnitten näher erläutert werden (Rumsey & Langrall, 2016, S. 414 ff., eigene Übersetzung):

- Sprachliche Unterstützung anbieten („Provide language supports")
- Diskussion von reichhaltigen, vertrauten Inhalten („Discuss rich, familiar content")
- Bedingungen spezifizieren („Specify conditions")
- Falsche Behauptungen aufstellen („Introduce false claims")
- Bekannte Inhalte zu unbekannten Inhalten manipulieren („Manipulate familiar content to be unfamiliar")

Schülerinnen und Schüler zeigen beim mathematischen Argumentieren Schwierigkeiten in Bezug auf den sprachlichen Ausdruck. Rumsey und Langrall (2016) haben ihnen daher *Sprachbausteine*, wie beispielsweise „Ich stimme … zu, weil …" und „Basierend auf …, denke ich …", angeboten. Dabei hat die Lehrkraft die Sprachbausteine explizit in ihre eigenen Äußerungen und in den Aufforderungen an die Schülerinnen und Schüler einbezogen und somit auch so eine sprachliche Unterstützung geleistet.

Auch wurden *Diskussionen über reichhaltige, vertraute Inhalte* von den Lehrkräften initiiert. Dazu haben sie die Lernenden beispielsweise aufgefordert, die bereits bekannten Eigenschaften von geraden und ungeraden Zahlen zu benennen und ihre Mitschülerinnen und Mitschüler zu überzeugen, dass diese Aussagen wahr sind. Dabei waren die übrigen Lernenden aufgefordert zu kommentieren. Durch dieses Vorgehen wurden die Schülerinnen und Schüler mit bekannten Inhalten an das mathematische Argumentieren herangeführt und haben ein Hauptelement von mathematischen Argumentationen kennengelernt – die Behauptung beziehungsweise die Konklusion.

Als weitere Unterrichtsstrategie haben Rumsey und Langrall (2016) den Schülerinnen und Schülern Behauptungen gegeben, die sie *spezifizieren* mussten. In der Mathematik ist eine Aussage in der Regel an bestimmte Voraussetzungen geknüpft, die bei einem Beweis explizit beschrieben werden. Auch in der Schule sind mathematische Aussagen (vor allem im Bereich Arithmetik/Algebra) nur für

eine bestimmte Klasse von Zahlen gültig. Um diese Problematik zu fokussieren, konnten die Schülerinnen und Schülern beispielsweise entscheiden, ob die
Summe von drei Zahlen gerade oder ungerade ist. Laut Rumsey und Langrall
(2016, S. 416) veranlassen solche Aufgabe die Schülerinnen und Schüler zu
erkennen, dass mehr Informationen erforderlich sind, um eine sichere Aussage
über die Parität der Summe treffen zu können. Die Antwort ist von den jeweiligen Paritäten der Summanden abhängig. Lehrkräfte rahmen solche interaktiven
Argumentationsprozesse im Mathematikunterricht.

Auch haben Rumsey und Langrall (2016) *falsche Behauptungen* in den Unterricht integriert mit dem Ziel, die Autorität für mathematische Aussagen auch
an die Lernenden abzugeben. Schülerinnen und Schüler haben so die Möglichkeit, selbst mathematische Ideen zu entwickeln und die Ideen der anderen zu
validieren oder zu kritisieren (ebd., S. 417). Mit dem Präsentieren von falschen
Behauptungen kann den Schülerinnen und Schülern gezeigt werden, dass solche falschen Behauptungen abgeändert und verbessert werden können, sodass
gültige Aussagen entstehen. Lehrkräfte begleiten diese Aushandlungsprozesse
im Mathematikunterricht. Beispielsweise wurde die Aussage „Immer, wenn man
zwei Zahlen multipliziert, kommt ein gerades Produkt raus." thematisiert. Während einige Schülerinnen und Schüler die Aussage als wahr angenommen haben,
da sie von der Lehrkraft präsentiert wurde, haben andere sie mit Gegenbeispielen angefochten. Ausgehend von diesen Interaktionen konnten gemeinsam leicht
modifizierte Aussagen konstruiert werden, wie etwa „Das Produkt einer Zahl und
zwei ist gerade." (Rumsey & Langrall, 2016, S. 417, eigene Übersetzung). Lehrkräfte können so eine Lerngelegenheit schaffen, dass mathematische Aussagen
präzise ausgedrückt werden müssen und teilweise nur für bestimmte Klassen von
Zahlen gültig sind.

Eine weitere Strategie, die Rumsey und Langrall (2016, S. 418) beschreiben, ist *eine bekannte Eigenschaft auf eine ungewohnte Weise zu untersuchen*.
Zum Beispiel wurde in Hinblick auf das Assoziativgesetz folgende Gleichung
untersucht: „$(a–b) + c = a –(b+c)$". Nachdem ein Gegenbeispiel zu der Gleichung gefunden wurde, haben die Lernenden die Gleichung weiter untersucht
und Vermutungen erstellt, unter welchen Bedingungen und mit welchen Zahlen
die Gleichung gültig ist. Eine solche Situation hat sich als reichhaltiger Kontext
für das mathematische Argumentieren erwiesen. Den Schülerinnen und Schülern
wurde gezeigt, dass Mathematik mit Neugier und Entdeckungen verbunden ist
(Rumsey & Langrall, 2016, S. 418). Auch ermöglicht ein solches Vorgehen, dass
die Schülerinnen und Schüler Verantwortung für die Exploration von Aussagen
übernehmen, eigene Wege entdecken und in der Lage sind, die anschließenden
Diskussionen anzuleiten. Lehrkräfte können in den Hintergrund treten.

Für mathematische Argumentationen im Übergang von der Arithmetik zur Algebra, die sich mit arithmetischen Eigenschaften beschäftigen, können Lehrkräfte ähnliche Strategien anwenden, um die Schülerinnen und Schüler zu unterstützen, Verantwortung für mathematische Aussagen und deren Entwicklung und Exploration zu übernehmen (vgl. Kapitel 3). Auch kann in solchen Prozessen gemeinsam ausgehandelt werden, dass mathematische Aussagen präzise formuliert sein müssen, damit sie gültig sind.

In der Studie von Rumsey und Langrall (2016) hat sich gezeigt, dass Lernende unterschiedliche Präferenzen hinsichtlich der Sozialform und Methode beim mathematischen Argumentieren haben. Einige Schülerinnen und Schüler waren ad hoc bereit in Klassendiskussionen zu diskutieren, während andere zunächst den Austausch in Kleingruppen präferierten. Daher betonen Rumsey und Langrall (2016) den Wert von der Arbeit in Kleingruppen: Es haben mehr Schülerinnen und Schüler die Möglichkeit sich zu beteiligen und zu äußern im Gegensatz zu Diskussionen in der gesamten Klassengemeinschaft. Solche Interaktionen in Kleingruppen werten sie als genauso wichtig, wie das Sprechen während der Diskussion mit der gesamten Klasse. Daher ist es sinnvoll in Unterrichtseinheiten zum mathematischen Argumentieren (im Übergang von der Arithmetik zur Algebra) verschiedene Sozialformen zu berücksichtigen und auch den Raum zu schaffen, um in Kleingruppen zu diskutieren.

Andere Forschende haben sich mit den Interpretationen und dem Verständnis von mathematischen Argumenten oder Beweisen in der Algebra beschäftigt, sowohl von Schülerinnen und Schülern als auch von Lehrkräften. Einen entscheidenden Beitrag haben diesbezüglich Healy und Hoyles (2000) geleistet. Die Ergebnisse ihrer Forschung finden sich bereits in Abschnitt 2.2.4.

Kunimune, Kumakura, Jones und Fujita (2009) haben die Interpretationen und das Verständnis von algebraischen Beweisen von Schülerinnen und Schüler der achten und neunten Klasse beforscht. Dazu haben sie untersucht, wie 418 Lernende (206 aus der 8. Klasse, 212 aus der 9. Klasse aus Japan) algebraische Beweise hinsichtlich der Aspekte Konstruktion von algebraischen Beweisen („Construction of algebraic proof") und Generalität von algebraischen Beweisen („Generality of algebraic proof") auffassen. Die erste Komponente *Konstruktion von algebraischen Beweisen* beschreibt, dass Schülerinnen und Schüler erlernen müssen, wie deduktive Argumente in der Algebra konstruiert werden (vgl. „Methodenwissen", Heinze, 2004). Mit dem Aspekt *Generalität von algebraischen Beweisen* wird anerkannt, dass die Schülerinnen und Schüler die Allgemeingültigkeit der Beweise (einschließlich der Generalität von algebraischen Symbolen), die sich damit ergebende Gültigkeit und Generalität der algebraischen Aussagen sowie den Unterschied zwischen formalen Beweisen und der Überprüfung durch Beispiele verstehen müssen (Kunimune et al., 2009, S. 442). In ihrer Untersuchung haben Lernende mathematische Aufgaben beantwortet, bei denen sie einerseits selbst Argumente konstruieren sollten und andererseits auch fiktive Argumente bewerten sollten (akzeptieren oder nicht akzeptieren). Hinsichtlich der beiden Komponenten haben sie dann vier Stufen vom Verstehen algebraischer Beweise unterschieden und die Antworten entsprechend codiert.

Ein zentrales Ergebnis ist, dass Lernende der achten Klasse empirische Verifikation von mathematischen Aussagen nicht als unzureichend wahrnehmen, gleichzeitig aber beginnen zu verstehen, wieso algebraische Beweise notwendig sind (Kunimune et al., 2009, S. 445). Lehrkräfte sollten im Mathematikunterricht Aushandlungen über solche fachlichen Konventionen anstoßen und Normen in Klassen etablieren (vgl. Yackel & Cobb, 1996). Hinsichtlich der Konstruktion von algebraischen Beweisen zeigen Schülerinnen und Schüler der achten Klasse deutliche Lücken, während in Klasse 9 bessere Ergebnisse erzielt werden konnten, die aber laut den Forschenden immer noch nicht ausreichend sind. Gemeinsame Argumentationen können Lerngelegenheiten für das Entwickeln von mathematischen Argumenten ermöglichen.

Schülerinnen und Schüler können laut Kunimune et al. (2009) in der Lage sein, algebraische Beweise zu konstruieren, ohne ihre Reichweite und Bedeutung vollumfänglich zu verstehen. Beispielsweise werden formale Beweise als gültige Argumente betrachtet und konstruiert, aber auch empirische Beispiele als Verifikation einer algebraischen Aussage akzeptiert. Durch gemeinsame Aushandlungsprozesse können solche Vorstellungen ausgeschärft werden (vgl. Grundey, 2015).

Insgesamt wird deutlich, dass mathematisches Argumentieren im Übergang von der Arithmetik zur Algebra mit besonderen Herausforderungen verknüpft ist. Im Unterricht kann eine Verbindung zwischen der Konstruktion der Vermutung, der Begründungsidee und dem letztlichen mathematischen Argument hergestellt werden (Pedemonte, 2007a, 2008). Unterschiedliche Interpretationen und Verständnisschwierigkeiten von Schülerinnen und Schülern erfordern eine Sensibilität seitens der Lehrkraft und gemeinsame Aushandlungen. Diesbezüglich sind unterstützende Unterrichtsstrategien beforscht worden (bspw. Rumsey & Langrall, 2016), die bei der Konstruktion einer Lernumgebung berücksichtigt werden können (Kapitel 3). In dieser Studie wird fokussiert, wie Lehrkräfte mathematische Argumentationsprozesse im Übergang von der Arithmetik zur Algebra rahmen und ob und wie in den mathematischen Argumenten verschiedene Deutungen durch Lehrkräfte adressiert werden. Charakteristika und Besonderheiten von mathematischen Argumenten im Übergang von der Arithmetik zur Algebra werden im folgenden Kapitel beschrieben.

2.4.6   Mathematische Argumente im Übergang

In dieser Arbeit werden mathematische Argumente fokussiert, die thematisch im Übergang von der Arithmetik zur Algebra liegen. Die Schülerinnen und Schüler können beim mathematischen Argumentieren gleichzeitig an das algebraische Denken und die algebraische Symbolsprache herangeführt werden. Die Erfassung von mathematischen Strukturen ist dabei ein entscheidendes Kriterium (Kieran, 2020). Daher werden in diesem Abschnitt spezielle mathematische Argumente betrachtet – sogenannte *strukturorientierte Argumente*. Anders als bei strukturierenden Argumentationen (vgl. Abschnitt 2.4.5; Pedemonte 2007a,b) geht es hier nicht um den Prozess der Begründung einer Vermutung, sondern um den Einbezug von mathematischen Strukturen in das mathematische Argument (das Produkt dieses Prozesses).

In allgemeingültigen Argumenten wird im Übergang von der Arithmetik zur Algebra zunehmend mit mathematischen Strukturen argumentiert und strukturelle, mathematische Eigenschaften herausgestellt. Es ist daher anzunehmen, dass das Erfassen der mathematischen Strukturen eine Voraussetzung ist und eine produktorientierte Deutung von mathematischen Objekten notwendig ist, um allgemeingültig argumentieren zu können. Betrachtet man beispielsweise die Summe von einer geraden und einer ungeraden Zahl, können auf einer operationalen Ebene Zahlenbeispiele berechnet werden und es kann festgestellt werden, dass die Summe immer ungerade ist. Betrachtet man diese Zahlenbeispiele jedoch aus einer strukturellen Perspektive und nimmt mathematische Strukturen wahr, können diese Zahlenbeispiele als generische Beispiele betrachtet und umgeformt werden und so allgemeingültige Argumente entwickelt werden (Mason & Pimm, 1984). Wird also mittels der mathematischen Struktur argumentiert, die in den generischen Beispielen angelegt ist, entsteht ein allgemeingültiges mathematisches Argument. Inwiefern dabei Wechsel zwischen einer prozess- und einer produktorientierten Deutung erforderlich sind und auch in mathematischen Argumenten von Schülerinnen und Schülern rekonstruierbar sind, wird in der vorliegenden Arbeit untersucht. Dazu wird analysiert, inwiefern sich eine prozesshafte oder eine produkthafte Deutung von mathematischen Objekten in den hervorgebrachten mathematischen Argumenten widerspiegelt und wie Lehrkräfte solche Deutungen adressieren.

Im folgenden Abschnitt werden verschiedene Konzepte in Bezug zu strukturorientierten Argumenten aus der Literatur und dem Forschungsstand vorgestellt und daraus entwickelt, was in dieser Arbeit unter *strukturorientieren Argumenten* verstanden wird.

Beispielsweise kann man sich strukturorientierten Argumenten nähern, indem der Umgang mit Beispielen und der Umgang mit mathematischen Strukturen in Argumentationen fokussiert werden. Küchemann und Hoyles (2009) unterscheiden zwischen dem *empirischen* („empirical reasoning") und dem *strukturorientierten* („structural reasoning") Argumentieren. Der englische Begriff „reasoning" kann im Deutschen einerseits als Denken und andererseits als Schlussfolgern oder Argumentieren übersetzt werden. Küchemann und Hoyles (2009) beziehen sich in ihren Ausführungen auf beide Aspekte. Sie rekonstruieren anhand von Argumentationsprozessen von Schülerinnen und Schülern deren Denkweisen über mathematische Strukturen (vgl. folgende Abschnitte). Da der Schwerpunkt in dieser Arbeit auf dem mathematischen Argumentieren liegt und nicht auf individuellen Denkprozessen, wird vor allem der diskursive Aspekt aus den Überlegungen von Küchemann und Holyes (2009) aufgegriffen.

Beim *empirischen Argumentieren* („empirical reasoning") wird kein Rückgriff auf mathematische Strukturen vorgenommen, sondern höchstens einige Beispiele betrachtet. Es entstehen empirische Argumente (vgl. Abschnitt 2.1.4). Es ist dabei auch möglich, dass rein intuitiv aufgrund der eigenen Wahrnehmung oder Überzeugung argumentiert wird oder sich auf Aussagen von anderen bezogen wird: „by arguing, for example, from perception, the assertion of authority, or, in particular, from empirical cases." (Küchemann & Hoyles, 2009, S. 171). Dagegen ist *strukturorientiertes Argumentieren* ("structural reasoning") laut Küchemann und Hoyles (2009) mathematisches Denken: „reason mathematically, that is to make inferences and deductions from a basis of mathematical structures" (Küchemann & Hoyles, 2009, S. 171). Dabei entstehen *strukturorientierte Argumente*. Sie betrachten strukturorientiertes Argumentieren („structural reasoning") als eine Kernkompetenz im Bereich mathematischen Argumentierens und Beweisens. Lehrkräfte können strukturorientiertes Argumentieren im Mathematikunterricht durch gezielte Aufgaben anregen (Küchemann & Hoyles, 2009) und einen Austausch über Deutungen in Klassengesprächen anstoßen.

Bei einer Analyse von Denkweisen begabter („high-attaining") Schülerinnen und Schüler im Bereich Zahl und Algebra entwickeln Küchemann und Hoyles (2009) fünf verschiedene Deutungsweisen von mathematischen Strukturen (Küchemann & Hoyles, 2009, S. 176 f.):

„1. Spotting number patterns, no structure
2. Some recognition of structure (incomplete or incorrect)
3. Recognition and use of structure: Specific
4. Recognition and use of structure: General
5. Recognition and use of structure: General with variables"

Küchemann und Hoyles (2009) haben eine hierarchische Stufung nach mathematischer Qualität in ihren Codes angelegt: „[…] as students developed mathematically, i.e., became mathematically more capable and aware, they would tend to give higher quality responses." (Küchemann & Hoyles, 2009, S. 177). In interaktiven Aushandlungsprozessen können verschiedene Deutungen von Schülerinnen und Schülern aufeinandertreffen. Wie Lehrkräfte damit umgehen und Lerngelegenheiten für ihre Schülerinnen und Schüler schaffen, wird in dieser Arbeit untersucht.

Eine Antwort auf Stufe 3 („Recognition and use of structure: Specific") ist in der Regel ausreichend, um eine Frage mathematisch korrekt und vollständig zu beantworten (Küchemann & Hoyles, 2009), beispielsweise indem ein generisches Argument konstruiert wird. Lernende werden daher nicht unbedingt die Notwendigkeit sehen, Antworten mit „höherer" mathematischer Qualität zu geben. Insgesamt erscheint die Unterscheidung von Küchemann und Hoyles (2009) bei ihren Analysen abgeschwächter als bei ihren Erklärungen vom *empirischen* und *strukturorientierten Argumentieren*. Nicht nur *strukturorientiertes Argumentieren* kann als mathematisches Denken bezeichnet werden, sondern auch Vorstufen. Ein sinnvoller Zugang zum mathematischen Argumentieren ist das Betrachten von und Argumentieren an einfachen Beispielen (vgl. Abschnitt 2.1.5). Durch empirisches Argumentieren kann außerdem auch die Validität und Gültigkeit von einem mathematischen Argument überprüft werden: „From this viewpoint, students' recourse to empirical evidence can be seen as a perfectly rational and meaningful attempt to test the validity of a proof argument." (Küchemann & Hoyles, 2009, S. 189). Daher kann das *empirische Argumentieren* (Stufe 1 bis 2) nicht abgewertet werden, obgleich es in der Regel nicht allgemeingültig ist.

In dieser Arbeit werden alle drei Stufen der Wahrnehmung und Nutzung von mathematischen Strukturen (Stufe 3 bis 5) als angemessen und ausreichend angesehen. Von Lernenden, die sich im Übergang von der Arithmetik zu Algebra befinden, kann nicht erwartet werden, dass sie direkt Variablen beim mathematischen Argumentieren nutzen. Die Entwicklung von einem angemessen Variablenverständnis ist eine große Herausforderung (vgl. Abschnitt 2.4.3) und kann daher nicht als Grundlage oder als Vorwissen der Schülerinnen und Schüler angesehen werden. Daher erscheint es sinnvoll, wenn schon die Wahrnehmung der mathematischen Struktur und ein Einbezug dieser Struktur als ein Lernziel und ein Erfolg angesehen wird. Lehrkräfte können ihre Schülerinnen und Schüler unterstützen mathematische Strukturen wahrzunehmen und in mathematischen Argumentationen einzubeziehen (Kieran, 2020). Gleichzeitig sollte es ein Ziel des Algebraunterrichts sein, dass alle Lernenden die Fähigkeit aufbauen, mathematische Strukturen mit Variablen auszudrücken (Stufe 5).

Außerdem ist auch mathematisches Argumentieren selbst ein Lerngegenstand (vgl. Abschnitt 2.1.5). Es muss zunächst gemeinsam ausgehandelt werden, was allgemeingültige Argumente sind und wieso diese notwendig sind, um eine mathematische Aussage korrekt zu begründen. Es ist dabei entscheidend, dass die Schülerinnen und Schüler in ihren Argumentationen auf eine mathematische Struktur verweisen. In welcher Form sie die mathematischen Strukturen einbeziehen, kann zu Beginn erst einmal nachrangig sein, solange es mathematisch korrekt ist. Auch hier sollte es aber ein langfristiges Ziel sein, dass Lernende mithilfe von Variablen argumentieren können. Wenn Lernende mit einer mathematischen Struktur anhand von Beispielen (Stufe 3) argumentieren oder mit allgemeinen Strukturen argumentieren, die verbal oder visuell ohne Variablen dargestellt werden (Stufe 4), können solche Argumente als eine Grundlage angesehen werden, aus denen Argumente mit Variablen entwickelt werden.

Harel (2013) beziehungsweise Harel und Soto (2017) beschäftigen sich ebenfalls mit dem *strukturorientierten Denken* („structural reasoning"). In Bezug auf die Mehrdeutigkeit des Begriffs „reasoning" fokussieren Harel und Soto (2017) vor allem auf „Denken" und kognitive Fähigkeiten. In dieser Arbeit werden ihre Überlegungen diskursiv gewendet und auf mathematisches Argumentieren fokussiert. Von Harel und Soto (2017) wird betont, dass es nicht einfach ist, eine Definition zu geben, da strukturorientiertes Denken viele verschiedene Aspekte und Ausprägungen in der Mathematik aufweist.

Zunächst klären sie den Begriff *Struktur* („structure") mit Bezug zum American Heritage dictionary: „Structure [is] something made up of a number of parts that are held or put together in a particular way." (Harel, 2013, S. 40). Dabei geht es in der Mathematik nicht um physische oder mental zusammenpassende Objekte, sondern eher darum, Relationen zwischen verschiedenen Objekten wahrzunehmen: „For example, an algebraic expression, say an equation, is of a particular structure when it is viewed as a string of symbols put together in a particular way to convey a particular meaning." (Harel & Soto, 2017, S. 226).

Harel und Soto (2017) definieren *strukturorientiertes Denken* („structural reasoning") als eine Kombination von sechs Fähigkeiten:

> „(a) the ability to look for structures, (b) the ability to recognize structures, (c) the ability to probe into structures, (d) the ability to act upon structures, (e) the ability to reason in terms of general structures, and (f) the ability to form epistemological justifications." (H.i.O., Harel & Soto, 2017, S. 232)

Strukturorientiertes Denken („structural reasoning") wird von Harel und Soto (2017) also als kognitive Fähigkeit verstanden, die mental stattfinden kann, sich aber auch in mathematischen Tätigkeiten und Äußerungen widerspiegelt – beim strukturorientierten Argumentieren. Wie auch Rüede (2012) betont, konstruieren Schülerinnen und Schüler beim Vorgang des Strukturierens individuell unterschiedliche Bedeutungen und nehmen verschiedene Relationen in Termen oder Gleichungen wahr. Harel und Soto (2017) unterscheiden drei Ebenen des Ausdrucks von strukturorientiertem Denken:

> „In the first level, structural reasoning is merely an act of relating (i.e., putting parts together in a particular way). In the second level, this broad characterization is narrowed into six general abilities […]. In the third, and final, level, these abilities are instantiated through specific mathematical practices illustrated by a series of behavioral events." (Harel & Soto, 2017, S. 227)

Insgesamt erscheint der Zugang zum strukturorientieren Argumentieren über die Beschreibung von Tätigkeiten und kognitiven Fähigkeiten hilfreich. Es fehlt aber weiterhin eine konkrete Definition für ein strukturorientiertes *Argument,* als Produkt des strukturorientierten Denkens und Argumentierens.

Harel und Soto (2017) betonen, dass Lernende nicht automatisch mit dem strukturorientierten Argumentieren („structural reasoning") beginnen. Es bedarf einer Schulung der Wahrnehmung von Strukturen ab der Grundschule an, um die Schülerinnen und Schüler auf strukturorientiertes Argumentieren vorzubereiten. Welche Bedeutung der Lehrkraft dabei zukommt, ist von besonderem Interesse in dieser Arbeit.

Andere Forschende nehmen andere Unterscheidungen vor und fokussieren andere Aspekte von mathematischen Argumenten und Beweisen. Beispielsweise unterscheiden Weber und Alcock (2004, 2009) *semantisches und syntaktisches Begründen* und Beweisen („Semantic and syntactic reasoning/ proof production"). Sie beziehen sich dabei auf Goldins (1998) Unterscheidung zwischen den Begriffen syntaktisch und semantisch. Ihre Unterscheidung ist eher für mathematische Beweise geeignet ("mathematicals proofs in advanced mathematical classes"), die spezifischen mathematischen Konventionen folgen: „that obey well-defined conventions that are agreed on by contemporary mathematicians" (Weber & Alcock, 2009, S. 323). Die Form des Beweises spielt laut den beiden Forschenden eine entscheidende Rolle in Hinblick auf die Gültigkeit:

> „Reasoning must proceed deductively, and many previously acceptable forms of argumentation—including diagrammatic reasoning and justifying general claims by reasoning from generic examples—are no longer permissible." (Weber & Alcock, 2009, S. 323)

Von solchen deduktiven Beweisen grenzen sie Argumentationen ab, die eine Gruppe überzeugen sollen, dass eine Behauptung wahr ist, und oft verbal und eher nicht formal vorgetragen werden. Gerade auf solche Argumente wird in dieser Studie fokussiert. Die Validität von einem Argument hängt hier mehr vom Inhalt als von der Form des Arguments ab. Es wird von den Schülerinnen und Schülern nicht erwartet, dass sie im Übergang von der Arithmetik zur Algebra direkt formal-deduktive Beweise hervorbringen. Die Charakteristika der hervorgebrachten Argumente werden in Ergebniskapitel 7 fokussiert. Bewusst wird an dieser Stelle der Begriff diagrammatisches Argumentieren („diagrammatic reasoning" im obigen Zitat) nicht weiter aufgegriffen, da eine solche Diskussion über den Rahmen dieser Arbeit hinausgeht (vgl. dazu „Diagrammatisches Schließen" nach Peirce in Dörfler, 2006, 2016; Kempen, 2019).

Unter semantischem Begründen („semantic proof production") verstehen Weber und Alcock Folgendes: „prover uses instantiations of mathematical concepts to guide the formal interferences" (Weber & Alcock, 2004, S. 209). Dagegen ist syntaktisches Begründen („syntactic proof production"): „one which is written solely by manipulating correctly stated definitions and other relevant facts in a logically permissible way." (Weber & Alcock, 2004, S. 209). Solche formalen Beweise werden in der Schule aber nur selten geführt (vgl. Abschnitt 2.1.3; Reid & Knipping, 2010).

Bei Weber und Alcock (2004, 2009) wird *semantisches Begründen* als Vorstufe zum Erstellen von mathematischen Beweisen angesehen. Weber und Alcock (2009) betonen aber auch, dass ihre Annahme zu einfach war, dass Lernende besser beweisen können, wenn sie Beweise als Formalisierung der vorherigen informalen Argumentationen sehen (vgl. Weber & Alcock, 2004). Es gibt verschiedene Zugänge zum Beweisen (vgl. Abschnitt 2.1.3; Wittmann & Müller, 1988) und welcher der beste Zugang ist, hängt vom Lernenden individuell ab. In dieser Arbeit wird betrachtet, welche mathematischen Argumente im Übergang von der Arithmetik zur Algebra entwickelt werden (vgl. Forschungsfrage 3). Dabei wird ein besonderer Blick auf die Lehrkraft und ihre Rahmungen der interaktiven Aushandlungsprozesse gerichtet.

Definition von strukturorientierten Argumenten in dieser Arbeit

Die folgende Definition von strukturorientierten Argumenten steht in enger Verbindung zum Verständnis von Harel und Soto (2017) von strukturorientiertem Denken, indem sowohl prozesshafte Deutungen als auch inhaltliche, produktorientierte Interpretationen eingebunden sind und das in dieser Arbeit diskursiv gewendet wird:

Strukturorientierte Argumente im Übergang von der Arithmetik zur Algebra sind Argumente, in denen auf die Eigenschaften und die *mathematischen Strukturen* der involvierten Objekte sowie auf Beziehungen zwischen ihnen verwiesen wird. Harel und Sotos (2017) Charakterisierung von strukturorientiertem Denken folgend, bedarf es neben einer prozesshaften, kalkülorientierten Deutung der Repräsentationen der mathematischen Objekte, einer *inhaltlichen, produkthaften Interpretation* und eines Rückbezugs zum mathematischen Geltungsanspruch oder Problemkontext. Dabei wird ein Term wie „2 · (a+b)" etwa als gerade Zahl gedeutet und es kann geschlussfolgert werden, dass immer eine gerade Zahl entsteht.

Die Wahrnehmung und der diskursive Gebrauch von mathematischen Strukturen sind Voraussetzung, damit strukturorientierte Argumente entstehen können. Dabei darf der Umgang mit Beispielen nicht abgewertet werden, sondern kann als Ausgangspunkt für die Analyse von mathematischen Strukturen betrachtet werden. Eine produkthafte Interpretation der Beispiele führt zu der Wahrnehmung von mathematischen Strukturen (vgl. Abschnitt 2.4.2; Ergebniskapitel 8). Im Klassengespräch kann ein Austausch über verschiedene Deutungen durch Lehrkräfte angeregt werden. Ausgehend von den von Harel und Soto (2017) beschriebenen Fähigkeiten, können Schülerinnen und Schüler strukturorientierte Argumente konstruieren. In diesem Verständnis von strukturorientierten Argumenten sind auch die als Symbolsinn (Arcavi, 1994, 2005) gefassten Fähigkeiten inhärent angelegt. In dieser Arbeit wird untersucht, inwiefern Lehrkräfte ihre Schülerinnen und Schüler beim Argumentieren im Übergang von der Arithmetik zur Algebra unterstützen können mathematische Strukturen wahrzunehmen, etwa indem sie Beschreibungen einfordern und einen Austausch über die mathematischen Strukturen und Deutungen anregen.

Abgrenzen lässt sich die obige Definition vom syntaktischen Begründen (Weber & Alcock, 2004, 2009) und formalen Beweisen. In strukturorientierten Argumenten soll es gerade nicht (nur) um das Manipulieren und den kalkülhaften Umgang mit Symbolen gehen. Es wird explizit eingefordert, dass eine inhaltliche Interpretation der Symbole stattfindet.

Repräsentationen von strukturorientierten Argumenten
Nachdem nun geklärt wurde, was in dieser Arbeit unter strukturorientierten Argumenten verstanden wird, bleibt die Frage, in welchen Repräsentationen strukturorientierte Argumente im Übergang von der Arithmetik zur Algebra vorkommen können (vgl. Abschnitt 2.1.4).

Strukturorientierte Argumente können in Form von ikonischen Argumenten auftreten. Beispielsweise, wenn man eine ikonische Darstellung, ein Punktemuster, hat und den Aufbau der Punkte nutzt, um eine Struktur der mathematischen Objekte zu verdeutlichen und seinen Schluss zu begründen. Dabei sind eine Generalisierung und ein expliziter Rückbezug zur Konklusion entscheidend, um ein allgemeingültiges Argument zu konstruieren (vgl. Ergebniskapitel 7 und 8).

Ebenso sind aber auch arithmetische Argumente mit generischen Zahlenbeispielen oftmals strukturorientiert, da sie den Aufbau beziehungsweise die mathematische Struktur der Zahlen nutzen, um einen allgemeinen Schluss zu vollziehen. Genauso können narrative Argumente strukturorientiert angelegt sein. Sogar symbolische Argumente können strukturorientiert gedeutet werden, indem auf den Aufbau der Zahlen fokussiert wird und auch die Umformungsschritte rückübersetzt werden. Harel (2013) beschreibt, wie und welche Struktur in einem algebraischen Ausdruck erkannt werden kann: „An algebraic expression is of a particular structure when it is viewed as a string of symbols put together in a particular way to convey a particular meaning." (Harel, 2013, S. 40)

Auch „Operative Beweise" (Wittmann, 2014) können unter dem Blickwinkel von strukturorientierten Argumenten diskutiert werden: „Formale Beweise stützen sich auf symbolische Beschreibungen mathematischer Objekte und symbolische Operationen im Rahmen systematisch-deduktiver Theorien, operative Beweise direkt auf Darstellungen dieser Objekte und Operationen an ihnen." (Wittmann, 2014, S. 226; vgl. Abschnitt 2.1.4). Somit können auch operative Beweise strukturorientierte Argumente darstellen, weil in ihnen auf mathematische Strukturen verwiesen wird und mit diesen Strukturen argumentiert wird.

Insgesamt können also sowohl generische Argumente als auch strukturelle Argumente strukturorientierte Argumente darstellen, da in beiden Typen mathematische Strukturen zur Begründung herangezogen werden (vgl. „Generalität von Argumenten" in Abschnitt 2.1.4). Die Repräsentation ist dabei, wie in den vorherigen Absätzen erläutert, nicht relevant.

Exkurs: Beschreibung der Lernumgebung

In diesem Kapitel wird die Lernumgebung beschrieben, die im Rahmen dieser Arbeit konstruiert wurde und als Grundlage für die Erhebung der Unterrichtssituationen dient. Zunächst findet eine thematische Verortung der Lernumgebung im Bereich des mathematischen Argumentierens im Übergang von der Arithmetik zur Algebra statt (Abschnitt 3.1). Dabei werden Bezüge zu den Bildungsstandards der Kultusministerkonferenz und dem Forschungsstand hergestellt. Es ergeben sich die Schwerpunkte der Lernumgebung. Anschließend wird die Aufgabenkonstruktion vorgestellt (Abschnitt 3.2). Aus theoretischen Überlegungen werden übergreifende Charakteristika der Aufgaben entwickelt. In Abschnitt 3.2.2 wird ein strategisches Vorgehen beim mathematischen Argumentieren beschrieben, welches in allen Aufgaben der Lernumgebung angelegt ist. Auch werden in den Aufgaben verschiedene Repräsentationen einbezogen (vgl. Abschnitt 3.2.3 und Abschnitt 3.3). Abschließend wird in Abschnitt 3.4 die Rolle der Lehrkraft in der konstruierten Lernumgebung fokussiert, da die Lehrkraft den Forschungsschwerpunkt dieser Arbeit bildet.

Wie bereits in der Einleitung (Kapitel 1) erwähnt, kann das *Lernen vom mathematischen Argumentieren* und das *Lernen durch mathematisches Argumentieren* unterschieden werden (vgl. Andriessen, Baker & Suthers, 2003; Krummheuer & Brandt, 2001; Knipping & Reid, 2015). Beide Schwerpunkte sind aufgrund der curricularen Vorgaben denkbar (vgl. folgendes Abschnitt 3.1). Erath (2017) zeigt in ihrer Studie, dass das Erklären im Mathematikunterricht häufig als Lernmedium, aber nur selten als Lerngegenstand, thematisiert wird. Dadurch können

F. Bredow, *Mathematisches Argumentieren im Übergang von der Arithmetik zur Algebra*, Perspektiven der Mathematikdidaktik, https://doi.org/10.1007/978-3-658-42462-6_3

Schülerinnen und Schüler mit eingeschränkten Vorerfahrungen fachliche Lerngelegenheiten im Unterricht nur bedingt nutzen. Dieses Ergebnis lässt sich vermutlich auf mathematisches Argumentieren im Unterricht übertragen, da Erklärungen und Argumentationen ähnlich sind. Die Schülerinnen und Schüler in dieser Studie haben noch keine oder nur wenige Vorerfahrungen mit dem mathematischen Argumentieren und Begründen. In dieser Lernumgebung wird daher ein Schwerpunkt auf dem *Lernen vom mathematischen Argumentieren* liegen. Beispielsweise werden verschiedene Repräsentationen von mathematischen Argumenten thematisiert und die Allgemeingültigkeit von mathematischen Begründungen diskutiert. Die folgenden Abschnitte fokussieren daher das mathematische Argumentieren, wobei immer wieder Besonderheiten vom Argumentieren im Übergang von der Arithmetik zur Algebra aufgegriffen werden. Gleichzeitig werden in der Lernumgebung auch fachliche Inhalte durch mathematisches Argumentieren angesprochen, wie etwa die Bedeutung von Variablen. Mathematisches Argumentieren kann einen Übergang von der Arithmetik zur Algebra schaffen. Dabei ist die Prozess-Produkt Dualität von mathematischen Objekten eine besondere Herausforderung für Schülerinnen und Schüler und Lehrkräfte.

3.1 Thematische Verortung der Lernumgebung

Ausgehend von den Forschungsfragen wird in der Lernumgebung ein Schwerpunkt auf das mathematische Argumentieren im Übergang von der Arithmetik zur Algebra gelegt. Wie auch in der Beschreibung der Stichprobe dargelegt (vgl. Abschnitt 4.2.3), werden Lerngruppen der 8. Jahrgangsstufe von einem Gymnasium und einer Oberschule beforscht. In dieser Jahrgangsstufe sind die beiden Themen „Mathematisches Argumentieren" und „Übergang von der Arithmetik zu Algebra" von besonderer Relevanz, was im Folgenden durch Bezüge zu den curricularen Vorgaben verdeutlicht wird. Dabei wird zunächst auf die prozessbezogene Kompetenz „Mathematisch Argumentieren" fokussiert und anschließend auf die inhaltsbezogenen Kompetenzen aus dem Übergang von der Arithmetik zur Algebra eingegangen. Daraufhin werden Bezüge zum Forschungsstand hergestellt (vgl. Theoretischer Hintergrund). Am Ende des Kapitels werden vor diesem Hintergrund die Schwerpunkte der Lernumgebung herausgearbeitet.

Curriculare Verortung in den Bildungsstandards
Mathematisches Argumentieren ist als eine Kompetenz in den Bildungsstandards für den mittleren Schulabschluss und die Allgemeine Hochschulreife aufgeführt (Kultusministerkonferenz, 2003, 2012) und damit für alle mathematischen Inhaltsbereiche in den verschiedenen Schulformen relevant.

In den Bildungsstandards im Fach Mathematik für den mittleren Schulabschluss wird die Kompetenz „Mathematisch argumentieren" hinsichtlich der drei Anforderungsbereiche ausdifferenziert. Mit den Tätigkeiten „Routineargumentationen wiedergeben" (Kultusministerkonferenz, 2003, S. 13) über „Zusammenhänge, Ordnungen und Strukturen erläutern" (Kultusministerkonferenz, 2003, S. 14) bis hin zu „komplexe Argumentationen erläutern oder entwickeln" (Kultusministerkonferenz, 2003, S. 13) und „verschiedene Argumentationen bewerten" (Kultusministerkonferenz, 2003, S. 13) wird ein breites Spektrum abgedeckt. Es können und sollen also unterschiedliche mathematische Argumentationen im Unterricht aufgegriffen werden. In den Bremer Bildungsplänen wird sowohl an Oberschulen als auch an Gymnasien gefordert, dass die Schülerinnen und Schüler mathematische Argumentationen vergleichen und bewerten sowie mathematisches Wissen für Begründungen nutzen (Der Senator für Bildung und Wissenschaft, 2006, S. 16; Die Senatorin für Bildung und Wissenschaft, 2010, S. 19).

Neben der prozessbezogenen Kompetenz „Argumentieren" sind inhaltsbezogene Kompetenzen in dieser Lernumgebung relevant. Der Übergang von der Arithmetik zur Algebra wird in den Bildungsstandards für den mittleren Schulabschluss nicht explizit benannt, lässt sich aber teilweise in der „Leitidee Zahl" wiederfinden. Beispielsweise werden folgende Kompetenzen aufgeführt, die im Übergang von der Arithmetik zur Algebra thematisiert werden können: „nutzen Rechengesetze, auch zum vorteilhaften Rechnen", „erläutern an Beispielen den Zusammenhang zwischen Rechenoperationen und deren Umkehrungen und nutzen diese Zusammenhänge" und „wählen, beschreiben und bewerten Vorgehensweisen und Verfahren, denen Algorithmen bzw. Kalküle zu Grunde liegen" (Kultusministerkonferenz, 2003, S. 10). Gerade im Zusammenhang mit dem mathematischen Argumentieren sind diese Kompetenzen im Übergang von der Arithmetik zur Algebra relevant. Auch der Umgang mit Variablen und Termen stellt eine Kompetenz in diesem Inhaltsbereich dar. In den Bildungsstandards für den mittleren Schulabschluss wird der Umgang mit Variablen und Termen keiner inhaltsbezogenen Kompetenz, sondern der allgemeinen mathematischen Kompetenz „Mit symbolischen, formalen und technischen Elementen der Mathematik umgehen" (Kultusministerkonferenz, 2003, S. 8) zugeordnet. Zusätzlich ist in mathematischen Argumentationen häufig ein Übersetzen in algebraische Symbolsprache oder ein Interpretieren ebendieser notwendig: „symbolische und formale Sprache in natürliche Sprache übersetzen und umgekehrt." (Kultusministerkonferenz, 2003, S. 15).

Mathematisches Argumentieren ist also in den curricularen Vorgaben in Verbindung mit diversen Tätigkeiten eingebunden. Auch verschiedene inhaltsbezogene Kompetenzen sind beim Argumentieren im Übergang von der Arithmetik zur Algebra von Bedeutung. In die Lernumgebung werden daher zahlreiche Anlässe zum mathematischen Argumentieren in diesem Themenbereich integriert.

Bezüge zum Stand der Forschung

Mathematisches Argumentieren und auch inhaltliche Kompetenzen aus dem Übergang von der Arithmetik zur Algebra sollten also aufgrund von curricularen Vorgaben im Unterricht des 8. Jahrgangs integriert sein. Wie bereits in der Einleitung beschrieben, fehlen in der Unterrichtspraxis aber regelmäßige Lerngelegenheiten zum mathematischen Begründen und Argumentieren. Sie sind häufig kein fester Bestandteil im Mathematikunterricht oder werden kaum als zentraler Inhalt für alle Lernenden aufgefasst (Brunner, 2014b, 2019; Reiss, 2002). Obgleich es eine Vielfalt an Argumentations- und Beweisformen gibt, dominieren formal-deduktive Beweise im Mathematikunterricht (Brunner, 2014b). Diese stellen aber gleichzeitig keinen angemessen Einstieg ins mathematische Argumentieren dar (Brunner, 2014b; Meyer & Prediger, 2009).

Die algebraische Symbolsprache, welche in solchen formal-deduktiven Beweisen genutzt wird und gerade im Übergang von der Arithmetik zur Algebra selbst zunächst einen Lerngegenstand darstellt, wird von Lernenden teilweise nur als eine Aneinanderreihung von Zeichen verstanden (Pedemonte, 2008). Auch werden die häufig genutzten algebraischen Begründungen von Lernenden als weniger verständlich, aber dafür besser benotet empfunden (Healy & Hoyles, 2000). Durch einen zunehmenden Abstraktions- und Formalisierungsgrad von mathematischen Argumenten, steigt der kognitive Anspruch und die Möglichkeit der individuellen Bearbeitung und Partizipation nimmt ab (Brunner, 2014b). „Daher wird gefordert, dem Argumentieren, Begründen und Beweisen im Unterricht mehr Raum zu geben und dabei nicht nur formales Beweisen, sondern auch andere Begründungsformen zu kultivieren." (Meyer & Prediger, 2009, S. 1). Deshalb werden in dieser Lernumgebung verschiedene Repräsentationen eingeführt und eine Vielfalt an mathematischen Argumenten angestrebt.

Ein Vergleich von verschiedenen mathematischen Argumentationen und Beweisen in Hinblick auf strukturelle Gemeinsamkeiten kann das Beweisverständnis von Schülerinnen und Schülern fördern (Pinkernell, 2011). Begründungen und mathematische Argumentationen in andere Repräsentationen zu übersetzen, stellt eine Hinführung zum selbstständigen Argumentieren und Beweisen dar (Pinkernell, 2011), was auch durch diese Lernumgebung bei den Schülerinnen und Schülern angeregt werden soll. Daher werden in die Lernumgebung Vergleiche von verschiedenen mathematischen Argumentationen und damit verbundene Übersetzungen in andere Repräsentationen eingebunden.

Gleichzeitig kann beim mathematischen Argumentieren im Übergang von der Arithmetik zur Algebra gut auch in Beispielen der Blick auf die mathematische Struktur und die Beziehung zwischen den Zahlen gelenkt werden, um so das algebraische Denken zu fördern (Fischer et al., 2010). Diese Lenkung kann durch Aufgabenformate sowie durch Impulse der Lehrkraft erfolgen. Ebenfalls kann ein Unterrichtsgespräch die Schülerinnen und Schüler unterstützen und algebraisches Denken anregen. Dabei geht es auf einer operationalen, prozessorientierten Ebene darum, Aussagen zu verstehen und deren Korrektheit zu überprüfen. Auf dieser Ebene können beispielsweise Zahlenbeispiele in Terme eingesetzt werden. Geht es dann um die Begründung der mathematischen Aussage, ist es oftmals erforderlich, auf die strukturelle Ebene zu wechseln. Terme und Termstrukturen müssen gedeutet werden und die inhärenten mathematischen Strukturen für die Begründung in einem konkreten Kontext genutzt werden. Lehrkräfte sollten in solchen Unterrichtsphasen besonders aufmerksam sein, ob und wie die Umdeutung der Symbolsprache durch die Lernenden gelingt. Die Bedeutung des Argumentierens liegt dann darin, die Bezüge zwischen Kontext und Symbol sichtbar zu machen. Wie Stacey (2011) betont, sollten beim Aufstellen von Rechentermen zu Situationen die mathematischen Strukturen im Vordergrund stehen und eben nicht die Geschichte. Daher werden in dieser Lernumgebung keine eingekleideten Aufgaben genutzt.

Wie bereits erwähnt, fokussiert die Lernumgebung auf das Lernen vom mathematischen Argumentieren. In dieser Einheit soll erstes Methodenwissen (vgl. Reiss & Ufer, 2009; Heinze 2004) zum mathematischen Argumentieren thematisiert werden, wie beispielsweise Wissen über die verschiedenen Repräsentationen von Argumenten, die Allgemeingültigkeit von Argumenten oder den Umgang mit Gegenbeispielen. Gleichzeitig braucht es für mathematische Argumentationen immer einen Inhalt. Das Lernen durch mathematisches Argumentieren wird also ebenfalls durch die Lernumgebung angespielt. Die Lernumgebung ist im Übergang von der Arithmetik zur Algebra verortet, wobei die Lernenden an das algebraische Denken (bspw. Verallgemeinerungen) und den Umgang mit Termen und Variablen herangeführt werden (vgl. Fischer et al., 2010).

Schwerpunkte in der Lernumgebung

In der Lernumgebung sollen *Lerngelegenheiten zum mathematischen Argumentieren im Übergang von der Arithmetik zur Algebra* geschaffen werden. Dabei werden *verschiedene Repräsentationen von Argumenten* etabliert und gleichzeitig der *Umgang mit der algebraischen Symbolsprache* geschult. Da die Lernenden über wenige oder keine Vorkenntnisse zum mathematischen Argumentieren verfügen, werden zunächst verschiedene Repräsentationen von mathematischen Argumenten eingeführt (vgl. Abschnitt 2.1.4). Gleichzeitig wird dabei ein *Blick auf die mathematische Struktur* in den Zahlen oder Symbolen gerichtet, um Möglichkeiten zu schaffen, algebraisches Denken zu fördern. Anschließend werden die *Allgemeingültigkeit* als ein besonderes Merkmal von mathematischen Argumentationen und Methodenwissen (vgl. Reiss & Ufer, 2009; Heinze, 2004) zum mathematischen Argumentieren thematisiert. Die Allgemeingültigkeit steht in einem engen Zusammenhang mit der algebraischen Symbolsprache, da sie eine Möglichkeit darstellt, um allgemeingültige mathematische Argumentationen zu entwickeln. Dabei soll im Unterricht auch ein *strategisches Vorgehen* beim mathematischen Argumentieren etabliert werden, welches im folgenden Abschnitt 3.2.2 aus theoretischen Überlegungen hergeleitet und beschrieben wird. Dieses Vorgehen soll daraufhin in verschiedenen Kontexten geübt und gefestigt werden. In einer Vertiefung sollen zum Abschluss anspruchsvolle mathematische Argumentationen mithilfe des strategischen Vorgehens selbst durch die Lernenden entwickelt werden. Dabei sollen Termumformungen auf symbolischer Ebene stattfinden und die Bedeutung der algebraischen Symbole in den konkreten Kontexten hinterfragt werden. Auch sollen verschiedene mathematische Argumente mit einem Fokus auf ihre mathematische Korrektheit verglichen werden. Dabei kann zusätzliches Methodenwissen zum mathematischen Argumentieren erarbeitet werden.

Damit ergeben sich folgende **Schwerpunkte** für die geplanten Unterrichtsstunden:

1. Verschiedene Repräsentationen von mathematischen Argumentationen im Übergang von der Arithmetik zur Algebra kennenlernen
2. Allgemeingültigkeit von Begründungen erkunden und ein strategisches Vorgehen beim mathematischen Argumentieren herausarbeiten
3. Übung (und Vertiefung): Verschiedene Begründungen und ein strategisches Vorgehen beim Argumentieren üben

4. Vertiefung: Anspruchsvolle mathematische Argumentationen selbst entwickeln und verschiedene Begründungen vergleichen

Im Folgenden wird kurz erläutert, welche Kompetenzen in der Lernumgebung thematisiert werden und welche Lerngelegenheiten sich bieten. In der Lernumgebung werden den Lernenden zahlreiche Begründungsaufgaben gestellt, bei denen sie mittels verschiedener Repräsentationen und mittels ihres mathematischen Wissens mathematische Argumentationen entwickeln können (vgl. prozessbezogene Kompetenz „Mathematisch Argumentieren", Kultusministerkonferenz, 2003). In ihren Argumenten können Terme mit und ohne Variablen verwendet werden. Die Schülerinnen und Schüler können über den Kontext der mathematischen Argumentationen also mit Termen und Termumformungen konfrontiert werden. In den Argumentationsaufgaben sollen die Schülerinnen und Schüler Terme aufstellen, zusammenfassen, umformen und interpretieren. Der Umgang mit Variablen, Termumformungen sowie die Prozess-Produkt Dualität der algebraischen Symbolsprache sind in solchen Situationen relevant (vgl. inhaltsbezogene Kompetenzen). Im Rahmen von mathematischen Argumentationen können durch die Lehrkräfte Bedeutungsaushandlungen, beispielsweise über Terminterpretationen, initiiert werden.

In dieser Lernumgebung sollen sich die Schülerinnen und Schüler ihre selbst konstruierten Argumente in Klassendiskussionen gegenseitig präsentieren. Dabei wird sowohl die Kompetenz „Lösungswege beschreiben und begründen" (Kultusministerkonferenz, 2003, S. 8) angesprochen als auch das Nachvollziehen, Bewerten und Vergleichen von verschiedenen Lösungswegen, Argumentationen und Darstellungen (vgl. Der Senator für Bildung und Wissenschaft, 2006).

In die Lernumgebung sind zahlreiche Anlässe zum mathematischen Argumentieren im Übergang von der Arithmetik zur Algebra integriert. Die Argumentationsaufgaben in dieser Lernumgebung fokussieren auf Zahlen und ihre Beziehungen, wie beispielsweise auf Paritäten von Zahlen. Es wird etwa begründet, dass die Summe von zwei geraden Zahlen eine gerade Zahl ist. Die Schülerinnen und Schüler lernen also auch mathematische Aussagen durch die Aufgaben kennen. Eine Beschreibung, wie die Aufgaben konstruiert wurden, findet sich im folgenden Kapitel.

3.2   Aufgabenkonstruktion

In diesem Kapitel werden grundlegende Ideen dargestellt, die die Aufgabenkonstruktion geleitet haben. In Abschnitt 3.2.1 werden übergeordnete Charakteristika der Aufgaben beschrieben, die sich aus dem Forschungsinteresse dieser Arbeit und der thematischen Verortung der Lernumgebung ergeben (vgl. Abschnitt 3.1). Nach einem kurzen Überblick über die vier Aspekte, wird jeder einzelne Aspekt detailliert beschrieben. Anschließend wird auf ein „Strategisches Vorgehen beim mathematischen Argumentieren" (Abschnitt 3.2.2) und verschiedene Repräsentationen von Argumenten (Abschnitt 3.2.3) fokussiert, die in den Aufgaben der Lernumgebungen angelegt sind und sich aus den Aufgabencharakteristika ergeben.

3.2.1   Aufgabencharakteristika

In der Lernumgebung wird mathematisches Argumentieren im Übergang von der Arithmetik zur Algebra fokussiert. Im Folgenden werden vier Aufgabencharakteristika beschrieben. Die ersten zwei Aspekte greifen die prozessbezogene Kompetenz „Mathematisches Argumentieren" auf, während sich die anderen beiden Aspekte stärker auf inhaltsbezogene Aspekte aus dem Übergang von der Arithmetik zur Algebra konzentrieren.

Bei der Aufgabenkonstruktion werden folgende übergeordnete Charakteristika berücksichtigt:

i)   Aufgaben sollen *Möglichkeiten und Zugänge zum mathematischen Argumentieren* in verschiedenen Repräsentationen bieten (vgl. Abschnitt 3.2.3).

ii) Ein *strategisches Vorgehen* soll beim mathematischen Argumentieren genutzt werden (vgl. Abschnitt 3.2.2).

iii) Die Aufgaben sollen eine *Strukturorientierung* anregen.

iv) Die Aufgaben sollen einen *bedeutungsvollen Umgang mit der algebraischen Symbolsprache* ermöglichen (vgl. Abschnitt 2.4).

Ebenso werden Übungsphasen in den Unterricht integriert, da sie für nachhaltiges Lernen von entscheidender Bedeutung sind (vgl. Wittmann, 2014, S. 214).

i) Möglichkeiten und Zugänge zum mathematischen Argumentieren in verschiedenen Repräsentationen
Um den Schwerpunkten der Unterrichtsumgebung gerecht zu werden, bedarf es an Aufgaben, die zum mathematischen Argumentieren anregen. Dabei sollen *verschiedene Repräsentationen von Argumenten* Anwendung finden (vgl. Abschnitt 2.1.4). In Abschnitt 3.2.3 werden die in der Lernumgebung verwendeten Repräsentationen von Argumenten anhand von Beispielen ausführlich beschrieben.

Eine besondere Rolle beim mathematischen Argumentieren haben *Beispiele*, denn sie können Zugänge zum mathematischen Argumentieren schaffen. Buchbinder und Zaslavsky (2013) haben festgestellt, dass sowohl bestätigende als auch irrelevante und widersprüchliche Beispiele (also Gegenbeispiele) hilfreich sind. Sie können den Denkprozess von Lernenden beim mathematischen Argumentieren anregen. Bestätigende Beispiele verdeutlichen eine mathematische Aussage, aber sind unzureichend für ein vollständiges mathematisches Argument. Irrelevante Beispiele passen nicht zur mathematischen Aussage und sind daher nicht relevant. Beispielsweise ist ein Zahlenbeispiel mit ungeraden Zahlen für eine Aussage über gerade Zahlen irrelevant. Gegenbeispiele widerlegen eine universelle Aussage. In den Aufgaben dieser Lernumgebung sind vor allem bestätigende Beispiele integriert. Es sollen aber auch Gegenbeispiele gefunden werden und von den Schülerinnen und Schülern hervorgebrachte irrelevante Beispiele im Unterrichtsgespräch thematisiert werden.

Über Beispiele können Zugänge und Möglichkeiten zum mathematischen Argumentieren konstruiert werden. Im Übergang von der Arithmetik zur Algebra kann anhand von Zahlenbeispielen (Termen) die Prozess-Produkt Dualität von algebraischer Symbolsprache thematisiert werden, beispielsweise indem arithmetisch-generische Argumente entwickelt werden. In solchen Argumenten können Beispiele zunächst prozessorientiert berechnet werden. Um ein allgemeingültiges Argument zu entwickeln, müssen die mathematischen Strukturen in den Termen wahrgenommen werden und eine produktorientierte Interpretation vorgenommen werden. Wie sich die Prozess-Produkt Dualität konkret in den hervorgebrachten mathematischen Argumenten widerspiegelt und welche Bedeutung ihr in den verschiedenen Repräsentationen zukommt, wird in Ergebniskapitel 8 dieser Arbeit fokussiert.

Fehlendes Wissen seitens der Schülerinnen und Schüler kann den Zugang zum mathematischen Argumentieren erschweren. Heinze (2004) beschreibt, dass Lernende teilweise nicht ausreichend Faktenwissen und/oder Methodenwissen zur Verfügung haben, um ein mathematisches Argument zu konstruieren (vgl. Abschnitt 2.2.4). Laut Heinze (2004) wäre es eine Möglichkeit in Beweis- und

Argumentationsaufgaben zunächst das notwendige Faktenwissen zu thematisieren, damit eine gemeinsame Argumentationsbasis geschaffen wird. So hätten auch Lernende, die zunächst nicht über ausreichendes Faktenwissen verfügen, die Möglichkeit, eine Argumentationsstrategie und anschließend ein logisch aufgebautes Argument zu entwickeln. Es wird somit ein potenzieller Zugang zum mathematischen Argumentieren für alle Schülerinnen und Schüler geschaffen und damit die Teilhabe an kollektiven Argumentationen ermöglicht. Auch bei der Konstruktion dieser Unterrichtseinheit wird berücksichtigt, dass das notwendige Vorwissen für die mathematischen Argumentationen als *gemeinsame Argumentationsbasis* für alle Lernenden verfügbar ist. Dazu werden beispielsweise zu Beginn der ersten Unterrichtsstunde die Charakteristika von geraden und ungeraden Zahlen thematisiert. Außerdem haben die Lehrkräfte in den erhobenen Unterrichtssituationen vor oder während der mathematischen Argumentationen Faktenwissen thematisiert, um ihren Schülerinnen und Schülern die Teilhabe an den gemeinsamen Argumentationsprozessen zu ermöglichen (vgl. Ergebniskapitel 6.2 „Meta Handlungen"). Methodenwissen zum mathematischen Argumentieren wird in dieser Lernumgebung einerseits durch die explizite Thematisierung in Aufgaben (bspw. durch „Wieso reicht ein Beispiel nicht aus, um Maries Aussage zu begründen?") oder im Unterrichtsgespräch fokussiert. Andererseits ist im Zusammenhang mit dem Methodenwissen ein strategisches Vorgehen in den Argumentationsaufgaben integriert (vgl. Abschnitt 3.2.2).

ii) Strategisches Vorgehen beim mathematischen Argumentieren
In den mathematischen Argumentationsaufgaben dieser Lernumgebung ist ein „strategisches Vorgehen" angelegt, um den Schülerinnen und Schülern einen Zugang zum mathematischen Argumentieren zu gewähren. Ausgehend von konkreten Beispielen und deren Analyse sollen mathematische Strukturen fokussiert und in Argumentationen genutzt werden (vgl. Abschnitt 2.1.4 und 2.1.5). Dabei spielt auch algebraisches Denken eine Rolle, etwa beim Abstrahieren oder Generalisieren. Eine ausführliche Darstellung des strategischen Vorgehens beim mathematischen Argumentieren, das in diese Lernumgebung integriert ist, findet sich in einem folgenden Abschnitt (Abschnitt 3.2.2).

iii) Strukturorientierung
Eine Strukturorientierung in den Aufgaben der Lernumgebung soll den Lernenden die Chance bieten, einen Übergang von der Arithmetik zur Algebra zu finden. Zahlen, deren Eigenschaften und Beziehungen und die damit einhergehenden mathematischen Strukturen, sind den Schülerinnen und Schülern schon aus der

Grundschule beziehungsweise der Arithmetik bekannt. Löst man sich von konkreten Zahlen und verallgemeinert, werden ebendiese mathematischen Strukturen in Variablen, Terme und Gleichungen übersetzt. Natürlich ist eine Übertragung nicht einfach oder gar direkt für die Schülerinnen und Schüler (vgl. Abschnitt 2.4), sie kann aber eine Verbindung zwischen Arithmetik und Algebra herstellen. Gleichzeitig werden mathematische Argumentationen durch die Strukturorientierung ermöglicht.

Kieran (2020) beschreibt fünf Charakteristika von Zugängen zur Algebra, die produktiv wirken (vgl. Abschnitt 2.4.4). Diese Charakteristika hängen teilweise eng mit einer Strukturorientierung zusammen. In diese Lernumgebung werden daher Aufgaben integriert, die Verallgemeinerungen beinhalten und es ermöglichen über Gleichheit in relationaler Weise nachzudenken. Auch soll ermöglicht werden, algebraische Ausdrücke und deren mathematische Eigenschaften zu untersuchen, um deren Strukturen für mathematische Argumentationen zu nutzen (vgl. Kieran, 2020). Damit einhergehend ist der Fokus auf Prozesse, Lösungswege und Vorgehensweisen gerichtet, anstatt rein die Produkte, wie beispielsweise Terme, zu betrachten. Auch sollen verschiedene Lösungsansätze von Schülerinnen und Schülern dazu genutzt werden, die in den Termen angelegten mathematischen Strukturen zu betrachten und zu analysieren. Durch die Strukturorientierung kann also auch der Umgang mit der algebraischen Symbolsprache geübt werden. Dabei spielt auch die Prozess-Produkt Dualität von der algebraischen Symbolsprache eine Rolle, wie in Ergebniskapitel 8 dargelegt wird.

iv) Bedeutungsvoller Umgang mit der algebraischen Symbolsprache
In den Aufgaben der Lernumgebung sollen Wechsel zwischen inhaltlichen sowie prozesshaften und kalkülorientierten Deutungen von Variablen stattfinden, um einen bedeutungsvollen Umgang mit der algebraischen Symbolsprache zu ermöglichen. Das heißt, Schülerinnen und Schüler soll die Bedeutung von Variablen zugänglich gemacht werden, sowohl im mathematischen Kontext (bspw. bei Termumformungen) als auch außerhalb (bspw. bei Interpretationen von Termen). Es soll in dieser Lernumgebung ermöglicht werden, dass Schülerinnen und Schüler Variablen nicht nur als „Aneinanderreihung von Zeichen" erfassen (Pedemonte, 2008). Ausgehend von konkreten (Zahlen-)Beispielen und deren Analyse sollen mathematische Strukturen fokussiert und in Argumentationen genutzt werden (siehe auch iii) Strukturorientierung). Dabei spielt die Prozess-Produkt Dualität von der algebraischen Symbolsprache eine besondere Rolle, wie im Ergebniskapitel 8 dieser Arbeit herausgearbeitet wird.

Bereits im Jahre 1993 beschreibt Malle, dass *inhaltliche Interpretationen* und Überlegungen einen besonderen Wert haben, auch wenn sie zu seiner Zeit eher selten im Mathematikunterricht vorkamen:

> „Bevor mit Variablen ‚gerechnet' wird, sollte dem **Aufstellen und Interpretieren von Termen bzw. Formeln** in Sachsituationen mehr Augenmerk gewidmet werden. So einsichtig ein solcher Einstieg auch erscheinen mag, er kommt im derzeitigen Algebraunterricht kaum vor." (H.i.O., Malle, 1993, S. 55)

Durch die „early Algebra" (vgl. Abschnitt 2.4.1) wird versucht, solche Aktivitäten heutzutage schon frühzeitig in den Mathematikunterricht zu integrieren. Daher werden in dieser Lernumgebung inhaltlichen Überlegungen und dem Aufstellen und Interpretieren von Termen hinreichend Raum gegeben. Ein bedeutungsvoller Umgang mit der algebraischen Symbolsprache soll unterstützt werden.

Schon der Fokus im Arithmetikunterricht sollte nicht nur auf dem einfachen Berechnen von Aufgaben liegen, sondern es sollte etwas über Zahlen und deren Zusammenhänge gelernt werden, womit gleichzeitig das relationale Denken entwickelt werden kann (Hefendehl-Hebeker & Schwank, 2015, S. 99). Dies kann eine wichtige Vorarbeit für das algebraische Denken sein und hat gerade im Übergang von der Arithmetik zur Algebra eine besondere Bedeutung. Daher werden auch in dieser Lernumgebung Zahlen und ihre Eigenschaften und Beziehungen fokussiert und deren Begründung angestrebt (siehe auch das Gebiet „Zahlentheorie" in der Mathematik).

3.2.2 Strategisches Vorgehen beim mathematischen Argumentieren

Im folgenden Abschnitt wird das strategische Vorgehen, das in den Aufgaben der Lernumgebung angelegt ist, beschrieben (vgl. Abschnitt 3.2.1 „ii) Strategisches Vorgehen").

In dieser Studie wird ein vierstufiges „**Strategisches Vorgehen beim mathematischen Argumentieren**" (vgl. Tabelle 3.1) benutzt (vgl. Bredow, 2019a), welches ausgehend von den theoretischen Bezügen in Abschnitt 2.2.1 „Mathematische Argumentationen im Mathematikunterricht" (bspw. Boero, 1999) und Überlegungen in Kapitel 3.1 entwickelt wurde:

1. Beobachten
2. Vermuten

3. Analysieren und Abwägen
4. Begründen

Dieses Vorgehen wird nun schrittweise erläutert und mit einem Aufgabenbeispiel verdeutlicht: „Die Summe von drei (natürlichen) Zahlen mit dem Abstand zwei". Dabei ist zu beachten, dass die Phasen zwar durch die jeweiligen Aufgabenstellungen gegliedert sind, stets aber auch Überschneidungen der Phasen in der Bearbeitung möglich sind, da sie eng miteinander verknüpft sind.

In der ersten Phase *Beobachten* werden die Lernenden mit Aufgabenbeispielen zu einem mathematischen Zusammenhang konfrontiert. Das heißt, sie sollen entweder gegebene Beispiele ausrechnen oder sich selbst Zahlenbeispiele zu einer Aufgabe ausdenken und die Lösungen berechnen. Stylianides et al. (2016) heben hervor, dass der Umgang mit Beispielen Lernende in ihren Argumentationen unterstützen kann: „it may support students' argumentation process if a range of examples are provided for their review or if students are encouraged to generate their own examples so that they can determine which features are variant under the given conditions." (Stylianides et al., 2016, S. 323). Wie viele von solchen Beispielen die Schülerinnen und Schüler berechnen sollen, ist offen. Ein Austausch darüber sollte zu Beginn der Unterrichtseinheit von der Lehrkraft initiiert werden. Je nach Aufgabenkontext kann auch eine unterschiedliche Anzahl an Beispielen zielführend sein. Bezogen auf das Aufgabenbeispiel „Die Summe von drei Zahlen mit dem Abstand zwei" sollen die Schülerinnen und Schüler zunächst jeweils drei Zahlen addieren, die den Abstand zwei haben.

Im folgenden Schritt *Vermuten* sollen die Lernenden die zuvor berechneten Beispiele genauer betrachten und analysieren, mit dem Ziel eine allgemeingültige Vermutung zum Aufgabenkontext zu konstruieren. Dazu können beispielsweise die Teilbarkeit von Zahlen oder auch andere mathematische Eigenschaften betrachtet werden. Meyer und Voigt (2009) beschreiben, dass das Beweisbedürfnis von Lernenden in der Regel größer ist, wenn sie die mathematische Vermutung selbst entwickelt haben. Teilweise kann schon beim Entdecken einer mathematischen Aussage eine Idee für die Argumentation gewonnen werden. Daher sollen die Lernenden die Vermutung selbst entdecken. Im Aufgabenbeispiel „Die Summe von drei Zahlen mit dem Abstand zwei" kann beispielsweise entdeckt werden, dass die Summe von drei Zahlen mit dem Abstand zwei immer das Dreifache der mittleren Zahl ist.

Es folgt das *Analysieren und Abwägen*. In dieser Phase sollen die Schülerinnen und Schüler einen Blick auf die Struktur der Beispiele richten, um zu überprüfen, ob ihre Vermutung allgemeingültig ist. Die Analyse der Beispiele kann auf die Konstruktion von einer mathematischen Argumentation vorbereiten. Beispielsweise ist für die Anfertigung von generischen oder algebraischen Argumenten erforderlich, die mathematische Struktur zu erfassen und in Termen auszudrücken (vgl. Abschnitt 2.1.4 und 2.1.5). Auch sollen die Schülerinnen und Schüler in dieser Phase nach Gegenbeispielen zu ihrer Vermutung suchen. Bei der Summe von drei Zahlen mit dem Abstand zwei werden die Lernenden keine Gegenbeispiele zu der oben formulierten Vermutung finden. Falls sie eine falsche oder nicht allgemeingültige Vermutung aufgestellt haben, können Gegenbeispiele gefunden werden. Die Schülerinnen und Schüler können in dieser Phase beispielsweise wahrnehmen, dass die erste Zahl um zwei kleiner ist als die mittlere Zahl und die dritte Zahl um zwei größer ist als die mittlere Zahl. Die Wahrnehmung dieser Beziehung zwischen den Zahlen ist sehr hilfreich, um im nächsten Schritt eine mathematische Argumentation zu formulieren.

In der abschließenden Phase *Begründen* sollen die Schülerinnen und Schüler ihre Vermutung allgemeingültig begründen. Dabei dürfen sie die Repräsentation von ihrem Argument frei wählen. Auch sind innerhalb einer Repräsentation verschiedene Argumente möglich. Man kann beispielsweise narrativ-strukturell begründen, warum die Summe von drei Zahlen mit dem Abstand zwei immer das Dreifache der mittleren Zahl ist: Da die erste Zahl um zwei kleiner ist als die mittlere Zahl und die dritte Zahl um zwei größer ist als die mittlere Zahl, gleichen sich die Abstände zur mittleren Zahl aus (-2 + 2 = 0). Daher ist die Summe immer das Dreifache der mittleren Zahl.

Das hier gewählte Vorgehen bietet einige *Möglichkeiten zur Differenzierung.* Beispielsweise können beim Beobachten Beispiele vorgegeben werden, sodass die Interpretation des Aufgabenkontextes erleichtert wird. Auch können verschiedene Vermutungen präsentiert werden. Die Schülerinnen und Schüler müssen dann abwägen, welche Vermutungen passend sind, beziehungsweise Gegenbeispiele zu nicht allgemeingültigen Vermutungen finden. In anderen Aufgabenkontexten kann es sich anbieten, eine Vermutung vorzugeben und auf die Konstruktion von Begründungen zu fokussieren. In solchen Aufgaben können auch Teile der Argumentationen vorgegeben sein, beispielsweise in Form von Lückentexten, um den Schülerinnen und Schülern zunächst eine Formulierung zu erleichtern. Außerdem wäre es auch möglich, den Beginn von einem Argument vorzugeben, den die Schülerinnen und Schüler vervollständigen sollen. Auch können in solchen Aufgaben fiktive Argumente präsentiert werden, die von den Lernenden hinsichtlich ihrer fachlichen Korrektheit und Vollständigkeit bewertet oder verglichen werden sollen. Ebenso kann der Aufgabenkontext leicht abgewandelt werden, sodass die Schülerinnen und Schüler herausgefordert sind zu reflektieren, was die Änderung

Tabelle 3.1 Strategisches Vorgehen beim mathematischen Argumentieren (Bredow, 2019a)

Phasen und deren Beschreibung	Aufgabenbeispiel: *Die Summe von drei Zahlen mit dem Abstand zwei*
1. **Beobachten**: Lernende sollen mehrere Aufgabenbeispiele berechnen.	Addiere drei Zahlen, die den Abstand zwei haben, wie beispielsweise 8, 10 und 12.
2. **Vermuten**: Lernende sollen die Beispiele betrachten und eine möglichst allgemeingültige Vermutung erstellen.	Was fällt dir auf, welche Besonderheiten gibt es hier? Erstelle eine Vermutung.
3. **Analysieren und Abwägen**: Fokus auf die Struktur der Beispiele. Lernende sollen die Allgemeingültigkeit ihrer Vermutung überprüfen, Erkenntnisse bezüglich der mathematischen Struktur erlangen und Gegenbeispiele finden.	Gilt deine Vermutung immer? Findest du Gegenbeispiele?
4. **Begründen**: Lernende sollen ihre Vermutung allgemeingültig begründen.	Begründe, dass deine Vermutung für die Summe von beliebigen drei Zahlen mit dem Abstand zwei gilt.

bewirkt: Was ändert sich, wenn die Zahlen den Abstand drei haben oder wenn es vier Zahlen sind?

Die von Brunner dargestellten Teilprozesse von schriftlichen Beweisen von Schülerinnen und Schülern (Brunner, 2019; Brunner et al., 2020) haben Ähnlichkeiten mit dem hier präsentierten Vorgehen (vgl. Abschnitt 2.2.1). Bei Brunner wird zwischen dem Erkennen, Beschreiben, Begründen und Verallgemeinern unterschieden. Die ersten zwei Schritte sind inhaltlich identisch, wobei laut Brunner schon im zweiten Schritt die entscheidenden Strukturen beziehungsweise Eigenschaften herausgearbeitet werden. Daher erfolgt anschließend bereits im dritten Teilschritt eine Begründung. Beendet werden solche Prozesse laut Brunner mit dem Verallgemeinern. Eine Generalisierung soll in dem hier präsentierten Vorgehen bereits im dritten Schritt *Analysieren und Abwägen* erfolgen und ist daher in die anschließend konstruierten Argumenten bereits integriert. Anders als bei Brunner wird also zuerst verallgemeinert und dann begründet.

3.2.3 Repräsentationen von Argumenten

Wie bereits im theoretischen Hintergrund dieser Arbeit dargelegt, lassen sich verschiedene Repräsentationen von Argumenten unterscheiden (vgl. Abschnitt 2.1.3

und 2.1.4). Im Schulunterricht im Übergang von der Arithmetik zur Algebra sind vor allem folgende Typen von Argumenten relevant: *empirische, arithmetisch-generische, ikonisch-generische, narrativ-strukturelle und algebraische Argumente* (vgl. Abschnitt 2.1.4). Enaktive Argumente (beispielsweise mit Plättchen) werden in dieser Lernumgebung aufgrund der Jahrgangsstufe nicht fokussiert. Auch werden ikonische Argumente hier hauptsächlich generisch verwendet, also mit Bezug zu einem konkreten (Zahlen-)Beispiel, und nicht strukturell. Dagegen werden narrative Argumente in dieser Lernumgebung losgelöst von Beispielen eingeführt, also strukturell.

Die Aufgaben dieser Lernumgebung sind so konstruiert, dass die Schülerinnen und Schüler mittels verschiedener Repräsentationen argumentieren können. Es kann und soll dabei von der Lehrkraft immer wieder auf einer Metaebene angeregt werden zu reflektieren, welche Repräsentationen in der Aufgabe angemessen sind, und es sollen Vor- und Nachteile einzelner Repräsentationen benannt werden. Anhand von konkreten Beispielen aus der Lernumgebung werden die verschiedenen Repräsentationen im Folgenden voneinander abgegrenzt. Als Beispiel werden Argumente zur Aussage „Die Summe von einer geraden und einer ungeraden Zahl ist immer ungerade" herangezogen.

Einerseits können Schülerinnen und Schüler ein **empirisches Argument** formulieren, beispielsweise arithmetisch-empirisch mittels mehrerer Zahlenbeispiele (vgl. Abschnitt 2.1.4). Da empirische Argumente exemplarisch, aber nicht allgemeingültig sind, werden solche Argumente in der Lernumgebung nicht fokussiert. Lediglich bei nicht gültigen mathematischen Aussagen kann es erforderlich sein, ein Gegenbeispiel zur Widerlegung der Aussage zu benennen. Dennoch werden die Schülerinnen und Schüler in ihren Lösungen vermutlich empirische Argumente formulieren. Solche Argumente können wiederum in unterschiedlichen Repräsentationen dargestellt sein (vgl. Abschnitt 2.1.4).

Ausgehend von Zahlenbeispielen können generische Argumente entwickelt werden. Dazu wird die mathematische Struktur der Beispiele genutzt und dargestellt. Somit stehen die konkreten Beispiele stellvertretend für eine Klasse von Objekten. Im Beispiel in Abbildung 3.1 ist ein **arithmetisch-generisches Argument** dargestellt. Er wird ausgenutzt, dass gerade Zahlen als Produkt von 2 und einer Zahl, und ungerade Zahlen als Produkt von 2 und einer Zahl plus 1 darstellbar sind. Die gerade Zahl 36 wird zu „2·18" und die ungerade Zahl 11 wird zu „2·5 + 1" umgeformt. Die Summe von den beiden Zahlen kann wiederum aufgrund des Distributivgesetzes zu „2 · (5+18) + 1" oder auch „2·23 + 1" umgewandelt werden. Betrachten man nun diesen Term, wird deutlich, dass er eine ungerade Zahl darstellt. Die Summe von 36 und 11 ist also eine ungerade Zahl. Da diese Umformungen auf jegliche Zahlenbeispiele (Summen von einer geraden und einer ungeraden Zahl) übertragbar sind, gilt gleichzeitig auch die allgemeine Aussage „Die Summe von einer geraden und einer ungeraden Zahl ist immer ungerade". Diese Generalisierung ist entscheidend und soll explizit im Unterricht thematisiert werden, um generische Argumente von empirischen Argumenten abzugrenzen.

$$11 + 36 = \underline{(2 \cdot 5 + 1)} + \underline{(2 \cdot 18)} = 2 \cdot 5 + 2 \cdot 18 + 1 = 2 \cdot (5 + 18) + 1 = \underline{2 \cdot 23 + 1} = 47$$

Das kann man immer machen, wenn eine Zahl gerade und eine ungerade ist. Weil man gerade Zahlen immer als das Produkt von 2 und einer Zahl darstellen kann, wie z.B. $36 = 2 \cdot 18$. Und ungerade Zahlen kann man immer als das Produkt von 2 und einer Zahl plus 1 darstellen, wie z.B. $11 = 2 \cdot 5 + 1$. Also gilt die Vermutung: Die Summe von einer geraden und einer ungeraden Zahl ist immer eine ungerade Zahl.

Abbildung 3.1 Arithmetisch-generisches Argument

Wie in der Abbildung erkennbar, wird der Term „$2 \cdot 23 + 1$" in dem generischen Argument berechnet. Diese Berechnung ist für die Argumentation nicht notwendig. Es ist aber denkbar, dass einige Lernende dadurch von der gewünschten Betrachtung der Struktur abgelenkt werden und über eine konkrete Zahl argumentieren oder keine Generalisierung vornehmen.

Ikonisch-generische Argumente nutzen auf eine ähnliche Art die Struktur von einem konkreten Beispiel, um eine allgemeine Aussage zu begründen. Dabei wird aber nicht auf Zahlenbeispiele, sondern auf visuelle Zählobjekte, wie beispielsweise Pünktchen, zurückgegriffen. Bei der Summe von einer geraden und einer ungeraden Zahl kann man die Summanden mittels Zweierreihen darstellen, wobei die ungerade Zahl zusätzlich einen weiteren Punkt hat. Die Teilbarkeit von geraden Zahlen durch zwei, beziehungsweise dass ungerade Zahlen den Rest eins beim Teilen durch zwei lassen, wird verdeutlicht. Im konkreten Beispiel (Abbildung 3.2) ist die Zahl 12 als Pünktchenmuster mit zwei Reihen mit jeweils sechs Pünktchen und die Zahl 7 als Pünktchenmuster mit einer Reihe mit drei Punkten und einer Reihe mit vier Punkten dargestellt. Die Summe setzt sich aus den beiden Summanden zusammen. Das heißt, sie besteht aus einer Reihe mit 9 Punkten und einer Reihe mit 10 Punkten. Da die zwei Reihen der Summe nicht gleich lang sind (vgl. Abbildung 3.2), ist sie nicht durch zwei teilbar und daher eine ungerade Zahl. Analog wie beim arithmetisch-generischen Argument, kann eine solche Darstellung mit jedem beliebigen Paar aus einer geraden und einer ungeraden Zahl konstruiert werden, da alle Paare die benutzten Eigenschaften besitzen.

Daher gilt die allgemeine Aussage „Die Summe von einer geraden und einer ungeraden Zahl ist immer ungerade". Auch bei diesem Argument ist die Generalisierung ein entscheidender Faktor, um ein gültiges Argument zu erzeugen, und ein Rückbezug zur Aussage, die begründet werden soll, erforderlich. Das heißt, man muss interpretieren und benennen, was die Pünktchen verdeutlichen. Auch die visuelle Darstellung (Abbildung 3.2) zeigt ein konkretes Zahlenbeispiel, welches generisch für alle möglichen Kombinationen stehen soll.

Gerade Zahlen kann man zu Zweierreihen gruppieren. Ungerade Zahlen kann man zu Zweierreihen und einem Einzelnen gruppieren. Wenn man eine gerade und eine ungerade Zahl addiert, kann man die beiden Zweierreihen zusammentun und ein Einzelner bleibt wieder übrig. Die Summe ist also eine ungerade Zahl.

Abbildung 3.2 Ikonisch-generisches Argument

Man könnte die Generalisierung in ikonischen Argumenten mit „…" zwischen den Pünktchen ausdrücken, sodass keine feste Anzahl an Pünktchen dargestellt wird. Die Darstellung ist dann unabhängig von einem festen Zahlenbeispiel und stellt ein ikonisch-strukturelles Argument dar (vgl. Abschnitt 2.1.4). Eine solche Darstellung wird in dieser Lernumgebung bewusst nicht forciert, um möglichen strukturellen Argumenten mit Variablen den Raum zu geben.

Ikonisch-generische Argumente hängen eng mit algebraischen Argumenten zusammen:

„Die Kinder können [...] beschreiben, welche Wirkung das Zusammensetzen von Doppelreihen ohne bzw. mit einem einzelnen Plättchen auf die Parität des Ergebnisses hat, und sich klar machen, dass dabei die Länge der Doppelreihen keine Rolle spielt. Der formale Beweis dieses zahlentheoretischen Satzes, der in der Mittelstufe gegeben wird, beruht auf den gleichen Operationen. Er wird nur in einer anderen Sprache, der Sprache der Algebra, formuliert." (Wittmann, 2014, S. 216)

In **algebraischen Argumenten** wird die algebraische Symbolsprache genutzt, um mathematische Aussagen zu begründen. In Abbildung 3.3 ist ein algebraisches Argument zur Summe von einer geraden und einer ungeraden Zahl dargestellt. Aufgrund der Teilbarkeit durch 2 kann man gerade Zahlen als „2·n" darstellen. Weil ungerade Zahlen den Rest eins lassen, kann man sie als „2·m + 1" notieren. Bereits in diesem Schritt findet eine Generalisierung statt, indem mathematische Strukturen genutzt werden. Das algebraische Argument ist somit losgelöst von konkreten Zahlenbeispielen. Nutzt man nun das Distributivgesetz ergibt sich für die Summe der Term „$2 \cdot (n+m) + 1$", welcher eine ungerade Zahl beschreibt. Der Term zeigt, dass die Summe von einer geraden und einer ungeraden Zahl immer ungerade ist. Anders als die generischen Argumente, ist diese Repräsentation nicht auf ein konkretes Zahlenbeispiel bezogen, sondern durch die Verwendung von Variablen schon für eine Klasse von Zahlen gültig. Es findet also keine Generalisierung am Ende der Argumentation, sondern bereits beim Aufstellen eines Terms statt. Am Ende der Argumentation sind aber weiterhin eine Interpretation des entstandenen Terms und ein Rückbezug zur mathematischen Aussage, die begründet werden soll, notwendig.

Gerade Zahlen kann man als $2 \cdot n$ und ungerade Zahlen als $2 \cdot m+1$ aufschreiben. Für die Summe von einer geraden und einer ungeraden Zahl gilt also:

$(2 \cdot n) + (2 \cdot m+1) = 2 \cdot n + 2 \cdot m + 1 = 2 \cdot (n+m) + 1$

Das Ergebnis ist eine ungerade Zahl.

Abbildung 3.3 Algebraisches Argument

Auch ein **narratives Argument** kann begründen, dass die Summe von einer geraden und einer ungeraden Zahl stets ungerade ist. Dabei wird rein sprachlich argumentiert, das heißt ohne visuelle Darstellungen oder Terme. In Abbildung 3.4 ist ein verschriftlichtes narratives Argument dargestellt, welches an das obige algebraische Argument angelehnt ist. Auch in diesem narrativen Argument werden die Eigenschaften und mathematischen Strukturen von geraden und ungeraden Zahlen genutzt, um die allgemeine Aussage zu begründen. Es wird nicht auf ein konkretes Zahlenbeispiel verwiesen, sondern durchgehend verallgemeinernd argumentiert. Das Argument ist damit ein narrativ-strukturelles Argument. Auch narrative Argumente mit Zahlenbeispielen, also narrativ-generische Argumente, können durch die Schülerinnen und Schüler in dieser Lernumgebung konstruiert werden.

> Gerade Zahlen sind Zahlen, die durch zwei geteilt werden können. Ungerade Zahlen lassen den Rest 1, wenn man sie durch zwei teilt. Man kann ungerade Zahlen also zu einer geraden Zahl plus 1 umformen. Also kann man die Summe von einer ungeraden und einer geraden Zahl zu der Summe von zwei geraden Zahl plus 1 umformen. Zwei gerade Zahlen haben den gemeinsamen Faktor zwei. Daher ist das Ergebnis wieder ungerade.

Abbildung 3.4 Narrativ-strukturelles Argument

Mason (1996) beschreibt, dass Lernende als ersten Schritt Beispiele und deren Struktur untersuchen sollen, um im Verlauf allgemeine Argumente mittels algebraischer Symbolsprache entwickeln zu können (vgl. Abschnitt 2.1.5). Damit können empirische Argumente, hin zu arithmetisch-generischen, ikonisch-generischen und narrativen Argumenten und schließlich algebraische Argumente als Entwicklungsstufen angesehen werden. Auch in Brunners (2014a) Phasenmodell vom schulischen Beweisen ist eine solche Stufung angelegt (vgl. Abschnitt 2.2.1). Weitere Ansätze stützen die These, dass algebraisches Denken ausgehend von konkreten arithmetischen Beispielen und der Analyse der Struktur dieser Beispiele angebahnt werden kann (Berlin et al., 2009) und Lernende somit zu gültigen Argumenten geführt werden können. Wie sich die Prozess-Produkt Dualität in solchen Argumenten widerspiegelt und welche Bedeutung ihr zukommt, wird in Ergebniskapitel 8 betrachtet.

3.3   Beschreibung der Aufgaben

Im folgenden Kapitel werden die einzelnen Aufgaben der Lernumgebung beschrieben. Dabei werden sowohl die Schwerpunkte der Doppelstunden (Abschnitt 3.1) als auch die übergeordneten Charakteristika der Aufgaben (Abschnitt 3.2) einbezogen. Da in dieser Lernumgebung ein Fokus auf dem Lernen *vom* mathematischen Argumentieren im Übergang von der Arithmetik zur Algebra liegt, wird in den Beschreibungen der Aufgaben auf das mathematische Argumentieren fokussiert. Dabei werden immer wieder auch Besonderheiten des Übergangs von der Arithmetik zur Algebra aufgegriffen.

In der Lernumgebung werden sieben verschiedene Arbeitsblätter mit mehreren Aufgaben genutzt. Im Folgenden wird zunächst ein Überblick über die Arbeitsblätter gegeben. Anschließend werden die Foki und Aufgaben der für die vorliegende Arbeit relevanten Arbeitsblätter detailliert beschrieben und Differenzierungsmöglichkeiten benannt.

AB 1: Summe von zwei Zahlen
AB 2: Gesetzmäßigkeiten bei Zahlen
AB 3: Rechendreiecke kennenlernen
AB 4: Veränderungen in Rechendreiecken 1
AB 5: Veränderungen in Rechendreiecken 2
AB 6: Die etwas anderen Rechendreiecke
AB 7: Sinas Strategie – Strategie zum Lösen von Rechendreiecken mit gegebenen Seiten

Der Schwerpunkt der ersten Doppelstunde ist das Kennenlernen von verschiedenen Repräsentationen beim mathematischen Argumentieren im Übergang von der Arithmetik zur Algebra (vgl. Abschnitt 3.1). Die ersten zwei Arbeitsblätter sollen daher zunächst eine Einführung in das mathematische Argumentieren mittels simpler Argumentationsaufgaben schaffen, die thematisch im Übergang von der Arithmetik zur Algebra verortet sind (bspw. Aussagen über Paritäten von Summen). Auf dem Arbeitsblatt 1 werden vier Repräsentationen von mathematischen Argumenten eingeführt (AB 1, vgl. Schwerpunkt Stunde 1 in Abschnitt 3.1). Mit dieser Grundlage können die Lernenden anschließend in der zweiten Doppelstunde selbstständig mathematische Argumente entwickeln (AB 2). Anhand von Arbeitsblatt 2 wird zudem die Allgemeingültigkeit von Begründungen erkundet und ein strategisches Vorgehen beim mathematischen Argumentieren herausgearbeitet (vgl. Schwerpunkt Stunde 2 in Abschnitt 3.1).

In Doppelstunde 3 soll eine Übung stattfinden, um verschiedene Begründungen und das „strategische Vorgehen" beim mathematischen Argumentieren zu üben (vgl. Schwerpunkt Stunde 3 in Abschnitt 3.1 und 3.2.2). Es wird ein neuer Argumentationskontext eingeführt – Rechendreiecke (Wittmann, 1985; Siebel, 2010) damit ein Transfer der kennengelernten mathematischen Argumente ermöglicht wird. Das dritte Arbeitsblatt fokussiert den Aufbau von Rechendreiecken und Lösungsstrategien für Rechendreiecke. Auf dem Arbeitsblatt vier beziehungsweise fünf wird die multiplikative beziehungsweise additive Veränderung in drei Rechendreiecken untersucht, welche weitere elementare Begründungen erlauben, und mathematische Argumentationen in diesem Kontext entwickelt.

Abschließend werden auf den Arbeitsblättern sechs und sieben weiterführende Argumentationsaufgaben im Kontext der Rechendreiecke thematisiert. Es findet eine Vertiefung statt (vgl. Schwerpunkt Stunde 4 in Abschnitt 3.1). Die Schülerinnen und Schüler sollen eigenständig anspruchsvolle mathematische Argumentationen entwickeln. Dabei sollen auch verschiedene Argumente und Begründungsansätze miteinander verglichen werden, wobei vor allem algebraische Argumente fokussiert werden.

Im Forschungsprojekt wurden die Bearbeitungen von allen sieben Arbeitsblättern und die zugehörigen Unterrichtssituationen analysiert. Dabei konnten insgesamt N = 119 mathematische Argumente rekonstruiert und diverse Lehrkrafthandlungen identifiziert werden. Für diese Dissertation sind eine Fokussierung und eine Datenreduktion notwendig. Es hat sich gezeigt, dass bereits mit den fünf Aufgaben auf den ersten zwei Arbeitsblättern vielfältige und reichhaltige mathematische Argumente (N = 79) und diverse Lehrkrafthandlungen rekonstruiert werden können. In dieser Dissertation wird daher auf die ersten zwei Arbeitsblätter mit fünf Argumentationsaufgaben fokussiert (AB 1 und AB 2). Die Beschreibungen der restlichen fünf Arbeitsblätter (AB 3 bis AB 7) mit insgesamt fünf Argumentationsaufgaben können bei der Autorin angefragt werden. Zukünftige Publikationen werden auch den Kontext der Rechendreiecke fokussieren.

Arbeitsblatt 1 „Summe von zwei Zahlen"

Vorbereitend soll zu Beginn der Unterrichtseinheit eine *Einführung und Motivation* für die Schülerinnen und Schüler geschaffen werden, mathematische Entdeckungen zu machen und Zahlen zu erforschen. Auch werden die Charakteristika von geraden und ungeraden Zahlen thematisiert beziehungsweise wiederholt, um deren Eigenschaften für folgende Argumentationen nutzen zu können. Die Teilbarkeit von geraden Zahlen durch zwei ist ein notwendiges Vorwissen, um in jeglichen Repräsentationen gerade Zahlen darstellen zu können (sowohl für die Konstruktion von Zahltermen und Termen mit Variablen als auch für ikonische Darstellungen).

Auf dem Arbeitsblatt 1 sind zwei Aufgaben zu finden. Das Ziel der ersten Aufgabe *„Die Summe von einer geraden und einer ungeraden Zahl"* ist, dass die Lernenden ausgehend von Berechnungen von Aufgabenpäckchen Vermutungen aufstellen. Bewusst wird hier eine einfache mathematische Aussage gewählt, da die Lernenden noch keine oder nur wenige Vorkenntnisse zum und Vorerfahrungen mit dem mathematischen Argumentieren haben. Anschließend sollen die Schülerinnen und Schüler ihre selbst gefundene Vermutung reflektieren und versuchen ein Gegenbeispiel zu finden (vgl. Phase 3 des strategischen Vorgehens, Abschnitt 3.2.2). Die Lehrkraft kann durch Impulse, wie beispielsweise „Woher wissen wir dann, dass es wirklich für alle Beispiele gilt und nicht nur für diese?", die Schülerinnen und Schüler anregen, schon hier erste Ideen für ein mathematisches Argument zu liefern. Nachfolgend werden den Lernenden auf dem Arbeitsblatt *vier mathematische Argumente in verschiedenen Repräsentationen* zu der Vermutung, dass die Summe von einer geraden und einer ungeraden Zahl eine ungerade Zahl ist, präsentiert (vgl. Charakteristika der Aufgaben „i) Möglichkeiten und Zugänge zum mathematischen Argumentieren in verschiedenen Repräsentationen", Abschnitt 3.2 und Abschnitt 3.2.3). Die Schülerinnen und Schüler sollen die Argumente in den verschiedenen Repräsentationen nachvollziehen. Dazu können die Argumente auch in einem Klassengespräch thematisiert werden. Dabei kann die Lehrkraft die Schülerinnen und Schüler dazu auffordern, in eigenen Worten die Argumente wiederzugeben oder Legitimationen für einzelne Umformungsschritte hinterfragen. Ein bedeutungsvoller Umgang mit der algebraischen Symbolsprache kann angeregt werden, indem die Termumformungen betrachtet werden und die Terme interpretiert werden (vgl. Charakteristika der Aufgaben, Abschnitt 3.2). Auch kann diskutiert werden, welche mathematische Aussage mit den Argumenten eigentlich gezeigt wird, wodurch die Generalisierungen, die in den Argumenten angelegt sind, explizit thematisiert werden können. Somit wird algebraisches Denken initiiert. Auch ist die Prozess-Produkt Dualität in solchen Argumentationsprozessen von Bedeutung (vgl. Ergebniskapitel 8).

In der zweiten Aufgabe *„Die Summe von zwei geraden Zahlen"* sollen die Schülerinnen und Schüler nun entlang des strategischen Vorgehens (Abschnitt 3.2.2) eigenständig ihre konstruierten Vermutungen begründen. Sie können sich an den mathematischen Argumenten auf dem ersten Arbeitsblatt orientieren, wobei sie aber eigenständig eine Repräsentation wählen dürfen. Dies ist insbesondere in Phase 4 des strategischen Vorgehens ein entscheidendes Moment (vgl. Abschnitt 3.2.2 und 3.2.3). Als Zusatzaufgabe können Lernende weitere mathematische Argumente (in anderen Repräsentationen) konstruieren. Bei der Konstruktion von mathematischen Argumenten sind verschiedene algebraische Denkhandlungen von Bedeutung, wie etwa das Abstrahieren oder Generalisieren (vgl. Abschnitt 2.4.1). In einem anschließenden Klassengespräch sollen nun die mathematischen Argumente der Lernenden präsentiert werden. Dabei kann die Lehrkraft dazu anregen, einzelne Schritte genau zu erläutern oder sich gegenseitiges Feedback zu geben. Die Verantwortung über die Korrektheit von Argumenten kann sie dadurch auch auf die Schülerinnen und Schüler übertragen, indem diese sich gegenseitig korrigieren oder bestätigen. Ebenfalls kann ein Austausch über die Bedeutung von den arithmetischen und algebraischen Termen durch die Lehrkraft initiiert werden, was insbesondere für die Aushandlung der Prozess-Produkt Dualität von mathematischen Objekten von Bedeutung ist.

Arbeitsblatt 2 „Gesetzmäßigkeiten bei Zahlen"
Das zweite Arbeitsblatt besteht aus drei Aufgaben und einer Zusatzaufgabe. Ziel ist es, dass die Schülerinnen und Schüler die Allgemeingültigkeit und Reichweite von mathematischen Argumenten erkunden und ausgehend von den Argumentationsaufgaben ein strategisches Vorgehen (vgl. Abschnitt 3.2.2) herausarbeiten. Diese beiden Punkte sind wichtiges *Methodenwissen* für zukünftige mathematische Argumentationen. Die Schülerinnen und Schüler sollen die Erfahrung machen, dass ein einziges Gegenbeispiel ausreicht, um eine Aussage zu widerlegen, und dass eine vollständig begründete Aussage immer gültig ist (vgl. Brunner, 2014, S. 88). Gleichzeitig wird in den mathematischen Argumentationen der Schülerinnen und Schüler immer wieder die Nutzung von mathematischen Eigenschaften und Strukturen erforderlich (vgl. Charakteristika der Aufgaben „iii) Strukturorientierung", Abschnitt 3.2). Die Aufgaben bieten auch eine Lerngelegenheit zum Umgang mit Termen und der algebraischen Symbolsprache.

In der ersten Aufgabe wird die *Behauptung von Paul „Das Produkt von zwei geraden Zahlen ist durch 8 teilbar"* analysiert. Dabei werden den Schülerinnen und Schülern auf dem Arbeitsblatt zwei Zahlenbeispiele präsentiert, bei denen die Aussage zutrifft. Die Schülerinnen und Schüler sollen daraufhin die Aussage von Paul kontrollieren und versuchen, Gegenbeispiele zu finden (Phase 3 des strategischen Vorgehens, Abschnitt 3.2.2). Anschließend sollen sie entscheiden, ob Pauls Behauptung richtig ist und sie begründen beziehungsweise widerlegen. Sie sind aufgefordert eine Rückmeldung an Paul zu geben. Bei dieser Aufgabe werden die Lernenden also mit einer mathematisch falschen Aussage konfrontiert und lernen, dass es nicht genügt zwei passende Beispiele zu finden. Es ist dagegen ausreichend *ein* Gegenbeispiel zu finden, um eine *Widerlegung* zu formulieren. Auch wäre es möglich die Aussage mit einem algebraischen Term zu widerlegen, wie etwa „$2n \cdot 2m = 4nm$".

Durch die zweite Aufgabe soll die Reichweite beziehungsweise Allgemeingültigkeit von Argumenten mit Beispielen hinterfragt werden. Hierzu wird *Maries Behauptung „Wenn man zwei ungerade Zahlen addiert, ist das Ergebnis immer gerade"* analysiert. Es werden ebenfalls zwei passende Zahlenbeispiele geliefert, die Aussage soll kontrolliert und Gegenbeispiele gesucht werden (Phase 3 des strategischen Vorgehens, Abschnitt 3.2.2). Die Schülerinnen und Schüler werden daraufhin gefragt: „Warum genügen einige Beispiele, die die Aussage von Marie bestätigen, nicht für eine Begründung aus?". Ziel ist es, dass die Lernenden herausarbeiten, dass es in der Mathematik immer möglich ist, dass es Ausnahmen gibt. Daher ist ein allgemeingültiges Argument erforderlich, um eine allgemeine mathematische Aussage zu begründen. Anschließend sollen die Schülerinnen und

Schüler ein mathematisches Argument für Maries Behauptung formulieren, wobei sie sich die Repräsentation aussuchen können, um verschiedene Zugänge zum mathematischen Argumentieren zu ermöglichen (vgl. Charakteristika der Aufgaben „i) Möglichkeiten und Zugänge zum mathematischen Argumentieren in verschiedenen Repräsentationen", Abschnitt 3.2; Phase 4 des strategischen Vorgehens, Abschnitt 3.2.2). Dabei können Vorstellungen zu Termen, zu Variablen und zur algebraischen Symbolsprache aufgebaut werden. Auch sind algebraische Denkhandlungen, wie das Generalisieren, eingebunden (vgl. Abschnitt 2.4.1).

Die dritte Aufgabe soll nun die Ablösung von geraden und ungerade Zahlen (beziehungsweise Paritäten von Zahlen) einleiten. *„Die Summe von drei aufeinanderfolgenden natürlichen Zahlen"* soll anhand des strategischen Vorgehens untersucht werden: Aufgabenpäckchen (vgl. Abbildung 3.5) berechnen, Vermutungen erstellen, versuchen Gegenbeispiele zu suchen und eine Begründung entwickeln (vgl. Phase 1–4 des strategischen Vorgehens, Abschnitt 3.2.2). In dieser Aufgabe ist es möglich, verschiedene Zahlbeziehungen zu entdecken und Vermutungen zu erstellen. Beispielsweise kann einerseits erkannt werden, dass die Summe durch drei teilbar ist, oder anderseits auch, dass die Summe immer das Dreifache der ersten Zahl addiert mit drei ist. Aber auch mathematisch weniger relevante, da nicht allgemeingültige Vermutungen, können formuliert werden, wie beispielsweise „Die Summen in den Päckchen werden immer 9 größer.".[1]

Abbildung 3.5
Aufgabenpäckchen zur
Summe von drei
aufeinanderfolgenden
natürlichen Zahlen

3+4+5=	2+3+4=	1+2+3=
6+7+8=	5+6+7=	4+5+6=
9+10+11=	8+9+10=	7+8+9=
12+13+14=	11+12+13=	10+11+12=

Im Klassengespräch sollen die verschiedenen Vermutungen der Schülerinnen und Schüler gesammelt werden. Dabei soll untersucht werden, welche Vermutungen gleich sind, also nur unterschiedlich formuliert worden sind. Ein Impuls der Lehrkraft, wie beispielsweise „Welche Vermutung lohnt es sich zu beweisen?", kann die Schülerinnen und Schüler dazu anregen, zu hinterfragen, welche Aussagen nur für einige Beispiele gelten und welche wiederum für alle Summen von drei aufeinanderfolgenden natürlichen Zahlen gelten. Anschließend können im Klassengespräch die zuvor konstruierten mathematischen Argumente der Schülerinnen und Schüler präsentiert werden. Die Verwendung der Terme „2·n" beziehungsweise „2·m + 1" ist nun nicht mehr zielführend. Ein algebraisches Argument zu formulieren, ist mit einer Herausforderung verknüpft,

---

[1] Die Aufgabenpäckchen sind so konstruiert, dass die Summanden pro Zeile um drei erhöht werden und somit die Summe immer neun größer ist.

da es nun nicht mehr um gerade beziehungsweise ungerade Zahlen geht, sondern die Struktur von drei aufeinanderfolgenden Zahlen verdeutlicht werden muss (vgl. Charakteristika der Aufgaben „iii) Strukturorientierung", Abschnitt 3.2 und Abschnitt 3.2.2). Diese Problematik kann die Lehrkraft explizit im Unterrichtsgespräch diskutieren und gegebenenfalls kann gemeinsam ein Term erarbeitet werden.

Nachdem diese Aufgaben thematisiert wurden, kann die Lehrkraft in einem Unterrichtsgespräch zudem auf einer Metaebene anregen, über die bisherigen Aufgaben und die Erfahrungen der Schülerinnen und Schüler beim mathematischen Argumentieren zu diskutieren. Dabei sollen die Erkenntnisse zusammengefasst werden und eine Strategie, wie man Argumentationsaufgaben bearbeiten kann, gesichert werden (vgl. Charakteristika der Aufgaben „ii) Strategisches Vorgehen", Abschnitt 3.2 und Abschnitt 3.2.2). Die Schülerinnen und Schüler sollen erkennen, dass mathematische Argumente, die allgemeingültig formuliert sind, in verschiedenen Repräsentationen präsentiert sein können. Je nach mathematischer Aussage bieten sich aber unterschiedliche Darstellungen an. In diesem Gespräch kann auch ein Blick auf die Bedeutung von Variablen in den mathematischen Argumenten gerichtet werden. Zusätzlich soll im Unterrichtsgespräch ein strategisches Vorgehen zur Bearbeitung von Argumentationsaufgaben herausgearbeitet werden. Die Lernenden sollen erkennen, dass man zunächst beobachtet, vermutet, analysiert und abwägt, um schließlich ein mathematisches Argument zu konstruieren (vgl. Strategisches Vorgehen, Abschnitt 3.2.2). Bei einer Widerlegung von einer Aussage reicht dagegen ein Gegenbeispiel aus.

In der Zusatzaufgabe wird „Die Summe von drei Zahlen mit dem Abstand zwei" entlang des strategischen Vorgehens zum mathematischen Argumentieren (Abschnitt 3.2.2) betrachtet. Auch bei dieser Aufgabe können die Schülerinnen und Schüler verschiedene Vermutungen erstellen. Die mathematische Struktur mit Variablen auszudrücken, also einen algebraischen Term aufzustellen, kann eine Herausforderung darstellen.

3.4   Rolle der Lehrkraft

Im folgenden Kapitel wird die Rolle der Lehrkraft in dieser Lernumgebung hervorgehoben, da sie den Forschungsschwerpunkt in dieser Arbeit darstellt. Beim mathematischen Argumentieren im Übergang von der Arithmetik zur Algebra haben Lehrkräfte eine Vielzahl an Aufgaben und sind mit diversen Herausforderungen konfrontiert (vgl. Abschnitt 2.4.4).

Die Lehrkraft ist im Mathematikunterricht aufgefordert, eigene Anforderungen und Erwartungen an die Schülerinnen und Schüler explizit und transparent zu benennen (McCrone, 2005). Beispielsweise können Lehrkräfte eine *Begründungshaltung bei den Schülerinnen und Schülern angewöhnen*, indem sie die Lernenden immer wieder auffordern zu begründen (Malle, 2002) und die Begründungen anderer einzufordern: „asking students to provide warrants can establish norms (i.e., classroom practices that have become usual or expected) such that students provide warrants more autonomously." (Singletary & Conner 2015, S. 146). Daher sind in die Verlaufspläne der Unterrichtsstunden mögliche Unterstützungen diesbezüglich für Lehrkräfte integriert worden (bspw. Fragen).

Auch können Lehrerinnen und Lehrer eine Argumentationskultur in ihrem Unterricht etablieren, in der sich die Schülerinnen und Schüler eigenständig an mathematischen Argumentationen beteiligen. Laut Yackel und Cobb (1996) sollen die *Lernenden als gleichberechtigte Partizipierende und Mitverantwortliche* in das Gespräch integriert sein. Nicht nur die Lehrkraft, sondern auch die Lernenden sollen für die Überprüfung der Korrektheit und Gültigkeit von Aussagen verantwortlich sein. Eine Lehrkraft kann den Schülerinnen und Schülern Räume geben, um ebendies selbst zu überprüfen und zu verantworten. In dieser Lernumgebung kann die Lehrkraft immer wieder Argumentationsprozesse initiieren und dabei Verantwortung auf die Schülerinnen und Schüler übertragen, indem sie sie etwa nach Evaluationen fragt, um Lerngelegenheiten zum mathematischen Argumentieren zu schaffen. In diesem Kontext ist die Etablierung von einer gemeinsamen Argumentationsbasis unumgänglich, wenn auch herausfordernd für alle Beteiligten.

Außerdem ist es entscheidend, mit einer solchen Argumentationskultur einerseits die Heterogenität der Lernenden zu berücksichtigen, andererseits aber auch *fachliches Lernen* (bspw. Begriffe, Rechengesetzte, etc.) zu ermöglichen. Der inhaltliche Fokus der Lernumgebung, der Übergang von der Arithmetik zur Algebra, erfordert ein sensibles Handeln der Lehrkraft. Beispielsweise ist die Wahrnehmung von Gleichwertigkeit eine große Herausforderung für Schülerinnen und Schüler. Sie erfordert Lehrkraft-Interventionen und passende Aufgaben (Kieran, 2020, S. 40). Die Lernenden brauchen Zeit, um vom Ausrechnen hin zu einer Betrachtung und Darstellung von Beziehungen zu gelangen, um schließlich Operationen mit diesen Darstellungen durchzuführen (Kieran, 2020). Nur die Lehrkraft kann ihnen diese Zeit im Unterricht gewähren. Gleichzeitig muss im Mathematikunterricht ausreichend Zeit für den Übergang zu einer symbolischen, algebraischen Schreibweise gegeben werden: „[...] the transition from nonsymbolic to symbolic algebraic thinking is a long-term process that requires a certain sensitivity and ability to notice and listen on the part of teachers." (Kieran 2020,

S. 41). Um die angestrebte Strukturorientierung zu ermöglichen, kann die Lehr-
kraft gezielte Hinweise geben und Fragen stellen, damit Schülerinnen und Schüler
Zahleigenschaften und -beziehungen erkennen, anstatt Schemata abzuarbeiten
(vgl. Link, 2012). Weitere didaktische Konzepte finden sich im theoretischen
Hintergrund dieser Arbeit, beispielsweise in Abschnitt 2.4.5 „Mathematisches
Argumentieren im Übergang".

Präsentation der Lernumgebung für die Lehrkräfte
Die Lernumgebung zum mathematischen Argumentieren im Übergang von der
Arithmetik zur Algebra wurde den beteiligten Lehrkräften im Anschluss an die
Interviews zu ihren Vorstellungen zum mathematischen Argumentieren und zur
Prozess-Produkt Dualität vorgestellt. Die Lehrkräfte haben dazu die Arbeitsblät-
ter, Lösungen für die Arbeitsblätter und folgende, gestufte Dokumente erhalten:
1) Übersicht über die Unterrichtseinheit, 2) Schwerpunkte in den Doppelstunden
und 3) detaillierte Unterrichtsverlaufsplanung.

1) Übersicht über die Unterrichtseinheit: Die Lehrkräfte erhalten einen kurzen
Überblick über die Themen und Schwerpunkte der konzipierten Unterrichtsstunden (ca. eine halbe Seite). Damit sollen sie einen ersten Einblick gewinnen, was in
der Lernumgebung thematisiert wird. Auch ist das benötigte Vorwissen der Schülerinnen und Schüler in Stichpunkten benannt. Zusätzlich werden den Lehrkräften
die konstruierten Arbeitsblätter und die Lösungen der Aufgaben ausgehändigt.

2) Schwerpunkte in den Doppelstunden: In diesem Dokument erhalten die Lehrkräfte einen umfassenden Überblick über die Lernumgebung und die einzelnen
Doppelstunden. Für jede der vier Doppelstunden werden Ziele aufgeführt und
die Aufgaben inklusive Hauptideen benannt. Zusätzlich sind Kommentierungen
zu den Arbeitsaufträgen enthalten.

3) Detaillierte Unterrichtsverlaufsplanung für die einzelnen Stunden der Lernumgebung: In diesen Verlaufsplänen sind Informationen zu der Zeitplanung, Lehr-
und Lernaktivitäten, mögliche Fragen und Impulse der Lehrkraft, methodisch-
didaktische Kommentierungen und die gewählten Arbeits- und Sozialformen
beschrieben. Ebenfalls werden eine didaktische Reserve und die benötigten
Materialien benannt.

In einem begleitenden Gespräch ist den Lehrkräften ein Einblick in das Forschungsinteresse dieser Studie gegeben worden. Um den Lehrkräften zu verdeutlichen, welche Äußerungen und Handlungen untersucht werden, wurden
ihnen *mögliche Unterstützungen von mathematischen Argumentationen* vorgestellt.

Dazu haben die Lehrkräfte eine Tabelle (Tabelle 3.2) erhalten, die aus dem Forschungsstand erarbeitet wurde (vgl. Abschnitt 2.3.3).

Tabelle 3.2   Mögliche Unterstützungen von mathematischen Argumentationen im Übergang von der Arithmetik zur Algebra (Conner et al., 2014; Cusi & Malara, 2009; Singletary & Conner, 2015)

Kategorie	Beschreibung und Subkategorie
Fragen stellen	Nach einem mathematischen *Fakt*
	Eine *Methode* zu demonstrieren oder theoretisch zu beschreiben
	Ideen zu finden, zu vergleichen oder zu ordnen
	Nach einer *Elaboration* oder *Reflexion* einer Idee oder Aussage
	Nach einer *Evaluation* einer math. Aussage
Andere unterstützende Aktivitäten	Gespräch bzw. math. Erkundung *fokussieren oder lenken*
	Aussagen der SuS *aufeinander beziehen*
	Schülerinnen und Schüler *bestärken*
	Bewerten von Aussagen oder gewählten Methoden
	Informationen für das Argument geben
	Aussagen *wiederholen*
	Fachsprache ergänzen
Teile des Arguments einbringen	*Vermutung/ Behauptung* vorgeben
	Argument *vervollständigen*
	Ausnahmen ergänzen

Bei der empirischen Umsetzung der Lernumgebung ist es den Lehrkräften freigestellt, die Lernumgebung für ihre Klassen anzupassen (vgl. folgendes Kapitel 4). Die Lehrkräfte können somit ihre Routinen beibehalten und die spezifischen Bedingungen in den Klassen berücksichtigen. Die grundlegenden Ideen und Charakteristika der Aufgaben sollen dabei erhalten bleiben, wohingegen die Schwerpunkte der Doppelstunden flexibel behandelt werden können. Die Unterrichtsverlaufspläne sind als ein Vorschlag zur Durchführung zu verstehen.

Methodologie und Methoden

4

Ausgehend vom theoretischen Hintergrund dieser Arbeit (Kapitel 2) und den übergeordneten Forschungsfragen werden in den folgenden Kapiteln der methodologische Ansatz und das methodische Vorgehen dieser Studie zur Rolle der Lehrkraft beim mathematischen Argumentieren dargestellt.

Im folgenden Abschnitt (Abschnitt 4.1) werden zunächst die Forschungsfragen dieser Untersuchung ausformuliert und spezifiziert, die sich aus den vorangegangenen theoretischen Überlegungen und den übergeordneten Forschungsfragen ergeben. Anschließend werden die grundlegenden methodologischen Überlegungen (Methodologie) dieser Studie in Abschnitt 4.2 dargestellt. Danach wird das zweigliedrige Untersuchungsdesign präsentiert, woraus sich die Gliederung der folgenden Kapitel zum konkreten methodischen Vorgehen ableitet. In Abschnitt 4.3 wird das methodische Vorgehen bezüglich der Interviews mit den Lehrkräften beschrieben (Konstruktion der Interviewleitfäden, Datenerhebung und Datenaufbereitung, Datenauswertung, Güte und Qualitätssicherung). Das Abschnitt 4.4 widmet sich den Unterrichtssituationen und ihrer aufwendigen und vielschichtigen Auswertung.

4.1 Ausdifferenzierung der Fragestellung

Im folgenden Kapitel werden die übergeordneten Forschungsfragen dieser Arbeit (vgl. Kapitel 1 „Einleitung") ausgehend von den theoretischen Überlegungen ausdifferenziert. Die Reihenfolge der Forschungsfragen ist am Design der Studie und dem Aufbau der Arbeit orientiert und daher anders als in der Einleitung.

© Der/die Autor(en), exklusiv lizenziert an Springer Fachmedien Wiesbaden GmbH, ein Teil von Springer Nature 2023
F. Bredow, *Mathematisches Argumentieren im Übergang von der Arithmetik zur Algebra*, Perspektiven der Mathematikdidaktik,
https://doi.org/10.1007/978-3-658-42462-6_4

Bei der Realisierung von mathematischen Argumentationen im alltäglichen Unterricht sind die fachlichen Vorstellungen und Erfahrungen der Lehrkräfte von Bedeutung (vgl. Abschnitt 2.2). Lehrkräfte handeln aufgrund ihrer Vorerfahrungen und bringen ihre fachlichen Vorstellungen in das Unterrichtsgespräch ein. In dieser Studie wird daher neben den Unterrichtssituationen, die im Fokus der Untersuchung stehen, ein Blick auf die Vorstellungen und Erfahrungen der beteiligten Lehrkräfte in Bezug auf mathematisches Argumentieren und die Prozess-Produkt Dualität von algebraischer Symbolsprache gelegt. Einerseits wird auf die Vorstellungen der Lehrkräfte zum mathematischen Argumentieren fokussiert, welche Erwartungen sie an ihre Schülerinnen und Schüler haben und wie sie mathematische Argumentationen in den Unterricht einbinden (Forschungsfrage 1.1). Andererseits werden die Vorstellungen der beteiligten Lehrkräfte in Bezug auf die Prozess-Produkt Dualität von algebraischer Symbolsprache betrachtet, die eine besondere Herausforderung im Übergang von der Arithmetik zur Algebra darstellt. Dabei wird herausgearbeitet, ob und wie die Lehrkräfte diese Dualität wahrnehmen und wie die Lehrkräfte sie in ihren Unterricht einbinden (Forschungsfrage 1.2).

Forschungsfrage 1: Welche Vorstellungen und welche Erfahrungen haben die an der Studie teilnehmenden Lehrkräfte zum mathematischen Argumentieren? Welche Vorstellungen haben sie zur Prozess-Produkt Dualität von algebraischer Symbolsprache?

1.1 Welche Vorstellungen haben die Lehrkräfte zum mathematischen Argumentieren und zur Rolle von Schülerinnen und Schülern dabei?

1.2 Wie charakterisieren die Lehrkräfte die Prozess-Produkt Dualität algebraischer Symbolsprache? Wie ist diese Dualität in der Wahrnehmung der Lehrkräfte in ihren Unterricht eingebunden?

Die zweite Forschungsfrage fokussiert auf die Rolle der Lehrkraft beim mathematischen Argumentieren im Übergang von der Arithmetik zur Algebra. Lehrkräfte haben einen entscheidenden Einfluss, ob und wie mathematische Argumentationen im Unterricht gelingen (vgl. Schwarz et al., 2006; Yackel, 2002). Im Mathematikunterricht ist es in der Regel die Lehrkraft, die mathematische Argumentationen initiiert und diese Argumentationsprozesse rahmt, um den Schülerinnen und Schülern eine Teilhabe an und eine Konstruktion von mathematischen Argumentationen zu ermöglichen. In dieser Studie wird daher herausgearbeitet, durch welche Aktivitäten und Handlungen die Lehrkraft mathematische Argumentationsprozesse im Übergang von der Arithmetik zur Algebra rahmt (Forschungsfrage 2.1). Da mathematische Argumentationen diskursiv angelegt sind, werden die Handlungen der Lehrkräfte vor dem Hintergrund der Interaktionen zwischen den Beteiligten betrachtet. Schülerinnen und Schüler unterstützen sich immer wieder wechselseitig beim mathematischen Argumentieren, ohne das Lehrkräfte interagieren. Daher muss auch die Interaktion zwischen den Schülerinnen und Schülern in den mathematischen Argumentationen betrachtet werden (Forschungsfrage 2.2). Dabei wird aber auch der Zusammenhang zwischen den gegenseitigen Unterstützungen der Schülerinnen und Schülern und den Äußerungen und Handlungen der Lehrkräfte in den mathematischen Argumentationen in dieser Arbeit fokussiert (Forschungsfrage 2.3). Ohne eine Analyse der Interaktion zwischen den Schülerinnen und Schülern, wäre es nur bedingt möglich die stattfindenden Interaktionen im Klassenraum und vor allem die Rolle der Lehrkraft in solchen Prozessen zu verstehen.

Forschungsfrage 2: Welche Rolle spielt die Lehrkraft bei der Entwicklung von mathematischen Argumentationen im Übergang von der Arithmetik zur Algebra?

2.1. Durch welche Handlungen (und Nicht-Handlungen) der Lehrkraft werden mathematische Argumentationsprozesse im Übergang von der Arithmetik zur Algebra in Klassengesprächen gerahmt?

2.2. Mit welchen Handlungen unterstützen sich die Schülerinnen und Schüler in mathematischen Argumentationsprozessen gegenseitig?

2.3. Wie wirken sich Interaktionen (von Schülerinnen und Schülern) auf die Handlungen der Lehrkraft in mathematischen Argumentationsprozessen aus?

Neben den Argumentationsprozessen werden auch die im Mathematikunterricht hervorgebrachten Produkte, die *mathematischen Argumente* betrachtet. Mathematische Argumente im Übergang von der Arithmetik zur Algebra können vielfältig sein und werden in den Argumentationsprozessen gemeinsam ausgehandelt. Beispielsweise kann man mathematische Argumente bezüglich ihrer Repräsentation und dem Einbezug von Beispielen unterscheiden (vgl. Abschnitt 2.1). In dieser Untersuchung sollen die in den Unterrichtssituationen entwickelten mathematischen Argumente rekonstruiert und charakterisiert werden (Forschungsfrage 3.1). Dabei werden die Argumente hinsichtlich ihrer Repräsentation, dem Einbezug von Beispielen, ihrer Explizitheit, Komplexität und fachlichen Korrektheit unterschieden. Zusätzlich wird analysiert, welche Handlungen der Lehrkräfte die mathematischen Argumente rahmen (Forschungsfrage 3.2).

Forschungsfrage 3: Welche mathematischen Argumente werden im Mathematikunterricht im Übergang von der Arithmetik zur Algebra hervorgebracht?

3.1. Wie lassen sich die hervorgebrachten Argumente charakterisieren?
3.2. Wie rahmen die Handlungen der Lehrkraft die hervorgebrachten Argumente?

Auch der mathematische Inhalt der hervorgebrachten Argumente wird in Bezug auf fachliches Lernen im Übergang von der Arithmetik zur Algebra analysiert und es wird untersucht, wie die Lehrkräfte ihre Schülerinnen und Schüler fachlich unterstützen. Im Übergang von der Arithmetik zur Algebra stellt die Prozess-Produkt Dualität von mathematischen Objekten eine Herausforderung sowohl für die Schülerinnen und Schüler als auch für die Lehrkräfte dar (vgl. Kieran, 2020). In dieser Arbeit wird untersucht, wie sich diese Dualität und damit eine prozesshafte oder produkthafte Deutung von mathematischen Objekten in mathematischen Argumentationen in verschiedenen Repräsentationen widerspiegelt (Forschungsfrage 4.1 und 4.2) und welchen Einfluss die Lehrkraft darauf nimmt (Forschungsfrage 4.3).

Forschungsfrage 4: Welche Bedeutung hat die Prozess-Produkt Dualität von mathematischen Objekten in den hervorgebrachten Argumenten?

4.1. Wie spiegelt sich eine prozesshafte oder eine produkthafte Deutung von mathematischen Objekten in den hervorgebrachten Argumenten wider?
4.2. Welche Bedeutung kommt diesen Deutungen in den verschiedenen Repräsentationen der Argumente zu?
4.3. Wie adressiert die Lehrkraft die Deutungen der Schülerinnen und Schüler in den hervorgebrachten Argumenten?

4.2   Methodologische Überlegungen und Untersuchungsdesign

Diese Studie ist qualitativ im Bereich der empirischen Unterrichtsforschung angesiedelt. Zusätzlich werden in dieser Studie auch Interviews mit Lehrkräften geführt, die mittels einer qualitativen Inhaltsanalyse ausgewertet werden (vgl. Abschnitt 4.3.3). In diesem Kapitel wird auf methodologische Überlegungen in Bezug auf die empirische Unterrichtsforschung fokussiert, da die Analysen von Unterrichtssituationen den Schwerpunkt dieser Arbeit darstellen (vgl. Abschnitt 4.2.1).

Durch qualitative Forschung können (lokale) Theorien aus empirischem Material heraus entwickelt werden (Flick, 2013). Die Vielschichtigkeit von sozialen Zusammenhängen, wie beispielsweise unterrichtlichen Aushandlungsprozessen, kann unter Berücksichtigung verschiedener Perspektiven der Beteiligten aufgegriffen und dargestellt werden. Mit einem qualitativen Zugang werden in dieser Untersuchung Argumentationsprozesse im Mathematikunterricht betrachtet, in welchen soziale Interaktionen und Bedeutungsaushandlungen von besonderer Relevanz sind (vgl. Abschnitt 2.2). Gleichzeitig bietet die empirische Unterrichtsforschung einen Zugang zu konkreten Unterrichtssituationen und ermöglicht, einen Fokus auf die Rolle der Lehrkraft beim mathematischen Argumentieren zu setzen.

Die Studie ordnet sich in die Tradition der *interpretativen (Unterrichts-) Forschung* in der Mathematikdidaktik ein (Voigt, 1984; Maier & Voigt, 1991; Krummheuer & Brandt, 2001; Jungwirth, 2003). Interpretative Forschung öffnet eine breites Forschungsfeld. Es können unterschiedliche Inhalte beforscht werden, wie zum Beispiel das mathematische Argumentieren (bspw. Krummheuer, 1997; Knipping, 2003), inklusives Lernen (bspw. Jung, 2019) oder auch Sprache im Mathematikunterricht (bspw. Tiedemann, 2015). Dabei werden neben Interaktionsanalysen, je nach inhaltlichem Fokus der Untersuchung, verschiedene Theorien und Methoden herangezogen, etwa durch funktionale Argumentationsanalysen nach Toulmin (2003) der Blick auf mathematische Argumentationen gerichtet. Im Feld der interpretativen Forschung können nicht nur Unterrichtsausschnitte, sondern auch Interviews mit Lernenden (bspw. Berlin, 2010) oder andere soziale Interaktionen außerhalb des Klassenraums, wie zum Beispiel Eltern-Kind-Gespräche (bspw. Tiedemann, 2012), betrachtet werden.

Im Fokus von interpretativer Unterrichtsforschung steht der Unterrichtsalltag (Krummheuer & Fetzer, 2005). Interpretative Unterrichtsforschung bietet einen Zugang zu alltäglichen Unterrichtssituationen und ermöglicht gehaltvolle und detaillierte Beschreibungen, Rekonstruktionen und Erklärungen von ganz unterschiedlichen Unterrichtsausschnitten. Dabei werden im Sinne einer interaktionistischen Perspektive Interaktionen zwischen Schülerinnen und Schülern, beziehungsweise Prozesse der interaktiven Bedeutungsaushandlung, fokussiert und Interaktionsanalysen durchgeführt (Krummheuer & Naujok, 1999).

In dieser Untersuchung werden rekonstruktive Forschungsmethoden angewendet (vgl. Bohnsack, 1999), um Unterrichtssituationen und die im Unterricht stattfindenden Interaktionsprozesse zugänglich zu machen. Anhand von Fallstudien werden unterrichtliche Argumentationsprozesse und die Rolle der Lehrkraft beim mathematischen Argumentieren im Unterricht illustriert.

Der *Symbolische Interaktionismus* (Blumer, 1980) gibt zentrale Prämissen vor, die die Sicht auf Interaktionsprozesse im Rahmen der interpretativen Unterrichtsforschung prägen:

„Die erste Prämisse besagt, dass Menschen ‚Dingen' gegenüber auf der Grundlage der Bedeutungen handeln, die diese Dinge für sie besitzen. [...] Die zweite Prämisse besagt, dass die Bedeutung solcher Dinge aus der sozialen Interaktion, die man mit seinen Mitmenschen eingeht, abgeleitet ist oder aus ihr entsteht. Die dritte Prämisse besagt, dass diese Bedeutungen in einem interpretativen Prozess, den die Person in ihrer Auseinandersetzung mit den ihr begegnenden Dingen benutzt, gehandhabt und abgeändert werden." (Blumer, 1980, S. 81)

Für den Mathematikunterricht bedeutet dies, dass die Bedeutung eines Unterrichtsgegenstandes nicht objektiv rekonstruiert werden kann, da sie innerhalb eines Kontextes, einer spezifischen Situation erst von Schülerinnen und Schülern gemeinsam mit der Lehrkraft hergestellt wird und auch durch ihre Intention geprägt ist (Brandt & Krummheuer, 2000, S. 195). Eine Situationsdefinition wird entwickelt (Krummheuer & Fetzer, 2005). Im Mathematikunterricht sind mathematische Inhalte und ihre Beziehungen solche Unterrichtsgegenstände, deren Deutungen interaktiv ausgehandelt werden.

„Bedeutungen gehen aus den subjektiven und intentional geprägten Sinnzuschreibungen der betroffenen Akteure, den Situationsdefinitionen, hervor. Sie sind zudem durch interaktive Aushandlungen zwischen den Beteiligten aufeinander abgestimmt." (Brandt & Krummheuer, 2000, S. 195)

In interaktiven Aushandlungsprozessen wird im besten Fall eine gemeinsame, *geteilte Deutung* konstruiert. Dabei werden die individuellen, subjektiven Deutungen der beteiligten Personen nicht identisch sein, sondern es wird eine Grundlage, ein Arbeitskonsens geschaffen, der ein gemeinsames Weiterarbeiten ermöglicht (Krummheuer & Fetzer, 2005). Mathematisches Wissen wird also in sozialer Interaktion konstruiert (vgl. Krummheuer & Brandt, 2001). Zum Beispiel findet in Klassengesprächen eine Bedeutungsaushandlung statt.

Brandt und Krummheuer benennen als Ziel der interpretativen Forschung: „individuelle[n] Sinnsetzungen der Akteure sowie deren interaktive Erzeugungs- und Abklärungsprozesse zu verstehen und damit erklärbar zu machen." (Brandt & Krummheuer, 2000, S. 195). In diesem Rahmen kann durch Interaktionsanalysen herausgearbeitet werden, „*wie* die Individuen in der Interaktion [eine, FB] als geteilt geltende Deutung hervorbringen und *was* sie dabei aushandeln" (H. i. O., Krummheuer & Fetzer, 2005, S. 25). In dieser Arbeit werden mathematische Argumentationsprozesse in der Unterrichtspraxis mit einem Fokus auf die Rolle der Lehrkraft betrachtet. Das heißt, es werden durch Interaktionsanalysen Prozesse der interaktiven Bedeutungsaushandlung von mathematischen Inhalten in

Argumentationsprozessen im Übergang von der Arithmetik zur Algebra rekonstruiert (vgl. Krummheuer & Brandt, 2001, S. 90 f.). In solchen Prozessen treffen die individuellen Perspektiven der Schülerinnen und Schüler und der Lehrkraft aufeinander und werden durch interaktive Aushandlungen aufeinander abgestimmt.

Die aus den Interaktionsanalysen gewonnenen Interpretationen beziehungsweise Interpretationsalternativen dienen als Grundlage für weitere Rekonstruktionen, wie beispielsweise die funktionale Rekonstruktion von Argumenten nach Toulmin (2003).

Zu beachten ist, dass solche Prozesse der interaktiven Bedeutungsaushandlungen situativ sind und Deutungen damit oftmals nur vorübergehend Bestand haben (Krummheuer & Brandt, 2001, S. 79). Bedeutungsaushandlungen können immer wieder neu aufbrechen. Die subjektive Deutung eines Unterrichtsgegenstandes ist jeweils abhängig vom aktuellen Kontext und damit fragil und veränderlich. Für die Rekonstruktion von Deutungen in Argumentationsprozessen ist es also notwendig, die spezifische Unterrichtssituation und den situativen Kontext zu betrachten. Ziel der Forschung ist es also, in den alltäglichen Unterrichtssituationen die sozialen Aushandlungsprozesse, in denen Deutungen interaktiv von den Beteiligten konstruiert werden, herauszuarbeiten. Diese Studie fokussiert auf mathematische Argumentationsprozesse im Übergang von der Arithmetik zu Algebra, in welchen beispielsweise immer wieder die Gültigkeit von mathematischen Argumenten sowie die Bedeutung von mathematischen Objekten (Termen) ausgehandelt werden, und hat das Ziel die Rolle der Lehrkraft in diesen Unterrichtssituationen herauszuarbeiten. Die Argumentationsprozesse und die Handlungen der Lehrkräfte werden zunächst auf einer deskriptiven Ebene rekonstruiert und beschrieben. Anschließend werden auf Basis der Unterrichtsdynamik zwischen den Beteiligten Erklärungen herausgearbeitet, die zu einem tiefergehenden Verständnis der Situationen beitragen.

Ergänzend zu der Auswertung alltäglicher Unterrichtssituationen werden in dieser Studie Interviews mit den partizipierenden Lehrkräften durchgeführt und ausgewertet, um einen Einblick in die individuellen, subjektiven Perspektiven und Erfahrungen der beteiligten Lehrkräfte zum mathematischen Argumentieren und zum Übergang von der Arithmetik zur Algebra zu gewinnen und auch die Hintergründe der Lehrkräfte wahrzunehmen. Erkenntnisse aus diesen Analysen können gegebenenfalls in der Diskussion der Ergebnisse Erklärungen für spezifische Handlungen der Lehrkraft in den Argumentationsprozessen anzeigen.

Auch werden in dieser Studie *komparative Analysen* als methodologisches Prinzip interpretativer Unterrichtsforschung (Krummheuer & Brandt, 2001) genutzt (vgl. Abschnitt 4.4.7). Grundlage für die Komparationen zwischen und innerhalb der drei Fälle sind die vorangegangenen Interpretationen der Unterrichtsausschnitte. Diese Interpretationen werden durch Analysen des Datenmaterials (Transkripte) gewonnen. Eine ausführliche Beschreibung der komparativen Analysen befindet sich in Abschnitt 4.4.7.

Neben den komparativen Analysen finden Triangulationen in Hinblick auf Methoden, Daten und Perspektiven statt. Durch die verschiedenen Methoden und Datenquellen wird ermöglicht verschiedene Perspektiven auf die unterrichtlichen Argumentationsprozesse einzunehmen. Auch werden mehrere Methoden zur Analyse der Unterrichtssituationen herangezogen. In dieser Arbeit finden Analysen zur Rekonstruktion der Handlungen der Lehrkraft, Rekonstruktionen der Argumente und Rekonstruktionen der Interpretationen der Beteiligten hinsichtlich der Prozess-Produkt Dualität von mathematischen Objekten statt. Gleichzeitig findet eine Datentriangulation statt, da die Handlungen der Lehrkräfte in den mathematischen Argumentationen nicht nur aus Perspektive der Unterrichtsdynamik betrachtet werden, sondern auch vor dem Hintergrund der Vorstellungen und Erfahrungen der Lehrkräfte, die durch die Interviews herausgearbeitet werden.

Insgesamt wird ein *praxeologisches Methodenverständnis*, welches charakteristisch in der interpretativen Forschung ist (Bohnsack, 1999), zugrunde gelegt:

> „In der intensiven, interpretierenden Auseinandersetzung mit konkreten Realitätsausschnitten aus dem interessierenden Gegenstandsbereich formen sich die angewendeten Methoden der Analyse. Das Ziel ist hierbei, ein möglichst dem Gegenstandsbereich angepaßtes Auswertungsverfahren zu generieren." (Brandt & Krummheuer, 2000, S. 222)

Ausgehend von den obigen methodologischen Überlegungen werden im folgenden Abschnitt das Untersuchungsdesign dieser Studie und die Stichprobe beschrieben (Abschnitt 4.2.3). Daraufhin wird zunächst auf die Methodik bezüglich der Interviews mit den Lehrkräften und anschließend auf die Unterrichtssituationen fokussiert. In Abschnitt 4.3 wird das methodische Vorgehen in Bezug auf die Interviews mit den Lehrkräften vorgestellt: 4.3.1 Konstruktion der Interviewleitfäden, 4.3.2 Datenerhebung und Datenaufbereitung, 4.3.3 Datenauswertung, 4.3.4 Güte und Qualitätssicherung. Abschnitt 4.4 fokussiert auf die empirische Erhebung und Auswertung der Unterrichtssituationen.

4.2.1 Eckdaten der empirischen Erhebung und der Datenanalyse

Das Untersuchungsdesign lässt sich in zwei Einheiten gliedern: Einstiegsinterviews mit den Lehrkräften und die empirische Durchführung einer Unterrichtsumgebung mit Unterrichtsbeobachtungen in drei achten Klassen im Mathematikunterricht.

Die Interviews gewähren Einblicke in das Verständnis, die Vorstellungen und die Erfahrungen der beteiligten Lehrkräfte in Bezug auf das mathematische Argumentieren und den Übergang von der Arithmetik zu Algebra (vgl. Forschungsfrage 1). Außerdem werden Äußerungen der Lehrkraft zu ihrem persönlichen Hintergrund, zu ihrem Selbstbild bezüglich ihres Unterrichtstils sowie diesbezügliche Reflexionen erhoben.

Den Schwerpunkt dieser Datenerhebung stellt die empirische Durchführung der Unterrichtsumgebung in drei Klassen dar. Die Erhebung wird im Sinne von *Feldforschung* durchgeführt. Das heißt, die Lehrkraft und ihre Unterrichtshandlungen (Untersuchungsgegenstand) werden in ihrer natürlichen Umgebung im Mathematikunterricht belassen und es werden alltägliche Unterrichtssituationen erhoben. Durch dieses Vorgehen sollen Verzerrungen und wirklichkeitsferne Außenperspektiven möglichst vermieden werden (Mayring, 2002, S. 55). In dieser Untersuchung sollen ausgehend von den obigen Fragestellungen (vgl. Abschnitt 4.1) die Rolle der Lehrkraft in mathematischen Argumentationen und ihre Handlungen untersucht werden. Dennoch wird durch die Vorgabe von einer Lernumgebung und von Aufgaben in den alltäglichen Unterricht der Lehrkräfte eingegriffen. Ein solches Vorgehen ist für das Forschungsinteresse der Arbeit unverzichtbar, da durch dieses Vorgehen mathematische Argumentationen im Unterricht initiiert und eine Vergleichbarkeit zwischen den Fällen und Lehrkräften geschaffen werden sollen.

Diese Untersuchung folgt nicht dem methodologischen Grundsatz Design-based Research, im Deutschen auch als „Fachdidaktische Entwicklungsforschung" bekannt (Cobb et al., 2003; Prediger et al., 2012). Fachdidaktische Entwicklungsforschung ist zyklisch, iterativ und vernetzt aufgebaut und nach dem Dortmunder Modell in vier Abschnitte gegliedert: Lerngegenstände spezifizieren und strukturieren; Design (weiter)entwickeln; Design-Experimente durchführen und auswerten; Lokale Theorien zu Lehr-Lernprozessen (weiter)entwickeln (Prediger et al., 2012, S. 453 ff.). Der Fokus dieser Studie liegt nur auf einem Teil vom Zyklus der Fachdidaktischen Entwicklungsforschung (Design-Experiment durchführen und auswerten, Lokale Theorien entwickeln), wobei auch in dieser

Untersuchung vorbereitend der Lerngegenstand ausgearbeitet und eine Lernumgebung erstellt wurde (vgl. Kapitel 3). Die Umsetzung dieser Untersuchung erfolgte, anders als bei der Fachdidaktischen Entwicklungsforschung, bewusst nicht iterativ. Alle drei Klassen haben mit der gleichen Lernumgebung gearbeitet (wobei Anpassungen durch die Lehrkräfte möglich und auch gewollt sind). Der Fokus in dieser Untersuchung liegt auf den im Unterricht stattfindenden Argumentationsprozessen und Komparationen und Kontrastierungen der Unterrichtssituationen. Auf Basis dieser Analysen können durchaus Rückschlüsse und Änderungspotentiale in Bezug auf die Lernumgebung abgeleitet werden. Die in dieser Studie konstruierte Lernumgebung ist daher zunächst als ein Vorschlag zu verstehen.

Im Folgenden wird die Konzeption der Fallstudie und die Stichprobe dieser Erhebung beschrieben.

4.2.2 Fallstudie

In dieser Arbeit wird eine rekonstruktive, interpretative Analyse und Auswertung von Lehrkrafthandlungen in argumentativen Unterrichtskontexten in drei Klassen vorgenommen. Diese drei Studien illustrieren das Handeln von Lehrkräften in der Unterrichtsrealität. Ziel von dieser Art von Fallstudien ist es, eine ausführliche Beschreibung oder Rekonstruktion von einem Fall zu erlangen (Flick, 2013). Dabei kann ein Fall auch eine soziale Gemeinschaft, wie zum Beispiel eine Schulklasse, darstellen (Mayring, 2002). „Fallanalysen stellen eine entscheidende Hilfe dar bei der Suche nach relevanten Einflussfaktoren und bei der Interpretation von Zusammenhängen." (Mayring, 2002, S. 42). In dieser Studie besteht ein Fall aus einer Lehrkraft, mit dem Fokus, wie sie in mathematischen Argumentationen mit einer ausgewählten Klasse interagiert und welche Rolle ihr dabei zukommt. Durch die Anzahl von lediglich drei Fällen wird es ermöglicht tiefe, detaillierte Analysen durchzuführen und dabei die Besonderheiten der einzelnen Fälle zu berücksichtigen und herauszustellen. Damit werden die Ganzheit und die Komplexität jedes Falls aufgegriffen und detaillierte Ergebnisse können gewonnen werden (Mayring, 2002). In dieser Untersuchung ist es notwendig, die spezifischen Eigenschaften der Klassen und die individuellen Hintergründe der Beteiligten zu berücksichtigen. Ausgehend von dieser Grundlage können die Rolle der Lehrkraft und ihre Handlungen während mathematischer Argumentationen verstanden und erklärt werden.

Eine Schwierigkeit von Fallstudien stellt die Auswahl eines in Hinblick auf die Fragestellungen passenden Falls dar und die Frage, welcher methodische Zugang zielführend ist (Flick, 2013). Im folgenden Abschnitt 4.2.3 wird die Auswahl der Fälle, also die Stichprobe dieser Untersuchung, genauer beschrieben. Ebenfalls wird der gewählte methodische Zugang in den anschließenden Abschnitten begründet und beschrieben.

Außerdem werden in dieser Arbeit neben Betrachtungen von einzelnen Unterrichtssituationen sogenannte *komparative Analysen* (Abschnitt 4.4.7, vgl. Krummheuer & Brandt, 2001; Strauss & Corbin, 1990) durchgeführt. Zusätzlich zu den Fallstudien werden Vergleiche sowohl zwischen den Fällen als auch innerhalb der Fälle angestrebt. Somit stellt diese Untersuchung keine reine Fallstudie dar.

Aufgrund der kleinen Stichprobe kann in dieser Untersuchung voraussichtlich keine theoretische Sättigung erreicht werden, weitere Unterrichtssituationen und -konstellationen sind denkbar. Es können wertvolle Erkenntnisse über einzelne Fälle gewonnen werden, die die Spezifität der sozialen Gemeinschaften (Klassen) und die individuellen Hintergründe abbilden. Gleichzeitig ist eine *Repräsentativität* der Ergebnisse gegeben, da die Interaktionen in den analysierten Unterrichtsprozessen in einer vergleichbaren Form auch in anderen Klassen auftreten könnten. In der Stichprobe wird daher eine größtmögliche Heterogenität angestrebt, wie im folgenden Abschnitt erläutert wird.

4.2.3 Beschreibung der Stichprobe

In der qualitativen Forschung kann aufgrund der umfangreichen, zeitaufwendigen Datenauswertungen in der Regel nur eine kleine Stichprobe untersucht werden und somit keine statistische Repräsentativität gewährleistet werden (Kelle & Kluge, 2010), wie dies in quantitativer Forschung angestrebt wird. Daher wird von Kelle und Kluge (2010) vorgeschlagen, dass „die im Untersuchungsfeld tatsächlich vorhandene und für die Forschungsfragestellung relevante Heterogenität berücksichtigt wird" (Kelle & Kluge, 2010, S. 109). Dabei soll gleichzeitig der Umfang der Daten und damit die Datenauswertung handhabbar bleiben. Es wird eine Tiefe statt Breite angestrebt (vgl. Flick, 2013). In dieser Studie wird sich daher auf drei Lehrkräfte beschränkt, die aber möglichst heterogen sind.

An dieser Untersuchung haben drei Lehrkräfte teilgenommen, die an Schulen in Bremen unterrichten. Zwei Lehrkräfte unterrichten an einer Oberschule und eine Lehrkraft an einem Gymnasium. Es sind zwei weibliche Teilnehmerinnen und ein männlicher Teilnehmer. Die empirische Durchführung der Lernumgebung wurde in 8. Klassen durchgeführt, die diese Lehrkräfte auch außerhalb der Studie unterrichten. Die Lehrkräfte haben unterschiedliche Praxiserfahrungen und

Hintergründe, die im Folgenden kurz beschrieben werden. Auch die Klassen, in denen die Lehrkräfte unterrichten, unterscheiden sich.

Die Lehrkraft in Klasse 1, die im Folgenden Frau Petrow genannt wird, hat eine mehrjährige Unterrichtspraxis im Fach Mathematik, ist aber keine ausgebildete Mathematiklehrkraft. Sie unterrichtet seit circa 15 Jahren Physik und Chemie und seit circa 10 Jahren auch das Fach Mathematik an einem Gymnasium. Die Klasse, mit der sie an der Studie teilgenommen hat, unterrichtet sie seit etwa einem Jahr im Fach Mathematik. Sie ist keine Klassenlehrerin dieser Gymnasialklasse. Das Klima in der Klasse ist größtenteils ruhig. Die Schülerinnen und Schüler arbeiten oftmals in Einzelarbeit oder in Kleingruppen und sind es gewohnt Aufgaben abzuarbeiten, wobei sich die Selbstständigkeit der Lernenden unterscheidet. Die Verantwortung über die mathematische Korrektheit von Beiträgen liegt in dieser Klasse hauptsächlich bei Frau Petrow. Den Schülerinnen und Schülern wird nur wenig Raum gegeben zu diskutieren. Sie sind es gewohnt kurze Antworten zu geben.

Dagegen hat Frau Kaiser (Klasse 2) bisher nur wenig Unterrichtserfahrungen nach dem Studium und Referendariat sammeln können. Vor einem halben Jahr hat sie ihr Referendariat erfolgreich abgeschlossen und arbeitet seitdem mit einer vollen Stelle weiter an der Schule (Oberschule), an der sie das Referendariat absolviert hat und bereits zuvor als Vertretungslehrkraft tätig war. In der beforschten Klasse unterrichtet sie seit circa einem halben Jahr und ist gleichzeitig auch Klassenlehrerin. Obwohl sie die Klasse erst seit kurzer Zeit unterrichtet, kennt sie die Schülerinnen und Schüler aufgrund der Klassenleitung gut. Die Schülerinnen und Schüler in dieser Klasse sind es gewohnt in Arbeitsphasen zusammenzuarbeiten und sich auszutauschen. Gleichzeitig stellt es für die Schülerinnen und Schüler dieser Klasse größtenteils eine Herausforderung dar, wenn zusätzlich zum Benennen der Ergebnisse Lösungswege begründet werden sollen. Das Klassenklima ist oftmals aufgeweckt und unruhig. Die Gruppe ist sehr leistungsheterogen im Mathematikunterricht.

Herr Peters (Klasse 3) hat ebenfalls eine Ausbildung als Mathematiklehrkraft. Nachdem er das Referendariat vor circa drei Jahren erfolgreich beendet hat, arbeitet er an einer Schule in Bremen (Oberschule) und unterrichtet auch seitdem die Klasse, mit der er an dieser Studie teilnimmt. Herr Peters wertschätzt die Beiträge von seinen Schülerinnen und Schülern, wobei er ihnen gleichzeitig Raum gibt über die mathematische Korrektheit zu diskutieren und diese auszuhandeln. Gleichzeitig wird Herr Peters von den Lernenden respektiert. Die Schülerinnen und Schüler in dieser Klasse sind es gewohnt zusammenzuarbeiten, sich gegenseitig zu unterstützen und ihren Mitschülerinnen und Mitschülern Lösungen und Ideen zu präsentieren. Dabei hinterfragen sie sich gegenseitig und nehmen in

Diskussionen Bezug auf die Aussagen der anderen. Ein positiver Umgang mit Fehlern ist etabliert, sodass viele Ideen durch die Schülerinnen und Schüler geäußert werden. Die Klasse ist eine eher leistungsstarke Oberschulklasse, wobei Unterschiede zwischen den Schülerinnen und Schüler der Klasse vorhanden sind.

4.3 Interviews

In dieser Studie werden leitfadengestützte Interviews mit den drei beteiligten Lehrkräften vor der empirischen Erprobung der Lernumgebung geführt, um einen Einblick in die Vorstellungen und Vorerfahrungen der Lehrkräfte zu gewinnen. Bei den Interviews handelt es sich um *problemzentrierte Interviews* (Mayring, 2002, S. 67 ff.), welche durch ihre offene, (halb-)strukturierte Form gekennzeichnet sind. Die Interviewten können in den Interviews frei antworten, wobei das Gespräch durch die Interviewerin immer wieder auf das Themengebiet fokussiert wird. Durch eine solche Interviewgestaltung ist es möglich, subjektive Vorstellungen, Deutungen und Verstehen der Interviewten offenzulegen (Mayring, 2002, S. 68). Neben Fragen können auch Erzählanreize dazu dienen, biographische Informationen in Bezug auf die Fragestellung abzufragen (Flick, 2012).

Ein problemzentriertes Interview zeichnet sich laut Flick (2012, S. 210) durch folgende drei Kriterien aus: Problemzentrierung, Gegenstandsorientierung und Prozessorientierung. Die Problemzentrierung spiegelt sich in der Wahl von entscheidenden gesellschaftlichen Themen wider. Gegenstandsorientierung wird durch die Wahl der Methoden in Bezug auf die konkrete Thematik hergestellt und die Prozessorientierung wird durch den Forschungsprozess und das Themenverständnis gegeben (Flick, 2012). Die Problemzentrierung ist in den Interviews dieser Studie durch die Relevanz vom mathematischen Argumentieren als prozessbezogene Kompetenz und den Übergang von Arithmetik zu Algebra in der Schule als herausfordernder Unterrichtsmoment gegeben. Auf diese beiden Themen fokussieren die Fragen in den Interviewleitfäden. Auch eine Gegenstandsorientierung ist durch die spezifischen Fragen an die Lehrkräfte angestrebt, beispielsweise durch konkrete Fragen zu Erwartungen an die Schülerinnen und Schüler. Ebenfalls wird eine Prozessorientierung während der Interviewdurchführung berücksichtigt, in dem den verschiedenen Aussagen der Lehrkräfte Raum gegeben wird, der Leitfaden flexibel gehandhabt wird und die benannten Aspekte auch in der weiteren Analyse einbezogen werden.

Laut Hopf (2013) können qualitative Interviews in der Sozialforschung zur Ermittlung von Expertenwissen und gleichzeitig der Erfassung und Rekonstruktion von subjektiven Perspektiven in Hinblick auf das Forschungsinteresse dienen.

In dieser Untersuchung werden subjektive Perspektiven der Lehrkräfte in Hinblick auf das mathematische Argumentieren und die Prozess-Produkt Dualität von algebraischer Symbolsprache fokussiert. Dabei können Einschätzungen der Lehrkräfte in Bezug auf die Unterrichtspraxis als Expertenwissen aufgefasst werden. Der Interviewleitfaden dient dazu, das Gespräch auf bestimmte Thematiken zu leiten, ermöglicht aber gleichzeitig offene Antworten. Durch die Strukturierung und Standardisierung wird eine Vergleichbarkeit zwischen den Interviews ermöglicht.

Die Interviews werden mit strukturierten Interviewleitfäden durchgeführt. Diese Interviewleitfäden sind thematisch gegliedert. Der Leitfaden enthält neben konkreten Fragen auch fiktive Lösungen von Schülerinnen und Schülern zum mathematischen Argumentieren als auch zur Prozess-Produkt Dualität im Übergang von der Arithmetik zur Algebra (vgl. Abschnitt 4.3.1).

Im folgenden Abschnitt 4.3.1 wird die Konstruktion der Interviewleitfäden vorgestellt. Anschließend werden die Datenaufbereitung und Datenauswertung der Interviews beschrieben. Die Interviews werden mit Tonaufnahmen gesichert, welche im Anschluss transkribiert werden (vgl. Abschnitt 4.3.2). Ausgewertet werden die Interviews mittels der *inhaltlich strukturierenden qualitativen Inhaltsanalyse* nach Kuckartz (2018), welche in Abschnitt 4.3.3 vorgestellt wird. Zur Auswertung wird ein Kategoriensystem entwickelt und eine Themenmatrix nach Kuckartz (2018) erstellt. Daraus werden fallorientierte thematische Zusammenfassungen entwickelt und kategorienbasierte Auswertungen finden statt (vgl. Ergebniskapitel 5).

Mayring (2002, S. 65) stellt heraus, dass eine Stärke von qualitativer Forschung ist, dass die Vorgehensweisen je nach Fragestellung und Thematik angepasst werden können. Auch in dieser Untersuchung werden an einzelnen Stellen Abweichungen von den Prototypen „Problemzentrierte Interviews" und „Inhaltlich strukturierende qualitative Inhaltsanalyse" gemacht, wobei die Änderungen in den jeweiligen Kapiteln präzise dargelegt und begründet werden.

4.3.1 Konstruktion der Interviewleitfäden

Im folgenden Abschnitt werden zunächst allgemeine methodische Überlegungen zur Konstruktion von Interviewleitfäden dargelegt, welche daraufhin in Bezug auf diese Studie und das Forschungsinteresse dieser Arbeit konkretisiert werden.

Am Beginn der Konstruktion von Interviewleitfäden zu problemzentrierten Interview steht stets die Festlegung und Analyse einer Problemstellung (Mayring, 2002, S. 69). Dabei werden die zentralen Inhalte der Thematik herausgearbeitet, geordnet und erste Fragen formuliert. Anschließend sollen Probeinterviews mit einer Lehrkraft, die nicht an der Hauptstudie teilnimmt, geführt werden, woraufhin der Leitfaden mit den Interviewfragen finalisiert werden kann. Zusätzlich wird die Interviewerin durch die Durchführung der Probeinterviews mit dem Leitfaden vertraut.

In Interviews können verschiedene Arten von Fragen gestellt werden. Flick (2012, S. 210 f.) unterscheidet in Bezug auf problemzentrierte Interviews zwischen Einstiegsfragen, allgemeinen Sondierungsfragen, spezifischen Sondierungsfragen und Ad-hoc-Fragen (bei Flick als zentrale Kommunikationsstrategien benannt). Einstiegsfragen bieten eine offene Antwortmöglichkeit. Eine Einstiegsfrage in den Bereich mathematisches Argumentieren wäre beispielsweise: „Was verstehst du unter mathematischen Argumentationen?". Allgemeine Sondierungsfragen dienen dazu nähere Informationen in Bezug auf das Gesagte zu erhalten. Eine allgemeine Sondierungsfrage könnte beispielsweise wie folgt lauten: „Mit welchen Handlungen unterstützt du deine Schülerinnen und Schüler konkret beim mathematischen Argumentieren? Kannst du das bitte ausführen?". Spezifische Sondierungsfragen sind laut Flick (2012) Zurückspiegelungen des Gesagten, Verständnisfragen oder auch das Aufdecken von Widersprüchen in den Ausführungen von der oder dem Befragten. Sie zielen auf ein tieferes Verständnis der Interviewerin ab. Beispielsweise wäre eine spezifische Sondierungsfrage: „Das Wichtigste beim mathematischen Argumentieren ist für dich also die fachliche Korrektheit?". Ad-hoc-Fragen ergeben sich aus dem Gesprächsverlauf, etwa, wenn eine Lehrkraft Probleme mit Textaufgaben in Bezug auf mathematisches Argumentieren beschrieben hat: „Wie thematisierst du solche Probleme in deinem Unterricht?".

Für den Interviewleitfaden können konkrete Einstiegsfragen konzipiert werden. Ebenfalls lassen sich allgemeine und spezifische Sondierungsfragen antizipieren, die je nach Gesprächsverlauf eingebunden werden.

Interviews mit den Lehrkräften

Als erster Teil der Datenerhebung werden Interviews mit den Lehrkräften durchgeführt. Dabei sollen Informationen zur Lerngruppe und zum Unterrichtsstil sowie zur Unterrichtserfahrung der Lehrkräfte erfasst werden. Als zentrale Inhalte sollen auch das mathematische Argumentieren und die Prozess-Produkt Dualität von algebraischer Symbolsprache thematisiert werden, um das Verständnis sowie individuelle Vorstellungen der Lehrkräfte zu diesen Themengebieten herausarbeiten zu können.

Um die Themenbereiche strukturiert und fokussiert auf die Fragestellungen dieser Arbeit hin zu fassen, wird ein Interviewleitfaden konstruiert, welcher die eben benannten Themen wie folgt ordnet: Im ersten Teil des Interviews werden zunächst allgemeine Informationen in Bezug auf die Lerngruppe, den Unterrichtsstil und die

Unterrichtserfahrungen der Lehrkräfte thematisiert. Diese Thematiken dienen als Einstieg in die Interviews, da die Lehrkräfte in diesem Abschnitt frei und offen berichten können. Anschließend fokussieren die Fragen im zweiten Teil des Interviews auf das mathematische Argumentieren, wobei nach ersten Fragen auch fiktive Lösungen von Schülerinnen und Schülern betrachtet werden. Durch die fiktiven Lösungen soll das Gespräch auf potenzielle Argumente gelenkt werden, die im Unterricht hervorgebracht werden könnten. Das Gespräch wird also fokussiert und die Lehrkräfte haben konkrete Beispiele, anhand derer sie die von ihnen wahrgenommenen Unterschiede zwischen mathematischen Argumenten thematisieren können. Gleichzeitig werden sehr unterschiedliche Argumente präsentiert und die Lehrkräfte können selbst entscheiden auf welche Aspekte sie bei der Charakterisierung fokussieren. Dadurch kann ein tieferer Einblick in die Vorstellungen der Lehrkräfte in Hinblick auf Charakteristika und Unterschiede zwischen mathematischen Argumenten gewonnen werden. Außerdem kann durch die Konkretisierung mittels der fiktiven Lösungen gegebenenfalls die Verzerrung verringert werden, dass die Lehrkräfte lediglich allgemeine Antworten geben, die sie als erwünscht erachten. Im dritten, abschließenden Teil des Interviews werden der Übergang von der Arithmetik zur Algebra und die Prozess-Produkt Dualität thematisiert. Dabei werden den Lehrkräften fiktive Beschreibungen von Termen präsentiert, durch welche das Gespräch auf Aspekte der Prozess-Produkt Dualität gelenkt werden kann. Analog zu den fiktiven Lösungen zum mathematischen Argumentieren soll durch die Beschreibungen von Termen das Gespräch konkretisiert werden, wobei gleichzeitig den Lehrkräften überlassen wird, welche Aspekte sie thematisieren, wodurch ihre subjektiven Perspektiven verdeutlicht werden.

In den folgenden Abschnitten dieser Arbeit werden nacheinander die Fragen zur Lerngruppe und zum Unterrichtsstil und den Unterrichtserfahrungen, die Fragen zum mathematischen Argumentieren und die Fragen zur Prozess-Produkt-Dualität der algebraischen Symbolsprache vorgestellt.

Fragen zur Lerngruppe und zum Unterrichtsstil/ -erfahrungen

Der Interviewleitfaden beginnt mit einem Einstieg und allgemeinen Fragen zu Unterrichtsgesprächen. Dabei sollen beim Einstieg zunächst eher biographische Informationen über die jeweilige Lehrkraft und die Lerngruppe erfasst werden, etwa „Wie lange unterrichtest du schon in dieser Klasse?". Im anschließenden Abschnitt fokussieren die Fragen auf Unterrichtsgespräche im Mathematikunterricht. Die Fragen zielen darauf ab, subjektive Vorstellungen und Selbsteinschätzungen der jeweiligen Lehrkraft bezüglich der Bedeutung von Kommunikation und mathematischen Fragen, Unterrichtsstrukturierung, dem Umgang mit Fehlern und der

Eigenverantwortung der Lernenden herauszuarbeiten. Damit soll durch die subjektive Perspektive der Lehrkräfte ein erster Eindruck vom Unterrichtsstil der Lehrkräfte gewonnen werden. Es werden beispielsweise folgende Fragen thematisiert: „Wie wichtig ist dir Kommunikation zwischen den Schülerinnen und Schülern? Welche Bedeutung haben mathematische Fragen in deinem Unterricht? Wie werden diese Fragen im Unterricht entwickelt?". Ebenfalls sind Fragen in Bezug auf die konkrete Lerngruppe enthalten, wie etwa eine Frage zum Umgang mit Fachsprache in der Lerngruppe: „Wie würdest du die Fähigkeiten deiner Schülerinnen und Schüler in Bezug auf die mathematische Fachsprache einschätzen?".

Fragen zum mathematischen Argumentieren
Die Vorstellungen und die Vorerfahrungen der Lehrkräfte zum mathematischen Argumentieren werden anhand von spezifischen Fragen und einem Gespräch über fiktive Lösungen von Schülerinnen und Schülern thematisiert.

Zunächst werden allgemeine Aspekte zum mathematischen Argumentieren im Unterricht thematisiert und ihre Rolle und ihr Zweck angesprochen. Dabei wird durch die Interviewerin auch ein konkreter Rückbezug zur Einführung in die Algebra eingefordert. Beispielsweise wird die Rolle von mathematischen Argumentationen im Unterricht in verschiedenen Themengebieten der Mathematik aufgegriffen: „Spielt mathematisches Argumentieren in deinem Unterricht eine Rolle? Bei welchen Themengebieten? In der Algebra oder bei der Einführung der Algebra?".

Anschließend werden subjektive Vorstellungen und das Verständnis vom mathematischen Argumentieren erfragt: „Was ist mathematisches Argumentieren für dich? Wie würdest du einem Schüler oder einer Schülerin erklären, was mathematisches Argumentieren ist?". Auch sollen Voraussetzungen für die Teilhabe an mathematischen Argumentationen und Erwartungen an die Lernenden beim mathematischen Argumentieren angesprochen werden. Dabei werden persönliche Einschätzungen der Lerngruppe und des eigenen Unterrichtsstils einbezogen: „Wie wichtig sind vereinbarte Regeln beim mathematischen Argumentieren?". Außerdem werden Unterschiede zwischen mathematischen Argumentationen thematisiert. Dabei ist der Lehrkraft freigestellt, auf welche Unterschiede sie fokussiert (bspw. thematische Unterschiede oder Unterschiede in der Repräsentation, Generalität, etc.).

Anschließend werden den Lehrkräften sieben fiktive Lösungen von Schülerinnen und Schülern zu einer mathematischen Argumentationsaufgabe vorgelegt (vgl. Abbildung 4.1), um das Gespräch zu konkretisieren. Gleichzeitig können die Lehrkräfte frei entscheiden, welche Aspekte der mathematischen Argumente sie fokussieren, wodurch individuelle Perspektiven der Lehrkräfte wahrgenommen werden können. In den fiktiven Lösungen der Schülerinnen und Schüler wird folgende Behauptung begründet: „Wenn man zwei beliebige gerade Zahlen addiert, so ist das Ergebnis immer gerade.". Sechs der fiktiven Begründungen sind aus der Studie von Healy und Hoyles (2000, S. 400) entnommen und ins Deutsche übersetzt. Zusätzlich wird ein weiteres Argument (von Amy) hinzugefügt, welches ein generisches Zahlenbeispiel darstellt.

Die mathematischen Argumente der Schülerinnen und Schüler variieren in Bezug auf ihre Repräsentation (Healy & Hoyles, 2000). Es werden symbolisch-narrative und algebraische Argumente, ikonische Argumente mit Punktmustern und (generische) Zahlenbeispiele als Argumente vorgelegt. Dabei sind nicht alle Argumente mathematisch korrekt. Auch weisen die mathematischen Argumente Unterschiede in Bezug auf ihre Generalität auf. Beispielsweise umfasst Bonnies Antwort lediglich sechs verschiedene Zahlenbeispiele und stellt somit keine allgemeingültige Begründung dar. Yvonnes anschauliche Begründung mit einem Punktemuster ist dagegen korrekt, wobei auch hier die Allgemeingültigkeit nicht verdeutlicht wird. Amys Argument ist ein generisches Zahlenbeispiel. Je nach Normen in der jeweiligen Klasse könnte Amys Argument als vollständiges und korrektes Argument zählen. Ceris Begründung ist narrativ und allgemeingültig. Ducan argumentiert ebenfalls narrativ, aber nicht mathematisch korrekt. Außerdem gibt es zwei algebraische Argumente, wobei das Argument von Arthur korrekt und das Argument von Eric nicht gültig ist.

Während der Interviews sollen die Lehrkräfte die vorgelegten Antworten der Schülerinnen und Schüler analysieren, beurteilen und vergleichen. In Anlehnung an die Studie von Healy und Hoyles (2000) wird außerdem gefragt, welche Antwort wohl am meisten von Schülerinnen und Schülern gegeben wird und welche Antwort aus der Sicht von Schülerinnen und Schülern am besten von Lehrpersonen benotet wird. Diese Fragen zielen darauf ab, eine subjektive Einschätzung der Lehrkraft in Bezug auf ihre Klasse zu erfragen. Auch kann die Lehrkraft erneut verschiedene Aspekte von mathematischen Argumentationen hervorheben und damit deren Relevanz unterstreichen (beispielsweise Fachsprache oder Repräsentation). Interessant ist, ob die Lehrkraft in Bezug auf die Wahl ihrer Schülerinnen und Schüler ähnliche Aspekte im Vergleich zu ihren vorherigen Charakterisierungen und Beurteilungen benennt.

Fragen zur Prozess-Produkt Dualität von algebraischer Symbolsprache
Zunächst sollen die Vorerfahrungen und Fähigkeiten der Lerngruppe in Hinblick auf die algebraische Symbolsprache durch die Lehrkräfte eingeschätzt werden. Damit wird ein einfacher und offener Einstieg in die Thematik gewählt. Es ist für die

Schülerinnen und Schüler haben versucht folgende Behauptung zu beweisen:
„Wenn man zwei beliebige gerade Zahlen addiert, so ist das Ergebnis immer gerade."
(vgl. Healy & Hoyles 2000).

Arthurs Antwort

a ist eine beliebige ganze Zahl
b ist eine beliebige ganze Zahl
2a und 2b sind zwei beliebige gerade Zahlen
$2a+2b=2(a+b)$
Arthur meint, die Behauptung ist wahr.

Bonnies Antwort

$2+2=4$ $4+2=6$
$2+4=6$ $4+4=8$
$2+6=8$ $4+6=10$
Bonnie meint, die Behauptung ist wahr.

Yvonnes Antwort

●●●●●   ●●●●

●●●●●   +   ●●●●

=

●●●●●●●●●

●●●●●●●●●

Yvonne meint, die Behauptung ist wahr.

Ceris Antwort

Gerade Zahlen sind Zahlen, die durch zwei geteilt werden können. Wenn man zwei Zahlen mit einem gemeinsamen Faktor addiert, in diesem Fall 2, dann hat das Ergebnis den gleichen gemeinsamen Faktor.
Ceri meint, die Behauptung ist wahr.

Ducans Antwort

Gerade Zahlen enden immer mit 0, 2, 4, 6, oder 8. Wenn man zwei gerade Zahlen addiert, hat das Ergebnis am Ende auch immer eine 0, 2, 4, oder 8.
Ducan meint, die Behauptung ist wahr.

Amys Antwort

$468+178=2*234+2*89$
$2*234+2*89=2*(234+89)$
$2*(234+89)=2*(323)$
$2*(323)=646$
Amy meint, die Behauptung ist wahr.

Erics Antwort

Sei x= eine beliebige ganze Zahl, sei y= eine beliebige ganze Zahl
$x+y=z$
$z-x=y$
$z-y=x$
$z+z-(x+y)=x+y=2z$
Eric meint, die Behauptung ist wahr.

Abbildung 4.1 Fiktive Argumente von Schülerinnen und Schülern (vgl. Healy & Hoyles, 2000, S. 400)

Lehrkräfte möglich, bereits bei diesen Fragen erste subjektive Vorstellungen einzubringen, aber kein Zwang. Dabei wird die Prozess-Produkt Dualität bewusst nicht explizit im Interviewleitfaden thematisiert, um keinen fachlichen Druck aufzubauen. Die Lehrkräfte können dennoch in ihren Ausführungen Bezüge herstellen.

Anschließend werden den Lehrkräften fiktive Beschreibungen von Schülerinnen und Schülern vorgelegt (vgl. Abbildung 4.2). In diesen Beschreibungen haben die Schülerinnen und Schüler Terme auf verschiedene Art und Weise beschrieben. Dabei soll eine prozess- und eine produkt-orientierte sprachliche Darstellung von einem Term gegenübergestellt werden. Der Aspekt der Prozess-Produkt Dualität von algebraischer Symbolsprache wurde bereits ausführlich in Abschnitt 2.4.2 dieser Arbeit dargestellt. In diesem Abschnitt vom Interviewleitfaden wird die Prozess-Produkt Dualität nicht direkt thematisiert, sondern lediglich indirekt durch die diversen Beschreibungen in das Gespräch eingebracht werden. Auch hier ist der Weg über die fiktiven Beschreibungen für die Lehrkräfte offen und zwanglos.

Die Konstruktion der fiktiven Beschreibungen der Schülerinnen und Schüler wird in Anlehnung an die Formulierungen von Caspi und Sfard (2012) vorgenommen. Zunächst haben Max und Katharina den Term „3 + 2(n−1)" beschrieben. Max beschreibt den Term als „Ziehe 1 von n ab, multipliziere mit 2 und rechne plus 3.", während Katharina den Term als „Die Summe von 3 und dem Produkt von 2 und der Differenz zwischen n und 1." beschreibt (vgl. Caspi & Sfard, 2012, S. 51, eigene Übersetzung). Nach Caspi und Sfard (2012) nutzt Max eine eher prozessorientierte Sprache („processual description") und Katharina eine eher produktorientierte Sprache („objectified description").

Zusätzlich werden den Lehrkräften noch vier weitere Beschreibungen zu dem Term „2a + 2b" vorgelegt. Diese Beschreibungen unterscheiden sich sowohl hinsichtlich der Nutzung der Fachsprache als auch in Bezug auf eine prozess- oder produktorientierte Sprache (vgl. fiktive Beschreibungen von Schülerinnen und Schüler, Abbildung 4.2). In den Interviews dienen diese fiktiven Beschreibungen als eine konkrete Grundlage für die Lehrkräfte, anhand derer sie Charakteristika und Unterschiede herausarbeiten können, wodurch ihre individuellen Perspektiven zur Prozess-Produkt Dualität oder auch zu anderen Aspekten, wie Fachsprache, herausgestellt werden.

Die Beschreibungen von Marie und Julius zu dem Term „2a + 2b" sind eher produkt-orientiert, während die Beschreibungen von Pia und Lukas dagegen prozess-orientiert sind. Marie nutzt viele Fachbegriffe, wie Term, Summe und Produkt. Julius nutzt lediglich den Begriff Produkt. Pia beschreibt die Addition als „zusammenrechnen", wohingegen Lukas den Fachbegriff „addieren" nutzt.

Die Lehrkräfte sollen die vorgelegten Antworten der Schülerinnen und Schüler analysieren, beurteilen und vergleichen. In Anlehnung an die Studie von Healy und Hoyles (2000) wird außerdem auch bezüglich der verschiedenen Beschreibungen von den Termen gefragt, welche Antwort wohl am meisten von Schülerinnen und Schülern gegeben wird, und welche Antwort aus der Sicht von Schülerinnen und Schülern am besten von Lehrpersonen benotet wird. Diese Fragen zielen, wie

Schülerinnen und Schüler wurden aufgefordert verschiedene Terme zu beschreiben.
Diese zwei Schülerbeschreibungen sind zum Term **3 + 2(n-1)** (vgl. Caspi & Sfard, 2012).

Term: 3 + 2(n-1)	*Term:* 3 + 2(n-1)
Beschreibung von Max:	*Beschreibung von Katharina:*
Ziehe 1 von n ab, multipliziere mit 2 und rechne plus 3.	Die Summe von 3 und dem Produkt von 2 und der Differenz zwischen n und 1.

Diese vier Schülerbeschreibung sind zum Term **2a+2b**

Term: 2a+2b	*Term:* 2a+2b
Beschreibung von Pia:	*Beschreibung von Julius:*
Man muss zweimal a rechnen und zweimal b rechnen und dann die Ergebnisse zusammenrechnen.	Die Summe aus dem Doppelten von a und dem Doppelten von b .
Term: 2a+2b	*Term:* 2a+2b
Beschreibung von Lukas:	*Beschreibung von Marie:*
Erst verdoppelt man a und auch b, und dann addiert man beides.	Dieser Term beschreibt die Summe von dem Produkt von 2 und a und dem Produkt von 2 und b.

Abbildung 4.2 Fiktive Beschreibungen von Schülerinnen und Schülern zu Termen (vgl. Caspi & Sfard, 2012, S. 51)

auch beim mathematischen Argumentieren, darauf ab, subjektive Einschätzungen der Lehrkraft hinsichtlich ihrer Klasse zu thematisieren und dabei gleichzeitig individuelle Vorstellungen der Lehrkräfte in Hinblick auf die Prozess-Produkt Dualität zu differenzieren.

Abschließend sollen die Lehrkräfte, falls noch nicht geschehen, die fiktiven Beschreibungen der Schülerinnen und Schüler in Bezug auf die Prozess-Produkt Dualität von algebraischer Symbolsprache kommentieren. Dazu wird ihnen folgender theoretischer Input durch die Interviewerin gegeben: „Terme lassen sich als Prozess deuten, *operational* als Rechenhandlung, oder *strukturell* als Produkt, als Bauplan. Dies sind zwei verschiedene Deutungsweisen von Termen. Die operationale und die strukturelle Deutungsweise verdeutlichen eine Prozess-Produkt Dualität (Doppeldeutigkeit) von algebraischer Symbolsprache. Inwieweit siehst du diese Prozess-Produkt Dualität auch in den fiktiven Schülerlösungen?". Die Lehr-kräfte sollen diese Doppeldeutigkeit und die damit verbundenen Unterschiede in den Beschreibungen der Lernenden erläutern.

Zusätzlich werden in den Interviews die subjektiven Erfahrungen der Lehrkräfte mit der Prozess-Produkt Dualität der Symbolsprache im Mathematikunterricht und die möglicherweise verschiedenen Bedeutungen in den Klassenstufen erfragt, etwa durch „Nimmst du in deinem Unterricht verschiedene Beschreibungen bzw. Deu-tungsweisen von Termen wahr? Welche Bedeutung kommt diesen verschiedenen Deutungsweisen in deinem Unterricht in den verschiedenen Jahrgangsstufen zu?". Auch sollen von den Lehrkräften mögliche Unterstützungen für Lernende hinsicht-lich dieser Thematik antizipiert werden: „Wie könntest du in deinem Unterricht die Schülerinnen und Schüler noch stärker auf diese Prozess-Produkt Dualität aufmerksam machen? Was würde deine Schülerinnen und Schüler unterstützen?"

4.3.2   Datenerhebung und Datenaufbereitung

Als Datengrundlage für die Erstellung der Transkripte zu den Einstiegsinterviews dienten Tonaufnahmen der leitfadengestützten Interviews mit den Lehrkräften. Zur Datenaufbereitung werden Transkripte auf Basis von den folgenden Tran-skriptionsregeln (vgl. Tabelle 4.1) mithilfe des Programms f5 erstellt. Es hat eine kommentierte Transkription stattgefunden (Mayring, 2002, S. 91), bei wel-cher neben den wörtlichen Äußerungen weitere wichtige Informationen in das Transkript aufgenommen werden. Beispielsweise werden Pausen oder auch Beto-nungen, etwa bei „Mhm (bejahend)", in die Transkripte integriert. Auch werden nichtsprachliche Vorgänge, wie Lachen, transkribiert.

Die Transkripte sind durch Turnnummern gegliedert. Bei jedem Sprecher-wechsel beginnt ein neuer Turn. Zusätzlich sind Zeitangaben am Ende der Aussagen zu finden, die automatisch durch das Programm f5 eingefügt werden.

Im Ergebniskapitel sind einzelne Äußerungen im Vergleich zum Transkript sprachlich geglättet, wenn der Inhalt dadurch nicht verändert wird. Es soll das Missverständnis vermieden werden, dass lediglich Tippfehler vorliegen, etwa wenn in Wörtern Endungen fehlen oder falsche Endungen hinzugefügt wurden.

Beispielsweise hat Frau Petrow im Interview „eine" Argument gesagt, statt den passenden Artikel „ein" zu nutzen: „In Mathematik darf ich nur dann eine Argument verwenden, wenn es allgemeingültig ist und überhaupt keine Ausnah-men zulässt." (Interview mit L1, Turn 72). Es findet eine sprachliche Glättung statt und im Ergebniskapitel steht in Frau Petrows Äußerung „ein Argument". Im folgenden Beispiel wird die Äußerung so belassen, da in diesem Beispiel deutlich

Tabelle 4.1 Transkriptionsregeln

(.)	Pause von einer Sekunde
(..)	Pause von zwei Sekunden
(x sek)	Pause von x Sekunden
/	Abbruch der Aussage
(unv.)	Unverständliche Aussage
_____(unv.)	Nicht genau verständliche Aussage, vermuteter Wortlaut
(*lachen*)	Beschreibung von nicht sprachlichen Vorgängen
(bejahend)	Tonfall einer Aussage
S1: //aber nein. S2: Ich denke//	Zeitgleiche Äußerung.

wird, dass es eine sprachliche Färbung ist und kein Tippfehler vorliegt: „einen tieferen Einblick in der Struktur der Mathematik" (Interview mit L1, Turn 80).

4.3.3   Datenauswertung

Die Datenauswertung der Interviews wird basierend auf den Transkripten vorgenommen. Dazu kommen verschiedene Auswertungsmethoden der qualitativen Forschung in Betracht. Beispielsweise kann man Interviewdaten anhand der Grounded Theory (Glaser & Strauss, 1967; Strauss & Corbin, 1990) oder mittels einer Qualitativen Inhaltsanalyse (Kuckartz, 2018; Mayring, 2002) auswerten. Bei der Grounded Theory handelt es sich um eine rekonstruktive Forschungsmethode mittels der induktiv, datenbasiert eine Theorie (mittlerer Reichweite) bezüglich eines Forschungsgegenstands entwickelt werden kann. Laut Kuckartz (2018, S. 82) ist die Grounded Theory eher weniger für deskriptive Analysen geeignet, da sie auf eine Theorieentwicklung abzielt. Da meine Forschungsfragen aber nicht primär darauf abzielen, eine gesättigte Theoriebildung bezüglich Vorstellungen von Lehrkräften zum mathematischen Argumentieren beziehungsweise zum Übergang von der Arithmetik zur Algebra zu entwickeln, habe ich mich für die Qualitative Inhaltsanalyse entschieden. In dieser Studie liegt der Fokus auf den Vorstellungen und Vorerfahrungen der beteiligten Lehrkräfte, um ihre Handlungen im Unterricht nicht nur ausgehend von der Unterrichtsdynamik, sondern auch auf Basis ihrer Vorstellungen und Vorerfahrungen einordnen zu können.

Charakteristisch für qualitative Inhaltsanalysen ist, dass die Auswertungen systematisch und schrittweise mit „theoriengeleitet am Material entwickelten

Kategoriensystemen" stattfinden (Mayring, 2002, S. 114). Es wird das gesamte Datenmaterial ausgewertet. Kuckartz (2018, S. 26) stellt fünf Charakteristika der qualitativen Inhaltsanalyse heraus:

> „1. Die kategorienbasierte Vorgehensweise und die Zentralität der Kategorien für die Analyse.
> 2. Das systematische Vorgehen mit klar festgelegten Regeln für einzelne Schritte.
> 3. Die Klassifizierung und Kategorisierung der gesamten Daten und nicht nur eines Teils derselben.
> 4. Die von der Hermeneutik inspirierte Reflexion über die Daten und die interaktive Form ihrer Entstehung
> 5. Die Anerkennung von Gütekriterien, das Anstreben der Übereinstimmung von Codierenden." (Kuckartz, 2018, S. 26)

Bei der qualitativen Inhaltsanalyse kann man verschiedene (Grund-)Formen unterscheiden (Kuckartz, 2018; Mayring, 2002, S. 115). Kuckartz (2018) unterscheidet zwischen drei Basismethoden: der „inhaltlich strukturierenden", der „evaluierenden" und der „typenbildenden" qualitativen Inhaltsanalyse.

Alle drei Basismethoden sind fallorientiert und gleichzeitig themenorientiert. Sie erlauben und erfordern also Untersuchungen von einzelnen Fällen und auch Komparationen zwischen den Fällen (Kuckartz, 2018, S. 48 f.). Laut Kuckartz (2018, S. 49) spielt ein fallorientierter Vergleich bei der qualitativen Inhaltsanalyse nach Mayring jedoch nur eine untergeordnete Rolle. In Hinblick auf die erste Forschungsfrage ist aber gerade eine fallorientierte Analyse von enormer Bedeutung, da es um die individuellen, subjektiven Vorstellungen und Vorerfahrungen von den Lehrkräften in Bezug auf das mathematische Argumentieren und die Prozess-Produkt Dualität im Übergang von der Arithmetik zur Algebra gehen soll.

Kennzeichnend für die „inhaltlich strukturierende qualitative Inhaltsanalyse" (Kuckartz, 2018) ist die themenorientierte Auswertung auf sprachlicher Ebene, bei welcher Haupt- und Subkategorien aus dem Datenmaterial abgeleitet werden und das Datenmaterial somit strukturiert wird. Bei der „evaluierenden qualitativen Inhaltsanalyse" wird das Datenmaterial und somit der Inhalt eingeschätzt, klassifiziert und bewertet. Die „typenbildende qualitative Inhaltsanalyse" hat das Ziel Typen beziehungsweise Typologien aus dem Datenmaterial heraus zu bilden. In Hinblick auf die Forschungsfragen ist keine Evaluierung und auch keine Typenbildung erforderlich.

Aufgrund der vorherigen Überlegungen werden die Daten mittels der *inhaltlich strukturierenden qualitativen Inhaltsanalyse* nach Kuckartz (2018) ausgewertet. Die Auswertung lässt sich dabei in sieben Phasen einteilen, bei denen immer wieder Rückbezüge zu den Forschungsfragen erforderlich sind (vgl. Abbildung 4.3). Eine besondere Stärke dieses Verfahrens ist, dass das Kategoriensystem in diesem Prozess immer wieder in Hinblick auf das spezifische Datenmaterial und die Fragestellungen überarbeitet und fokussiert wird. Im Folgenden werden die einzelnen Phasen beschrieben und auf das eigene Forschungsprojekt bezogen.

Abbildung 4.3 Inhaltlich strukturierende Inhaltsanalyse (Abbildung aus Kuckartz, 2018, S. 100)

Phase 1: Initiierende Textarbeit

Kuckartz (2018) betont, dass der erste Schritt der Auswertung qualitativer Daten hermeneutisch-interpretativ stattfinden soll., zunächst werden die Transkripte in der Gesamtheit gesichtet, intensiv gelesen und eine erste Interpretation vom Sinn gesucht. Dies findet ausgehend von den Forschungsfragen statt, die immer wieder in den Blick genommen werden. Die erste Phase zielt darauf ab, dass ein erstes Verständnis vom Datenmaterial entwickelt wird. Dazu können zentrale Begriffe markiert, wichtige oder schwierige Stellen gekennzeichnet und die inhaltliche Struktur beziehungsweise der Ablauf des Interviews fokussiert werden. Memos können dazu dienen, erste Ideen hinsichtlich der Auswertung zu sichern. Anschließend können erste Fallzusammenfassungen als „systematisch ordnende, zusammenfassende Darstellung der Charakteristika" der Einzelfälle verfasst werden (Kuckartz, 2018, S. 58).

In dieser Studie werden die Transkripte zunächst vollständig gelesen. Dabei werden schwer verständliche Passagen gedeutet. Ebenfalls wird ein erster Eindruck bezüglich der Vorstellungen der Lehrkräfte in Bezug auf das mathematische Argumentieren und die Doppeldeutigkeit der algebraischen Symbolsprache in Stichworten notiert (vgl. erste Forschungsfrage). Diese Notizen sind als erste, kurze Fallzusammenfassungen nach Kuckartz zu verstehen. Dabei werden die verschiedenen Vorstellungen der Lehrkräfte verdeutlicht. Die kurzen Fallzusammenfassungen können als ein erster Ausgangspunkt für komparative Analysen zwischen den Lehrkräften dienen.

Phase 2: Entwicklung von thematischen Hauptkategorien (orientiert am Interviewleitfaden)
In der zweiten Phase werden thematische Hauptkategorien entwickelt, die eine erste Strukturierung der Daten ermöglichen sollen. Laut Kuckartz (2018, S. 101) dienen oftmals (Sub-)Themen als Auswertungskategorien, welche sich häufig bereits aus den Forschungsfragen ableiten lassen und schon bei der Datenerhebung berücksichtigt werden. Auch in dieser Studie lassen sich aus der Strukturierung der Interviews thematische Hauptkategorien ableiten.

Die Konzeption der Interviewleitfäden wurde bereits in Abschnitt 4.3.1 beschrieben. Ausgehend von den Fragen und der Strukturierung des Interviewleitfadens ergeben sich die folgenden vier thematischen Hauptkategorien:

(1) Lerngruppe
(2) Unterrichtsstil und -erfahrungen der Lehrkräfte
(3) Mathematisches Argumentieren
(4) Prozess-Produkt Dualität von algebraischer Symbolsprache

Theoretisch können sich weitere Themen als thematische Hauptkategorien ausgehend vom Datenmaterial ergeben. Das ist in dieser Studie aber nicht der Fall.

Außerdem sollen nach Kuckartz (2018) in der zweiten Phase die Hauptkategorien mit einem Teil des Datenmaterials in Hinblick auf ihre Anwendbarkeit überprüft werden. Auch dieser Schritt wurde in dieser Studie unternommen und die Anwendbarkeit und Trennschärfe der Hauptkategorien hat sich bestätigt.

In Hinblick auf die erste Forschungsfrage sind vor allem die dritte und vierte Hauptkategorie von Bedeutung, also die Vorstellungen der Lehrkräfte zum mathematischen Argumentieren als auch zum Übergang von der Arithmetik zur Algebra. Für die Beantwortung der anderen Forschungsfragen, die basierend auf der Datenauswertung der empirischen Durchführung der Lernumgebung beantwortet werden, werden die Interviews nur untergeordnet einbezogen. Nachdem deskriptive Beschreibungen der Unterrichtssituationen und Handlungen der Lehrkräfte durch Rekonstruktionen herausgearbeitet wurden (vgl. Abschnitt 4.4.2 und 4.4.4), wird ein Verstehen und Erklären der Situationen angestrebt. Dabei kann einerseits aus Perspektive der Unterrichtsdynamik und der Interaktion der Partizipierenden ein tieferes Durchdringen der mathematischen Argumentationsprozesse ermöglicht werden. Andererseits kann ein Blick auf die Äußerungen der Lehrkräfte und ihre Vorstellungen und Vorerfahrungen hilfreich sein, um mögliche Erklärungen für ihre Handlungen und die Intention von Äußerungen zu finden und damit die Unterrichtssituationen genauer zu verstehen.

Phase 3: Codierung von thematischen Hauptkategorien

Kuckartz (2018, S. 102) beschreibt, dass man bei der ersten Codierung des Datenmaterials den Text sequenziell durchgehen soll und jedem Abschnitt daraufhin eine der thematischen Hauptkategorien zuordnet. Einen Abschnitt sollte man dabei so groß wählen, dass er ohne weitere Erklärungen verständlich ist. Innerhalb eines Abschnittes können auch mehrere Themen angesprochen werden, was zu einer Codierung von einer Textstelle mit mehreren Kategorien führt. Beispielsweise kann in Äußerungen der Lehrkraft mathematisches Argumentieren in Bezug auf die Lerngruppe thematisiert werden, wodurch sowohl die Hauptkategorie „Mathematisches Argumentieren" als auch „Lerngruppe" diesem Abschnitt zugeordnet wird. Keine Codierung findet bei Abschnitten ohne Bezug zur Forschungsfrage oder inhaltlichen Gehalt statt.

Durch die Strukturierung des Interviewleitfadens (vgl. Abschnitt 4.3.1), hat es sich in den Interviews ergeben, dass zunächst hauptsächlich Informationen bezüglich der Hauptkategorien „Lerngruppe" und „Unterrichtsstil/ -erfahrungen" thematisiert werden. Anschließend wird erst „Mathematisches Argumentieren" und danach die „Prozess-Produkt Dualität" angesprochen. In den zwei letzten Abschnitten sind aber auch Äußerungen zur Lerngruppe sowie zum Unterrichtsstil der Lehrkraft, fokussiert auf mathematisches Argumentieren beziehungsweise den Umgang mit der Prozess-Produkt Dualität, zu finden. Daher ist es trotz der Entwicklung der thematischen Hauptkategorien ausgehend von der Strukturierung des Interviewleitfadens erforderlich, die Hauptkategorien im gesamten Material zu codieren. Für die Codierung wird das Programm ATLAS.ti genutzt.

Kuckartz (2018) weist darauf hin, dass für die Qualitätssicherung des Codierprozesses möglichst mehr als eine Person codieren sollen. In dieser Studie handelt es sich aber um ein stark durch den Leitfaden strukturiertes Interview, in dem die Hauptkategorien direkt aus dem Leitfaden herausgearbeitet werden können. In einem solchen Fall ist laut Kuckartz (2018, S. 105) das Codieren durch eine Person „unproblematisch". Daher wird die Codierung in dieser Studie nur durch eine Person vorgenommen.

Phase 4: Zusammenstellen aller mit der gleichen Hauptkategorie codierten Textstellen
Das Zusammenstellen aller mit der gleichen Hauptkategorie codierten Textstellen kann einfach mittels der Ausgabe des Programms ATLAS.ti erfolgen.

Phase 5: Entwicklung von induktiven Subkategorien am Datenmaterial
Nach dem ersten Codierprozess, der die Interviews zunächst einmal thematisch übergeordnet gegliedert hat, findet eine feinere Herausarbeitung der Subkategorien innerhalb einer thematischen Hauptkategorie statt. Zumindest für die Kategorien, die relevant für die Forschungsfragen sind, ist eine Ausdifferenzierung notwendig (Kuckartz, 2018). Die Subkategorien werden induktiv aus dem Material herausgearbeitet und die Benennung orientiert sich an den wörtlichen Äußerungen der interviewten Lehrkräfte.

Kuckartz (2018, S. 106) beschreibt folgenden Ablauf für die Ausdifferenzierung der Subkategorien:

- Auswahl der auszudifferenzierenden Hauptkategorie(n)
- Zusammenstellen aller mit dieser Hauptkategorie codierten Textstellen (vgl. Phase 4)
- Erstellen von Subkategorien am Material mittels Verfahren induktiver Kategorienbildung. In dieser Arbeit wird die direkte Kategorienbildung am Material genutzt (Kuckartz, 2018, S. 88 ff.). Dabei entsteht zunächst eine ungeordnete Liste an Subkategorien (z. B. „Mathematisches Argumentieren ist in allen Themenbereichen relevant.", „Das Beherrschen von Fachsprache ist eine Voraussetzung zur Teilnahme an mathematischen Argumentationen.").

- Die Liste der Subkategorien wird daran anschließend geordnet und systematisiert, wobei relevante Dimensionen identifiziert werden und teilweise einzelne Subkategorien zu übergeordneten Kategorien zusammengefasst werden.

In Hinblick auf die erste Forschungsfrage wird ein Fokus auf die Ausdifferenzierung der dritten und vierten thematischen Hauptkategorien zu den Vorstellungen der Lehrkräfte zum „mathematischem Argumentieren" als auch zur „Prozess-Produkt Dualität von algebraischer Symbolsprache" gelegt. Für die Hauptkategorien „Lerngruppe" und „Unterrichtsstil/ -erfahrungen" werden Subkategorien herausgearbeitet, welche aber im weiteren Verlauf der Datenauswertung in Hinblick auf die Forschungsfrage nicht weiter analysiert und berücksichtigt werden. Die Äußerungen der Lehrkräfte, die diesen beiden Hauptkategorien zugeordnet werden können, sind nicht auf das mathematische Argumentieren oder die Prozess-Produkt Dualität von algebraischer Symbolsprache fokussiert. Daher sind sie nicht relevant, um die Vorstellungen und Erfahrungen der teilnehmenden Lehrkräfte zum mathematischen Argumentieren und zum Übergang von der Arithmetik zu Algebra herauszuarbeiten (vgl. erste Forschungsfrage). Wenn beispielsweise Äußerungen in Hinblick auf mathematisches Argumentieren bei Fragen zum Unterrichtsstil aufgeworfen worden sind, sind sie immer auch in die Kategorie „mathematisches Argumentieren" eingeordnet und werden damit in der weiteren Analyse berücksichtigt.

Die Subkategorien werden mittels der direkten Kategorienbildung am Material herausgearbeitet (Kuckartz, 2018, S. 88 ff.). Dazu wird zu Beginn ohne Beschränkung des Grads der Allgemeinheit und Abstraktion offen codiert. Nachdem das gesamte Datenmaterial durchgearbeitet ist, liegt eine ungeordnete Liste an Subkategorien vor, welche im nächsten Schritt systematisiert und geordnet wird. Dabei ist zu beachten, dass es aufgrund der kleinen Stichprobe von nur drei Lehrkräften dazu gekommen ist, dass einzelne Subkategorien nur einmal genannt wurden. Beispielsweise äußerte lediglich eine Lehrkraft als Voraussetzung für die Teilhabe an mathematischen Argumentationen die Motivation von Lernenden.

Die einzelnen Subkategorien der dritten und vierten Hauptkategorie werden in dieser Studie größtenteils in thematische Blöcke, also Dimensionen, gliedert und bei der Codierung in ATLAS.ti mit der gleichen Farbe markiert. Beispielsweise werden die unterschiedlichen Erwartungen der Lehrkräfte an ihre Schülerinnen und Schüler beim mathematischen Argumentieren in die Hauptkategorie „Mathematisches Argumentieren" gegliedert, mit der Subkategorie „Erwartung an SuS: ..." benannt und mit der Farbe Rot codiert.

Dabei ergeben sich in dieser Studie zu der *Hauptkategorie „Mathematisches Argumentieren"* die folgenden Dimensionen (vgl. Tabelle 4.2):

- Allgemeines zum mathematischen Argumentieren
- Charakterisierung vom mathematischen Argumentieren
- Voraussetzungen zur Teilhabe
- Erwartung an Schülerinnen und Schüler
- Unterschiede von mathematischen Argumenten
- Wertung und Einordnung der fiktiven Schülerinnen und Schüler-Lösungen

Tabelle 4.2 Kategoriensystem: Hauptkategorie „Mathematisches Argumentieren"

1. Allgemeines zum mathematischen Argumentieren
  a. In allen Themenbereichen relevant
  b. Math. Argumentieren wird inhaltlich genutzt
  c. Math. Argumentieren, um Verständnis zu erzeugen
  d. Beim Präsentieren wird math. argumentiert
  e. Beim Argumentieren mit realweltlichen Problemen wird math. argumentiert
	2. Charakterisierung vom mathematischen Argumentieren
	  a. Lösungswege erklären
	  b. Keine Ausnahmen erlaubt und (immer) allgemeingültig
	  c. Logische Verkettung
	  d. Mittel und Wege, um etwas glaubhaft zu erklären
	  e. Kompetenz, anderen Schüler:innen etwas zu erklären

3. Voraussetzungen zur Teilhabe
  a. Beherrschen der Sprache (Deutsch)
  b. Beherrschen der Fachsprache
  c. Motivation
  d. Vorwissen
	4. Erwartung an Schüler:innen
	  a. Tiefere Einblicke in die Struktur
	  b. Inhalt zunächst wichtiger als Fachsprache
	  c. Fachsprache (ab einem gewissen Punkt)
	  d. Eindeutige Antworten
	  e. Aufgabenlösungen erklären
	  f. (Logische/ formale) Regeln müssen eingehalten werden
	  g. Soziale Regeln müssen eingehalten werden

5. Unterschiede von mathematischen Argumenten
  a. Bzgl. der Tiefe bzw. dem Grad der Verallgemeinerung
  b. Hinsichtlich der Darstellung
  c. Hinsichtlich der Fachsprache
  d. Hinsichtlich der sprachlichen Ebene
  e. Bzgl. dem Grad der Formalisierung und der Abstraktheit der Sprache
	6. Wertung und Einordnung der fiktiven Schüler:innen-Lösungen
	  a. Fachliche Korrektheit richtig beurteilt
	  b. Fachliche Korrektheit fehlerhaft beurteilt
	  c. Beispiele nicht ausreichend für allgemeingültige Begründung
	  d. Beispiele zunächst nützlich
	  e. Visuelle Argumente positiv gewertet
	  f. Visuelle Argumente negativ gewertet
	  g. Sprachliche Argumente positiv gewertet
	  h. Sprachliche Argumente negativ gewertet
	    i. Algebraische Argumente positiv gewertet

Bei der *Hauptkategorie zur Prozess-Produkt Dualität von algebraischer Symbolsprache* ergeben sich die Dimensionen (vgl. Tabelle 4.3):

- Charakterisierung der fiktiven Beschreibungen der Terme
- Wertung und Einordnung der fiktiven Beschreibungen der Terme
- Mögliche Unterstützung von Schülerinnen und Schülern

Hinsichtlich der Fragen zur Prozess-Produkt Dualität von algebraischer Symbolsprache ist zu beachten, dass die Antworten auf den ersten Fragenblock „Allgemeines zur algebraischen Symbolsprache" hauptsächlich auf das Können und (Vor-)Wissen der Lerngruppe abzielten und die Antworten daher größtenteils auch in die Hauptkategorie „Lerngruppe" eingeordnet sind.

Tabelle 4.3 Kategoriensystem: Hauptkategorie „Prozess-Produkt Dualität von algebraischer Symbolsprache"

1. Charakterisierung der fiktiven Beschreibungen der Terme
   a. Rechenweg beschrieben
   b. Fachausdrücke genutzt
   c. Große Unterschiede bei den Schüler:innen-Lösungen, es gibt unterschiedliche Sichtweisen
   d. Beide Herangehensweisen richtig
   e. Unterschiedliche Tiefe der Beschreibungen
   f. Beschreiben der Rechnung gegenüber Beschreibung des Terms

2. Wertung und Einordnung der fiktiven Beschreibungen der Terme
   a. Ohne Fachsprache wenig fundiert/ Fachsprache wichtig
   b. Schwierig für Schüler:innen, (math.) Strukturen in Termen zu erfassen und als Bauplan zu übertragen
   c. In höheren Klassenstufen – Baupläne als Grundlage erforderlich
   d. In höheren Klassenstufen – verschiedene Varianten
   e. In niedrigen Klassenstufen – Vorgehensweise, Rechenweg als Grundlage zum Erfassen der Struktur

3. Mögliche Unterstützung von Schüler:innen
   a. Mittels Kontexten
   b. Satzbausteine vorgeben
   c. Möglichkeit, die Schüler:innen direkt mit der Prozess-Produkt Dualität zu konfrontieren

In dieser Studie wird davon abgesehen, konkrete Definitionen der einzelnen Subkategorien und Beispiele zu erstellen, da bereits die Benennung der Subkategorien als eine kurze Definition oder Beschreibung der Subkategorie gesehen werden kann. Eine Trennschärfe und Abgrenzung der Subkategorien sind möglich. Im Ergebniskapitel 5 dieser Arbeit werden auch Datenbeispiele herangezogen, wodurch die Subkategorien verdeutlicht werden.

Damit ergibt sich ein Kategoriensystem für die Hauptkategorien „Mathematisches Argumentieren" und „Prozess-Produkt Dualität von algebraischer Symbolsprache" (Tabelle 4.2 und Tabelle 4.3), wobei sich die Subkategorien induktiv aus dem Material ergeben und die Benennung der Subkategorien bewusst dem wörtlichen Ausdruck der Lehrkräfte folgt. Bezüglich der fiktiven Lösungen zum mathematischen Argumentieren und den Beschreibungen der Terme sind im Datenmaterial durchaus noch weitere Abgrenzungen angelegt. In dem Kategoriensystem werden aber nur die von den Lehrkräften benannten Aspekte aufgegriffen.

Phase 6: Codieren des kompletten Materials
Nachdem nun das Kategoriensystem mit Haupt- und Subkategorien ausgearbeitet wurde, können die gesamten Textstellen erneut codiert werden. In dieser Studie musste dabei keine Subkategorie weiter ausdifferenziert oder zusammengefasst werden. Auch dieser Codierprozess wird mittels ATLAS.ti von einer Person vorgenommen. Bei einzelnen, entscheidenden Textabschnitten und bei Unsicherheiten wird im Sinne einer konsensuellen Validierung vorgegangen (Legewie, 1987; Bortz & Döring, 2006). Eine konsensuelle Validierung dient dazu, einen Konsens zwischen verschiedenen Forscherinnen und Forschern über die Deutung einer Textstelle oder Situation herzustellen. Dazu wird eine Einordnung vorgeschlagen, in einer kleinen Gruppe diskutiert und eine Einigung auf eine (Sub-)Kategorie erzeugt. Wie auch beim ersten Codierprozess kann mittels der Datenausgabe von ATLAS.ti eine Zusammenstellung aller mit der gleichen Kategorie codierten Textstellen stattfinden.

In Hinblick auf die Forschungsfragen ist das Codieren von Subkategorien entscheidend, um die individuellen Erwartungen und subjektiven Vorstellungen der Lehrkräfte zum mathematischen Argumentieren und zur Prozess-Produkt Dualität von algebraischer Symbolsprache differenzieren zu können. Ebenfalls erlauben Komparationen, Gemeinsamkeiten und Unterschiede zwischen den Lehrkräften herauszustellen. Dies kann in Hinblick auf die zweite Forschungsfrage interessant sein, um unterschiedliche Vorgehensweisen der Lehrkräfte und Schwerpunktsetzungen im Unterricht einzuordnen.

Phase 7: Einfache und komplexe Analysen, Visualisierungen
Nachdem das gesamte Datenmaterial codiert wurde, können in der siebten Phase weitere Analysen vorgenommen werden. Dabei soll eine Visualisierung der gewonnenen Ergebnisse stattfinden. Kuckartz (2018) beschreibt, dass man als Zwischenschritt vor der weiteren Analyse fall- und themenbezogene Zusammenfassungen schreiben kann.

Zwischenschritt: Erstellen von fallbezogenen thematischen Zusammenfassungen mittels Themenmatrizen

Vor allem für vergleichende, tabellarische Überblicke sind fallbezogene thematische Zusammenfassungen sinnvoll und sie werden daher häufig in der qualitativen Forschung genutzt (Kuckartz, 2018, S. 111). Dabei wird das Datenmaterial zusammengefasst, fokussiert und auf das Wesentliche in Hinblick auf die Forschungsfragen reduziert. In dieser Studie werden solche Zusammenfassungen erstellt.

Den Ausgangspunkt für die fallbezogenen thematischen Zusammenfassungen bildet die Themenmatrix. Laut Kuckartz (2018, S. 49 f.) werden die Fälle, also hier die Lehrkräfte, in den Zeilen und die verschiedenen inhaltlichen Kategorien in den Spalten dargestellt. In dieser Studie werden zwei Themenmatrizen zu den beiden Hauptkategorien „Mathematisches Argumentieren" und „Prozess-Produkt Dualität in der Algebra" erstellt (vgl. Ergebniskapitel 5). Als inhaltliche Kategorien werden die herausgearbeiten Dimensionen genutzt, wie beispielsweise „Unterschiede von mathematischen Argumenten" oder „Wertung und Einordnung der fiktiven Beschreibungen der Terme". Dabei werden in den Themenmatrizen die Dimensionen aus Platzgründen in den Zeilen dargestellt und die Lehrkräfte in den Spalten, da es mehr Dimensionen als Fälle gibt. In den Einträgen dieser Tabellen finden sich also jeweils die Subkategorien, die die Lehrkräfte bezüglich einer Dimension benannt haben (vgl. Ergebniskapitel 5). Diese Themenmatrizen lassen sich dann in der horizontalen Perspektive themenorientiert und in der vertikalen Perspektive fallorientiert analysieren (Kuckartz, 2018, S. 50). Betrachtet man die einzelnen Spalten, also die einzelnen Lehrkräfte, lassen sich aus der Themenmatrix Fallzusammenfassungen erstellen, was in Hinblick auf die Forschungsfragen vielversprechend erscheint. Es lassen sich somit die im Interview geäußerten individuellen Vorstellungen und die Vorerfahrungen zum mathematischen Argumentieren als auch zur Doppeldeutigkeit der algebraischen Symbolsprache rekonstruieren (vgl. Forschungsfrage 1). Ausgehend von den Fallzusammenfassungen in Hinblick auf die zwei analysierten Hauptkategorien finden sich die herausgearbeiten Vorstellungen und die Vorerfahrungen der jeweiligen Lehrkräfte im Ergebniskapitel 5.

Aufbauend auf den fallorientierten thematischen Zusammenfassungen und Themenmatrizen können nun weitere Analysen stattfinden. Kuckartz (2018, S. 117 ff.) unterscheidet zwischen sechs Auswertungsformen, wobei nur eine Form für diese Arbeit relevant ist. In Hinblick auf die Forschungsfragen bietet es sich an, eine kategorienbasierte Auswertung entlang der Hauptkategorien, in diesem Fall entlang der Dimensionen der Themenmatrix, vorzunehmen. Dabei wird beispielsweise zusammengefasst dargestellt, welche Erwartungen die Lehrkräfte an die Schülerinnen und

Schüler bezüglich des mathematischen Argumentierens in den Interviews geäußert haben. Die Ergebnisse dieser kategorienbasierten Auswertung mit zusätzlichen Komparationen zwischen den Lehrkräften befinden sich in Abschnitt 5.4.

Für die Beantwortung der Forschungsfragen sind die fallorientierten thematischen Zusammenfassungen und die kategorienbasierte Auswertung ausreichend, daher wird keine weitere Analyse der Daten vorgenommen. Möchte man tiefergehende Zusammenhänge zwischen den Dimensionen herausarbeiten, beispielsweise die Erwartungen der Lehrkräfte an die Schülerinnen und Schüler bezüglich des mathematischen Argumentierens mit den Antworten zu den fiktiven Schülerinnen und Schüler Lösungen in Beziehung setzen, sind weitere Analyseformen erforderlich (Kuckartz, 2018, S. 117 ff.). Das ist aber nicht der Fokus in dieser Untersuchung.

4.3.4   Güte und Qualitätssicherung

Es ist mittlerweile Konsens, dass die klassischen Gütekriterien von quantitativer Forschung, Objektivität, Reliabilität und Validität, nicht direkt auf die qualitative Forschung übertragen werden können (vgl. Mayring 2002, S. 140; Kuckartz, 2018, S. 201 f.). Laut Mayring (2002) bedarf es neuer Definitionen von Gütekriterien, welche in Bezug auf die Methoden der qualitativen Forschung angemessen sind. In der Diskussion über Gütekriterien qualitativer Forschung werden verschiedene mögliche Gütekriterien diskutiert (bspw. sechs Gütekriterien nach Mayring, 2002, S. 144 ff.; Kernkriterien nach Steinke, 2013; Gütekriterien nach Miles, Huberman & Saldaña, 2014).

Kuckartz (2018, S. 203) fokussiert Gütekriterien in Bezug auf die qualitative Inhaltsanalyse und differenziert zwischen der „internen" und der „externen Studiengüte". Zu der „internen Studiengüte" werden die „Zuverlässigkeit, Verlässlichkeit, Auditierbarkeit, Regelgeleitetheit, intersubjektive Nachvollziehbarkeit, Glaubwürdigkeit etc." (Kuckartz, 2018, S. 203) gezählt. Die Übertragbarkeit und Verallgemeinerung der Ergebnisse werden als „externe Studiengüte" gefasst. Da diese Kriterien von Kuckartz (2018) auf qualitative Inhaltsanalysen fokussiert sind, sollten diese im Folgenden in Bezug auf die Interviews mit den Lehrkräften aufgegriffen werden. Sie können aber gleichzeitig auch auf die gesamte Studie angewendet werden.

In Hinblick auf die interne Studiengüte werden in dieser Studie folgende Entscheidungen getroffen und Aktivitäten durchgeführt, um die genannten Gütekriterien nach Kuckartz (2018) zu erfüllen: Die Interviews und die Unterrichtssituationen wurden mittels Audio-/Videoaufnahmen gesichert und dann transkribiert, sodass eine Verlässlichkeit, Regelgeleitetheit und auch Auditierbarkeit vorliegt.

Auch wird eine intersubjektive Nachvollziehbarkeit beziehungsweise Überprüfbarkeit (Bohnsack, 1999) angestrebt. „Intersubjektive Überprüfbarkeit wird durch die *Reproduzierbarkeit des Forschungsprozesses, des Erkenntnisprozesses* ermöglicht." (H. i. O. Bohnsack, 1999, S. 16). Durch eine detaillierte Darstellung des methodischen Vorgehens soll eine Reproduzierbarkeit, also Wiederholbarkeit der Studie, erreicht werden. Ebenso ist die Wahl der Methoden begründet und regelgeleitet durchgeführt. Der gesamte Auswertungsprozess, inklusive der verschiedenen Phasen und Arten der Kategorienbildung, wurde im vorherigen Kapitel dieser Arbeit dargelegt (für die Unterrichtssituationen vgl. Abschnitt 4.4). Dabei wurde auch das entstandene Kategoriensystem offengelegt. Zusätzlich wurde an fraglichen oder problematischen Stellen mit konsensuellen Validierungen gearbeitet (Legewie, 1987; Bortz & Döring, 2006).

Die externe Studiengüte wird bereits durch das Design der Studie beeinflusst (Kuckartz, 2018, S. 203). Eine Übertragbarkeit und Verallgemeinerung der Ergebnisse, die externe Validität, (Kuckartz, 2018, S. 202 ff.), wird in dieser Studie nur eingeschränkt angestrebt. Da es sich lediglich um drei Einzelfälle handelt, kann nur ein Einblick in Schulpraxis ermöglicht werden. Gleichzeitig sind die Einzelfälle insofern repräsentativ für Mathematikunterricht, da sie Einblicke in regulären Mathematikunterricht und seine Dynamiken geben. Diese Studie bietet deskriptive Darstellungen von individuellen Vorstellungen und Vorerfahrungen von drei Lehrkräften in Hinblick auf das mathematische Argumentieren und die Prozess-Produkt Dualität von algebraischer Symbolsprache. Man kann nicht von einer theoretischen Sättigung der Ergebnisse ausgehen. Dennoch sind die Ergebnisse übertragbar, da praktizierende Lehrkräfte befragt und alltägliche Unterrichtssituationen erhoben und analysiert werden. Dabei wurde gleichzeitig eine möglichst heterogene Stichprobe gewählt, um ein breites Spektrum von mathematischen Argumentationsprozessen einzufangen. Eine begriffliche Repräsentativität wird angestrebt, sodass Argumentationsprozesse in Unterrichtsroutinen rekonstruiert werden und dabei Lehrkrafthandlungen begrifflich gefasst werden können.

4.4   Unterrichtssituationen und ihre Auswertung

In diesem Kapitel wird das methodische Vorgehen in Bezug auf die Unterrichtssituationen beschrieben. Zunächst werden das Vorgehen bei der Erhebung der Unterrichtssituationen (Abschnitt 4.4.1) und die Datenreduktion und -aufbereitung (Abschnitt 4.4.2) beschrieben. Nach einem Überblick über das Vorgehen bei der Datenauswertung (Abschnitt 4.4.3) werden die verwendeten Methoden detailliert beschrieben: Rekonstruktion der Handlungen der Lehrkräfte (Abschnitt 4.4.4), Rekonstruktion der mathematischen Argumente (Abschnitt 4.4.5), Rekonstruktion der Handlungen der Lehrkräfte in den Argumenten (Abschnitt 4.4.6). Auf Basis dieser Rekonstruktionen findet eine Deutung und Interpretation statt (Abschnitt 4.4.7). Abgeschlossen wird dieses Kapitel mit einer Reflexion hinsichtlich der Güte und Qualitätssicherung (Abschnitt 4.4.8).

4.4.1   Daten und Vorgehen bei der Datenerhebung

Im folgenden Abschnitt wird zunächst ein Überblick über das Vorgehen bei der Datenerhebung gegeben. Anschließend wird benannt, welche Daten erhoben worden sind.

Vor der Erhebung der Unterrichtssituationen konnten die Lehrkräfte in Bezug auf die Lernumgebung (Kapitel 3) Anpassungen für ihre Klassen vornehmen. Dabei sollten die Aufgabenstellungen aber nicht grundlegend abgeändert werden, damit die Intention und der Charakter der Aufgaben beibehalten werden. Die Lehrkräfte konnten aber frei entscheiden, ob sie sich eng an der Unterrichtsverlaufsplanung orientieren oder die Schwerpunkte der Doppelstunden eigenständig umstrukturieren. Dieses Vorgehen erscheint sinnvoll, damit die Lehrkräfte ihren Unterrichtsstil beibehalten können und Routinen in den spezifischen Klassengemeinschaften berücksichtigt werden. Außerdem können bei der Konstruktion der Lernumgebung individuelle Leistungsstände und die Heterogenität der spezifischen Lerngruppen nur bedingt berücksichtigt werden. Ebenso ist anzumerken, dass zwei Oberschulklassen und eine Gymnasialklasse an dieser Studie teilgenommen haben. Zwischen den Klassen sind Leistungsunterschiede zu erwarten. In der Lernumgebung sind zwar Differenzierungsvorschläge enthalten, aber die Wahl soll bei der Lehrkraft bleiben, die ihre Klasse, die Besonderheiten und das Leistungsniveau kennt. Die Anpassungen der Lehrkräfte führten dazu, dass Frau Kaiser (Klasse 2) die Lernumgebung auf fünf Doppelstunden erweitert hat, während Herr Peters (Klasse 3) in Absprache mit der Forscherin nicht alle Aufgaben in den vier Doppelstunden mit seiner Klasse bearbeitete.

Die empirische Durchführung der Lernumgebung wurde durch Videoaufnahmen (drei Perspektiven), Scans der Dokumente der Lernenden und Fotos von Tafelbildern gesichert. Bei der Erhebung hat eine Videokamera die Lehrkraft und die Tafel gefilmt. Diese Kamera war mit dem Ansteckmikrofon der Lehrkraft verbunden. Eine weitere Kamera hat die Lerngruppe aufgenommen und wurde deshalb mit einem Stabmikrofon ausgestattet, welches die Äußerungen der Lernenden festgehalten und Störgeräusche herausgefiltert hat. Eine weitere Kamera wurde mit dem integrierten Mikrofon am Rand des Raumes platziert, um sowohl die Lehrkraft als auch die Schülerinnen und Schüler aufzunehmen. Unterrichtsbeobachtungen vervollständigen die Datenerhebung.

Rohdaten, auf denen die weitere Aufbereitung und Analyse basiert, sind in dieser Untersuchung also Videos der Unterrichtssituationen, Scans der Lösungen der Schülerinnen und Schüler und Fotos der Tafelbilder.

4.4.2 Datenreduktion und Datenaufbereitung

Im ersten Schritt findet eine Datenreduktion statt, um die Rohdaten zu reduzieren. Da die Forschungsfragen in Bezug zu mathematischen Argumentationen in Klassengesprächen stehen, wird auf die Unterrichtsabschnitte mit Klassengesprächen fokussiert.

Zur Datenaufbereitung werden, auch in Bezug auf die erhobenen Unterrichtssituationen, Transkripte erstellt. Als Daten werden die Videos der Unterrichtssituationen, Scans der Lösungen von den Schülerinnen und Schüler und Fotos der Tafelbilder herangezogen. Es hat eine kommentierte Transkription stattgefunden (Mayring, 2002, S. 91), bei welcher neben den wörtlichen Äußerungen auch weitere wichtige Informationen im Transkript aufgenommen werden. Die Transkripte sind durch Turnnummern gegliedert und Zeitangaben am Ende der Aussagen zu finden. Bei jedem Sprecherwechsel beginnt ein neuer Turn (die Transkriptionsregeln befinden sich in Abschnitt 4.3.2).

Bei der Erstellung der Transkripte zu den Unterrichtssituationen werden neben den Äußerungen der Teilnehmenden auch non-verbale Handlungen und Tätigkeiten, also nicht sprachliche Vorgänge der Lernenden und der Lehrkraft, berücksichtigt. In Hinblick auf die Fragestellungen ist es entscheidend, neben den wörtlichen Äußerungen auch Handlungen und Gesten der Partizipierenden einzubeziehen. Beispielsweise werden Zeigegesten oder Tafelanschriebe in die Transkripte integriert. Auch Positionswechsel, wenn beispielsweise Lernende zur

Tafel gehen, oder Tafelanschriebe der Lehrkräfte werden in den Transkripten gesichert. Ebenso sind Verweise auf Arbeitsblätter zu finden, die in den jeweiligen Arbeitsphasen bearbeitet wurden.

Zusätzlich zu den Videoaufnahmen der Klassengespräche werden die Scans der Dokumente der Lernenden (Lösungen der Arbeitsblätter, weitere Mitschriften) und die Fotografien der Tafelbilder miteinbezogen. Ausgehend von den gescannten Dokumenten der Lernenden und den Fotografien der Tafelbilder, wird zu jeder Klasse ein Dokument mit den Tafelbildern beziehungsweise Projektionen erstellt, die in den Unterrichtsgesprächen sichtbar waren. Diese Dokumente sind nach den Doppelstunden gegliedert. Wurden die projizierten Arbeitsblätter der Lernenden während einer Präsentation von Schülerinnen und Schüler beziehungsweise während der Diskussionen im Klassengespräch abgeändert, findet sich sowohl die ursprüngliche Version (Beginn der Präsentation) als auch die abgeänderte Version (Ende der Präsentation) in dem Dokument. Die ursprüngliche Version wird aus den Videoaufnahmen extrahiert. Beispielsweise haben die Lernenden Rechenfehler korrigiert und somit ihre Dokumente verändert. Wenn die Lösung erst im Anschluss an die Präsentation verändert wurde, also der Scan anders ist als die Projektion in der Unterrichtssituation, wird zur besseren Lesbarkeit auch die im Nachhinein veränderte Version mit aufgenommen.

Nach der Aufbereitung der Rohdaten sind die Transkripte der Klassengespräche und die Dokumente mit den Tafelbildern die Basis und Datenquelle für die weitere Datenauswertung.

4.4.3 Datenauswertung – Übersicht

In diesem Abschnitt wird zunächst ein kurzer Überblick über die einzelnen Schritte gegeben, die zur Datenauswertung der Unterrichtssituationen vorgenommen werden. Auch werden „vorbereitende" Datenauswertungen beschrieben, die weiterführende Analysen ermöglichen. Anschließend werden die einzelnen Methoden der Datenauswertung in den folgenden Kapiteln dieser Arbeit ausführlich beschrieben.

Übersicht über die Datenauswertung der Unterrichtssituationen
Zur Datenauswertung werden zunächst deskriptive Zusammenfassungen der Stunden auf Basis der Transkripte von den Klassengesprächen geschrieben, ohne die Videos erneut zu sichten (Abschnitt „Deskriptive Zusammenfassungen"). Durch die Zusammenfassungen wird ein Überblick über den Stundenverlauf und die thematisierten Aufgaben beziehungsweise mathematischen Argumentationen gewonnen.

Die Transkripte werden dann in Episoden eingeteilt (Abschnitt „Einteilung in Episoden") und Episoden mit mathematischen Argumentationen identifiziert (Abschnitt „Identifikation von Episoden mit Argumentationen").

Nach diesen vorbereitenden Auswertungen werden die Unterrichtssituationen mithilfe des Kategoriensystems zur Rekonstruktion der Handlungen von Lehrkräften in mathematischen Argumentationen ausgewertet (Abschnitt 4.4.4). Ausgehend von den Transkripten und den identifizierten Episoden mit mathematischen Argumentationen werden funktionale Argumentationsanalysen nach Toulmin (2003) durchgeführt (Abschnitt 4.4.5). Auch werden beide Rekonstruktionen miteinander verbunden., die Handlungen der Lehrkräfte werden in Zusammenhang mit den rekonstruierten Argumenten gebracht (Abschnitt 4.4.6). Somit werden die rekonstruierten Argumente sowie die Interaktionsprozesse in den unterrichtlichen Argumentationen zugänglicher für eine tiefere Analyse und einen inhaltlichen Vergleich, wie auch Komparationen, gemacht (vgl. Abschnitt 4.4.7).

Deskriptive Zusammenfassungen

Auf Basis der Transkripte der Klassengespräche und meiner Unterrichtsbeobachtungen werden zunächst ein- bis zweiseitige deskriptive Zusammenfassungen der einzelnen Stunden angefertigt. In diesen deskriptiven Zusammenfassungen wird der inhaltliche Verlauf der Unterrichtsstunden möglichst objektiv und ohne kritische Reflexionen dargestellt.

In diesen Fließtexten sind die Abfolgen der thematisierten Aufgaben der jeweiligen Unterrichtsstunde enthalten. Ebenso sind die diskutierten Vermutungen und Beobachtungen der Schülerinnen und Schüler eingebunden und ihre verschiedenen Begründungsversuche mit Angabe der Darstellungsebene (bspw. ikonisch, narrativ, arithmetisch, algebraisch) benannt. Auch werden weitere inhaltliche Aspekte, die die Lehrkraft in der Unterrichtsstunde thematisiert hat, beschrieben. Dazu zählen beispielsweise Wiederholungen zu Beginn einer Stunde oder die Thematisierung der Bedeutung von Variablen.

Im Fokus der deskriptiven Zusammenfassungen stehen also der inhaltliche und thematische Ablauf der einzelnen Unterrichtsstunden. Mit diesen kurzen, zugänglichen Beschreibungen soll eine erste Orientierung über die Unterrichtsverläufe ermöglicht werden.

Einteilung in Episoden

Die Transkripte werden in Abschnitte, sogenannte Episoden (vgl. Knipping, 2003; Knipping & Reid, 2019), eingeteilt, um eine inhaltliche Gliederung des Unterrichtsverlaufs und einen Überblick zu ermöglichen. Den Episoden werden Titel gegeben, die den Inhalt der Episoden beschreiben sollen. Die Turnnummern dienen der Abgrenzung der einzelnen Episoden. Teilweise lässt sich ein Turn zwei Episoden zuordnen, wenn er das Ende der letzten Episode und den Beginn einer neuen Episode beinhaltet. Dies ist etwa der Fall, wenn die Lehrkraft eine Aufgabe zusammenfasst und anschließend zu einem neuen Problem überleitet. In der Abbildung 4.4 ist beispielhaft eine Episodeneinteilung dargestellt.

4. Klärung der Aufgabe: **Was charakterisiert (un-)gerade Zahlen?** und Arbeitsphase (23-30)
5. Zusammentragen der Ergebnisse (31-59)
6. L. erläutert, was Mathematik ausmacht: Zusammenhänge zwischen größeren Strukturen (59)
7. Klärung der Aufgabenstellung: **Summe einer geraden und einer ungeraden Zahl.** Beispiele berechnen, Ergebnisse anschauen – was fällt auf?, Vermutung erstellen, versuchen ein Gegenbeispiel zu finden (59)
8. Arbeitsphase und Nachfragen zur Aufgabe (60-74)
9. Zusammentragen/ Vergleichen der Berechnungen (75-96)
10. Nennen der Beobachtung (Ergebnis ungerade) und suchen von Gegenbeispielen (96-107)
11. L. erläutert: In der Mathematik gibt es keine Ausnahmen bei Regeln, Gegenbeispiel bedeutet die Regel gilt nicht, allgemeine Begründung notwendig (108)

Abbildung 4.4   Ausschnitt einer Episodeneinteilung, Klasse 1, 1. Stunde

Identifikation von Episoden mit Argumentationen
Ausgehend von der Einteilung der Transkripte in Episoden werden die Episoden mit Argumentationen identifiziert. Im folgenden Abschnitt soll die vorgenommene Identifikation von Episoden mit Argumentationen legitimiert werden. Da es in der Literatur verschiedene Abgrenzungen gibt, was unter mathematischem Argumentieren zu fassen ist, wird zunächst das Verständnis mathematischen Argumentierens in dieser Arbeit sowie die Konstruktion der Argumentationsaufgaben kurz zusammengefasst. Daraus ergibt sich, wie in dieser Arbeit die Episoden mit Argumentationen identifiziert wurden.

In dieser Arbeit wird unter mathematischem Argumentieren ein sozialer Prozess gefasst, in welchem mathematische Geltungsansprüche thematisiert werden mit dem Ziel diese zu legitimieren (vgl. Abschnitt 2.1.1). Schon das Berechnen von Zahlenbeispielen und das Entwickeln von potenziellen Geltungsansprüchen wird in dieser Arbeit als Teil vom mathematischen Argumentieren aufgefasst. In dieser Lernumgebung sind die Aufgabenstellungen so konstruiert, dass sie sich in die Phasen „Beobachten", „Vermuten", „Analysieren und Abwägen" und „Begründen" einteilen lassen (vgl. Abschnitt 3.2.2). Diese Phasen spiegeln sich im Verlauf der Unterrichtsstunden wider. Bei der Identifikation von Episoden mit Argumentationen wird in dieser Studie ein weiter Argumentationsbegriff genutzt und alle vier Phasen werden dem mathematischen Argumentieren zugeordnet. In der ersten Phase „Beobachten" soll auf Geltungsansprüche hingearbeitet werden, welche in der zweiten Phase „Vermuten" benannt werden. Diese zwei Phasen initiieren mathematische Argumentationsprozesse. Die dritte Phase „Analysieren und Abwägen" zählt zum mathematischen Argumentieren, da in dieser Phase die Geltungsansprüche intensiv geprüft werden. In der vierten Phase „Begründen" werden die mathematischen Aussagen abschließend legitimiert oder gegebenenfalls verworfen. Ein mathematisches Argument wird konstruiert. In dieser Arbeit werden somit alle Episoden, in denen eine der vier Phasen des strategischen Vorgehens zum mathematischen Argumentieren (Abschnitt 3.2.2) bearbeitet wird, als Episoden mit Argumentationen identifiziert und in der weiteren Analyse fokussiert.

4.4.4 Datenauswertung – Rekonstruktion der Handlungen der Lehrkräfte

In den folgenden Absätzen wird beschrieben, wie ausgehend von den Transkripten der Unterrichtssituationen die *Handlungen der Lehrkräfte* in Bezug zu mathematischen Argumentationen rekonstruiert und codiert werden. Dazu wird im folgenden Abschnitt zunächst auf ein Kategoriensystem zur Erfassung von Handlungen von Lehrkräften in mathematischen Argumentationen fokussiert (vgl. Tabelle 4.4) und anschließend das konkrete methodische Vorgehen bei der Codierung in dieser Studie dargestellt. Die Handlungen der Lehrkräfte werden in dieser Arbeit nicht nur rekonstruiert, sondern auch in die stattfindenden Interaktionen und Argumentationsprozesse eingeordnet (vgl. Abschnitt 4.4.6 und Kapitel 6).

Grundlage für die Auswertung der Handlungen der Lehrkräfte ist das von Conner et al. (2014) vorgestellte Kategoriensystem zu Unterstützungen von Lehrkräften bei kollektiven mathematischen Argumentationen. In diesem Rahmenwerk werden die Kategorien „Fragen stellen", „Andere unterstützende Aktivitäten" und „Teile des Arguments einbringen" unterschieden, wobei es jeweils mehrere Subkategorien gibt (vgl. Abschnitt 2.3.3; Tabelle 4.4). Eine Beschreibung dieser deduktiven Kategorien befindet sich im folgenden Abschnitt.

Ausgehend von den erhobenen Unterrichtssituationen wurden auf Basis der Transkripte weitere induktive Kategorien gewonnen: „Derangierende Handlungen"; „Meta Handlungen"; „Schülerinnen und Schüler Handlungen" (vgl. Tabelle 4.4, mit „i" markiert). Eine Beschreibung der induktiven Kategorien, welche in dieser Arbeit entwickelt und genutzt werden, findet sich im Ergebnisteil dieser Arbeit in Kapitel 6 „Handlungen von Lehrkräften in mathematischen Argumentationsprozessen".

Tabelle 4.4 Kategoriensystem zur Rekonstruktion von Lehrkrafthandlungen in mathematischen Argumentationen (vgl. Conner et al., 2014; „i" steht für induktive Subkategorie)

Hauptkategorie	Subkategorie
Fragen stellen	*Mathematischer Fakt*
	Methode
	Mathematische Idee
	Elaboration
	Evaluation
Andere unterstützende Aktivitäten	*Fokussieren*
	Aussagen aufeinander beziehen[i]
	Bestärken
	Anderes probieren
	Bewerten
	Informieren
	Wiederholen
	Fachsprache ergänzen[i]
Teile des Arguments einbringen	*Konklusion vorgeben*
	Argument vervollständigen
	Ausnahmen ergänzen
Derangierende Handlungen[i]	*Fachliche Fehler*[i]
	Mehrere Fragen nacheinander[i]
	Ignorieren von falschen Aussagen[i]
	Keinen Rückbezug einfordern[i]
	Unterbrechungen von Schülerinnen und Schülern[i]
	Eigene Beantwortung der Fragen[i]
Meta Handlungen[i]	*Methodenwissen*[i]
	Faktenwissen[i]
Schülerinnen und Schüler Handlungen[i]	Frage: *math. Fakt*[i]
	Frage: *Methode*[i]
	Frage: *Elaboration*[i]
	Andere unterstützende Aktivitäten: *Bewerten*[i]

(Fortsetzung)

Tabelle 4.4 (Fortsetzung)

Hauptkategorie	Subkategorie
	Andere unterstützende Aktivitäten: *Informieren*[i]
	Andere unterstützende Aktivitäten: *Wiederholen*[i]
	Teile des Arguments: *Ausnahme(n) ergänzen*[i]

Kategoriensystem zu Handlungen von Lehrkräften in mathematischen Argumentationen

Im Folgenden werden die deduktiven Kategorien „Fragen stellen", „Andere unterstützende Aktivitäten" und „Teile des Arguments einbringen" aus dem Kategoriensystem zu Handlungen von Lehrkräften in mathematischen Argumentationen (vgl. Tabelle 4.4) beschrieben. Die Anwendung der (Sub-)Kategorien wird konkretisiert, die einzelnen Subkategorien werden mit Datenbeispielen aus dieser Studie illustriert und die Subkategorien werden voneinander abgegrenzt. Dabei werden immer wieder Bezüge zu dem Rahmenwerk von Conner et al. (2014) hergestellt, um zu verdeutlichen, welche Ideen übernommen worden sind, beziehungsweise, um eine Abgrenzung zu ihrem Kategoriensystem zu verdeutlichen.

Kategorie: Fragen stellen

Eine Hauptkategorie von Conner et al. (2014) ist mit „Fragen stellen" („Asking questions", Conner et al., 2014, S. 417) benannt. Wie auch bei Conner et al. (2014), werden in dieser Arbeit unter *Fragen* Aufforderungen der Lehrkraft verstanden, Informationen zu geben oder Handlungen durchzuführen: „[…] a request for action or information, not simply an interrogative sentence." (Conner et al., 2014, S. 417). Rhetorische Fragen werden nicht mit einbezogen. Auch wird immer die von der Lehrkraft intendierte Bedeutung der Frage rekonstruiert und nicht, wie die Schülerinnen und Schüler die Frage beantwortet haben. Die Dynamik in den Unterrichtssituationen wird in dieser Untersuchung erst in einem zweiten Schritt betrachtet. Für die Bezeichnungen der Subkategorien wird in dieser Untersuchung häufig eine Kurzschreibweise verwendet. Beispielsweise wird die Kategorie „Frage nach einer mathematischen *Idee*" als „*Mathematische Idee*" abgekürzt.

Von Conner et al. (2014) werden lediglich Fragen der Lehrkraft erfasst, die dazu beitragen Teile von Argumenten zu entwickeln. Um die Rolle der Lehrkraft in mathematischen Argumentationen zu erfassen, ist es notwendig, auch Fragen zu erfassen, die nicht dazu beigetragen haben das Argument (weiter) zu entwickeln.

In dieser Untersuchung wird die Kategorie daher weitergefasst als im Rahmenwerk von Conner et al. (2014).

Im Folgenden werden die einzelnen Subkategorien der Kategorie „Fragen stellen" beschrieben (für eine Übersicht vgl. Tabelle 4.4).

Fragen stellen: Mathematischer Fakt

Der Kategorie „Frage nach einem mathematischen *Fakt*" werden Fragen der Lehrkraft zugeordnet, die Lernende dazu auffordern mathematische Fakten in die Argumentation einzubringen, indem die Schülerinnen und Schüler diese direkt äußern oder eine spezifische Handlung durchführen. Als Beispiele werden von Conner et al. (2014) vorherige (Rechen-)Ergebnisse, Lösungen von Hausaufgaben oder mathematische Ideen, die zuvor in Gruppen erarbeitet wurden, aufgeführt.

Auch in dieser Arbeit werden alle Fragen der Lehrkraft, die durch *Vorwissen* beziehungsweise *zuvor erarbeitete Inhalte* beantwortet werden können, der Kategorie „Mathematischer Fakt" zugeordnet. Dazu zählen:

- Vermutungen und Ergebnisse oder Berechnungen aus vorherigen Arbeitsphasen, Lösungen von Hausaufgaben,
- mathematisches Vorwissen und
- simple Bezeichnungen beziehungsweise Benennungen von mathematischen Fakten.

Fragen der Lehrkraft werden der Subkategorie „Mathematischer Fakt" zugeordnet, wenn mathematisches Vorwissen oder simple Benennungen von mathematischen Fakten, wie beispielsweise Rechengesetze, eingefordert werden, beispielsweise „Also, wenn ich irgendeine Zahl mit dem Faktor zwei multipliziere, was kommt dann immer raus?" (Klasse 3, Stunde 1, Turn 280). Dabei ist in der Klasse bereits etabliert, dass solchen Zahlen (mit dem Faktor zwei) gerade Zahlen sind. Die Frage können die Schülerinnen und Schüler also mit ihrem Vorwissen beantworten.

Wenn im Mathematikunterricht Ergebnisse aus vorherigen Arbeitsphasen oder Lösungen von Hausaufgaben im Klassengespräch thematisiert werden, beginnen solche Episoden mehrfach mit der Frage nach einem mathematischen Fakt. Beispielsweise fragen Lehrkräfte etwas wie „Bernd, könntest du mir deine Berechnung sagen?" (Klasse 1, Stunde 1, Turn 181) oder „Dann (.) stell mal deine Vermutung vor." (Klasse 2, Stunde 1, Turn 160). Die Schülerinnen und Schüler sind aufgefordert die Ergebnisse ihrer Berechnungen oder ihre Vermutung zu benennen.

Teilweise ist es schwierig, Fragen nach Fakten, Methoden oder mathematischen Ideen voneinander abzugrenzen. Auch wenn Frau Kaiser im obigen Beispiel von „vorstellen" spricht, fordert sie die Schülerinnen und Schüler in dieser Situation lediglich auf, ihre Vermutung zu benennen. Dies wird bei einem Blick auf den Unterrichtsverlauf deutlich. Falls eine Frage der Lehrkraft aber intendiert, dass die Lernenden eine Methode präsentieren oder eine neue Vermutung entwickeln, werden solche Fragen der Lehrkraft in dieser Arbeit den Kategorien „Methode" beziehungsweise „Mathematische Idee" zugeordnet.

Fragen stellen: Methode

Fragt die Lehrkraft nach einer *Methode*, erwartet sie, dass die Schülerinnen und Schüler, eine mathematische Vorgehensweise beschreiben oder durchführen. Im Rahmenwerk von Conner et al. (2014) werden Fragen der Kategorie *Methode* zugeordnet, wenn die Lehrkraft Lernende bittet, ihren Lösungsweg vorzustellen oder zu beschreiben. In einer Unterrichtssituation dieser Studie hat Frau Kaiser die Schülerinnen und Schüler in ihrer Klasse aufgefordert, ihren Lösungsweg vorzustellen: „Ich möchte Gruppe a, die sich die inhaltlich anschauliche Begründung angeguckt haben, dass zwei einmal nach vorne kommen oder eine Person und das einmal kurz vorstellen" (Klasse 2, Stunde 1, Turn 206). Auch Frau Petrow hat Arcan gebeten seinen Lösungsweg zu beschreiben „Als/ im letzten Schritt, was hast du dann da gemacht?" (Klasse 1, Stunde 1, Turn 325). Dabei intendiert sie, dass Arcan den letzten (Umformungs-)Schritt seiner projizierten Lösung beschreibt.

In dieser Arbeit werden neben der Frage nach Vorgehensweisen und Lösungswegen zusätzlich auch Fragen der Lehrkraft nach einem nächsten Schritt in Termumformungen der Kategorie „Methode" zugeordnet. Die Lehrkraft intendiert mit solchen Fragen, dass die Schülerinnen und Schüler ein mathematisches Vorgehen durchführen. Ein solches Vorgehen durchzuführen ist eine anspruchsvollere Aktivität im Gegensatz zum Präsentieren oder Beschreiben einer Vorgehensweise. Beispielsweise fragt Frau Kaiser „Was wäre denn jetzt der nächste logische Schritt?" (Klasse 2, Stunde 1, Turn 376) und erwartet von den Schülerinnen und Schülern, dass sie den zuvor konstruierten Term umformen.

Auch können in Argumentationsprozessen einzelne Schritte einer Methode hinterfragt beziehungsweise Konkretisierungen eingefordert werden: „Und das hast du nochmal überprüft?" (Klasse 1, Stunde 3, Turn 132). Dabei möchte Frau Petrow, dass das Vorgehen beziehungsweise eine mögliche Überprüfung explizit benannt wird.

Fragen der Lehrkraft nach Methoden fordern die Schülerinnen und Schüler also auf, einen Lösungsweg zu präsentieren oder zu beschreiben, den nächsten Schritt einer Termumformung zu benennen oder ihre Methoden beziehungsweise Lösungsstrategien zu konkretisieren. Diese Aktivitäten sind potenziell mit der Durchführung von mathematischen Handlungen, wie etwa Termumformungen, seitens der Schülerinnen und Schüler verbunden. Anders ist dies bei Fragen nach mathematischen Ideen.

Fragen stellen: Mathematische Idee

Der Kategorie „Frage nach einer mathematischen *Idee*" (Conner et al., 2014) werden Fragen der Lehrkraft zugewiesen, die darauf abzielen, dass die Schülerinnen und Schüler mathematische Ideen entwickeln, vergleichen oder ordnen, um zur Bildung eines Arguments beizutragen. Als Beispiel nennen Conner et al. (2014) Fragen zu Vergleichen zwischen Termen, um einen Garanten für das Argument zu entwickeln. In dieser Arbeit werden Fragen der Lehrkraft der Subkategorie „Mathematische Idee" zugeordnet, wenn Lernende mit Blick auf mathematische Argumentationen *neue* mathematische Ideen oder Vermutungen entwickeln sollen. Falls die Vermutung oder Idee bereits in einer vorherigen Arbeitsphase entwickelt worden ist und nur benannt werden soll, werden die Fragen der Kategorie „Mathematischer Fakt" zugeordnet. Ein Beispiel, das diese Abgrenzung verdeutlicht, ist die Frage von Frau Petrow „Was hast du denn entdeckt Jannik?" (Klasse 1, Stunde 3, Turn 84). Jannik soll ad hoc nach dem Verteilen der Arbeitsblätter eine Entdeckung, in diesem Fall über die Rechendreiecke, benennen.

Wiederholt werden in mathematischen Argumentationen bei der Konstruktion von Termen mathematische Ideen eingefordert, beispielsweise bei der Entwicklung von arithmetischen oder algebraischen Argumenten. Als in Herrn Peters Unterricht ein Rechendreieck mit Variablen (zur Aufgabe mit der multiplikativen Veränderung) konstruiert wird, fragt er „Was könnte ich denn dahin schreiben, um deutlich zu machen, dass sich auch die nächste Ecke x, dass sie sich auch verdoppelt hat?" (Klasse 3, Stunde 4, Turn 145).

Auch werden Fragen der Lehrkraft der Kategorie „Mathematische Idee" zugeordnet, die auf das Ergebnis der Termumformung und die Bedeutung für die mathematische Aussage fokussieren. In Herr Peters Unterricht ist zum Beispiel der Term „2·A" entwickelt worden. Er fragt daraufhin: „Was erkenne ich nämlich hier draus direkt?" (Klasse 3, Stunde 4, Turn 480). Er möchte darauf hinaus, dass die Schülerinnen und Schüler benennen, dass der Term eine gerade Zahl darstellt. Diese mathematische Idee beziehungsweise Eigenschaft des Terms ist von Bedeutung für die Konstruktion eines mathematischen Arguments. Es muss in dieser Unterrichtssituation aber keine Handlung (beziehungsweise Termumformung) von den Schülerinnen und Schülern durchgeführt werden (Abgrenzung zur Kategorie „Methode"). Wenn Lehrkräfte von den Schülerinnen und Schülern erwarten, dass sie eine Termumformung *durchführen*, werden diese Fragen der Kategorie „Frage

nach einer *Methode*" zugeordnet, da eine Termumformung („Methode") durchge-
führt werden soll. Conner et al. (2014) ordnen solche Fragen dagegen der Kategorie
„Frage nach einer mathematischen *Idee*" zu, da die Lehrkraft erwartet, dass die
Schülerinnen und Schüler ein mathematisches Ergebnis konstruieren.

Lehrkräfte können Schülerinnen und Schüler in mathematischen Argumentationen auch auffordern mathematische Ideen zu elaborieren (vgl. folgende
Kategorie).

Fragen stellen: Elaboration

Fragen der Lehrkraft, die eine weitere Auseinandersetzung mit einer mathematischen Aussage, Idee oder einem Diagramm verlangen, beziehungsweise ihre
Reflexion, werden nach Conner et al. (2014) der Kategorie „Frage nach einer *Elaboration*" zugeordnet. Lernende sollen dabei etwas interpretieren, (genauer) erklären,
eine Aussage klarstellen oder eine Begründung ergänzen. Bei Conner et al. (2014)
werden solche Fragen nach *Elaborationen* häufig an die gesamte Klasse gestellt,
was dazu führt, dass die beteiligten Schülerinnen und Schüler Daten und Garanten
zu ihren Vermutungen oder Konklusionen liefern.

In dieser Arbeit werden folgende Arten von Fragen der Lehrkraft dieser Kategorie
„Frage nach einer *Elaboration*" zugeordnet:

- weitere Erklärungen geben,
- alternative Lösungswege beschreiben,
- Ergänzungen oder Beispiele zu einer Aussage benennen,
- Gründe für die Allgemeingültigkeit einer Aussage ausführen und
- Reformulierungen von Aussagen von Mitschülerinnen und Mitschülern

„Warum?" oder auch „Warum nicht?" sind typische Fragen nach Elaborationen
(siehe bspw. Klasse 1, Stunde 2, Turn 269). Die Schülerinnen und Schüler sollen im
Anschluss an die Frage ihre Ideen oder Aussagen weiter ausführen. Auch werden
die Schülerinnen und Schüler häufig aufgefordert, etwas auf eine andere Art und
Weise zu erklären.

In folgender Unterrichtssituation wird der Aspekt der Reflexion deutlicher:
„(Joris *schreibt an die Tafel „2·55 + 2·81 + 1*") Woran können wir jetzt erkennen, dass es sich um eine ungerade Zahl handelt?" (Klasse 3, Stunde 1, Turn 272).
Hier möchte die Lehrkraft, dass der Term interpretiert und reflektiert wird, wieso es
eine ungerade Zahl ist, beziehungsweise woran man das im Term erkennen kann.
Es wird dabei aber nicht nach einer mathematischen Idee gefragt, da die Lehrkraft
„ungerade Zahl" vorgibt und es bereits bekannt ist, wie ungerade Zahlen dargestellt
werden können.

Wenn die Lehrkraft nach zusätzlichen Beispielen zu einer mathematischen Aufgabe fragt und diese Beispiele noch nicht in einer vorherigen Arbeitsphase erstellt wurden, wird diese Frage ebenfalls der Kategorie „Frage nach einer *Elaboration*" zugeordnet. Die Zuordnung zu dieser Kategorie wird getroffen, weil die Lernenden durch diese Frage aufgefordert sind, die Aussage erneut zu durchdenken oder zu reflektieren, um ein (weiteres) Beispiel zu finden. Haben die Schülerinnen und Schüler die Beispiele bereits zuvor erarbeitet, werden sie als Ergebnisse vorheriger Arbeitsphasen aufgefasst und der Kategorie „Frage nach einem *mathematischen Fakt*" zugeordnet. Für eine Abgrenzung zwischen den Kategorien ist es also notwendig, den vorherigen Verlauf der Stunde und die vorangegangenen Arbeitsphasen zu berücksichtigen, um eine passende Codierung der Fragen der Lehrkraft zu ermöglichen.

Ein weiteres Beispiel für eine „Frage nach einer Elaboration" stellt auch die Frage von Frau Kaiser an Elina dar: „Was willst du damit sagen (*an Elina gewandt*)? Nenn mal ein Beispiel." (Klasse 2, Stunde 3, Turn 87). Elina hat zuvor eine Vermutung zur Summe von drei aufeinanderfolgenden Zahlen genannt und die Lehrkraft intendiert mit ihrer Frage, dass Elina ein passendes Zahlenbeispiel zu ihrer Vermutung benennt. Durch dieses Zahlenbeispiel soll Elinas Vermutung verdeutlicht werden.

Aufforderungen der Lehrkraft zu Wiederholungen beziehungsweise Reformulierungen von Aussagen von Mitschülerinnen und Mitschülern werden ebenfalls in die Kategorie „Elaboration" eingeordnet. Die Schülerinnen und Schüler müssen Äußerungen von anderen in ihren eigenen Worten wiedergeben und sind somit aufgefordert, die Aussagen der anderen auszuführen oder zu reflektieren.

Fragen stellen: Evaluation

Wenn die Lehrkraft die Zustimmung der Lernenden zu einer mathematischen Äußerung beziehungsweise einer mathematischen Idee erfragt, wird dies der Kategorie „Frage nach einer *Evaluation*" zugeordnet. Nach Conner et al. (2014) kann dabei die allgemeine Zustimmung eingeholt werden „Seid ihr damit einverstanden?" (Klasse 1, Stunde 4, Turn 125) oder eine kritische Reflexion angeregt werden „Was meint ihr denn, wäre das so […] eine äh gültige ähm Begründung?" (Klasse 1, Stunde 1, Turn 271).

Auch werden Fragen der Lehrkraft nach Anmerkungen zu einer Aussage oder Argumentation dieser Kategorie zugeordnet, etwa „Was sagt ihr dazu, Anmerkungen?" (Klasse 2, Stunde 2, Turn 181). Die Schülerinnen und Schüler sollen eine allgemeine Rückmeldung zu einer Aussage oder ein Feedback zu einer Argumentation geben. Eine wichtige Abgrenzung zu der Kategorie „Elaboration" ist, dass es hier nicht um das „Warum?" einer Aussage geht, sondern lediglich um die Zustimmung oder Ablehnung.

Kategorie: *Andere unterstützende Aktivitäten*

Lehrkräfte können mathematische Argumentationsprozesse nicht nur durch Fragen rahmen, sondern können auch andere Aufforderungen in das Gespräch einbringen oder Aktivitäten durchführen. Beispielsweise können sie das Gespräch oder den Entdeckungsprozess lenken und Aussagen der Schülerinnen und Schüler bewerten oder wiederholen. Im Folgenden werden die einzelnen Subkategorien aus „Andere unterstützende Aktivitäten" beschrieben („Other supportive actions", Conner et al., 2014, S. 420).

Andere unterstützende Aktivitäten: Fokussieren

Laut Conner et al. (2014) kann die Lehrkraft die mathematische Argumentation unterstützen, indem sie das Gespräch beziehungsweise die mathematische Erkundung *„fokussiert oder lenkt"*. Dabei fokussiert die Lehrkraft die Aufmerksamkeit der Lernenden auf einen mathematischen Aspekt. Als Beispiele nennen Conner et al. (2014), dass die Lehrkraft ein entscheidendes Merkmal von einer Aktivität, einem Diagramm oder einer Handlung hervorhebt. Im folgenden Beispiel möchte Frau Petrow die Aufmerksamkeit ihrer Schülerinnen und Schüler auf die Zahlen an den Seiten der Rechendreiecke lenken: „Jetzt schaut mal bitte die Zahlen (*räuspern*) in diesen Seitenlagen an. Fällt euch etwas auf, wenn ihr an die Begründungen denkt?" (Klasse 1, Stunde 4, Turn 133).

Auch kann die Lehrkraft die mathematische Argumentation in eine spezifische Richtung lenken, indem sie ein bestimmtes Vorgehen nahelegt oder vorgibt. Oftmals möchte die Lehrkraft zu bestimmten Aufgaben im Klassengespräch überleiten. Beispielsweise lenkt Frau Petrow das Unterrichtsgespräch auf Gegenbeispiele: „Habt ihr hier ein Gegenbeispiel irgendwo gefunden?" (Klasse 1, Stunde 3, 108). Herr Peters fokussiert die Präsentation von Tobias auf Aufgabe c: „So Tobias, lass dich nicht weiter irritieren. Was ist deine Lösung für c?" (Klasse 3, Stunde 2, Turn 59).

Lehrkräfte können die mathematische Exploration nicht nur lenken, sondern auch mit weiteren Aktivitäten unterstützen (vgl. folgende Subkategorie).

Andere unterstützende Aktivitäten: Mathematische Explorationen unterstützen

Die Subkategorie „Mathematische Exploration *unterstützen*" von Conner et al. (2014) wird in dieser Arbeit in zwei Subkategorien aufgegliedert: „Schülerinnen und Schüler *bestärken*" und „Vorschlagen etwas *anderes zu probieren*". Diese Aufgliederung wird in dieser Studie vorgenommen, da sich im Datenmaterial gezeigt hat, dass Handlungen der Kategorie „Mathematische Explorationen unterstützen" durch verschiedene Intentionen der Lehrkraft entstehen und unterschiedliche Auswirkungen auf die mathematischen Argumentationen der Schülerinnen und Schüler haben. Somit ist eine Aufgliederung der Subkategorie notwendig. Conner et al. (2014) erfassen in ihrer Subkategorie „Mathematische Exploration *unterstützen*"

Handlungen von Lehrkräften, die Schülerinnen und Schüler in ihren mathematischen Erkundungen unterstützen (vgl. neue Kategorie „Bestärken"). Gleichzeitig ordnen Conner et al. (2014) Unterstützungshandlungen der Lehrkraft in dieser Kategorie ein, die Lernende anregen, das Phänomen neu zu betrachten, um Teile von mathematischen Argumenten hervorzubringen (vgl. neue Kategorie „Etwas anders probieren"). Dabei wird die weitere Richtung der Argumentation durch die Lehrkraft offengelassen.

Andere unterstützende Aktivitäten: Bestärken

Wenn die Lehrkraft „Schülerinnen und Schüler *bestärkt*", arbeiten die Lernenden mit ihrer geplanten Vorgehensweise der mathematischen Argumentation weiter. Die Lehrkraft möchte die Lernenden mit solchen Unterstützungen motivieren oder auch unsicheren Schülerinnen und Schülern Bestätigung geben. Beispielsweise motiviert Frau Petrow die Schülerin Mara ihre Lösung zu präsentieren: „Ich weiß, es ist nicht ganz komplett, aber es ist fast perfekt schon." (Klasse 1, Stunde 3, Turn 124).

Ebenfalls gibt die Lehrkraft mit einer Bestärkung eine Rückmeldung zur bisherigen Vorgehensweise der Lernenden. Beispielsweise fordert Frau Kaiser, dass Elina etwas erneut vorliest, und bestärkt Elina mit ihrer Äußerung: „Lies das nochmal vor, was du geschrieben hast. Du hast es bei b geschrieben, aber lies das mal vor. Das ist nämlich gar nicht mal so schlecht." (Klasse 2, Stunde 1, Turn 176). Damit lenkt die Lehrkraft die Argumentation also nicht in eine spezielle Richtung, sondern überlässt den Schülerinnen und Schülern, wie weiter vorgegangen wird. Die Schülerinnen und Schüler ändern daher ihre Vorgehensweise und die Richtung der mathematischen Argumentation nicht. Anders ist das bei den Unterstützungen der Lehrkraft der zweiten, in dieser Arbeit hinzugefügten Subkategorie.

Andere unterstützende Aktivitäten: Etwas anderes probieren

Nach Unterstützungen der Subkategorie „Vorschlagen etwas *anderes zu probieren*" ändert sich in der Regel die Richtung der mathematischen Argumentation. Die Lehrkraft fordert die Schülerinnen und Schüler auf, eigenständig einen (neuen) Weg zu finden. Anders als bei der Subkategorie „Gespräch bzw. mathematische Erkundung *fokussieren oder lenken*" gibt die Lehrkraft hier also nicht direkt eine neue Richtung für die mathematische Argumentation vor oder leitet die mathematische Erkundung in eine spezielle Richtung.

Beispielsweise hat Vincent begonnen in eine Richtung zu argumentieren, die Herrn Peters nicht zusagt. Daher fordert er Vincent und seine Mitschülerinnen und Mitschüler auf, eine Alternative zu finden:

> „Ist ein Ansatz. Das kann man als Ansatz so wählen. Diesen Ansatz werden wir jetzt an dieser Stelle nicht weiterverfolgen. Vincent man kann das so machen. Du musst

dir dann aber überlegen, dann musst du dir anschauen a ungerade, c ungerade, was ist mit b? Und das Ganze dann in ganz vielen Fällen abändern. Was passiert denn, wenn a ungerade is, c aber gerade und was ist dann mit b? Und so weiter. Da musst du ganz viele Fälle dann unterscheid/ also mehrere Fälle unterscheiden. (.) Aber den verfolgen wir jetzt nicht weiter. Was können wir alternativ auch noch machen? Marit hat sich eben auch schon gemeldet." (Klasse 3, Stunde 4, Turn 455)

In solchen Unterrichtssituationen sollen die Schülerinnen und Schüler eine neue Strategie beziehungsweise Vorgehensweise entwickeln.

Häufig bewerten die Lehrkräfte die Vorgehensweisen der Schülerinnen und Schüler (vgl. folgende Subkategorie), bevor sie vorschlagen, etwas anderes zu probieren.

Andere unterstützende Aktivitäten: Bewerten

Evaluationen der Lehrkraft werden von Conner et al. (2014) der Subkategorie „*Bewerten* von Aussagen oder Methoden" zugeordnet. Dabei stimmen Lehrkräfte korrekten Aussagen von Schülerinnen und Schülern zu, verifizieren oder validieren sie. Beispielsweise bewertet Frau Kaiser Elinas Aussage: „Ja, das ist logisch, genau, ja Elina, ja." (Klasse 2, Stunde 1, Turn 186).

Gleichzeitig wird in dieser Subkategorie gefasst, wenn Lehrkräfte falsche Äußerungen korrigieren oder darauf hinweisen, dass die Aussage noch eingeschränkt werden muss, etwa durch „Mhm (bejahend). Keine ungerade Zahl ist durch eine gerade Zahl teilbar (überlegend). (7 sek) Da müssen wir noch eine Ergänzung vornehmen." (Klasse 3, Stunde 1, Turn 165). Mehrfach bezeichnet Frau Kaiser die Aussagen der Schülerinnen und Schüler auch als „Sehr schön!" (beispielsweise in Klasse 2, Stunde 1, Turn 214).

Ebenfalls werden Bewertungen und wertende Kommentare bezüglich gewählter Methoden beziehungsweise Vorgehensweisen von Lernenden dieser Subkategorie zugeordnet, wie etwa „ Levkes Argumentation ist richtig. Die Begründung gilt." (Klasse 1, Stunde 4, Turn 142). In solchen Unterrichtssituationen ist die Intention der Lehrkraft, die mathematische Korrektheit der mathematischen Argumentation beziehungsweise des Vorgehens offenzulegen.

Andere unterstützende Aktivitäten: Informieren

Außerdem kann die Lehrkraft laut Conner et al. (2014) „*Informationen* für das Argument einbringen". In diesem Fall bringt die Lehrkraft nicht direkt einen Teil des Arguments in die mathematische Argumentation ein, sondern gibt den Schülerinnen und Schülern Informationen, die sie unterstützen sollen, eigenständig Teile des Arguments zu erarbeiten oder tiefer zu durchdringen. Dabei hilft die Lehrkraft laut Conner et al. (2014) mathematisches Verständnis oder Problemlösestrategien zu entwickeln. Als Beispiele werden von Conner et al. (2014) folgende Handlungen angeführt (Conner et al., 2014, S. 421): Aussagen mit Beschreibungen oder Gesten klären, Aussagen von Lernenden mit zusätzlichen Beschreibungen verdeutlichen und den Hauptaspekt von Aussagen von Schülerinnen und Schülern zusammenfassen., dass die Lehrkraft die Aussagen von Lernenden mit zusätzlichen Informationen anreichert oder auf einen Aspekt fokussiert.

Beispielsweise verdeutlicht und klärt Frau Kaiser die Aussage von Tina, indem sie sie nochmal auf das konkrete Beispiel bezieht: „Und Tina du hast auch, in diesem Fall, das auch schön begründet, weil du hast das ja hier mit zwei geraden Zahlen (*deutet auf die „4" und „6"*), hier ist eine ungerade (*deutet auf die „3"*). Deswegen ist die (*deutet auf die Mitte „13"*) immer ungerade und dann passt es nicht, ja?" (Klasse 2, Stunde 5, Turn 356).

In einem anderen Beispiel fasst Frau Petrow die vorangegangene Situation zusammen: „hier die Ecke, wenn wir die nächste Ecke uns anschauen (*L. deutet auf die Aufgabe, die unter der Dokumentenkamera liegt*), verdoppelt sich von einem Dreieck zum nächsten, näh? Das hast du beobachtet." (Klasse 1, Stunde 3, Turn 86). Auch Herr Peters fokussiert die Diskussion und trägt im Unterrichtsgespräch zusammen: „Dann würde sich also ein Muster verändern, was wir eben gerade benannt haben." (Klasse 3, Stunde 1, Turn 133). Die mathematische Argumentation wird durch solche Äußerungen der Lehrkräfte in der Regel vorangebracht und angereichert.

Andere unterstützende Aktivitäten: Wiederholen

Im Gegensatz zu der Subkategorie „Informieren" gibt die Lehrkraft die Aussagen der Lernenden in der Subkategorie „Aussagen *wiederholen*" lediglich wieder. Beispielsweise kann die Lehrkraft laut Conner et al. (2014) Aussagen von Lernenden an die Tafel schreiben oder mündlich wiederholen, um sie erneut zugänglich zu machen. Dabei ist entscheidend, dass die Lehrkraft weder Information hinzufügt noch weglässt (Abgrenzung zur Kategorie „*Informationen* für das Argument geben"). Die Intention der Lehrkraft ist dabei häufig, dass die Aussage von allen Lernenden wahrgenommen wird.

Ebenfalls kann die Lehrkraft mit Wiederholungen diese Aussagen in den Fokus des Gesprächs stellen. In solchen Unterrichtssituationen wird zusätzlich *Fokussieren* codiert. Wiederholungen von Aussagen werden im Kategoriensystem von Cohors-Fresenborg (2012; vgl. Nowińska, 2016) in der Kategorie „Diskursivität" gefasst (vgl. Abschnitt 2.2.5). Beispielsweise wiederholt (und wertet) Frau Petrow die Vermutung, die Levke zuvor benannt hat: „erstmal diese Beobachtung von Levke ist perfekt, richtig. Wir haben gerade festgestellt, dass in der Mitte nie eine ungerade Zahl kommen könnte." (Klasse 1, Stunde 4, Turn 141). Die Vermutung wird damit in den Fokus des Gesprächs gestellt.

Induktive Subkategorien „Andere unterstützende Aktivitäten"
Ergänzend zu den eben beschriebenen Subkategorien aus dem Rahmenwerk von Conner et al. (2014) wird die Hauptkategorie „Andere unterstützende Aktivitäten" durch zwei induktiv aus dem Datenmaterial gewonnene Subkategorien ergänzt: „Aussagen der Schülerinnen und Schüler *aufeinander beziehen*" und „*Fachsprache ergänzen*". Diese beiden induktiven Subkategorien werden, anders als die induktiven Hauptkategorien, nicht erst im Ergebniskapitel 6 vorgestellt, damit die Hauptkategorie „Andere unterstützende Aktivitäten" hier vollständig dargestellt werden kann.

Andere unterstützende Aktivitäten: Aussagen aufeinander beziehen
Im Datenmaterial haben die Lernenden in den mathematischen Argumentationen Äußerungen getätigt, ohne sich auf vorherige Beiträge von ihren Mitschülerinnen und Mitschülern oder auch der Lehrkraft zu beziehen. Wenn die Lehrkraft nun zwei oder mehrere Beiträge der Lernenden miteinander in Verbindung gebracht hat oder die Lernenden dazu auffordert, wird dies der Subkategorie „Aussagen der Schülerinnen und Schüler aufeinander beziehen" zugeordnet. Diese Tätigkeit der Lehrkraft wird nicht der Kategorie „Informieren" zugeordnet, da das Herstellen von Bezügen mehr als das Zusammenfassen von Aussagen umfasst.

Mit dem „Aussagen aufeinander beziehen" hat die Lehrkraft einen wichtigen Beitrag geleistet, damit eine gemeinsame mathematische Argumentation stattfinden kann. Daher wird die Subkategorie „Aussagen der Schülerinnen und Schüler aufeinander beziehen" der Hauptkategorie „Andere unterstützende Aktivitäten" zugeordnet. Solche Handlungen werden im Kategoriensystem von Cohors-Fresenborg (2012; vgl. Nowińska, 2016) in der Kategorie „Diskursivität" gefasst (vgl. Abschnitt 2.2.5).

In der folgenden Unterrichtssituation fordert Herr Peters Ramona auf, ihre Aussage mit dem zuvor genannten Beispiel von Jonas in Verbindung zu bringen. Anschließend wird Jonas um seine Zustimmung gebeten.

„55	Ramona: (..) Mir is was anderes aufgefallen. Äh ich glaube einfach, dass, wenn sich immer die ähm (.) ähm die außenliegenden Ecken ähm um eine bestimmte ähm (.) um einen bestimmten Zahl erweitern, dass immer das Doppelte dieser Zahl auch die ähm (.) äh die innenliegenden ähm mehr werden, also die Ergebnisse (.) mehr werden. #00:11:17–2#
56	L: Mhm (bejahend). Also wie ist das in dem speziellen Beispiel, das Jonas gerade vorgestellt hat, wie ist das da? #00:11:23–7#
57	Ramona: Ähm außen wirds halt immer drei mehr und ähm innen wirds sechs mehr, weil sechs ist ja das Doppelte von drei. #00:11:32–9#
58	L: Ah okay, gut. Wärst du damit einig Jonas? #00:11:37–2#
59	Jonas: Ja/ #00:11:37-6#
60	L: Okay. #00:11:38-1#" (Klasse 3, Stunde 5, Turn 55–60)

Die Zusammenarbeit der Schülerinnen und Schüler in der mathematischen Argumentation wird durch Aufforderungen, die der Kategorie „Aussagen aufeinander beziehen" zugeordnet werden, gefördert. Folgende Subkategorie soll die Nutzung von Fachsprache in der mathematischen Argumentation unterstützen.

Andere unterstützende Aktivitäten: Fachsprache ergänzen
Auch die Subkategorie „Fachsprache ergänzen" wurde induktiv gewonnen. Im Datenmaterial sind Äußerungen von Schülerinnen und Schülern zu finden, die eher umgangs- und alltagssprachlich formuliert sind. Beispielsweise haben die Schülerinnen und Schüler alltagssprachlich den Begriff „zusammenrechnen" genutzt und nicht den Fachbegriff „addieren". In einzelnen Fällen hat die Lehrkraft daraufhin die Fachsprache und Fachbegriffe ergänzt. Durch diese Ergänzungen wird die mathematische Argumentation gerahmt und unterstützt, da die mathematische Argumentation damit an Klarheit, Präzision und Genauigkeit gewonnen hat. Daher wird die Subkategorie „Fachsprache ergänzen" in die Hauptkategorie „Andere unterstützende Aktivitäten" eingegliedert. Beispielsweise ergänzt Herr Peters die deutsche Bezeichnung vom Distributivgesetz „Verteilungsgesetz" (Klasse 3, Stunde, 4, Turn, 189), dies wird zu einem Fachwort in dieser Klasse.

Kategorie: Teile des Arguments einbringen
Eine weitere Möglichkeit der Lehrkraft mathematische Argumentationen in Klassengesprächen zu unterstützen, ist eine oder mehrere Komponenten des Arguments, ohne jeglichen Beitrag von Schülerinnen und Schülern, einzubringen. Solche Äußerungen der Lehrkraft werden von Conner et al. (2014) als „Teile des Arguments einbringen" bezeichnet („Direct contributions to arguments", Conner et al., 2014, S. 417). Dabei treten alle im vollständigen Toulmin Schema vorhandenen Bausteine eines Arguments im Rahmenwerk als Subkategorien auf: Daten, Garanten, Konklusionen, Stützungen, Ausnahmebedingungen, Modaloperatoren (ebd., S. 418). „Teile des Arguments" können laut Conner et al. (2014) durch Anschriebe an die Tafel, Aufgabenstellungen oder verbale Äußerungen der Lehrkraft in die mathematische Argumentation eingebracht werden.

In dieser Arbeit wird die Hauptkategorie „Teile des Arguments einbringen" von Conner et al. (2014) vereinfacht, indem Subkategorien zusammengefasst werden. Diese Änderung wird vorgenommen, um eine Codierung ausgehend von Transkripten zu ermöglichen (ohne vorherige Rekonstruktionen von mathematischen Argumenten). Die Subkategorien „Konklusionen" und „Ausnahmebedingungen" werden aus dem Rahmenwerk übernommen. Folgende Subkategorien aus dem Rahmenwerk von Conner et al. (2014) werden in dieser Arbeit zur Subkategorie „Argument vervollständigen" zusammengefasst: „Daten", „Garanten", „Modaloperatoren" und „Stützungen".

Teile des Arguments einbringen: Konklusionen

Konklusionen sind Aussagen, deren Wahrheit und Gültigkeit durch eine mathematische Argumentation etabliert werden soll (vgl. Abschnitt 2.1.2). Im Mathematikunterricht können in Argumentationsaufgaben entweder die Lernenden selbstständig eine Konklusion entdecken oder die Konklusion ist bereits durch die Aufgabenstellung vorgegeben. In Unterrichtssituationen werden „Konklusionen" codiert, wenn die Lehrkraft Vermutungen oder Behauptungen durch Aufgabenstellungen oder im Unterrichtsgespräch vorgibt.

Beispielsweise wird in Klasse 3 diskutiert, ob die Null eine gerade oder eine ungerade Zahl ist. Nach Ramonas Äußerungen präzisiert Herr Peters ihre Aussage im Sinne einer Konklusion und gibt damit die Konklusion zu Ramonas Argument vor: „Also die Null ist weder gerade noch ungerade sagst du?" (Klasse 3, Stunde 1, Turn 121). In wenigen Aufgaben der Lernumgebung ist die Konklusion bereits durch die Aufgabenstellung vorgegeben, etwa bei Alinas Behauptung: „Die Summe der Seiten in Rechendreiecken kann niemals 25 sein.".

Schränkt die Lehrkraft wiederum die Gültigkeit der Konklusion und damit die Reichweite der mathematischen Argumentation ein, wird folgende Subkategorie codiert.

Teile des Arguments einbringen: Ausnahmebedingung

Ausnahmebedingungen sind nach Toulmin (2003) Umstände, unter denen die allgemeine Gültigkeit des Garanten außer Kraft tritt und damit die Konklusion nicht gültig ist (vgl. Abschnitt 2.1.2). In Unterrichtssituationen, die der Subkategorie „Ausnahmebedingungen" zugeordnet werden, wird in den mathematischen Argumentationen von den Lehrkräften ein Zahlenbereich benannt, für den die Konklusion nicht gilt.

Im Datenmaterial dieser Arbeit haben die Lehrkräfte während der mathematischen Argumentationen keine Ausnahmebedingungen ergänzt, also keine Zahlenbereiche benannt, für die das Argument nicht gültig ist. Sie haben aber immer wieder auf den „gültigen" Zahlenbereich hingewiesen, etwa durch Aussagen wie „bleiben wir mal bei den natürlichen Zahlen." (Klasse 3, Stunde 3, Turn 212). Durch solche Äußerungen haben die Lehrkräfte die mathematische Argumentation auf den Zahlenbereich der natürlichen Zahlen eingeschränkt. Anders als bei Ausnahmebedingungen im Sinne vom Toulmin werden hier aber keine „Ausnahmen" benannt, wie etwa reelle Zahlen. Daher können solche Äußerungen nicht zu den Ausnahmebedingungen gezählt werden. Auch Frau Petrow stellt in ihrem Unterricht klar: „Also wir sind weiterhin bei natürlichen Zahlen. Ich hatte auch wieder die Frage, ob Kommazahlen auch gelten. Nein, natürliche Zahlen sind ganze Zahlen, die keine negativen Vorzeichen haben." (Klasse 1, Stunde 2, Turn 189). Implizit schließt sie damit alle Zahlen außer natürliche Zahlen aus, nennt aber keine explizite Ausnahmebedingung.

Mathematische Argumente können neben Ausnahmebedingungen auch mit anderen Aussagen angereichert werden.

Teile des Arguments einbringen: Argument vervollständigen

Wie bereits erwähnt, werden in der Subkategorie „Argument vervollständigen" verschiedene Bausteine von Argumenten nach Toulmin (2003) zusammengefasst: Daten, Garanten, Modaloperatoren und Stützungen. Auch Widerlegungen nach Knipping & Reid (2015) fallen in diese Subkategorie. Die Zusammenfassung dieser Elemente in die Subkategorie „Argument vervollständigen" ist notwendig, da eine Abgrenzung zwischen Bausteinen von Argumenten nicht immer einfach und offensichtlich ist (vgl. Abschnitt 2.1.2 und 4.4.5). Durch diese Zusammenfassung wird es ermöglicht, eine Codierung der Handlungen der Lehrkraft in den mathematischen Argumentationen ausgehend von den Transkripten der Unterrichtsgespräche vorzunehmen, ohne vorherige Rekonstruktion der Argumente.

Durch die Aufgabenstellungen der Lernumgebung sind Daten, die Ausgangspunkte der mathematischen Argumente, teilweise vorgegeben. Beispielsweise, wenn die Summe von zwei geraden Zahlen betrachtet werden soll. Auch kann die Lehrkraft im Unterrichtsgespräch Elemente von Argumenten vorgeben und damit das Argument anreichern oder vervollständigen. Beispielsweise kann eine Lehrkraft das Rechengesetz, also den Garanten, zu einer Termumformung benennen.

Das folgende Beispiel ist eine weitere Unterrichtssituation, in welcher die Lehrkraft das mathematische Argument vervollständigt. In Klasse 1 wird ein ikonisches Argument in Bezug auf die Summe von einer geraden und einer ungeraden Zahl konstruiert. Die Schülerinnen und Schüler haben bereits eigenständig erarbeitet, dass man gerade Zahlen als Zweierreihen und ungerade Zahlen als Zweierreihen und einen weiteren Punkt darstellen kann. Die Zielkonklusion „Die Summe von einer geraden und einer ungeraden Zahl ist immer ungerade" ist bereits durch das Arbeitsblatt vorgegeben. Die Lehrkraft vervollständigt die mathematische Argumentation: „Das heißt, die beiden Bilder werden nur zusammengeschoben. Das heißt, am Ende bleibt dieser Einzelne noch übrig. Und das ist gültig, weil ich hab hier eine bildliche Darstellung für alle ungeraden und alle gerade Zahlen ähm getroffen." (Klasse 1, Stunde 1, Turn 123). Frau Petrow abstrahiert die ikonische Darstellung und beschreibt, wieso das Argument allgemeingültig ist. Sie leistet in der mathematischen Argumentation den wichtigen Schritt der Generalisierung.

Nachdem nun die (deduktiven) Kategorien aus dem Kategoriensystem zu Handlungen von Lehrkräften in mathematischen Argumentationen beschrieben wurden, wird im folgenden Abschnitt das methodische Vorgehen der Codierung beschrieben.

Vorgehen bei der Codierung der Handlungen der Lehrkräfte

In dieser Arbeit werden die Handlungen der Lehrkräfte ausgehend von den Transkripten der Unterrichtsgespräche codiert und in die Interaktionen eingeordnet. Anschließend werden Argumentationsanalysen nach Toulmin (2003) durchgeführt. Diese Reihenfolge wird gewählt, damit nicht nur Handlungen der Lehrkräfte, die sich in die rekonstruierten Argumente eingliedern lassen, erfasst werden können, sondern der gesamte Prozess der Argumentation und auch der Unterrichtsverlauf berücksichtigt werden. Dabei können die Interaktion der Partizipierenden in den mathematischen Argumentationen und der Argumentationsprozess in den Blick genommen werden. Somit können alle Handlungen der Lehrkräfte berücksichtigt werden, die die mathematischen Argumentationen und Interaktionen rahmen. Bei Conner et al. (2014) werden dagegen zunächst die funktionalen Argumentationsanalysen nach Toulmin (2003) durchgeführt, um anschließend aufbauend auf den rekonstruierten Argumenten und Transkripten eine Codierung der Handlungen beziehungsweise Unterstützungen der Lehrkräfte vorzunehmen (vgl. Abschnitt 2.3.3). Interaktionen und Argumentationsprozesse werden bei einem solchen Vorgehen nur bedingt berücksichtigt.

Als Datenmaterial für die Codierungen der Handlungen der Lehrkräfte dienen die Transkripte der Unterrichtsgespräche aus den drei Klassen. Die Transkripte sind bereits in Episoden eingeteilt und Episoden mit Argumentationen wurden identifiziert (vgl. Abschnitt 4.4.3). Bei der Codierung der Handlungen wird das Datenmaterial mehrfach mit verschiedenen Schwerpunkten analysiert. Dabei werden die Transkripte vollständig codiert, nicht nur die Episoden mit Argumentationen. Ziel ist es, alle Aktivitäten der Lehrkräfte zu erfassen, die die mathematischen Argumentationen rahmen. Für die Codierung wird das Programm ATLAS.ti genutzt.

Zunächst wird bei der Codierung auf die Episoden mit Argumentationen und die Fragen, Aussagen und Handlungen der Lehrkraft in diesen Episoden fokussiert. In einem ersten Durchlauf werden die Hauptkategorien, die auch im Rahmenwerk von Conner et al. (2014) beschrieben sind, codiert: „Fragen stellen", „Andere unterstützende Aktivitäten", „Teile des Arguments einbringen". Dazu wird das Datenmaterial wiederholt in Hinblick auf den jeweiligen Hauptaspekt der Kategorie analysiert.

Bei der Codierung meiner Daten ist jedoch deutlich geworden, dass durch die drei Kategorien von Conner et al. (2014) nicht alle Handlungen der Lehrkräfte in den Unterrichtssituationen erfasst werden. Daher werden bei der Analyse ausgehend vom Datenmaterial und von den Handlungen und Äußerungen der Lehrkräfte induktive Kategorien gebildet (siehe dazu auch Auswertung der Interviews, Abschnitt 4.3.3). In dieser Untersuchung wurden die induktiven Hauptkategorien „Derangierende Handlungen", „Meta Handlungen" und „Schülerinnen und Schüler Handlungen" inklusive Subkategorien in diesem Analyseschritt gewonnen.

Eine Darstellung und Beschreibung der induktiven Kategorien und Subkategorien befindet sich im Ergebnisteil dieser Arbeit in Kapitel 6.

In den folgenden Analyseschritten werden die induktiven Kategorien in den Transkripten codiert. Dabei werden verschiedene Perspektiven und Ausschnitte der Unterrichtssituationen betrachtet, um den jeweiligen Kategorien gerecht zu werden. Im zweiten Durchgang der Codierung der Transkripte wird die neu gewonnene Hauptkategorie „Derangierende Handlungen" codiert. Der Fokus liegt in diesem Analyseschritt weiterhin auf den Aussagen und Handlungen der Lehrkraft. Anschließend werden in einem weiteren Analyseschritt die Aussagen der Schülerinnen und Schüler betrachtet und die Hauptkategorie „Schülerinnen und Schüler Handlungen" codiert. In einem letzten Schritt wird das gesamte Transkript in Hinblick auf „Meta Handlungen" der Lehrkraft analysiert. „Meta Handlungen" können nicht nur während mathematischen Argumentationen stattfinden, sondern auch in Vorbereitung auf eine Argumentation beziehungsweise im Anschluss an eine mathematische Argumentation. Beispielsweise zählen Reflexionen von Vorgehensweisen zu „Meta Handlungen". „Meta Handlungen" der Lehrkraft treten also nicht nur in Episoden mit Argumentationen auf, sondern können im gesamten Datenmaterial vorkommen. Daher ist es notwendig das gesamte Transkript der Unterrichtsgespräche zu codieren.

Wenn keine eindeutige Codierung einer Äußerung oder Handlung der Lehrkraft möglich war, wird eine *Turn-by-Turn Analyse* (vgl. Krummheuer & Brandt, 2001, S. 90; Krummheuer & Fetzer, 2005, S. 27) vorgenommen. Mit einer Turn-by-Turn Analyse ist es möglich, verschiedene Deutungsalternativen durch die Betrachtung des situativen Kontextes auszuschließen. Beispielsweise wird die Äußerung der Lehrkraft „Präsentiere deine Lösungen" entweder als „Mathematischer Fakt" codiert, wenn nur Berechnungen vorgelesen werden sollen, oder als „Methode", wenn die Lösungsmethode beziehungsweise das Vorgehen oder eine Argumentation vorgestellt werden soll (Bsp. Klasse 3, Stunde 4, Turn 15 und 16). An fraglichen Stellen wird außerdem eine *konsensuelle Validierung* vorgenommen (vgl. Legewie, 1987; Bortz & Döring, 2006), welche in Abschnitt 4.4.8 (Güte und Qualitätssicherung) näher erläutert wird.

Notwendigkeit von induktiven Kategorien
Die Notwendigkeit von induktiven Kategorien wird exemplarisch an einem Datenbeispiel aus dieser Studie ausgeführt. Die Klassengemeinschaft hat zu einer mathematischen Aussage bereits mehrere gültige Beispiele gefunden und diskutiert. Die Lehrkraft thematisiert nun auf einer Meta-Ebene, wieso diese Beispiele nicht ausreichen für eine gültige Begründung der Aussage. In Turn 148 beschreibt

sie, dass man theoretisch alle Zahlen miteinander addieren müsse, um zu überprüfen, ob die „Regel" (mathematische Aussage) gültig ist: „weil, wenn ich ein Beispiel
finde, bei dem es nicht mehr gültig ist, dann habe ich keine Regel." (Klasse 1, Stunde
2, Turn 148). Diese Erkenntnis ist über die spezifische Argumentation hinaus für die
Schülerinnen und Schüler von Relevanz, also auch in anderen, folgenden mathematischen Argumentationen. Mit den Kategorien von Conner et al. (2014) lassen sich
aber nur (Unterstützungs-)Handlungen der Lehrkräfte in Hinblick auf die spezifische Argumentation zu einer konkreten mathematischen Aussage erfassen. Somit
ist die Konstruktion von induktiven Kategorien, wie etwa „Meta Handlungen", in
dieser Untersuchung notwendig.

4.4.5 Datenauswertung – Rekonstruktionen der mathematischen Argumente

Im folgenden Abschnitt wird beschrieben, mit welchem Schema und wie die
in den Unterrichtssituationen hervorgebrachten Argumente rekonstruiert werden.
Diese Rekonstruktionen stehen zunächst in keinem direkten Zusammenhang mit
den zuvor codierten Handlungen der Lehrkräfte (vgl. obiger Abschnitt), sondern
stellen eine zweite Auswertungsperspektive dar.

Eine funktionale Rekonstruktion der Argumente nach Toulmin (2003) wird zur
weiteren Datenauswertung der Unterrichtssituationen durchgeführt. Das Argumentationsschema von Toulmin ist ein in der Wissenschaft und Forschung
etabliertes Modell (vgl. Krummheuer, 1995; Krummheuer & Brandt, 2001; Knipping, 2003; Knipping & Reid, 2015, 2019; Conner et al., 2014; Inglis et al., 2007;
Cramer, 2018; Abels, 2021).

Für die Rekonstruktion von Argumenten wird sich in dieser Arbeit auf die
Originalarbeit von Toulmin (2003) und nicht die deutsche Übersetzung bezogen, da die deutsche Version teilweise mit abweichenden Bedeutungen übersetzt
wurde (vgl. Abels, 2021). Folglich werden in den Rekonstruktionen der Argumente die englischen Begriffe genutzt: Data (Datum), Conclusion (Konklusion),
Warrant (Garant), Backing (Stützung), Qualifier (Modaloperator) und Rebuttal
(Ausnahmebedingung). Die einzelnen Elemente von Argumenten sind im Theoriekapitel 2.1.2 beschrieben. In dieser Arbeit werden zusätzlich Widerlegungen
(X, Knipping & Reid, 2015) und Stützungen* (B*, Bredow & Knipping, 2022)
rekonstruiert. Außerdem werden Garanten weit gefasst. Nach Toulmin (2003) sind
Garanten allgemeingültige Regeln, die den Argumentationsschluss vom Datum
zur Konklusion erlauben (vgl. Abschnitt 2.1.2), wie beispielsweise mathematische

Sätze oder Rechengesetze. In dieser Arbeit werden auch Aussagen, die das jeweilige Rechengesetz und damit den Fachbegriff nicht explizit benennen, sondern handlungsorientiert in Alltagssprache formuliert sind, als Garanten rekonstruiert. Wenn die Schülerinnen und Schüler, anstatt das „Distributivgesetz" zu benennen, ihre Umformung als „zusammenfassen" beschreiben, wird „zusammenfassen" als Garant interpretiert, obwohl nicht die allgemeine Regel verbalisiert wurde, sondern diese nur implizit eingebunden ist.

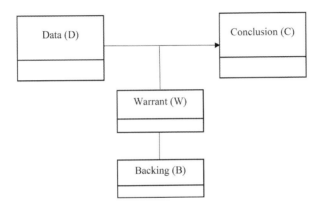

Abbildung 4.5 Reduziertes Toulmin-Schema

Im Forschungsfeld „Mathematisches Argumentieren, Begründen und Beweisen" gibt es Wissenschaftlerinnen und Wissenschaftler, die nicht alle Elemente von Argumenten nach Toulmin (2003) in ihren Analysen berücksichtigen. In der Tradition der Argumentationsrekonstruktion wurde das sogenannte *reduzierte Toulmin-Schema* entwickelt. Dabei werden Modaloperatoren (Q) und Ausnahmebedingungen (R) (und Widerlegungen X) im ersten Schritt nicht rekonstruiert (Abbildung 4.5, vgl. Krummheuer, 1995; Krummheuer & Brandt, 2001; Knipping & Reid, 2015, 2019). In dieser Arbeit wird aber der Kritik von Inglis, Mejia-Ramos und Simpson (2007) gefolgt, dass Aussagen in mathematischen Argumentationsprozessen oft nicht mit vollständiger Sicherheit geschlossen werden und es teilweise Ausnahmebedingungen gibt. Diese Elemente (Modaloperatoren und Ausnahmenbedingungen) sind nicht nur in elaborierten Argumentationen zu finden, sondern gerade auch zu Beginn des mathematischen Argumentierens vorhanden. Lernende sind einerseits noch nicht vollständig von ihren Schlüssen überzeugt, da sie die Reichweite und Gültigkeit von mathematischen Argumenten zunächst austarieren müssen (wobei in solchen Situationen oftmals eine fachliche Gültigkeit der Aussage gegeben ist). Anderseits testen Schülerinnen und Schüler die Reichweite von Aussagen beispielsweise in anderen Zahlenbereichen aus und benennen somit Ausnahmebedingungen (R). Aufgrund dieser Beobachtungen wird in dieser Arbeit das vollständige Toulmin-Schema genutzt (wie auch in der Studie von Conner et al., 2014).

Vorgehen bei der Rekonstruktion der mathematischen Argumente
Die Argumente werden auf Basis der Transkripte der Unterrichtssituationen rekonstruiert. Zusätzlich werden die während der Situationen sichtbaren Ausschnitte aus den Dokumenten mit den Tafelbildern und Projektionen einbezogen.

Zu Beginn der Argumentationsanalysen finden Analysen der Einzeläußerungen und sogenannte *Turn-by-Turn Analysen* (Knipping & Reid, 2015) statt, um die Bedeutung von jedem einzelnen Turn, jeder Aussage zu rekonstruieren (vgl. dazu auch Interaktionsanalyse, Krummheuer & Brandt, 2001, S. 90 f.; Krummheuer & Fetzer, 2005, S. 24 ff.). Argumentationen finden im Mathematikunterricht größtenteils mündlich statt und Argumente werden gemeinsam entwickelt oder validiert (vgl. Abschnitt 2.2). Die Aussagen der Teilnehmenden, also die Turns in den Transkripten, stehen dabei *wechselseitig miteinander* in Verbindung. Ihre Bedeutung und der potenzielle Status im Argument werden daher zunächst durch Turn-by-Turn Analysen rekonstruiert.

Es ist aber nicht immer möglich die intendierte Bedeutung einer Aussage präzise zu rekonstruieren und es verbleiben teilweise mehrere Deutungshypothesen. Beispielsweise, wenn Schülerinnen und Schüler in Klassengesprächen nur kurze Antworten geben. Falls der Status einer Aussage auch nach konsensuellen Validierungen (vgl. Abschnitt 4.4.8) nicht eindeutig rekonstruierbar ist, werden in dieser Arbeit zwei oder mehrere Alternativen für die Argumente rekonstruiert.

Zur Rekonstruktion der Argumente werden die Transkripte auf Basis der Turn-by-Turn Analysen zunächst nach Konklusionen durchsucht. Anschließend werden Daten und Garanten und gegebenenfalls Stützungen/Stützungen*, Modaloperatoren, Ausnahmebedingungen und Widerlegungen identifiziert (Knipping & Reid, 2019).

Darstellung der rekonstruierten Argumente
Die herausgearbeiteten Argumente werden zur Sicherung der Rekonstruktion visualisiert (Abbildung 4.6). In den Rekonstruktionen dieser Arbeit sind die Bausteine in Anlehnung an die englischen Bezeichnungen von Toulmin (2003) wie folgt gekennzeichnet: Daten mit D, Konklusionen mit C, Garanten mit W, Stützungen

mit B (oder B*), Ausnahmebedingungen mit R und Modaloperatoren mit Q (vgl.
Abbildung 4.6). Widerlegungen werden in den Rekonstruktionen mit X und einem
zusätzlichen Blitz in Richtung der Aussagen, die sie widerlegen, markiert.

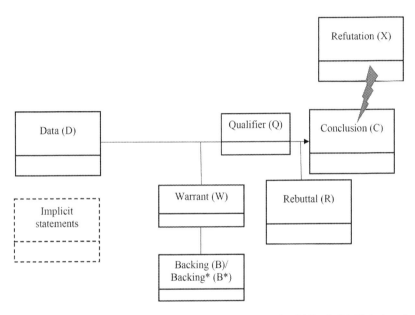

Abbildung 4.6 Vollständiges Toulmin-Schema (vgl. Toulmin, 2003, S. 97; Knipping &
Reid, 2015; Bredow & Knipping, 2022)

Bei der Rekonstruktion der Argumente wird der Wortlaut möglichst nah an
den Aussagen in den Transkripten gehalten, um eine weitere inhaltliche Analyse der Aussagen (beispielsweise hinsichtlich der Interpretationen bezüglich der
Prozess-Produkt Dualität) zu ermöglichen. In einzelnen Aussagen finden sich Ergänzungen durch die Autorin, um die Verständlichkeit und Nachvollziehbarkeit zu
gewährleisten. Beispielsweise werden deiktische Ausdrücke, wie „da" oder „dort",
präzisiert. Da das Ziel dieser Rekonstruktionen ist, die im Klassenraum stattfindenden Argumentationen abzubilden, werden auch mathematisch falsche Aussagen und
Argumente bei der Auswertung der Daten mit einbezogen und rekonstruiert.

In einem Kästchen unter dem jeweiligen Element des Arguments, also unter der Aussage, werden die Turnnummern notiert, in welchen die Aussage getätigt wurde (Abbildung 4.6). Dabei wird hinter den entsprechenden Turnnummern der oder die Sprechende benannt. Aussagen können im Unterrichtsgespräch auch mehrfach getätigt werden. In diesen Fall sind alle entsprechenden Turnnummern und Sprecherinnen und Sprecher aufgeführt.

In den Rekonstruktionen der Argumente befinden sich gestrichelte Kästchen (Abbildung 4.6). Aussagen in gestrichelten Kästchen sind rekonstruierte implizite Aussagen. Das sind Aussagen, die nicht explizit im Gespräch genannt werden. Es ist aber wahrscheinlich, dass diese den Argumenten zugrunde liegen und nur nicht ausgesprochen oder aufgeschrieben wurden. Im Transkript müssen also linguistische oder sprachliche Hinweise auf diese Aussagen zu finden sein. Teilweise werden Bausteine von Argumenten, wie Garanten, bereits in vorherigen Argumentationen benannt und somit nicht noch einmal ausgesprochen (vgl. „Besonderheiten bei den rekonstruierten Argumenten"). Beispielsweise wird ein Rechengesetz, welches einen Termumformungsschritt legitimiert, oft nicht mehrfach explizit benannt. Mehrfach haben die Lernenden in den beobachteten Unterrichtssituationen ihre schriftlichen Lösungen und Argumente mittels einer Dokumentenkamera präsentiert. Wenn projizierte Aussagen mündlich nicht aufgegriffen werden, aber schriftlich vorhanden sind, werden sie ebenfalls als implizit rekonstruiert.

Mathematische Argumentationen im Unterricht bestehen häufig aus mehreren Argumentationsschritten (vgl. Knipping & Reid, 2015, 2019). Wenn eine mathematische Aussage im Unterrichtsverlauf bereits legitimiert wurde und damit den Status einer Konklusion erlangt hat, kann sie im folgenden Argumentationsschritt als Datum, als akzeptierter Fakt, wiederverwendet werden. Duval (1995) bezeichnet diesen Prozess als „Recyclage". Im Datenmaterial dieser Arbeit hat sich gezeigt, dass eine Konklusion auch als Garant weitergenutzt wird. Im Übergang von der Arithmetik zur Algebra werden teilweise allgemeine mathematische Sätze begründet, wie beispielsweise „Ein Vielfaches einer geraden Zahl ist gerade". Dieser Satz kann wiederum genutzt werden, um zu begründen, dass ein Produkt gerade ist, beispielsweise „$12 \cdot (5x+9)$" (x aus den natürlichen Zahlen).

Besonderheiten der rekonstruierten Argumente

Mehrere Stützungen, Garanten oder Daten

Im Klassenraum stattfindende Argumentationen sind häufig nicht gradlinig und es werden verschiedene Ideen und Ansätze eingeworfen und diskutiert. Das kann dazu führen, dass es in einem Argumentationsschritt nicht nur einen Garanten und eine Stützung/Stützung* gibt, sondern mehrere Garanten und/oder Stützungen/Stützungen*. Wenn mehrere Garanten oder Stützungen in einem Argument rekonstruiert werden können, werden diese, soweit möglich, in ihrer Reihenfolge funktional, logisch rekonstruiert (andernfalls temporal). Ein Beispiel dafür ist die folgende Argumentation.

Bei der Argumentation zur Summe von einer geraden und einer ungeraden Zahl lassen sich im folgenden Unterrichtsausschnitt beispielsweise *zwei Stützungen** (B*) zu einem Garanten (W) rekonstruieren (Klasse 1, Stunde 1, Turn 75–107, Abbildung 4.7). Ausgehend von Berechnungen von Zahlenbeispielen wird generalisiert und die Konklusion aufgestellt, dass die Summe immer eine ungerade Zahlt ist (Dante, Turn 97). Zur Untermauerung der Generalisierung werden zwei Stützungen* geliefert: „Als Ergebnis hatten wir jetzt alles ungerade Zahlen" (Turn 98). „Ich habe keine Gegenbeispiele gefunden" (Turn 100, 101). Beide Aussagen heben Charakteristika des Datums hervor und stützen damit die Anwendbarkeit des impliziten Garanten „Generalisierung", daher sind sie beide Stützungen* für den Schluss (vgl. Definition B*).

Es kann aber auch *zwei Garanten* für einen Argumentationsschritt geben. Das ist beispielsweise der Fall, wenn zwei mathematische Sätze in einem Argumentationsschritt angeführt werden. In Abbildung 4.8 wird begründet, dass der Term „$2 \cdot (5+18) + 1$" eine ungerade Zahl darstellt. Dazu wird einerseits der Garant „Ein Produkt mit zwei und einer Zahl ist gerade" (Turn 148, 149) benannt, aber auch der Garant „Eine gerade Zahl plus eins ist eine ungerade Zahl" (Turn 149, 157) herangezogen. Somit finden sich in diesem Argumentationsschritt zwei Garanten. Ebenfalls sind in diesem Argument zum ersten Garanten zwei Stützungen vorhanden.

Außerdem kann es in einem Argument *mehrere Daten für eine Konklusion* geben. Einerseits kann es notwendig sein mehrere Fakten zusammenzubringen, um einen Garanten anwenden zu können. Andererseits können *mehrere Gegenbeispiele* zu einer Aussage gefunden werden, um diese zu widerlegen. Die Visualisierung erfolgt durch parallele Stränge (vgl. Abbildung 4.9).

Im Beispiel (Abbildung 4.9) werden mehrere Gegenbeispiele für Pauls Behauptung dargelegt und daraufhin geschlossen, dass seine Aussage nicht stimmt.

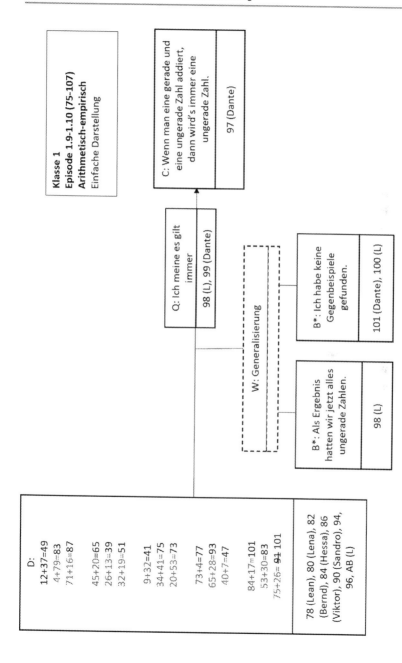

Abbildung 4.7 Empirisches Argument zur Summe von einer geraden und einer ungeraden Zahl (Klasse 1, Episode 1.9–1.10)

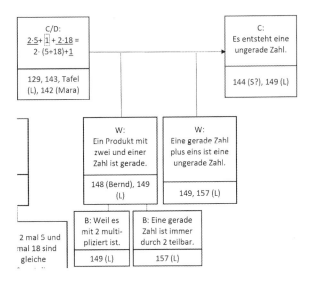

Abbildung 4.8 Arithmetisch-generisches Argument zur Summe von einer geraden und einer ungeraden Zahl (Klasse 1, Episode 1.15, Ausschnitt)

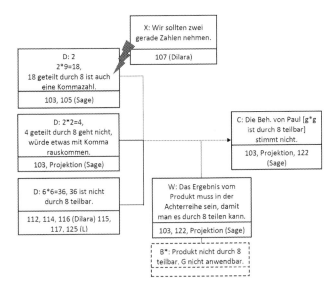

Abbildung 4.9 Widerlegung von Pauls Behauptung (Klasse 2, Episode 2.4–2.5)

Mehrere Argumentationsstränge
Die diversen Ansätze und Ideen der Schülerinnen und Schüler können auch zu
Argumenten mit *mehreren, parallelen Argumentationssträngen* führen. Das heißt,
eine Aussage wird auf zwei oder mehrere verschiedene Weisen begründet. Die
Stränge werden in der Rekonstruktion der Argumente parallel dargestellt (vgl.
Abbildung 4.10).

Im folgenden Beispiel wird auf zwei Weisen begründet, dass der Term „$2 \cdot 55 +$
$2 \cdot 81 + 1$" ungerade ist (Abbildung 4.10). Einerseits möchte Lajos dies begründen,
indem er argumentiert, dass einer dazu gerechnet wird und der Term daher ungerade
ist (Turn 273, 275; unterer Argumentationsstrang). Im oberen Argumentationsstrang
begründet die Lehrkraft auf eine eher deduktive, schritthafte Art, wieso der Term
ungerade ist.

Darüber hinaus ist es möglich, dass aus einer Aussage, einem Datum *mehrere
Schlüsse* gezogen werden. Dies wird visualisiert, indem vom Datum zwei Pfeile ausgehen. Beispielsweise wird im Unterrichtsausschnitt der Klasse von Frau Kaiser aus
dem Term „$2 \cdot 23 + 1$" gefolgert, dass er 47 beträgt, und gleichzeitig geschlossen,
dass die Summe von einer geraden und einer ungeraden Zahl immer eine ungerade Zahl ist. Ein Ausschnitt von der Rekonstruktion des arithmetisch-generischen
Arguments ist in Abbildung 4.11 zu sehen.

Im Unterricht können zu einer Aussage mehrere Argumente in verschiedenen
Repräsentationen entwickelt werden. In der Regel werden Argumentationen mit
verschiedenen Repräsentationen nacheinander und ohne Bezüge zueinander im
Unterricht entwickelt. Daher werden in den Rekonstruktionen dieser Arbeit die
Argumente in verschiedenen Repräsentationen nicht in einem Argument zusam-
mengefügt, sondern getrennt voneinander betrachtet und einzeln rekonstruiert.

Fehlende Daten oder Garanten
Statt einer Doppelung von Elementen in einem Argument, fehlen zuweilen auch
Elemente, wie etwa Garanten. Wenn Elemente fehlen, befindet sich in den Rekon-
struktionen der Argumente zwischen den Daten und Konklusionen lediglich ein
direkter Pfeil ohne Anhänge (vgl. Abbildung 4.10, unterer Argumentationsstrang).
Beispielsweise werden die Rechengesetze, auf denen die Umformungen von einem
Term basieren, häufig nicht verbalisiert oder nur auf Nachfrage der Lehrkraft
benannt. Das heißt, in dem Argumentationsschritt ist der Garant fehlend und der
Pfeil zwischen Datum und Konklusion hat in der Visualisierung keinen Anhang.

Auch fehlen zuweilen Daten im Argument. Das ist etwa der Fall, wenn das
Datum von den Schülerinnen und Schülern begründet wird. Ein Garant geht dem
eigentlichen Datum voraus. In der Rekonstruktion des Arguments ist somit der

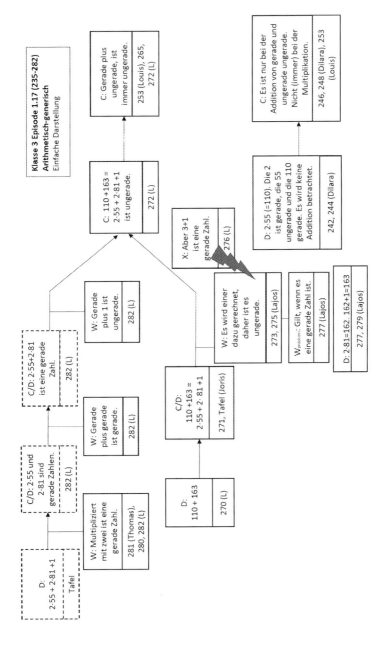

Abbildung 4.10 Arithmetisch-generisches Argument zur Summe von einer geraden und einer ungeraden Zahl (Klasse 3, Episode 1.17)

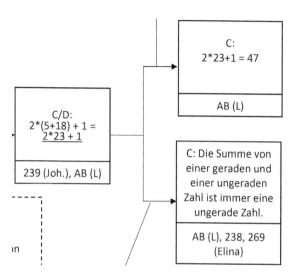

Abbildung 4.11 Arithmetisch-generisches Argument zur Summe von einer geraden und einer ungeraden Zahl (Klasse 2, Episode 1.17, Ausschnitt)

Ausgangspunkt von dem Pfeil zwischen Datum und Konklusion nicht vorhanden (vgl. Abbildung 4.12). Beispielsweise haben die Schülerinnen und Schüler begründet, wieso sie die Zeichnung der Pünktchen entsprechend ihrer Darstellung, beziehungsweise den Term auf ihre Art und Weise, konstruiert haben.

Abbildung 4.12
Arithmetisch-generisches
Argument zur Summe von
zwei geraden Zahlen
(Klasse 3, Episode 2.9,
Ausschnitt)

> C/D: Zwei gerade Zahlen 48 und 54 Enden auf 8 und 4.
>
> 183, Tafel (Joris)

> W: Gerade Zahlen enden auf 0, 2, 4, 6 oder 8.
>
> 183 (Joris)

Im Beispiel in Abbildung 4.12 hat Joris ein arithmetisches Argument mit einem generischen Beispiel zur Summe von zwei geraden Zahlen konstruiert. In dem Ausschnitt ist der Beginn vom Argument zu erkennen. Joris argumentiert mit den geraden Zahlen 48 und 54. Als Charakteristikum von geraden Zahlen wurde im Unterricht bereits besprochen, dass sie auf 0, 2, 4, 6 oder 8 enden. Er nutzt diese Regel als Garant (W), um die zwei geraden Zahlen zu konstruieren und gleichzeitig zu verdeutlichen, dass seine gewählten Zahlen 48 und 54 gerade sind. In der funktionalen Rekonstruktion nach Toulmin (2003) erhält die Aussage damit den Status einer Konklusion und wird anschließend als Datum für den nächsten Argumentationsschritt genutzt.

In einzelnen Fällen ist auch die Endkonklusion, die durch die Aufgabenstellungen auf den Arbeitsblättern vorgegeben ist, in den Argumentationen der Schülerinnen und Schüler nicht aufgegriffen worden, und somit in den Argumenten fehlend (oder implizit).

Präzisierungen
Als Modifikation zum Toulmin-Schema werden in dieser Arbeit sogenannte „Präzisierungen" eingeführt (vgl. Abbildung 4.13). In den kollektiven Argumentationen ist es öfter dazu gekommen, dass eine Äußerung einer Person von einer anderen partizipierenden Person präzisiert und konkretisiert wurde. Dabei kann nicht rekonstruiert werden, ob schon die ursprüngliche Äußerung im gleichen Sinne wie die präzisierte Äußerung gemeint war. Daher habe ich mich entschieden beide Äußerungen zu rekonstruieren und die Präzisierung nicht in die Rekonstruktion der ursprünglichen Aussage einzubeziehen. Die Präzisierungen können sowohl für Daten als auch Garanten und Konklusion erfolgen. Dies soll in dem folgenden Beispiel illustriert werden.

Abbildung 4.13 Datum
mit einer Präzisierung

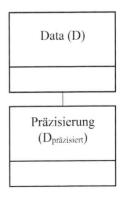

In einer Argumentation zur Summe von einer geraden und einer ungeraden Zahl hat Lajos zunächst folgenden Garanten benannt: „Es wird einer dazu gerechnet, daher ist es ungerade." (Turn 273, 275; Abbildung 4.14, siehe auch Abbildung 4.10). Dieser Garant wird mittels eines Gegenbeispiels durch die Lehrkraft widerlegt (Turn 276). Lajos präzisiert daraufhin seinen Garanten, indem er die Gültigkeit einschränkt: Wenn zu einer geraden Zahl einer dazu gerechnet wird, ist es ungerade. Um den Verlauf der Argumentation zu rekonstruieren, die im Klassengespräch stattfindet, ist es entscheidend sowohl den ursprünglichen, übergeneralisierten Garanten als auch den präzisierten Garanten im Argument zu rekonstruieren. Auch werden erste Beobachtungen von Lernenden im Gespräch teilweise noch ausgeschärft und differenziert, wie beispielsweise in den Rechendreiecken bei Beobachtungen zu Ecken, Seiten und der Mitte.

Daten ohne Verwendung in den Argumenten aber mit inhaltlichen Zusammenhängen
Nicht alle Aussagen der Schülerinnen und Schüler und der Lehrkraft lassen sich bei der funktionalen Rekonstruktion der Argumente in das Argument einbauen, weil sie inhaltlich nicht in die rekonstruierte Argumentation eingebunden sind. Dennoch haben sie einen Status nach Toulmin (2003) und müssen rekonstruiert werden. In dieser Arbeit werden sie ohne direkte Verbindung zum Argument rekonstruiert und in der Nähe der inhaltlich ähnlichen Aussagen angeordnet (vgl. Abbildung 4.15).

Im Datenmaterial dieser Arbeit sind in mehreren Argumentationen Aussagen gefunden worden, die inhaltlich im Zusammenhang mit Teilen des Arguments stehen, gleichzeitig aber kein Teil vom Argument sind. Ein Beispiel dazu findet sich im Ausschnitt von einem Argument zur Summe von einer ungeraden und einer geraden Zahl (Abbildung 4.15). Die Schülerinnen und Schüler haben die Konklusion, dass die Summe immer eine ungerade Zahl ist mit einem generischen Beispiel (arithmetisch-generischen Argument) begründet. Zusätzlich hat Johannes in Turn 275 noch ein weiteres Zahlenbeispiel ausgeführt, mit dem er die Konklusion verdeutlichen wollte. Dies stellt aber kein eigentliches Argument dar, da es von ihm lediglich als weiteres Zahlenbeispiel angeführt wird, ohne daraus etwas zu folgern. Seine Aussage wird in der Rekonstruktion vom Argument daher in der Nähe der Konklusion angeordnet.

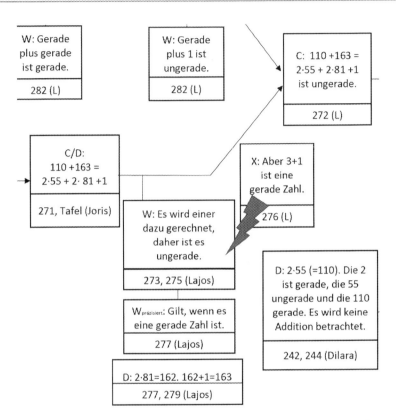

Abbildung 4.14 Arithmetisch-generisches Argument zur Summe von einer geraden und einer ungeraden Zahl (Klasse 3, Episode 1.17, Ausschnitt)

Abbildung 4.15
Arithmetisch-generisches
Argument zur Summe von
einer geraden und einer
ungeraden Zahl (Klasse 2,
Episode 1.17, Ausschnitt)

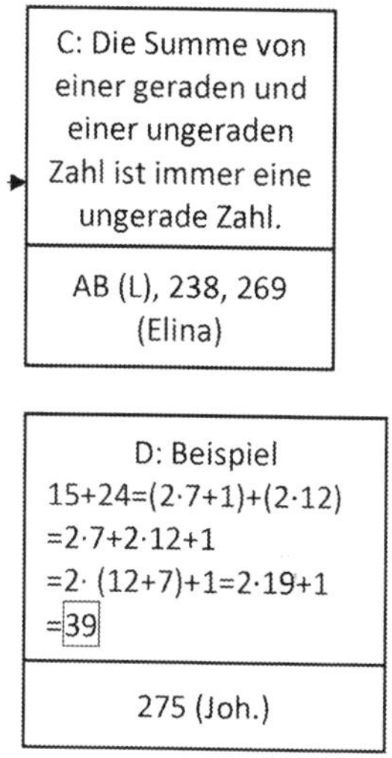

C: Die Summe von
einer geraden und
einer ungeraden
Zahl ist immer eine
ungerade Zahl.

AB (L), 238, 269
(Elina)

D: Beispiel
15+24=(2·7+1)+(2·12)
=2·7+2·12+1
=2· (12+7)+1=2·19+1
=39

275 (Joh.)

4.4.6 Datenauswertung – Rekonstruktion von Handlungen der Lehrkräfte in den Argumenten

Im folgenden Abschnitt wird beschrieben, wie die Codierungen der Handlungen der Lehrkräfte und die Rekonstruktionen der Argumente zusammengebracht werden.

Zu den rekonstruierten Argumenten gibt es eine zweite Version, in welche die Codierungen der Handlungen der Lehrkräfte und die diesbezüglich codierten Schülerinnen und Schüler Handlungen mit einbezogen werden. Diese Abbildungen werden in dieser Arbeit als „erweiterte Darstellungen" bezeichnet.

In den rekonstruierten Argumenten werden die codierten Handlungen der Lehrkräfte mit farbigen Sprechblasen visualisiert (vgl. Abbildung 4.16). In Anlehnung an Conner et al. (2014) werden „Fragen" der Lehrkraft in blauen Sprechblasen und „Andere unterstützende Aktivitäten" der Lehrkraft in grünen Sprechblasen dargestellt. In den Sprechblasen wird jeweils konkretisiert, welche Unterkategorie codiert wurde und die entsprechende Turnnummer benannt. Die Subkategorien werden dabei teilweise abgekürzt, um die Abbildungen übersichtlicher zu gestalten (vgl. Tabelle 4.5). Beispielsweise bedeutet eine blaue Sprachblase mit „Meth. (312)", dass die Lehrkraft in Turn 312 eine Frage der Unterkategorie „Methode" gestellt hat. Werden „Teile des Arguments" durch die

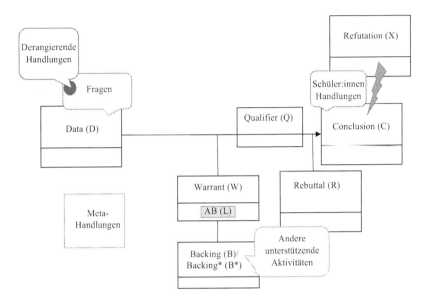

Abbildung 4.16 Vollständiges Toulmin-Schema mit Rekonstruktion der Handlungen

Lehrkraft eingebracht, werden die Turnnummern der ursprünglichen Rekonstruktion des Arguments hinterlegt (gelb). „Schülerinnen und Schüler Handlungen" werden in roten Sprechblasen integriert, während „derangierende Handlungen" der Lehrkräfte mit braunen Punkten und braunen Sprechblasen markiert sind. Da die „Meta Handlungen" vor allem vor oder nach der eigentlichen Argumentation eingebracht wurden und in der Regel mehr als nur die relevanten Informationen für die spezifischen Argumente thematisieren, werden diese in der Abbildung neben dem Argument angeordnet (vgl. Abbildung 4.16).

Die Sprechblasen mit den jeweiligen Codierungen werden jeweils dem Baustein vom Argument zugeordnet, mit dem sie in Beziehung stehen. Beispielsweise werden Bewertungen oder Wiederholungen (Subkategorien aus „Andere unterstützende Aktivitäten", vgl. Abschnitt 4.4.4) der entsprechenden Aussage zugeordnet. Wenn durch eine Frage nach einem mathematischen Fakt oder einer Elaboration (Subkategorien aus „Fragen stellen") ein neuer Baustein vom Argument entstanden ist, werden die Sprechblasen der neu entstandenen Aussage zugeordnet. Teilweise können einzelne Codierungen auch mehreren Aussagen zugeordnet werden und sind somit doppelt aufzufinden. Gleichzeitig gibt es auch Handlungen, die mit keiner Aussage aus dem Argument in Verbindung stehen.

Tabelle 4.5 Kategoriensystem zu den Handlungen der Lehrkräfte mit Abkürzungen

Hauptkategorie	Subkategorie	Abkürzung
Fragen stellen	*Mathematischer Fakt*	*Fakt*
	Methode	*Meth.*
	Mathematische Idee	*Idee*
	Elaboration	*Ela.*
	Evaluation	*Eva.*
Andere unterstützende Aktivitäten	*Fokussieren*	*Fokus*
	Aussagen aufeinander beziehen[1]	*Aussagen aufeinander beziehen*
	Bestärken	*Bestärken*
	Anderes probieren	*Vorschlagen anderes tun*
	Bewerten	*Bew.*
	Informieren	*Info*
	Wiederholen	*Wdh.*
	Fachsprache ergänzen[1]	*Fachsprache*
Teile des Arguments einbringen	*Konklusion vorgeben*	*Gelbe Markierung*
	Argument vervollständigen	*Gelbe Markierung*
	Ausnahmen ergänzen	*Gelbe Markierung*
Derangierende Handlungen[1]	*Fachliche Fehler*[1]	*Fachliche Fehler*
	Mehrere Fragen nacheinander[1]	*Viele aneinandergereihte Fragen*
	Ignorieren von falschen Aussagen[1]	*Ignorieren von falschen Aussagen*
	Keinen Rückbezug einfordern[1]	*Rückbezug fehlend*
	Unterbrechungen von Schülerinnen und Schülern[1]	*Unterbrechung SuS*
	Eigene Beantwortung der Fragen[1]	*Eigene Beantw.*
Meta Handlungen[1]	*Methodenwissen*[1]	*Methodenwissen*
	Faktenwissen[1]	*Faktenwissen*

(Fortsetzung)

Tabelle 4.5 (Fortsetzung)

Hauptkategorie	Subkategorie	Abkürzung
Schülerinnen und Schüler Handlungen[i]	Frage: *math. Fakt*[i]	SuS Fakt
	Frage: *Methode*[i]	SuS Meth.
	Frage: *Elaboration*[i]	SuS Ela.
	Andere unterstützende Aktivitäten: *Bewerten*[i]	SuS Bew.
	Andere unterstützende Aktivitäten: *Informieren*[i]	SuS Info.
	Andere unterstützende Aktivitäten: *Wiederholen*[i]	SuS Wdh.
	Teile des Arguments: *Ausnahme(n) ergänzen*[i]	SuS Ausnahme

Beispielsweise, wenn eine Frage der Lehrkraft unbeantwortet geblieben ist. Solche Handlungen und Äußerungen werden dennoch in der erweiterten Darstellung vom Argument rekonstruiert und ohne Verbindung zum Argument, nebenstehend visualisiert.

In den Daten finden sich Unterrichtssituationen, in welchen durch Handlungen oder Fragen der Lehrkräfte weitere Kommentare hervorgebracht wurden, die nicht ins Argument integriert werden können. Wenn die Lehrkraft beispielsweise nach einer Evaluation der Begründung gefragt hat, haben die Schülerinnen und Schüler zugestimmt. Solche Zustimmungen werden in den erweiterten Darstellungen der Argumente als Kommentare rekonstruiert und die zugehörigen Codierungen der Handlungen in Sprechblasen angehängt. Kommentare sind in den Rekonstruktionen ohne Großbuchstaben, wie D, C, W, etc., rekonstruiert, da sie keinen Status im Argument haben.

4.4.7   Interpretationen der Rekonstruktionen

Im folgenden Kapitel wird die Interpretation der Rekonstruktionen dargestellt. Diese findet auf Basis der rekonstruierten Lehrkrafthandlungen und mathematischen Argumente (einfache und erweiterte Darstellung) statt (Abschnitt 4.4.4, 4.4.5 und 4.4.6). Ebenfalls kann auf die Transkripte der Unterrichtsgespräche und die Scans der Dokumente der Schülerinnen und Schüler bei den Interpretationen zurückgegriffen werden.

Zunächst wird im folgenden Abschnitt beschrieben, wie die *Charakterisierungen der hervorgebrachten Argumente* entwickelt werden (vgl. Ergebniskapitel 7). Anschließend wird vorgestellt, wie die Deutungen der Partizipierenden in Bezug auf die *Prozess-Produkt Dualität* von mathematischen Objekten aus den rekonstruierten Argumenten herausgearbeitet werden (vgl. Ergebniskapitel 8). Abgeschlossen wird dieses Kapitel mit einer Beschreibung von *Komparativen Analysen*, die den gesamten Analyse- und Interpretationsprozess durchziehen.

Charakterisierungen der hervorgebrachten Argumente

Die rekonstruierten Argumente aus den Unterrichtssituationen werden hinsichtlich verschiedener Dimensionen gedeutet, interpretiert und charakterisiert. Forschungsfrage 3 „Welche mathematischen Argumente werden im Mathematikunterricht im Übergang von der Arithmetik zur Algebra hervorgebracht?" wird dabei fokussiert. Einerseits wird die im Theoriekapitel herausgearbeitete Unterscheidung von Argumenten hinsichtlich ihrer Generalität und ihrer Repräsentation herangezogen. Die in Abschnitt 2.1.4 beschriebenen Argumente, wie etwa narrativ-empirische, ikonisch-generische oder algebraische Argumente, werden dabei unterschieden. Andererseits wird die mathematische Korrektheit der konstruierten Argumente in den Blick genommen: Sind die Argumente gültig? Dabei wird ein besonderer Fokus auf die Garanten gelegt. Es wird betrachtet, welcher Natur die Garanten sind (alltäglich oder mathematisch). Gleichzeitig wird die Explizitheit betrachtet: Welche Äußerungen sind explizit, welche nur implizit oder gar nicht vorhanden? Ebenfalls wird die Struktur der Argumente einbezogen: Sind sie linear? Gibt es mehrere Stränge, Daten oder Konklusionen? Die Charakterisierungen der Argumente werden somit auf differenzierte Weise aus dem Datenmaterial heraus generiert, orientiert an theoretischen Gedanken. Ziel dieser Analyse ist es, die hervorgebrachten Argumente der Schülerinnen und Schüler zu verstehen. Dabei sollen übergeordnete Gemeinsamkeiten, Eigenschaften und Zusammenhänge ermittelt werden. Eine Repräsentativität von allgemeinen Strukturen wird anhand der Beispiele herausgearbeitet.

Analyse der Argumente hinsichtlich der Prozess-Produkt Dualität

Auf Basis der rekonstruierten Argumente werden die Deutungen der Partizipierenden hinsichtlich der Prozess-Produkt Dualität von mathematischen Objekten analysiert (vgl. Forschungsfrage 4 „Welche Bedeutung hat die Prozess-Produkt Dualität von mathematischen Objekten in den hervorgebrachten Argumenten?"). Dabei wird ein besonderer Schwerpunkt auf die Interpretationen von Termen und Rechengesetzen in mathematischen Argumentationen gelegt. Als Datengrundlage für die Analyse werden die Aussagen in den Rekonstruktionen der mathematischen Argumente genutzt, da diese möglichst nah an den ursprünglichen Redebeiträgen der Schülerinnen und Schüler und der Lehrkraft gehalten sind (vgl. Abschnitt 4.4.5). Bei Bedarf kann zusätzlich ein Rückgriff auf den Ausschnitt im Transkript vorgenommen werden.

Im folgenden Abschnitt wird kurz erläutert, was genau als *mathematisches Objekt* im Kontext dieser Studie verstanden wird und welche mathematischen Objekte in den mathematischen Argumenten und Argumentationen betrachtet werden. In den Aufgaben der Lernumgebung, auf die in dieser Arbeit fokussiert wird, werden vor allem gerade und ungerade Zahlen sowie aufeinanderfolgende natürliche Zahlen thematisiert. Dabei werden diese Zahlen verknüpft, beispielsweise durch Addition, und die Eigenschaften des neuen, zusammengesetzten Objekts analysiert und begründet, etwa die Parität der Summe betrachtet. Sowohl die einzelnen Zahlen als auch ihre Verknüpfungen stellen *mathematische Objekte* dar. Diese mathematischen Objekte sind abstrakt und nicht greifbar oder sichtbar. In ihren Bearbeitungen verwenden Schülerinnen und Schüler verschiedene Repräsentationen, um mathematische Objekte handhabbar zu machen und darzustellen. In den mathematischen Argumentationen wird mehrfach ein konkretes (Zahlen-)Beispiel verwendet, um sich den abstrakten, allgemeinen mathematischen Objekten und Verknüpfungen anzunähern. Beispielsweise werden arithmetische Terme, wie „5 + 8", oder ikonische Darstellungen, wie Punktemuster, konstruiert. Gleichzeitig werden aber auch algebraische Darstellungen, wie etwa „2·n+1 + 2·m", entwickelt, die losgelöst von Beispielen sind. Auch können mathematische Objekte narrativ, durch Sprache ausgedrückt werden. Ebenso stellt das Gleichheitszeichen ein mathematisches Objekt dar, welches unterschiedlich interpretiert werden kann (vgl. Abschnitt 2.4). Das heißt, sowohl die mathematischen Objekte als auch ihre Repräsentationen können in mathematischen Argumentationen operational, prozessorientiert oder strukturell, produktorientiert gedeutet und interpretiert werden. Die Prozess-Produkt Dualität ist inhärent in Darstellungen von mathematischen Objekten und auch auf einer abstrakten, gedanklichen Ebene gegenwärtig (vgl. Abschnitt 2.4.2).

Die Analysen bezüglich der Deutung von mathematischen Objekten orientieren sich an der Methodik von Caspi und Sfard (2012). Sie unterscheiden fünf Level eines elementaren Algebra Diskurses, wobei die Komplexität und Generalisierungs-Kraft der Elemente zunimmt (vgl. Abschnitt 2.4.2). Ziel in dieser Arbeit ist es, die Deutungen von mathematischen Objekten im Argumentationsprozess zu beschreiben. In solchen Prozessen können und müssen mehrfach Umdeutungen stattfinden, sodass hier nicht einfach ein Level codiert wird, sondern jeder einzelne Argumentationsschritt betrachtet wird.

Die Deutungen der Partizipierenden bezüglich der mathematischen Objekte werden von Caspi und Sfard (2012) anhand der Sprache über das jeweilige Objekt rekonstruiert. Eine linguistische Analyse findet statt. Es wird also von Caspi und Sfard (2012) angenommen, dass sich die Interpretationen und Deutungen im Gespräch über das Objekt ausdrücken. Diese Annahmen sind passend zu der Methodologie dieser Arbeit und der Interpretativen Forschung (vgl. Prämissen vom Symbolischen Interaktionismus, Abschnitt 4.2). In interaktiven Aushandlungsprozessen werden geteilte Deutungen gemeinsam hergestellt. Dabei sind die Deutungen situativ und fragil (Krummheuer & Brandt, 2001). Bedeutungsaushandlungen können immer wieder neu aufbrechen und Deutungen sind somit veränderlich. Daher sind die Deutungen von mathematischen Objekten hinsichtlich der Prozess-Produkt Dualität nicht einfach zu codieren, sondern es ist erforderlich den Verlauf der Argumentation und die einzelnen Argumentationsschritte zu betrachten.

Im Folgenden werden die unterschiedlichen Deutungen von mathematischen Objekten nach Caspi und Sfard (2012) in Hinblick auf das Forschungsinteresse dieser Arbeit eingeschränkt und im Anschluss anhand eines Beispiels verdeutlicht. In dieser Studie sind vor allem die ersten drei „Level" von Caspi und Sfard (2012) relevant, bei denen die Objekte Repräsentanten für spezifische Zahlen sind (vgl. Abschnitt 2.4.2). Die mathematischen Objekte in dieser Arbeit sind beispielsweise Terme (mit und ohne Variablen), Darstellungen (Punktemuster) oder auch mathematische Sätze (Rechenregeln). Im ersten, prozessualen Level folgt die Beschreibung von einem Term der Reihenfolge der Berechnung. Rechenschritte werden prozesshaft beschrieben. Auf der zweiten, granularen Ebene werden einzelne Verben durch Nomen ersetzt und damit Beziehungen zwischen Objekten ausgedrückt, statt Rechenhandlungen zu fokussieren. Im dritten, objektivierten Level werden Beziehungen zwischen Objekten und mathematische Strukturen beschrieben, die im Term angelegt sind, unabhängig von Rechenschritten (vgl. Abschnitt 2.4.2).

Ziel der Analyse in dieser Arbeit ist es, zwischen einer prozessorientierten und einer produktorientierten Interpretation mathematischer Objekte in Argumentationen zu unterscheiden (vgl. Forschungsfragen 4.1). Daher werden in dieser Arbeit nur zwei Deutungen bei mathematischen Argumentationen unterschieden: *prozessorientiert* (prozessual) und *produktorientiert* (objektiviert). Eine Zwischenstufe wird in dieser Arbeit nicht rekonstruiert. Da die Argumentationen größtenteils kleinschrittig sind und die mathematischen Objekte, wie zum Beispiel Terme, einfach aufgebaut sind, ist eine eindeutige Zuordnung in einem Großteil der Daten möglich. Sind in den Beschreibungen der Partizipierenden strukturelle Elemente enthalten, wird eine produktorientierte Interpretation rekonstruiert.

Die Interpretation von Äußerungen wird im Folgenden an einem Beispiel illustriert: Eine Schülerin oder ein Schüler beschreibt den Term „a + b" als „Addiere b zu a" oder „Man rechnet a plus b". Diese Person interpretiert den Term prozessorientiert. Eine prozessorientierte Beschreibung der Berechnung wird deutlich.

Dagegen stellt die Beschreibung „Die Summe von a und b" eine produktorientierte Interpretation dar. Bei dieser Beschreibung steht die Beziehung zwischen den Objekten im Vordergrund (die Summanden bilden eine Summe) und der eigentliche Rechenprozess tritt in den Hintergrund.

In einem weiteren Schritt werden, auf Basis der Rekonstruktionen und Interpretationen, (weitere) vergleichende Analysen vorgenommen, um eine Repräsentativität der Ergebnisse zu erarbeiten. Dies wird im Folgenden näher ausgeführt.

Komparative Analysen

Komparative Analysen sind eine zentrale Aktivität in interpretativen Analysen (Brandt & Krummheuer, 2000, S. 197). Sie durchziehen den gesamten Analyseprozess der Unterrichtsausschnitte: „von der ersten deutenden Annäherung an diese Ausschnitte bis zu späteren theoretischen Durchdringungen" (Krummheuer & Brandt, 2001, S. 77 f.).

Komparationen werden in der Sozialforschung beispielsweise bei der Arbeit mit der Grounded Theory (Glaser und Strauss, 1967; Strauss & Corbin 1990; Bohnsack, 1999) genutzt und werden daher häufig in Beziehung zu dieser Theorie eingeordnet (Krummheuer & Brandt, 2001). Brandt und Krummheuer (2010) konkretisieren das Prinzip und die Methodik von Komparationen in der interpretativen Unterrichtsforschung (vgl. Straub, 1990), in die sich auch diese Studie einordnet:

> „In der komparativen Analyse kann eine derartige lokale Methodologie der Entdeckung gesehen werden. Durch Vergleich von Interpretationen verschiedener Episoden lassen sich einerseits bestimmte Theoriekonstrukte ausschließen, und zwar wenn sie nicht zu den Interpretationen passen. Andererseits orientiert ein solcher Vergleich den theoretischen Ausgriff, da die Gegenüberstellung Defizite verwendeter Ausgangstheorien verdeutlicht und die Bemühungen der Theoriegenese sich darauf beziehen, diese zu überwinden." (Brandt & Krummheuer, 2000, S. 197)

In dieser Arbeit werden sowohl fallvergleichende als auch fallkontrastierende Analysen einbezogen (Kelle & Kluge, 2010). Aufgrund der kleinen Stichprobe wird in dieser Untersuchung jedoch keine Entwicklung von einer empirisch begründeten Typologie, also keine Typenbildung, angestrebt, die häufig an fallvergleichende und fallkontrastierende Analysen anschließt. Es werden dennoch sowohl Gemeinsamkeiten als auch Unterschiede zwischen verschiedenen Ausschnitten, in diesem Fall Unterrichtsepisoden, herausgearbeitet. Die Analysen werden in Hinblick auf die Forschungsfragen fokussiert und mit den theoretischen Überlegungen in Verbindung gebracht. Ein solches Vorgehen und der dabei erfolgende Rückgriff auf theoretische Bezüge sind angemessen:

„Theoretisches Vorwissen ist kein Hindernis für die Analyse qualitativer Daten, vielmehr stattet es den Forscher oder die Forscherin mit der notwendigen ‚Brille' aus, durch welche die soziologischen Konturen empirischer Phänomene erst sichtbar werden, bzw. mit einem Raster, in welches Daten eingeordnet erst eine soziologische Bedeutung erhalten." (Kelle & Kluge, 2010, S. 108).

Komparative Analysen können Erkenntnisse in zweierlei Richtungen schaffen. Einerseits kann die Generalisierbarkeit der gewonnenen Ergebnisse und die Reichweite der lokal entwickelten Theorie abgeschätzt werden: „Ermöglichen die generierten neuen theoretischen Begriffe das hinreichende Verstehen von sich (stark) unterscheidenden Realitätsausschnitten, dann läßt sich daraus aufgrund dieser kontrastreichen empirischen Gründung der Theorie auch ein relativ globaler Geltungsanspruch ableiten." (Brandt & Krummheuer, 2000, S. 198). Beispielsweise werden die Rolle der Prozess-Produkt Dualität von mathematischen Objekten und die Rahmungen durch Lehrkräfte beim mathematischen Argumentieren in verschiedenen Kontexten (Aufgabenanlässen) betrachtet und Komparationen diesbezüglich durchgeführt (vgl. Kapitel 8).

Dieser Punkt steht mit der „conceptual representativeness" (Strauss & Corbin, 1990) in Verbindung: In der quantitativen Forschung wird Repräsentativität in der Regel über eine gezielte Stichprobenauswahl angelegt. Im Gegensatz dazu wird in der qualitativen Forschung „**Repräsentanz** der entwickelten *theoretischen Begriffe* in den Interpretationen der ausgewählten Wirklichkeitsausschnitte" (H. i. O., Krummheuer & Brandt, 2001, S. 81 f.) angestrebt.[1] Lassen sich die entwickelten theoretischen Begriffe auf sehr unterschiedliche Episoden anwenden, kann eine große Reichweite angenommen werden. In der vorliegenden Studie ist es wünschenswert, die Reichweite der Ergebnisse besser abzuschätzen und zu reflektieren, ob die Beobachtungen nur für eine oder generell für Lehrkräfte gelten.

Andererseits kann die Spezifität der betrachteten Fälle, also die individuellen Charakteristika des jeweiligen Falls, in Relation zueinander herausgearbeitet werden (Brandt & Krummheuer, 2000, S. 198). Dies wird beispielsweise durch den Vergleich mit anderen Episoden, also eine Komparation von mehreren Unterrichtsausschnitten, ermöglicht. Besonders interessant und relevant sind dabei höchst verschiedene Unterrichtsausschnitte und Kontrastierungen. In dieser Arbeit werden dazu etwa Komparationen von Unterrichtssituationen einer Klasse bei der Bearbeitung von verschiedenen Aufgaben vorgenommen, wie im Folgenden beschrieben wird.

---

[1] „Representativeness" wird von Krummheuer und Brandt (2001, S. 82) in Bezug auf die qualitative Forschung bewusst als Repräsentanz übersetzt.

Vorgehen bei den Komparationen

Ausgehend von den in den vorherigen Abschnitten beschriebenen Analysen (Abschnitt 4.4.4 bis 4.4.7, Rekonstruktionen der Handlungen der Lehrkräfte, Rekonstruktionen der mathematischen Argumente, Interpretationen der Rekonstruktionen hinsichtlich der Prozess-Produkt Dualität) werden Komparationen der Analysen, also Vergleiche zwischen und innerhalb der Fälle, vorgenommen. Diese Komparationen werden in den folgenden Abschnitten konkretisiert. Dabei wird die Auswahl der Ausschnitte zur Komparation nicht willkürlich oder interessengeleitet getroffen. Die Ausschnitte werden „vielmehr systematisch im Hinblick auf die Ermöglichung komparativer Analysen kategorisiert und entsprechend ausgewählt." (Brandt & Krummheuer, 2000, S. 223). Beispielsweise können die unterschiedlichen Argumente zu einer Aufgabe in den verschiedenen Klassen miteinander verglichen werden.

Das methodische Vorgehen bei den komparativen Analysen dieser Arbeit orientiert sich am Vorgehen von Krummheuer und Brandt (2000, S. 205) und den fallkontrastierenden Analysen nach Kelle und Kluge (2010, S. 78 f.). In dieser Arbeit erfolgen die Komparationen nach den Analysen der einzelnen Fälle.[2] Dazu werden drei Hauptschritte durchlaufen:

1. Rekonstruktion und Analyse der Ausschnitte
2. Durchführung der Komparationen
3. Entwicklung einer Theorie beziehungsweise Diskussion der Ergebnisse

Um Vergleiche zwischen Ausschnitten zu ermöglichen, werden im ersten Schritt die einzelnen Unterrichtsausschnitte beziehungsweise Episoden analysiert. Dazu werden Rekonstruktionen der Argumente, Rekonstruktionen der Handlungen der Lehrkräfte und Interpretationen hinsichtlich der Prozess-Produkt Dualität vorgenommen (vgl. Abschnitt 4.4.4 bis 4.4.7).

Im zweiten Schritt werden Komparationen zwischen den Unterrichtsausschnitten vorgenommen. Es werden Ähnlichkeiten und Unterschiede zwischen den Fällen herausgearbeitet (Kelle & Kluge, 2010, S. 79). Laut Kluge und Kelle (2010) kann „die Fallkontrastierung durch einen systematischen (‚synoptischen') Vergleich von Textstellen erfolgen" (S. 56), wenn das Datenmaterial codiert wird. Komparationen werden immer hinsichtlich relevanter Vergleichsdimensionen angestellt (Kelle & Kluge, 2010), die sich in dieser Arbeit aus den Schwerpunkten der Forschungsfragen ergeben. Zunächst werden Episoden ausgewählt, die möglichst unterschiedlich

---

[2] Es findet also keine sukzessive Theorieentwicklung statt, bei der ausgehend von einem Fall die Theorie durch weitere Fälle weiterentwickelt wird (vgl. Glaser & Strauss, 1967).

bezüglich verschiedener Dimensionen sind. Einerseits werden **innerhalb einer Klasse** zwischen den verschiedenen Aufgaben Komparationen vorgenommen. Beispielsweise kann dabei auf die rekonstruierten Argumente oder Handlungen der Lehrkräfte fokussiert werden, um zu untersuchen, inwiefern diese Variationen je nach Aufgabenstellung aufweisen (vgl. Forschungsfrage 3.2). Blickt man auf die Prozess-Produkt Dualität, kann unter anderem analysiert werden, ob eine Entwicklung stattfindet oder ob bei einzelnen Repräsentationen eine Deutung überwiegt (vgl. Forschungsfrage 4.1 und 4.2).

Andererseits werden Komparationen hinsichtlich der **verschiedenen Lerngruppen** angestellt. Fokussiert man auf die Argumente zu einer Aufgabenstellung, können Unterschiede bezüglich der Argumentationen, beispielsweise hinsichtlich der Repräsentation oder der Vollständigkeit, herausgearbeitet werden: Welche verschiedenen Typen von Argumenten werden hervorgebracht? Wie unterscheiden sich die hervorgebrachten Garanten und Stützungen in den Klassen? (vgl. Forschungsfrage 3.1). Auch können die Handlungen der Lehrkräfte miteinander in Beziehung gesetzt werden: Wie unterscheiden sich die Handlungen der Lehrkräfte? Bevorzugt eine Lehrkraft eine spezifische Handlung im Vergleich zu den anderen beiden Lehrkräften? (vgl. Forschungsfrage 2.1). Ebenfalls werden die drei Klassen in Hinblick auf die Interpretation von mathematischen Objekten (Prozess-Produkt Dualität) miteinander verglichen. Im dritten Schritt werden die durch die Komparationen gewonnenen Ergebnisse systematisch diskutiert und, wenn möglich, neue Theoriekonstrukte entwickelt.

4.4.8 Güte und Qualitätssicherung

Um die Interpretationen und Analysen zu überprüfen und zu legitimieren, werden zu einem Großteil der Analysen in dieser Arbeit zusätzliche *konsensuelle Validierungen* vorgenommen (vgl. Legewie, 1987; Bortz & Döring, 2006). Eine konsensuelle Validierung dient dazu, einen Konsens zwischen verschiedenen Forscherinnen und Forschern über eine Deutung herzustellen. Ein solches Vorgehen wird sowohl bei der Analyse der Interviews (vgl. Abschnitt 4.3) als auch bei der Auswertung der Unterrichtssituationen durchgeführt.

Im folgenden Abschnitt werden die konsensuellen Validierungen in Hinblick auf die Analysen der Unterrichtssituationen kurz vorgestellt. Um die Codierungen der Handlungen der Lehrkräfte zu validieren, werden die Transkriptausschnitte zunächst von der Forscherin codiert, das entwickelte Kategoriensystem in einer größeren Gruppe von Forschenden (3–4 Personen) vorgestellt und anschließend die Codierungen diskutiert. Dieses Vorgehen ist vor allem an problematischen Stellen, das heißt Stellen, die nicht eindeutig zuzuordnen sind, hilfreich und dient der Qualitätssicherung der Codierung.

Für die Rekonstruktionen der Argumente nach Toulmin (2003) werden zur konsensuellen Validierung in einer kleinen Gruppe von Forscherinnen und Forschern (3–4 Personen), die mit dem Toulmin Schema vertraut sind, die Transkripte gemeinsam analysiert und sich auf eine Rekonstruktion des Arguments geeinigt. In der Regel hat die Verfasserin dieser Dissertation einen Vorschlag für die Rekonstruktion des Arguments mitgebracht, welcher dann diskutiert und gegebenenfalls abgeändert wird. In wenigen Fällen sind die Daten auch aus Sicht der Gruppe von Forschenden nicht eindeutig, sodass mehrere Deutungen, also Argumente, rekonstruiert werden. Diese sind dann als Alternativen markiert.

Ebenfalls haben einzelne konsensuelle Validierungen hinsichtlich der Analyse zur Prozess-Produkt Dualität stattgefunden. Dazu werden die Interpretationen in einer kleinen Gruppe (3–4 Forschende) besprochen und diskutiert, analog wie bei den Validierungen zu den Codierungen der Handlungen der Lehrkräfte und den Rekonstruktionen der Argumente.

In Kapitel 4 sind zunächst die Forschungsfragen der vorliegenden Arbeit ausgehend vom theoretischen Hintergrund und Forschungsstand ausdifferenziert worden. Daraufhin wurden der methodologische Ansatz und das methodische Vorgehen dieser Studie vorgestellt. Das zweigliedrige Untersuchungsdesign, welches in diesem Kapitel 4 beschrieben worden ist, spiegelt sich auch in den folgenden Ergebniskapiteln wider. Zunächst werden in Kapitel 5 die Vorstellungen der beteiligten Lehrkräfte zum mathematischen Argumentieren und zur Prozess-Produkt Dualität von algebraischer Symbolsprache beschrieben, die aus den Interviews mit den Lehrkräften herausgearbeitet worden sind (vgl. Abschnitt 4.3). Die anschließenden Kapitel 6 bis 8 fokussieren auf Ergebnisse, die durch die Auswertung der Unterrichtssituationen (vgl. Abschnitt 4.4) gewonnen wurden: Lehrkrafthandlungen (Kapitel 6), Charakteristika von mathematischen Argumenten im Übergang von der Arithmetik zur Algebra (Kapitel 7) und die Rolle der Prozess-Produkt Dualität von mathematischen Objekten beim Argumentieren in diesem Themengebiet (Kapitel 8).

Vorstellungen der Lehrkräfte

Im folgenden Kapitel werden die Vorstellungen der drei Lehrkräfte zum mathematischen Argumentieren und zur Prozess-Produkt Dualität von algebraischer Symbolsprache dargestellt, um die übergeordnete Forschungsfrage 1 *„Welche Vorstellungen und welche Erfahrungen haben die an der Studie teilnehmenden Lehrkräfte zum mathematischen Argumentieren? Welche Vorstellungen haben sie zur Prozess-Produkt Dualität von algebraischer Symbolsprache?"* zu beantworten. Dafür werden zunächst die Ergebnisse zu den einzelnen Lehrkräften dargestellt. Nach einer kurzen Zusammenfassung zu den Vorstellungen der jeweiligen Lehrkraft wird dabei in den Abschnitten „Mathematisches Argumentieren" auf Forschungsfrage 1.1 *„Welche Vorstellungen haben die Lehrkräfte zum mathematischen Argumentieren und zur Rolle von Schülerinnen und Schüler dabei?"* und daraufhin in den Abschnitten „Prozess-Produkt Dualität von algebraischer Symbolsprache" auf Forschungsfrage 1.2 *„Wie charakterisieren die Lehrkräfte die Prozess-Produkt Dualität algebraischer Symbolsprache? Wie ist diese Dualität in der Wahrnehmung der Lehrkräfte in ihren Unterricht eingebunden?"* fokussiert. Die Abfolge der Darstellung orientiert sich an den Subkategorien der Kategoriensysteme zum mathematischen Argumentieren und zur Prozess-Produkt Dualität von algebraischer Symbolsprache (vgl. Abschnitt 4.3.3). Anschließend wird anhand von Themenmatrizen (vgl. Abschnitt 4.3.3) ein Vergleich zwischen den Lehrkräften hergestellt. Die „ungeduldige" Leserschaft mag die fallorientierten Beschreibungen beim ersten Lesen überspringen und sich zunächst einen zusammenfassenden Überblick anhand der Themenmatrizen (Tabelle 5.4 und Tabelle 5.5) verschaffen. Das Kapitel endet mit einer Zusammenfassung und einer ersten Diskussion der Ergebnisse.

© Der/die Autor(en), exklusiv lizenziert an Springer Fachmedien Wiesbaden GmbH, ein Teil von Springer Nature 2023
F. Bredow, *Mathematisches Argumentieren im Übergang von der Arithmetik zur Algebra*, Perspektiven der Mathematikdidaktik,
https://doi.org/10.1007/978-3-658-42462-6_5

5.1   Vorstellungen von Frau Petrow (L1)

Insgesamt stellt Frau Petrow beim mathematischen Argumentieren formale Regeln und logische Verkettungen in den Fokus, wobei sie auch die Relevanz von Sprache benennt. Ihr ist das inhaltliche Lernen und Systematisieren des Stoffs beim mathematischen Argumentieren wichtig. Sie kann in den fiktiven Argumenten der Schülerinnen und Schüler zwischen richtigen und unvollständigen mathematischen Argumenten unterscheiden.

In Bezug auf die Prozess-Produkt Dualität von algebraischer Symbolsprache benennt Frau Petrow „unterschiedliche Niveaus" (Interview mit L1, Turn 160) der fiktiven Schülerinnen und Schüler Beschreibungen von Termen, wobei sie diese bezüglich der Nutzung von mathematischer Fachsprache voneinander unterscheidet. Die Nutzung von mathematischer Fachsprache hat eine große Bedeutung für Frau Petrow. Laut Frau Petrow ist für die Schülerinnen und Schüler die Erfassung von (mathematischen) Strukturen und das Mathematisieren eine Herausforderung, welche sie als Lehrkraft durch das Thematisieren von unterschiedlichen lebensweltlichen Kontexten unterstützen könnte. Gleichzeitig betont sie die Relevanz dieser Tätigkeiten für das Verständnis von Termen. In höheren Klassen benötige man die Sichtweise von Termen als Baupläne oft als Grundlage für Aufgaben.

5.1.1   Mathematisches Argumentieren

Mathematisches Argumentieren spielt laut Frau Petrow in allen Themenbereichen der Schulmathematik eine Rolle. Sie betont, dass es vor allem in der Geometrie eine besondere Bedeutung hat, aber auch in der Stochastik oder Algebra. Mathematisches Argumentieren wird in ihrem Unterricht inhaltlich genutzt, „wenn ich etwas beweisen möchte" (Interview mit L1, Turn 66). Das Verständnis von Frau Petrow bezüglich des mathematischen Argumentierens ist eng mit dem Beweisen verknüpft. Beim mathematischen Argumentieren werden laut Frau Petrow Argumente entwickelt, die keine Ausnahmen erlauben und allgemeingültig sind. Sie grenzt die Regeln beim mathematischen Argumentieren von den grammatikalischen Regeln in den (Fremd-)Sprachen ab, wo es oftmals zu Regel-Ausnahmen kommt oder es Sonderfälle gibt.

> „In Mathematik darf ich nur dann ein Argument verwenden, wenn es allgemeingültig ist und überhaupt keine Ausnahmen zulässt. Und dann muss ich sie auch vernünftig verketten miteinander, so dass es eine logische Schlussfolgerung mit sich bringt."
> (Interview mit L1, Turn 72)

Frau Petrow meint vermutlich mit „Argument" einen mathematischen Satz oder Ähnliches. Diese sind fachlich betrachtet nur gültig, wenn es im Geltungsbereich keine Gegenbeispiele gibt. Alternativ könnte sie sich auch auf die Gültigkeit von mathematischen Argumenten beziehen. Auch diese Vorstellung wäre stark an Beweisen in der Mathematik orientiert. Ihr Blick auf Verkettungen und logische Schlussfolgerungen verdeutlicht dies ebenso.

Als Voraussetzung für die Teilhabe an mathematischen Argumentationen benennt Frau Petrow das Beherrschen der deutschen Sprache: „Und das sehen wir bei den Vorkursschülern, dass sie zwar Kalkül beherrschen, aber dann nicht mehr weiterkommen." (Interview mit L1, Turn 74). Es ist nach Frau Petrow also nicht ausreichend das Kalkül zu beherrschen, um an der Hervorbringung von mathematischen Argumentationen zu partizipieren. Gegebenenfalls hat Frau Petrow hier an mathematische Argumente oder Beweise speziell in der Geometrie oder in Bezug auf Sachzusammenhänge gedacht, wo oftmals viele sprachliche Ausdrücke enthalten sind. Im Gegensatz dazu werden aber Beweise in der Schule oft auf einer formalen Ebene, nur in algebraischer Symbolsprache präsentiert (vgl. Brunner, 2014b). Indirekt wird mit dieser Aussage also eine Abgrenzung zwischen dem mathematischen Argumentieren und dem Beweisen deutlich. Beweisen kommt mit dem Kalkül aus, wohingegen mathematische Argumentationen auf sprachliche Ausführungen angewiesen sind.

Ihre Antwort auf die Frage, wie sie ihre Schülerinnen und Schüler beim mathematischen Argumentieren einbezieht, lässt eine Abgrenzung zum Beweisen in Bezug auf das mathematische Argumentieren offen:

> „Ähm, wir versuchen dann ein Satzpuzzle erst einmal an der Tafel zu bilden und schauen, welche Sätze jetzt ganz rausfallen, weil sie nicht gültig, und wie können wir miteinander sie verketten. Ein bisschen ähnlich, wie in Sprachen." (Interview mit L1, Turn 76)

Es wird hier zwar auf Verkettungen und den Ausschluss von nicht gültigen Sätzen fokussiert, aber es geht auch um ein „Satzpuzzle" (Interview mit L1, Turn 76), was auf viele sprachliche Bausteine schließen lässt. Frau Petrow verbindet mit dem mathematischen Argumentieren also sowohl die Verkettung von gültigen Sätzen und betont gleichzeitig die Wichtigkeit der Nutzung der Sprache neben dem mathematischen Kalkül.

Durch das mathematische Argumentieren möchte Frau Petrow ihren Schülerinnen und Schülern „einen tieferen Einblick in die Struktur der Mathematik" (Interview mit L1, Turn 80) ermöglichen und erwartet das Durchdringen dieser Strukturen auch von ihnen. Beim mathematischen Argumentieren möchte sie gleichzeitig, dass sich die Lernenden an logische beziehungsweise formale Regeln der Mathematik halten. Gesprächsregeln werden nicht konkret von ihr benannt. Auf Nachfrage äußert sie, dass diese „wie beim Diskutieren halt eben" (Interview mit L1, Turn 86) eingehalten werden sollen.

Mathematische Argumente können sich nach Frau Petrow hinsichtlich ihrer Tiefe unterscheiden: „Wahrscheinlich in der Tiefe, man kann natürlich ganz kurze, knappe [...] Sätze haben oder man kann ausführlicher und äh tiefgehendere Formulierungen nutzen." (Interview mit L1, Turn 88). Auch können Argumente laut Frau Petrow „unterschiedliche Binnendifferenzierungsebenen" haben, wobei sie sich dabei auf verschiedene „sprachliche Ebenen" bezieht (Interview mit L1, Turn 90). Argumente können mehr ausformuliert sein oder auch in „sehr knappen, ähm kurzen Hauptsätzen" (Interview mit L1, Turn 92) dargelegt werden. Interessant ist, dass sich Frau Petrow in ihren Ausführungen zum mathematischen Argumentieren (fast) gar nicht auf die mathematische Fachsprache bezieht, obwohl sie sprachliche Unterschiede hinsichtlich der Ausformulierung benennt. Der Aspekt der mathematischen Fachsprache wurde von ihr wiederum aufgegriffen und stark fokussiert, als sie mit den fiktiven Schüler:innen-Beschreibungen von Termen konfrontiert wurde.

Zusätzlich zu den sprachlichen Unterschieden unterscheidet sie die fiktiven Schüler:innen-Argumente (vgl. Abschnitt 4.3.1) hinsichtlich ihrer Repräsentation und äußerer Merkmale:

> „Ja ähm, die sind unterschiedliche Darstellungsformen. Der eine ist dann eine rein bildliche Darstellungsform, dann ist es eine gemischte, ähm und äh Symbolsprache schon bei (unv.) da hier auch ähm auf der symbolischen Ebene und dann ist es einfach nur ein Text äh, in textlicher Form zusammengefasst, das sind dann ähm unterschiedliche Formen halt eben." (Interview mit L1, Turn 116)

Arthurs algebraisches Argument ist laut Frau Petrow „schön aufgebaut" (Interview mit L1, Turn 104) und „fachlich korrekt" (Interview mit L1, Turn 126). Nach Frau Petrow ist Arthurs Antwort „ein bisschen gemischt" (Interview mit L1, Turn 120) zwischen der bildlichen und der symbolischen Darstellungsform. Erics algebraisches Argument ordnet sie dagegen der symbolischen Darstellungsform zu. Insgesamt bewertet sie algebraische Argumente positiv.

Bonnies Zahlenbeispiele interpretiert sie als Versuch eine Regel zu finden, „wobei das dann nicht tief genug geht, das ist keine induktive ähm Vorgehensweise so gesehen" (Interview mit L1, Turn 98). Sie bewertet damit Bonnies Antwort als nicht ausreichend für ein mathematisches Argument. Wie Erics Antwort ist auch Bonnies Antwort lauf Frau Petrow auf der symbolischen Ebene.

Am schönsten findet sie Yvonnes Lösung mit einem Punktemuster: „Weil äh so bildlich, für alle Schüler wahrscheinlich auf einen Blick ähm (..) ihre Argumente darstellen kann. Das die gerade Zahlen in zwei ähm (..) Reihen auch gezeichnet hat und genauso viele Kugeln in gleicher Spalte. Das finde ich schon sehr beeindruckend." (Interview mit L1, Turn 98). Frau Petrow gefällt die Antwort sehr gut, weil sie auch selbst „visuell" (Interview mit L1, Turn 112) ist. Gleichzeitig benennt sie aber auch die Grenzen von Yvonnes Punktemuster hinsichtlich der fachlichen Korrektheit: „Yvonnes Antwort ist erstmal nur ein Beispiel. Damit kann man etwas erfassen. Das ist der Nachteil hier." (Interview mit L1, Turn 130). Sie beschreibt, dass das Punktemuster so noch kein allgemeingültiges Argument darstellt, aber dennoch helfen kann, um einen Zugang zum Sachverhalt zu finden.

Auch das verbale Argument von Ceri wertet Frau Petrow als „sehr gut" (Interview mit L1, Turn 100) und „fachlich korrekt" (Interview mit L1, Turn 128). Dabei schränkt sie aber ein, dass Ceris Antwort auf den ersten Blick „etwas schwieriger" zu erkennen ist: „man muss diesen Satz öfter mal durchlesen, um verstehen zu können" (Interview mit L1, Turn 100). Ihre positive Wertung von Ceris verbalem Argument könnte man auf die besondere Herausstellung von sprachlichen Argumenten seitens Frau Petrow zurückführen. Über das verbale Argument von Ducan spricht sie nicht. Ebenso wird das generische Argument von Amy nicht thematisiert (vgl. Tabelle 5.1).

Im Unterricht würde Frau Petrow beim mathematischen Argumentieren gestuft vorgehen und eine Kombination von Antworten wählen:

> „Mit Yvonnes Antwort erstmal, ähm bildlich darstellen. Das gefällt mir sehr gut, weil ich visuell bin selber. Dann äh könnte man Yvonnes Antwort direkt in Arthurs übersetzen. Da ist dann schon Mathematik drin und dann müsste man das natürlich auch nochmal in Worte fassen und dann würde sich Ceris Antwort dann anbieten." (Interview mit L1, Turn 112)

Frau Petrow würde also von einem visuellen zu einem algebraischen Argument übergehen und das wiederum in ein verbales Argument übersetzen. In ihren vorherigen Ausführungen hat sie zwar die Relevanz von Sprache immer wieder betont, aber nicht verschiedene Repräsentationen benannt. Welches Argument sie selbst gegeben hätte, lässt sie offen.

Hinsichtlich ihrer Schülerinnen und Schüler vermutet sie: „Sie werden vielleicht wie Bonnie anfangen (..) und sagen, ja ich mach mal ein paar Beispiele und über/ schau, was passiert." (Interview mit L1, Turn 132). Auf die Frage, welche Antwort die Schülerinnen und Schüler am besten von der Lehrkraft benotet

Tabelle 5.1 Übersicht über die Äußerungen von Frau Petrow bezüglich der fiktiven Schüler:innen-Lösungen

Schüler:innen-Antwort	Beschreibung und Wertung	Fachliche Einordnung
Arthur	„sehr schön"; „schön aufgebaut"	„fachlich korrekt"
Eric	„symbolisch"	Keine Aussage
Bonnie	„versucht eine Regel ähm zu finden"; „symbolisch"	„nicht tief genug"
Yvonne	„bildlich"; „schon sehr beeindruckend"	„erstmal nur ein Beispiel"
Ceri	„sehr gut"; „etwas schwieriger [...] auf den ersten Blick zu erkennen"	„fachlich korrekt"
Ducan	Keine Aussage	Keine Aussage
Amy	Keine Aussage	Keine Aussage

ansehen, schließt sie an „meine Schüler werden wahrscheinlich versuchen ähm einen Text zu formulieren" (Interview mit L1, Turn 134). Dabei weist sie daraufhin, dass die Antwort von den Lernenden davon abhängt, wie die Lehrkraft den Unterricht aufbaut. Auch in dieser Antwort wird erneut die besondere Bedeutung von Sprache für Frau Petrow deutlich.

5.1.2 Prozess-Produkt Dualität von algebraischer Symbolsprache

Als Frau Petrow mit den fiktiven Beschreibungen von Termen konfrontiert wird (vgl. Abschnitt 4.3.1), weißt sie sofort auf die „unterschiedlichen Niveaus" (Interview mit L1, Turn 160) der Beschreibungen hin. Dabei grenzt sie Max's Aussage, die eine Beschreibung der Vorgehensweise ist: „wie würde er jetzt rechnen" (Interview mit L1, Turn 162), von Katharinas Beschreibung, die Fachausdrücke nutzt, ab.

Die Frage, welche Beschreibung ihr am besten gefällt, beantwortet Frau Petrow nicht. Auch auf die Frage, welche Beschreibung sie am ehesten gegeben hätte, antwortet sie ausweichend: „Wir haben in diesem Fall äh mit Julius Formulierung gearbeitet im letzten Jahr. Die Summe aus dem Doppelten von a und Doppelten von b. [...] Das heißt, dass müsste denen geläufig sein." (Interview mit L1, Turn 166). Sie bezieht sich also direkt auf ihre Lerngruppe, ohne ihre persönlichen Vorstellungen preiszugeben.

Frau Petrow beurteilt Maries Beschreibung als „am weitgehen fachlich ähm umfangsreichsten" (Interview mit L1, Turn 170). Gleichzeitig weist sie darauf hin: „soweit würde wahrscheinlich in meiner Klasse niemand kommen, dass er sagt ja, dieser Term. Sondern jetzt/ ich würde dann auch schon froh, dass er sagt, hier sehe ich die Summe aus zwei" (Interview mit L1, Turn 172). Ihr scheint es wichtig zu sein, dass in ihrem Unterricht die mathematische Fachsprache genutzt wird.

Lukas' Beschreibung deutet sie, wie die Beschreibung von Max, als Erläuterung der Vorgehensweise. Pias Beschreibung ist für Frau Petrow „am wenigsten fundiert. Das ist eher so eine Grundschul-Beschreibung." (Interview mit L1, Turn 174). Sie betont auch, dass Pia nicht „verdoppeln" oder „vervielfachen" sagt, also keine mathematische Fachsprache nutzt. Hier wird noch einmal die Einforderung von mathematischer Fachsprache deutlich.

Frau Petrow stellt in ihren Ausführungen zur Prozess-Produkt Dualität von algebraischer Symbolsprache keinen konkreten Rückbezug zum mathematischen Argumentieren her. Sie spricht aber davon, dass Katharina mit Fachausdrücken „argumentiert" (Interview mit L1, Turn 164).

Auffällig ist, dass Frau Petrow als aus der Sicht von Schülerinnen und Schülern am besten von der Lehrperson benotete Antwort Julius' Antwort nennt. Das ist nicht die Antwort, die sie als fachlich umfangsreichste Beschreibung gewertet hat, sondern die, mit der ihre Schülerinnen und Schüler ihrer Ansicht nach bereits gearbeitet haben. Frau Petrow vermutet also, dass die Lernenden auf Ausdrucksformen aus dem Unterricht zurückgreifen. Gleiches hat sie hinsichtlich der fiktiven Schüler:innen-Argumente vermutet.

Sie urteilt nicht über die mathematische Korrektheit der Beschreibungen, benennt aber mehrfach die „unterschiedlichen Niveaus" (Interview mit L1, Turn 160) der fiktiven Beschreibungen der Terme. Diese Niveaus stehen nach Frau Petrow vermutlich mit der Nutzung der Fachsprache in Verbindung. Erst nach dem kurzen Input seitens der Interviewerin spricht sie auch über „eine Struktur" (Interview mit L1, Turn 182), die erfasst werden muss. Sie grenzt daraufhin die Beschreibung des Rechenwegs gegenüber der Erfassung der Struktur ab. Gleichzeitig wertet sie die Beschreibung des Rechenwegs ab, indem sie unterscheidet zwischen Lernenden, die sich keinen Überblick erarbeiten könnten, im Gegensatz zu Lernenden, die schon einen Überblick gewonnen haben:

„Also die Schüler, die keinen Überblick sich erarbeiten konnten, die nehmen erstmal den Weg, also den Rechenweg sehe ich hier. Und die jenigen, die schon einen Überblick über (..) über eine äh lineare Gleichung haben, dann sehen sie schon direkt, okay, da ist etwas, das was äh (.) so eine Struktur aufweist und diese Struktur muss ich irgendwie erfassen." (Interview mit L1, Turn 182)

Diese Abwertung der prozessorientierten Beschreibungen ist in ihren vorherigen Äußerungen nicht so stark deutlich geworden. Frau Petrow spricht zwar über „unterschiedliche Niveaus" (Interview mit L1, Turn 160) und eine „sehr große Diskrepanz" (Interview mit L1, Turn 164), was aber zuvor eher bezogen auf die Nutzung der mathematischen Fachsprache interpretiert werden konnte. Nun werden auch Unterschiede auf der fachlichen Ebene zwischen den Beschreibungen deutlich. Frau Petrow beschreibt, dass in höheren Klassenstufen kontextorientierte Aufgaben sehr oft Baupläne als Grundlage haben: „Und wenn man das übertragen kann, dann, dann haben sie auch verstanden, wozu Terme überhaupt da sind." (Interview mit L1, Turn 188). Hiermit wird deutlich, dass sie die Nutzung der Struktur von Termen als eine Hauptaufgabe von Termen sieht und damit die Erfassung durch die Lernenden als ein Unterrichtsziel setzt. Sie betont aber auch, dass dieser Prozess für die Lernenden nicht einfach ist: „Sie sagen mir, ich würde gerne mit diesem Termen rechnen, aber bitte nicht Textaufgaben. Das heißt, ähm, das, was da gegeben ist, dann in Form von Termen als Bauplan zu übertragen, ist am schwierigsten für sie." (Interview mit L1, Turn 192). Das Mathematisieren ist laut Frau Petrow eine große Herausforderung, welche die Lernenden gerne durch Aufgaben ohne Kontexte umgehen würden.

Erstaunlich ist daher die Antwort von Frau Petrow auf die Frage, wie man die Schülerinnen und Schüler noch stärker auf die Prozess-Produkt Dualität aufmerksam machen und unterstützen könnte: „wahrscheinlich unterschiedliche (.) Beispiele wieder, aus dem, keine Ahnung, aus Finanzwesen, aus unterschiedlichen Bereichen." (Interview mit L1, Turn 194). Frau Petrow sieht verschiedene Kontexte als Lerngelegenheit, obgleich diese Kontexte für die Schülerinnen und Schüler „am schwierigsten" (Interview mit L1, Turn 190) sind. Vermutlich sollen durch eine Vielzahl an Kontexten aus unterschiedlichen Lebensbereichen möglichst diverse Lerngelegenheiten und Zugänge für die Schülerinnen und Schüler geschaffen werden.

5.2   Vorstellungen von Frau Kaiser (L2)

Frau Kaiser fasst mathematisches Argumentieren insgesamt sehr weit, auch im Sinne der Kompetenz „Kommunizieren". Die Schülerinnen und Schüler sollen beim mathematischen Argumentieren laut Frau Kaiser „erklären, begründen, Lösungswege beschreiben, auch äh Diagramme zu äh analysieren et cetera"

(Interview mit L2, Turn 94). Diese Tätigkeiten hält sie für sehr relevant und integriert sie daher laut eigenen Angaben häufig in ihren Unterricht. Dabei sind ihr soziale Regeln und die Nutzung von mathematischer Fachsprache wichtig. Die fiktiven Argumente der Schülerinnen und Schüler hat sie alle als „korrekt" (Interview mit L2, Turn 162) wahrgenommen (zumindest bezüglich der Vorgehensweise) und benennt keine inhaltlichen Fehler. Sie hat also Schwierigkeiten richtige mathematische Argumente von unvollständigen oder fehlerhaften Argumenten abzugrenzen. Gleichzeitig wird in den Ausführungen von Frau Kaiser deutlich, dass für den Beweis einer Aussage ein allgemeingültiges Argument erforderlich ist.

In Bezug auf die Prozess-Produkt Dualität von algebraischer Symbolsprache unterscheidet Frau Kaiser deutlich zwischen Beschreibungen von Rechnungen und Beschreibungen von Termen als Ganzes. Dabei wertet sie die Nutzung der mathematischen Fachsprache als wichtiges Kriterium, auch für die Tiefe und Gültigkeit einer Beschreibung eines Terms. Gleichzeitig ist sie der Meinung, dass ihre Schülerinnen und Schüler (Jahrgang 8) eher wenig Fachsprache in ihren Beschreibungen nutzen würden und diese eher prozessorientiert wären, also Beschreibungen von Rechnungen. Sie benennt die direkte Konfrontation mit verschiedenen Beschreibungen von Termen als Lerngelegenheit, wobei vorgegebene Satzbausteine die Lernenden bei Formulierungen unterstützen können. In niedrigen Klassenstufen finden sich laut Frau Kaiser häufiger Beschreibungen von Termen als Vorgehensweise, während in höheren Klassenstufen verschiedene Sichtweisen auf Terme zu finden sind.

5.2.1 Mathematisches Argumentieren

Laut Frau Kaiser spielt mathematisches Argumentieren eine wichtige Rolle beim Präsentieren von Lösungswegen: „gerade, wenn man Hausaufgaben vergleicht oder Aufgaben löst, dass man die Schüler präsentieren lässt, das finde ich immer wichtig und dadurch müssen sie ja gerade schon argumentieren." (Interview mit L2, Turn 88). Eine Unterrichtseinheit zum „Erklären und Begründen" (Interview mit L2, Turn 90) macht sie nicht in ihrem Unterricht. Sie versteht mathematischem Argumentieren als das Erklären von Lösungswegen oder mathematischen Inhalten: „Ich finde es wichtig, dass die ja ihre Lösungswege erklären können (.), dass die […] begründen können, warum sie's so gemacht haben oder wie, warum sie's so gelöst haben, weil es gibt ja manchmal mehrere Lösungen. Das finde ich wichtig." (Interview mit L2, Turn 92). Frau Kaiser bezieht sich dabei nicht auf konkrete mathematische Inhalte oder Gebiete.

Auch die Kompetenz einem anderen Schüler oder einer anderen Schülerin etwas zu erklären, verbindet sie mit dem mathematischen Argumentieren. Laut Frau Kaiser muss man dafür noch einen Schritt weitergehen, wenn man Inhalte anderen erklären möchte, im Vergleich zum eigenen Verstehen. Genau das zeichnet für sie aber das mathematische Argumentieren aus: „Naja erklären, begründen, Lösungswege beschreiben, auch äh Diagramme zu äh analysieren et cetera, das ist ja auch eine (.) eine Art von argumentieren, begründen et cetera." (Interview mit L2, Turn 94). Damit kann man laut Frau Kaiser erfassen, ob Schülerinnen und Schüler etwas „wirklich verstanden" (Interview mit L2, Turn 114) haben oder beispielsweise in Gruppenarbeiten nur abgeschrieben haben.

Als Voraussetzung für die Teilhabe an mathematischen Argumentationen benennt sie das Beherrschen der Unterrichtssprache und „mathematisches Verständnis" (Interview mit L2, Turn 98). Die Schülerinnen und Schüler müssen die Inhalte „verstanden" haben, über die sie argumentieren sollen.

Die Aussage „Also generell lass' ich sie ja immer begründen" (Interview mit L2, Turn 102) lässt auf eine klare Rollenzuweisung beim mathematischen Argumentieren in Frau Kaisers Mathematikunterricht schließen. Die Schülerinnen und Schüler sind für Begründungen zuständig. Dabei ist die Rolle von Frau Kaiser währenddessen eher passiv. Auch auf Arbeitsblättern fordert sie nach eigenen Angaben die Lernenden häufig dazu auf: „Erkläre, begründe, warum du das so gemacht hast" (Interview mit L2, Turn 106). Sie betont, dass sie durch die schriftliche Aufforderung zum mathematischen Argumentieren auch schwächeren Schülerinnen oder Schülern oder den Lernenden, die sich im Klassengespräch nicht trauen, die Möglichkeit geben möchte zu argumentieren.

Im Mathematikunterricht von Frau Kaiser finden die Tätigkeiten, die sie unter mathematischem Argumentieren fasst, also nach ihrer Auffassung regelmäßig statt und sind aus Sicht von Frau Kaiser sehr wichtig im Mathematikunterricht.

Beim mathematischen Argumentieren erwartet sie von ihren Schülerinnen und Schülern, dass sie ihre Aufgabenlösungen erklären können und auch, wie sie die Lösungen erarbeitet haben. Die mathematische Fachsprache hat eine besondere Relevanz für Frau Kaiser: „Die Fachsprache ist mir natürlich auch wichtig, dass sie die Fachbegriffe benutzen, verwenden, wenn sie argumentieren oder etwas erklären, ja." (Interview mit L2, Turn 62). Sie erwartet die Einhaltung sozialer Regeln und benennt als Beispiele das Ausredenlassen und dass keine Beleidigungen über Mitschülerinnen und Mitschülern geäußert werden.

Mathematische Argumentationen unterscheidet Frau Kaiser hinsichtlich ihrer Tiefe, „wie detailliert sie zum Beispiel ihren Lösungsweg erklärt" (Interview mit L2, Turn 132), und auch in Bezug auf die Nutzung der mathematischen Fachsprache. Es macht entsprechend ihrer Auffassung einen Unterschied, ob Lernende frei sprechen und mathematische Fachsprache nutzen oder ob die Person eher „stottert" (Interview mit L2, Turn 134) und aufzählend spricht. Frau Kaiser fokussiert also den Ausdruck der Schülerinnen und Schüler beim Kommunizieren.

Laut Frau Kaiser hat es Arthur (fiktive Schüler:innen-Lösungen, vgl. Abschnitt 4.3.1) mit seinem algebraischen Argument „sehr ähm allgemein gemacht" (Interview mit L2, Turn 156) und die Antwort ist auf einem „hohen Niveau" (Interview mit L2, Turn 168). Auch stellt sie heraus, dass Arthurs' Argument für die Schülerinnen und Schüler ihrer Lerngruppe zu dem Zeitpunkt „sehr abstrakt" (Interview mit L2, Turn 168) gewesen wäre. Im Vergleich zu Arthur hat es Eric „noch allgemeiner gemacht" (Interview mit L2, Turn 158). Sie hätte im Unterricht nicht mit Erics algebraischem Argument begonnen, „weil sie ja Variablen noch nicht in dem Sinne noch nicht hatten." (Interview mit L2, Turn 172). Laut Frau Kaiser sind Arthur und Eric unterschiedlich vorgegangen, „aber zum selben Ergebnis gekommen" (Interview mit L2, Turn 186). Auch verbindet sie die beiden algebraischen Argumente von Arthur und Eric mit dem generischen Beispiel von Amy: „Also das ist son bisschen die Gedankenschritte (.) auch mit Amy." (Interview mit L2, Turn 186). Laut Frau Kaiser hat es Amy „eigentlich ja genauso gemacht" wie Arthur „nur mit einem speziellen Beispiel" (Interview mit L2, Turn 156). Deutlich wird, dass Frau Kaiser algebraische Argumente als allgemein und abstrakt einschätzt und daher weniger geeignet für den Einstieg ins mathematische Argumentieren betrachtet. Das generische Beispiel von Amy setzt sie in Beziehung zu den algebraischen Argumenten. Sie erkennt die gleichen Strukturen in dem generischen Beispiel von Amy und den algebraischen Argumenten.

Als Frau Kaiser die Argumente hinsichtlich des „Niveaus" (Interview mit L2, Turn 162) differenziert, bezeichnet sie Bonnies Vorgehensweise anhand von Zahlenbeispielen als „heuristisch" (Interview mit L2, Turn 190): „[…] ich probiers mal einfach aus, dieses Ausprobieren und bis jetzt hats ja immer geklappt, waren natürlich nur sechs Beispiele." (Interview mit L2, Turn 156). Die fachliche Korrektheit von Bonnies Zahlenbeispielen beurteilt sie nicht abschließend: „Obs jetzt fachlich dann korrekt ist. Er hat auf jeden Fall kein Gegenbeispiel gefunden sag ich mal." (Interview mit L2, Turn 192). Diese Äußerung von Frau Kaiser könnte in dem Sinne gemeint sein, dass die Antwort von Bonnie ein mathematisch korrektes Argument ist, da sie keine Gegenbeispiele gefunden hat. Gleichzeitig könnte es aber auch bedeuten, dass erstmal kein (Rechen-)Fehler vorliegt.

Das anschauliche Punktemuster von Yvonne ist laut Frau Kaiser nur ein Beispiel „mit konkreten Zahlen" (Interview mit L2, Turn 156), also ähnlich wie Bonnies Zahlenbeispiele. Yvonnes Punktemuster würde ihr nicht ausreichen als „Beweis", da es nicht zeigt, „dass es jetzt immer so ist" (Interview mit L2, Turn

192), und damit nicht allgemeingültig ist. Frau Kaiser ist also bewusst, dass ein Beweis ein allgemeingültiges Argument erfordert.

Ceris Vorgehen und das verbale Argument wertet Frau Kaiser zunächst anhand der Repräsentation als „nicht mathematisch", da es verbalisiert ist. „Ceri hat es halt nicht mathematisch gemacht, also schon, aber sie hats verbalisiert, beziehungsweise aufgeschrieben." (Interview mit L2, Turn 156). Ducans verbales Argument ist für sie „okay" (Interview mit L2, Turn 156), wobei sie es verändert wiedergibt:

> „Ducan hat es einfach gesagt: Ja, gerade Zahlen enden immer mit null, zwei, vier, sechs oder acht (.) und ähm das Ergebnis ist ja auch dann immer das Doppelte oder das Vierfache oder in dem Fall die Endungen sind dann/ bleiben gleich." (Interview mit L2, Turn 156)

Sie thematisiert die fachliche Gültigkeit der verbalen Argumente nicht explizit.

Ob etwas für Frau Kaiser „mathematisch" (Interview mit L2, Turn 156, 158) ist, hängt vermutlich mit der Repräsentation zusammen. Sie präferiert laut eigener Aussage solche „mathematischen" Antworten, wie die von Eric oder Arthur: „Und am besten gefällt mir [...] ich mags natürlich immer gerne mathematisch." (Interview mit L2, Turn 158). Sie drückt damit eine Präferenz für Argumente aus, die die algebraische Symbolsprache nutzen. Wenn sie selbst ein Argument für die Aussage konstruieren sollte, hätte sie es „wahrscheinlich wie Arthur gemacht" (Interview mit L2, Turn 178).

Gleichzeitig betont sie, dass sie alle Herangehensweisen „eigentlich ganz angenehm" (Interview mit L2, Turn 160) findet: „[...] es ist ja alles in dem Sinne korrekt, kommt natürlich dann/ muss man auch gucken, die beiden habens natürlich auf nem anderen Niveau gemacht." (Interview mit L2, Turn 162). Vermutlich möchte sie mit dieser Aussage über die Vorgehensweise der Schülerinnen und Schüler urteilen und ausdrücken, dass alle Lernenden korrekt vorgegangen sind, aber auf unterschiedlichen Niveaus. Dabei merkt sie aber nicht an, dass einige der Argumente fachliche Fehler haben oder nicht allgemeingültig sind. Eric und Arthurs algebraische Argumente hebt sie besonders hervor (vgl. Tabelle 5.2).

In ihrem eigenen Unterricht hätte Frau Kaiser erst einmal mit einem Beispiel begonnen, da Argumente auf „einem hohen Niveau" (Interview mit L2, Turn 168), wie Arthurs Argument, sehr abstrakt für Schülerinnen und Schüler sind. Ihre geäußerte Präferenz für „mathematische" (Interview mit L2, Turn 158) Argumente wird also vermutlich erst im Verlaufe des Unterrichts deutlich. Gleichzeitig

Tabelle 5.2 Übersicht über die Äußerungen von Frau Kaiser bezüglich der fiktiven Schüler:innen-Lösungen

Schüler:innen-Antwort	Beschreibung und Wertung	Fachliche Einordnung
Arthur	„sehr ähm allgemein", „sehr abstrakt", „hohes Niveau"	Keine explizite Aussage
Eric	„noch allgemeiner [als Arthur, FB]"; „so hätte ich nicht angefangen"	Keine explizite Aussage
Bonnie	„anhand von Beispielen"; „heuristisch"	„nur sechs Beispiele"; „kein Gegenbeispiel gefunden"
Yvonne	„mit einem Beispiel"; „mit konkreten Zahlen"	„nicht allgemeingültig"
Ceri	„nicht mathematisch"; „verbalisiert"	Keine explizite Aussage
Ducan	„okay"; „einfach gesagt"	Keine explizite Aussage
Amy	„genauso [wie Arthur, FB]"; „mit einem speziellen Beispiel"	Keine explizite Aussage

vermutet sie, dass ihre Schülerinnen und Schüler „irgendwas Abstraktes" (Interview mit L2, Turn 202) als am besten von einer Lehrperson bewertet angeben würden.

5.2.2 Prozess-Produkt Dualität von algebraischer Symbolsprache

Nach eigener Aussage verfügt Frau Kaiser insgesamt nur über keine oder wenige unterrichtliche Vorerfahrungen in Bezug auf den Umgang mit und die Nutzung von der algebraischen Symbolsprache und hat diese laut eigener Aussage noch nicht eingeführt: „Ich hab auch Terme so an sich noch nie unterrichtet." (Interview mit L2, Turn 320).

Frau Kaiser analysiert Max' Antwort (vgl. Abschnitt 4.3.1) als Beschreibung, „wie er's auch rechnen würde." (Interview mit L2, Turn 248). Laut Frau Kaiser ist Katharina „da schon einen Schritt weiter" (Interview mit L2, Turn 250), da sie erst die Summe berechnet und danach die einzelnen Summanden beschreibt. Sie konkretisiert: „[...] Max: Okay ich rechne erst das, das und das, und sie sieht den Term halt als Ganzes: Was passiert da überhaupt?" (Interview mit L2, Turn 250) und grenzt damit die Beschreibung der Rechnung (Max) von einer Beschreibung der Struktur des Terms (Katharina) ab.

In Pias Beschreibung fehlt Frau Kaiser die Fachsprache. Sie wertet die Nutzung der mathematischen Fachsprache als ein wichtiges Kriterium bei der Beschreibung eines Terms. Julius Beschreibung setzt sie der Beschreibung von Katharina gleich, also einer Beschreibung vom Term als Ganzes mit der Nutzung von Fachsprache. Lukas benutzt auch die Fachsprache, geht laut Frau Kaiser aber vor wie Max und beschreibt, wie er den Term berechnen würde. Maries Beschreibung bezeichnet sie als „noch allgemeiner" (Interview mit L2, Turn 252) im Vergleich zu Julius Beschreibung. Sie sieht die Nutzung der mathematischen Fachsprache als Kriterium, wie „allgemein" und weitreichend eine Beschreibung ist. Die Beschreibungen haben laut Frau Kaiser durch die verschiedene Nutzung der Fachsprache eine unterschiedliche Tiefe.

Bei der Antwort auf die Frage, welche Beschreibung Frau Kaiser am besten gefällt, differenziert sie zwischen Beschreibungen, die ihr in Klassenarbeiten gefallen würden, und Beschreibungen, die die Schülerinnen und Schüler gut verstehen können. In Klassenarbeiten würde sie die Beschreibung von Marie oder auch die von Katharina schön finden. Beide Beschreibungen sind eher produktorientiert und es wird die mathematische Fachsprache genutzt. Gleichzeitig wertet sie diese beiden Beschreibungen aber aufgrund der sprachlichen Darstellung als „komplizierter" (Interview mit L2, Turn 260). „Wenn man jetzt den Satz von Max den Schülern gibt, dann würden sie das besser verstehen als von Katharina, glaube ich, würden sie besser den Term aufstellen können." (Interview mit L2, Turn 264). Max Beschreibung ist prozessorientiert und mit wenig mathematischer Fachsprache. Frau Kaiser bewertet prozessorientierte, alltagssprachliche Beschreibungen also als zugänglicher für die Lernenden.

Frau Kaiser hätte am ehesten Maries Beschreibung selbst gegeben und sie formuliert: „Die Summe aus zwei Produkten." (Interview mit L2, Turn 268). Dagegen vermutet sie, dass Schülerinnen und Schüler eher eine Beschreibung ähnlich wie Max, Pia oder Lukas formulieren würden. Pias Antwort ist laut Frau Kaiser vor allem bei leistungsschwächeren Lernenden oder „wo die Fachsprache noch nicht irgendwie, (.) ja da ist" (Interview mit L2, Turn 278) zu erwarten. In Abgrenzung dazu nennt sie Katharinas, Julius' und Maries Beschreibung als die am besten von Lehrpersonen benotete Antwort aus Sicht von Schülerinnen und Schülern. „Ich denke mal schon, dass die Schüler denken: Okay, je mehr Fachbegriffe drin sind, desto besser wirds benotet." (Interview mit L2, Turn 286).

Nach dem kurzen Input zur Prozess-Produkt Dualität seitens der Interviewerin verdeutlicht Frau Kaiser die zwei Sichtweisen an den fiktiven Beschreibungen der

Terme der Schülerinnen und Schüler. Laut Frau Kaiser entspricht Max' Beschreibung der operationalen Sicht und Katharinas oder auch Julius' Beschreibung stellt einen Bauplan dar. Sie grenzt hier also deutlich zwischen einer Beschreibung der Rechnung gegenüber der Beschreibung der Struktur von einem Term ab. Sie vermutet, dass die Beschreibung in der fünften Klasse eher wie die von Pia sein würden, also ohne Fachsprache (außer es wurde gerade die mathematische Fachsprache im Unterricht thematisiert). Auch würden ihre Schülerinnen und Schüler im Jahrgang 5 Terme im Sinne der Vorgehensweise bei der Berechnung beschreiben. Die Lernenden würden „das so beschreiben, wie sies auch rechnen würden: Erst nehm' ich das und dann das, als dass sie das dann als Bauplan sehen." (Interview mit L2, Turn 312). Eine Sicht im Sinne vom Bauplan der Termstruktur hat sie bei diesen Schülerinnen und Schülern dagegen noch nicht wahrgenommen. In höheren Klassen kommt es wiederum auf die Schülerinnen und Schüler an: „[…] in der Tat, also da seh' ich durchweg auch immer alle Varianten." (Interview mit L2, Turn 316). Dabei schränkt sie ein, dass Beschreibungen in der Art von Julius und Katharina eher selten sind. Sie ist also der Meinung, dass in höheren Klassenstufen sowohl prozessorientierte als auch produktorientierte Sichtweisen auf Terme anzutreffen sind, wohingegen in niedrigeren Klassenstufen zunächst größtenteils prozessorientierte Interpretationen genutzt werden.

Frau Kaiser stellt in ihren Ausführungen zur Prozess-Produkt Dualität keinen konkreten Rückbezug zum mathematischen Argumentieren her.

Laut Frau Kaiser könnte man die Schülerinnen und Schüler noch stärker auf die Prozess-Produkt Dualität aufmerksam machen, indem man diese Dualität direkt durch Aufgaben thematisiert:

> „Das man den auch wirklich so [...] einen Term gibt und sagt: So ähm beschreib mal, [...] wie rechnest du das, das ist ja dann die eine Frage und dann auch sagen: [...] Bilde einen Satz, indem du sagst, was in diesem Term passiert, [...] was da steht, genau. Das man da einen bisschen unterscheidet." (Interview mit L2, Turn 324)

Man könnte also verschiedene Beschreibungen von Termen direkt gegenüberstellen und die Schülerinnen und Schüler anschließend zu weiteren Termen eigene Beschreibungen formulieren lassen. Dabei könnten Satzbausteine die Schülerinnen und Schüler bei ihren Formulierungen unterstützen.

5.3   Vorstellungen von Herrn Peters (L3)

Für Herrn Peters ist beim mathematischen Argumentieren entscheidend, dass mathematische Ideen glaubhaft und überzeugend kommuniziert werden. Dabei erwartet er die Einhaltung sozialer Regeln sowie inhaltliche Korrektheit und Eindeutigkeit von Äußerungen. Auch die Nutzung von mathematischer Fachsprache ist für ihn ab einem gewissen Punkt unumgänglich. Herr Peters hat während des Interviews teilweise Schwierigkeiten aus fachlicher Sicht richtige mathematische Argumente zu erkennen.

In Bezug auf die Prozess-Produkt Dualität von algebraischer Symbolsprache unterscheidet Herr Peters klar zwischen einer prozessorientierten Beschreibung des Rechenwegs und einer produktorientierten Beschreibung des Terms, wobei er dabei weniger auf die Nutzung der Fachsprache, sondern eher auf die inhaltlichen Unterschiede zwischen den Beschreibungen, also die „unterschiedlichen Herangehensweisen" (Interview mit L3, Turn 208), fokussiert. Gleichzeitig betont er, dass alle Herangehensweisen mathematisch korrekt sind. Im Unterricht könnte man die Lernenden direkt mit den unterschiedlichen Sichtweisen konfrontieren, um sie dafür zu sensibilisieren. Laut Herrn Peters werden in niedrigen Klassenstufen Rechenwege als Grundlage zum Erfassen der Struktur fokussiert, wohingegen in höheren Klassenstufen Strukturen und das Ziehen von Schlüssen aus den Strukturen in den Fokus treten.

5.3.1   Mathematisches Argumentieren

Mathematisches Argumentieren spielt in Herrn Peters Unterricht laut eigner Aussage in allen Themenbereichen der Mathematik eine Rolle. Durch mathematisches Argumentieren soll Verständnis erzeugt werden: „[…] ich verstehe nur etwas und ich akzeptiere auch nur etwas, wenn ich es argumentativ (.) begründen kann. Ähm nur dann wird es ja greifbar." (Interview mit L3, Turn 96). Mathematisches Argumentieren ist also eine Grundlage für erfolgreiches Lernen und kann Schülerinnen und Schüler unterstützen (vgl. Kapitel 1 und 2.2).

Er verdeutlicht, was er konkret meint, anhand der Addition von eins plus eins und einem lebensweltlichen Beispiel:

> „Wenn ich sage, ja okay (.) eins plus eins ist zwei (.) dann kann ich natürlich mich ganz weit davon distanzieren und einfach sagen ja okay, das ist so. Eins plus eins ist zwei. [...] Okay. Aber wenn ich sage, okay, ich habe einen Apfel und ich habe

noch einen Apfel, dann habe ich ja schon mal irgendwie eine Verbindung dazu hergestellt ähm zu diesen abstrakten Zahlen. So und alleine das/ da könnte man ja schon sagen, okay damit fängt man schon an zu argumentieren über realweltliche Phänomene, die man kennt, kann ich argumentieren, das ist offensichtlich ein Strich und noch ein Strich sind zwei Striche zusammen, das kann ich auch kürzer aufschreiben und darum sieht das jetzt so aus. Da kann ich ja schon ein Argument finden, oder Argumente finden, um das so zu machen." (Interview mit L3, Turn 98)

Argumentieren spielt also auch bei der Thematisierung von „realweltlichen Phänomen" (Interview mit L3, Turn 98) eine Rolle. Dabei benutzt er nicht das Wort „mathematisches" Argumentieren. Diese Aussage kann also allgemeiner in Bezug auf das Argumentieren, auch in anderen Fächern beziehungsweise im Alltag, aufgefasst werden.

Herr Peters würde seinen Schülerinnen und Schülern mathematisches Argumentieren wie folgt erklären:

„[...] wenn du einem deiner Mitschüler (..) etwas aus dem Mathematikunterricht erklären möchtest. Dann machst du das ja so, dass [...] dein Mitschüler das versteht und das er dir glaubt. Wie schaffst du das denn, dass er dir glaubt? Was machst du dafür? (..) Und diese Mittel und Wege, die du nutzt, damit dein Mitschüler dir glaubt, dass das, was du sagst, kein Quatsch ist oder, dass du dir das gerade ausgedacht hast. Das ist mathematisches Argumentieren." (Interview mit L3, Turn 102)

Er fokussiert bei seiner Erklärung also darauf, wie man etwas glaubhaft erklären kann. Das kennzeichnet mathematisches Argumentieren für ihn. Dabei spricht er nicht über den Inhalt der Argumente, sondern benennt lediglich „etwas aus dem Mathematikunterricht" (Interview mit L3, Turn 102). Er fasst mathematisches Argumentieren also eher weit im Gegensatz zu Frau Petrow.

Als Voraussetzung für die Teilhabe an mathematischen Argumentationen benennt er einerseits die Motivation der Lernenden sowie mathematisches Vorwissen. „Die Grundvoraussetzung ist schon mal Motivation." (Interview mit L3, Turn 104). Diese Grundvoraussetzung muss aber laut Herrn Peters zunächst durch die Lehrkraft geschaffen werden. Vor allem, weil es ein Spiralcurriculum gibt und Inhalte aufeinander aufbauen, ist mathematisches Vorwissen nach Herrn Peters entscheidend, damit man an mathematischen Argumentationen partizipieren kann. Als Beispiel benennt er, dass man nicht verstehen kann, was eine periodische Funktion ist, wenn man nicht weiß, was überhaupt eine Funktion ist. Dieses Phänomen ist laut Herrn Peters auch in anderen Schulfächern zu finden. Er stellt dabei keinen konkreten Rückbezug zum mathematischen Argumentieren her, sondern beschreibt die Bedeutung von Vorwissen allgemein.

Auch hat Herr Peters klar Vorstellungen bezüglich der Rollen beim mathematischen Argumentieren: „Ich werf Probleme auf, die Schüler haben sie zu lösen." (Interview mit L3, Turn 110). Er sieht sich also in der Position, die Aufgaben zu stellen, während die Schülerinnen und Schüler diese anschließend selbstständig bearbeiten und lösen sollen.

Beim mathematischen Argumentieren erwartet Herr Peters von seinen Schülerinnen und Schülern zu Beginn nicht, dass sie die mathematische Fachsprache nutzen: „Am Anfang ist es mir nur wichtig, dass ein Schüler mir etwas erklärt in seiner Sprache, am Ende des Prozesses soll er mir das professionell anhand der Sprache erklären können, die wir jetzt gemeinsam erarbeitet haben." (Interview mit L3, Turn 114). Inhalte sind ihm also zunächst wichtiger als die Nutzung der Fachsprache. Die Nutzung der Fachsprache gewinnt im Lernprozess immer mehr an Bedeutung. Besonders wichtig ist für ihn auch die Eindeutigkeit von Aussagen der Schülerinnen und Schüler beim mathematischen Argumentieren. „[…] wenn die Schüler nicht eindeutig antworten, kann ich die Botschaft verfälschen und das mache ich dann auch." (Interview mit L3, Turn 116). Er erwartet also eindeutige Aussagen, andernfalls verändert er die Aussagen der Lernenden bewusst, sodass sie abweichen von der vermutlich intendierten Bedeutung, um die Lernenden aufmerksam und sensibel zu machen. Es werden somit präzise Aussagen in seinem Unterricht eingefordert. Auch ist ihm der sprachliche Ausdruck in einem ganzen, vollständigen Satz wichtig beim mathematischen Argumentieren. Die Einhaltung von sozialen Regeln ist für Herrn Peters ebenfalls „super wichtig" (Interview mit L3, Turn 128).

Laut Herrn Peters können sich mathematische Argumente anhand ihrer Darstellung, also ihrer Repräsentation, unterscheiden. Auch der Grad der Verallgemeinerung kann unterschiedlich sein. In niedrigen Klassenstufen verbleibt man zunächst bei Beispielen, während es im Laufe der Zeit zu einer Verallgemeinerung übergehen sollte. Hinsichtlich der Prozess-Produkt Dualität von mathematischen Objekten differenziert er also zwischen einer beispielhaften Vorgehensweise, die in der Regel prozessorientiert ist, und einem verallgemeinernden Vorgehen, welches größtenteils produktorientiert ist. Dabei spricht er diese Dualität aber nur implizit an.

Herr Peters unterscheidet die fiktiven Argumente (vgl. Abschnitt 4.3.1) hinsichtlich der Vorgehensweise der Schülerinnen und Schüler (beispielhaft oder verallgemeinernd) und hinsichtlich der sprachlichen Ausdrucksweise.

Er beschreibt Arthurs algebraisches Argument als mehr, „als eigentlich gefordert ist" (Interview mit L3, Turn 156), und „nicht das, was gefragt ist" (Interview mit L3, Turn 168), da in Arthurs Antwort etwas von ganzen Zahlen steht:

„Ähm, die Antwort von Arthur, da bin ich jetzt eben nochmal über den Begriff gerade gestolpert, weil Arthur nicht mit geraden Zahlen argumentiert, sondern er argumentiert mit ganzen Zahlen ähm. Ja, das heißt am Ende weist er hier sogar mehr nach/ also er setzt eine gewisse Sache voraus, aber er versucht dann sogar mehr zu zeigen als eigentlich gefordert ist." (Interview mit L3, Turn 156)

Arthurs Antwort ist nicht zu abstrakt: „Der versuchts deutlich zu machen und trotzdem allgemein zu halten und kurz zu halten." (Interview mit L3, Turn 162). Das algebraische Argument von Eric beschreibt er als „Kombination von ausformuliert" (Interview mit L3, Turn 160) und formalisiert. Laut Herrn Peters macht Eric es sich leicht, indem er eine Abstraktionsebene wählt, „wo nicht unbedingt jeder direkt hinterherkommen würde" (Interview mit L3, Turn 162). Erics algebraisches Argument wertet er als fachlich korrekt. Aus fachlicher Sicht ist Erics Argument nicht korrekt, wohingegen Arthurs Argument korrekt ist. Herr Peters schätzt die algebraischen Argumente also während des Interviews nicht richtig ein. Im Anschluss an die Interviews hat er die Interviewerin noch einmal kontaktiert, da ihm bei einer Reflexion aufgefallen ist, dass er den Fehler von Eric übersehen hat. Herrn Peters ist also bei genauerer Betrachtung bewusst, dass Erics Argument fehlerhaft ist.

Bonnies Zahlenbeispiele sind für Herrn Peters „weniger abstrakt" (Interview mit L3, Turn 162) und die Sprache ist klarer als die von Eric. Laut Herrn Peters hat Bonnie versucht „anhand verschiedener Beispiele nachzuweisen, ähm dass die Behauptung wahr ist" (Interview mit L3, Turn 146). Herr Peters vergleicht Amys generisches Beispiel mit den Zahlenbeispielen von Bonnie, da beide mit Beispielen argumentieren, um die Aussage zu begründen. Amy hat es zwar „etwas komplexer gemacht" (Interview mit L3, Turn 146) und gezeigt, dass sie Rechengesetze gelernt hat, dennoch ist sowohl Bonnies als auch Amys Antwort laut Herrn Peters nur ein Beispiel. Fachlich sind die beiden Argumente daher keine gültigen Beweise und es „fallen die Beispiele raus" (Interview mit L3, Turn 166). Eine Verallgemeinerung ist laut Herrn Peters sowohl bei Bonnie als auch bei Amy „nicht direkt erkennbar" (Interview mit L3, Turn 152). Er sieht also keine spezifische Struktur in Amys generischem Beispiel.

Anders ist das hingegen bei Yvonnes Punktemuster:

„Bei Yvonne könnte man noch darüber streiten, dass das ja auch nur ein Beispiel ist [...] allerdings durch die visuelle Darstellung, vermute ich mal, dass da schon eine Verallgemeinerung (.) sehr nahe liegt, sagen wir es mal so, näher als bei Bonnie und bei Amy, [...] also wo eine Verallgemeinerung aus meiner Sicht schwierig ist und nicht direkt erkennbar ist. Bei Yvonnes Antwort ist jedoch die Verallgemeinerung sehr sehr nahe, glaube ich, an Yvonne. Ähm auch wenns für die Aussage nicht ausreichen würde." (Interview mit L3, Turn 150–152)

Für Herrn Peters hat das Punktemuster von Yvonne also einen Mehrwert gegenüber Bonnies Zahlenbeispielen und Amys generischem Beispiel. Bei Yvonnes Punktemuster muss man laut Herrn Peters noch Ergänzungen mit algebraischer Symbolsprache vornehmen, damit es fachlich korrekt ist: „Da müsste man noch dran schreiben, das eine ist n, das andere ist m und das andere ist n plus m oder was auch immer." (Interview mit L3, Turn 166). Dennoch benennt er Yvonnes Antwort als „am schönsten" (Interview mit L3, Turn 158).

Ceris' verbales Argument verbindet Herr Peters mit Arthurs algebraischem Argument, da es für ihn die gleiche Antwort ist nur „ausformuliert" (Interview mit L3, Turn 154). Dennoch hätte er „sprachlich ein Problem" (Interview mit L3, Turn 166) mit dem Wort „gemeinsamen" in Ceris' Antwort aufgrund der Formulierung und würde die Antwort daher umformulieren (Interview mit L3, Turn 168). Als Argument würde er Ceris' Antwort „an sich wahrscheinlich akzeptieren, weil, wie gesagt, es ist letztlich die gleiche Lösung, wie auch bei Arthur." (Interview mit L3, Turn 168). Dabei thematisiert er aber nicht, dass Arthurs Lösung laut seiner Aussage nicht das ist, was gefragt ist.

Ducans verbales Argument ist für ihn, wie Bonnies und Amys Antwort, nur ein Beispiel, daher „fällt Ducan raus" (Interview mit L3, Turn 166) als fachlich korrektes Argument (vgl. Tabelle 5.3).

Er selbst hätte Arthurs algebraische Antwort gegeben, da er „durchs Studium vorgeprägt" (Interview mit L3, Turn 158) sei, obgleich er betont, dass er Yvonnes Lösung mit dem Punktemuster „am schönsten" (Interview mit L3, Turn 158) findet. Auch hier kommt er nicht auf seine Einschätzung zurück, dass Arthurs algebraisches Argument mehr zeige als eigentlich gefordert ist. Bei seinen Schülerinnen und Schülern würde er dagegen Antworten mit Beispielen, wie die von Bonnie, oder auch Verallgemeinerungsversuche erwarten: „Aber ich würde vermuten, dass es irgendwie so eine Mischung aus a, b, c, Arthur, Bonnie und Ceris, dass es irgendwie daraus eine Mischung wird. Ich glaube nicht, dass sie den visuellen Weg gehen werden." (Interview mit L3, Turn 178). Dagegen glaubt er, dass die Schülerinnen und Schüler Arthurs und Erics algebraische Argumente als am besten von der Lehrperson bewertet wahrnehmen.

Tabelle 5.3 Übersicht über die Äußerungen von Herrn Peters bezüglich der fiktiven Schüler:innen-Lösungen

Schüler:innen-Antwort	Beschreibung und Wertung	Fachliche Einordnung
Arthur	„er versucht dann sogar mehr zu zeigen als eigentlich gefordert ist"	„nicht das, was gefragt ist"
Eric	„Abstraktionsebene, […] wo nicht unbedingt jeder direkt hinterher kommen würde"	„das geht auch"
Bonnie	„anhand verschiedener Beispiele nachzuweisen, ähm dass die Behauptung wahr ist"; „klarere" Sprache im Vergleich zu Eric	„fällt raus"
Yvonne	„am schönsten"	„für die Aussage nicht ausreichend"
Ceri	Wie Arthur nur „ausformuliert"; „sprachlich ein Problem"	„an sich wahrscheinlich akzeptieren"
Ducan	Keine explizite Aussage	„fällt raus"
Amy	„etwas komplexer [als Bonnie, FB]"; „nur ein Beispiel"	„fällt raus"

5.3.2 Prozess-Produkt Dualität von algebraischer Symbolsprache

Herr Peters betont, dass er, wenn möglich, in seinem Unterricht die mathematische Fachsprache und Fachbegriffe nutzt. In seiner Klasse hat er bereits thematisiert, dass man, wenn man mit Termen rechnet, die Rechengesetze und „Vorfahrtsregeln" (Interview mit L3, Turn 200) anwenden muss. Kettenrechnungen sind nicht richtig, da beide Seiten gleichwertig sein müssen, wenn man ein Gleichheitszeichen nutzt.

In den fiktiven Beschreibungen der Terme von den Schülerinnen und Schülern (vgl. Abschnitt 4.3.1) sieht er „unterschiedliche Herangehensweisen" (Interview mit L3, Turn 208). Er beschreibt, dass „Max versucht die Vorfahrtsregeln anzuwenden" (Interview mit L3, Turn 208) und die Reihenfolge der Rechnung beschreibt, während Katharina den Term beschreibt. Beide Herangehensweisen sind laut Herrn Peters korrekt: „Inhaltlich ist aber beides richtig." (Interview mit

L3, Turn 208). Er betont immer wieder, dass durch die verschiedenen Beschreibungen unterschiedliche Verständnisse der Lernenden ausgedrückt werden. Dabei stellt er Pias und Julius Beschreibung des Terms gegenüber:

> „Also Pia versucht da eine Rechenoperation deutlich zu machen. Zweimal a und zweimal b und dann zusammen. Und äh Julius hm (überlegend) hat dieses mal zwei anders verknüpft beziehungsweise nimmt da eher so einen realweltlichen Bezug. Ich nehme das Doppelte davon, kann natürlich auch sein, dass er nur die Rechnung beschreiben möchte. Allerdings ist da aus meiner Sicht schon ein anderes Verständnis irgendwie davon da, was hier passiert. Das Doppelte von a und das Doppelte von b. Ist für mich was anderes als die Rechenoperation. Das eine ist schon das Ergebnis, so." (Interview mit L3, Turn 212)

Pias Beschreibung verbindet er also mit der Rechenoperation, während er Lukas' Beschreibung eher mit dem Ergebnis verknüpft. Herr Peters verdeutlich damit die Abgrenzung zwischen der prozess- und produktorientierten Sichtweise, die in den verschiedenen Beschreibungen deutlich werden soll. Er unterscheidet im Verlauf des Interviews immer wieder zwischen einer Beschreibung des Terms und einer Beschreibung der Rechnung. Herr Peters erläutert diesen Unterschied auch in Bezug auf die fiktiven Beschreibungen der Terme: „Pia und Lukas beschreiben die Rechnung, […] doch Julius und Marie beschreiben den Term." (Interview mit L3, Turn 212). Er spricht während der Erörterung der fiktiven Beschreibungen der Terme aber nicht über die Ausdrucksweise der Lernenden in Bezug auf die Nutzung der mathematischen Fachsprache. Einerseits könnte das damit begründet sein, dass die unterschiedliche Nutzung der mathematischen Fachsprache für ihn offensichtlich ist, andererseits wäre es auch möglich, dass er zunächst nur auf den inhaltlichen Gehalt der Äußerungen fokussiert.

Ihm gefällt Julius' Beschreibung von dem Term am besten. Julius' Antwort hat er zuvor als Beschreibung des Ergebnisses benannt. Welche Beschreibung er am ehesten gegeben hätte, möchte Herr Peters nicht beantworten, da er „jetzt beeinflusst" (Interview mit L3, Turn 218) wäre: „Ich würde jetzt versuchen da irgendwie eine schöne Kombination zu bauen" (Interview mit L3, Turn 218). Er vermutet, dass die meisten Schülerinnen und Schüler den Term ähnlich wie Lukas oder Julius beschreiben würden. Damit wählt Herr Peters sowohl eine eher prozessorientierte Antwort von Lukas als auch eine eher produktorientierte Beschreibung von Julius. Beide Antworten verbindet, dass die mathematische Fachsprache genutzt wird. Diese Wahl passt zu seiner Ansicht, dass es unterschiedliche Sichtweisen gibt.

Die am besten von Lehrpersonen benotete Antwort aus Sicht von Schülerinnen und Schülern hängt laut Herrn Peters davon ab, wie „clever" und „vorgebildet"

(Interview mit L3, Turn 226) die Schülerinnen und Schüler sind: „diese Antwort, die Marie da gibt: Die Summe des Produktes von zwei und a und von zwei und b. Da sind natürlich mehr Fachbegriffe drin. Das kann man natürlich dann als (.) äh vorbildlich beurteilen." (Interview mit L3, Turn 226) Gleichzeitig vermutet er, dass bei den Beschreibungen von Termen weniger Differenzen durch die Lernenden wahrgenommen werden im Vergleich zu den zuvor besprochenen mathematischen Argumenten. Er folgert daher: „Wahrscheinlich würden einige sagen Marie, aber ich könnte mir auch vorstellen, dass die Eleganz von Julius durchaus einigen zusagt." (Interview mit L3, Turn 230). Erst in Bezug auf diese Frage benennt er konkret die unterschiedliche Anzahl an Fachbegriffen in den Beschreibungen der Terme und geht dabei davon aus, dass die Nutzung von mathematischen Fachbegriffen als „vorbildlich" (Interview mit L3, Turn 226) von den Lernenden beurteilt wird.

Nach dem kurzen Input zur Prozess-Produkt Dualität seitens der Interviewerin äußert Herr Peters in Bezug auf seinen eigenen Unterricht:

> „[...] wenn man eine Formel gibt. Was weiß ich, die Formel zur Berechnung des Kreises. [...] da würde ich sagen, sind wir eindeutig bei dieser ähm strukturellen Geschichte, das wir sagen, okay wir wollen den [...] Flächeninhalt haben, dafür gibts diese Formel. Die Struktur ist schon da, nehme ich, um zu einem Ergebnis zu kommen. Und diese Vorgehensweise, dass der Term der Weg ist (4 sek) den nehme ich, glaube ich, manchmal in Begründungen wahr. Also manchmal begründen Schüler Formeln damit, doch das stimmt schon. Doch. Ja, kommt vor. Aber ich glaube der Schwerpunkt liegt ab einem gewissen Punkt auf dem reinen Satz äh von Formel."
> (Interview mit L3, Turn 244–246)

Er unterscheidet zwischen der Struktur, die beispielsweise in der Formel zur Berechnung des Flächeninhalts von einem Kreis ausgedrückt wird, und der Vorgehensweise bei der Rechnung, worüber Lernende beispielsweise Formeln begründen. Er stellt also eine direkte Verbindung zum mathematischen Argumentieren her. Außerdem beschreibt er, dass in niedrigen Klassenstufen der Fokus darauf liegt „den Weg kennenzulernen und überhaupt die Struktur ja sich zu erarbeiten." (Interview mit L3, Turn 250). Man muss zunächst verstehen, wie ein Term „funktioniert" (Interview mit L3, Turn 250), um später weitere Schlüsse daraus ziehen zu können. Dagegen gilt: „[...] in den höheren Jahrgängen, ist es weniger von Bedeutung den Weg nachzuvollziehen, also den Term selbst nachzuvollziehen. Ähm weil da ist der Term schon einmal nachvollzogen worden und da geht es dann um die Struktur." (Interview mit L3, Turn 250). Laut Herrn Peters wird also aufgebaut auf das Verständnis vom Rechenweg, um dann weiterreichende Schlüsse in Verbindung mit der Termstruktur ziehen zu können. Hier werden die zuvor als „unterschiedliche Herangehensweisen" (Interview mit L3, Turn 208) oder „anderes Verständnis" (Interview mit L3, Turn 212) benannten Sichtweisen also als eine Art von Stufung aufgefasst (zumindest in Bezug auf den Lerninhalt). Vermutlich bezieht er sich hier erneut auf das Prinzip vom Spiralcurriculum, wie auch schon bei seinen Äußerungen in Bezug auf das mathematische Argumentieren. Auch stellt er im Interview den Bezug zu anderen Fächern her:

> „Und später in den höheren Jahrgängen, ist das so, dass die Schüler nicht nur in Mathe, sondern auch in anderen Fächern, viel stärker damit konfrontiert sind, dass sie auf einmal komplexe Zusammenhänge dann ja effizient bearbeiten müssen und da dann nicht mehr den Weg brauchen, sondern die Lösung brauchen, die Antwort brauchen." (Interview mit L3, Turn 250)

In Bezug auf die Frage, wie man die Schülerinnen und Schüler noch stärker auf die Prozess-Produkt Dualität aufmerksam machen und unterstützen könnte, äußert Herr Peters zunächst, dass er keine Unterrichtsstunde in Bezug auf die Dualität von Termen machen würde. Diese zwei „Vorstellungsweisen" können aber im Unterricht „aufeinander geprallt" (Interview mit L3, Turn 258) sein, weshalb es entscheidend ist, dass Lehrkräfte diese „Vorstellungsweisen" kennen. Man sollte sich daher als Lehrkraft die verschiedenen „Vorstellungsweisen" in der Unterrichtsvorbereitung bewusst machen und könnte die Lernenden direkt damit konfrontieren: „Okay, wo ist denn der Unterschied? Ist das eine richtig, oder ist das nicht richtig? Wenn ja, warum? Wenn nein, warum nicht?" (Interview mit L3, Turn 260). Er würde die (Be-)Deutung also im Gespräch gemeinsam aushandeln.

5.4   Vergleich zwischen den Lehrkräften

Im folgenden Kapitel werden die Vorstellungen der Lehrkräfte zum mathematischen Argumentieren (Abschnitt 5.4.1) und zur Prozess-Produkt Dualität von algebraischer Symbolsprache (Abschnitt 5.4.2) miteinander verglichen. Die Ergebnisse sind in zwei Themenmatrizen zusammengefasst (Tabelle 5.4 und Tabelle 5.5).

5.4.1   Mathematisches Argumentieren

Die Vorstellungen der drei Lehrkräfte zum mathematischen Argumentieren sind unterschiedlich (vgl. Tabelle 5.4). Eine der wenigen Gemeinsamkeiten ist, dass laut der Lehrkräfte mathematisches Argumentieren in allen Themenbereichen der Mathematik relevant ist. Auch wird ihnen zufolge mathematisches Argumentieren genutzt, um ein inhaltliches Verständnis bei den Lernenden zu erzeugen, beziehungsweise um mathematische Inhalte zu präsentieren oder abzufragen. Welche Tätigkeiten die Lehrkräfte dabei wiederum konkret meinen, ist je nach Lehrkraft verschieden.

Frau Petrow fokussiert bei ihren Ausführungen auf logische Verkettungen und die Einhaltung von formalen Regeln. Dabei ist für sie aber auch die Sprache relevant. Das heißt, dass diese logischen Verkettungen nicht zwingend in algebraischer Symbolsprache präsentiert werden, sondern eher allgemein auf einer sprachlichen Ebene. Auch nach Frau Kaiser wird beim mathematischen Argumentieren viel gesprochen. Dabei geht es aber, im Gegensatz zu den Ausführungen von Frau Petrow, um das Erklären von Lösungswegen und damit auch um die Kompetenz, anderen Lernenden etwas zu erklären. Logische Verkettungen spricht Frau Kaiser nicht an. Ähnlich ist das Verständnis von Herrn Peters, wobei dieser mehr auf das Erklären von mathematischen Inhalten oder das Argumentieren in Bezug auf „realweltliche Phänome" (Interview mit L3, Turn 98) fokussiert als auf das Erklären von Lösungswegen.

Zusätzlich benennt Frau Petrow als eine besondere Eigenschaft der Mathematik, dass es keine Ausnahmen gibt und daher nur allgemeingültige Aussagen genutzt werden dürfen. Die anderen beiden Lehrkräfte sprechen nicht über solche Anforderungen in Hinblick auf die „Erklärungen" von Schülerinnen und Schülern.

Die mathematische Fachsprache wird vor allem von Herrn Peters und Frau Kaiser als wichtig für das mathematische Argumentieren aufgefasst (vgl. Tabelle 5.4). Obwohl bei Frau Petrow auch sprachliche Aspekte relevant sind, thematisiert sie die Nutzung der Fachsprache in mathematischen Argumentationen nicht explizit. Für Frau Petrow ist das inhaltliche Lernen beim mathematischen Argumentieren entscheidend. Frau Petrow möchte, dass die Lernenden „einen tieferen Einblick in die Struktur der Mathematik" (Interview mit L1, Turn 80) erlangen. Auch fokussiert Herr Peters laut eigener Aussage, vor allem bei der Einführung vom mathematischen Argumentieren, zunächst den Inhalt der mathematischen Argumentationen und die Eindeutigkeit von Äußerungen von Schülerinnen und Schülern. Frau Kaiser äußert hingegen keine Erwartungen in Bezug auf den fachlichen Inhalt der mathematischen Argumentationen.

Während Frau Petrow die Einhaltung von logischen, formalen Regeln beim mathematischen Argumentieren erwartet, wird von den anderen beiden Lehrkräften die Einhaltung von sozialen Regeln verlangt. Auch dieser Aspekt verdeutlicht eine eher formale Sichtweise von Frau Petrow auf das mathematische Argumentieren gegenüber der eher weiten, kommunikativen Sichtweise von Herrn Peters und Frau Kaiser.

Schlussfolgern würde man aus den Äußerungen von Frau Petrow, dass sie mathematisches (Vor-)Wissen als eine Voraussetzung für die Teilhabe an mathematischen Argumentationen benennt. Dies tut sie aber nicht. Mathematisches (Vor-)Wissen wird nur von Herrn Peters und Frau Kaiser als notwendiges Vorwissen benannt (vgl. Tabelle 5.4). Frau Petrow fokussiert dagegen eher auf das Beherrschen der Sprache als eine entscheidende Voraussetzung für die Teilhabe an mathematischen Argumentationen. Auch Frau Kaiser sieht das Beherrschen von Sprache, und speziell mathematischer Fachsprache, als eine Voraussetzung für die Teilnahme an mathematischen Argumentationen. Zusätzlich benennt Herr Peters die Motivation der Lernenden als eine Gelingensbedingung für mathematische Argumentationen.

Einig sind sich die Lehrkräfte, dass sich mathematische Argumentationen im Mathematikunterricht unterscheiden können (vgl. Tabelle 5.4). Alle drei Lehrkräfte differenzieren hinsichtlich der Tiefe beziehungsweise dem Grad der Verallgemeinerung von Argumenten. Auch werden Abgrenzungen bezüglich der Nutzung von (Fach-)Sprache getroffen. Von Herrn Peters wird zusätzlich die Repräsentation von mathematischen Argumenten unterschieden, worauf die zwei anderen Lehrkräfte in ihren Ausführungen weniger fokussieren.

Alle drei Lehrkräfte sehen Verbindungen zwischen den einzelnen fiktiven Schüler:innen-Lösungen (vgl. Tabelle 5.4). Frau Petrow verbindet Arthurs algebraisches Argument sowohl mit Yvonnes Punktemuster als auch mit Ceris' verbalem Argument. Einerseits kann man Yvonnes Punktemuster zu Arthurs Argument formalisieren, andererseits kann man Arthurs Argument in Form von Ceris' Antwort verbalisieren. Auch Herr Peters verbindet Arthurs Argument in dieser Form mit Ceris' Antwort. Yvonnes Punktemuster zählt er wiederum nur als Beispiel, ohne eine Beziehung zu Arthurs Argument zu beschreiben. Frau Kaiser setzt dagegen Arthurs algebraisches Argument mit dem generischen Beispiel von Amy in Beziehung, da es ähnliche „Gedankenschritte" (Interview mit L2, Turn 186) gebe und Amys Argument wie Arthurs Antwort sei, eben „nur mit einem speziellen Beispiel" (Interview mit L2, Turn 156). Anders als Herr Peters erkennt Frau Kaiser eine ähnliche mathematische Struktur zwischen Arthurs und Erics und Amys Argument.

Die drei Lehrkräfte fokussieren hier also auf verschiedene Aspekte. Frau Petrow unterscheidet verschiedene Darstellungsformen und wie man Arthurs algebraisches Argument übersetzen kann. Ähnlich geht Herr Peters vor. Er berücksichtigt Yvonnes Punktemuster aber nicht als Übersetzung, da er es nur als

Beispiel deutet. Frau Kaiser fokussiert dagegen auf die mathematische Struktur in den Argumenten und die Ausdrucksweise. Sowohl bei Arthurs algebraischem Argument als auch bei Amys generischem Beispiel erfolgen Umformungen auf symbolischer Ebene.

Hinsichtlich der Darstellungsform sind laut Frau Petrow sowohl Bonnies Zahlenbeispiele als auch Erics algebraisches Argument auf der symbolischen Ebene. Herr Peters grenzt dagegen Bonnies und Erics Antwort hinsichtlich der Sprache voneinander ab, da die Sprache bei Bonnie „klarer" (Interview mit L3, Turn 162) ist. Bonnies Zahlenbeispiel setzt Herr Peters gleichzeitig mit Amys generischem Beispiel in Verbindung, da es sich bei beiden Antworten laut ihm nur um Beispiele handelt. Er erkennt zwar an, dass Amys Antwort „etwas komplexer" (Interview mit L1, Turn 146) ist, dennoch aber nur ein Beispiel. Ebenfalls ist Yvonnes Punktemuster laut Herrn Peters nur ein Beispiel, welches aber näher an einer Verallgemeinerung liegt. Frau Kaiser setzt dagegen Bonnies Zahlenbeispiele und Yvonnes Punktemuster auf dieselbe Stufe.

Die Lehrkräfte sind sich also nicht einig, welche Argumente nur Beispiele sind und welche eine Verallgemeinerung nahelegen. Die ausgedrückte mathematische Struktur in den Argumenten der Schülerinnen und Schüler wird nicht einheitlich durch die Lehrkräfte wahrgenommen. Auch gruppieren sie die verschiedenen Argumente auf unterschiedliche Weise, je nachdem, ob die Argumente für sie mathematische Strukturen verdeutlichen oder nur Beispiele sind.

Die Lehrkräfte schätzen ihre Schülerinnen und Schüler unterschiedlich in Bezug auf die durch Lehrkräfte am besten bewertete Antwort ein. Frau Kaiser und Herr Peters sind sich einig, dass ihre Schülerinnen und Schüler vermutlich ein algebraisches Argument wählen würden, da Argumente dieser Form abstrakt sind. Das stimmt aber mit den Erwartungen, die sie zuvor an die Schülerinnen und Schüler gestellt haben, nur bedingt überein. Frau Petrow vermutet dagegen, dass ihre Schülerinnen und Schüler ein verbales Argument geben würden, da laut ihrer Ansicht der eigene Unterricht entscheidend ist. Das verdeutlicht erneut ihre Vorstellung, dass Sprache sehr bedeutsam beim mathematischen Argumentieren ist.

Sowohl Herr Peters als auch Frau Kaiser hätten laut eigener Aussage ein algebraisches Argument, wie das von Arthur, gegeben. Dabei schränkt Herr Peters aber direkt ein und äußert, dass er Yvonnes Punktemuster am schönsten findet. Frau Kaiser hat beschrieben, dass sie im Unterricht mit Beispielen beginnen würde, da Argumente auf algebraischer Ebene noch zu abstrakt für ihre Schülerinnen und Schüler sind. Frau Petrow würde wiederum mit Yvonnes Punktemuster starten, dieses in Arthurs Antwort übersetzen (also formalisieren), um es anschließend zu verbalisieren, wie Ceris' Antwort.

Tabelle 5.4 Themenmatrix zur Hauptkategorie „Mathematisches Argumentieren"

	Themenorientierte Zusammenfassung	L1 – Frau Petrow	L2 – Frau Kaiser	L3 – Herr Peters
Allgemeines zum mathematischen Argumentieren	Mathematisches Argumentieren ist in allen Themenbereichen relevant. Dabei kann es inhaltlich, beim Argumentieren mit realweltlichen Problemen oder beim Präsentieren genutzt werden, wie auch um Verständnis zu erzeugen.	• In allen Themenbereichen relevant • Math. Argumentieren wird inhaltlich genutzt	• Beim Präsentieren wird math. argumentiert	• In allen Themenbereichen relevant • Math. Argumentieren, um Verständnis zu erzeugen • Beim Argumentieren mit realweltlichen Problemen
Charakterisierung vom mathematischen Argumentieren	Beim mathematischen Argumentieren gibt es keine Ausnahmen, sondern logische Verkettungen und Argumente sind allgemeingültig. Mathematisches Argumentieren ist ein Mittel, um etwas, wie Lösungswege, glaubhaft zu erklären oder wird als Kompetenz, einem anderen Lernenden etwas zu erklären, aufgefasst.	• Keine Ausnahmen erlaubt und (immer) allgemeingültig • Logische Verkettung	• Lösungswege erklären • Kompetenz, anderen Schüler:innen etwas zu erklären	• Mittel und Wege, um etwas zu erklären

(Fortsetzung)

Tabelle 5.4 (Fortsetzung)

	Themenorientierte Zusammenfassung	L.1 – Frau Petrow	L.2 – Frau Kaiser	L.3 – Herr Peters
Voraussetzungen zur Teilhabe	Es gibt verschiedene Voraussetzungen zur Teilhabe an mathematischen Argumentationen. Einerseits sprachliche Aspekte, wie das Beherrschen der Sprache und der mathematischen Fachsprache, aber gleichzeitig spielen auch Motivation und Vorwissen eine Rolle.	• Beherrschen der Sprache (Deutsch)	• Beherrschen der Sprache (Deutsch) • Beherrschen der Fachsprache • Vorwissen	• Motivation • Vorwissen
Erwartung an Schüler:innen	Aus einer fachlichen Perspektive wird an die Lernenden die Erwartung formuliert einen tieferen Einblick in die Struktur der Mathematik zu erlangen. Dabei ist zunächst der Inhalt der mathematischer Argumentationen relevant, wobei ab einem gewissen Punkt auch der Gebrauch von Fachsprache erwartet wird. Dabei sollen eindeutige Antworten gegeben oder Aufgabenlösungen erklärt werden. Es werden dabei logische, formale Regeln als auch soziale Regeln als wichtig eingeschätzt.	• Tiefere Einblicke in die Struktur • (Logische/formale) Regeln müssen eingehalten werden	• Fachsprache (ab einem gewissen Punkt) • Aufgabenlösungen erklären • Soziale Regeln müssen eingehalten werden	• Inhalt zunächst wichtiger als Fachsprache • Fachsprache (ab einem gewissen Punkt) • Eindeutige Antworten • Soziale Regeln müssen eingehalten werden

* Nur bezüglich der fiktiven Schüler:innen-Lösungen geäußert

Für alle drei Lehrkräfte stellen algebraische Argumente also keinen angemessenen Einstieg in das mathematische Argumentieren dar (vgl. Brunner, 2014a). Gleichzeitig sind sie sich nicht einig, mit welcher Repräsentation sie beim mathematischen Argumentieren beginnen würden.

Insgesamt haben die Lehrkräfte also unterschiedliche Vorstellungen in Bezug auf das mathematische Argumentieren und sie stellen verschiedene Erwartungen an ihre Schülerinnen und Schüler beim mathematischen Argumentieren (vgl. Tabelle 5.4). Dabei ist zu berücksichtigen, dass Frau Kaiser und Herr Peters an einer Oberschule unterrichten und Frau Petrow gymnasiale Lehrkraft ist.

5.4.2 Prozess-Produkt Dualität von algebraischer Symbolsprache

Hinsichtlich der Prozess-Produkt Dualität haben sich die Antworten der Lehrkräfte nur in wenigen Punkten unterschieden. Zwar haben die drei Lehrkräfte leicht unterschiedliche Foki bei den Charakterisierungen der fiktiven Schüler:innen-Beschreibungen der Terme gesetzt, aber die Wertung und Einordnung dieser sind nahezu identisch (vgl. Tabelle 5.5).

Ein Unterschied ist, dass Frau Petrow die verschiedenen fiktiven Beschreibungen der Terme zunächst stark hinsichtlich des Gebrauchs von mathematischer Fachsprache voneinander unterscheidet und dabei wenig auf die inhaltlichen Unterschiede zwischen den Beschreibungen eingeht. Bei Herrn Peters ist das genau umgekehrt. Er fokussiert zunächst stark auf die „unterschiedlichen Herangehensweisen" (Interview mit L3, Turn 208) der Schülerinnen und Schüler, die sich in den Beschreibungen widerspiegeln. Dabei unterscheidet er zwischen Beschreibungen von Rechnungen und Beschreibungen von Ergebnissen. Die unterschiedliche Nutzung der mathematischen Fachsprache bringt er zunächst nicht in Verbindung mit den unterschiedlichen Beschreibungen beziehungsweise mit den damit verbundenen Herangehensweisen. Auch betont er, dass beide „Herangehensweisen" korrekt seien. Frau Kaiser grenzt ebenso Beschreibungen der Rechnungen von Beschreibungen der Terme als Ganzes ab. Sie bringt dies gleichzeitig mit der Nutzung von Fachsprache in Verbindung, nimmt dabei also auch die Perspektive von Frau Petrow ein.

Insgesamt sind sich die drei Lehrkräfte einig, dass in niedrigen Klassenstufen eher Beschreibungen von Rechnungen dominieren, also prozessorientierte Beschreibungen (vgl. Tabelle 5.5). Frau Petrow und Herr Peters sind der Meinung, dass es in höheren Klassenstufen dagegen erforderlich ist, Terme als Baupläne zu interpretieren. Laut Frau Kaiser finden sich „alle Varianten" (Interview mit L2, Turn 316) in höheren Klassenstufen.

Die möglichen Unterstützungen für Schülerinnen und Schüler werden unterschiedlich benannt (vgl. Tabelle 5.5). Frau Petrow sieht lebensweltliche Kontexte als Chance, die Lernenden zu unterstützen, während Herr Peters und Frau Kaiser bei ihren antizipierten Unterstützungsmöglichkeiten auf der fachlichen Ebene verbleiben. Herr Peters sieht die direkte Konfrontation mit verschiedenen Beschreibungen von Termen und das Gespräch darüber als Unterstützungsmöglichkeit. Ebenso möchte Frau Kaiser die Schülerinnen und Schüler direkt mit der Dualität konfrontieren, indem die Lernenden selbst verschiedene Beschreibungen konstruieren. Dazu sollen die Schülerinnen und Schüler bei sprachlichen Hindernissen Satzbausteine als Unterstützung erhalten.

Der Rückbezug ist sowohl zu lebensweltlichen als auch zu mathematischen Kontexten in den Interviews verschieden. Frau Petrow bezieht sich in ihren Äußerungen auf „kontextorientierte Textaufgaben" (Interview mit L1, Turn 188) und benennt unterschiedliche lebensweltliche Kontexte als Unterstützungsmöglichkeit für die Schülerinnen und Schüler. Herr Peters fokussiert dagegen auf innermathematische Kontexte und bringt die Berechnung des Flächeninhalts von einem Kreis als Beispiel ein. Bei Frau Kaiser ist kein Kontextbezug deutlich und ihre Äußerungen sind weniger konkret, was auf ihre fehlenden unterrichtlichen Erfahrungen zurückzuführen sein könnte.

Insgesamt zeigen die drei Lehrkräfte im Rahmen der Interviews also größtenteils vergleichbare Vorstellungen in Bezug auf die Prozess-Produkt Dualität von algebraischer Symbolsprache (vgl. Tabelle 5.5).

Tabelle 5.5 Themenmatrix zur Hauptkategorie „Prozess-Produkt Dualität von algebraischer Symbolsprache"

	Themenorientierte Zusammenfassung	L1 – Frau Petrow	L2 – Frau Kaiser	L3 – Herr Peters
Charakterisierung der fiktiven Beschreibungen der Terme	Es gibt verschiedene Foki, die man bei der Charakterisierung der fiktiven Beschreibungen der Terme setzen kann. Man kann die Beschreibungen hinsichtlich der Nutzung der Fachsprache, der Tiefe und Gültigkeit und der Sichtweise auf Terme differenzieren.	• Rechenweg beschrieben • Fachausdrücke genutzt • Große Unterschiede bei den Schülerlösungen, es gibt unterschiedliche Sichtweisen • Unterschiedliche Tiefe der Beschreibungen • (Beschreiben der Rechnung gegenüber Beschreibung des Terms)*	• Rechenweg beschrieben • Fachausdrücke genutzt • Unterschiedliche Tiefe der Beschreibungen • Beschreiben der Rechnung gegenüber Beschreibung des Terms	• Große Unterschiede bei den Schülerlösungen, es gibt unterschiedliche Sichtweisen • Beide Herangehensweisen richtig • Beschreiben der Rechnung gegenüber Beschreibung des Terms
Wertung und Einordnung der fiktiven Beschreibungen der Terme	In niedrigen Klassenstufen gibt es eher Beschreibungen von Rechnungen, also dominieren prozessorientierte Beschreibungen. In höheren Klassenstufen ist es dagegen erforderlich, Terme als Baupläne zu interpretieren. Dies ist eine Herausforderung für die Schülerinnen und Schüler. Es finden sich „alle Varianten" in höheren Klassenstufen.	• Ohne Fachsprache wenig fundiert/Fachsprache wichtig • Schwierig für Schüler:innen. (math.) Strukturen in Termen zu erfassen und als Bauplan zu übertragen • In höheren Klassenstufen – Baupläne als Grundlage erforderlich	• Ohne Fachsprache wenig fundiert/Fachsprache wichtig • Schwierig für Schüler:innen. (math.) Strukturen in Termen zu erfassen und als Bauplan zu übertragen • In höheren Klassenstufen – verschiedene Varianten • In niedrigen Klassenstufen – Vorgehensweise. Rechenweg als Grundlage zum Erfassen der Struktur	• Ohne Fachsprache wenig fundiert/Fachsprache wichtig • In höheren Klassenstufen – Baupläne als Grundlage erforderlich • In niedrigen Klassenstufen – Vorgehensweise, Rechenweg als Grundlage zum Erfassen der Struktur
Unterstützungen von Schüler:innen	Einerseits könnte man mittels (lebensweltlichen) Kontexten neue Lern-gelegenheiten konstruieren. Andererseits könnten man Lernende direkt mit der Prozess-Produkt Dualität konfrontieren.	• Mittels Kontexten	• Satzbausteine vorgeben • Möglichkeit, die Schüler:innen direkt mit der Prozess-Produkt Dualität zu konfrontieren	• Möglichkeit, die Schüler:innen direkt mit der Prozess-Produkt Dualität zu konfrontieren

* nach Kurzinput der Interviewerin geäußert

5.5   Zusammenfassung und Diskussion

Bei den drei Lehrkräften zeigen sich unterschiedliche Vorstellungen zum mathematischen Argumentieren und sie stellen verschiedene Erwartungen an ihre Schülerinnen und Schüler beim mathematischen Argumentieren (Bredow, 2019b). Insgesamt könnte man aus den obigen Überlegungen schließen, dass Frau Petrow mathematisches Argumentieren näher mit dem Beweisen in Verbindung bringt, während Herr Peters und Frau Kaiser mathematisches Argumentieren weniger als Beweisen im engeren Sinne sehen, sondern weiter fassen, indem sie „Erklären" mit einbeziehen. Dagegen waren ihre Vorstellungen und Einordnungen der Prozess-Produkt Dualität von algebraischer Symbolsprache eher ähnlich. Die drei Lehrkräfte sind sich einig, dass in niedrigen Klassenstufen, wie in Jahrgang 8, eher Beschreibungen von Rechnungen, also prozessorientierte Beschreibungen, bei den Schülerinnen und Schülern dominieren. Dennoch erachten die Lehrkräfte unterschiedliche Unterstützungen von Schülerinnen und Schüler als nötig. Somit ist zu vermuten, dass sie auch verschiedene Strategien in ihrem Unterricht verfolgen, um die Prozess-Produkt Dualität von algebraischer Symbolsprache beim mathematischen Argumentieren einzubinden.

Es bleibt die Frage, wie sich die Unterschiede aber auch Gemeinsamkeiten zwischen den Sichtweisen der Lehrkräfte auf ihre Umsetzung der Lernumgebung auswirken. Zu erwarten ist, dass die drei Lehrkräfte unterschiedliche Schwerpunkte in ihrem Mathematikunterricht hinsichtlich des mathematischen Argumentierens setzen (vgl. Bredow, 2019b). Frau Petrow könnte etwa formale Argumente fokussieren und diese auch verbalisieren lassen. Herr Peters und Frau Kaiser dagegen könnten mehr Raum für das Kommunizieren geben. Dabei könnten Abgrenzungen zwischen richtigen, allgemeingültigen und fehlerhaften, unvollständigen Argumenten möglicherweise unklar bleiben. Frau Kaiser wird voraussichtlich mehrere Repräsentationen von Argumenten in ihren Unterricht integrieren, da sie alle Vorgehensweisen der Schülerinnen und Schüler in Bezug auf das mathematische Argumentieren als „korrekt" (Interview mit L2, Turn 162) wertet.

Diese möglicherweise unterschiedlichen Fokussierungen der Lehrkräfte im Mathematikunterricht könnten dazu führen, dass auch die Schülerinnen und Schüler im jeweiligen Unterricht anders argumentieren. Die von den Lernenden konstruierten Argumente könnten, aufgrund der unterschiedlichen Rahmungen der Lehrkräfte, sowohl in Bezug auf die Nutzung von Fachsprache, die Repräsentationen, die mathematische Korrektheit als auch in Bezug auf die Interpretationen hinsichtlich der algebraischen Symbolsprache variieren.

Diese Vermutungen sollen keineswegs suggerieren, dass sich aus geäußerten Sichtweisen von Lehrkräften zwangsläufig auch unterschiedliche Dynamiken oder Vorgehensweise im Unterricht ergeben. Vielmehr soll durch diese Bemerkungen das Interesse dafür geweckt werden, wie Lehrkräfte der Herausforderung von mathematischen Argumentationen in ihrem Unterricht begegnen und dabei die Prozess-Produkt Dualität im Übergang von der Arithmetik zur Algebra aufgreifen. Im Nachgang an die detaillierten Rekonstruktionen von Unterrichtssituationen, die Gegenstand der folgenden Kapitel sind, kann abschließend noch einmal auf mögliche Zusammenhänge zu den Sichtweisen der Lehrkräfte eingegangen werden.

In den folgenden Kapiteln werden nun einerseits die Handlungen der Lehrkräfte und ihre Rolle bei der Entwicklung von mathematischen Argumentationen im Klassengespräch fokussiert (Kapitel 6). Anderseits werden die hervorgebrachten Argumente charakterisiert und in Hinblick auf den Einfluss und die Bedeutung von der Prozess-Produkt Dualität von algebraischer Symbolsprache analysiert (Kapitel 7 und 8). Dabei wird auch auf die mathematische Korrektheit, die Gültigkeit und die Repräsentation von den Argumenten Bezug genommen.

Handlungen von Lehrkräften in mathematischen Argumentationsprozessen

In diesem Kapitel werden die Handlungen und Äußerungen von Lehrkräften bei der Entwicklung von mathematischen Argumentationen im Übergang von der Arithmetik zur Algebra betrachtet. Die zweite Forschungsfrage dieser Arbeit wird dabei fokussiert: „Welche Rolle spielt die Lehrkraft bei der Entwicklung von mathematischen Argumentationen im Übergang von der Arithmetik zur Algebra?".

Das weiterentwickelte Kategoriensystem zur Erfassung und Rekonstruktion von Handlungen von Lehrkräften in mathematischen Argumentationen wird im folgenden Kapitel vorgestellt. Eine Übersicht über die Haupt- und Subkategorien ist in Tabelle 6.1 dargestellt, wobei die induktiv gewonnenen Subkategorien in der Tabelle 6.1 mit „i" gekennzeichnet sind. Die ersten drei Hauptkategorien basieren hauptsächlich auf dem Rahmenwerk von Conner et al. (2014) und wurden bereits im Methodenteil beschrieben (vgl. Abschnitt 4.4.4). Das Rahmenwerk von Conner et al. (2014) wird durch weitere, induktiv gewonnene Kategorien ergänzt, welche nun fokussiert werden. Die induktiven Hauptkategorien „Derangierende Handlungen" (Abschnitt 6.1), „Meta Handlungen" (Abschnitt 6.2) und „Schülerinnen und Schüler Handlungen" (Abschnitt 6.3) werden in den folgenden Kapiteln näher beschrieben, ihre Anwendung konkretisiert und sie werden mit Datenbeispielen aus dieser Studie illustriert. Zusätzlich werden Bezüge zum Forschungsstand hergestellt. Immer wieder werden auch die Interaktionen zwischen den Beteiligten im Unterrichtsgespräch sowie fachliche Inhalte in den Blick genommen. In Abschnitt 6.4 werden Interaktionen in den Unterrichtssituationen betrachtet und die Lehrkrafthandlungen in die interaktiven Argumentationsprozesse eingeordnet. Ziel des Kapitels ist die besondere Rolle der Lehrkraft

F. Bredow, *Mathematisches Argumentieren im Übergang von der Arithmetik zur Algebra*, Perspektiven der Mathematikdidaktik, https://doi.org/10.1007/978-3-658-42462-6_6

Tabelle 6.1 Kategoriensystem zur Rekonstruktion von Lehrkrafthandlungen in mathematischen Argumentationen (vgl. Conner et al., 2014; „i" steht für induktive Subkategorie)

Hauptkategorie	Subkategorie
Fragen stellen	*Mathematischer Fakt*
	Methode
	Mathematische Idee
	Elaboration
	Evaluation
Andere unterstützende Aktivitäten	*Fokussieren*
	Aussagen aufeinander beziehen[i]
	Bestärken
	Anderes probieren
	Bewerten
	Informieren
	Wiederholen
	Fachsprache ergänzen[i]
Teile des Arguments einbringen	*Konklusion vorgeben*
	Argument vervollständigen
	Ausnahmen ergänzen
Derangierende Handlungen[i]	*Fachliche Fehler*[i]
	Mehrere Fragen nacheinander[i]
	Ignorieren von falschen Aussagen[i]
	Keinen Rückbezug einfordern[i]
	Unterbrechungen von Schülerinnen und Schülern[i]
	Eigene Beantwortung der Fragen[i]
Meta Handlungen[i]	*Methodenwissen*[i]
	Faktenwissen[i]
Schülerinnen und Schüler Handlungen[i]	Frage: *math. Fakt*[i]
	Frage: *Methode*[i]
	Frage: *Elaboration*[i]
	Andere unterstützende Aktivitäten: *Bewerten*[i]

(Fortsetzung)

Tabelle 6.1 (Fortsetzung)

Hauptkategorie	Subkategorie
	Andere unterstützende Aktivitäten: *Informieren*[i]
	Andere unterstützende Aktivitäten: *Wiederholen*[i]
	Teile des Arguments: *Ausnahme(n) ergänzen*[i]

bei mathematischen Argumentationsprozessen in Klassengesprächen im Übergang von der Arithmetik zur Algebra herauszuarbeiten und zu beschreiben, wie Lehrkräfte ebendiese Interaktionen rahmen.

In den erhobenen Unterrichtssituationen sind Handlungen der Lehrkräfte mit dem Kategoriensystem (Tabelle 6.1) codiert worden. Dabei wird an dieser Stelle bewusst nicht weiter von *Unterstützungen* für mathematische Argumentationen gesprochen, sondern die im Kategoriensystem beschriebenen Aktivitäten als *Handlungen* der Lehrkräfte bezeichnet (Abschnitt 2.3.3). Ob die einzelnen Fragen, Äußerungen oder anderen Tätigkeiten die mathematischen Argumentationen vorangebracht und die Schülerinnen und Schüler unterstützt haben, ist situations- und kontextabhängig. Wie die Handlungen der Lehrkräfte die hervorgebrachten mathematischen Argumente rahmen, wird in Kapitel 7 dieser Arbeit fokussiert.

In dem folgenden Abschnitt 6.1 wird die induktiv herausgearbeitete Kategorie „Derangierende Handlungen" vorgestellt.

6.1 Derangierende Handlungen

Damit ein vollständiges Bild der Rolle der Lehrkraft in mathematischen Argumentationen in Unterrichtsgesprächen erlangt werden kann, ist es entscheidend neben den potenziell unterstützenden Aktivitäten der Lehrkraft auch Handlungen und Äußerungen von Lehrkräften zu erfassen, die die mathematischen Argumentationen eher stören, durcheinanderbringen oder verhindern (vgl. „Diskursivität und Negative Diskursivität", Abschnitt 2.2.5). Daher wird die induktive Kategorie *Derangierende Handlungen* konstruiert, die im folgenden Kapitel vorgestellt wird.

Als *derangierende Handlungen* werden in dieser Arbeit Handlungen der Lehrkräfte gefasst, die eine (fachlich korrekte) mathematische Argumentation hemmen oder die eigenständige Argumentation von Schülerinnen und Schülern behindern oder sogar verhindern. Der Begriff „derangieren" kann dabei einerseits auf die Störung vom fachlich korrekten Argumentieren hinweisen. Andererseits kann durch die Bezeichnung „derangierend" auch gefasst werden, dass die (eigenständigen) Argumentationsprozesse der Schülerinnen und Schüler durcheinandergebracht werden.

Aus dem Datenmaterial werden sechs Subkategorien herausgearbeitet, die der Kategorie „Derangierende Handlungen" zugeordnet werden können:

- Fachliche Fehler der Lehrkraft
- Mehrere Fragen nacheinander (mehr als 2)
- Ignorieren von falschen Aussagen
- Eigene Beantwortung der Fragen
- Keinen Rückbezug zur Aufgabe oder zum Kontext eingefordert
- Unterbrechungen von Schülerinnen und Schülern

In den Daten hat sich gezeigt, dass durch derangierende Handlungen der Lehrkraft in einigen Fällen potenziell unterstützende Handlungen (vgl. Tabelle 6.1, Abschnitt 4.4.4) unwirksam werden. Solche derangierenden Handlungen bringen den eigenständigen und korrekten mathematischen Argumentationsprozess der Schülerinnen und Schüler nicht voran beziehungsweise wirken nicht unterstützend. Beispiele dafür sind Fragen der Lehrkraft nach Elaborationen oder Fakten, die die Lehrkraft daraufhin aber selbst beantwortet. In diesem Fall wird die mathematische Argumentation zwar durch die Beantwortung der Fragen angereichert, aber den Lernenden wird die Chance verwehrt eigenständig zu argumentieren.

Die Lehrkraft kann die mathematische Argumentation aber auch dadurch beeinflussen, dass sie nicht eingreift. Daher werden in der Kategorie „Derangierende Handlungen" auch „Nicht-Handlungen" von Lehrkräften gefasst. Beispielsweise kann das Ignorieren von inhaltlich falschen Beiträgen von Schülerinnen und Schülern zur Konstruktion von mathematisch unkorrekten Argumenten führen. Im Mathematikunterricht sollen Lehrkräfte entsprechend ihrer Rolle jedoch die fachliche Korrektheit „überwachen" und damit garantieren. Wenn am Ende einer mathematischen Argumentation Fehler oder Lücken im Argument enthalten sind, sind Lehrkräfte gefordert, in den Argumentationsprozess einzugreifen. Dabei können Lehrkräfte entweder direkt eingreifen, indem sie beispielsweise korrigieren oder fehlende Aspekte ergänzen. Lehrkräfte können aber auch Impulse zur Reflexion über die fachlichen Fehler oder Lücken geben, sodass die Lernenden Fehler selbständig korrigieren beziehungsweise das mathematische Argument ergänzen. „Nicht-Handlungen" der Lehrkraft führen dagegen zu fehler- oder lückenhaften mathematischen Argumenten, sodass sich Fehlvorstellungen über mathematische Argumente bei Schülerinnen und Schülern entwickeln können.

Die „derangierenden (Nicht-)Handlungen" stehen mit der Kategorie „Negative Diskursivität" von Cohors-Fresenborg (2012; vgl. Nowińska, 2016) in Verbindung (vgl. Abschnitt 2.2.5). Mit negativen diskursiven Aktivitäten werden in ihrem Kategoriensystem Handlungen erfasst, die einen Diskurs erschweren, in diesem Fall eine korrekte beziehungsweise eigenständige mathematische Argumentation. Die Kategorie „Negative Diskursivität" kann, anders als die „Diskursivität", nicht mit dem Rahmenwerk von Conner et al. (2014) gefasst werden, sondern erst durch die induktive Kategorie *derangierende Handlungen*.

Im Folgenden werden die einzelnen Subkategorien der Kategorie „derangierende Handlungen" näher beschrieben und dabei immer wieder Bezüge zur „Negativen Diskursivität" von Cohors-Fresenborg (2012) hergestellt.

Derangierende Handlungen: Fachliche Fehler der Lehrkraft

Die Subkategorie „*Fachliche Fehler* der Lehrkraft" wird codiert, wenn die Lehrkraft mathematisch unkorrekte Aussagen in das Unterrichtsgespräch einbringt. Falsche Aussagen der Lehrkraft können dazu führen, dass die gemeinsame Argumentationsbasis und das geteilte Wissen im Diskurs mit unkorrekten mathematischen Aussagen angereichert werden. Das kann wiederum dazu führen, dass ein mathematisches Argument entsteht, das mathematisch nicht korrekt oder lückenhaft ist. Beispielsweise kann sich durch die Subkategorie „Fachliche Fehler der Lehrkraft" auch eine falsche logische Struktur einer Argumentation entwickeln (vgl. ND3: „Negative Diskursivität", Cohors-Fresenborg, 2012).

Folgende Unterrichtssituation illustriert die Anwendung der Subkategorie „Fachliche Fehler". Frau Kaiser macht einen Fehler in Bezug auf die mathematische Argumentation von Jale zu der Aussage „Wenn sich beide Summanden verdoppeln, verdoppelt sich auch das Ergebnis.". Jale begründet die Aussage mit dem Term „$12 + 24 = (2{\cdot}5 + 2) + (2{\cdot}12) = 2{\cdot}5 + 2{\cdot}12 + 2 = 2 \cdot (5{+}12) + 2 = 2{\cdot}17 + 2 = 36$". Jales Termumformungen sind zwar richtig, aber in Bezug auf die Konklusion eher unpassend beziehungsweise nicht zielführend oder sinnvoll. Frau Kaiser sagt zur Argumentation von Jale: „Das macht ja Sinn alles." (Klasse 2, Stunde 4, Turn 256). Mit dieser Aussage etabliert Frau Kaiser Jales Argumentation als korrekt, obwohl die Argumentation nicht schlüssig ist, da sie nicht zielführend zu der zu begründenden Konklusion ist.

Neben fachlichen Fehlern der Lehrkraft können aber auch Schülerinnen und Schüler Fehler machen, die zu weiteren derangierenden Handlungen der Lehrkraft führen können, wie etwa dem „Ignorieren von falschen Aussagen".

Derangierende Handlungen: Ignorieren von falschen Aussagen

In der Subkategorie *„Ignorieren von falschen Aussagen"* werden „Nicht-Handlungen" von Lehrkräften in mathematischen Argumentationen erfasst. Diese Subkategorie wird codiert, wenn Schülerinnen und Schüler fehlerhafte Äußerungen in die Argumentation einbringen und sich diese im Gespräch etablieren.

Das Ignorieren von falschen Aussagen hat ähnliche Auswirkungen auf die mathematische Argumentation wie fachliche Fehler der Lehrkraft. Wenn die Lehrkraft mathematisch unkorrekte Aussagen der Lernenden nicht aufgreift, können sich diese Aussagen als Argumentationsbasis oder geteiltes Wissen im Diskurs anreichern. Die Konstruktion von fehlerhaften mathematischen Argumenten ist häufig die Konsequenz, wenn eine Lehrkraft falsche Aussagen ignoriert. Auch kann sich eine falsche logische Struktur entwickeln (vgl. ND3: „Negative Diskursivität" (Cohors-Fresenborg, 2012). Ebenfalls kann ein unkommentierter Wechsel von einem Bezugspunkt unberücksichtigt bleiben (vgl. ND1d: „Negative Diskursivität", Cohors-Fresenborg, 2012). Auch kann das „Ignorieren von falschen Aussagen" zu einem Auseinanderfallen von Diskussionssträngen führen (vgl. ND4: „Negative Diskursivität", Cohors-Fresenborg, 2012), sodass keine gemeinsame Aushandlung im Klassengespräch stattfinden kann.

Die Unterrichtssituation aus dem obigen Beispiel zu fachlichen Fehlern der Lehrkraft, stellt auch ein Beispiel für das „Ignorieren von falschen Aussagen" dar. Fachlich betrachtet ist die Argumentation von Jale nicht richtig. Eine Aufteilung der Zwölf in fünf mal zwei plus zwei ist auf Grundlage des Vorwissens der Lernenden nicht ausreichend, um die Aussage „Wenn sich beide Summanden verdoppeln, verdoppelt sich das Ergebnis auch." mathematisch korrekt zu begründen. Frau Kaiser ignoriert diesen Fehler von Jale:

> „Ja, das ist auch richtig. Es ist ein/ komplizierter wirds dadurch das Jale äh die Zwölf in zwei mal sechs äh zwei mal fünf plus zwei aufgeteilt hat anstatt in zwei mal sechs, ja? Aber letztendlich, sie hat die Zwei immer mitgenommen. Gleichung für Gleichung hat sie die da durchgeprügelt. Und dadurch (.) ist es/ kannst du das auch mit einer weiteren Zahl anwenden, ja?" (Klasse 2, Stunde 4, Turn 260)

Frau Kaiser ist der Fehler von Jale möglicherweise nicht bewusst oder sie möchte Jales Argumentationsansatz nicht schwächen. Daher ignoriert sie Jales Fehler und ein fehlerhaftes Argument wird etabliert.

Zu den derangierenden Handlungen zählt nicht nur der unproduktive Umgang mit fachlichen Fehlern von Schülerinnen und Schülern oder Lehrkräften. Auch die Art und Weise, wie Fragen im Mathematikunterricht gestellt werden, kann in mathematischen Argumentationsprozessen derangierend wirken.

Derangierende Handlungen: Mehrere Fragen nacheinander

Eine weitere Art von derangierenden Handlungen in mathematischen Argumentationsprozessen stellt die Subkategorie „*Mehrere Fragen nacheinander*" dar. Stellt die Lehrkraft mehrere Fragen nacheinander, haben die Schülerinnen und Schüler in den meisten Fällen keine Möglichkeit auf alle Fragen der Lehrkraft zu antworten. Vor allem, wenn eine Lehrkraft potenziell unterstützende Fragen stellt, beispielsweise nach Elaborationen oder mathematische Fakten, kann die etwaige Unterstützung nicht angemessen in den Diskurs einfließen. Die mathematische Argumentation der Schülerinnen und Schüler wird nicht vorangebracht. Schon bei zwei Fragen kann der Fokus der Lernenden verloren gehen. In dieser Arbeit werden daher mehr als zwei Fragen hintereinander als derangierende Handlungen und „Mehrere Fragen nacheinander" codiert. Dabei ist nicht der zeitliche Abstand zwischen den Fragen relevant, sondern ob die vorherige Frage beantwortet wurde, beziehungsweise zumindest ein Versuch einer Beantwortung durch die Schülerinnen und Schüler unternommen wurde.

Die Subkategorie „Mehrere Fragen nacheinander" lässt sich mit Verstößen gegen Regeln für einen geordneten Diskurs in Verbindung bringen (vgl. Cohors-Fresenborg, 2012). Die Stringenz und der „rote Faden" der Argumentation können verloren gehen. Die Subkategorie lässt sich auch auf Unterrichtssituationen beziehen, in denen Suggestivfragen oder Fragen, deren Antwort nicht weiter berücksichtigt wird, gestellt werden (vgl. ND1, ND1a: „Negative Diskursivität", Cohors-Fresenborg, 2012; Nowińska, 2016). Solche Fragen behindern in der Regel eine gemeinsame mathematische Argumentation.

Beispielsweise fragt Frau Petrow ihre Schülerinnen und Schüler: „Das heißt, was waren denn diese x, y? Warum war das ähm überzeugend? Weil das vorher schon da eine Beobachtung war, oder?" (Klasse 1, Stunde 3, Turn 142). In dieser Situation ist es für die Schülerinnen und Schüler nur schwer möglich alle drei Fragen zu durchdenken und zu beantworten. Auch Hessas Reaktion auf die Fragen verdeutlicht die Problematik: „Ja." (Klasse 1, Stunde 3, Turn 143). Mehrere Fragen nacheinander können also die eigenständige Argumentation der Schülerinnen und Schüler hemmen, weil die Fragen sie überfordern. Auch die eigene Beantwortung von Fragen durch die Lehrkraft selbst wirkt in mathematischen Argumentationsprozessen oftmals derangierend.

Derangierende Handlungen: Eigene Beantwortung der Fragen

Mit der Subkategorie „*Eigene Beantwortung* der Fragen" werden Äußerungen der Lehrkräfte erfasst, die an die Schülerinnen und Schüler gerichtete Fragen beantworten. Die Lehrkraft verwehrt ihren Schülerinnen und Schülern somit die Chance, Fragen selbstständig zu beantworten. Die eigenständige Argumentation der Schülerinnen und Schüler wird behindert. Dennoch wird die mathematische Argumentation mit den Antworten der Fragen angereichert. Das mathematische Argument wird weiterentwickelt. Das heißt, hier wird die mathematische Argumentation nicht verhindert oder gehemmt, sondern es wird lediglich den Schülerinnen und Schülern die Chance verwehrt eigenständig zu argumentieren, was aber ein Ziel beim mathematischen Argumentieren im Mathematikunterricht ist (vgl. Abschnitt 2.3.2). In solchen Unterrichtssituationen wird gegen die Regeln für einen geordneten Diskurs verstoßen (vgl. ND1: „Negative Diskursivität", Cohors-Fresenborg, 2012; Nowińska, 2016).

Zum Beispiel fragt Frau Kaiser, nachdem ein algebraisches Argument zur Aussage „Die Summe von einer geraden und einer ungeraden Zahl ist immer ungerade" thematisiert wurde, mit welchem Term die Argumentation gestartet ist und was dieser Term in der konkreten Situation bedeutet: „Wie seid ihr auf der linken Seite angefangen?" (Klasse 2, Stunde 1, Turn 286). Nach nur zwei Sekunden antwortet sie prompt: „Mit (..) einer geraden und einer ungeraden Zahl, die ihr addiert habt.". Eine Beantwortung der Frage durch die Schülerinnen und Schüler ist nicht möglich und damit wird die eigenständige Argumentation behindert.

Neben der Anreicherung der mathematischen Argumente durch „eigene Beantwortungen" von Fragen durch Lehrkräfte ergibt sich ein weiterer Typ von derangierenden Handlungen durch Argumentationslücken.

Derangierende Handlungen: Keinen Rückbezug zur Aufgabe oder zum Kontext eingefordert

In einigen mathematischen Argumentationen wird von der Lehrkraft „*Keinen Rückbezug* zur Aufgabe oder zum Kontext eingefordert". Beispielsweise kommt es in Unterrichtssituationen im Kontext der Rechendreiecke vor, dass kein Bezug zwischen den algebraischen Formeln und den Rechendreiecken hergestellt wird. Die mathematische Argumentation wird also auf einer arithmetischen oder algebraischen Ebene beendet, ohne die Terme zu interpretieren. Es entstehen Argumentationslücken, da der Bezug zu den Rechendreiecken nicht explizit hergestellt wird. Ob die Lernenden den Rückschluss zu Rechendreiecken eigenständig machen können oder erst nach unterstützenden Fragen der Lehrkraft, bleibt offen, da die mathematische Argumentation bereits im Voraus von der Lehrkraft legitimiert und beendet wurde.

Beispielsweise stimmt Frau Petrow der Argumentation zu den multiplikativ veränderten Rechendreiecken zu, nachdem der Term „2 · (x+y)" als das Doppelte der Summe auf den Seiten identifiziert wurde: „Genau." (Klasse 1, Stunde 3, Turn 150). Was dieser Term nun konkret bedeutet im Zusammenhang mit den Ecken vom Rechendreieck, bleibt offen. Die Aufgabenstellungen wurden in dieser Unterrichtssituation somit nur bedingt beantwortet. Bezüge zu einer allgemeinen Aussage, wie etwa „Wenn man die Ecken im Rechendreieck verdoppelt, verdoppeln sich die Seiten", werden hier nicht explizit thematisiert.

In anderen Unterrichtssituationen gibt es Argumentationslücken in den hervorgebrachten mathematischen Argumenten, da Lehrkräfte die mathematischen Argumentationen der Schülerinnen und Schüler unterbrochen haben.

Derangierende Handlungen: Unterbrechungen von Schülerinnen und Schülern

Bei „*Unterbrechungen* von Schülerinnen und Schülern" verstößt die Lehrkraft gegen Gesprächsregeln, was nach Cohors-Fresenborg (2012) einem Verstoß gegen die Regeln für einen geordneten Diskursverlauf zuzuordnen ist (vgl. ND1: „Negative Diskursivität", Cohors-Fresenborg, 2012; Nowińska, 2016). Unterbrechungen von Schülerinnen und Schülern können dazu führen, dass eine oder mehrere Äußerungen der Lernenden nicht ausreichend ausgeführt werden. Dadurch gehen die eigentlichen Intentionen der Äußerungen von den Schülerinnen und Schülern verloren. Auch wird durch Unterbrechungen die eigenständige mathematische Argumentation der Schülerinnen und Schüler behindert oder sogar die eigenständige mathematischen Argumentation abgebrochen. Ebenfalls sind Unterbrechungen der Lehrkräfte nicht förderlich für eine produktive Argumentationskultur. Lehrkräfte, die in der Rolle eines Vorbildes für ihre Schülerinnen und Schüler agieren, halten daher die Gesprächsregeln beim mathematischen Argumentieren ein.

Beispielsweise haben Hanna und Tabea ein Punktemuster zu der Aussage „Die Summe von einer geraden und einer ungeraden Zahl ist immer ungerade" präsentiert. Hanna wollte ausführen, wieso (immer) ein Punkt übrig bleibt (Klasse 2, Stunde 1, Turn 218). Frau Kaiser unterbricht sie aber und fragt, ob man das mit allen Zahlen so machen kann. Daraufhin sagt Tabea lediglich ja, während Hanna nickt (Turn 220).

„217   Tabea: Und der eine// bleibt dann alleine (unv.). #00:45:23–4#
218   Hanna: Und der bleibt immer noch alleine, weil (..)/ #00:45:25–3#
219   L: Kann man das (.) mit allen Zahlen so darstellen? #00:45:29–9#
220   Tabea.: Ja (*Hanna nickt*). #00:45:31–2#" (Klasse 2, Stunde 1, Turn 217–220)

Hätte Frau Kaiser Hanna ihre Überlegung in Turn 218 ausführen lassen, hätte Hanna gegebenenfalls mehr zum Unterrichtsgespräch und zur Entwicklung vom mathematischen Argument beigetragen.

Natürlich lenkt eine Lehrkraft die mathematische Argumentation und verwirft damit (begründet) zuweilen einzelne Ideen ihrer Schülerinnen und Schüler. Gleichzeitig entwickeln Schülerinnen und Schüler nur dann eigene Argumentationskompetenzen, wenn sie im Mathematikunterricht ausreichend Möglichkeiten haben, ihre eigenen Ideen einzubringen. Eine Balance zwischen der Lenkung der Argumentation und dem Einbringen von eigenen Ideen durch Schülerinnen und Schüler ist daher im Mathematikunterricht notwendig. In dieser Kategorie „Unterbrechungen von Schülerinnen und Schülern" wird nicht erfasst, wenn Lehrkräfte mathematische Argumentationen und die Ideen ihrer Schülerinnen und Schüler aufgreifen und begründet abbrechen. Beispielsweise möchte Vincent mit einer Fallunterscheidung begründen, dass die Summe der Seiten in Rechendreiecken nicht ungerade sein kann (vgl. Arbeitsblatt 6, Aufgabe 7). Herr Peters möchte eine andere Richtung einschlagen und lenkt die mathematische Argumentation daher:

> „L: Ist ein Ansatz. Das kann man als Ansatz so wählen. Diesen Ansatz werden wir jetzt an dieser Stelle nicht weiterverfolgen. Vincent man kann das so machen. Du musst dir dann aber überlegen, dann musst du dir anschauen a ungerade, c ungerade, was ist mit b? Und das Ganze dann in ganz vielen Fällen abändern. Was passiert denn, wenn a ungerade is, c aber gerade und was ist dann mit b? Und so weiter. Da musst du ganz viele Fälle dann unterscheid/ also mehrere Fälle unterscheiden. (.) Aber den verfolgen wir jetzt nicht weiter. Was können wir alternativ auch noch machen?" (Klasse 3, Stunde 4, Turn 445)

Herr Peters stellt klar, dass Vincents Strategie möglich ist, aber in dieser Unterrichtssituation eine andere Strategie verfolgt werden soll. Vincent Idee wurde somit gewürdigt und hinreichend in den Unterricht einbezogen. Somit wird an dieser Stelle keine „Unterbrechung von Schülerinnen und Schülern" codiert.

Zusammenfassung „Derangierende Handlungen"

Derangierende (Nicht-)Handlungen der Lehrkraft stören die mathematische Argumentation und bewirken mehrfach, dass ungültige mathematische Argumente hervorgebracht werden. Dabei können einerseits durch „Fachliche Fehler der Lehrkraft" und durch das „Ignorieren von falschen Aussagen" fehlerhafte mathematische Argumente konstruiert und etabliert werden. Wird anderseits „Keinen Rückbezug zur Aufgabe oder zum Kontext eingefordert", entstehen in der Regel Argumentationslücken und somit unvollständige mathematische Argumente.

Ebenfalls behindern derangierende (Nicht-)Handlungen der Lehrkraft eine eigenständige Argumentation der Schülerinnen und Schüler und können die Argumentationskultur in der Klasse eher negativ beeinträchtigen. Wenn eine Lehrkraft „Mehrere Fragen nacheinander" stellt, Schülerinnen und Schüler unterbricht oder ihre eigenen Fragen selbst beantwortet, werden die Schülerinnen und Schüler gehindert die mathematische Argumentation selbstständig voranzubringen. Einerseits, weil der Fokus von der mathematischen Argumentation verloren geht. Anderseits, da den Schülerinnen und Schüler die Möglichkeit verwehrt wird die Fragen eigenständig zu beantworten oder ihre Überlegungen auszuführen. Potenzielle Partizipationsmöglichkeiten der Schülerinnen und Schüler und Lerngelegenheiten verstreichen.

Insgesamt zeigt sich also, dass derangierende (Nicht-)Handlungen der Lehrkraft die mathematische Argumentation und die Interaktion der Beteiligten beeinflussen. Es ist daher unumgänglich derangierende Handlungen bei der Rekonstruktion der „Rolle der Lehrkraft beim mathematischen Argumentieren im Übergang von der Arithmetik zur Algebra" zu berücksichtigen.

6.2 Meta Handlungen

Bei der Rekonstruktion der „Rolle der Lehrkraft beim mathematischen Argumentieren im Übergang von der Arithmetik zur Algebra" werden ebenfalls sogenannte „Meta Handlungen" der Lehrkraft einbezogen, die im folgenden Kapitel vorgestellt werden.

In die Hauptkategorie „Meta Handlungen" werden Äußerungen von Lehrkräften in Klassengesprächen eingeordnet, die nicht nur eine konkrete mathematische Argumentation unterstützen. „Meta Handlungen" der Lehrkraft vermitteln zusätzliches Wissen an die Schülerinnen und Schüler und erweitern die Argumentationsbasis der Gemeinschaft. Dieses Wissen kann von den Schülerinnen und Schülern in anschließenden mathematischen Argumentationen genutzt werden. Zu den „Meta Handlungen" zählen die beiden Subkategorien:

- Faktenwissen
- Methodenwissen

Wie bereits im theoretischen Hintergrund und Forschungsstand beschrieben (vgl. Abschnitt 2.2.4) gibt es diverse Studien, die sich mit Problemen von Schülerinnen und Schülern beim mathematischen Argumentieren und Beweisen beschäftigen (vgl. Heinze, 2004; Reiss & Ufer, 2009). Häufig sind Schwierigkeiten von Lernenden auf fehlendes Fakten- beziehungsweise Methodenwissen zurückzuführen (Heinze, 2004). Auch wenn Lehrkräften die beschriebenen Probleme von Schülerinnen und Schülern beim mathematischen Argumentieren (vgl. Abschnitt 2.3.4) nur bedingt explizit bewusst sind, kann die Lehrkraft in ihrem Unterricht intuitiv oder auch bewusst Fakten- und Methodenwissen thematisieren. Sie unterstützt ihre Schülerinnen und Schüler damit in Hinblick auf die Konstruktion eines mathematischen Arguments.

In den erhobenen Unterrichtssituationen sind Thematisierungen von Fakten und Methodenwissen durch die Lehrkräfte zu finden. Daher wird die induktive Kategorie „Meta Handlungen" mit den Subkategorien „Faktenwissen" und „Methodenwissen" in das Kategoriensystem zur Rekonstruktion von Lehrkrafthandlungen in mathematischen Argumentationen ergänzt. Anders als die zuvor beschriebenen Hauptkategorien können die „Meta Handlungen" nicht nur während mathematischer Argumentationen im Unterrichtsgespräch von der Lehrkraft hervorgebracht werden. Auch in anderen Phasen vom Unterrichtsgespräch kann Fakten- und Methodenwissen durch eine Lehrkraft eingebracht werden. Beispielsweise kann eine Lehrkraft benötigtes Vorwissen vor dem Beginn einer mathematischen Argumentation wiederholen oder auch im Anschluss an eine mathematische Argumentation die verwendeten Vorgehensweisen und Strategien reflektieren. Die Schülerinnen und Schüler werden dadurch mit Fakten- und Methodenwissen konfrontiert, welches die Lernenden auch in kommenden mathematischen Argumentationen unterstützen kann und nicht nur in der konkreten Unterrichtssituation.

Im Folgenden werden die beiden Subkategorien „Faktenwissen" und „Methodenwissen" dargestellt.

Meta Handlungen: Faktenwissen

Zur Subkategorie „*Faktenwissen*" werden Äußerungen der Lehrkraft gezählt, die notwendiges Vorwissen für mathematische Argumentationen thematisieren. Durch solche Äußerungen wird eine gemeinsame Argumentationsbasis in der Klassengemeinschaft etabliert. Beispielsweise können die Charakteristika von ungeraden und geraden Zahlen, die Bedeutungen von Variablen, verschiedene Rechengesetze oder auch die mathematische Fachsprache durch die Lehrkraft eingeführt oder wiederholt werden. Die Kategorie „Faktenwissen" wird in dieser Arbeit aber nur codiert, wenn Wissen thematisiert wird, das über den Inhalt der mathematischen Argumentation hinausgeht. Wenn neben dem Distributivgesetz, welches relevant für die mathematische Argumentation ist, auch andere Rechengesetze besprochen werden, werden diese Äußerungen der Lehrkraft der

Subkategorie „Faktenwissen" zugeordnet. Falls nur das Distributivgesetz benannt wird, ist die Äußerung der Lehrkraft keine „Meta Handlung", sondern kann der Kategorie „Teile des Arguments einbringen: *Argument vervollständigen*" zugeordnet werden.

Beispielsweise thematisiert Frau Petrow zu Beginn der Unterrichtseinheit, was natürliche Zahlen sind. Sie bereitet ihre Schülerinnen und Schüler auf die folgenden mathematischen Argumentationen, die in diesem Zahlenraum stattfinden, vor.

„1   L: [...] Wer kann denn mir erzählen, was sind denn natürliche Zahlen? Was nennen wir denn natürliche Zahlen überhaupt? (3 sek) Ja. #00:03:36–5#

2   Johann: Zahlen, die ähm im Plusbereich sind und kein Minus haben oder auch keine Brüche sind. #00:03:41–3#

3   L: Mhm (bejahend). #00:03:42–3#

4   Finn: Und keine Kommazahlen. #00:03:43–0#

5   L: Und keine Kommas beinhalten (..) ja gut, wenn wir diese Zahlen uns vor Auge äh führen. Wer kann mir ein paar solche Zahlen nennen? [...] #00:03:54–5#" (Klasse 1, Stunde 1, Turn 1–5)

In Frau Petrows Klasse ist somit als gemeinsame Argumentationsbasis etabliert, dass natürliche Zahlen positiv sind (Klasse 1, Stunde 1, Turn 2–3) und keine Kommata beinhalten (Turn 4–5).

Faktenwissen wird im Allgemeinen vor oder während einer mathematischen Argumentation thematisiert. Mit dem Einbringen von Faktenwissen *vor* einer mathematischen Argumentation intendiert die Lehrkraft in der Regel, dass allen Lernenden das benötigte mathematische Vorwissen für die Argumentation zur Verfügung steht und präsent ist. Eine gemeinsame Argumentationsbasis wird etabliert. Gleichzeitig lenkt die Lehrkraft die mathematische Argumentation schon vor Beginn in eine gewisse Richtung. Wird Faktenwissen hingegen *während* einer mathematischen Argumentation angesprochen, liefert die Lehrkraft mathematische Fakten nach, um gemeinsame oder individuelle Wissenslücken der Schülerinnen und Schüler zu schließen oder um Wissensvernetzungen zu ermöglichen. Es wäre auch möglich, Faktenwissen *nach* mathematischen Argumentationen zu thematisieren, um eine Reflexion und eine Wissensvernetzung anzuregen. Ebenfalls kann die Etablierung von Fachsprache durch die Thematisierung von Faktenwissen beim mathematischen Argumentieren angeregt werden.

Im folgenden Beispiel wird Faktenwissen während einer mathematischen Argumentation thematisiert. Herr Peters spricht die Bedeutung von Variablen an (Klasse 3, Stunde 2, Turn 224), die daraufhin gemeinsam ausgehandelt wird.

Der folgende Transkriptausschnitt illustriert diesen Aushandlungsprozess und ist daher im Vergleich zu den bisherigen Ausschnitten länger. Lukas äußert zunächst, dass die Variable n allgemein für „jede gerade Zahl" steht (Turn 227). Diese Fehlvorstellung greift Herr Peters auf, indem er die Variable auf dem projizierten Arbeitsblatt zu „n" ändert und die Aussage von Lukas in eigenen Worten wiederholt (Turn 230). Louis erinnert sich daraufhin an den vorangegangenen Unterricht und sagt, dass man „jede beliebige Zahl" einsetzen darf. Dabei darf man für gerade und ungerade Zahlen aber nicht (gleichzeitig) die gleiche Variable nutzen (Turn 231). Abschließend stellt Herr Peters heraus und fasst zusammen, dass „2·n" eine gerade Zahl darstellt und „2·m + 1" eine ungerade Zahl (Turn 236).

„224   L: [...] Kannst du mir denn sagen für n und m, sind ja jetzt die Buchstaben, die da drin stehen, wofür das steht? #00:48:07–2#

225   Patrick: Äh, ne. #00:48:08–7#

226   L: Ne. Okay. (..) Lukas. #00:48:14–9#

227   Lukas: Ich glaube, die sollen einfach allgemein gelten. Dass man nicht so ne Zahl aufschreibt, dass man sagt nur diese Zahl (.) ähm betrifft das jetzt, sondern dass man sagt, n ist einfach jede gerade Zahl, die man nehmen könnte. #00:48:27–1#

228   L: Mhm. #00:48:28–7#

229   Lukas: Also einfach allgemein. #00:48:28–9#

230   L: Okay. N/ ich geh jetzt mal wieder zurück nehm hier statt k wieder mal das n, damit wir so sind, also so unterwegs sind, wie auf dem Arbeitsblatt (*ändert das k zu einem n*). Zwei mal n, da kann ich für n jede gerade Zahl einsetzen? Das sagst du, okay. Gut. (..) Louis. #00:48:47–8#

231   Louis: Also ich glaube auch so wie Lukas, wir hatten das ja das eine Mal an der Tafel, als wir (..) weiß gar nicht, welches Thema wir da grad hatten oder so (.) da haben wir die Rechenpfade äh die Rechenregeln oder sowas aufgeschrieben (.) ähm oder Vorfahrtsregeln und da haben wir/ ham sie das ja auch angeschrieben mit Buchstaben. Ähm und da ham sie dann ja auch gesagt, es ist einfach, dass da jede beliebige Zahl rein kann. Also da wärs jetzt halt jede beliebige gerade Zahl. Aber man darf halt nicht bei beiden zum Beispiel jetzt bei gerade und ungerade dieselbe Zahl nehmen äh denselben Buchstaben. #00:49:25–0#

232   L: Ah, okay. #00:49:26–6#

233   Louis: Weil dann könnte man ja denken, kann beides gerade sein beziehungsweise ungerade. #00:49:31–3#

234   L: (8 sek) (*schreibt an die Tafel „2·n+1 ≅ ungerade Zahl"*) Ähm was heißt dieses Zeichen hier nochmal? Ich nutz das hier gerade einfach, was heißt denn das überhaupt? (4 sek) Christin. #00:49:48–4#

235   Christin: Entspricht. #00:49:49–8#

236   L: Entspricht. Also zwei mal n entspricht einer geraden Zahl vielleicht und zwei mal n äh m plus eins natürlich (..) (*ändert das n zu einem m*) zwei mal

m plus eins entspricht einer ungeraden Zahl, okay (*ergänzt zwei Fragezeichen hinter „2m+1 ≅ ungerade Zahl"*).
[...] #00:50:05–0#" (Klasse 3, Stunde 2, Turn 224–236)

Insgesamt ist dieser Aushandlungsprozess über die Bedeutung von Variablen eine entscheidende Unterrichtssituation. Für die mathematische Argumentation und die Konstruktion von einem algebraischen Argument ist dieses Wissen über Variablen wesentlich, aber auch darüber hinaus ist die Bedeutung von Variablen fachlich relevant. Die Vielschichtigkeit solcher Aushandlungsprozesse, die geäußerten Fehlvorstellungen und die Bedeutung für (individuelle) Lernprozesse stehen nicht im Fokus dieser Arbeit. Diese Aspekte können daher in dieser Arbeit nicht weiter aufgegriffen werden.

Neben fachlichen Aspekten können auch methodische Vorgehensweisen und übergeordnete Strategien in mathematischen Argumentationsprozessen thematisiert werden.

Meta Handlungen: Methodenwissen

„Methodenwissen" zum mathematischen Argumentieren wird thematisiert, wenn beispielsweise das allgemeine Vorgehen beim mathematischen Argumentieren oder die Bedeutung von Gegenbeispielen besprochen wird. In dieser Subkategorie wird also die Thematisierung von Wissen gefasst, welches notwendig ist, um mathematische Argumentationen zu führen. Dieses Wissen kann die Schülerinnen und Schüler in mathematischen Argumentationsprozessen anleiten oder unterstützen: Worauf muss geachtet werden beim mathematischen Argumentieren? Wie unterscheiden sich die Argumente in den verschiedenen Repräsentationen? Was bedeuten Gegenbeispiele?

Methodenwissen kann vor, nach oder während einer mathematischen Argumentation thematisiert werden. Wenn eine Lehrkraft Methodenwissen *vor* einer mathematischen Argumentation anspricht, möchte sie ihre Schülerinnen und Schüler anleiten, eine gewisse Vorgehensweise in der anschließenden Argumentation zu verwenden. Auch kann die Lehrkraft ihren Schülerinnen und Schülern ein neues, alternatives Vorgehen präsentieren, welches sie im Anschluss direkt anwenden können. Das Methodenwissen der Klassengemeinschaft wird erweitert, indem eine neue Strategie etabliert wird. Lehrkräfte können aber auch das Vorgehen und ihre Erwartungen offenlegen, etwa durch eine Aussage wie „Wenn ihr der Meinung seid, dass eure Vermutung immer gilt, und ihr kein Gegenbeispiel findet, dann möchte ich eine Begründung haben, warum sie immer gilt." (Klasse 2, Stunde 1, Turn 100). Durch diese Aussage wird hervorgehoben, dass die Lehrkraft im Folgenden eine Begründung von ihren Schülerinnen und Schülern erwartet.

Eine Lehrkraft intendiert bei der Thematisierung von Methodenwissen *während* einer mathematischen Argumentation in der Regel die Anwendung und Etablierung von spezifischen Vorgehensweisen oder Repräsentationen. Einerseits, wenn die Schülerinnen und Schüler an ihre Grenzen stoßen, um ihnen eine Argumentationsmöglichkeit aufzuzeigen. Oder andererseits, um direkt anhand einer konkreten Argumentation beispielhaft eine bestimmte Repräsentation, wie etwa ikonische Punktemuster, zu erklären. *Nach* einer mathematischen Argumentation wird durch die Thematisierung von Methodenwissen von den Lehrkräften oft eine Etablierung oder eine Reflexion einer Vorgehensweise oder Repräsentation angestrebt.

Im folgenden Beispiel thematisiert Frau Petrow, nachdem Berechnungen von Zahlenbeispielen vorgelesen wurden, was Beispiele und Gegenbeispiele für mathematische Argumentationen bedeuten. Es wird ausgehandelt, wie viele Beispiele man für eine Begründung berechnen müsste (Klasse 1, Stunde 2, Turn 141). Levin schlägt 15 Beispiele vor und Momme 100 (Turn 142, 146). Finn äußert „so viele wie mögliche" (Turn 147). Daraufhin stellt die Lehrkraft klar, dass man unendlich viele Beispiele berechnen müsste, da mathematische „Regeln" ungültig sind, wenn es ein Beispiel gibt, bei dem die Aussage nicht gilt (Turn 148).

„139   L: Okay, dankeschön erstmal. Ähm, das heißt, wir haben viele viele Beispiele gefunden ähm zur Gültigkeit. Aber warum reicht das uns nicht aus? Sch sch. Wir haben jetzt eine Hand voll Beispiele gehört. Wir können auch sagen, okay das wars jetzt und wir haben das äh bestätigt. Und warum ist das nicht gült/ äh so richtig die Vorgehensweise? Äh Johann. #00:34:58–5#

140   Johann: Es (unv.) doch viel mehr Aufgaben auf, wo man ein Gegenbeispiel treffen könnte. #00:35:02–7#

141   L: Genau. Was müsste ich jetzt machen, wie viele Beispiele müsste ich jetzt rechnen rein theoretisch? Ähm Levin. #00:35:09–3#

142   Levin: Fünfzehn. #00:35:09–7#

143   L: Fünfzehn? #00:35:10–8#

144   Levin: Ja. #00:35:10–8#

145   L: (.) Was sagst du dazu? #00:35:13–2#

146   Momme: Einhundert. #00:35:14–1#

147   Finn: So viele wie möglich. #00:35:17–6#

148   L: Eigentlich müsste ich alle Zahlen irgendwie zeigen, weil, wenn ich ein Beispiel finde, bei dem es nicht mehr gültig ist, dann habe ich keine Regel. Was kann ich machen, um diese unmögliche Aufgabe, ich kann jetzt unmöglich alle Zahlen miteinander addieren, weil es sind unendlich viele Zahlen. Das heißt, ich müsste unendlich lange Zeit damit verbringen die Zahlen miteinander zu addieren. Aber ich kann etwas anderes machen. Ähm ja. #00:35:40–3#" (Klasse 1, Stunde 2, Turn 139–148)

In dieser Szene wird also ausgehandelt, wie viele Beispiele berechnet werden müssen, damit ein gültiges mathematisches Argument entsteht. Auch motiviert Frau Petrow ihre Schülerinnen und Schüler am Ende des Gesprächs nicht nur Beispiele zu berechnen, sondern ein mathematisches Argument zu entwickeln. Sie gibt dem mathematischen Argumentieren damit eine Sinnhaftigkeit.

Zusammenfassung „Meta Handlung"

„Meta Handlungen" der Lehrkraft unterstützen die mathematische Argumentation, indem Fakten- oder Methodenwissen thematisiert wird. Die gemeinsame Argumentationsbasis der Klasse wird somit erweitert. Daher wird nicht nur die spezifische mathematische Argumentation vorangebracht, sondern es werden (potentiell) auch alle folgenden mathematischen Argumentationen gefördert.

Die Subkategorie „Faktenwissen" fokussiert auf die Etablierung von mathematischen Aussagen in der gemeinsamen Argumentationsbasis der Klasse. Notwendiges Vorwissen wird den Schülerinnen und Schülern zugänglich gemacht. Durch die Thematisierung von „Methodenwissen" werden Lösungsstrategien, Vorgehensweisen oder auch verschiedene Repräsentationen von mathematischen Argumenten erarbeitet. Schülerinnen und Schülern werden Möglichkeiten aufgezeigt und sie werden somit gefördert eigenständig mathematische Argumente zu konstruieren.

6.3   Schülerinnen und Schüler Handlungen

Möchte man die Rolle der Lehrkraft in mathematischen Argumentationen in Klassengesprächen verstehen und untersuchen, wie die Lehrkraft mathematische Argumentationen in Klassengesprächen beeinflusst und rahmt, ist es entscheidend, neben ihren Handlungen und Äußerungen auch die Handlungen und Äußerungen der Schülerinnen und Schüler zu betrachten. Unterrichtsgespräche und mathematische Argumentationen sind interaktive Situationen. Daher sind die Äußerungen und die Handlungen von Lehrkräften während einer mathematischen Argumentation immer in ein Gesamtbild einzuordnen.

Im folgenden Kapitel wird daher die Kategorie „Schülerinnen und Schüler Handlungen" vorgestellt. Zu der Hauptkategorie „Schülerinnen und Schüler Handlungen" werden im Gegensatz zu den anderen Kategorien Handlungen von Schülerinnen und Schülern und nicht Handlungen von Lehrkräften gezählt. Die Subkategorien orientieren sich dennoch an den Hauptkategorien des Rahmenwerks von Conner et al. (2014) (vgl. Abschnitt 2.3.3), das auf Lehrkrafthandlungen in mathematischen Argumentationen fokussiert. Die Bezeichnung der

Subkategorien beginnt dabei immer mit „SuS", was für „Schülerinnen und Schüler" steht, gefolgt von einer der Subkategorien aus dem Rahmenwerk von Conner et al. (2014). Es wird auf die Forschungsfrage 2.2 fokussiert: „Mit welchen Handlungen unterstützen sich die Schülerinnen und Schüler in mathematischen Argumentationsprozessen gegenseitig?".

Bei der Datenauswertung sind induktiv die folgenden Subkategorien herausgearbeitet worden:

- SuS: Frage nach einem mathematischen *Fakt*
- SuS: Frage nach einer *Methode*
- SuS: Frage nach einer *Elaboration*
- SuS: Andere unterstützende Aktivitäten *Bewerten*
- SuS: Andere unterstützende Aktivitäten *Informieren*
- SuS: Andere unterstützende Aktivitäten *Wiederholen*
- SuS: Teile des Arguments einbringen *Ausnahmen ergänzen*

Die induktive Kategorie „Schülerinnen und Schüler Handlungen" beschränkt sich auf die obigen sieben Subkategorien, da im Datenmaterial nicht alle Kategorien aus dem Rahmenwerk von Conner et al. (2014) von den Lernenden hervorgebracht wurden. In den erhobenen Unterrichtssituationen haben die Schülerinnen und Schüler sich gegenseitig nach mathematischen Fakten, einer Methode oder einer Elaboration gefragt. Auch haben die Lernenden ihre Aussagen bewertet, wiederholt und Bausteine von Argumenten mit Informationen angereichert. Ebenfalls wurden Ausnahmen in mathematischen Argumentationen ergänzt. Bei einer größeren Stichprobe oder in anderen Themenbereichen sind weitere Subkategorien entsprechend der Lehrkrafthandlungen oder auch andere Unterstützungen denkbar.

Wichtig ist zu verdeutlichen, dass mit dieser Kategorie noch nicht erfasst wird, welche Unterrichtssituationen zu „Schülerinnen und Schüler Handlungen" hinführen. Auch kann nicht rekonstruiert werden, wie die Lehrkraft eine Argumentationskultur und soziomathematische Normen im Mathematikunterricht etabliert, die zu gegenseitigen Unterstützungen führen. In dieser Studie geht es primär um die Handlungen der Lehrkräfte in den mathematischen Argumentationen im Übergang von der Arithmetik zur Algebra und die Rahmungen dieser Argumentationsprozesse durch Lehrkrafthandlungen. Um Argumentationskulturen und die Etablierung von soziomathematischen Normen zu rekonstruieren, bedarf es detaillierter Analysen der Interaktionen und der Bedingungen in den Unterrichtssituationen, die in dieser Arbeit nicht geleistet werden können. Es bedarf weiterer Forschung in diesem Bereich.

Im Folgenden werden die Subkategorien der Kategorie „Schülerinnen und Schüler Handlungen" vorgestellt.

Schülerinnen und Schüler Handlung: Fragen nach einem mathematischen Fakt
In den erhobenen Unterrichtssituationen haben sich die Schülerinnen und Schüler gegenseitig nach „*mathematischen Fakten*" gefragt. Beispielsweise sollten bei der Frage nach Fakten erneut Ergebnisse genannt werden oder es sollte eine Vermutung beziehungsweise Konklusion erneut angegeben werden. Die Lernenden intendieren mit solchen Fragen nach Fakten, dass ihre Mitschülerinnen und -schüler Berechnungen oder Aussagen wiederholen, da sie diese zuvor akustisch nicht verstanden haben oder um diese nochmal im Diskurs zu fokussieren oder zu diskutieren. Beispielsweise hat Tobias gefragt: „Was ist das Ergebnis? Du hast jetzt viermal plus gerechnet." (Klasse 3, Stunde 2, Turn 416). Tobias weist seinen Mitschüler implizit auf die fehlerhafte Notation hin und möchte, dass sein Mitschüler das Ergebnis seiner Rechnung benennt.

Neben Fragen nach mathematischen Fakten haben die Lernenden in den Unterrichtssituationen auch nach Vorgehensweisen oder Lösungsstrategien ihrer Mitschülerinnen und Mitschüler gefragt.

Schülerinnen und Schüler Handlung: Fragen nach einer Methode
Bei Fragen nach „*Methoden*" fordern die Lernenden ihre Mitschülerinnen und Mitschüler dazu auf, Vorgehensweisen (genauer) zu beschreiben. Entweder, weil sie ein anderes Ergebnis haben, weil sie selbst keine Lösungsstrategie kennen oder damit sie die Vorgehensweise ihrer Mitschülerinnen und Mitschüler anschließend diskutieren können.

Folgende Unterrichtssituation illustriert ein Beispiel zu der Subkategorie „SuS: Fragen nach einer Methode". Nachdem Tobias seine Rückmeldung an Paul zu der Behauptung „Das Produkt von zwei geraden Zahlen ist immer durch 8 teilbar." vorgestellt hat, fragt Louis: „Aber da steht ja äh du sollst die Aussage kontrollieren. Das heißt, du sollst ja auch welche finden, die dafürsprechen. (..) Hast du das gemacht?" (Klasse 3, Stunde 2, Turn 73). Louis hat die Aufgabe so verstanden, dass man auch Zahlenbeispiele finden soll, die zu Pauls Behauptung passen. Er fragt Tobias daher, ob er das auch gemacht hat. Louis möchte also das Vorgehen von Tobias diskutieren. Er hätte Tobias in dieser Situation auch nach einer Elaboration seiner Vorgehensweise fragen können (vgl. folgende Subkategorie).

Schülerinnen und Schüler Handlung: Fragen nach einer Elaboration
Fordern sich die Schülerinnen und Schüler gegenseitig zu „*Elaborationen*" auf, sollen Aussagen genauer erklärt oder weiter ausgeführt werden. Beispielsweise

fragt René „Warum hast du bei dem ganz letzten Dreieck nur die inneren Kästen ausgefüllt, also die Seiten?" (Klasse 3, Stunde 4, Turn 400). René hat die Argumentation, die Lukas zuvor vorgestellt hat, vermutlich noch nicht vollends durchdrungen und möchte, dass Lukas sie weiter ausführt. Es kommt aber auch vor, dass die Lernenden sich gegenseitig hinterfragen. Sie bitten ihre Mitschülerinnen und Mitschüler beispielsweise zu erläutern, ob und gegebenenfalls warum sie meinen, dass ihre Aussage allgemeingültig ist. Etwa äußert Tina: „Ne, ich wollte fragen, ob das immer so ist." (Klasse 2, Stunde 5, Turn 345). Tina fordert eine Elaboration ein und möchte, dass die Allgemeingültigkeit der Aussage reflektiert wird.

Neben Fragen haben sich die Schülerinnen und Schüler auch mit „anderen Aktivitäten" (vgl. Conner et al., 2014) gegenseitig unterstützt.

Schülerinnen und Schüler Handlungen: Andere unterstützende Aktivitäten – Bewerten

Die Schülerinnen und Schüler haben die Aussagen ihrer Mitschülerinnen und Mitschüler in einigen Unterrichtssituationen „*bewertet*". Solche Bewertungen werden der Kategorie „Schülerinnen und Schüler Handlungen" zugeordnet, wenn sie ohne vorherige Aufforderung der Lehrkraft zur Evaluation stattgefunden haben (vgl. „Fragen nach Evaluationen"). Bei diesen Bewertungen haben die Schülerinnen und Schüler zum Beispiel falsche Ergebnisse oder Aussagen als unkorrekt bezeichnet oder sie korrigiert. Auch haben die Lernenden Äußerungen ihrer Mitschülerinnen und Mitschüler als korrekte Aussagen bestätigt.

Die Subkategorie „SuS: Bewerten" tritt wiederholt bei der Besprechung von Ergebnissen von mathematischen Berechnungen im Plenum auf. Beispielsweise äußert Johann in Bezug auf das zuvor genannte Ergebnis: „Das letzte war falsch." (Klasse 1, Stunde 1, Turn 93). In anderen Fällen korrigieren die Schülerinnen und Schüler die Aussagen direkt: „Jessica: Ähm also bei dem vierzehn mal zwanzig, da muss vierzehn ja plus zwanzig hin, sonst wär das ein anderes Ergebnis (unv.)." (Klasse 2, Stunde 1, Turn 371). Jessica nennt also direkt einen Verbesserungsvorschlag.

Die Schülerinnen und Schüler haben in anderen Unterrichtssituationen ihren Mitschülerinnen und Mitschülern zugestimmt und deren Aussagen bestätigt. Nachdem Vincent seinen Begründungsansatz mit einem Punktemuster präsentiert hat, gibt Pascal ihm eine Rückmeldung: „Ich stimm dir zu. Bei den Pünktchen ist es halt auch so, dass du da auch immer zwei so zu rechnen kannst und dann ist ja auch immer gerade. (.) Das kann man ja auch gut erklären dann so." (Klasse 3, Stunde 2, Turn 149). Pascal stimmt Vincent zu und bewertet seine Argumentation positiv.

Neben Bewertungen haben die Schülerinnen und Schüler ihre Aussagen in den Unterrichtssituationen wechselseitig ergänzt (vgl. folgende Subkategorie).

Schülerinnen und Schüler Handlungen: Andere unterstützende Aktivitäten – Informieren

Ebenfalls haben Lernende Aussagen von anderen rephrasiert und dabei die mathematische Argumentation mit zusätzlichen Informationen angereichert. Beispielsweise werden mathematische Aussage konkretisiert. Die Schülerinnen und Schüler haben also nach dem Rahmenwerk von Conner et al. (2014) *„informiert"*.

Folgende Unterrichtssituation zeigt eine Äußerung, die der Subkategorie „SuS: Informieren" zugeordnet werden kann. Nachdem im Unterrichtsgespräch bereits festgestellt wurde, dass in der Mitte vom Rechendreieck keine 25 stehen kann, präzisiert Louis: „Also ich vermute, dass insgesamt ungerade Zahlen in der Mitte nicht gehen, also in diesem ganz inneren Kästchen." (Klasse 3, Stunde 4, Turn 402). Er reichert die Aussage also mit einer zusätzlichen Information an: Alle ungeraden Zahlen sind nicht möglich. Dagegen werden in der folgenden Subkategorie, keine Informationen hinzugefügt, sondern die Aussagen lediglich wiederholt.

Schülerinnen und Schüler Handlungen: Andere unterstützende Aktivitäten – Wiederholen

Einige Schülerinnen und Schüler haben Aussagen ihrer Mitschülerinnen und Mitschüler *wiederholt*. Beispielsweise mit der Intention, dass sie sich auf die Aussage beziehen können, oder um zu überprüfen, ob sie ihre Mitschülerinnen und Mitschüler richtig verstanden haben. Ebenfalls kann die Wiederholung einer Aussage dazu dienen, die Aussage anschließend zu diskutieren.

Beispielsweise ist Momme mit einer Berechnung von seinem Mitschüler nicht zufrieden: „Er hat einundneunzig gesagt." (Klasse 1, Stunde 1, Turn 95). Er wiederholt die Aussage und möchte, dass die Berechnung korrigiert wird. Auch werden Aussagen durch Tafelanschriebe wiederholt, etwa als Vincent den von Tobias geäußerten Term anschreibt „Vincent: (11 sek) *(schreibt „A·2 + B·2 + C·2" oben an die Tafel)* So?" (Klasse 3, Stunde 4, Turn 463). Der Term steht nun im Fokus der mathematischen Argumentation und ist für alle sichtbar.

Schülerinnen und Schüler können auch Teile des mathematischen Arguments zu den hervorgebrachten Argumenten ihrer Mitschülerinnern und Mitschüler ergänzen.

Schülerinnen und Schüler Handlungen: Teile des Arguments einbringen – Ausnahmen ergänzen
Die Schülerinnen und Schüler können analog zu den Lehrkräften auch „Teile des Arguments einbringen" (vgl. Conner et al., 2014). In den Daten hat eine Schülerin eine Aussage von einem anderen Lernenden eingeschränkt und hat somit eine „Ausnahme ergänzt". In der folgenden Unterrichtssituation wird von Dilara darauf hingewiesen, dass die Aussage nicht für jegliche Rechenoperationen gültig ist, sondern nur bei der Addition (Klasse 3, Stunde 1, Turn 246). Jonas versteht ihre Anmerkung zunächst nicht (Turn 243–247). Dilara versucht ihre Äußerung erneut zu erklären (Turn 248). Als Jonas und Lukas weiterhin Unverständnis äußern (Turn 249–252), unterstützt Louis Dilara, indem er ihre Aussage rephrasiert (Turn 253).

„242   Dilara: Aber da ist ja zwei mal fünfundfünfzig. Da ist ja die Zwei gerade und die äh Fünfundfünfzig ungerade und Hundertzehn ist gerade. #01:22:55–5#
243   Jonas: Ja das geht ja darum//
244   Dilara: Weil// es ist ja nicht plus. Also es ist ja nicht addiert. #01:23:02–1#
245   Joris: Ja. #01:23:03–0#
246   Dilara: Dann heißt ja, dass es nur bei Addition äh ungerade ist. Wenn man gerade plus ungerade macht. #01:23:10–1#
247   Jonas: (.) Wie meinst du das jetzt? #01:23:12–2#
248   Dilara: Ja, wenn du jetzt ne gerade Zahl hast und das mal ne ungerade machst, dann muss es ja nicht immer ungerade rauskommen und das ist ja bei der Addition schon so. #01:23:24–2#
249   Jonas: (unv.) #01:23:25–5#
250   Lukas: Ich verstehe die Frage nicht ganz. #01:23:28–0#
251   Dilara: Das war auch keine Frage, das war ne Aussage. #01:23:31–8#
252   Jonas: Ich versteh die Aussage nicht. #01:23:32–8#
253   Louis: (..) Ja, sie meinte halt, dass wir hatten ja eben bei plus, haben wir ja gesagt, wenn man gerade plus ungerade, das immer was ungerades rauskommt. Sie meinte jetzt aber, dass es bei mal halt nicht so ist. #01:23:48–1#
254   Dilara: Ja genau. #01:23:50–9#" (Klasse 3, Stunde 1, Turn 242–254)

Diese Situation verdeutlich einen gemeinsamen Aushandlungsprozess in der mathematischen Argumentation. Jonas und Lukas versuchen Dilaras Anmerkungen zu verstehen. Als sie trotz einer Umformulierung von Dilara nicht weiterkommen, hilft Louis den beiden. Es wird gemeinsam ausgehandelt, dass die mathematische Aussage nicht für die Multiplikation gilt (Turn 253).

Zusammenfassung „Schülerinnen und Schüler Handlungen"
In den Unterrichtssituationen dieser Studie konnten diverse „Schülerinnen und Schüler Handlungen" rekonstruiert werden. Die Schülerinnen und Schüler haben

sich gegenseitig nach mathematischen Fakten, einer Methode oder einer Elabo-ration gefragt. Einerseits haben sie solche Fragen gestellt, wenn sie Äußerungen ihrer Mitschülerinnen und Mitschüler nicht vollständig verstanden haben. Ander-seits wollten sie im Anschluss an diese Fragen die Vorgehensweisen oder Aussagen ihrer Mitschülerinnen und Mitschüler diskutieren.

Zusätzlich haben die Schülerinnen und Schüler ihre Aussagen gegenseitig bewer-tet, wiederholt und Bausteine von Argumenten mit Informationen angereichert. Dabei wurden beispielsweise fehlerhafte Aussagen korrigiert oder Aussagen ver-vollständigt. Ebenfalls wurden Ausnahmen zu einem mathematischen Argument ergänzt.

Die Kategorie „Schülerinnen und Schüler Handlungen" ist auf Basis von den in dieser Studie erhobenen Unterrichtssituationen konstruiert worden. Das heißt, bei der Betrachtung von weiteren Unterrichtssituationen in der Unterrichtsrealität, auch in anderen Themenfeldern, wie etwa Geometrie, können gegebenenfalls wei-tere Subkategorien identifiziert werden. Es sind weitere „Schülerinnen und Schüler" Handlungen analog zu den Lehrkrafthandlungen (vgl. Conner et al., 2014) oder auch andere gegenseitige Unterstützungen denkbar. Auch könnten in der Unterrichtsrea-lität derangierende Handlungen (vgl. Abschnitt 6.1) oder sogar „Meta Handlungen" (vgl. Abschnitt 6.2) von Schülerinnen und Schülern rekonstruiert werden.

Wenn Schülerinnen und Schüler in mathematischen Argumentationen gemein-sam arbeiten und aufeinander eingehen, sich gegenseitig unterstützen, können mögliche unterstützende Handlungen der Lehrkraft ersetzt oder überflüssig wer-den. Beispielsweise muss die Lehrkraft die Allgemeingültigkeit einer Aussage nicht mehr hinterfragen, wenn dies bereits ein Mitschüler oder eine Mitschülerin zuvor thematisiert hat. Bei der Rekonstruktion von Lehrkrafthandlungen in mathemati-schen Argumentationen ist es daher entscheidend, auch Schülerinnen und Schüler Handlungen zu erfassen und Interaktionsprozesse zu betrachten (vgl. Abschnitt 6.4), um die Rolle der Lehrkraft in mathematischen Argumentationen zu verstehen.

Mit der Kategorie „Schülerinnen und Schüler Handlungen" wird aber noch nicht erfasst, wie solche Handlungen im Mathematikunterricht initiiert werden können. Dazu müssen tiefergehende Analysen der Argumentationskulturen in den Klassen stattfinden und die soziomathematischen Normen rekonstruiert wer-den. Diese Arbeit fokussiert aber auf die Rolle der Lehrkraft in mathematischen Argumentationen und verzichtet daher auf solche Analysen. Ein Einblick in die Interaktionsprozesse der erhobenen Unterrichtssituationen und wie diese Inter-aktionen die Lehrkrafthandlungen beeinflussen wird im folgenden Abschnitt 6.4 gewährt.

## 6.4	Einfluss von Interaktionen

Mathematische Argumentationen sind Interaktions- und Aushandlungsprozesse, in welchen in der Regel gemeinsam ein mathematisches Argument konstruiert wird (vgl. Abschnitt 2.1.1 und Abschnitt 2.2). Mathematisches Argumentieren ist diskursiv. Daher ist es entscheidend, einen Blick auf die Interaktionen in den Argumentationsprozessen zu werfen, um die Rolle der Lehrkraft in mathematischen Argumentationen im Übergang von der Arithmetik zur Algebra zu verstehen (vgl. Forschungsfrage 2). Die Lehrkrafthandlungen aus dem Kategoriensystem werden nachfolgend vor dem Hintergrund der Interaktionen zwischen den Partizipierenden betrachtet.

Im folgenden Kapitel wird auf die Forschungsfrage 2.3 fokussiert: „Wie wirken sich Interaktionen auf die Handlungen der Lehrkraft in mathematischen Argumentationsprozessen aus?". Das heißt, es werden die Unterrichtssituationen betrachtet und die Lehrkrafthandlungen in die interaktiven Argumentationsprozesse eingeordnet. Dabei wird im folgenden Abschnitt zunächst vor allem auf Episoden mit Interaktionen zwischen Schülerinnen und Schülern und auf Episoden mit „Schülerinnen und Schüler Handlungen" fokussiert.

Schülerinnen und Schüler Handlungen und ihre Bedeutung für Lehrkrafthandlungen

Wie in Abschnitt 6.3 beschrieben, können sich Schülerinnen und Schüler in mathematischen Argumentationen gegenseitig unterstützen, indem sie Fragen stellen, mit anderen unterstützenden Aktivitäten oder indem sie Argumente von Mitschülerinnen und Mitschülern vervollständigen.

Wenn Schülerinnen und Schüler in mathematischen Argumentationsprozessen interagieren und sich gegenseitig potenziell unterstützende Fragen stellen, können sie Fragen der Lehrkraft ersetzen (vgl. Abschnitt 6.3). Das heißt, Lehrkrafthandlungen (Fragen) werden in solchen Unterrichtssituationen ersetzt oder sogar unterbunden.

In argumentativen Aushandlungsprozessen sind aber mehrfach weitere unterstützende Lehrkrafthandlungen neben Schülerinnen und Schüler Handlungen erforderlich. Durch Fragen von Schülerinnen und Schülern in Bezug auf mathematische Inhalte, also etwa Fragen nach mathematischen Fakten oder Elaborationen, kann die gemeinsame Argumentationsbasis der Klasse überprüft werden oder gegebenenfalls erweitert werden. Fragen, etwa nach Methoden oder Elaborationen, können Aushandlungsprozesse initiieren, die ein tieferes Durchdringen der mathematischen

Argumentationen der Mitschülerinnen und Mitschüler ermöglichen, sowohl methodisch als auch inhaltlich. Die Argumentationsansätze werden verhandelt, wechselseitig Bezug zueinander genommen und letztlich eine gemeinsame Argumentation konstruiert. Lehrkräfte rahmen diese interaktiven Argumentationsprozesse.

Eine Unterrichtssituation, in welcher Interaktionen zwischen Schülerinnen und Schülern die Lehrkrafthandlungen beeinflussen, ist die Argumentation zur Aussage „Wenn sich beide Summanden verdoppeln, verdoppelt sich auch das Ergebnis.". Jale möchte die Aussage mit folgender Gleichung begründen: „$12 + 24 = (2·5 + 2) + (2·12) = 2·5 + 2·12 + 2 = 2 · (5+12) + 2 = 2·17 + 2 = 36$". Nachdem Jale ihren Ansatz präsentiert hat, fordert Johannes eine Erklärung der Vorgehensweise: „Ich hab' eine Frage: Warum hat sie fünf/ äh hat sie im ersten Schritt Klammer auf zwei mal fünf plus zwei gemacht und nicht/ […] Zwei mal sechs, dann ja." (Klasse 2, Stunde 4, Turn 249–253). In dieser Unterrichtssituation hat Johannes die Diskussion über Jales Argumentationsansatz eröffnet. Die Argumentation von Jale konnte er nur bedingt nachvollziehen und hat sie daher hinterfragt. Zunächst wird ein tieferes Durchdringen der mathematischen Argumentation von Jale auf einer methodischen Ebene angestrebt: Wieso hat sie diese Termumformung durchgeführt? Johannes greift Jales Ansatz auf und äußert einen alternativen Vorschlag. Ein Aushandlungsprozess wird initiiert, ohne Zutun der Lehrkraft.

Dieser Aushandlungsprozess wird aber durch fachliche Fehler der Lehrkraft und das Ignorieren der unvollständigen Argumentation von Jale abgebrochen. Damit verstreicht eine potenzielle Lerngelegenheit für die Schülerinnen und Schüler:

> „Das macht ja Sinn alles. […] sie hat sich den Weg n bisschen schwieriger gemacht. Weil, Jale, du hättest die Zwölf natürlich in zwei mal sechs machen können. […] Ja, das ist auch richtig. Es ist ein komplizierter wirds dadurch das Jale äh die Zwölf in zwei mal fünf äh zwei mal fünf plus zwei aufgeteilt hat anstatt in zwei mal sechs, ja? Aber letztendlich, sie hat die Zwei immer mitgenommen. Gleichung für Gleichung hat sie die da durchgeprügelt." (Klasse 2, Stunde 4, Turn 256–260)

Frau Kaiser greift auf, dass man auch den alternativen Vorschlag von Johannes hätte nutzen können. Da sie die Argumentation von Jale aber als legitim akzeptiert, bleibt der Aushandlungsprozess auf einer eher methodischen Ebene. Eine inhaltliche Interpretation der Termumformung und ein Rückbezug zu der Aussage „Wenn sich beide Summanden verdoppeln, verdoppelt sich das Ergebnis auch." findet nicht statt. „Schülerinnen und Schüler Handlungen" können also Aushandlungsprozesse im Mathematikunterricht initiieren, erfordern aber ein sensibles Handeln der Lehrkraft und gegebenenfalls weitere Unterstützung durch Lehrkräfte.

Dieses eher negative Beispiel wird hier aufgegriffen, da es gleichzeitig verdeutlicht, wie vielschichtig und komplex Argumentationsprozesse im Mathematikunterricht sind. Es ist eine große Herausforderung für Lehrkräfte sich auf Ideen der Schülerinnen und Schüler einzulassen. Außerdem hat sich im Datenmaterial dieser Studie gezeigt, dass das Eingreifen der Lehrkraft in Unterrichtssituationen mit Schülerinnen und Schüler Handlungen in vielen Fällen eher derangierend auf den Argumentationsprozess gewirkt hat (mit Ausnahme von „Bewertungen", wie etwa Korrekturen von Berechnungen).

„Andere unterstützende Aktivitäten" von Schülerinnen und Schülern, wie etwa gegenseitige Bewertungen, Wiederholungen oder Informationen, wirken sich ebenfalls auf die Lehrkrafthandlungen in mathematischen Argumentationen aus. Sie deuten an, dass eine produktive Argumentationskultur in der Klassengemeinschaft etabliert ist. Das heißt, es wird aufeinander Bezug genommen, es werden Aushandlungsprozesse initiiert und es wird Verantwortung über die mathematische Korrektheit auch von Schülerinnen und Schülern übernommen (vgl. Yackel & Cobb, 1996). Die Lehrkraft kann sich selbst in einer solchen Umgebung oftmals zurücknehmen und den Schülerinnen und Schüler den Vortritt gewähren. Dennoch rahmt sie die Argumentationsprozesse und sollte eingreifen, beispielsweise wenn Fehler nicht aufgedeckt werden.

Beispielsweise korrigiert Johannes die Berechnung von Bastian: „Da müsste hunderteins rauskommen." (Klasse 2, Stunde 1, Turn 145). Durch Johannes Bewertung ist keine Korrektur seitens der Lehrkraft erforderlich. Johannes übernimmt hier Verantwortung für die mathematische Korrektheit. Diese Unterrichtssituation deutet auf eine produktive Argumentationskultur hin, in welcher aufeinander Bezug genommen wird und gemeinsam Verantwortung für die mathematische Korrektheit übernommen werden kann.

Auch ein weiteres Beispiel illustriert den Einfluss von Interaktionen auf die Lehrkrafthandlungen in mathematischen Argumentationen. Im Unterrichtsgespräch hat Lukas bereits festgestellt, dass in der Mitte vom Rechendreieck keine 25 stehen kann. Louis spezifiziert die Aussage von Lukas: „Also ich vermute, dass insgesamt ungerade Zahlen in der Mitte nicht gehen, also in diesem ganz inneren Kästchen." (Klasse 3, Stunde 4, Turn 402). Dabei nimmt Louis nur implizit Bezug auf die Aussage von Lukas. Nachdem zunächst die ursprüngliche Aussage von Lukas diskutiert wird, greift Herr Peters Louis Äußerung erneut auf: „Jetzt hat Louis irgendwas […] davon gefaselt, dass die Summe in der Mitte nicht ungerade sein kann. (.) Ja, hab‘ ich euch auch richtig verstanden?" (Klasse 3, Stunde 4, Turn 416). Louis bestätigt seine Aussage. Herr Peters fragt weiter: „Okay, also erstmal zusammenhangslos zu der Aussage, sondern ne ganz andere Aussage gemacht?" (Turn 419). Er fordert also implizit ein, dass der Zusammenhang zwischen den Aussagen von Lukas und

Louis benannt wird. Louis bestätigt ihm aber, dass kein Zusammenhang besteht. Daraufhin fasst Herr Peters zusammen:

> „Super. [...] Okay. Ähm (.) wenn ich euch jetzt richtig folgen konnte, ham wir ne Behauptung von Alina, ne Behauptung von Dilara und Louis und wir ham Lukas, der irgendwo [...] versucht hat, diese Behauptung von Alina zu überprüfen und an der Stelle ist er ja sozusagen joar wahrscheinlich schon. Was müssen wir jetzt machen [...]?" (Klasse 3, Stunde 4, Turn 421)

Im weiteren Verlauf der Stunde wird zunächst eine Begründung für die Aussage von Lukas entwickelt. Im Nachgang der Stunde hat Herr Peters geäußert, dass er im Anschluss an die Begründung eine Aushandlung über Louis verallgemeinerte Aussage initiieren wollte, aber die Unterrichtszeit eine solche Aushandlung nicht zugelassen hat.

Insgesamt verdeutlicht diese Unterrichtssituation, dass interaktive Argumentationsprozesse komplex sind. Bezüge zu den Aussagen von anderen herzustellen, die bereits implizit in den Aussagen angelegt sind, stellt teilweise eine Herausforderung für Schülerinnen und Schüler dar. Lehrkräfte regen ihre Schülerinnen und Schüler an, Zusammenhänge explizit zu machen oder benennen die Zusammenhänge selbst. Auch werden in einigen Unterrichtssituationen neue Bedeutungsaushandlungen über die Ergänzungen der Aussagen initiiert.

Auch wenn Schülerinnen und Schüler „Ausnahmen ergänzen" für die mathematischen Argumente ihrer Mitschülerinnen und Mitschüler, können gemeinsame Aushandlungsprozesse aufbrechen. In der folgenden Unterrichtssituation wird gemeinsam in der Interaktion verhandelt, für welche Rechenoperationen eine Aussage gültig ist. Dilara, Jonas, Lukas und Louis nehmen wechselseitig aufeinander Bezug und einigen sich, dass Jonas' Aussage und Argumentation nicht bei der Multiplikation gültig sind, sondern nur für die Addition gilt (vgl. Abschnitt 6.3). Herr Peters nimmt sich in dieser Unterrichtssituation zurück und überlässt die Aushandlung den Schülerinnen und Schülern. Ein ko-konstruktiver Dialog wird geführt (Abschnitt 2.2.3). Durch solche Möglichkeiten entwickeln Schülerinnen und Schüler in mathematischen Argumentationsprozessen Autonomie und übernehmen Verantwortung für mathematische Korrektheit. In solchen Unterrichtssituationen treten Lehrkräfte in den Hintergrund.

Auswirkungen von Lehrkrafthandlungen auf Interaktionsprozesse

Auch die Handlungen der Lehrkräfte sind immer in den interaktiven Argumentationsprozess einzuordnen: Wie werden sie von den Schülerinnen und Schülern verstanden? Welchen Einfluss haben sie auf die Interaktionen? In den folgenden

Absätzen wird auf die weiteren Kategorien aus dem Kategoriensystem zur Rekonstruktion von Lehrkrafthandlungen in mathematischen Argumentationen fokussiert: „Fragen stellen", „Andere unterstützende Aktivitäten", „Teile des Arguments einbringen", „Derangierende Handlungen" und „Meta Handlungen". Es werden Auswirkungen von solchen Lehrkrafthandlungen auf die Interaktionsprozesse angedeutet.

Kategorien „Fragen stellen" und „Andere unterstützende Aktivitäten"
Durch Lehrkrafthandlungen der Kategorien „Fragen stellen" und „Andere unterstützende Aktivitäten" kann der Interaktionsprozess in den mathematischen Argumentationen konstruktiv beeinflusst werden. Eine Lehrkraft schafft in der Regel Partizipationsmöglichkeiten für die Schülerinnen und Schüler.

Beispielsweise fordern Fragen nach Evaluationen die Lernenden explizit auf, die Äußerungen ihre Mitschülerinnen und Mitschüler zu bewerten. Die Lehrkraft initiiert somit, dass die Schülerinnen und Schüler die Aussagen der anderen Beteiligten nachvollziehen und aufeinander Bezug nehmen. Eine produktive Argumentationskultur kann durch solche Interaktionsprozesse etabliert werden. Beispielsweise initiiert Frau Petrow eine Aushandlung über Johanns Begründungsansatz: „So, was meint ihr denn zu äh Johanns Lösung? (.) Was meint ihr denn, wäre das so, wie es gezeichnet ist jetzt eine äh gültige ähm Begründung?" (Klasse 1, Stunde 1, Turn 271). Daraufhin stellt Caro korrekterweise fest, dass seine Begründung ungültig ist. Gemeinsam wird Johanns Ansatz zu einer gültigen mathematischen Argumentation verändert. Es findet also ein interaktiver Argumentationsprozess statt. Auch Fragen der Lehrkraft nach mathematischen Fakten, Methoden, Ideen und Elaborationen fordern die Lernenden in der Regel auf, sich in den Argumentationsprozess einzubringen. Somit ergeben sich Partizipationsmöglichkeiten für Schülerinnen und Schüler.

„Andere unterstützende Aktivitäten" der Lehrkraft, wie etwa „Wiederholungen", „Fokussierungen" oder das „Aussagen aufeinander beziehen", machen den mathematischen Argumentationsprozess oft zugänglicher und nachvollziehbarer für die Schülerinnen und Schüler. Es werden Möglichkeiten der Beteiligung geschaffen. „Bestärkt" die Lehrkraft ihre Schülerinnen und Schüler, will sie die Lernenden in der Regel ermutigen und motivieren ihre Gedanken, Ideen oder Argumentationsansätze im Gespräch zu äußern.

Es zeigt sich dabei auch, dass es in Unterrichtssituationen entscheidend ist, ob und wie Schülerinnen und Schüler die Fragen und Handlungen der Lehrkraft in den mathematischen Argumentationsprozess einbeziehen. In Ergebniskapitel 7 wird auf die Rahmungen der mathematischen Argumente durch die Lehrkrafthandlungen fokussiert.

Kategorie „Teile des Arguments einbringen"

Lehrkrafthandlungen der Kategorie „Teile des Arguments einbringen" beeinflussen die Interaktionsprozesse eher implizit. Die mathematischen Argumente werden durch die Äußerungen der Lehrkräfte in der Regel angereichert. Durch das „Vorgeben von Konklusionen", etwa durch Aufgabenstellungen, werden mathematische Argumentationsprozesse initiiert und Interaktionsprozesse entwickeln sich. Dagegen werden, wenn Lehrkräfte „Argumente vervollständigen", mathematische Argumentationen wiederholt beendet. Solche Handlungen der Lehrkraft können einen interaktiven Aushandlungsprozess also abschließen. Ein Beispiel dafür stellt folgende Aussage von Frau Petrow dar: „Das heißt, die beiden Bilder werden nur zusammengeschoben. Das heißt, am Ende bleibt dieser Einzelne noch übrig. Und das ist gültig, weil ich hab hier eine bildliche Darstellung für alle ungeraden und alle gerade Zahlen ähm getroffen." (Klasse 1, Stunde 1, Turn 123). Frau Petrow expliziert mit ihrer Aussage die Allgemeingültigkeit der Argumentation und schließt die mathematische Argumentation damit ab.

Durch „Derangierende Handlungen" können dagegen Interaktionsprozesse frühzeitig abgebrochen werden und eine gemeinsame Argumentation und Aushandlung unterbunden werden.

Kategorie „Derangierende Handlung"

Wenn Lehrkräfte derangierende (Nicht-)Handlungen in mathematischen Argumentationsprozessen zeigen, wird der Interaktionsprozess mehrfach eher negativ beeinflusst und gestört. Beispielsweise werden durch „Unterbrechungen" der Lehrkraft und durch die „Eigene Beantwortung von Fragen" Interaktionen in den mathematischen Argumentationsprozessen unterbunden. Den Schülerinnen und Schülern werden potenzielle Partizipationsmöglichkeiten verwehrt. In solchen Unterrichtssituationen können die Lernenden ihre eigenen Ideen nicht in die mathematische Argumentation einbringen. „Mehrere Fragen nacheinander" stören eine produktive Argumentationskultur, da beispielsweise der Fokus vom Gespräch verloren gehen kann. Somit kann eine solche Handlung dazu führen, dass eine gemeinsame Argumentation abgebrochen wird (für ein Beispiel vgl. Abschnitt 6.3, Subkategorie „Derangierende Handlungen: Mehrere Fragen nacheinander").

Die Subkategorien „Fachliche Fehler" der Lehrkraft, das „Ignorieren von falschen Aussagen" und „Keinen Rückbezug" beeinflussen die Interaktion zwischen den Beteiligten in der mathematischen Argumentation nur bedingt. Durch solche derangierenden (Nicht-)Handlungen wird dagegen die Konstruktion von einem mathematischen Argument, das fehlerhaft oder lückenhaft ist, ermöglicht.

Die Lehrkrafthandlungen der Kategorie „Meta Handlungen" können dagegen Partizipationsmöglichkeiten für Schülerinnen und Schüler in mathematischen Argumentationen schaffen.

Kategorie „Meta Handlungen"
Zu den „Meta Handlungen" der Lehrkraft zählen das Einbringen von Faktenwissen und Methodenwissen in den mathematischen Argumentationsprozess (vgl. Abschnitt 6.2).

Wird Faktenwissen im Mathematikunterricht von der Lehrkraft thematisiert, kann zunächst kein direkter Einfluss auf die Interaktion zwischen den Beteiligten rekonstruiert werden. Es ergibt sich keine explizite Änderung der Argumentationskultur oder des interaktiven Aushandlungsprozesses. Durch die Thematisierung von Faktenwissen wird aber eine gemeinsame Argumentationsbasis in der Klassengemeinschaft etabliert beziehungsweise diese erweitert. Dadurch entstehen neue Partizipationsmöglichkeiten für Schülerinnen und Schüler und die Teilnahme an mathematischen Argumentationsprozessen wird gefördert. Beispielsweise werden zu Beginn der Unterrichtseinheit die Charakteristika von geraden und ungeraden Zahlen thematisiert: Gerade Zahlen sind ohne Rest durch zwei teilbar und ungerade Zahlen mit dem Rest 1 (Klasse 2, Stunde 1, Turn 36 und 82). Diese beiden Fakten werden in den folgenden mathematischen Argumentationen zur Summe von einer ungeraden und einer geraden beziehungsweise zur Summe von zwei geraden Zahlen herangezogen. Beispielsweise äußert Johannes bei seiner Argumentation zur Summe von zwei geraden Zahlen: „Gerade Zahlen können immer durch zwei geteilt werden." (Klasse 2, Stunde 1, Turn 353). Implizit werden also durch die Thematisierung von Faktenwissen Interaktionen zwischen den Beteiligten und argumentative Bedeutungsaushandlungen im Mathematikunterricht ermöglicht.

Bei der Thematisierung von Methodenwissen ist ein ähnliches Phänomen zu beobachten. Die Argumentationsbasis wird durch Wissen über Strategien, Repräsentationen, die Bedeutung von Gegenbeispielen oder weitere Aspekte angereichert. Partizipationsmöglichkeiten an mathematischen Argumentationen entstehen für Schülerinnen und Schüler. Gleichzeitig kann die Lehrkraft eine Offenheit gegenüber Lösungen von anderen etablieren. Beispielsweise wird beim Vergleich von mathematischen Argumenten in verschiedenen Repräsentationen aufgezeigt, dass es in der Mathematik nicht nur eine korrekte Lösung gibt. Die Argumentationskultur in der Klassengemeinschaft wird durch diese Erkenntnis verändert, sodass ein Nachvollziehen von anderen Lösungswegen und Argumentationsansätzen in der Klassengemeinschaft etabliert wird. Dies beeinflusst die Interaktionen in mathematischen Argumentationen insofern, als dass Möglichkeiten zur wechselseitigen Bezugnahme geschaffen werden. Auch kann, durch die Erweiterung der Argumentationsbasis, die Verantwortung über die mathematische Korrektheit der Argumentationen von Schülerinnen und Schülern selbst übernommen werden. „Schülerinnen und Schüler Handlungen" werden in einer solchen Argumentationskultur ermöglicht. Das heißt, die Thematisierung von Methodenwissen durch Lehrkräfte trägt dazu bei, eine konstruktive Argumentationskultur zu etablieren und eröffnet Partizipationsmöglichkeiten für Schülerinnen und Schüler.

6.5 Zusammenfassung und Zwischenfazit

In Kapitel 6 wurden die induktiv gewonnenen Kategorien aus dem *Kategoriensystem zur Rekonstruktion von Lehrkrafthandlungen in mathematischen Argumentationen* (Tabelle 6.1) vorgestellt: „Derangierende Handlungen" (Abschnitt 6.1), „Meta Handlungen" (Abschnitt 6.2) und „Schülerinnen und Schüler Handlungen" (Abschnitt 6.3). Die Lehrkrafthandlungen (und Nicht-Handlungen) in Unterrichtsgesprächen rahmen mathematische Argumentationsprozesse im Übergang von der Arithmetik zur Algebra.

„Derangierende Handlungen" (Abschnitt 6.1) sowie „Nicht-Handlungen" von Lehrkräften stören wiederholt den mathematischen Argumentationsprozess. Es werden selbstständige Argumentationen der Schülerinnen und Schüler behindert oder falsche mathematische Argumente konstruiert. Dabei können einerseits durch „Fachliche Fehler der Lehrkraft" und durch das „Ignorieren von falschen Aussagen" fehlerhafte mathematische Argumente konstruiert und etabliert werden. Wird anderseits „Keinen Rückbezug zur Aufgabe oder zum Kontext eingefordert", entstehen in der Regel Argumentationslücken und somit unvollständige mathematische Argumente. Wenn eine Lehrkraft „Mehrere Fragen nacheinander" stellt, Schülerinnen und Schüler unterbricht oder ihre Fragen selbst beantwortet, werden die Schülerinnen und Schüler gehindert die mathematische Argumentation selbstständig voranzubringen. Potenzielle Partizipationsmöglichkeiten der Schülerinnen und Schüler und Lerngelegenheiten verstreichen. Derangierende Handlungen der Lehrkraft beeinflussen also die mathematische Argumentation und die Interaktion zwischen den Beteiligten.

Durch „Meta Handlungen" (Abschnitt 6.2) der Lehrkraft kann die gemeinsame Argumentationsbasis in der Klasse erweitert werden, sodass auch spätere mathematische Argumentationen davon profitieren und Partizipationsmöglichkeiten für Schülerinnen und Schüler entstehen. Dabei kann auf einer inhaltlichen Ebene Faktenwissen thematisiert werden und auf einer methodischen Ebene Methodenwissen zum mathematischen Argumentieren. Lehrkräfte vermitteln zusätzliches

Wissen an die Schülerinnen und Schüler und erweitern die gemeinsame Argumentationsbasis der Klasse. Schülerinnen und Schüler werden somit gefördert eigenständig mathematische Argumente zu konstruieren.

Um eine möglichst vollständige Rekonstruktion von der Rolle der Lehrkraft in mathematischen Argumentationen zu ermöglichen, müssen Interaktionen zwischen den Beteiligten und auch gegenseitige Unterstützungen, die „Schülerinnen und Schüler Handlungen", betrachtet werden. „Schülerinnen und Schüler Handlungen" (Abschnitt 6.3) sind Interaktionen, in denen sich die Lernenden gegenseitig beim mathematischen Argumentieren unterstützen oder ihre Vorgehensweisen und Äußerungen hinterfragen. Die Äußerungen und die Handlungen von den Beteiligten (Schülerinnen und Schüler als auch Lehrkräfte) während einer mathematischen Argumentation sind also immer in ein Gesamtbild einzuordnen, da mathematische Argumentationen interaktive Situationen sind. In den Unterrichtssituationen dieser Studie konnten diverse „Schülerinnen und Schüler Handlungen" rekonstruiert werden. Die Schülerinnen und Schüler haben sich gegenseitig nach mathematischen Fakten, einer Methode oder einer Elaboration gefragt. Zusätzlich haben die Schülerinnen und Schüler ihre Aussagen gegenseitig bewertet, wiederholt und Bausteine von Argumenten mit Informationen angereichert. Dabei wurden beispielsweise fehlerhafte Aussagen korrigiert oder Aussagen vervollständigt. Ebenfalls wurden Ausnahmen zu einem mathematischen Argument ergänzt.

Abschnitt 6.4 beschreibt, inwiefern Partizipationsmöglichkeiten für Schülerinnen und Schüler durch Handlungen aus dem Kategoriensystem (Tabelle 6.1) geschaffen oder auch verwehrt werden. Die Handlungen der Lehrkraft beeinflussen immer auch die Interaktionen zwischen den Beteiligten. Beispielsweise schaffen Lehrkräfte durch Lehrkrafthandlungen der Kategorie „Fragen stellen" und „Andere unterstützende Aktivitäten" (Conner et al., 2014) in der Regel Partizipationsmöglichkeiten für die Schülerinnen und Schüler. In Unterrichtssituationen mit Eigenaktivität und Autonomie von Schülerinnen und Schülern (vgl. „Schülerinnen und Schüler Handlungen") werden Argumentationsansätze verhandelt, es wird wechselseitig Bezug aufeinander genommen und letztlich eine gemeinsame Argumentation konstruiert. Lehrkräfte rahmen solche interaktiven Argumentationsprozesse und treten dabei selbst oftmals eher in den Hintergrund. Durch „Derangierende Handlungen" können dagegen Interaktionsprozesse frühzeitig abgebrochen werden und eine gemeinsame Argumentation und Aushandlung unterbunden werden. Potenzielle Partizipationsmöglichkeiten und Lerngelegenheiten für Schülerinnen und Schüler verstreichen. Auch werden in Abschnitt 6.4 Auswirkungen auf die inhaltliche Argumentation angedeutet. Lehrkrafthandlungen können zum Vervollständigen von mathematischen

Argumenten führen oder auch die Konstruktion von fehler- oder lückenhaften mathematischen Argumenten induzieren. Wie genau die Handlungen der Lehrkräfte die mathematischen Argumente rahmen, wird in Kapitel 7 weiter fokussiert.

Alle Kategorien aus dem Kategoriensystem zur Rekonstruktion von Lehrkrafthandlungen in mathematischen Argumentationen (Tabelle 6.1) sind im Datenmaterial dieser Studie rekonstruierbar. Im Folgenden könnte eine quantitative Analyse stattfinden und es könnte ausgezählt werden, wie häufig sie in welcher Klasse aufgetreten sind, und Unterschiede zwischen den Lehrkräften benannt werden. Da in dieser Arbeit aber die Rolle der Lehrkraft in mathematischen Argumentationen rekonstruiert werden soll, ist ein „Durchzählen" an dieser Stelle nicht sinnvoll oder zielführend. In diesem Kapitel konnte gezeigt werden, dass eine produktive Argumentationskultur „Schülerinnen und Schüler Handlungen" begünstigt, die Lehrkrafthandlungen in mathematischen Argumentationen ersetzen können (Abschnitt 6.4). Somit sind qualitative Analysen und Rekonstruktionen der mathematischen Argumente und Interaktionsprozesse erforderlich, um die mathematischen Argumentationsprozesse im Unterricht und die Rolle der Lehrkraft in solchen Prozessen besser zu verstehen. Daher soll die Rahmung der mathematischen Argumente durch die Lehrkraft herausgearbeitet und deskriptiv beschrieben werden. Dazu werden komparative Analysen der hervorgebrachten mathematischen Argumente und der rekonstruierten Lehrkrafthandlungen in den Argumentationsprozessen vorgenommen, in diesem Fall fallvergleichende und fallkontrastierende Analysen (vgl. Abschnitt 4.4.7).

Im folgenden Kapitel 7 soll herausgearbeitet werden, wie die rekonstruierten Handlungen die mathematischen Argumente rahmen. Dazu findet auch eine Charakterisierung der hervorgebrachten mathematischen Argumente statt.

Mathematische Argumente im Übergang von der Arithmetik zur Algebra

In diesem Kapitel soll die Forschungsfrage 3 „Welche mathematischen Argumente werden im Mathematikunterricht im Übergang von der Arithmetik zur Algebra hervorgebracht?" beantwortet werden. Es werden übergeordnete Charakteristika von mathematischen Argumenten rekonstruiert, die in den hervorgebrachten Argumenten aus den Unterrichtssituationen im Übergang von der Arithmetik zur Algebra identifiziert werden konnten (vgl. Forschungsfrage 3.1). Dabei wird immer wieder auch die Rolle der Lehrkraft reflektiert und diskutiert, wie sie die entwickelten mathematischen Argumente rahmt (vgl. Forschungsfrage 3.2).

Die im Folgenden beschriebenen Ergebnisse sind durch komparative Analysen herausgearbeitet worden (vgl. Abschnitt 4.4.7). Dazu wurde zunächst jedes der 119 hervorgebrachten mathematischen Argumente rekonstruiert, analysiert und kategorisiert. In den Rekonstruktionen der mathematischen Argumente wird die Kategorisierung der Argumente angegeben (bspw. ikonisch-generisch). Durch Komparation konnten übergeordnete Charakteristika der mathematischen Argumente im Übergang von der Arithmetik zur Algebra identifiziert werden. Diese Charakteristika werden in diesem Kapitel benannt und anhand von ausgewählten Argumenten und Unterrichtssituationen veranschaulicht. Teilweise werden auch Besonderheiten einzelner mathematischer Argumente beschrieben, die sie von den anderen rekonstruierten Argumenten abheben.

Zunächst wird in diesem Kapitel auf die *Struktur* und den *Aufbau* der mathematischen Argumente aus den Unterrichtssituationen fokussiert (Abschnitt 7.1). Das herausgearbeitete Element von mathematischen Argumenten *Stützung** (Backing*) wird beschrieben, welches neu in Hinblick auf das Toulmin-Schema

F. Bredow, *Mathematisches Argumentieren im Übergang von der Arithmetik zur Algebra*, Perspektiven der Mathematikdidaktik, https://doi.org/10.1007/978-3-658-42462-6_7

ist (vgl. Abschnitt 2.1.2). Ebenso werden weitere Besonderheiten hinsichtlich der Struktur der rekonstruierten Argumente dargestellt.

Daraufhin wird verstärkt der Inhalt der mathematischen Argumente in den Blick genommen. Die folgenden Abschnitte sind gegliedert in Hinblick auf die *Generalität* der rekonstruierten mathematischen Argumente: Empirisch, generisch, strukturell (Abschnitt 7.2, 7.3 und 7.4). Dabei werden auch die identifizierten Unterschiede und Gemeinsamkeiten zwischen den Argumenten in den verschiedenen *Repräsentationen* beschrieben. Es wird eine Gliederung anhand der Generalität der mathematischen Argumente gewählt, da die mathematischen Argumente mit gleicher Generalität oft eine ähnliche Schlussweise besitzen und somit eine Vergleichbarkeit der Argumente gegeben ist. Außerdem ist eine Abfolge in den analysierten Unterrichtssituationen erkennbar. Im Unterrichtsverlauf werden mehrfach zunächst empirische Argumente von den Schülerinnen und Schülern und ihren Lehrkräften konstruiert. Aus Beispielen wird eine Vermutung abgeleitet. Anschließend werden generische Argumente in verschiedenen Repräsentationen entwickelt. Im Anschluss daran werden strukturelle Argumente mit der algebraischen Symbolsprache oder teilweise auch narrative Argumente entwickelt. Zum Teil werden in einzelnen Unterrichtssituationen auch andere Abfolgen hervorgebracht (siehe bspw. Klasse 2, Episode 2.9–2.13 zur Aufgabe „Maries Behauptung" – Wechsel zwischen strukturellen und generischen Argumenten).

In den Abschnitten 7.2, 7.3 und 7.4 findet sich zunächst eine Übersicht über die Charakteristika der jeweiligen mathematischen Argumente und die Rahmungen der Lehrkräfte. Im Anschluss werden die Charakteristika und Lehrkrafthandlungen anhand von rekonstruierten mathematischen Argumenten und Unterrichtssituationen ausgeführt und illustriert.

In diesem Kapitel wird auf mathematische Argumente fokussiert, die die Charakteristika der hervorgebrachten Argumente im Übergang von der Arithmetik zur Algebra verdeutlichen und auch hinsichtlich der Prozess-Produkt Dualität von mathematischen Objekten relevant sind (vgl. Kapitel 8). Im Kontext der Rechendreiecke ist die Prozess-Produkt Dualität eher weniger deutlich und nur bedingt in den entwickelten mathematischen Argumenten rekonstruierbar. Mathematische Argumente zu den Aufgaben im Kontext der Rechendreiecke werden daher an dieser Stelle nicht fokussiert. Die Ergebnisse zu mathematischen Argumenten im Kontext der Rechendreiecke werden an anderer Stelle publiziert. In diesem Kapitel werden nur vereinzelt Charakteristika der mathematischen Argumente an den hervorgebrachten Argumenten aus den Aufgabenanlässen mit Rechendreiecken veranschaulicht.

7.1 Aufbau und Struktur der hervorgebrachten mathematischen Argumente

Im folgenden Kapitel werden die Charakteristika der hervorgebrachten mathematischen Argumente im Übergang von der Arithmetik zur Algebra in Hinblick auf die *Struktur* und den *Aufbau* der mathematischen Argumente beschrieben. In Abschnitt 4.4.5 wurden bereits Besonderheiten der rekonstruierten Argumente in Bezug auf das methodische Vorgehen beschrieben. In diesem Kapitel werden diese Besonderheiten in Hinblick auf übergeordnete Charakteristika der entwickelten mathemathematischen Argumente betrachtet, es wird die Relevanz in mathematischen Argumentationsprozessen dargestellt und es werden die Rahmungen der Lehrkräfte diskutiert.

Das Element Stützung* (Backing*)

Als ein neues Element von mathematischen Argumenten werden in dieser Arbeit *Stützungen** (Backing*) eingeführt (vgl. Bredow & Knipping, 2022). Stützungen* unterscheiden sich von Stützungen als Element von Argumenten nach Toulmin (2003), da sie die spezifische Anwendbarkeit von Garanten thematisieren.

Im Datenmaterial wurden Aussagen über die Anwendbarkeit von Garanten in einem konkreten Argumentationsschritt gefunden, die keine klassischen Stützungen darstellen. Solche Aussagen können mit den Elementen von Toulmin (2003) nicht vollständig und sinngemäß rekonstruiert werden. Daher wird das neue Element Stützungen* entwickelt. Stützungen* spezifizieren ein Merkmal vom Datum und beziehen den allgemeinen Garanten auf den spezifischen Sachverhalt und die konkreten Daten. Durch solche Stützungen* wird der Gebrauch eines Garanten in einem konkreten Argumentationsschritt legitimiert.

Während Stützungen (Backings) im Sinne von Toulmin (2003) die *allgemeine* Anwendbarkeit und Gültigkeit des Garanten hervorheben, fokussieren diese Stützungen* auf den *konkreten* Fall und Argumentationsschritt. Sie stellen somit keine klassischen Stützungen dar. Auch sind Stützungen* keine Daten. Toulmin (2003, S. 98) beschreibt, dass Daten explizit sein müssen, damit ein Argument vorhanden ist. Die Stützungen* sind zusätzliche Spezifizierungen, die die Daten und den Garanten aufeinander beziehen. Sie müssen nicht expliziert werden, damit ein gültiges (mathematisches) Argument entsteht. In den in dieser Arbeit rekonstruierten Argumenten stellen Stützungen* eine zusätzliche Erklärung dar, wie eine allgemeine Regel im konkreten Fall beziehungsweise in einer konkreten Aufgabe angewendet werden kann.

Beispielsweise finden sich im folgenden Argument zu der Aussage „Die Summe von zwei geraden Zahlen ist gerade." zwei Stützungen* (B*) (vgl. Abbildung 7.1).

Im ersten Argumentationsschritt wird der Term „2·n + 2·x" zu „2 · (n+x)" umgeformt. Diese Umformung wird durch das Distributivgesetz beziehungsweise die
korrespondierende Tätigkeit des Ausklammerns legitimiert. Zusätzlich wird von
Chantal in Turn 288 (Klasse 1, Stunde 1) angeführt, dass im ursprünglichen Term
beide Summanden mal zwei genommen werden. Sie hebt damit eine Eigenschaft
des Datums (2·n + 2·x) hervor und legitimiert damit, dass man die Zwei aufgrund
des Distributivgesetzes ausklammern kann. Datum und Garant werden somit in
Verbindung gebracht. Die Anwendbarkeit des Garanten wird in diesem Argumentationsschritt verdeutlicht und somit wird die Aussage von Chantal als Stützung*
(B*) rekonstruiert.

Im zweiten Argumentationsschritt wird der Term „2 · (n+x)" gedeutet und festgestellt, dass dieser Term durch zwei teilbar ist. Es wird ebenfalls eine Stützung*
(B*) eingebracht. Auch in diesem Schritt wird ein Charakteristikum vom Datum
durch die Lehrkraft (Turn 293) hervorgehoben: „2 ist ein Faktor.". Durch diese
Aussage wird der allgemeine Garant „Produkte sind durch ihre Faktoren teilbar"
(implizit) auf den konkreten Fall bezogen. Die Lehrkraft leitet und lenkt das Klassengespräch und den Argumentationsprozess in dieser Unterrichtssituation. Immer
wieder wiederholt und bestätigt sie Aussagen der Schülerinnen und Schüler. Chantal äußert die Stützung* erst auf die Frage der Lehrkraft nach einer mathematischen
Idee (vgl. Kapitel 6). Lehrkräfte können in mathematischen Argumentationsprozessen einfordern, dass Schülerinnen und Schüler den allgemeinen Garanten auf den
Term beziehen, und somit die Hervorbringung von Stützungen* initiieren.

Im Datenmaterial finden sich weitere Unterrichtsausschnitte, in denen die mathematischen Argumente durch das Element Stützungen* auf eine andere Weise
rekonstruiert werden können im Vergleich zur Rekonstruktion mit den bisherigen
Elementen von Toulmin (2003). Im Folgenden wird ein Beispiel dafür beschrieben.

Oftmals haben die Lernenden in den beobachteten Unterrichtssituationen ihre
Konklusionen mit Aussagen wie „Also ich hab' da keine Gegenbeispiele gefunden." (Klasse 2, Stunde 1, Turn 165) untermauert. Man könnte solche Aussagen
mit den „klassischen" Elementen als Daten und (implizite) Garanten rekonstruieren. Dabei wäre „Es gibt keine Gegenbeispiele" das Datum und „Wenn es keine
Gegenbeispiele gibt, muss meine Vermutung gelten" der implizite Garant. In dieser
Arbeit wird sich aber gegen eine solche Rekonstruktion entschieden, da es keine
Hinweise darauf gibt, dass ein solcher Argumentationsschluss von den Schülerinnen
und Schülern wirklich vollzogen wird. Daher muss ihre Argumentation wie folgt
rekonstruiert werden. In dieser Arbeit werden solche Aussagen in der Regel als *Stützung* (B*) rekonstruiert, wobei (Zahlen)-Beispiele als Daten fungieren und es einen
impliziten Garanten „Generalisierung" gibt. Die Konklusion stellt dabei die in den
Beispielen gefundene mathematische Aussage dar, welche teilweise auch mit dem

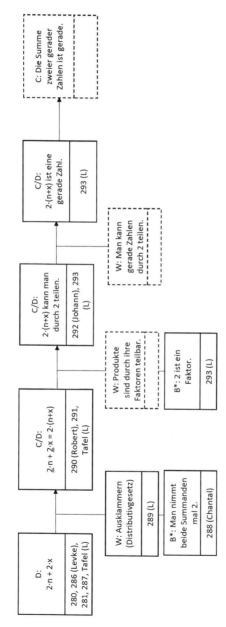

Abbildung 7.1 Algebraisches Argument zur Summe von zwei geraden Zahlen (Klasse 1, Episode 1.26)

Modaloperator (Q) „Vermutung" betitelt wird (vgl. Abschnitt 7.2). Diese Rekonstruktion erscheint angemessen, da die Lernenden in einem weiteren Schritt oder Argument wiederholt zusätzliche Aussagen und Gründe liefern, um die Konklusion mathematisch zu begründen. Das wiederum deutet darauf hin, dass die Lernenden erkannt haben, dass man, nur weil es keine Gegenbeispiele gibt, nicht direkt von der Korrektheit und Allgemeingültigkeit der Konklusion ausgehen kann. Das heißt, eine Rekonstruktion ohne Stützung*, wie oben beschrieben, bildet die Argumentation der Schülerinnen und Schüler nicht oder nur bedingt ab. Dennoch sind oben genannte Aussagen, wie „Also ich hab' da keine Gegenbeispiele gefunden.", wichtig zu rekonstruieren, da sie von den Lernenden in das Unterrichtsgespräch eingebracht werden, mit der Intention den Argumentationsschluss zu bestärken. Es ist eine Rekonstruktion als Stützung* erforderlich. Oftmals werden solche Stützungen* eigenständig durch die Schülerinnen und Schüler hervorgebracht, da die Suche nach Gegenbeispielen in den Aufgabenstellungen verankert ist. In anderen Situationen fragen aber auch die Lehrkräfte explizit, ob Gegenbeispiele von den Schülerinnen und Schülern gefunden wurden (vgl. Abschnitt 7.2).

Stützungen* sind sowohl in empirischen als auch in generischen und strukturellen Argumenten rekonstruierbar (vgl. Abschnitt 7.2, 7.3 und 7.4). Ebenfalls sind sie in mathematischen Argumenten in verschiedenen Repräsentationen enthalten, wobei sie vermehrt in arithmetischen oder algebraischen Argumenten rekonstruiert werden konnten.

Weitere Besonderheiten in Hinblick auf die Struktur der hervorgebrachten Argumente

In einigen rekonstruierten Argumenten im Übergang von der Arithmetik zur Algebra sind *mehrere Konklusionen* enthalten. Solche mathematischen Argumente werden mehrfach hervorgebracht, wenn Vermutungen konstruiert werden sollen, und stellen in der Regel empirische Argumente dar (vgl. Abschnitt 7.2). Oft initiiert die Lehrkraft im Anschluss weitere Argumentationsprozesse über die verschiedenen Vermutungen der Schülerinnen und Schüler.

In den Unterrichtssituationen im Übergang von der Arithmetik zur Algebra werden auch mathematische Argumente mit *mehreren Argumentationssträngen* hervorgebracht. Dabei können zwei inhaltlich verschiedene Argumentationsstränge entstehen oder Stränge, die inhaltlich ähnlich aufgebaut sind. Beispielsweise wird in Klasse 2 ein solches Argument zur Summe von einer geraden und einer ungeraden Zahl entwickelt (vgl. Abbildung 7.2). Auf zwei Weisen wird begründet, wieso die Summe ungerade ist. Einerseits wird das Distributivgesetz angewendet (oberer

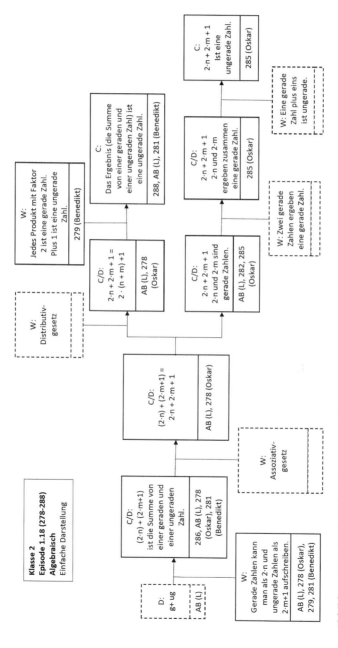

Abbildung 7.2 Algebraisches Argument zur Summe von einer geraden und einer ungeraden Zahl (Klasse 2, Episode 1.18)

Strang). Andererseits wird der ungerade Summand in eine gerade Zahl plus eins zerlegt und über die Summe von zwei geraden Zahlen plus eins argumentiert (unterer Strang).

Die Lehrkraft (Frau Kaiser) fokussiert in ihren Ausführungen auf den oberen Argumentationsstrang, der auf einer Termumformung und dem Distributivgesetz basiert. Frau Kaiser fasst diesen Ansatz zusammen. Oskars Ansatz (unterer Strang) wird von ihr nicht aufgegriffen. Es wird also kein Aushandlungsprozess über die zwei Ansätze angestoßen. In anderen Unterrichtssituationen (bspw. Klasse 3, Episode 1.17) ergänzt die Lehrkraft einen zweiten Argumentationsstrang, da die Ansätze der Schülerinnen und Schüler fehlerhaft oder unvollständig sind.

In den hervorgebrachten mathematischen Argumenten gibt es Argumente, in denen *einzelne Elemente fehlen*, wie etwa Daten oder Garanten. Es ist bereits bekannt, dass in Argumentationen im Mathematikunterricht nicht immer alle Gründe vollumfänglich verbalisiert werden (vgl. Koleza et al., 2017). Gleiches hat sich im Datenmaterial dieser Arbeit gezeigt. In solchen Argumentationsprozessen haben die Lehrkräfte die Explizierung der fehlenden Elemente in der Regel aber nicht eingefordert.

Auch konnten Aussagen in den Argumentationsprozessen identifiziert werden, die nicht in das mathematische Argument eingeordnet werden können, aber in inhaltlicher Nähe zu einzelnen Bausteinen vom rekonstruierten mathematischen Argument zu verorten sind. Diese Aussagen sind *Daten ohne Verwendung in den Argumenten aber mit inhaltlichen Zusammenhängen*. In den Unterrichtssituationen haben die Schülerinnen und Schüler an einzelnen Stellen ihre Endkonklusionen mit Zahlenbeispielen verdeutlicht (bspw. Klasse 2, Episode 1.17). Es wurden aber auch zusätzliche Äußerungen (Daten) gefunden, die in einem Zusammenhang mit anderen Daten beziehungsweise mit Zwischenkonklusionen aus dem mathematischen Argument stehen. Beispielsweise hat Aaron in der Klasse von Herrn Peters in der ersten Stunde in Turn 238 gesagt: „Ich hab' noch was zu ungeraden Zahlen. Äh (.) ungerade Zahlen kann man immer als Produkt von zwei und einer Zahl plus eins darstellen, wie zum Beispiel elf gleich zwei mal fünf plus eins". Die allgemeine Aussage wird als mathematischer Fakt herangezogen und somit in der mathematischen Argumentation funktional als Datum genutzt, wobei das Zahlenbeispiel die Gültigkeit der Aussage bestätigen soll. Das Zahlenbeispiel wird als zusätzliches Datum rekonstruiert, dass keine Verbindung zum mathematischen Argument hat, da das Zahlenbeispiel nicht weiterverwendet wird. Es wird in der Visualisierung des mathematischen Arguments in der Nähe der zugehörigen allgemeinen Aussage positioniert. Die Schülerinnen und Schüler bringen solche Zahlenbeispiele, die ihre (allgemeinen) Aussagen verdeutlichen, oft ohne Zutun der Lehrkraft in das Unterrichtsgespräch ein.

In der Struktur der Argumente kann sich auch der Aushandlungsprozess widerspiegeln: Es konnte ein mathematisches Argument rekonstruiert werden, in dem eine *Widerlegung widerlegt* wird (Klasse 3, Episode 5.13–5.14). Das heißt, eine Aussage wird zunächst angezweifelt und widerlegt. Als Reaktion wird nun aber diese Widerlegung als falsch deklariert und somit widerlegt. Die ursprüngliche Aussage kann also gültig sein. Diese interaktive Aushandlungssituation ist entstanden, da die Lehrkraft die Schülerinnen und Schüler um eine Evaluation gebeten hat. Im Verlauf der Unterrichtssituation wurde gemeinsam die erste, ursprüngliche Aussage validiert.

In einzelnen Argumentationsprozessen ist *keine eindeutige Rekonstruktion* der mathematischen Argumente möglich (bspw. Klasse 3, Episode 2.5). Die Aussagen können also auf unterschiedliche Weise interpretiert werden und es ist mit den vorhandenen empirischen Daten nicht möglich eine Deutung festzulegen. Solche Situationen können für einen Aushandlungsprozess und eine gemeinsame mathematische Argumentation hinderlich sein, da gegebenenfalls aneinander vorbeigeredet wird. In Klasse 3 fordert Herr Peters eine Elaboration einer doppeldeutigen Aussage ein. Die Bedeutung der Aussage für die Begründung soll von der Schülerin explizit gemacht werden. Ihre Antwort klärt aber nicht, wie die ursprüngliche Aussage gemeint war. Lehrkräfte können also durch Elaborationen weitere Erklärungen und Ausführungen der Schülerinnen und Schüler initiieren, die Aussagen der Schülerinnen und Schüler können aber dennoch weiterhin vage bleiben.

In diesem Abschnitt wurden die Besonderheiten in Hinblick auf den Aufbau und die Struktur der hervorgebrachten mathematischen Argumente beschrieben. In den folgenden Abschnitten werden übergeordnete Charakteristika von empirischen, generischen und strukturellen Argumenten und Rahmungen durch die Lehrkräfte erläutert. Zunächst wird in Abschnitt 7.2 auf empirische Argumente fokussiert.

7.2 Empirische Argumente im Übergang von der Arithmetik zur Algebra

Im folgenden Kapitel werden die Charakteristika der hervorgebrachten empirischen Argumente im Übergang von der Arithmetik zur Algebra beschrieben. Zunächst wird in Abschnitt 7.2.1 eine Übersicht über die Charakteristika von empirischen Argumenten und die Rahmungen der Lehrkräfte gegeben. In Abschnitt 7.2.2 werden die Charakteristika und Lehrkrafthandlungen anhand von ausgewählten rekonstruierten Argumenten und Unterrichtssituationen aus dem Datenmaterial ausgeführt und illustriert.

7.2.1 Übersicht: Charakteristika von empirischen Argumenten

Empirische Argumente werden in den analysierten Unterrichtssituationen im Übergang von der Arithmetik zur Algebra mehrfach hervorgebracht, um eine Vermutung zu konstruieren. Ausgehend von Zahlenbeispielen, die in der Regel in Ziffern dargestellt sind, wird ein mathematischer Geltungsanspruch hergeleitet. Dabei bleibt die stattfindende Generalisierung (der Garant) in der Regel implizit. Dagegen werden die Zahlenbeispiele dabei oft explizit benannt. Teilweise sind auch Modaloperatoren in den empirischen Argumenten enthalten, die die Konklusion als Vermutung betiteln oder die Reichweite der Konklusion zunächst auf die Beispiele einschränken. Lehrkräfte rahmen empirische Argumente in den analysierten Unterrichtssituationen wiederholt als Konstruktionen von Vermutungen, sodass deutlich wird, dass noch kein allgemeingültiges Argument zur mathematischen Aussage entwickelt worden ist.

Viele hervorgebrachte empirische Argumente werden gestützt durch Aussagen wie etwa „Ich habe keine Gegenbeispiele gefunden.". Die empirischen Argumente bestehen mehrfach nur aus einem Argumentationsschritt, können aber teilweise mehrere Konklusionen (Vermutungen) beinhalten. Im Unterrichtsverlauf werden im Anschluss an empirische Argumente wiederholt weitere mathematische Argumente von den Lehrkräften eingefordert und von den Lernenden entwickelt, die den mathematischen Geltungsanspruch allgemeingültig begründen.

Auch werden mathematische Aussagen im Übergang von der Arithmetik zur Algebra mit Gegenbeispielen widerlegt. Dabei können Aushandlungsprozesse aufbrechen über die Reichweite und Gültigkeit von mathematischen Aussagen und darüber, was das Wort „immer" im Kontext der Mathematik und in Bezug auf mathematische Aussagen bedeutet. Methodenwissen zum mathematischen Argumentieren kann ausgehend von den Lehrkräften thematisiert und gemeinsam ausgehandelt werden. Beispielsweise kann im Unterrichtsgespräch gemeinsam ausgehandelt werden, wie viele Beispiele für die Begründung einer mathematischen Aussage berechnet werden müssen: Ein Gegenbeispiel ist ausreichend, um einen mathematischen Geltungsanspruch zu widerlegen. (Zahlen-)Beispiele sind dagegen in der Regel aber nicht ausreichend, um eine mathematische Aussage zu begründen. Andere Arten von mathematischen Argumenten sind für eine allgemeingültige Begründung eines mathematischen Geltungsanspruchs erforderlich. Beispielsweise können im Mathematikunterricht generische oder strukturelle Argumente von den Schülerinnen und Schülern hervorgebracht werden, die ein allgemeingültiges Argument darstellen.

7.2.2 Ausführliche Beschreibung mit illustrierenden Beispielen

Empirische Argumente werden in den erhobenen Unterrichtssituationen im Übergang von der Arithmetik zur Algebra bei der *Konstruktion von Vermutungen* entwickelt. Es soll in der Regel also eine mathematische Aussage nicht allgemeingültig begründet werden, sondern es wird zunächst eine Vermutung, ein mathematischer Geltungsanspruch, hergeleitet. Abbildung 7.3 zeigt ein klassisches Beispiel für ein empirisches Argument. Überwiegend werden in den analysierten Unterrichtssituationen im Übergang von der Arithmetik zur Algebra empirische Argumente mit Zahlenbeispielen hervorgebracht. Es werden also *arithmetisch-empirische Argumente* konstruiert. Nur in einer Unterrichtssituation wird ein ikonisch-empirisches Argument auf Basis eines Punktemusters entwickelt (Klasse 1, Episode 1.23). Das sieht bei generischen Argumenten anders aus (vgl. Abschnitt 7.3).

In der Regel werden die rekonstruierten empirischen Argumente in den Klassengesprächen ausgehend von einem Vergleich der Berechnungen von Zahlenbeispielen aus den Aufgaben entwickelt. Die Daten stellen in den empirischen Argumenten ebendiese Zahlenbeispiele dar und werden oftmals explizit benannt (vgl. Abbildung 7.3). Nur selten bleiben die Daten in empirischen Argumenten implizit. Teilweise wird aber, ohne konkrete (Zahlen-)Beispiele zu nennen, eine übergeordnete Beobachtung als Datum herangezogen, wie etwa „Bei allen Aufgaben aus a) kommt immer eine ungerade Zahl raus." (Klasse 3, Episode 1.12–1.14). Mehrfach initiieren Lehrkräfte die Konstruktion von empirischen Argumenten in den analysierten Unterrichtssituationen durch einen Vergleich der Aufgabenberechnungen und fragen Schülerinnen und Schüler dabei explizit nach ihren Vermutungen.

Auffällig ist, dass die Generalisierung, der Warrant in den rekonstruierten empirischen Argumenten, in der Regel implizit bleibt. Oftmals wird aber explizit angesprochen, dass kein Gegenbeispiel zu der konstruierten Vermutung gefunden werden kann (vgl. Abbildung 7.4). Einerseits werden solche Aussagen über Gegenbeispiele (B*) aufgrund der Aufgabenstellungen hervorgebracht, da die Suche nach Gegenbeispielen explizit eingefordert wird (vgl. Kapitel 3). Andererseits fragt die Lehrkraft im Unterrichtsgespräch teilweise explizit, ob die Schülerinnen und Schüler Gegenbeispiele gefunden haben.

In Klasse 3 wird schon zu Beginn der Unterrichtseinheit ausgehandelt, was es für die mathematische Aussage bedeutet, wenn kein Gegenbeispiel zu finden ist. Es wird somit die Gültigkeit von empirischen Argumenten verhandelt: „Nur weil kein Gegenbeispiel gefunden wird, heißt es nicht, dass es keins gibt" (vgl.

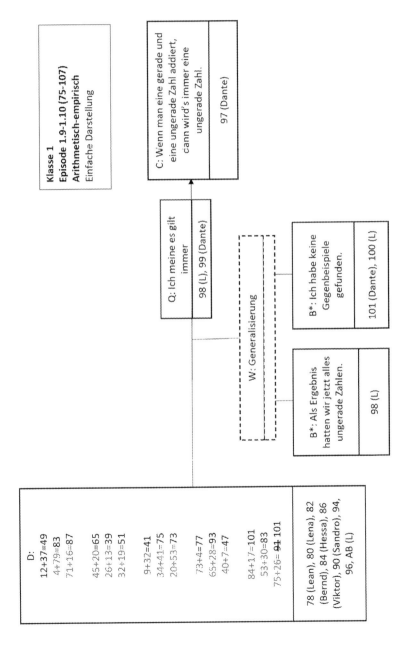

Klasse 1
Episode 1.9–1.10 (75–107)
Arithmetisch-empirisch
Einfache Darstellung

C: Wenn man eine gerade und eine ungerade Zahl addiert, cann wird's immer eine ungerade Zahl.

97 (Dante)

Q: Ich meine es gilt immer

98 (L), 99 (Dante)

W: Generalisierung

B*: Ich habe keine Gegenbeispiele gefunden.

101 (Dante), 100 (L)

B*: Als Ergebnis hatten wir jetzt alles ungerade Zahlen.

98 (L)

D:
12+37=49
4+79=83
71+16=87

45+20=65
26+13=39
32+19=51

9+32=41
34+41=75
20+53=73

73+4=77
65+28=93
40+7=47

84+17=101
53+30=83
75+26= 9̶4̶ 101

78 (Lean), 80 (Lena), 82 (Bernd), 84 (Hessa), 86 (Viktor), 90 (Sandro), 94, 96, AB (L)

Abbildung 7.3 Empirisches Argument zur Summe von einer geraden und einer ungeraden Zahl (Klasse 1, Episode 1.9–1.10)

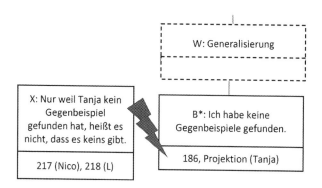

Abbildung 7.4 Empirisches Argument zur Summe von einer geraden und einer ungeraden Zahl (Klasse 3, Episode 1.12–1.14; Ausschnitt)

Abbildung 7.4). Also wird die Gültigkeit von diesem Argumentationsschluss eingeschränkt, was auch durch Modaloperatoren (Qualifier) belegt werden kann, wie im Folgenden ausgeführt wird.

Oftmals sind in den hervorgebrachten empirischen Argumenten Modaloperatoren (Qualifier) zu finden. Die Konklusion wird beispielsweise als „Vermutung" bezeichnet oder die Schülerinnen und Schüler sagen etwas wie „Ich glaube …". In solchen Unterrichtssituationen wird deutlich, dass keine vollständige Sicherheit über die Konklusion beziehungsweise Vermutung besteht und eine weitere Begründung erforderlich ist. Die Bezeichnung „Vermutung" wird schon durch die Aufgabenstellungen auf den Arbeitsblättern oder auch durch die Frage der Lehrkraft nach einer Vermutung nahegelegt. Teilweise schränken die Schülerinnen und Schüler die Reichweite ihrer Konklusion auch geschickt ein, etwa durch Aussagen wie „Bezogen auf die beiden Beispiele" (Klasse 1, Episode 2.9–2.10). Somit wird deutlich, dass ein solches auf (Zahlen-)Beispielen basierendes, empirisches Argument nicht ausreichend für eine allgemeingültige Begründung ist.

Betrachtet man den *Aufbau* und die *Struktur* von den entwickelten empirischen Argumenten, so fällt auf, dass sie wiederholt nur aus einem Argumentationsschritt bestehen. In der Regel wird von den (Zahlen-)Beispielen direkt auf die Vermutung geschlossen. Dabei werden die einzelnen Beispiele in den Rekonstruktionen der mathematischen Argumente in einem Datum zusammengefasst (vgl. Abbildung 7.3). Teilweise gibt es in den mathematischen Argumenten mehrere Konklusionen (bspw. Klasse 2, Episode 3.4–3.12). Das heißt, in den

Unterrichtssituationen werden mehrere Vermutungen aus den Beispielen abgeleitet. In der Regel findet im Anschluss eine Aushandlung und gegebenenfalls auch eine Begründung der einzelnen Vermutungen statt.

Es kann sich bei einer solchen Aushandlung der Vermutungen herausstellen, dass eine unpassende oder mathematisch falsche Vermutung geäußert wurde. Somit werden diese Vermutung und das empirische Argument verworfen. Beispielsweise wird in Klasse 2 (Episode 1.9–1.10) eine Vermutung aufgestellt, die nicht aus den (Zahlen-)Beispielen abgeleitet werden kann (diese Vermutung ist mathematisch dennoch korrekt). Frau Kaiser fragt, wo diese Vermutung in den Beispielen zu finden ist. Es wird festgestellt, dass die Vermutung nicht in den (Zahlen-)Beispielen begründet ist. Dennoch besteht der Schüler auf seine Vermutung und ergänzt einen Modaloperatoren (Q): „Aber ich weiß es.". Die Lehrkraft initiiert in dieser Argumentation also eine Prüfung der Vermutung in Hinblick auf die Passung zu den Zahlenbeispielen aus der Aufgabenstellung. Wenn eine mathematisch falsche Vermutung von einer Schülerin oder einem Schüler aufgeworfen wird, wird sie in den erhobenen Unterrichtssituationen in der Regel durch eine Mitschülerin oder einen Mitschüler direkt widerlegt (bspw. Klasse 2, Episode 3.4–3.12), sodass die Lehrkraft nicht eingreifen muss.

Besonders wird in den Aufgaben zur Summe von drei aufeinanderfolgenden natürlichen Zahlen (vgl. Kapitel 3) deutlich, dass auch unpassende Vermutungen von den Schülerinnen und Schülern aufgestellt werden. Einerseits werden in allen drei Klassen mathematische Aussagen über (un)-gerade Zahlen entwickelt, da die Ablösung von (un-)geraden Zahlen nur bedingt gelungen ist (vgl. Abschnitt 7.4). Anderseits werden Vermutungen konstruiert (und auch begründet), die keine allgemeinen mathematischen Geltungsansprüche darstellen, sondern eine Struktur repräsentieren, die in den „Aufgaben-Päckchen" (Anordnung der Zahlenbeispiele, vgl. Kapitel 3) angelegt ist. In den erhobenen Unterrichtssituationen akzeptieren die Lehrkräfte solche Vermutungen und die Vermutungen werden teilweise auch an der Tafel gesichert. Ebenfalls werden im Verlauf der Unterrichtsstunden Argumentationsansätze der Schülerinnen und Schüler zu diesen Vermutungen thematisiert.

Widerlegungen von mathematischen Aussagen mit Gegenbeispielen

Ausgehend von (Zahlen-)Beispielen können mathematische Geltungsansprüche widerlegt werden. Ein klassisches Beispiel ist das Argument in Abbildung 7.5 zur Widerlegung von Pauls Aussage: „Das Produkt von zwei geraden Zahlen ist durch 8 teilbar.". Aus einem Gegenbeispiel wird gefolgert, dass die Behauptung von Paul nicht richtig ist. Frau Petrow bestätigt und validiert Roberts Argument. In der Regel werden die Daten (Gegenbeispiele) in solchen Argumenten explizit benannt.

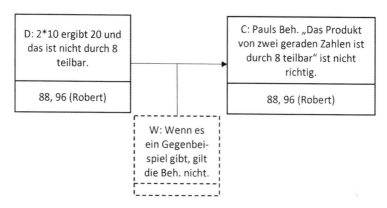

Abbildung 7.5 Widerlegung von Pauls Aussage (Klasse 1, Episode 2.5)

Im Anschluss an die mathematische Argumentation von Robert findet eine weitere Aushandlung über die Gültigkeit von Pauls Aussage statt. Pauls Aussage ist laut Cavit „zum Teil richtig" (Klasse 1, Episode 2.6). Die Lehrkraft greift diese Aushandlung über die Gültigkeit der Aussage auf, indem sie Cavit auffordert eine korrekte mathematische Aussage zu formulieren: „Einige Produkte von zwei geraden Zahlen, wie zum Beispiel vier und zwanzig oder zwölf und sechs, sind durch acht teilbar." (Klasse 1, Stunde 2, Turn 94). Die Lehrkraft fasst zusammen, dass die mathematische Aussage (von Paul) abgeschwächt werden muss. Die Teilbarkeit durch acht kann nur „manchmal" beobachtet werden und es kann daher keine mathematische „Regel" konstruiert werden. Frau Petrow thematisiert also implizit, dass mathematische Aussagen allgemeingültig sind. In den nachfolgenden mathematischen Argumentationen kann eine Schlussregel explizit benannt werden: Wenn es ein Gegenbeispiel gibt, gilt die Behauptung nicht (vgl. Abbildung 7.5).

In den rekonstruierten mathematischen Argumenten finden sich aber auch andere Argumentationsschlüsse bei der Widerlegung von mathematischen Geltungsansprüchen. Beispielsweise wird in Klasse 3 (Episode 2.2–2.3) die Aussage von Paul durch Tobias widerlegt, indem die vereinbarten Konventionen in der Klasse herangezogen werden: Wir rechnen nur mit natürlichen Zahlen. Dabei wird in der Unterrichtssituation ein (Zahlen-)Beispiel präsentiert, in welchem das Ergebnis bei der Division durch acht keine natürliche Zahl ist. In diesem Argumentationsprozess korrigieren die Schülerinnen und Schüler gegenseitig ihre Rechenfehler, fragen nach dem Vorgehen von Tobias und bewerten seinen mathematischen Argumentationsansatz. Herr Peters lässt die Schülerinnen und Schüler interagieren und positioniert sich selbst eher als ein Beobachter des Gesprächs. Dies wird auch durch seine Sitzposition verdeutlicht – er sitzt zwischen den Schülerinnen und Schülern.

Oftmals regt die Konstruktion von mathematischen Argumenten mit Gegenbeispielen in den analysierten Unterrichtssituationen die Thematisierung und Aushandlung von Methodenwissen über das mathematische Argumentieren an. Wie in der Konzeption der Lernumgebung angelegt, wird in zwei Klassen der Unterschied zwischen einer Begründung und einer Widerlegung von einer mathematischen Aussage zusammengefasst. Dabei wird in Klasse 1 ausgehandelt, dass man mit Gegenbeispielen eine Aussage widerlegen kann. Beim Begründen wird wiederum mit „Termen, Texten, Beispielen oder Darstellungen" ein mathematischer Geltungsanspruch begründet. Frau Petrow fasst zusammen, dass eine unterschiedliche Vorgehensweise bei einer Begründung und einer Widerlegung von einer mathematischen Aussage erforderlich ist. Im weiteren Verlauf der Stunde (nach der Thematisierung der Aufgabe zu Maries Behauptung) wird gemeinsam ausgehandelt: Wenn man ein Beispiel findet, bei dem die Aussage nicht gültig ist, gilt die Aussage nicht. Es wird also festgestellt, dass nur ein einzelnes Gegenbeispiel für eine Widerlegung ausreicht. Auch für die Begründung eines mathematischen Geltungsanspruchs wird diskutiert, wie viele Beispiele notwendig sind (vgl. Kapitel 6). Nachdem die Schülerinnen und Schüler verschiedene Anzahlen nennen (15, 100, so viele, wie möglich) bringt Frau Petrow ein: „Eigentlich müsste ich alle Zahlen irgendwie zeigen, weil wenn ich ein Beispiel finde, bei dem es nicht mehr gültig ist, dann habe ich keine Regel." (Klasse 2, Stunde 2, Turn 148). Sie leitet den Aushandlungsprozess, lässt die Schülerinnen und Schüler dabei auch Ideen einbringen und beendet die Aushandlung mit ihrer Feststellung.

In Klasse 2 wird zunächst ähnlich verhandelt, dass man entweder „argumentiert" oder bei einer Widerlegung Gegenbeispiele findet. Johannes bringt ein: „Beim Widerlegen reicht ein Gegenbeispiel, beim Begründen braucht man eine Erklärung." (Klasse 2, Stunde 2, Turn 150). Frau Kaiser fasst daraufhin zusammen, dass bei Begründungen von mathematischen Aussagen nur ein Beispiel nicht ausreicht. Jasmin merkt an, dass Paul es auch so gemacht hat. Die Bedeutung von Beispielen und Gegenbeispielen beim mathematischen Argumentieren ist also noch nicht für alle Schülerinnen und Schüler deutlich oder zumindest nicht auf das Beispiel von Paul übertragbar. Frau Kaiser entgegnet: „Genau, aber deswegen ist Pauls Aussage/ Behauptung auch falsch, nä?" (Klasse 2, Stunde 2, Turn 153). Durch diese Aussage kann gedeutet werden, dass Behauptungen, die aus Beispielen abgeleitet werden, falsch sind. Eine Fehlvorstellung könnte begünstigt werden. An die Tafel schreibt Frau Kaiser: „Wir können eine Behauptung nicht mit einem Beispiel begründen, dass diese Behauptung richtig ist. Wir können aber eine Behauptung mit einem Gegenbeispiel widerlegen.". Insgesamt wird in den beiden Unterrichtssituationen deutlich, dass Lehrkräfte bei der Etablierung und Aushandlung von Methodenwissen eine entscheidende Rolle spielen.

7.3 Generische Argumente im Übergang von der Arithmetik zur Algebra

Im folgenden Kapitel werden die Charakteristika der hervorgebrachten generischen Argumente im Übergang von der Arithmetik zur Algebra beschrieben. Zunächst wird in Abschnitt 7.3.1 eine Übersicht über die Charakteristika von generischen Argumenten und die Rahmungen der Lehrkräfte gegeben. In Abschnitt 7.3.2 werden die Charakteristika und Lehrkrafthandlungen anhand von ausgewählten rekonstruierten Argumenten und Unterrichtssituationen aus dem Datenmaterial ausgeführt und illustriert.

7.3.1 Übersicht: Charakteristika von generischen Argumenten

In den Unterrichtssituationen dieser Studie werden arithmetisch-generische und ikonisch-generische Argumente hervorgebracht. In arithmetisch-generischen Argumenten wird ein mathematischer Geltungsanspruch anhand von arithmetischen Termdarstellungen, also anhand von generischen Beispielen, begründet. Dagegen werden in ikonisch-generischen Argumenten Punktemuster als ikonische Darstellungen herangezogen, um mathematische Objekte und ihre Verknüpfungen zu visualisieren. In dieser Studie konnten fast keine narrativ-generischen Argumente rekonstruiert werden.

In den hervorgebrachten generischen Argumenten ist die Zielkonklusion, also der mathematische Geltungsanspruch, der begründet werden soll, teilweise nur implizit rekonstruierbar oder sogar gar nicht vorhanden. Das heißt, ein Rückbezug zu den eigentlichen Aufgabenstellungen ist nicht immer existent. Auch werden die Schlussregeln (Warrants) von den Schülerinnen und Schülern und ihren Lehrkräften nicht immer explizit benannt. Lehrkräfte unterstützen ihre Schülerinnen und Schüler, indem sie die Lernenden nach Schlussregeln fragen, wie etwa nach Regeln für Termumformungen. Durch solche Aufforderungen ergänzen die Schülerinnen und Schüler in der Regel eine Begründung für ihren Argumentationsschritt und das mathematische Argument wird vervollständigt, eine Schlussregel explizit benannt.

Ein generisches Argument besteht in der Regel aus mehreren Argumentationsschritten. Etwa kann jeder Termumformungsschritt als eine Zwischenkonklusion rekonstruiert werden, welche dann wiederum als ein Datum im anschließenden Argumentationsschritt herangezogen wird. Teilweise werden mehrere Daten zu Beginn der rekonstruierten generischen Argumentation herangezogen. In mehreren generischen Argumenten der erhobenen Unterrichtssituationen gibt es zudem zwei Stränge. Einerseits wird das (Zahlen-)Beispiel berechnet und dabei ein Ergebnis, eine Berechnung, explizit benannt. Andererseits wird aus den Argumentationsschritten und Umformungen der allgemeine mathematische Geltungsanspruch geschlussfolgert.

Berechnungen sind sowohl in arithmetisch-generischen als auch in ikonisch-generischen Argumenten rekonstruierbar. Sie sind nicht notwendig für ein korrektes, allgemeingültiges mathematisches Argument und können derangierend im mathematischen Argumentationsprozess wirken. Beispielsweise kann ein unvollständiges mathematisches Argument durch eine Berechnung begünstigt werden, wenn keine Ablösung vom (Zahlen-)Beispiel stattfindet, sondern am konkreten Ergebnis argumentiert wird. Oftmals fordern die Lehrkräfte in den erhobenen Unterrichtssituationen keinen expliziten Rückbezug zum allgemeinen mathematischen Geltungsanspruch ein.

Der Generalisierungsschritt kann in generischen Argumenten sowohl zu Beginn stattfinden als auch gegen Ende der mathematischen Argumentation. Wird direkt zu Beginn des Argumentationsprozesses verallgemeinert, so wird beispielsweise bei ikonisch-generischen Argumenten eine Kommentierung losgelöst von den konkreten Anzahlen der Punkte von den Schülerinnen und Schülern hervorgebracht, ohne auf das (Zahlen-)Beispiel zu fokussieren. Das heißt, die Lernenden beziehen sich zwar auf ihre ikonische Darstellung, aber nur, um mathematische Eigenschaften, Beziehungen oder Strukturen anhand dieser Darstellung zu verdeutlichen. Es kann aber auch erst gegen Ende der mathematischen Argumentation eine Verallgemeinerung stattfinden. Dabei wird reflektiert und benannt, wieso eine solche Argumentation generisch ist und auf alle Zahlen im Geltungsbereich der mathematischen Aussage übertragbar ist. Die mathematische Argumentation löst sich vom Beispiel und es findet eine Verallgemeinerung statt. Lehrkräfte können in mathematischen Argumentationsprozessen durch Fragen und Impulse die Konstruktion von Verallgemeinerungen und allgemeingültigen, generischen Argumenten initiieren.

7.3.2 Ausführliche Beschreibung mit illustrierenden Beispielen

Generische Argumente werden in den erhobenen Unterrichtssituationen im Übergang von der Arithmetik zur Algebra entwickelt, um einen mathematischen Geltungsanspruch allgemeingültig zu begründen. Sie werden oftmals im Anschluss an ein empirisches Argument (Abschnitt 7.2) hervorgebracht. Dabei konstruieren die Schülerinnen und Schüler in der Regel *arithmetisch-generische* oder *ikonisch-generische Argumente*. Das heißt, es werden im Übergang von der Arithmetik zur Algebra generische Zahlenbeispiele oder mathematische Argumente mit ikonischen Darstellungen, wie etwa Punktemustern, hervorgebracht. Im Datenmaterial dieser Studie sind nahezu keine narrativ-generischen Argumente rekonstruierbar, was vermutlich auch dadurch bedingt ist, dass die Lehrkräfte in den Unterrichtssituationen einfordern, dass eine Lösung mit einer Dokumentenkamera an die Wand projiziert wird und somit oftmals anhand von Darstellungen argumentiert wird. Dennoch werden narrativ-strukturelle Argumente entwickelt (vgl. Abschnitt 7.4), die sich aber von generischen Argumenten unterscheiden.

Auffällig ist, dass zu Beginn der Unterrichtseinheit in den Klassen teilweise der Aufbau der ikonischen Darstellungen (Punktemuster) und der arithmetischen Terme explizit hergeleitet wird. Es wird eine Argumentationsbasis etabliert, die die Konstruktion von generischen Argumenten ermöglicht. Fokussiert wird dabei auf die Struktur von geraden und ungeraden Zahlen, da diese in den ersten Aufgaben der Lernumgebung thematisiert werden. Im Verlauf der Unterrichtsstunden werden die ausgehandelte Strukturierung der Punkte und die Zerlegung der Zahlen in den weiteren mathematischen Argumentationen immer wieder benutzt, auch dann, wenn sie eher unpassend für die Aufgabe sind, da keine (un-)geraden Zahlen thematisiert werden (vgl. Abschnitt 7.4).

Beispielsweise präsentieren Gina, Tanja und René ein ikonisch-generisches Argument zur Summe von einer geraden und einer ungeraden Zahl. Gina zeichnet das Punktemuster an die Tafel und René erklärt den Aufbau der Punkte (vgl. Abbildung 7.6). Interessant dabei ist, dass René zwei verschiedene Schlussrichtungen in seiner Begründung des Punktemusters nutzt: Einerseits begründet er, wie die Vier mit Punkten repräsentiert werden kann. Anderseits begründet er ausgehend von der Repräsentation der Sieben, dass die Zahl Sieben eine ungerade Zahl ist. Er betont, dass in dem Punktemuster eine gerade und eine ungerade Zahl addiert werden und das Ergebnis eine ungerade Zahl ist. Im Anschluss erklärt Tanja die Darstellung unter Rückbezug auf das Arbeitsblatt und eröffnet damit einen zweiten Argumentationsansatz. Die Lehrkraft lässt die Lernenden in dieser

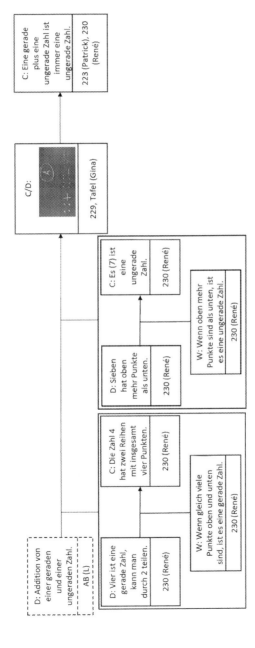

Abbildung 7.6 Ikonisch–generisches Argument zur Summe von einer geraden und einer ungeraden Zahl (Klasse 3, Episode 1.16)

Unterrichtssituation ihre Ideen und ihre Ansätze frei vorstellen und fragt lediglich, ob die andere Gruppe, die sich mit diesem Ansatz beschäftigt hat, etwas
zu ergänzen hat. Die Schülerinnen und Schüler fragen eigenständig, ob ihre Mitschülerinnen und Mitschüler ihren Ansatz verstanden haben oder es Fragen dazu
gibt.

Auch die Zerlegung von Zahlen wird bei der Konstruktion von einem
arithmetisch-generischem Argument, also einem generischen Beispiel, von Schülerinnen und Schülern begründet, wie das folgende Argument illustriert (vgl.
Abbildung 7.7).

Frau Kaiser initiiert mit ihrer Frage eine Erklärung zu der Zerlegung von
geraden Zahlen: „Also wie kann man eine gerade Zahl immer darstellen?" (Klasse
2, Stunde 1, Turn 244). Es wird unabhängig von einem konkreten Zahlenbeispiel,
in diesem Fall unabhängig von der Zahl 36, beschrieben, dass man eine gerade
Zahl immer als Produkt von zwei und der Hälfte der Zahl darstellen kann (Tabea
in Turn 245). Im Anschluss fragt Frau Kaiser nach den ungeraden Zahlen: „Wie
stellt man eine ungerade Zahl immer da?" (Klasse 2, Stunde 1, Turn 254). Frau
Kaiser fordert die Schülerinnen und Schüler in ihrem Unterricht also auf explizit
zu benennen, wie gerade und ungerade Zahlen zerlegt werden können. Damit
wird eine Argumentationsbasis in ihrer Klasse etabliert, die die Konstruktion von
arithmetisch-generischen Argumenten ermöglicht.

Bei einem Blick auf die *Explizitheit der hervorgebrachten generischen Argumente* wird deutlich, dass die Zielkonklusion in generischen Argumenten teilweise implizit verbleibt oder gar nicht rekonstruierbar ist. Das heißt, der zu
begründende mathematische Geltungsanspruch wird von den Schülerinnen und
Schülern nur bedingt hervorgehoben und damit wird ein Rückbezug zur eigentlichen Aufgabe offengelassen. Das entwickelte mathematische Argument der
Schülerinnen und Schüler ist damit unvollständig.

Beispielsweise ist das arithmetische-generische Argument zu Maries Behauptung „Die Summe von zwei ungeraden Zahlen ist gerade." lückenhaft (Abbildung 7.8). In dieser Unterrichtssituation präsentiert Jale ein generisches Beispiel,
dass auf einer Zerlegung von elf und neun basiert. Sie beschreibt lediglich ihre
Zerlegung der beiden Zahlen und ihre Umformungen. Die allgemeine Aussage
von Marie wird in der Argumentation nicht explizit aufgegriffen. Auf Nachfrage
von Frau Kaiser, warum der letzte Schritt, also der letzte Term, eine gerade Zahl
darstellt (Klasse 2, Stunde 2, Turn 255), ergänzt Elina Jales Ansatz. Elina benennt
explizit, dass „2 · (5+4) + 2" eine gerade Zahl ist und ergänzt eine Begründung, die aber (weiterhin) unvollständig ist. Elina erklärt, wieso die Summanden
„2 · (5+4)" und „2" gerade sind. Dass die Summe von zwei geraden Zahlen
gerade ist, erwähnt Elina nicht. Frau Kaiser ist mit dieser Erklärung zufrieden und

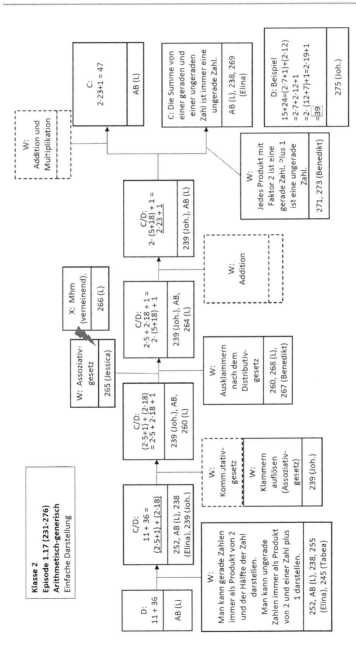

Abbildung 7.7 Arithmetisch-genetisches Argument zur Summe von einer geraden und einer ungeraden Zahl (Klasse 2, Episode 1.17)

beendet den Argumentationsprozess mit einer Bewertung: „Sehr schön." (Turn 261).

Im rekonstruierten generischen Argument (vgl. Abbildung 7.8) bleibt eine Generalisierung implizit. Das Generische ist zwar implizit in der arithmetischen Termdarstellung enthalten, muss aber hineingedeutet werden. Inwiefern die Schülerinnen und Schüler dies tun, bleibt offen. Auch fehlt ein Rückbezug zum allgemeinen mathematischen Geltungsanspruch, zu Maries Behauptung. Dieses arithmetisch-generische Argument illustriert auch, wie vielschichtig und komplex solche arithmetisch-generischen Argumente sind.

Die *Schlussregeln* (Warrants) werden in den hervorgebrachten generischen Argumenten nur teilweise explizit benannt. Einige Schlussregeln, wie etwa Rechengesetze, verbleiben mehrfach implizit. Beispielsweise wird in dem arithmetisch-generischen Argument (vgl. Abbildung 7.8) benannt, dass im ersten Termumformungsschritt die Klammern aufgelöst werden. Dagegen fehlt eine Schlussregel und damit eine Begründung für den zweiten Termumformungsschritt. Die verschiedene Natur der Schlussregeln und speziell, ob die Schlussregeln prozess- oder produktorientiert formuliert sind, wird in Kapitel 8 diskutiert. Frau Kaiser fordert in dieser Unterrichtssituation keine Elaboration von Jale bezüglich ihrer zweiten Termumformung ein. Der Garant für den zweiten Umformungsschritt wird in dieser Argumentation somit nicht ergänzt. Ob die Schülerin ihn auf Nachfrage der Lehrkraft nachgeliefert hätte, bleibt in dieser Unterrichtssituation offen. In anderen Unterrichtssituationen haben Schülerinnen und Schüler Schlussregeln auf Nachfrage ergänzt, wie im Folgenden ausgeführt wird.

In einigen hervorgebrachten Argumenten werden Schlussregeln (Warrants) dagegen auch explizit benannt. Das folgende mathematische Argument stellt ein Beispiel für eine explizite Benennung von Schlussregeln dar (Abbildung 7.9). Arcan zeigt anhand von einem generischen Beispiel, dass die Summe von zwei geraden Zahlen gerade ist. Auf Nachfrage von Frau Petrow, warum man diese Termumformungen machen kann (Frage nach einer Elaboration, Turn 226), ergänzt Arcan eine Schlussregel für seine Termumformung. Er macht seine Schlussregel also explizit. Auf eine weitere Nachfrage von Frau Petrow fügt Arcan hinzu, wieso der Term eine gerade Zahl darstellt. Die mathematische Argumentation wird daraufhin von Frau Petrow abgeschlossen, indem sie eine weitere Schlussregel benennt. Auch in den Daten dieser Studie haben die Schülerinnen und Schüler also auf Nachfrage von ihren Lehrkräften eine Schlussregel in generischen Argumenten ergänzt (vgl. Abschnitt 2.2.4). Lehrkräfte beeinflussen mit ihren Nachfragen an die Schülerinnen und Schüler somit die Reichhaltigkeit und Explizitheit der hervorgebrachten generischen Argumente.

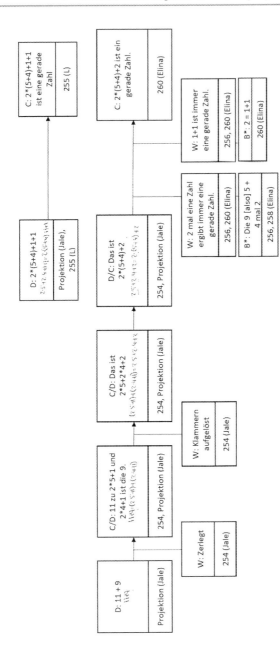

Abbildung 7.8 Arithmetisch-generisches Argument zu Maries Behauptung: Die Summe von zwei ungeraden Zahlen ist gerade (Klasse 2, Episode 2.13)

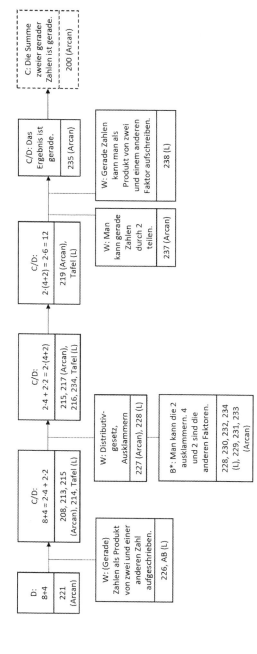

Abbildung 7.9 Arithmetisch-generisches Argument zur Summe von zwei geraden Zahlen (Klasse 1, Episode 1.23)

Die *Struktur der rekonstruierten generischen Argumente* ist größtenteils linear. Generische Argumente bestehen in der Regel aus mehreren Argumentationsschritten, wie auch in den Beispielen sichtbar ist (vgl. Abbildung 7.7, Abbildung 7.8 und Abbildung 7.9). In arithmetisch-generischen Argumenten kann jeder Termumformungsschritt als ein Argumentationsschritt rekonstruiert werden. Außerdem ist in generischen Argumenten stets ein Generalisierungsschritt, also eine Ablösung vom Beispiel, erforderlich, um ein allgemeingültiges mathematisches Argument zu entwickeln (vgl. Kapitel 8). Mehrere Argumentationsschritte sind also bereits aufgrund der Anlage der generischen Argumente üblich.

Die rekonstruierten generischen Argumente bestehen in der Regel aus Daten, Schlussregeln, Konklusionen und gegebenenfalls Stützungen (*). Diese Elemente der generischen Argumente finden sich auch in den eben präsentierten Beispielen (vgl. Abbildung 7.8 und Abbildung 7.9). Anders als die rekonstruierten empirischen Argumente (vgl. Abschnitt 7.2) enthalten die in dieser Arbeit rekonstruierten generischen Argumente nur selten Modaloperatoren. Das heißt, es werden keine Aussagen über die Sicherheit des Schlusses getroffen. Insbesondere wird keine Unsicherheit von den Schülerinnen und Schülern verbalisiert.

In einzelnen generischen Argumenten werden *mehrere Daten* in der Argumentation herangezogen. Beispielsweise können in einem Argument zu der Aufgabe, die die Summe von drei aufeinanderfolgenden natürlichen Zahlen thematisiert, drei Daten rekonstruiert werden (Abbildung 7.10). Hanna möchte mit einer ikonischen Darstellung, in diesem Fall mit einem Punktemuster, begründen, dass die Summe von zwei ungeraden Zahlen und einer geraden Zahl gerade ist. Zunächst betrachtet sie die Summe der beiden ungeraden Zahlen und schließt, dass sie zusammen gerade sind. Anschließend bezieht sie den dritten Summanden, die gerade Zahl, mit ein. Sie folgert, dass bei der Summe insgesamt „keiner übrig bleibt" (Klasse 2, Stunde 3, Turn 199). Frau Kaiser fragt in dieser Unterrichtssituationen lediglich nach einem Fachwort für „zusammentun" und leitet dann zu einer anderen Aussage über.

In einigen generischen Argumenten finden sich *zwei Argumentationsstränge*. Mehrfach wird in solchen mathematischen Argumenten einerseits das konkrete (Zahlen-)Beispiel berechnet und andererseits der allgemeine mathematische Geltungsanspruch geschlussfolgert. Eine Berechnung ist in arithmetisch-generischen Argumenten nicht notwendig, um ein korrektes und allgemeingültiges mathematisches Argument zu konstruieren, wird aber dennoch wiederholt vorgenommen (siehe bspw. Abbildung 7.7, Abbildung 7.9 und Abbildung 7.11). In ikonisch-generischen Argumenten wird in der Regel das Ergebnis zwar ikonisch dargestellt, beispielsweise mit Punkten, aber nicht als Zahl notiert. Eine Auszählung der Punkte ist nicht erforderlich, da sie eine mathematische Struktur

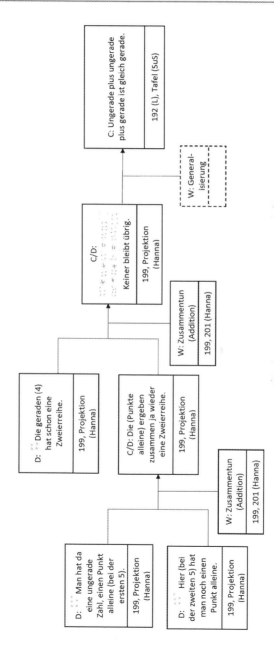

Abbildung 7.10 Ikonisch-generisches Argument zur Summe von drei aufeinanderfolgenden natürlichen Zahlen (Klasse 2, Episode 3.14)

repräsentieren sollen. In einigen Argumenten hat die Berechnung der (Zahlen-) Beispiele keine direkte Auswirkung auf die Gültigkeit der mathematischen Argumentation (siehe bspw. Abbildung 7.7). In anderen mathematischen Argumenten ist dagegen rekonstruierbar, dass die Berechnung der (Zahlen-)Beispiele derangierend auf den mathematischen Argumentationsprozess gewirkt hat. Beispielsweise bleibt das konstruierte mathematische Argument unvollständig, da keine Ablösung vom konkreten (Zahlen-)Beispiel stattfindet. Gleichzeitig kann aber auch ein Zirkelschluss begünstigt werden. Das folgende Beispiel verdeutlicht eine Unterrichtssituation, in welcher die Berechnung eines generischen Beispiels derangierend auf den Argumentationsprozess gewirkt hat (vgl. Abbildung 7.11). Der gemeinsame Argumentationsprozess im Klassengespräch und wie die Lehrkraft diesen Prozess eher derangierend rahmt, wird im Folgenden ausgeführt.

Tabea präsentiert ihren Argumentationsansatz, in welchem sie die Zahlen 14 und 20 heranzieht, um mit ihnen zu begründen, dass die Summe von zwei geraden Zahlen gerade ist. Tabea zerlegt die Zahlen in einem ersten Schritt. Daraufhin berechnet Tabea die Zahlen, formt sie also wieder um in ihre ursprüngliche Darstellung ohne Zerlegung, und berechnet dann das Ergebnis. Nachdem die Lehrkraft die anderen Schülerinnen und Schüler nach einer Rückmeldung fragt, merkt Johannes an, dass da zweimal „14 + 20" steht und er nicht versteht, wieso Zwischenschritte gemacht wurden. Frau Kaiser bezeichnet Tabeas Argumentationsansatz nun als „Zirkelschluss" (Klasse 2, Stunde 1, Turn 376). Gemeinsam soll aufbauend auf dem ersten Argumentationsschritt von Tabea ein Argument entwickelt werden. Jasmin benennt einen weiteren Termumformungsschritt. Dieser Term wird nun aber auch berechnet (durch Frau Kaiser in Turn 384). Diese Berechnung wirkt derangierend auf den Argumentationsprozess: Es findet keine Ablösung vom (Zahlen-)Beispiel statt und ein unvollständiges Argument entsteht.

In generischen Argumentationen ist die *Berechnung der (Zahlen-)Beispiele* abhängig von der gewählten *Repräsentation* und der *Aufgabe*. In den rekonstruierten Argumenten dieser Studie werden in arithmetisch-generischen Argumenten zur Summe von zwei geraden Zahlen die (Zahlen-)Beispiele immer berechnet. Dagegen werden in der gleichen Aufgabe die konkreten Beispiele bei ikonisch-generischen Argumenten, also bei den Argumenten mit Punktemustern, nur vereinzelt ermittelt (siehe auch Abbildung 7.10). In der Aufgabe zur Summe von drei aufeinanderfolgenden Zahlen wird das Zahlenbeispiel im arithmetisch-generischen Argument mitunter nicht ausgerechnet. Ein Beispiel für ein arithmetisch-generisches Argument, in welchem das konkrete Zahlenbeispiel nicht berechnet wurde, ist auch das Argument in Abbildung 7.8. Eine Berechnung wird in einzelnen Unterrichtssituationen von der Lehrkraft eingefordert oder

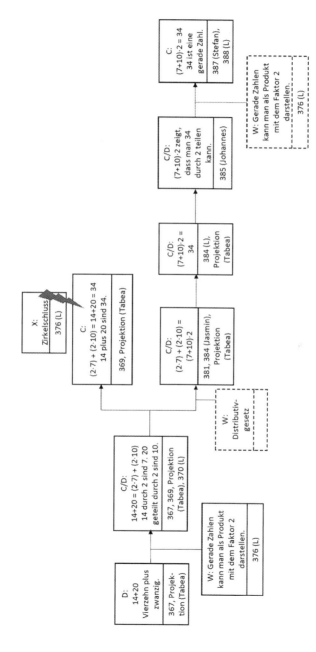

Abbildung 7.11 Arithmetisch-generisches Argument zur Summe von zwei geraden Zahlen (Klasse 2, Episode 1.25)

selbst in das Gespräch eingebracht (vgl. Abbildung 7.11). Abhängig ist eine Berechnung auch davon, ob bereits eine Generalisierung, also eine Loslösung vom konkreten (Zahlen-)Beispiel, stattgefunden hat oder die Argumentation bisher am Beispiel verhaftet ist. Dieser Generalisierungsschritt wird im Folgenden fokussiert.

Ein weiterer Unterschied zwischen generischen Argumenten wird deutlich bei der Betrachtung des *Generalisierungsschrittes*. Einerseits kann bereits zu Beginn der mathematischen Argumentation eine Ablösung vom konkreten (Zahlen-) Beispiel stattfinden. Andererseits kann eine Generalisierung auch erst gegen Ende der mathematischen Argumentation erfolgen. Ein Beispiel für den ersten Fall, eine *Generalisierung zu Beginn der mathematischen Argumentationen*, stellt das ikonisch-generische Argument von Hanna zur Summe von drei aufeinanderfolgenden natürlichen Zahlen in Abbildung 7.10 dar. Hanna argumentiert zwar anhand ihrer ikonischen Darstellung von „5 + 4 + 5", redet aber von Beginn an nicht über diese Zahlen, sondern spricht verallgemeinert über (un-)gerade Zahlen. Sie verdeutlicht die Eigenschaften von (un-)geraden Zahlen mit Bezug auf den Aufbau der Punkte in der ikonischen Darstellung. Solche Kommentierungen finden sich in mehreren ikonisch-generischen Argumenten der Schülerinnen und Schüler. Inwiefern dies mit einer prozess- oder produktorientierten Interpretation in Zusammenhang steht und von Lehrkräften gerahmt wird, wird in Kapitel 8 diskutiert.

Bei arithmetisch-generischen Argumenten findet in mehreren Fällen eine Ablösung vom konkreten (Zahlen-)Beispiel und eine *Generalisierung erst gegen Ende der mathematischen Argumentation* statt. Ein Beispiel dafür stellt das arithmetisch-generische Argument zur Summe von zwei geraden Zahlen in Abbildung 7.7 dar. Erst im letzten Argumentationsschritt findet eine Ablösung von „11 + 36" statt (unterer Strang). Dabei können Lehrkräfte durch eine Nachfrage eine Generalisierung und damit eine Ablösung vom konkreten Beispiel und einen Rückbezug zur Aufgabe initiieren (siehe bspw. Abbildung 7.9). Eine Verallgemeinerung erst gegen Ende der Argumentation lässt sich sowohl in arithmetisch- als auch in ikonisch-generischen Argumenten rekonstruieren (für ein ikonisch-generisches Argument siehe bspw. Klasse 2, Episode 2.10). Welche Bedeutung dieser späten Ablösung vom (Zahlen-)Beispiel und Generalisierung zukommt, wird in Kapitel 8 diskutiert.

In einzelnen hervorgebrachten generischen Argumenten kann der *Generalisierungsschritt nicht sicher rekonstruiert* werden (vgl. Überlegungen zur Explizitheit von generischen Argumenten weiter oben). Es wird also kein Bezug zwischen der arithmetischen Termdarstellung oder dem Punktemuster und dem allgemeinen mathematischen Geltungsanspruch von den Schülerinnen und Schülern oder der Lehrkraft explizit hergestellt. Der Rückbezug zu der ursprünglichen Aussage fehlt somit (siehe bspw. Abbildung 7.8) oder ist implizit (siehe bspw. Abbildung 7.9). In solchen Unterrichtssituationen fordert die Lehrkraft in der Regel keine Elaborationen oder Rückbezuge ein, sondern beendet den mathematischen Argumentationsprozess.

In den rekonstruierten mathematischen Argumenten finden sich *unterschiedliche Garanten* je nachdem, in welcher Repräsentation argumentiert wird. In *arithmetisch-generischen Argumenten* fokussieren die von den Schülerinnen und Schülern hervorgebrachten Schlussregeln oft auf Zahlbeziehungen. Das ist zum Beispiel in dem mathematischen Argument zur Summe von zwei geraden Zahlen in Abbildung 7.9 der Fall: „Man kann gerade Zahlen durch 2 teilen." (Turn 237, Arcan). Dagegen werden in *ikonisch-generischen Argumenten* wiederholt mathematische Sätze in Bezug auf Punktemuster herangezogen. Etwa „Bei ungeraden Zahlen ist immer ein Punkt übrig." (Abbildung 7.12). Eine Lehrkraft rahmt die eigenständige Hervorbringung von solchen Schlussregeln durch Schülerinnen und Schüler mehrfach insofern, dass sie die Gültigkeit eines Argumentationsschritts nicht weiter hinterfragt und somit den Garanten implizit oder auch explizit bestätigt. In den Unterrichtssituationen dieser Studie haben die Lehrkräfte Schlussregeln in generischen Argumentationen in der Regel nicht hinterfragt, sondern haben nur eingegriffen, wenn sie durch die Schülerinnen und Schüler ergänzt werden sollen.

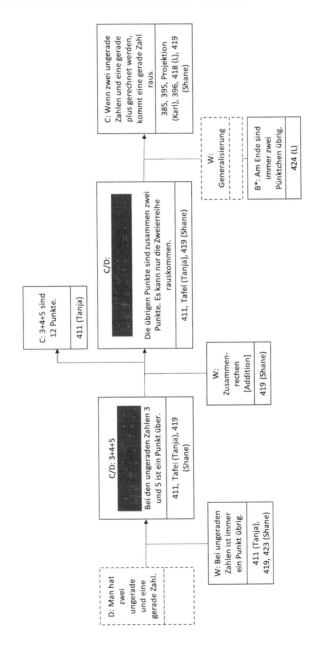

Abbildung 7.12 Ikonisch-generisches Argument zur Summe von drei aufeinanderfolgenden natürlichen Zahlen (Klasse 3, Episode 2.17)

7.4 Strukturelle Argumente im Übergang von der Arithmetik zur Algebra

In diesem Kapitel werden die Charakteristika der hervorgebrachten strukturellen Argumente im Übergang von der Arithmetik zur Algebra beschrieben. Zunächst wird in Abschnitt 7.4.1 eine Übersicht über die Charakteristika von strukturellen Argumenten und die Rahmungen der Lehrkräfte gegeben. In Abschnitt 7.4.2 werden die Charakteristika und Lehrkrafthandlungen anhand von ausgewählten rekonstruierten Argumenten und Unterrichtssituationen aus dem Datenmaterial ausgeführt und illustriert.

7.4.1 Übersicht: Charakteristika von strukturellen Argumenten

Strukturelle Argumente im Übergang von der Arithmetik zur Algebra sind oft algebraisch oder narrativ. Bei algebraischen Argumenten sind die Konstruktion einer passenden Termdarstellung zu der mathematischen Aussage und die Interpretation des finalen Terms entscheidend, um ein gültiges Argument zu konstruieren. Eine Voraussetzung dafür ist, dass in der Klassengemeinschaft ein angemessenes Variablenverständnis ausgehandelt und aufgebaut wird. Lehrkräfte können Aushandlungen über die Bedeutung von Variablen im Mathematikunterricht initiieren und ihre Schülerinnen und Schüler dabei unterstützen, indem sie beispielsweise einen fachlichen Rahmen geben und den Austausch leiten.

Die Konstruktion von Termdarstellungen und somit die Entwicklung von algebraischen Argumenten ist mit Hürden für Schülerinnen und Schüler verbunden. Diese unterrichtlich zu begleiten ist für Lehrkräfte eine Herausforderung und gelingt nicht immer.

Auch die Entwicklung von narrativ-strukturellen Argumenten stellt eine Herausforderung für viele Schülerinnen und Schüler dar, weil in der mathematischen Argumentation passende Garanten gewählt werden müssen. Die Garanten müssen mathematisch korrekt sein und als geteiltes Wissen in der Klassengemeinschaft akzeptiert werden. Zusätzlich stehen die Schülerinnen und Schüler vor der Herausforderung gültige Argumentationsschlüsse zu konstruieren. Narrative Argumente werden von den Schülerinnen und Schülern teilweise aber frei, das heißt ohne Bezug zu mathematischen Regeln, entwickelt. Die rekonstruierten narrativ-strukturellen Argumente sind in dieser Studie daher wiederholt unvollständig oder fehlerhaft. In den erhobenen Unterrichtssituationen greifen die Lehrkräfte in solchen Situationen nur selten ein.

Ähnlich wie bei den generischen Argumenten, werden in strukturellen Argumenten die Zielkonklusionen nicht immer explizit benannt. Gerade bei Aufgabenstellungen mit einer einzelnen Vermutung wird der mathematische Geltungsanspruch teilweise nur implizit angeführt. Ebenfalls werden in einigen rekonstruierten strukturellen Argumenten Schlussregeln nicht oder nur implizit von den Schülerinnen und Schülern hervorgebracht. Auf Nachfrage der Lehrkraft wird in einigen Fällen eine Schlussregel ergänzt.

Der Aufbau und die Struktur von strukturellen Argumenten sind unterschiedlich je nach Repräsentation des Arguments. Narrativ-strukturelle Argumente sind in der Regel eher einfach und linear aufgebaut. Sie bestehen mehrfach nur aus einem oder wenigen Argumentationsschritten. Algebraische Argumente bestehen dagegen wiederholt aus mehreren Argumentationsschritten. Jede einzelne Termumformung kann als ein Argumentationsschritt rekonstruiert werden. Teilweise bestehen solche algebraischen Argumente auch aus mehreren Argumentationssträngen. Beispielsweise, wenn Terme auf zwei Weisen umgeformt oder unterschiedlich interpretiert werden. Solche Stränge können durch Nachfragen der Lehrkräfte durch die Schülerinnen und Schüler hervorgebracht werden oder auch durch Lehrkräfte selbst ergänzt werden.

Fehlerhafte strukturelle Argumente können im Übergang von der Arithmetik zur Algebra entstehen, wenn Schlussregeln einbezogen werden, die eher „Alltagswissen" darstellen, also nicht mathematischer Natur sind. Ebenfalls sind „frei erfundene" Argumentationsschritte beziehungsweise narrative Argumente oftmals mathematisch nicht korrekt. Lehrkräfte hinterfragen in einzelnen Situationen die Schlussregeln der Schülerinnen und Schüler und lenken den mathematischen Argumentationsprozess in eine andere, neue Richtung. Beispielsweise können so Stützungen für Garanten entwickelt werden.

7.4.2 Ausführliche Beschreibung mit illustrierenden Beispielen

In den erhobenen Unterrichtssituationen im Übergang von der Arithmetik zur Algebra werden strukturelle Argumente hervorgebracht, die *algebraisch* oder *narrativ-strukturell* sind. Es wird also einerseits mittels der algebraischen Symbolsprache argumentiert. Anderseits wird sprachlich, ohne eine Darstellung der mathematischen Objekte, begründet. Solche narrativ-strukturellen Argumente sind in den erhobenen Unterrichtssituationen wiederholt fehlerhaft oder unvollständig. Beide Repräsentationen der strukturellen Argumente sind mit Herausforderungen sowohl für Schülerinnen und Schüler als auch für Lehrkräfte verbunden, wie in den folgenden Abschnitten herausgearbeitet wird.

In algebraischen und narrativ-strukturellen Argumenten verbleiben *Schlussregeln* (Warrants) teilweise *implizit oder sind gar nicht vorhanden*. Beispielsweise werden keine Gründe für Termumformungen, wie etwa das Distributivgesetz, genannt. Das algebraische Argument in Abbildung 7.13 stellt ein Beispiel für ein Argument dar, in welchem eine Vielzahl an Garanten implizit verbleibt. Dieses Beispiel wird im Folgenden diskutiert (Klasse 2, Episode 1.18).

Oskar stellt einen Argumentationsansatz zur Begründung vor, dass die Summe von einer geraden und einer ungeraden Zahl ungerade ist. Dabei verbleiben die meisten Schlussregeln implizit. Lediglich zu Beginn und am Ende des Arguments wird ein Garant explizit benannt. Die Lehrkraft fokussiert in dieser Unterrichtssituation nicht auf Garanten, sondern darauf, dass die Schülerinnen und Schüler eine korrekte Deutung der Terme vornehmen. Frau Kaiser erwähnt explizit, dass mit einer geraden und einer ungeraden Zahl gestartet wird, zwischen den Termen Gleichheitszeichen stehen und am Ende eine ungerade Zahl steht (Klasse 2, Stunde 1, Turn 286, 288). Benedikt und Johannes heben hervor, dass sie eine Ähnlichkeit zu dem zuvor thematisierten arithmetisch-generischen Argument erkennen. Die Terme haben die gleiche mathematische Struktur. Johannes fragt, warum dieses Argument „ein anderes Beispiel" ist als das arithmetisch-generische Argument (Turn 291). Frau Kaiser fragt daraufhin nach dem Unterschied zwischen den beiden Begründungen. Es wird ausgehandelt, dass die algebraische Begründung eine „Verallgemeinerung zur Begründung" mit einem arithmetischen Term darstellt (Turn 292–310). Wie genau ein arithmetisch-generisches Argument (generisches Beispiel) und ein algebraisches Argument miteinander in Verbindung stehen und dass im algebraischen Argument die konkrete Zahl durch eine Variable ersetzt wird, verbleibt dabei in dieser Unterrichtssituation implizit. Diese Unterrichtssituation zeigt, dass Schülerinnen und Schüler Ähnlichkeiten zwischen verschieden repräsentierten Argumenten wahrnehmen und Lehrkräfte Aushandlungsprozesse über Unterschiede zwischen Argumenten in verschiedenen Repräsentationen anstoßen können. Strukturelle Argumente können also nicht nur mathematische Geltungsansprüche zeigen, sondern auch das *Lernen vom mathematischen Argumentieren* anstoßen.

Schlussregeln werden in strukturellen Argumenten teilweise aber auch *explizit* benannt. Dabei verbleiben wiederum die Zwischenkonklusionen (einzelne Schritte der Termumformung) teils implizit und werden bei einer Präsentation des Argumentationsansatzes nur mittels einer Dokumentenkamera projiziert.

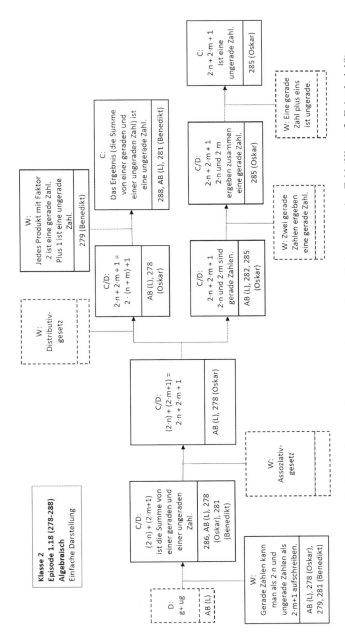

Abbildung 7.13 Algebraische Begründung zur Summe von einer geraden und einer ungeraden Zahl (Klasse 2, Episode 1.18)

Ein Beispiel für ein strukturelles Argument mit explizit genannten Garanten und impliziten Zwischenkonklusionen stellt das algebraische Argument in Abbildung 7.14 dar.

Mit einem algebraischen Argument zeigt Arcan, dass die Summe von zwei ungeraden Zahlen und einer geraden Zahl gerade ist. Da seine Vermutung aus der Betrachtung von drei aufeinanderfolgenden natürlichen Zahlen hervorgeht, fokussiert er auf aufeinanderfolgende (un-)gerade Zahlen. Mündlich äußert Arcan Garanten für seine Termumformungen, die Terme selbst benennt er dabei aber nicht. Seine Umformungen und Terme werden lediglich mittels einer Dokumentenkamera projiziert. Inwiefern sich eine prozess- oder produkthafte Interpretation von mathematischen Objekten und ihren Beziehungen durch Schülerinnen und Schüler in den Schlussregeln der rekonstruierten mathematischen Argumente widerspiegelt, wird in Kapitel 8 diskutiert. Frau Petrow fordert Arcan dazu auf präzise zu benennen, was er ausklammert und warum (Klasse 1, Stunde 2, Turn 251, 255). Arcan vervollständigt daraufhin seine Argumentation und äußert explizit, dass der finale Term eine gerade Zahl darstellt (Turn 256). Frau Petrow ergänzt einen Garanten für Arcans Feststellung (Turn 257). Zusätzlich thematisiert sie eine zweite Möglichkeit den Term zusammenzufassen (Turn 257–259), die obere Konklusion in Abbildung 7.14. In diesem algebraischen Argument werden die meisten Garanten also explizit benannt und auch die Zielkonklusion, also der zu begründende mathematische Geltungsanspruch.

Ähnlich wie bei generischen Argumenten, werden in strukturellen Argumenten aber nicht immer die Zielkonklusionen explizit benannt. Dagegen ist der *Aufbau von strukturellen Argumenten* nur bedingt vergleichbar mit generischen Argumenten und insgesamt sehr unterschiedlich je nach Repräsentation des strukturellen Arguments.

Narrativ-strukturelle Argumente sind mehrfach eher einfach, linear aufgebaut und haben wenige Argumentationsschritte. Das narrativ-strukturelle Argument von Joris in Abbildung 7.15 stellt ein Beispiel dar (siehe auch Abbildung 7.17). Algebraische Argumente bestehen dagegen wiederholt aus mehreren Argumentationsschritten und teilweise auch aus mehreren Argumentationssträngen. Beispielsweise besteht das algebraische Argument in Abbildung 7.13 aus vier beziehungsweise fünf Schritten und teilt sich in zwei Stränge. Verschiedene Stränge in algebraischen Argumenten deuten auf unterschiedliche Interpretation der Terme oder mehrere Argumentationsansätze hin.

Im Folgenden wird betrachtet, wie der *Zusammenhang zwischen generischen und strukturellen Argumenten* im Mathematikunterricht thematisiert werden kann. Strukturelle Argumente können aus generischen Argumenten hergeleitet werden. Beispielsweise indem unabhängig vom konkreten (Zahlen-)Beispiel mit den

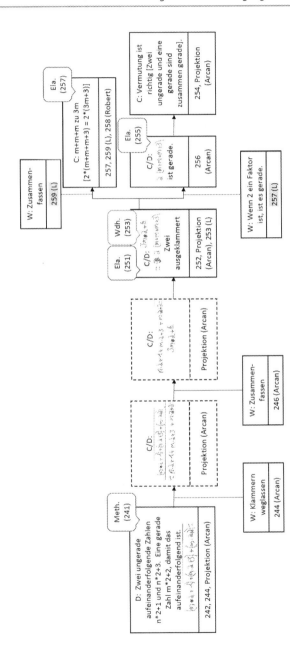

Abbildung 7.14 Algebraisches Argument zur Summe von zwei geraden und einer ungeraden Zahl (Klasse 1, Episode 2.22)

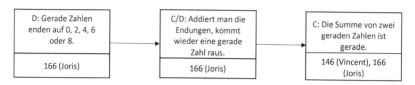

Abbildung 7.15 Narrativ-strukturelles Argument zur Summe von zwei geraden Zahlen (Klasse 3, Episode 2.8)

mathematischen Objekten und Strukturen argumentiert wird, sodass narrativ-strukturelle Argumente entstehen. Auch kann ein algebraisches Argument aus einem arithmetisch-generischen Argument (generischem Beispiel) entwickelt werden. Eine solche Unterrichtssituation lässt sich beispielsweise in Klasse 1 rekonstruieren (vgl. Abbildung 7.16).

Anders als in Klasse 2 (Episode 1.18, Abbildung 7.13) werden in dieser Unterrichtssituation nicht die Unterschiede zwischen den Argumenten in verschiedenen Repräsentationen hervorgehoben, sondern es wird von Frau Petrow explizit eine Verbindung zwischen dem generischen Beispiel und der algebraischen Termdarstellung hergestellt. Die Beziehung von mathematischen Argumenten in verschiedenen Repräsentationen fasst sie in Turn 173 (Klasse 1, Stunde 1) zusammen: Sie sind gleichwertig und je nach Vorliebe kann man frei wählen, welche Repräsentation verwendet wird (vgl. Methodenwissen in Abbildung 7.16). Auch wird in dieser Unterrichtssituation eine Aushandlung über die Bedeutung von Variablen angestoßen (Turn 163). Johann hebt in seiner Schlussregel hervor, dass man „einfach jede Zahl einfügen" kann für eine Variable (Turn 166). Auch fordert Frau Petrow ihre Schülerinnen und Schüler auf den Fachbegriff „Term" zu benennen. Mathematische Argumentationen bieten also reichhaltige Lerngelegenheiten für Schülerinnen und Schüler zu ganz verschiedenen mathematischen Inhalten. Lehrkräfte initiieren und ermöglichen solche Lerngelegenheiten.

In den Unterrichtssituationen im Übergang von der Arithmetik zur Algebra werden auch einige *unvollständige, aber potenziell gültige strukturelle Argumente* hervorgebracht. Wiederholt sind keine passenden Garanten für den Argumentationsschluss im geteilten Wissen der Klassengemeinschaft vorhanden oder ein Rückbezug zum mathematischen Geltungsanspruch fehlt. Beispielsweise fehlt eine Schlussregel im narrativen Argument von Johannes (Abbildung 7.17) zu der Begründung, dass die Summe von zwei geraden Zahlen gerade ist. Dieser fehlende Garant könnte etwa wie folgt lauten: Wenn zwei Summanden durch zwei teilbar sind, ist die Summe durch zwei teilbar. Eine solche Aussage wurde aber in der Klassengemeinschaft noch nicht etabliert. Das heißt, Johannes kann

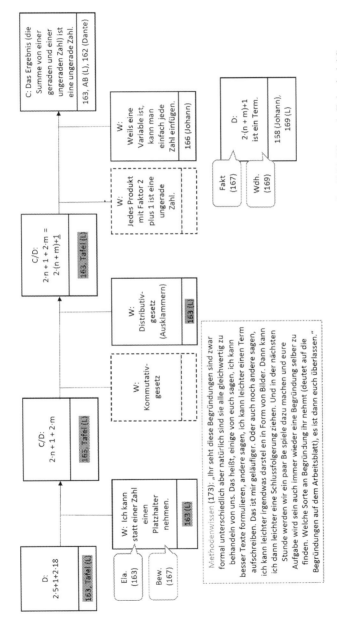

Abbildung 7.16 Algebraisches Argument zur Summe von einer geraden und einer ungeraden Zahl (Klasse 1, Episode 1.16)

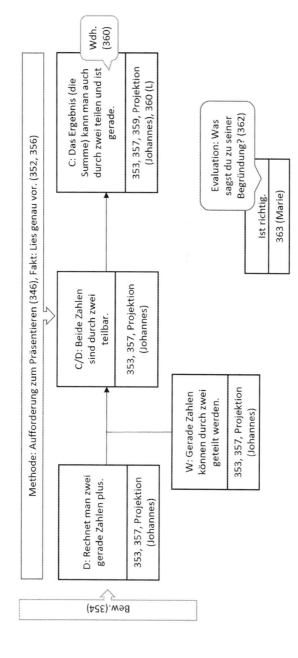

Abbildung 7.17 Narrativ-strukturelles Argument zur Summe von zwei geraden Zahlen (Klasse 2, Episode 1.24)

einen solchen Argumentationsschluss (noch) nicht so begründen oder sein Garant bedarf einer Stützung.

Frau Kaiser greift diese Lücke in der mathematischen Argumentation von Johannes nicht auf und fragt die Lernenden lediglich nach einer Rückmeldung zu Johannes Argumentationsansatz (Klasse 1, Stunde 1, Turn 362). Marie bezeichnet Johannes Ansatz als „richtig" (Turn 363), woraufhin Frau Kaiser zu einer anderen Argumentation überleitet. Das unvollständige narrative Argument wird in dieser Unterrichtssituation also akzeptiert.

In Klasse 3 gibt es eine ähnliche Unterrichtssituation. Joris möchte mittels der Endungen von geraden Zahlen argumentieren, dass die Summe von zwei geraden Zahlen gerade ist (vgl. Abbildung 7.15, Klasse 3, Episode 2.8). Seine Argumentation will er mit einem Beispiel an der Tafel verdeutlichen. Es stellt für ihn vermutlich eine Herausforderung dar, seinen ursprünglichen Argumentationsansatz weiter auszuführen (vgl. Abbildung 7.15). Ein Grund dafür könnte sein, dass es keinen passenden Garanten für seinen Argumentationsschritt im geteilten Wissen der Klassengemeinschaft gibt. Es könnte eine vollständige Fallunterscheidung zur Begründung der mathematischen Aussage durchgeführt werden. Ein solches Vorgehen wurde in dieser Klasse aber noch nicht thematisiert. Herr Peters gibt Joris die Möglichkeit seinen Argumentationsansatz an der Tafel mit einem Beispiel zu erklären. Joris wechselt nun zu einem konkreten (Zahlen-)Beispiel: „48 + 54 = 102". Diese „Endungen" (8 und 4) ergeben zusammen zwölf, eine gerade Zahl. Auf Nachfrage von Herrn Peters, ob das immer geht, sagt Joris, dass er sagen würde, „dass es immer gilt", und dass er kein Gegenbeispiel gefunden hat (Klasse 3, Stunde 2, Turn 191). Daraufhin stößt Herr Peters eine Aushandlung über die Bedeutung von Gegenbeispielen an (Turn 192–204), die an dieser Stelle nicht weiter fokussiert wird. Joris konstruiert in dieser Unterrichtssituation also ausgehend von einem narrativ-strukturellen Argument, in welchem Garanten fehlen, ein generisches Argument, um seine Überlegungen zu verdeutlichen. Herr Peters begleitet seinen Argumentationsprozess durch Nachfragen.

Werden Garanten explizit geäußert, die kein geteiltes Wissen in der Klassengemeinschaft sind, kann eine Aushandlung dieser „neuen" mathematischen Sätze angestoßen werden. Beispielsweise wird in Klasse 2 folgende Schlussregel herangezogen: „Das Vielfache einer geraden Zahl ist gerade." (Klasse 2, Episode 3.18–3.19). Frau Kaiser hinterfragt diese Schlussregel, da sie in der Klasse zuvor noch nicht thematisiert wurde, und initiiert eine Begründung dieser Schlussregel. Somit wird eine Stützung für die Schlussregel konstruiert und daraufhin das ursprüngliche mathematische Argument akzeptiert.

In den rekonstruierten strukturellen Argumenten ist der *Rückbezug zu den zu begründenden mathematischen Geltungsansprüchen* nicht immer gegeben, sodass die mathematischen Argumente teilweise unvollständig sind. Bei Aufgaben mit mehreren Vermutungen, wie etwa der Aufgabe zu drei aufeinanderfolgenden natürlichen Zahlen, werden die Zielkonklusionen häufig explizit benannt (siehe bspw. Abbildung 7.14 und Abbildung 7.22). Bei anderen Aufgaben, wo es nur eine Vermutung gibt, verbleibt die Zielkonklusionen dagegen mehrfach implizit oder sogar fehlend (vgl. Abbildung 7.18).

Bei der *Konstruktion von einem algebraischen Argument* sind eine passende *Termdarstellung* sowie eine *Interpretation des finalen Terms* entscheidend. In den rekonstruierten mathematischen Argumenten wird deutlich, dass dies eine Herausforderung für die Schülerinnen und Schüler darstellt, wie im Folgenden mit Beispielen verdeutlicht wird.

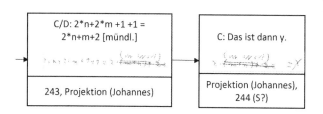

Abbildung 7.18 Algebraisches Argument zur Behauptung von Marie (Klasse 2, Episode 2.12, Ausschnitt)

Beispielsweise möchte Johannes anhand einer algebraischen Termdarstellung begründen, dass die Aussage von Marie „Die Summe von zwei ungeraden Zahlen ist gerade." stimmt. Johannes konstruiert eine sinnvolle Termdarstellung „2·n + 1 + 2·m + 1" und formt diesen Term um, sodass ein Produkt, das den Faktor zwei enthält, entsteht[1]. Wie im Ausschnitt (Abbildung 7.18) der Rekonstruktion von Johannes' Argument deutlich wird, benennt er seinen finalen Term dann als „ = y". Es findet keine Interpretation des Terms statt. Auch ein Rückbezug zu der Aussage von Marie fehlt. Frau Kaiser geht auf die Argumentation von Johannes nicht weiter ein, sondern sagt lediglich: „Ja. Ja. Genau, auch sehr schön. Hat da jemand, Jale möchtest du deines dann vorstellen?" (Klasse 2, Stunde 2, Turn 246). Über den letzten Argumentationsschritt „ = y" wird in dieser Unterrichtssituation also nicht gesprochen. Inwiefern Johannes und seine Mitschülerinnen und Mitschüler Variablen sowie algebraische Argumente verstehen, bleibt somit offen und eine potenzielle Lerngelegenheit verstreicht.

---

[1] Er äußert mündlich einen anderen Term als den, der in der Projektion seiner Lösung sichtbar ist.

In der Lernumgebung stellt die Aufgabe zur Summe von drei aufeinanderfolgenden natürlichen Zahlen insofern einen Umbruch dar, als dass mathematische Vermutungen und somit auch Argumente konstruiert werden können, die, anders als die vorherigen Aufgaben, keine (un-)geraden Zahlen thematisieren. Die Konstruktion von Termen war somit eine besondere Herausforderung für die Schülerinnen und Schüler. Einerseits haben die Schülerinnen und Schüler passende Terme konstruiert für mathematische Geltungsansprüche über (un-)gerade Zahlen (vgl. Abbildung 7.14). Andererseits wurden auch unpassende Terme, orientiert an Termdarstellungen von (un-)geraden Zahlen, konstruiert, wie der nächste Abschnitt illustriert.

Die Summe von drei aufeinanderfolgenden natürlichen Zahlen wird von Dante als „$2{\cdot}m + 1 + 2{\cdot}m + 2 + 2{\cdot}m + 3$" dargestellt (Klasse 1, Episode 2.23). Er möchte mit dieser Darstellung begründen, dass drei aufeinanderfolgende natürliche Zahlen durch drei teilbar sind. Frau Petrow fragt Dante, wieso er „$2{\cdot}m + 1$" als erste „Zahl" genommen hat (Klasse 1, Stunde 2, Turn 275).

„275   L: Mhm (*bejahend*). Und warum hast du zwei m plus eins als erste Zahl genommen? #01:19:54–6#

276   Dante: Weil das ja die erste Zahl ist und dann muss man immer nur noch Folgezahlen schreiben. #01:19:59–5#

277   L: Du hast dich jetzt für welche der beiden Zahlen, für gerade oder die ungerade Zahl, entschieden? #01:20:03–5#

278   Dante: Ungerade. #01:20:04–8#

279   L: Für ungerade als erste Zahl genommen. (.) Und wenn du die gerade Zahl genommen hättest als erste Zahl, dann hättest du das wie verändern können? #01:20:11–0#

280   Dante: Dann hätte ich erst plus zwei schreiben müssen. #01:20:15–4#

281   L: Plus zwei oder? #01:20:15–6#

282   Dante: Plus null. #01:20:19–4#

283   L: Plus null. Dankeschön (*Dante geht zurück auf seinen Platz*)." (Klasse 1, Stunde 2)

In dieser Unterrichtssituation wird also festgestellt, dass die Darstellung von Dante nur für drei aufeinanderfolgende Zahlen gilt, wenn die erste Zahl ungerade ist. Zusätzlich wird thematisiert, wie eine Darstellung mit einer geraden Zahl als erste Zahl aussehen würde. Eine allgemeine Darstellung von drei aufeinanderfolgenden natürlichen Zahlen wird nicht angesprochen. Eine Ablösung von (un-)geraden Zahlen, die in den vorherigen Aufgaben fokussiert wurden, hat vermutlich nur bedingt stattgefunden (vgl. Abschnitt 7.2) und ist eine mögliche Erklärung für diese eher unpassende Termdarstellung von Dante.

In Klasse 2 konstruiert Elina den Term „$2 \cdot n + 2 \cdot m + 2 \cdot f + 1$" (Klasse 2, Episode 3.15), um ihre Vermutung zu begründen, dass die Summe von zwei geraden und einer ungeraden Zahl gerade ist. Während Dante also einen Term mit einer Variablen aufstellt, nutzt Elina drei Variablen. Elinas Term ist für ihre allgemeine Vermutung passend, stellt aber keine drei aufeinanderfolgenden Zahlen dar, die in der Aufgabe eigentlich betrachtet werden sollten. Zunächst bewertet Frau Kaiser Elinas Argumentation als „Sehr schön." (Turn 210). Anschließend fordert sie eine Elaboration ein: „Das heißt, warum hat sie n, m und f genommen? Wofür und warum? Weshalb, warum?" (Turn 214). Oskar antwortet: „N steht für irgendeine Zahl." (Turn 215). Das bestätigt Frau Kaiser und ergänzt, dass die drei Variablen für drei verschiedene Zahlen stehen. Frau Kaiser spricht in dieser Unterrichtssituation also die Bedeutung von Variablen an, ohne aber einen Rückbezug zu der ursprünglichen Aufgabe herzustellen. Insgesamt wird deutlich, dass die Konstruktion von Termdarstellungen und somit die Entwicklung von algebraischen Argumenten für Lernende nicht einfach ist. Diese unterrichtlich zu begleiten ist für Lehrkräfte eine Herausforderung und gelingt nicht immer.

Auch die *Konstruktion von narrativ-strukturellen Argumenten* ist mit Hindernissen verbunden. Es müssen Garanten gewählt werden, die geteiltes Wissen in der Klasse sind und mathematisch korrekt sind. Gültige und sinnvolle Argumentationsschlüsse sind zu entwickeln. Teilweise werden Begründungen aber frei, ohne Bezug zu mathematischen Regeln oder Sätzen, von den Schülerinnen und Schülern „erfunden". Wiederholt werden in solchen Unterrichtssituationen im Übergang von der Arithmetik zur Algebra unvollständige oder fehlerhafte narrativ-strukturelle Argumente konstruiert. Ein Beispiel für ein nicht gültiges narrativ-strukturelles Argument stellt das folgende mathematische Argument dar (Abbildung 7.19).

Jessica begründet die Behauptung von Marie, dass die Summe von zwei ungeraden Zahlen gerade ist, mittels einer Schlussregel, die kein mathematischer Satz ist. Sie sagt, dass die Zahlen sich immer zusammenschließen (Klasse 2, Stunde 2, Turn 180), wobei sie sich möglicherweise gedanklich auf eine ikonische Darstellung bezieht. Diese Schlussregel stellt eher „Alltagswissen" dar und kann daher keinen mathematischen Schluss begründen. In dieser Unterrichtssituation wird gemeinsam ausgehandelt, dass dieses narrative Argument von Jessica noch keine gültige Begründung darstellt (vgl. Turn 182), sondern erstmal nur die Gültigkeit der Behauptung von Marie bestätigt.

In anderen narrativen Argumenten wird deutlich, dass die Schülerinnen und Schüler „freie", ausgedachte Argumentationsschlüsse konstruieren, die mit ihren Vorkenntnissen mathematisch gar nicht zu schließen sind. Ein Beispiel ist Joris' Argumentation über die Summe von zwei geraden Zahlen (vgl. Abbildung 7.15).

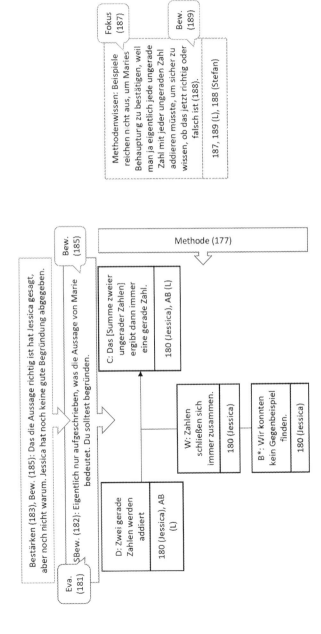

Abbildung 7.19 Narrativ-strukturelles Argument zur Behauptung von Marie (Klasse 2, Episode 2.9)

Mit seinem Vorwissen ist es nicht möglich über die Endungen der Zahlen zu begründen, dass die Summe gerade ist.

Auch Elina führt eine solche narrativ-strukturelle Argumentation in Bezug auf die Summe von einer geraden und einer ungeraden Zahl (Abbildung 7.20). In einem ersten Schritt folgert sie, dass eine gerade Zahl in diesem Fall wie eine Null wirkt: „Und das liegt daran, dass eine gerade Zahl wie eine Null in diesem Fall wirkt und, wenn man bei einer Null eine ungerade Zahl addiert, entsteht auch eine ungerade." (Klasse 2, Stunde 1, Turn 167). Nachdem die Schülerinnen und Schüler auf Nachfrage von Frau Kaiser äußern, dass sie diese Argumentation nicht ganz verstanden haben, wiederholt Elina ihre Aussage. Elina ergänzt:

> „Elina: Und da [...] ne Zwei und ne Vier und ne Sechs und ne Acht auch gerade Zahlen sind genauso wie die Null (.) ist halt [...] wenn man dann ne ungerade Zahl darauf addiert, entsteht dann eine ungerade Zahl. Weil die ganzen anderen Zahlen auch zu der (unv.) Null werden würden, wie die gerade sind." (Klasse 2, Stunde 1, Turn 187)

Frau Kaiser beendet daraufhin Elinas Erklärung, indem Frau Kaiser sagt, dass es eine schöne Erklärung ist. Nachfragen von Mitschülerinnen und Mitschülern werden somit unterbunden. Solche ausgedachten oder auch „erwünschten" Schlüsse werden von Schülerinnen und Schülern oft rein sprachlich geäußert und stellen somit narrative Argumente dar.

In einem der rekonstruierten, strukturellen Argumente wird explizit auf eine *imaginäre Darstellung von einem Punktemuster* verwiesen (vgl. Abbildung 7.21). Es wird somit zwar kein ikonisch-strukturelles Punktemuster konstruiert, aber ein narrativ-strukturelles Argument. Vincent möchte zeigen, dass die Summe von zwei geraden Zahlen gerade ist (Klasse 3, Episode 2.8). Zunächst argumentiert er, dass sich die „Zahlen aufeinander einstimmen" (Turn 146). Nach Aufforderung von Herrn Peters konkretisiert er seine Überlegung und illustriert sie an einem Punktemuster zur Summe von einer ungeraden und einer geraden Zahl. Bei geraden Zahlen würde, anders als bei der ungeraden Zahl, aber kein Punkt „überstehen" (Turn 148). Die Zahlenbeispiele zieht er nur zur Verdeutlichung seiner Aussagen heran. Durch zwei weitere Nachfragen von Herrn Peters (Elaboration in Turn 172 und 174) ergänzt Vincent weitere Schlussregeln. Ausgehend von ikonischen Argumenten können also durch gedankliche Abstraktion narrativ-strukturelle Argumente entwickelt werden.

In den erhobenen Unterrichtssituationen wurden aber nicht nur mathematische Geltungsansprüche begründet, sondern auch Geltungsansprüche, die *keine allgemeinen mathematischen Strukturen* darstellen. Charakteristika solcher Argumente werden im folgenden Abschnitt kurz beschrieben.

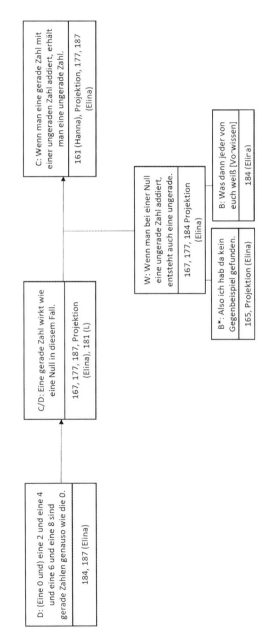

Abbildung 7.20 Narrativ-strukturelles Argument zur Summe von einer geraden und einer ungeraden Zahl (Klasse 2, Episode 1.11–1.13)

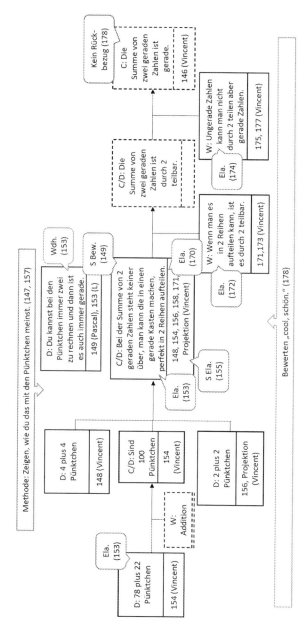

Abbildung 7.21 Narrativ-strukturelles Argument zur Summe von zwei geraden Zahlen (Klasse 3, Episode 2.8)

Auffällig ist, dass die Vermutungen zur Summe von drei aufeinanderfolgenden Zahlen, die keine allgemeinen mathematischen Strukturen abbilden, mehrfach narrativ-strukturell begründet wurden. Beispielsweise wird die Vermutung „Es sind immer neun mehr in den Reihen" in zwei Klassen narrativ-strukturell begründet. In Klasse 1 wurde diese Aussage auf Basis der Zusammenhänge zwischen den Summanden begründet: Jeder Summand wird um drei erhöht, bei drei Summanden wird es also insgesamt neun mehr (vgl. Abbildung 7.22).

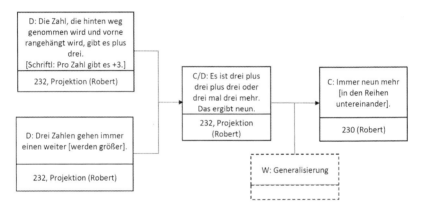

Abbildung 7.22 Narrativ-strukturelles Argument zur Summe von drei aufeinanderfolgenden Zahlen (Klasse 1, Episode 2.20)

Teilweise werden solche Aussagen, die keine mathematischen Strukturen darstellen, aber auch anhand von einem Beispiel verdeutlicht. Es wird also ein arithmetisch-empirisches Argument konstruiert (siehe bspw. Klasse 2, 3.20–3.21).

7.5   Zusammenfassung

Im Folgenden wird eine Übersicht gewährt über die in den Abschnitten 7.1 bis 7.4 gewonnenen Erkenntnisse zu den Charakteristika der hervorgebrachten mathematischen Argumente und den Rahmungen durch die Lehrkräfte.

In Abschnitt 7.1 wird zunächst auf die *Struktur* und den *Aufbau* der mathematischen Argumente aus den Unterrichtssituationen fokussiert. Das herausgearbeitete Element von mathematischen Argumenten *Stützung** (Backing*) wird beschrieben, welches neu in Hinblick auf das Toulmin-Schema ist (vgl.

Abschnitt 2.1.2). Stützungen* (B*) spezifizieren ein Merkmal vom Datum und beziehen den allgemeinen Garanten auf den spezifischen Sachverhalt und die konkreten Daten. Durch solche Stützungen* wird der Gebrauch eines Garanten in einem konkreten Argumentationsschritt legitimiert. Stützungen* unterscheiden sich von Stützungen als Element von Argumenten nach Toulmin (2003), da sie die *spezifische* Anwendbarkeit von Garanten thematisieren. Stützungen* sind sowohl in empirischen als auch in generischen und strukturellen Argumenten in verschiedenen Repräsentationen rekonstruierbar (vgl. Abschnitt 7.2 bis 7.4).

Außerdem werden in Abschnitt 7.1 weitere *Besonderheiten hinsichtlich der Struktur* der rekonstruierten mathematischen Argumente beschrieben: Argumente mit mehreren Konklusionen, mit mehreren Argumentationssträngen oder mit fehlenden Elementen, Daten ohne Verwendung in den Argumenten aber mit inhaltlichen Zusammenhängen, widerlegte Widerlegungen und keine eindeutigen Rekonstruktionen von mathematischen Argumenten.

Abschnitt 7.2 fokussiert die Charakteristika von *empirischen Argumenten* und die Rahmungen durch die Lehrkräfte. Empirische Argumente werden in den Unterrichtssituationen im Übergang von der Arithmetik zur Algebra mehrfach hervorgebracht, um eine Vermutung zu konstruieren. Ausgehend von Zahlenbeispielen, die in der Regel in Ziffern dargestellt sind, wird ein mathematischer Geltungsanspruch hergeleitet. Dabei bleibt die stattfindende Generalisierung (der Garant) in der Regel implizit. Dagegen werden die Zahlenbeispiele (Daten) wiederholt explizit benannt. Viele empirische Argumente werden gestützt durch Aussagen wie „Ich habe keine Gegenbeispiele gefunden.". Teilweise sind auch Modaloperatoren in den empirischen Argumenten enthalten, die die Konklusion beispielsweise als „Vermutung" betiteln. Lehrkräfte rahmen empirische Argumente im Unterricht mehrfach als Konstruktionen von Vermutungen, sodass deutlich wird, dass noch kein allgemeingültiges Argument zur mathematischen Aussage entwickelt worden ist. Im Unterrichtsverlauf werden im Anschluss an empirische Argumente wiederholt weitere mathematische Argumente von den Lehrkräften eingefordert und auch von den Lernenden entwickelt, die den mathematischen Geltungsanspruch allgemeingültig begründen.

Die Charakteristika und Rahmungen der Lehrkräfte von *generischen Argumenten* werden in Abschnitt 7.3 beschrieben. In den Unterrichtssituationen dieser Studie werden arithmetisch-generische Argumente und ikonisch-generische Argumente hervorgebracht. In den hervorgebrachten generischen Argumenten ist die Zielkonklusion teilweise nur implizit rekonstruierbar oder sogar gar nicht vorhanden. Das heißt, ein Rückbezug zu den eigentlichen Aufgabenstellungen ist nicht immer existent. Auch werden die Schlussregeln von den Schülerinnen und Schülern und Lehrkräften nicht immer explizit benannt. Lehrkräfte unterstützen ihre Schülerinnen und Schüler, indem sie die Lernenden nach Schlussregeln fragen. Durch solche Aufforderungen ergänzen die Schülerinnen und Schüler in der Regel eine Begründung für ihren Argumentationsschritt.

In mehreren generischen Argumenten der erhobenen Unterrichtssituationen gibt es zwei Stränge. Dabei wird in der Regel einerseits das (Zahlen-)Beispiel berechnet und ein konkretes Ergebnis benannt und andererseits der allgemeine mathematische Geltungsanspruch geschlussfolgert. Berechnungen sind sowohl in arithmetisch-generischen als auch ikonisch-generischen Argumenten rekonstruierbar. Sie sind aber nicht notwendig für ein korrektes, allgemeingültiges mathematisches Argument und können derangierend im mathematischen Argumentationsprozess wirken. Beispielsweise kann ein unvollständiges mathematisches Argument durch eine Berechnung begünstigt werden, wenn keine Ablösung vom (Zahlen-)Beispiel stattfindet, sondern am konkreten Ergebnis argumentiert wird.

Der Generalisierungsschritt kann in generischen Argumenten sowohl zu Beginn stattfinden als auch gegen Ende der mathematischen Argumentation. Lehrkräfte können in mathematischen Argumentationsprozessen durch Fragen und Impulse die Konstruktion von Verallgemeinerungen und allgemeingültigen, generischen Argumenten initiieren.

Abschnitt 7.4 fokussiert die Charakteristika von *strukturellen Argumenten* und die Rahmungen durch die Lehrkräfte. Strukturelle Argumente sind in den Unterrichtssituationen oft algebraisch oder narrativ. Bei algebraischen Argumenten sind die Konstruktion einer passenden Termdarstellung und eine Interpretation des finalen Terms entscheidend, um ein gültiges Argument zu konstruieren. Die Konstruktion von Termdarstellungen und somit die Entwicklung von algebraischen Argumenten ist mit Hürden für Schülerinnen und Schüler verbunden. Diese unterrichtlich zu begleiten ist für Lehrkräfte oft eine Herausforderung und gelingt nicht immer. Auch die Entwicklung von narrativ-strukturellen Argumenten stellt eine Herausforderung für viele Schülerinnen und Schüler dar. Die Garanten müssen mathematisch korrekt sein und als geteiltes Wissen in der Klassengemeinschaft akzeptiert werden. Zusätzlich zeigen die empirischen Daten, dass es schwierig ist gültige Argumentationsschlüsse zu konstruieren. Narrative Argumente werden von den Schülerinnen und Schülern teilweise frei, ohne Bezug zu mathematischen Sätzen, entwickelt. Die rekonstruierten narrativ-strukturellen Argumente sind in dieser Studie daher mehrfach unvollständig oder fehlerhaft. In den erhobenen Unterrichtssituationen greifen die Lehrkräfte in solchen Situationen nur selten ein.

In strukturellen Argumenten werden die Zielkonklusionen nicht immer explizit benannt. Ebenfalls werden in einigen rekonstruierten strukturellen Argumenten

Schlussregeln nicht oder nur implizit von den Schülerinnen und Schülern hervorgebracht. Auf Nachfrage der Lehrkraft wird in einigen Fällen eine Schlussregel ergänzt.

Der Aufbau und die Struktur von strukturellen Argumenten sind unterschiedlich je nach Repräsentation des Arguments. Narrativ-strukturelle Argumente sind in der Regel eher einfach, mit nur einem oder wenigen Argumentationsschritten und linear aufgebaut. Algebraische Argumente bestehen dagegen wiederholt aus mehreren Argumentationsschritten und teilweise auch aus mehreren Argumentationssträngen. Solche Stränge können durch Nachfragen von Lehrkräften durch die Schülerinnen und Schüler hervorgebracht werden oder auch durch Lehrkräfte selbst ergänzt werden. Inwiefern diese Stränge auch mit unterschiedlichen Interpretationen von Termen in Hinblick auf die Prozess-Produkt Dualität von mathematischen Objekten in Verbindung stehen, wird im folgenden Kapitel 8 diskutiert. Dort wird die Bedeutung der Prozess-Produkt Dualität von mathematischen Objekten in den hervorgebrachten mathematischen Argumenten aus den Unterrichtssituationen im Übergang von der Arithmetik zur Algebra diskutiert und es werden die Rahmungen durch die Lehrkräfte rekonstruiert.

Rolle der Prozess-Produkt Dualität von mathematischen Objekten beim mathematischen Argumentieren im Übergang von der Arithmetik zur Algebra

In diesem Kapitel wird die Prozess-Produkt Dualität von mathematischen Objekten fokussiert. Es wird ihre Bedeutung in den hervorgebrachten mathematischen Argumenten aus Unterrichtssituationen im Übergang von der Arithmetik zur Algebra analysiert und es werden die Rahmungen durch die Lehrkräfte rekonstruiert. Auch beim mathematischen Argumentieren gibt es eine Prozess-Produkt Dualität. Es können der Prozess, die „mathematische Argumentation", und das Produkt, das „mathematische Argument", unterschieden werden (vgl. Abschnitt 2.1.1). Da in den erhobenen Unterrichtssituationen oftmals zuvor erarbeitete mathematische Argumente von den Lernenden präsentiert werden, fokussiert Abschnitt 8.1 zunächst auf diese Produkte – die mathematischen Argumente der Schülerinnen und Schüler. In Abschnitt 8.1 wird betrachtet, wie sich eine prozesshafte oder eine produkthafte Deutung von mathematischen Objekten in den hervorgebrachten mathematischen *Argumenten* der Schülerinnen und Schüler widerspiegelt und wie die Lehrkräfte dies rahmen (vgl. Forschungsfrage 4.1 und 4.3). Dazu werden auch einzelne prozesshafte Elemente aus den Unterrichtsgesprächen einbezogen. Zusätzlich werden Gemeinsamkeiten und Unterschiede zwischen mathematischen Argumenten in verschiedenen Repräsentationen in Hinblick auf die Prozess-Produkt Dualität herausgearbeitet (vgl. Forschungsfrage 4.2).

Die in Abschnitt 8.1 fokussierten mathematischen Argumente werden in mathematischen Argumentationsprozessen entwickelt, in denen die Prozess-Produkt Dualität von mathematischen Objekten also auch schon angelegt ist. Es ergibt sich die Frage, ob und wie die Prozess-Produkt Dualität von mathematischen Objekten bereits bei der Entwicklung dieser Produkte (mathematischen

F. Bredow, *Mathematisches Argumentieren im Übergang von der Arithmetik zur Algebra*, Perspektiven der Mathematikdidaktik,
https://doi.org/10.1007/978-3-658-42462-6_8

Argumente) ausgehandelt wird. In Abschnitt 8.2 werden erste Anhaltspunkte diesbezüglich beschrieben. Es wird ein Blick auf mathematische *Argumentationsprozesse* geworfen und thematisiert, welche Rolle die Prozess-Produkt Dualität von mathematischen Objekten bei der Entwicklung von Vermutungen und Begründungen spielt. In solchen Argumentationsprozessen werden mathematische Argumente entwickelt – die Produkte, die in Abschnitt 8.1 fokussiert werden. Da die erhobenen Unterrichtssituationen oftmals auf die Präsentation von Argumentationsansätzen fokussieren und nicht auf die Entwicklung und Erarbeitung ebendieser, werden meine Analysen nicht nur auf Basis der empirischen Daten, sondern aus einem Zusammenspiel von theoretischen Überlegungen (vgl. Abschnitt 2.4), empirischen Daten dieser Studie und Reflexionen der rekonstruierten Argumente und Unterrichtssituationen gewonnen. Es geht in diesem Kapitel also nicht mehr nur um ein Auswerten der Daten, sondern auch um das „Verstehen" und „Erklären" der beobachteten Phänomene (Bohnsack, 1999). Die Rolle der Prozess-Produkt Dualität von mathematischen Objekten beim mathematischen Argumentieren wird in den Blick genommen. Dazu sind Rückgriffe auf theoretische Überlegungen und auch Reflexionen der Auswertungen notwendig. Es wird insbesondere auch die Rolle der Lehrkraft in solchen Argumentationsprozessen in Abschnitt 8.2 diskutiert. Ein besonderer Blick wird auf den Generalisierungsschritt in der mathematischen Argumentation gerichtet (Abschnitt 8.2). Dabei wird diskutiert, welche Perspektive auf mathematische Objekte von den Schülerinnen und Schülern beim Generalisieren eingenommen wird und wie Lehrkräfte diese Prozesse rahmen.

Exkurs: Mathematische Objekte (vgl. Abschnitt 4.4.7)

Im folgenden Abschnitt wird kurz erläutert, was genau als *mathematisches Objekt* im Kontext dieser Studie verstanden wird und welche mathematischen Objekte in den mathematischen Argumenten und Argumentationen betrachtet werden. In den Aufgaben der Lernumgebung, auf die in dieser Arbeit fokussiert wird, werden vor allem gerade und ungerade Zahlen sowie aufeinanderfolgende natürliche Zahlen thematisiert. Dabei werden diese Zahlen verknüpft, beispielsweise durch Addition, und die Eigenschaften des neuen, zusammengesetzten Objekts analysiert und begründet, etwa die Parität der Summe betrachtet. Sowohl die einzelnen Zahlen als auch ihre Verknüpfungen stellen *mathematische Objekte* dar. Diese mathematischen Objekte sind abstrakt und nicht greifbar oder sichtbar. In ihren Bearbeitungen verwenden Schülerinnen und Schüler verschiedene Repräsentationen, um mathematische Objekte handhabbar zu machen und darzustellen. In den mathematischen Argumentationen wird mehrfach ein konkretes (Zahlen-)Beispiel verwendet, um sich den abstrakten, allgemeinen mathematischen Objekten und Verknüpfungen anzunähern. Beispielsweise werden arithmetische Terme, wie „5+8", oder ikonische Darstellungen, wie Punktemuster, konstruiert. Gleichzeitig werden aber auch algebraische Darstellungen, wie etwa „2·n+1 + 2·m", entwickelt, die losgelöst von Beispielen sind. Auch können mathematische Objekte narrativ, durch Sprache ausgedrückt werden. Ebenso stellt das Gleichheitszeichen ein mathematisches Objekt dar, welches unterschiedlich interpretiert werden kann (vgl. Abschnitt 2.4). Das heißt, sowohl die mathematischen Objekte als auch ihre Repräsentationen können in mathematischen Argumentationen operational, prozessorientiert oder strukturell, produktorientiert gedeutet und interpretiert werden. Die Prozess-Produkt Dualität ist inhärent in Darstellungen von mathematischen Objekten und auch auf einer abstrakten, gedanklichen Ebene gegenwärtig (vgl. Abschnitt 2.4.2).

8.1 Prozess-Produkt Dualität in mathematischen Argumenten

In Abschnitt 8.1 werden die rekonstruierten *mathematischen Argumente* in Hinblick auf die Prozess-Produkt Dualität von mathematischen Objekten reflektiert und die hervorgebrachten Deutungen der Schülerinnen und Schüler und ihrer Lehrkräfte diskutiert. Die Beantwortung von Forschungsfrage 4.1 wird fokussiert: „Wie spiegelt sich eine prozesshafte oder eine produkthafte Deutung von mathematischen Objekten in den hervorgebrachten Argumenten wider?". Um diese Frage zu beantworten, werden die Elemente von mathematischen Argumenten, wie etwa Daten, Garanten und Konklusionen, in den rekonstruierten Argumenten betrachtet. Komparationen der einzelnen mathematischen Argumente (N = 119) werden durchgeführt (vgl. Abschnitt 4.4.7). Fokussiert wird zunächst auf *Komparationen von mathematischen Argumenten mit gleicher Generalität und Repräsentation*. Beispielsweise werden alle rekonstruierten arithmetisch-generischen Argumente in Bezug auf die Interpretationen der Prozess-Produkt von mathematischen Objekten miteinander verglichen.

Des Weiteren werden Gemeinsamkeiten und Unterschiede zwischen mathematischen Argumenten in verschiedenen Repräsentationen in Hinblick auf die Deutungen bezüglich der Prozess-Produkt Dualität von mathematischen Objekten herausgearbeitet, indem *mathematische Argumente in verschiedenen Repräsentationen* mit gleicher Generalität miteinander verglichen werden (vgl.

Forschungsfrage 4.2 „Welche Bedeutung kommt diesen Deutungen in den verschiedenen Repräsentationen der Argumente zu?"). Beispielsweise werden Ergebnisse aus Komparationen der Analysen von arithmetisch-generischen und ikonisch-generischen Argumenten hinsichtlich der Prozess-Produkt Dualität von mathematischen Objekten in Abschnitt 8.1.2 dargestellt.

Gegliedert ist dieses Abschnitt 8.1 nach der *Generalität* der rekonstruierten mathematischen Argumente, wie auch Kapitel 7. Zunächst werden empirische Argumente fokussiert und welche Bedeutung die Prozess-Produkt Dualität von mathematischen Objekten in ihnen hat (Abschnitt 8.1.1). Dabei werden auch die Rahmungen durch die Lehrkräfte betrachtet. Anschließend werden analog dazu generische Argumente (Abschnitt 8.1.2) und strukturelle Argumente (Abschnitt 8.1.3) betrachtet. Zu Beginn der Kapitel findet sich jeweils eine Übersicht über die Deutungen von mathematischen Objekten und ihren Repräsentationen sowie über die Rahmungen dieser durch die Lehrkräfte. Die Erkenntnisse werden im Anschluss anhand von empirischen Datenbeispielen ausgeführt und veranschaulicht. Dabei wird auch ein besonderer Blick auf die Lehrkraft gerichtet. Im folgenden Abschnitt 8.1.1 wird zunächst auf empirische Argumente fokussiert und darauf, wie sich die Prozess-Produkt Dualität von mathematischen Objekten in den rekonstruierten empirischen Argumenten im Übergang von der Arithmetik zur Algebra widerspiegelt.

8.1.1 Prozess-Produkt Dualität in empirischen Argumenten

Im Folgenden wird beschrieben, wie sich die Prozess-Produkt Dualität von mathematischen Objekten in den hervorgebrachten *empirischen Argumenten* aus den Unterrichtssituationen im Übergang von der Arithmetik zur Algebra widerspiegelt und wie Lehrkräfte dies in den erhobenen Unterrichtssituationen rahmen.

Übersicht
In den erhobenen empirischen Argumenten werden *Daten* von den Schülerinnen und Schülern mehrfach prozessorientiert ausgedrückt, wie im folgenden Abschnitt „Ausführliche Beschreibung" anhand von Datenbeispielen illustriert wird. Daten sind dabei in der Regel Aussagen zu konkreten (Zahlen-)Beispielen, wie etwa „12 + 37 = 49" (vgl. Abschnitt 7.2). Das heißt, die arithmetischen Termdarstellungen werden von den Schülerinnen und Schülern oftmals operational interpretiert und als Daten in empirischen Argumenten herangezogen. Das Berechnen der Aufgaben und die Benennung der Ergebnisse stehen dabei im Fokus. Lehrkräfte initiieren

solche Äußerungen und Deutungen, indem sie einen Vergleich der Berechnungen im Klassengespräch anregen.

Die *Garanten* verbleiben in den rekonstruierten empirischen Argumenten oft implizit, sodass Deutungen hinsichtlich der Prozess-Produkt Dualität von mathematischen Objekten anhand der Argumente und Transkripte nicht rekonstruierbar sind (vgl. Abschnitt 4.4.7).

Konklusionen, die in den analysierten empirischen Argumenten wiederholt zunächst Vermutungen darstellen, werden sowohl prozessorientiert als auch produktorientiert von den Schülerinnen und Schülern beschrieben. In den mathematischen Argumentationen ist oftmals keine Adressierung dieser Deutungen durch die Lehrkräfte erkenntlich, wie im folgenden Abschnitt auch mit Datenbeispielen illustriert wird.

Der *Argumentationsschritt* in empirischen Argumenten und somit die Generalisierung (vgl. Abschnitt 7.2) ermöglicht einen Perspektivwechsel und eine Umdeutung von mathematischen Objekten und ihren Repräsentationen. Ob diese Umdeutung stattfindet, lässt sich in den empirischen Daten dieser Studie nicht sicher rekonstruieren. Vorgehensweisen bei der Konstruktion von Vermutungen werden als solche nicht verbalisiert, sodass lediglich implizite Hinweise für solche (Um-) Deutungen durch die Schülerinnen und Schüler gegeben sind. In Abschnitt 8.2.1 wird diskutiert, welche Deutungen der mathematischen Objekte und ihrer Repräsentationen bei der Entwicklung von Vermutungen von Schülerinnen und Schülern vorgenommen werden könnten.

Da die hervorgebrachten empirischen Argumente in dieser Untersuchung hauptsächlich arithmetisch-empirisch sind (vgl. Abschnitt 7.2), lassen sich keine Unterschiede und Gemeinsamkeiten zwischen Deutungen von mathematischen Objekten in den *verschiedenen Repräsentationen* von empirischen Argumenten herausarbeiten. Die Repräsentationsebene wird bei arithmetisch-empirischen Argumenten in der Regel nicht gewechselt (vgl. Abschnitt 7.2).

Die rekonstruierten empirischen Argumente sind in der Regel nicht allgemeingültig (vgl. Abschnitt 7.2). Eine Herleitung und eine Begründung der mathematischen Beziehungen zwischen den mathematischen Objekten fehlen oftmals. Die Schülerinnen und Schüler beschreiben in ihren empirischen Argumenten zunächst die Beziehungen zwischen den mathematischen Objekten. Das heißt, sie benennen eine Vermutung und konstruieren somit einen mathematischen Geltungsanspruch, der noch begründet werden muss. Dabei wird wiederholt auf einer prozessorientierten Ebene verblieben und es werden lediglich Zahlenbeispiele berechnet und dann die Ergebnisse miteinander verglichen. In den Unterrichtssituationen wird in der Regel erst im Anschluss an die Konstruktion von empirischen Argumenten eine Vermutung begründet oder von der Lehrkraft eingefordert. Dabei ist eine strukturelle

Deutung von (Beziehungen zwischen) den mathematischen Objekten hilfreich oder sogar notwendig (vgl. Abschnitt 8.2.2). Beispielsweise können Vermutungen durch generische oder strukturelle Argumente begründet werden, die in den Abschnitten 8.1.2 und 8.1.3 fokussiert werden.

Ausführliche Beschreibung mit illustrierenden Beispielen

Im Folgenden wird beschrieben, wie sich die Prozess-Produkt Dualität von mathematischen Objekten in den hervorgebrachten empirischen Argumenten aus Unterrichtssituationen im Übergang von der Arithmetik zur Algebra widerspiegelt. Dies wird anhand von Beispielen illustriert.

Die *Daten* in den rekonstruierten empirischen Argumenten werden oft prozessorientiert ausgedrückt. Wie bereits in Abschnitt 7.2 beschrieben, werden in empirischen Argumenten in der Regel Zahlenbeispiele herangezogen, die in einer arithmetischen Termdarstellung repräsentiert sind, wie etwa „12 + 37". Ausgehend von den berechneten (Zahlen-)Beispielen werden Vermutungen und somit mathematische Geltungsansprüche konstruiert. Die berechneten (Zahlen-)Beispiele lassen sich also als Daten in den empirischen Argumenten rekonstruieren, wie etwa „12 + 37 = 49". Dabei werden diese Darstellungen von den Schülerinnen und Schülern in der Regel *prozessorientiert* verbalisiert: „Zwölf plus siebenunddreißig ist gleich neunundvierzig." (Klasse 1, Stunde 1, Turn 78). Es wird also auf die *Rechenhandlungen und die Benennungen von konkreten Ergebnissen* fokussiert. Lehrkräfte initiieren diese Hervorbringungen der Schülerinnen und Schüler, indem sie in den Unterrichtssituationen einen Vergleich der Berechnungen einfordern.

Nur in wenigen hervorgebrachten empirischen Argumenten sind die *Daten losgelöst von konkreten Beispielen*. Wie etwa in Klasse 3 (Episode 2.15), als allgemein auf die Berechnungen verwiesen wird und eine konkrete Berechnung lediglich als ein Beispiel herangezogen wird („beispielsweise"). Dennoch wird auch dieses (Zahlen-)Beispiel prozessorientiert beschrieben, also mit einem Fokus auf die Berechnung von einem Ergebnis. In den erhobenen Unterrichtssituationen wird mehrfach erst auf die Nachfrage der Lehrkraft nach einer Begründung ein mathematischer Argumentationsansatz hervorgebracht, der auf die Termstruktur oder die mathematischen Beziehungen fokussiert.

Garanten sind in den hervorgebrachten empirischen Argumenten in der Regel implizit (vgl. Abschnitt 7.2). Somit ist keine Analyse der hervorgebrachten Garanten hinsichtlich der Deutung der Prozess-Produkt Dualität von mathematischen Objekten anhand der rekonstruierten Argumente und Transkripte möglich (vgl. Abschnitt 4.4.7). Auch bei *Stützungen** (vgl. Abschnitt 7.1), wie etwa „Ich habe keine Gegenbeispiele gefunden", ist eine Rekonstruktion der Deutungen von mathematischen Objekten schwierig, da solche „Nicht-Aussagen" nicht auf konkrete mathematische Objekte fokussieren und eher Beobachtungen darstellen. Die Schülerinnen und Schüler beziehen sich dabei nur implizit auf die Ergebnisse der Berechnungen der Zahlenbeispiele.

Die *Konklusionen* werden in den entwickelten empirischen Argumenten von den Schülerinnen und Schülern oft allgemein und *produktorientiert* ausgedrückt. Beispielsweise äußert Arcan die Vermutung „Die Summe zweier gerader Zahlen ist gerade." (Klasse 1, Stunde 1, Turn 200). Diese Aussage und somit auch das zugrunde liegende mathematische Objekt werden produktorientiert beschrieben. Ob eine Umdeutung der zuvor prozessorientiert interpretierten arithmetischen Termdarstellung (Daten) stattfindet, ist in den erhobenen Daten nicht sicher rekonstruierbar und wird in Abschnitt 8.2.1 ausführlicher diskutiert.

Konklusionen werden in den Unterrichtssituationen im Übergang von der Arithmetik zur Algebra aber auch *prozessorientiert* ausgedrückt. Beispielsweise stellt Sandra folgende Vermutung auf: „Und dann habe ich die Vermutung aufgestellt, dass wenn man eine gerade Zahl mit einer anderen geraden Zahl addiert, dass immer eine gerade Summe rauskommt." (Klasse 2, Stunde 1, Turn 341). Ihre Beschreibung (vgl. Abbildung 8.1) fokussiert auf die Rechenhandlung, das Addieren von zwei geraden Zahlen, und die Lösungen, also die Ergebnisse der Rechenaufgaben (siehe auch Klasse 1, Episode 1.9–1.10; Klasse 3, Episode 1.12–14). Die Konklusion wird in diesem empirischen Argument also prozessorientiert beschrieben. Frau Kaiser bezeichnet diesen Ansatz als „Sehr schön".

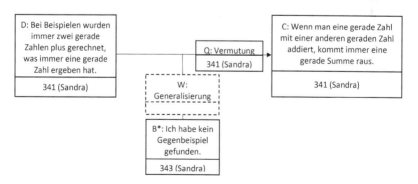

Abbildung 8.1 Empirisches Argument zur Summe von zwei geraden Zahlen (Klasse 2, Episode 1.23)

Konklusionen, die im Kontext dieser Lernumgebung oftmals mathematische Sätze sind, werden von den Schülerinnen und Schülern also sowohl prozess- als auch produktorientiert ausgedrückt. Sie sind in der Regel allgemein formuliert, werden aber durchaus auch auf ein konkretes (Zahlen-)Beispiel bezogen. Eine explizite Thematisierung der Deutungen durch die Lehrkräfte lässt sich nicht rekonstruieren.

Die rekonstruierten empirischen Argumente bestehen wiederholt nur aus einem *Argumentationsschritt* (vgl. Abschnitt 7.2). Ausgehend von Beispielen werden Vermutungen konstruiert. Es findet eine Generalisierung statt. Dabei tritt in diesem Argumentationsschritt möglicherweise ein Perspektivwechsel hinsichtlich der Prozess-Produkt Dualität auf: Statt auf Berechnungen der (Zahlen-)Beispiele zu fokussieren, werden auch mathematische Strukturen betrachtet und beschrieben. Alternativ werden von den Schülerinnen und Schülern mitunter auch nur die Ergebnisse der Berechnungen verglichen. Dann wird eine allgemeine Vermutung ohne Perspektivwechsel entwickelt, also ohne Termstrukturen zu betrachten. Verschiedene Vorgehensweisen bei der Konstruktion von Vermutungen werden genauer in Abschnitt 8.2.1 diskutiert.

In den betrachteten Unterrichtssituationen wurden hauptsächlich arithmetisch-empirische Argumente entwickelt (vgl. Abschnitt 7.2). Somit lassen sich keine *Unterschiede und Gemeinsamkeiten* bei Deutungen bezüglich der Prozess-Produkt Dualität in den verschiedenen Repräsentationen der empirischen Argumente herausarbeiten (vgl. Forschungsfrage 4.2).

Widerlegungen von mathematischen Aussagen mit Gegenbeispielen

Bei Widerlegungen von mathematischen Aussagen mit Gegenbeispielen werden die *Daten* der Argumente von den Schülerinnen und Schülern oftmals prozessorientiert ausgedrückt, analog zu den Daten in empirischen Argumenten. Solche Widerlegungen werden in den Unterrichtssituationen hauptsächlich in Bezug auf die Aufgabe zu Pauls (falscher) Behauptung hervorgebracht: „Das Produkt von zwei geraden Zahlen ist durch 8 teilbar" (vgl. Kapitel 3). Die Gegenbeispiele zu Pauls Aussage, also die berechneten Zahlenbeispiele der Schülerinnen und Schüler, stellen dabei die Daten dar. Die *Konklusionen* nehmen oft direkten Bezug auf Pauls Behauptung, die in der Aufgabenstellung produktorientiert ausgedrückt wird. Die Schülerinnen und Schüler stellen fest, dass die Aussage nicht (immer) gültig ist (vgl. Abschnitt 7.2). Eine prozess- oder produkthafte Interpretation der mathematischen Objekte und Strukturen ist in diesen Äußerungen oft nicht rekonstruierbar, da solche Aussagen eher Beobachtungen darstellen, wie etwa „Die Behauptung von Paul ist nicht richtig" (Klasse 2, Episode 2.6). In mehreren Unterrichtssituationen fragen die Lehrkräfte explizit nach der Gültigkeit von Pauls Aussage oder nach Beispielen und Gegenbeispielen.

In Widerlegungen von mathematischen Aussagen mit Gegenbeispielen sind zugleich *keine Generalisierungen* der (Zahlen-)Beispiele erforderlich, da bereits durch ein Gegenbeispiel ein mathematischer Geltungsanspruch gültig widerlegt werden kann. Somit ist ein Fokus auf wenige (Zahlen-)Beispiele und ihre Ergebnisse für die Konstruktion von Widerlegungen ausreichend. Auch weitere strukturelle Analysen der Zahlbeziehungen und der mathematischen Objekte und Strukturen sind nicht erforderlich. Die Berechnung und Benennung einer Aufgabe, deren Ergebnis unpassend zu dem mathematischen Geltungsanspruch ist, stellt bereits eine gültige Widerlegung dar. Eine produkthafte Interpretation der arithmetischen Termdarstellungen ist somit nicht erforderlich und in den hervorgebrachten Widerlegungen dieser Untersuchung daher auch nicht rekonstruierbar.

8.1.2 Prozess-Produkt Dualität in generischen Argumenten

In diesem Kapitel wird beschrieben, wie sich die Prozess-Produkt Dualität von mathematischen Objekten in den rekonstruierten *generischen Argumenten* aus den Unterrichtssituationen im Übergang von der Arithmetik zur Algebra widerspiegelt. Auch werden Unterschiede zwischen generischen Argumenten in verschiedenen Repräsentationen und die Rahmungen der Lehrkräfte von den Deutungen der involvierten mathematischen Objekte durch Schülerinnen und Schüler diskutiert.

Übersicht

Generische Argumenten sind in den analysierten Unterrichtssituationen in der Regel *arithmetisch-generisch* oder *ikonisch-generisch* (vgl. Abschnitt 7.3). Da generische Argumente auf Beispielen basieren, wird oft zunächst ein (Zahlen-)Beispiel gewählt und ein arithmetischer Term oder ein Punktemuster konstruiert. Anschließend finden Umformungen statt. Solche Umformungen sind prozesshaft, aber gleichzeitig werden mathematische Strukturen der Terme oder Punktemuster genutzt, die zuvor in ihnen erkannt werden müssen.

In den generischen Argumenten sind *Daten* Aussagen in Form von arithmetischen Termen oder figurierten Zahlen (vgl. Abschnitt 7.3). Solche Daten können sowohl prozess- als auch produktorientiert gedeutet und beschrieben werden, was sich auch in den erhobenen Unterrichtssituationen dieser Studie zeigt und im folgenden Abschnitt „Ausführliche Beschreibung" mit Datenbeispielen illustriert wird. *Arithmetische Terme* werden von den Schülerinnen und Schülern im Unterricht mehrfach vorgelesen. Dabei werden die Terme *prozessorientiert als ein Rechenschema* gedeutet, welches man umformen kann, und es wird in der Regel auf diesen Umformungsprozess fokussiert. Die Gleichheitszeichen werden dabei dagegen strukturell gedeutet als ein Zeichen, das zwischen zwei gleichwertigen Termen steht. In den Unterrichtssituationen notieren Lehrkräfte die Termumformungen an der Tafel oder die schriftlichen Notizen der Schülerinnen und Schüler werden mithilfe einer Dokumentenkamera projiziert, sodass die schriftlichen Terme für alle sichtbar sind.

Bei Argumentationen mit *figurierten Zahlen* wird in den erhobenen Unterrichtssituationen wiederholt auf die dargestellte Struktur fokussiert. Punktemuster werden *strukturell als ein Bauplan* für (Verknüpfungen von) mathematischen Objekten gedeutet, wie im folgenden Abschnitt auch anhand von Datenbeispielen illustriert wird. Die visuellen Darstellungen werden also oftmals produktorientiert gedeutet. Gleichzeitig werden die Verknüpfungen der mathematischen Objekte als solche als Rechenprozesse aufgefasst und es wird beispielsweise über ein „Zusammentun" der Punkte gesprochen (vgl. folgender Abschnitt). Jedoch sind manchmal auch operationale Deutungen der figurierten Zahlen rekonstruierbar, beispielsweise wenn sie explizit berechnet werden. Das Berechnen geschieht in der Regel ohne Zutun der Lehrkraft. Ikonische Darstellungen werden von den Schülerinnen und Schülern und ihren Lehrkräften also sowohl prozessorientiert berechnet als auch strukturell gedeutet.

In den hervorgebrachten generischen Argumentationen bestehen die *Argumentationsschritte* wiederholt aus Umformungen der arithmetischen Terme oder figurierten Zahlen. Die zugehörigen *Garanten* werden sowohl prozess- als auch produktorientiert von den Schülerinnen und Schülern geäußert, wenn sie explizit benannt werden. Teilweise sind *Stützungen** (vgl. Abschnitt 7.1) in den rekonstruierten arithmetisch-generischen Argumenten enthalten. Die Hervorbringung von diesen besonderen Stützungen* deutet eine strukturelle Interpretation des Terms an, da ein Charakteristikum des Terms, eine (Teil-)Struktur, hervorgehoben wird, anstatt den Term zu berechnen. Mehrfach initiieren Lehrkräfte durch Nachfragen die Hervorbringungen von Stützungen* (vgl. Abschnitt 7.3) und können so eine strukturelle Deutung der mathematischen Objekte und ihrer Repräsentationen bei den Schülerinnen und Schülern anstoßen.

Lehrkräfte rahmen solche strukturellen Deutungen in den mathematischen Argumentationen, indem sie den Schülerinnen und Schülern zustimmen, einzelne Aussagen wiederholen oder kurze Nachfragen stellen, wie im folgenden Abschnitt gezeigt wird. Eine explizite Adressierung der Deutungen von mathematischen Objekten und ihren Repräsentationen ist in den erhobenen Unterrichtssituationen in der Regel jedoch nicht rekonstruierbar. Dagegen wird in mehreren Unterrichtssituationen von den Lehrkräften eine Ablösung von konkreten (Zahlen-)Beispielen und damit eine Generalisierung eingefordert (vgl. Abschnitt 7.3). Beispielsweise kann auf Nachfrage der Lehrkraft eine Abstraktion der mathematischen Strukturen aus der Darstellung stattfinden und somit das Punktemuster von den Schülerinnen und

Schülern zur Begründung der allgemeinen mathematischen Aussage herangezogen werden. Inwiefern dabei eine Umdeutung der mathematischen Objekte stattfindet, wird in Abschnitt 8.2.2 diskutiert, in dem die Erarbeitung von Begründungen und Generalisierungen thematisiert wird.

Bei einem *Vergleich der rekonstruierten generischen Argumente in verschiedenen Repräsentationen* fällt auf, dass in ikonischen Argumenten mathematische Objekte und ihre Repräsentationen häufiger strukturell von den Schülerinnen und Schülern aufgefasst und verwendet werden. Das wird beispielsweise in Klasse 2 an Episode 2.10 deutlich, die weiter unten genauer betrachtet wird (vgl. Abbildung 8.2). In dieser ikonischen Repräsentation ist die Struktur vermutlich „greifbarer" als das Ergebnis, weil die einzelnen Punkte für eine Berechnung zunächst abgezählt werden müssen. In arithmetisch-generischen Argumenten dagegen ist eine Berechnung der Terme naheliegend, da Zahlen mit Ziffern dargestellt sind und somit direkt lesbar sind. Mehrfach sind bei arithmetisch-generischen Argumenten prozessorientierte Deutungen und Berechnungen rekonstruierbar. Gleichzeitig werden in beiden Repräsentationen verschiedene Interpretationen der mathematischen Objekte von den Schülerinnen und Schülern wie auch ihren Lehrkräften hervorgebracht.

Insgesamt findet in generischen Argumentationen wiederholt ein *stetiger Wechsel zwischen prozess- und produktorientierten Beschreibungen von mathematischen Objekten* und ihren Verknüpfungen statt. Lehrkräfte ergänzen teilweise eine Deutung, die nicht von den Schülerinnen und Schülern hervorgebracht wird.

Ausführliche Beschreibung mit illustrierenden Beispielen

Generische Argumente im Übergang von der Arithmetik zur Algebra sind in der Regel mit schriftlichen Darstellungen von mathematischen Objekten verknüpft (vgl. Abschnitt 7.3). In den analysierten Unterrichtssituationen sind in generischen Argumenten hauptsächlich *arithmetische Termdarstellungen* und *ikonische Darstellungen* (Punktmuster) verwendet worden. Solche Darstellungen werden von den Schülerinnen und Schülern unterschiedlich interpretiert. In den erhobenen Daten dieser Studie sind sowohl prozess- als auch produktorientierte Deutungen aus den Äußerungen der Schülerinnen und Schüler und der Lehrkräfte rekonstruierbar, wie in diesem Abschnitt illustriert wird. Im Folgenden wird beschrieben, wie sich die Prozess-Produkt Dualität in den hervorgebrachten generischen Argumenten widerspiegelt und wie Lehrkräfte solche Deutungsprozesse rahmen.

Daten stellen in generischen Argumenten oft arithmetische Terme oder ikonische Darstellungen dar. Wie bereits im Theoriekapitel beschrieben, können solche Darstellungen und somit die repräsentierten mathematischen Objekte sowohl prozessorientiert als auch produktorientiert gedeutet werden. In den erhobenen Unterrichtssituationen werden *arithmetische Terme* von den Schülerinnen und

Schülern oft vorgelesen. Das heißt, Terme werden zunächst prozessorientiert als Rechenschema gedeutet, welche man umformen kann. Beispielsweise äußert Arcan: „Acht plus vier gleich zwei mal vier plus zwei mal zwei." (Klasse 1, Stunde 1, Turn 208; siehe auch Abbildung 8.5). In dieser Unterrichtssituation notiert die Lehrkraft die Gleichung an der Tafel. Häufig wird die Lösung der Schülerinnen und Schüler auch mit einer Dokumentenkamera an die Wand projiziert, sodass die Verschriftlichung der Gleichung für alle sichtbar ist.

Auch die *Daten in ikonisch-generischen Argumenten*, wie etwa figurierte Zahlen, können verschieden gedeutet werden. Beispielsweise präsentiert Hasna einen Argumentationsansatz zu Maries Behauptung, dass die Summe von zwei ungeraden Zahlen ungerade ist (vgl. Abbildung 8.2).

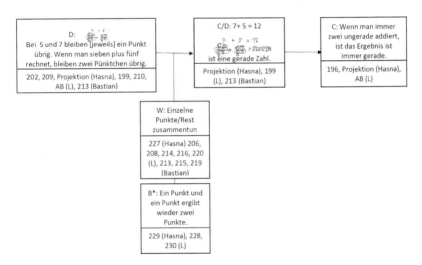

Abbildung 8.2 Ikonisch-generisches Argument zu Maries Behauptung zur Summe von zwei ungeraden Zahlen (Klasse 2, Episode 2.10)

Hasna fällt es schwer ihren Ansatz zu erklären, sodass die Lehrkraft andere Schülerinnen und Schüler bittet ihr zu helfen. Bastian äußert daraufhin: „[…] wenn man sieben plus fünf rechnet (unv.), dann bleiben bei beiden zwei Pünktchen übrig und die tut man dann zusammen und dann ist das wieder eine gerade Zahl." (Klasse 2, Stunde 2, Turn 213). Seine Beschreibung fokussiert auf das im Punktemuster visualisierte (Zahlen-)Beispiel „$7 + 5$". Dennoch berechnet er nicht einfach das Ergebnis, er benennt zwölf nicht, sondern fokussiert produktorientiert auf die im Punktemuster dargestellte Struktur. Im Anschluss soll noch einmal zusammengefasst werden, warum zwei ungerade Zahlen zusammenaddiert gerade sind (Frage nach einer Elaboration in Turn 224). Daraufhin äußert Hasna: „Wir haben den Rest einfach zusammen gerechnet." (Turn 227). Anders als Bastian verweist Hasna in ihrer Beschreibung vermutlich nicht auf das konkrete (Zahlen-)Beispiel, sondern abstrahiert die allgemeine Struktur aus der ikonischen Darstellung (der „Rest" der beiden ungeraden Zahlen ergänzt sich, sodass eine gerade Zahl entsteht). Beide Lernenenden interpretieren die Darstellung also strukturell, wobei auch der Rechenprozess benannt wird. Frau Kaiser rahmt den Argumentationsprozess durch Zustimmungen, Wiederholungen von Aussagen und kleinere Nachfragen. Deutungen der ikonischen Darstellungen adressiert sie in dieser Situation nicht explizit.

Anders ist es bei dem folgenden Argumentationsansatz von Tanja (vgl. Abbildung 8.3). In dieser Unterrichtssituation wird die ikonische Darstellung *sowohl prozessorientiert berechnet als auch strukturell gedeutet* und Herr Peters fordert auf Basis der strukturellen Deutung des Punktemusters eine Generalisierung ein.

In der Klasse von Herrn Peters möchte Tanja begründen, dass die Summe von zwei geraden und einer ungeraden Zahl ungerade ist. Sie beginnt ihre Ausführung damit, dass sie ihr Punktemuster an die Tafel zeichnet und beschreibt: „Also ich hab' jetzt hier zum Beispiel drei Punkte gemacht [...] dann plus vier Punkte [...] und dann nochmal plus fünf Punkte [...] Das sind dann ja zwölf Punkte." (Klasse 3, Stunde 2, Turn 415). Zunächst fokussiert sie also auf das visualisierte Zahlenbeispiel „3 + 4 + 5" und berechnet prozessorientiert die Summe. Sie deutet die figurierte Zahl operational. Anschließend löst sich sich vom konkreten (Zahlen-)Beispiel und fokussiert auf die Struktur der Zahlen, die im Punktemuster dargestellt ist:

> „Und dann hab' ich mir das so erklärt, man hat hier ja eine ungerade Zahl und hier auch (*deutet auf den ersten Summanden mit drei Punkten und den dritten mit fünf Punkten*) und da is ja immer dieser eine Punkt über. Und deswegen dachte ich mir die zusammen sind dann ja wieder zwei Punkte deswegen kann da dann nur wieder diese Zweierreihen rauskommen." (Klasse 3, Stunde 2, Turn 415)

Tanjas Äußerung deutet einen *Perspektivwechsel* von einer prozessorientierten hin zu einer produktorientierten Deutung an. Herr Peters fordert eine zusätzliche Elaboration von den Schülerinnen und Schülern ein: „[...] warum kann ich damit verstehen, dass das immer gelten muss, wenn ich eine ungerade Zahl plus eine gerade Zahl plus eine ungerade Zahl rechne, dass da eine gerade Zahl rauskommt?" (Turn 418). Shane ergänzt nun eine Erklärung der ikonischen Darstellung, die am konkreten (Zahlen-)Beispiel verhaftet ist. Herr Peters fordert eine Generalisierung

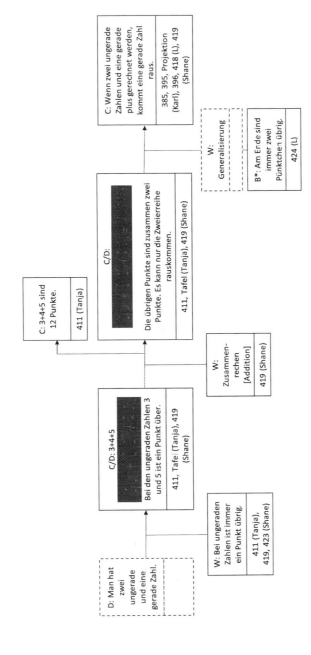

Abbildung 8.3 Ikonisch-generisches Argument zur Summe von zwei ungeraden und einer geraden Zahl (Klasse 3, Episode 2.17)

ein, woraufhin Shane ergänzt, dass „bei jeder ungeraden Zahl immer ein Pünktchen nur übrig bleibt" (Turn 423). Herr Peters fasst zusammen, dass am Ende immer zwei Pünktchen übrig sind (Turn 424). In dieser Unterrichtssituation wird die ikonische Darstellung also sowohl prozessorientiert berechnet als auch strukturell gedeutet. Dabei wird von Schülerinnen und Schülern nicht immer generalisiert. Auf Nachfrage der Lehrkraft kann eine Abstraktion stattfinden und somit das Punktemuster strukturell gedeutet und von den Schülerinnen und Schülern zur Begründung der mathematischen Aussage herangezogen werden.

Die *Argumentationsschritte* basieren in den hervorgebrachten generischen Argumenten mehrfach auf Umformungen der arithmetischen Terme oder der figurierten Zahl. Zugehörige *Garanten* können dabei sowohl operational als auch strukturell ausgedrückt werden. Wiederholt werden *Vorgehensweisen* von den Schülerinnen und Schülern beschrieben, die als prozessorientierte Garanten rekonstruiert werden. Dabei findet in vielen Fällen *keine explizite Benennung der zugehörigen Rechengesetze* statt. In einigen generischen Argumenten werden ebendiese allgemeinen Rechengesetze aber auch explizit benannt, teilweise auf Nachfrage der Lehrkraft.

Beispielsweise wird im *ikonisch-generischen Argument* (Abbildung 8.3) „Zusammenrechnen" als ein Garant benannt. Eine Addition, ein Rechenprozess, wird ausgeführt. Dagegen wird auch ein Garant hervorgebracht, der auf die Struktur von ungeraden Zahlen fokussiert: „Bei ungeraden Zahlen ist immer ein Punkt übrig.". Gleiches lässt sich in *arithmetisch-generischen Argumenten* beobachten. Beispielsweise begründet Arcan seine Termumformung (Abbildung 8.5) mit dem Distributivgesetz. Frau Petrow ergänzt eine prozessorientierte Beschreibung der Anwendung des Distributivgesetzes: „Ausklammern". In den rekonstruierten *narrativ-generischen Argumenten* (bspw. Abbildung 8.4) beziehen sich die Schülerinnen und Schüler in den Garanten teilweise auf Vorwissen. Das heißt Rechengesetze, die sie bereits in der Klasse thematisiert und ausgehandelt haben und die somit zum geteilten Wissen der Klassengemeinschaft zählen. In solchen Fällen wird oft auf die Eigenschaften und Beziehungen der mathematischen Objekte fokussiert, wie etwa „Ungerade plus ungerade ist gerade." (Abbildung 8.4). Es wird nicht auf die konkreten (Zahlen-)Beispiele fokussiert, sondern es werden ihre Eigenschaften, in diesem Fall ihre Parität, hervorgehoben.

Schlussregeln können in generischen Argumenten also prozess- oder produktorientiert formuliert sein. Teilweise werden in den rekonstruierten generischen Argumenten *Stützungen** (B* in den Rekonstruktionen der Argumente, vgl. Abschnitt 4.4.5) zu den Schlussregeln ergänzt (vgl. Abschnitt 7.3). Durch Stützungen* können diese allgemeinen Schlussregeln auf das konkrete Beispiel bezogen werden. In solchen Fällen heben die Schülerinnen und Schüler ein Charakteristikum des Terms hervor, wie etwa gleiche Faktoren in zwei Summanden. Dadurch

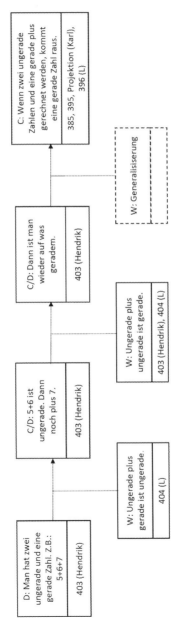

Abbildung 8.4 Narrativ-generisches Argument zur Summe von zwei ungeraden und einer geraden Zahl (Klasse 3, Episode 2.16)

kann beispielsweise die Anwendung des Distributivgesetztes legitimiert werden. Die Hervorbringung von solchen Stützungen* deutet auf eine strukturelle Interpretation des arithmetischen Terms als Bauplan hin, da eine Struktur des Terms benannt wird, anstatt ihn zu berechnen. In den erhobenen Unterrichtssituationen haben Lehrkräfte in einigen Fällen die Ausführungen von solchen Stützungen* initiiert, indem sie die Termumformungen hinterfragt haben und Elaborationen der Schülerinnen und Schüler oder Äußerungen von mathematischen Ideen eingefordert haben (siehe bspw. Klasse 1, Episode 1.23). Damit können strukturelle Deutungen angestoßen werden.

Es wurden auch generische Argumente mit *zwei Argumentationssträngen* und zwei Konklusionen rekonstruiert (bspw. Klasse 2, Episode 1.17, vgl. Abschnitt 7.3). In solchen Argumenten wurde mehrfach einerseits prozessorientiert das Ergebnis berechnet und andererseits wurde der mathematische Geltungsanspruch geschlussfolgert. Das heißt, die finalen Terme wurden einerseits operational und andererseits strukturell gedeutet.

Vergleicht man *generische Argumente in den verschiedenen Repräsentationen* wird deutlich, dass ikonische Darstellungen von den Schülerinnen und Schülern eher strukturell aufgefasst und verwendet werden als arithmetische Termdarstellungen. Das Abzählen von Punkten ist mühsam und wiederholt findet keine Berechnung statt, obgleich bei der Konstruktion von einem Punktemuster durchaus das Ergebnis abgezählt werden muss (siehe bspw. Klasse 1, Episode 1.24). Bei arithmetischen Termdarstellungen ist dagegen eine prozessorientierte Berechnung naheliegend, da zu Beginn eine Rechenaufgabe notiert wird. Somit sind vielfach auch prozesshafte Interpretationen dieser Termdarstellungen rekonstruierbar. Dennoch werden die Terme in der Regel sinnvoll umgeformt und es werden zu der Aufgabenstellung passende Strukturen der mathematischen Objekte hervorgehoben und für die mathematische Argumentation herangezogen.

Insgesamt findet in generischen Argumentationen wiederholt ein *stetiger Wechsel zwischen prozess- und produktorientierten Beschreibungen von mathematischen Objekten* und ihren Verknüpfungen statt, wie das folgende Beispiel illustriert.

Im Folgenden wird eine Unterrichtssituation, in welcher Arcan mit einem generischen Beispiel begründet, dass die Summe von zwei geraden Zahlen gerade ist (Abbildung 8.5), diskutiert. Es wird beschrieben, wie sich Deutungen bezüglich der Prozess-Produkt Dualität in den Bausteinen des arithmetisch-generischen Arguments widerspiegeln. Die Lehrkraft ergänzt teilweise eine Deutung, die nicht von den Schülerinnen und Schülern hervorgebracht wird. Nachdem Arcan seinen arithmetisch-generischen Lösungsansatz vorgetragen hat, fragt Frau Petrow, warum einige seiner Umformungen möglich sind. Daraufhin werden zwei Garanten, die die Umformungen legitimieren, nachgeliefert. Während Arcan das Distributivgesetz

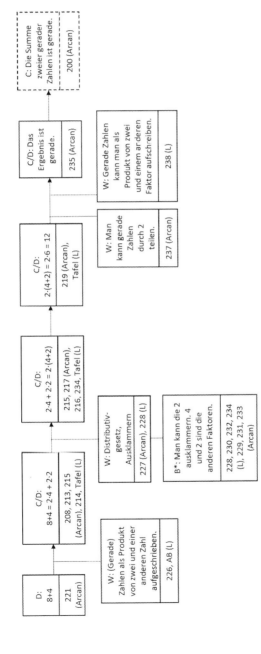

Abbildung 8.5 Arithmetisch-generisches Argument zur Summe von zwei geraden Zahlen (Klasse 1, Episode 1.23)

benennt (Klasse 1, Stunde 1, Turn 227), ergänzt Frau Petrow die entsprechende Tätigkeit „Ausklammern" (Turn 228). Der Schüler liefert also eine strukturelle Beschreibung des Garanten, während die Lehrkraft auf den Umformungsprozess fokussiert. Anschließend fragt Frau Petrow: „Warum ist das jetzt für alle anderen Berechnungen auch gültig, nicht nur für diese Berechnung hier?" (Turn 234). Arcan antwortet, dass eine gerade Zahl rauskam (Turn 235). Ob er sich dabei auf den Term „2·6", das Ergebnis 12 oder losgelöst von der Darstellung spricht, ist in seiner Aussage nicht eindeutig rekonstruierbar. Zusätzlich ergänzt er auf Nachfrage, dass eine gerade Zahl durch zwei teilbar ist. Diese Aussage konnte als Garant rekonstruiert werden, der prozessorientiert ausgedrückt ist, aber auf Eigenschaften der Zahlen fokussiert. Frau Petrow ergänzt ein strukturorientiertes Gegenstück: „Gerade Zahlen kann man als Produkt von zwei und einem anderen Faktor aufschreiben." (Turn 238). Anschließend leitet sie über zu einem anderen Argumentationsansatz. Deutlich wird in dieser Unterrichtssituation, dass in mathematischen Argumentationsprozessen immer wieder Wechsel zwischen prozess- und produktorientierten Beschreibungen von mathematischen Objekten und ihren Beziehungen stattfinden. Lehrkräfte ergänzen in einigen Fällen eine Deutung, die nicht von den Schülerinnen und Schülern geäußert wird. Offen bleibt, welche Rolle genau die Prozess-Produkt Dualität von mathematischen Objekten und ihren Repräsentationen bei der Konstruktion von generischen Argumenten spielt (vgl. Abschnitt 8.2.2).

8.1.3 Prozess-Produkt Dualität in strukturellen Argumenten

In diesem Kapitel wird beschrieben, wie sich die Prozess-Produkt Dualität von mathematischen Objekten in den hervorgebrachten *strukturellen Argumenten* aus den Unterrichtssituationen im Übergang von der Arithmetik zur Algebra widerspiegelt. Auch werden Unterschiede zwischen algebraischen und narrativ-strukturellen Argumenten herausgearbeitet und diskutiert, wie Lehrkräfte dies in den erhobenen Unterrichtssituationen rahmen.

Übersicht
Im Übergang von der Arithmetik zur Algebra werden in den erhobenen Unterrichtssituationen algebraische und narrativ-strukturelle Argumente hervorgebracht. Bei der Konstruktion von algebraischen Argumenten ist die Variablenwahl und die Interpretation des finalen Terms entscheidend (vgl. Abschnitt 7.4 und Abschnitt 8.2.2). *Daten* sind in algebraischen Argumenten Terme mit Variablen und Umformungen dieser. Terme können dabei sowohl prozessorientiert als auch produktorientiert interpretiert werden, wie im folgenden Abschnitt „Ausführliche Beschreibung" mit

Datenbeispielen illustriert wird. Das Vorlesen von Termen deutet auf eine prozesshafte Interpretation hin. Teilweise verbleiben die Terme in den rekonstruierten Argumenten aber auch implizit und werden nur an die Wand projiziert, sodass keine Deutung rekonstruierbar ist. In den erhobenen Unterrichtssituationen führen Schülerinnen und Schüler mehrfach kalkülorientierte Umformungen der Terme durch und verbalisieren die Daten und *Zwischenkonklusionen* prozessorientiert. Aussagen, wie „dann kam da … raus", deuten auf prozessorientierte Interpretationen hin, da eine Berechnung und ein Rechenschema im Fokus stehen.

Garanten verbleiben in den rekonstruierten algebraischen Argumenten mehrfach implizit oder sind nicht vorhanden (vgl. Abschnitt 7.4). Werden Gründe für Termumformungen in den hervorgebrachten algebraischen Argumenten benannt (Garanten), werden diese wiederholt prozessorientiert von den Schülerinnen und Schülern ausgedrückt. Bei der Hervorbringung von *Stützungen** (vgl. Abschnitt 7.1) wird dagegen der Aufbau des Terms betrachtet und eine (Teil-)Struktur benannt, was eine strukturelle Deutung nahelegt. *Lehrkräfte* hinterfragen in einigen Unterrichtssituationen die Termumformungsschritte und fordern Elaborationen von den Schülerinnen und Schülern ein, sodass Garanten oder Stützungen* ergänzt werden. Dies kann eine strukturelle Deutung der Terme und mathematischen Objekte anstoßen (vgl. Abschnitt 8.2.2).

In den rekonstruierten algebraischen Argumenten werden explizit benannte *Konklusionen* von den Schülerinnen und Schülern mehrfach prozessorientiert ausgedrückt. Die Verknüpfung von mathematischen Objekten wird als Rechenaufgabe gedeutet, deren Ergebnis eine spezifische Eigenschaft besitzt. Schülerinnen und Schüler bringen oft Konklusionen hervor, wie etwa „Das Ergebnis ist …". Dabei ist eine Interpretation des finalen Terms erforderlich, um den mathematischen Geltungsanspruch aus ihm zu schlussfolgern (vgl. Abschnitt 8.2.2). In einzelnen Unterrichtssituationen stoßen Lehrkräfte eine solche Interpretation an.

In den algebraischen Argumenten dieser Studie verbleiben einzelne Bausteine, wie etwa Garanten, teilweise *implizit* (vgl. Abschnitt 7.4). Schülerinnen und Schüler fokussieren wiederholt auf eine Perspektive: Entweder die Terme oder die Umformungen. Es verbleiben dabei Aspekte implizit. Dies könnte mit der Prozess-Produkt Dualität von mathematischen Objekten in Verbindung stehen, da Umdeutungen oft eine Herausforderung für Schülerinnen und Schüler darstellen (vgl. Abschnitt 2.4). Lehrkräfte können auf Nachfrage Explizierungen anstoßen, wie beispielsweise die Ergänzung von Garanten oder Stützungen*.

In den hervorgebrachten *narrativ-strukturellen Argumenten* der Schülerinnen und Schüler lassen sich sowohl prozessorientierte als auch produktorientierte Deutungen von mathematischen Objekten rekonstruieren. Dabei sind die Deutungen bereits in den verbalen Äußerungen beziehungsweise den Verschriftlichungen der

Schülerinnen und Schüler angelegt. Die Lehrkräfte adressieren auch bei strukturellen Argumenten die Deutungen der Schülerinnen und Schüler in der Regel nicht explizit, sondern meist eher implizit, etwa durch Wiederholungen von bestimmten Aussagen der Lernenden.

Der *Vergleich von strukturellen Argumenten in verschiedenen Repräsentationen* (narrativ vs. algebraisch) hebt erneut die Besonderheit von narrativ-strukturellen Argumenten hervor: In narrativ-strukturellen Argumenten ist eine Deutung von mathematischen Objekten bereits in den Verbalisierungen oder Verschriftlichungen der Schülerinnen und Schüler angelegt. Dagegen lassen sich algebraische Terme in der Regel verschieden deuten und Schülerinnen und Schüler nehmen eigene Interpretationen vor oder müssen andere Interpretationen nachvollziehen.

Ausführliche Beschreibung mit illustrierenden Beispielen

Im Übergang von der Arithmetik zur Algebra werden sowohl algebraische Argumente als auch narrativ-strukturelle Argumente von den Schülerinnen und Schülern hervorgebracht. Zunächst wird in diesem Kapitel auf algebraische Argumente fokussiert und anschließend auf narrativ-strukturelle Argumente. Wie bereits in Abschnitt 7.4 angedeutet, sind bei der Konstruktion von algebraischen Argumenten die Variablenwahl und auch eine Interpretation des finalen Terms entscheidend. Dabei spielt auch die Prozess-Produkt Dualität von mathematischen Objekten eine Rolle. Welche Deutungen diesbezüglich vorgenommen werden, wird in folgendem Kapitel und in Abschnitt 8.2.2 dargelegt.

Algebraische Argumente basieren auf Termen mit Variablen, Umformungen und Interpretationen dieser Terme. Das heißt, *Daten* sind vielfach algebraische Terme, wie etwa „6·m + 6". Diese algebraischen Terme können sowohl prozess- als auch produktorientiert gedeutet werden (vgl. Abschnitt 2.4.2). Oftmals werden sie in den analysierten mathematischen Unterrichtssituationen von den Schülerinnen und Schülern vorgelesen. Beispielsweise sagt Dante: „Und äh dann kam da sechs m raus also sechs mal m plus sechs." (Klasse 1, Stunde 2, Turn 268). Solche Aussagen deuten auf prozessorientierte Interpretationen hin, da eine Berechnung „dann kam da … raus" und ein Rechenschema im Fokus stehen. Ein Term wird als eine Rechenaufgabe gedeutet, welche man umformen kann. Dabei müssen die Schülerinnen und Schüler (Teil-)Strukturen in den Termen wahrnehmen, um die Termumformungen vollziehen zu können. Diese (Teil-)Strukturen der Terme werden in der Regel aber nicht von den Schülerinnen und Schülern verbalisiert. Teilweise wird auch nur implizit auf die algebraischen Darstellungen Bezug genommen, etwa indem sie an die Wand projiziert werden, sodass keine Deutung von den Termen rekonstruierbar ist (vgl. Abbildung 8.6). Lehrkräfte hinterfragen in einigen Unterrichtssituationen

die Umformungsschritte und fordern Elaborationen ein, sodass Garanten oder Stützungen* von den Schülerinnen und Schülern ergänzt werden (vgl. Abschnitt 7.4).
Dies kann eine strukturelle Deutung der Terme anstoßen. Vielfach bleiben Schülerinnen und Schüler aber auch bei ihrer Deutung und ergänzen prozessorientierte
Garanten.

Garanten verbleiben in strukturellen Argumenten mehrfach implizit oder sind
nicht vorhanden (vgl. Abschnitt 7.4). Werden Gründe für Termumformungen
in algebraischen Argumenten explizit benannt, sind diese oftmals prozessorientiert ausgedrückt. Das heißt, die Schülerinnen und Schüler fokussieren auf den
Umformungsvorgang, wie etwa das Ausklammern oder das Dividieren (vgl. Abbildung 8.6). Solche Elaborationen werden in einigen Unterrichtssituationen auch von
der Lehrkraft eingefordert.

In einem algebraischen Argument folgert Elina eine allgemeine Aussage und
nennt explizit einen Garanten und eine Stützung* (vgl. Abbildung 8.7). Ihr Garant ist
prozessorientiert ausgedrückt: „Eine Zahl mal zwei ist automatisch immer (*betont*)
gerade und dann plus eins wird es ungerade." (Klasse 2, Stunde 3, Turn 209). Elina
hebt den Rechenprozess hervor, der im Term angelegt ist. Zusätzlich benennt sie
„Und da halt dieses plus eins da ist, ist es ne ähm am Ende eine ungerade Zahl
[…]" (Turn 209). Elina beschreibt also, dass es in ihrem finalen Term eine „ + 1"
gibt. Damit stellt sie einen Summanden des Terms heraus und interpretiert den Term
strukturell als Bauplan eines mathematischen Objekts. Elina wechselt also zwischen
prozess- und produktorientierten Deutungen. Frau Kaiser wertet ihre Argumentation
als „sehr schön" und greift die Deutungen von Elina nicht weiter auf.

In Elinas algebraischem Argument wird eine *Konklusion* explizit benannt. Wie
bereits in Abschnitt 7.4 beschrieben, werden Konklusionen in strukturellen Argumenten teilweise auch nur implizit eingebunden oder sind nicht vorhanden. Auch
spiegelt sich die Deutung von mathematischen Objekten in Elinas Konklusion wider.
Elina benennt folgende Konklusion: „[…] gerade plus gerade Zahl plus ungerade
Zahl ist eine ungerade Zahl" (Turn 207). Diese Konklusion beschreibt den Rechenprozess, der die Verknüpfung der (un-)geraden Zahlen (mathematischen Objekte)
darstellt. Es wird eine „gerade plus gerade Zahl plus ungerade Zahl" gerechnet.
Das Ergebnis „ist eine ungerade Zahl". Somit liegt in diesem strukturellen Argument eine prozessorientierte Deutung der Verknüpfung der (un-)geraden Zahlen vor.
Frau Kaiser beschreibt Elinas Ansatz als „Sehr schön" und ist somit zufrieden mit
dem Ansatz.

Strukturelle Argumente haben teilweise *mehrere Argumentationsstränge* (vgl.
Abschnitt 7.4). Beispielsweise können Terme auf verschiedene Weisen umgeformt
werden, wenn unterschiedliche Teilstrukturen des Terms fokussiert werden (siehe
bspw. Klasse 2, Episode 1.18). Dabei werden die zwei Stränge in der Regel also

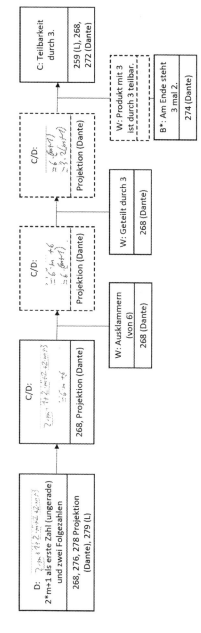

Abbildung 8.6 Algebraisches Argument zur Summe von drei aufeinanderfolgenden Zahlen (Klasse 1, Episode 2.23)

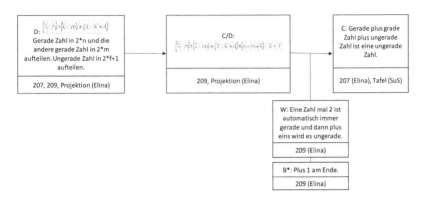

Abbildung 8.7 Algebraisches Argument zur Summe von drei aufeinanderfolgenden Zahlen (Klasse 2, Episode 3.15)

nicht durch verschiedene Deutungen in Bezug auf die Prozess-Produkt Dualität von mathematischen Objekten gebildet, wie in generischen Argumenten (vgl. Abschnitt 8.1.2). Stattdessen werden mehrfach in beiden Strängen prozessorientierte Termumformungen durchgeführt oder auch strukturelle Interpretationen der Terme vorgenommen. In einzelnen Unterrichtssituationen wird eine alternative Termumformung durch die Lehrkraft eingebracht.

In den rekonstruierten algebraischen Argumenten bleiben einzelne *Bausteine teilweise implizit* (vgl. Abschnitt 7.4), was mit der Prozess-Produkt Dualität in Verbindung stehen könnte. Da ein Wechsel zwischen Deutungen eine Herausforderung für Schülerinnen und Schüler darstellt (vgl. Abschnitt 2.4), kann die Prozess-Produkt Dualität eine mögliche Erklärung für implizite oder fehlende Bausteine in den rekonstruierten algebraischen Argumenten darstellen. Es wird wiederholt entweder prozessorientiert auf die Termumformungen fokussiert und dabei werden die Terme explizit benannt. Oder es wird auf den Umformungsprozess fokussiert und die Handlungen oder auch die zugehörigen Rechengesetze werden beschrieben.

Im Folgenden wird nun auf *narrativ-strukturelle Argumente* fokussiert. Narrativstrukturelle Argumente werden in den erhobenen Unterrichtssituationen in der Regel mündlich geäußert. Teilweise wird auch eine Verschriftlichung dieser Argumente von den Schülerinnen und Schülern an die Wand projiziert. Je nachdem, wie über mathematische Objekte gesprochen wird, kann eine prozess- oder produktorientierte Interpretation der mathematischen Objekte und ihrer Beziehungen rekonstruiert werden. Dabei werden die mathematischen Objekte in der Regel gedanklich gefasst und somit eine interne Repräsentation von den Schülerinnen und

Schülern gebildet. Das heißt auch, dass narrativ-strukturelle Argumente, anders als arithmetisch-generische, ikonisch-generische oder algebraische Argumente, immer schon eine in der Repräsentation mitgelieferte Deutung haben. Diese Deutung der mathematischen Objekte ist also bereits im verbalen Ausdruck beziehungsweise in der Verschriftlichung angelegt.

Wie bereits in Abschnitt 7.4 beschrieben, sind die hervorgebrachten narrativ-strukturellen Argumente der Schülerinnen und Schüler wiederholt *fehlerhaft oder unvollständig*. Teilweise werden im Unterricht Argumentationsschlüsse konstruiert, die mathematisch ungültig sind. Dabei lassen sich sowohl prozessorientierte als auch produktorientierte Deutungen von mathematischen Objekten in den Argumenten der Schülerinnen und Schüler rekonstruieren und auch Wechsel zwischen den beiden Deutungen. Lehrkräfte adressieren die Deutungen der Schülerinnen und Schüler dabei in der Regel nicht. Im Folgenden wird ein Beispiel zur Illustrierung herangezogen.

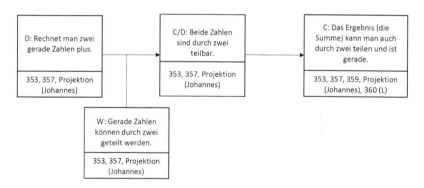

Abbildung 8.8 Narrativ-strukturelles Argument zur Summe von zwei geraden Zahlen (Klasse 2, Episode 1.24)

In dem narrativ-strukturellen Argument (Abbildung 8.8) begründet Johannes, dass die Summe von zwei geraden Zahlen gerade ist. Ein *Perspektivwechsel* zwischen einer prozessorientierten und einer produktorientierten Interpretation wird deutlich. Johannes *Datum* fokussiert zunächst auf einen Rechenprozess von zwei geraden Zahlen, eine Addition. Dieser Rechenprozess wird dann aber gar nicht betrachtet, sondern in der *Zwischenkonklusion* auf die beiden Summanden und ihre Eigenschaften fokussiert. Das heißt, die Summe von zwei geraden Zahlen wird von Johannes nun strukturell gedeutet und (Teil-)Strukturen werden erfasst. Er beschreibt, dass beide Summanden („Zahlen") durch zwei teilbar sind. Für diese

Aussage liefert er einen *Garanten*: „Gerade Zahlen können durch zwei geteilt werden." (Klasse 2, Stunde 1, Turn 357). Er fokussiert somit strukturell auf die Eigenschaften von geraden Zahlen. Die Verknüpfung der mathematischen Objekte (die Summe von zwei geraden Zahlen) wird dabei als ein Bauplan interpretiert. Schließlich hebt Johannes in seiner *Konklusion* hervor, dass die Summe durch zwei teilbar ist und gerade ist. Nachdem Johannes wiederholt: „Ist die Summe auch gerade." (Turn 359), wiederholt und ergänzt Frau Kaiser „Oder auch durch zwei teilbar, ja." (Turn 360). Da sie wiederholt, dass die Summe durch zwei teilbar ist, scheint es ihr wichtig zu sein, dass nicht nur die Eigenschaft „gerade" benannt wird, sondern auch ein weiterer Bezug zur Struktur von geraden Zahlen hergestellt wird. Anschließend bittet Frau Kaiser die Schülerinnen und Schüler um eine Evaluation von Johannes' Argument. Nachdem Marie sie als „richtig" bewertet, stimmt Frau Kaiser zu und leitet zu einem anderen Argumentationsansatz über. Frau Kaiser adressiert die Deutung von mathematischen Objekten und die oben beschriebenen Deutungswechsel in dieser Argumentation nur implizit, indem sie eine Aussage von Johannes wiederholt.

Garanten können in narrativ-strukturellen Argumenten, anders als in Johannes Argument, auch prozessorientiert von den Schülerinnen und Schülern ausgedrückt werden. Beispielsweise äußert Elina folgenden Garanten: „Wenn man bei einer Null eine ungerade Zahl addiert, entsteht auch eine ungerade." (Klasse 2, Stunde 1, Turn 177). Sie fokussiert auf einen Rechenprozess und was bei diesem Prozess entsteht (Klasse 2, Episode 1.11–1.13). Auch Ramona bringt in ihrer Argumentation zur Summe von einer geraden und einer ungeraden Zahl prozessorientierte Garanten hervor (vgl. Abbildung 8.9). Sie beschreibt: „Zwei gerade Zahlen zusammengerechnet sind gerade." (Klasse 3, Stunde 2, Turn 18). Es wird auf das Ergebnis eines Rechenprozesses (Addition von zwei geraden Zahlen) fokussiert. Gleichzeitig nutzt Ramona in ihrer Argumentation aber auch die eher produktorientierte Schlussregel: „Eine ungerade Zahl ist eine gerade Zahl plus eins." (Turn 18). Dabei wird eine Beziehung zwischen geraden und ungeraden Zahlen geäußert und die Struktur von ungeraden Zahlen wird hervorgehoben.

In den rekonstruierten narrativ-strukturellen Argumenten werden von den Schülerinnen und Schülern also sowohl prozessorientierte als auch produktorientierte Garanten hervorgebracht. Lehrkräfte adressieren die verschiedenen Interpretationen der Schülerinnen und Schüler in der Regel nicht oder nur implizit.

Es lässt sich anhand der in dieser Untersuchung erhobenen Daten und durchgeführten Analysen kein klarer Zusammenhang zwischen der *Gültigkeit von narrativ-strukturellen* Argumenten und der Prozess-Produkt Dualität von mathematischen Objekten rekonstruieren. In narrativ-strukturellen Argumenten wird unabhängig von Beispielen und somit allgemein argumentiert (vgl. Abschnitt 2.1.4). Dabei kön-

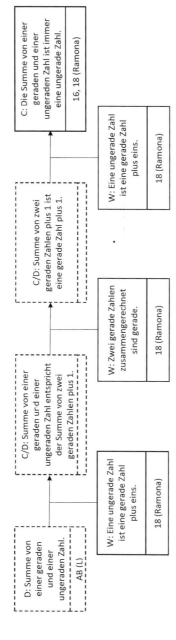

Abbildung 8.9 Narrativ-strukturelles Argument zur Summe von einer geraden und einer ungeraden Zahl (Klasse 3, Episode 2.1)

nen mathematische Objekte, wie bereits beschrieben, sowohl prozessorientiert als auch produktorientiert gedeutet werden. Narrativ-strukturelle Argumente sind in den hier rekonstruierten unterrichtlichen Argumenten mehrfach unvollständig oder falsch und Garanten fehlen (vgl. Abschnitt 7.4). Die Wahl von passenden Garanten und sinnvollen Argumentationsschlüssen sind eine Herausforderung für Schülerinnen und Schüler. Die Prozess-Produkt Dualität von mathematischen Objekten spielt dabei scheinbar nur eine untergeordnete Rolle.

Bei einem *Vergleich von algebraischen und narrativ-strukturellen Argumenten* lassen sich jedoch Unterschiede rekonstruieren. *Narrativ-strukturelle Argumente* fokussieren mehrfach auf allgemeine mathematische Strukturen und weniger auf Rechenprozesse. Dabei sind die geäußerten Strukturen und Zusammenhänge teilweise mathematisch nicht im geteilten Wissen der Klassengemeinschaft verankert, nicht sinnvoll oder sogar falsch. Die Deutungen hinsichtlich der Prozess-Produkt Dualität von mathematischen Objekten sind in narrativ-strukturellen Argumenten bereits in den verbalen Äußerungen oder ihren Verschriftlichungen angelegt. Diese verbalen oder schriftlichen Darstellungen und die in ihnen angelegten Deutungen müssen nun von den Mitschülerinnen und Mitschülern nicht mehr interpretiert werden. Anders ist dies bei *algebraischen Argumenten*, denen eine Prozess-Produkt Dualität inhärent ist und bei denen somit eine Deutungsoffenheit besteht. Die algebraischen Terme müssen Schülerinnen und Schüler also immer wieder interpretieren und deuten. Bei der Konstruktion von algebraischen Argumenten spielen beide Sichtweisen ineinander und teilweise sind Umdeutungen für die Konstruktion von gültigen Argumenten erforderlich, was in Abschnitt 8.2.2 weiter ausgeführt wird. Je nach Repräsentation spielt die Prozess-Produkt Dualität also eine unterschiedliche Rolle in mathematischen Argumenten und Argumentationen.

8.2 Prozess-Produkt Dualität bei Entwicklungen von mathematischen Argumenten

In diesem Kapitel wird diskutiert, welche Rolle die Prozess-Produkt Dualität von mathematischen Objekten und ihren Repräsentationen bei der Entwicklung von Vermutungen und Begründungen spielt. Es wird also auf die mathematischen Argumentations*prozesse* fokussiert und nicht auf die Produkte dieser Prozesse, die mathematischen Argumente (vgl. Abschnitt 8.1). In den erhobenen Unterrichtssituationen stehen in den Klassengesprächen oft die Präsentation und Evaluation von zuvor erarbeiteten Argumentationsansätzen der Schülerinnen und Schüler im Vordergrund. Dabei wird in diesem Unterricht die Entwicklung von Vermutungen und Begründungen nur in Teilen oder gar nicht thematisiert. Somit sind für die

Überlegungen zur Entwicklung von mathematischen Argumenten im Unterricht zusätzlich zu den erhobenen Daten dieser Studie und den Reflexionen zu den rekonstruierten Argumenten auch theoretische Überlegungen (vgl. Abschnitt 2.4) einzubeziehen. Es geht daher in diesem Kapitel nicht mehr nur um ein Auswerten und deskriptives Beschreiben der Daten, sondern auch um das „Verstehen" und „Erklären" (Bohnsack, 1999). Nachfolgende Erkenntnisse wurden also nicht streng induktiv aus den Daten gewonnen, sondern aus einem Zusammenspiel von Daten, Reflexionen, Fragen und theoretischen Überlegungen.

Zunächst wird in Abschnitt 8.2.1 auf die Entwicklung von Vermutungen fokussiert. Das heißt, es werden Argumentationsprozesse fokussiert, die in den analysierten Daten dieser Arbeit zur Konstruktion von empirischen Argumenten führen. Die Rolle der Lehrkraft und mögliche Vorgehensweisen der Schülerinnen und Schüler werden diskutiert. Anschließend wird in Abschnitt 8.2.2 ein Schwerpunkt auf die Entwicklung von mathematischen Begründungen gelegt. In solchen Argumentationsprozessen ist in der Regel das Ziel, gültige Argumente zu konstruieren, also generische oder strukturelle Argumente. Dabei ist der Generalisierungsschritt ein entscheidendes Moment in Bezug auf die Prozess-Produkt Dualität von mathematischen Objekten und wird daher fokussiert. Es wird diskutiert, welche Perspektiven auf mathematische Objekte und ihre Repräsentationen von den Schülerinnen und Schülern beim Generalisieren eingenommen werden können. Ein besonderer Blick wird auch auf die Rolle der Lehrkraft in solchen Argumentationsprozessen gerichtet.

8.2.1 Entwicklung von Vermutungen

In den Unterrichtssituationen dieser Studie haben die Schülerinnen und Schüler, nachdem sie zunächst konkrete (Zahlen-)Beispiele berechnet haben, Vermutungen konstruiert (vgl. Kapitel 3). Die Konstruktion von Vermutungen hat oftmals in Arbeitsphasen vor den erhobenen Klassengesprächen stattgefunden. In diesem Kapitel werden die Rolle der Prozess-Produkt Dualität von mathematischen Objekten bei der Entwicklung von (allgemeinen) Vermutungen und mögliche Vorgehensweisen der Schülerinnen und Schüler auf Basis von den erhobenen Daten, Reflexionen, Fragen und theoretischen Überlegungen diskutiert.

Übersicht

Bei der Konstruktion von Vermutungen sind *verschiedene Vorgehensweisen* möglich. Einerseits ist es möglich, eine Vermutung zu konstruieren, indem die Ergebnisse der Berechnungen von Zahlenbeispielen betrachtet werden und daraus eine Vermutung abgeleitet wird: „Verallgemeinern". Dabei werden die arithmetischen Terme weiterhin operational als Rechenschema gedeutet. Lehrkräfte stoßen ein Verallgemeinern an, etwa indem sie Schülerinnen und Schüler fragen, was die Ergebnisse gemeinsam haben. Andererseits kann die Beziehung zwischen den involvierten mathematischen Objekten analysiert werden: „Struktur sehen". Eine strukturorientierte Deutung findet statt und die Terme werden als ein Bauplan für ein mathematisches Objekt gedeutet. Dabei wird gleichzeitig bereits ein möglicher Argumentationsansatz entwickelt, der beispielsweise zur Zerlegung des Terms und somit zur Konstruktion von einem generischen oder auch algebraischen Argument führen kann.

Der *Argumentationsschritt* in empirischen Argumenten und somit die Generalisierung (vgl. Abschnitt 7.2) kann also einen Perspektivwechsel und eine Umdeutung der mathematischen Objekte durch die Schülerinnen und Schüler ermöglichen. Gleichzeitig muss aber keine produkthafte Interpretation der mathematischen Objekte und ihrer Repräsentationen für die Konstruktion einer gültigen Vermutung stattfinden.

Ausführliche Darstellung

Im Folgenden werden mathematische Argumentationsprozesse betrachtet, in denen Vermutungen entwickelt werden. In solchen Argumentationsprozessen werden in den analysierten Daten dieser Studie in der Regel empirische Argumente konstruiert (vgl. Abschnitt 7.2). Die Konstruktion von empirischen Argumenten verläuft in den Unterrichtssituationen oft nach einem ähnlichen Verlauf, der bereits durch die Lernumgebung und die Aufgaben dieser Untersuchung angelegt ist (vgl. Kapitel 3). Dieser Ablauf spiegelt sich auch in den hervorgebrachten empirischen Argumenten wider und wird nun mit Blick auf die Prozess-Produkt Dualität von mathematischen Objekten analysiert und die Konstruktion solcher empirischer Argumente diskutiert (vgl. Abbildung 7.3, Abschnitt 7.2).

In der Regel finden in den erhobenen Unterrichtssituationen bereits vor dem Klassengespräch in einer Arbeitsphase *Berechnungen von Zahlenbeispielen* zu der jeweiligen Aufgabe durch die Schülerinnen und Schüler statt. In dieser Phase werden die Daten für das empirische Argument entwickelt. Dabei werden die Zahlenbeispiele gewöhnlich als arithmetische Terme notiert (vgl. Abschnitt 7.2). Diese Terme werden von den Schülerinnen und Schülern operational gedeutet, da sie prozesshaft berechnet werden. Diese Deutung der Schülerinnen und Schüler lässt sich auch in den anschließenden Unterrichtsgesprächen rekonstruieren. Beispielsweise wird in Klasse 1 von Lean geäußert: „Zwölf plus siebenunddreißig ist gleich neunundvierzig." (Klasse 1, Stunde 1, Turn 78). Er spricht über den Term als Rechenaufgabe, die ein bestimmtes Ergebnis hat. In den Unterrichtsgesprächen initiieren die Lehrkräfte wiederholt zunächst einen *Vergleich der Berechnungen* der Schülerinnen und Schüler, bevor über Vermutungen und Argumentationsansätze gesprochen wird. Dieser Zwischenschritt vor den eigentlichen Begründungen der mathematischen Aussagen ist nicht notwendig, um eine Vermutung auszuhandeln, und wird in den erhobenen Unterrichtssituationen teilweise auch übersprungen. Bei diesem Vergleich der Berechnungen im Klassengespräch steht eine Berechnung der Zahlenbeispiele im Fokus. Somit ist eine operationale Interpretation der arithmetischen Terme naheliegend.

Nach dem Vergleich der Berechnungen leiten die Lehrkräfte meistens über zur *Benennung von Vermutungen*, etwa durch Fragen wie: „Was fällt uns auf?" (Klasse 1, Stunde 1, Turn 199). Die Schülerinnen und Schüler äußern daraufhin Vermutungen, die in der Regel eine Generalisierung ihrer Beobachtungen darstellen. Die Konstruktion von Vermutungen wird bereits durch die Aufgabenstellungen eingefordert und die Vermutung wird somit in der Regel schon in der vorangegangen Arbeitsphase von den Schülerinnen und Schülern entwickelt. Da die (individuellen) Denkprozesse und Überlegungen von Schülerinnen und Schülern in dieser Studie nur selten von ihnen verbalisiert wurden, ist nicht rekonstruierbar, wie genau die Konstruktion der Vermutung vorgenommen wurde. Eine größere Datenbasis ist für eine solche Rekonstruktion erforderlich. Wie im Folgenden beschrieben wird, ist bei der Konstruktion einer Vermutung sowohl eine prozessorientierte als auch eine produktorientierte Interpretation der arithmetischen Terme durch die Schülerinnen und Schüler möglich. Die eine oder die andere Sicht ist je nach individuellen Kenntnissen und situationsbedingt anwendbar.

Naheliegend ist, dass Schülerinnen und Schüler die *Ergebnisse ihrer Berechnungen miteinander in Beziehung* setzen und eine Regelmäßigkeit erkennen. Etwa, dass alle Ergebnisse gerade sind. Ihre Beobachtungen können dann zu einer generalisierten Vermutung führen. Etwa sagt Vincent: „Die Summe von zwei geraden Zahlen ist immer gerade." (Klasse 3, Stunde 2, Turn 146). In Vincents Aussage findet (noch) keine Analyse der mathematischen Strukturen statt, die in den (Zahlen-) Beispielen angelegt sind, und es ist auch kein Argumentationsansatz erkenntlich. Die arithmetischen Terme in den Berechnungen werden dabei prozessorientiert als ein Rechenschema gedeutet und es wird auf die Ergebnisse fokussiert. Auch durch die obige Frage der Lehrkraft „Was fällt uns auf?" wird ein solches prozessorientiertes Vorgehen und eine solche Deutung gestützt. Durch einen Vergleich der Ergebnisse kann so eine sinnvolle und gültige mathematische Vermutung von den Schülerinnen und Schülern entwickelt werden.

Der Blick auf Ergebnisse kann aber auch die Konstruktion falscher Behauptungen oder einer Vermutung, die keine allgemeinen Strukturen fasst, anstoßen. Ein Beispiel ist die Vermutung von Thomas, dass bei jedem „Päckchen" immer plus 9 gerechnet wird (vgl. Klasse 3, Episode 2.20). Wie bereits in Abschnitt 7.2 angedeutet, werden solche Vermutungen dennoch begründet und es findet mehrfach keine Adressierung durch die Lehrkräfte statt. Falsche Vermutungen werden hingegen in der Regel umgehend von Mitschülerinnen und Mitschülern verworfen.

Möglich ist alternativ auch, dass das konkrete (Zahlen-)Beispiel betrachtet wird, eine *(mathematische) Struktur aus diesen arithmetischen Termen abstrahiert* wird und daraus eine Vermutung konstruiert wird. Dabei wird eine Termstruktur von den Schülerinnen und Schülern (mental) analysiert und eine mathematische Struktur erkannt. Dabei ist eine Abstraktion von dem konkreten Zahlenbeispiel erforderlich und eine Wahrnehmung von Beziehungen zwischen den Zahlen (mathematischen Objekten) wesentlich. Solche Überlegungen der Schülerinnen und Schüler sind in Konstruktionsprozessen relevant, spiegeln sich aber eher nicht in den „fertigen" mathematischen Argumenten wider, die in dieser Untersuchung erhoben wurden (vgl. Abschnitt 8.1.1). Beispielsweise können bei der Aufgabe zur Summe von drei aufeinanderfolgenden natürlichen Zahlen die Beziehungen der Summanden fokussiert werden. In diesem Beispiel sind etwa der erste und der dritte Summand um eins kleiner beziehungsweise größer als der zweite Summand. Daher können diese beiden Summanden verrechnet werden, sodass die Summe dreimal den mittleren Summanden beinhaltet. Somit ist die Summe das Dreifache der mittleren Zahl. Es werden bei diesem Ansatz also nicht einfach die Ergebnisse miteinander verglichen, sondern es wird auf die (arithmetische) Termdarstellung und die Beziehung der Zahlen und mathematischen Objekte fokussiert. Das heißt, es findet eine strukturelle Interpretation des arithmetischen Terms statt. Der Term wird als Bauplan für ein (neu zusammengesetztes) mathematisches Objekt betrachtet. Bei diesem Verfahren kann bereits ein Argumentationsansatz entwickelt werden, der auf den erkannten mathematischen Strukturen basiert. Wie genau Schülerinnen und Schüler dabei vorgehen, kann in weiteren Studien analysiert werden.

Lehrkräfte lenken das Unterrichtsgespräch oft, nachdem eine oder mehrere Vermutungen von den Schülerinnen und Schülern benannt wurden, auf die Begründungen ebendieser Vermutungen. Wie bereits in Abschnitt 7.2 beschrieben, ist die *Gültigkeit und Reichweite von empirischen Argumenten* begrenzt. In der Regel wird die Gültigkeit der konstruierten Vermutungen in anschließenden mathematischen Argumentationen (weiter) begründet. Das heißt, es werden generische oder strukturelle Argumente konstruiert und ausgehandelt. Spätestens ab diesem Zeitpunkt wird also eine Loslösung von den konkreten (Zahlen-)Beispielen eingefordert und eine Betrachtung der mathematischen Strukturen intendiert. Wie sich die Prozess-Produkt Dualität von mathematischen Objekten in generischen oder strukturellen Argumenten widerspiegelt, wird in den Abschnitten 8.1.2 und 8.1.3 beschrieben. Im folgenden Kapitel wird auf die Konstruktion solcher Argumente fokussiert.

8.2.2 Entwicklung von Begründungen und Generalisierungen

In den erhobenen Unterrichtssituationen wird, nachdem eine Vermutung erstellt wurde (vgl. Abschnitt 8.2.1), diese Vermutung in der Regel begründet. Dazu haben die Schülerinnen und Schüler oftmals in Arbeitsphasen Begründungen entwickelt und generische oder strukturelle Argumente konstruiert, die im Anschluss in den Klassengesprächen präsentiert wurden (vgl. Kapitel 7). Welche Rolle die Prozess-Produkt Dualität von mathematischen Objekten bei der Entwicklung von Begründungen spielt und welcher Zusammenhang zu Generalisierungen besteht, wird in diesem Kapitel auf Basis der erhobenen Daten, Reflexionen, Fragen und theoretischen Überlegungen diskutiert.

Übersicht

Bei der Entwicklung von Begründungen und der Konstruktion von generischen oder strukturellen Argumenten ist eine (gültige) *Generalisierung* entscheidend (vgl. Abschnitt 2.1). Die Prozess-Produkt Dualität von mathematischen Objekten und ihren Repräsentationen steht im Zusammenhang mit solchen Verallgemeinerungen, wie in diesem Kapitel ausgeführt wird. Dabei spielen Umdeutungen und Generalisierungen an verschiedenen Punkten der mathematischen Argumentation eine Rolle, je nachdem, ob ein generisches oder strukturelles Argument konstruiert wird.

Damit bei der Konstruktion von *generischen Argumenten* Generalisierungen entwickelt werden können, sind *produkthafte Interpretationen* von mathematischen Objekten und ihren Repräsentationen notwendig. Das heißt, die Gültigkeit eines generischen Arguments hängt auch von den Deutungen der mathematischen Objekte ab. Dennoch zeigt sich in den empirischen Daten, dass eine strukturelle Deutung von mathematischen Objekten und ihren Repräsentationen nicht automatisch eine Ablösung vom konkreten (Zahlen-)Beispiel mit sich bringt und in mathematischen Argumentationen nicht immer eine Generalisierung stattfindet. Trotz einer produkthaften Interpretation kann eine Generalisierung ausbleiben. Durch Nachfragen der Lehrkraft kann der Argumentationprozess in einigen Situationen vorangebracht werden und eine Generalisierung angestoßen werden. Lehrkräfte können dabei aber auch derangierend wirken.

Eine Generalisierung kann in *generischen Argumenten* zu Beginn oder gegen Ende der Argumentation stattfinden oder gar nicht rekonstruierbar sein (vgl. Abschnitt 7.3), was durch die Deutung der Repräsentationen der mathematischen Objekte und somit durch die Prozess-Produkt Dualität beeinflusst wird. Wird in ikonisch-generischen Argumenten *zu Beginn* generalisiert, sprechen die Schülerinnen und Schüler in der Regel über Beziehungen von mathematischen Objekten und ihren Strukturen. Sie deuten die ikonischen Darstellungen also strukturell. Findet eine Generalisierung erst *gegen Ende* statt, wie oftmals in arithmetisch-generischen Argumenten, wird zunächst prozessorientiert auf Umformungen der Terme oder auf Berechnungen fokussiert. Die Lehrkraft kann durch Nachfragen die Hervorbringung von Begründungen der Termumformungen anstoßen (vgl. Abschnitt 7.3). Dazu müssen (Teil-)Strukturen erkannt und benannt werden und somit auch eine strukturelle Deutung der Terme stattfinden, die durch die Schülerinnen und Schüler verbalisiert werden muss.

Strukturelle Argumente sind unabhängig von (Zahlen-)Beispielen und somit bereits von Beginn an generalisiert. Bei der *Konstruktion von einem algebraischen Term* muss ein Bauplan für das mathematische Objekt beziehungsweise für die Verknüpfung von mathematischen Objekten aufgestellt werden. Dazu ist also eine strukturelle Deutung der mathematischen Objekte und ihrer Verknüpfungen erforderlich. Überlegungen der Schülerinnen und Schüler werden dazu in den erhobenen Daten aber wiederholt nicht verbalisiert, da ein Term in der Regel bereits in der vorherigen Arbeitsphase, vor den erhobenen Klassengesprächen, konstruiert wurde. Somit lassen sich die tatsächlichen Deutungen der Schülerinnen und Schüler bei der Konstruktion von Termen in dieser Untersuchung nicht rekonstruieren. Mit Bezug auf theoretische Überlegungen (vgl. Abschnitt 2.4) und Reflexionen der Daten wird in diesem Kapitel argumentiert, dass eine strukturelle Deutung der mathematischen Objekte und ihrer Verknüpfungen jedoch erforderlich ist, um einen Term zu konstruieren. Für die Konstruktion eines algebraischen Arguments finden im Anschluss *prozessorientierte Umformungen des Terms* statt. Am Ende der mathematischen Argumentation ist zusätzlich eine *strukturelle Interpretation des finalen Terms* erforderlich, um einen Rückbezug zum mathematischen Geltungsanspruch herzustellen. Somit ist auch ein *Wechsel zwischen prozess- und produktorientierten Deutungen* von mathematischen Objekten, ihren Verknüpfungen und Repräsentationen bei der Konstruktion von algebraischen Argumenten erforderlich.

Ausführliche Darstellung

Im Folgenden wird ein Blick auf den *Generalisierungsschritt* und die Loslösung vom konkreten (Zahlen-)Beispiel gerichtet. Es wird diskutiert, wie Schülerinnen und Schüler Repräsentationen von mathematischen Objekten in Zusammenhang mit Generalisierungen deuten, welche Rolle die Prozess-Produkt Dualität dabei spielt und wie Lehrkräfte dies rahmen. Zunächst wird in den folgenden Abschnitten auf die Konstruktion von generischen Argumenten fokussiert und im Anschluss auf die Entwicklung von strukturellen Argumenten.

Wie bereits in Abschnitt 7.3 beschrieben, ist für die *Entwicklung eines allgemeingültigen generischen Arguments* eine Generalisierung und ein expliziter Rückbezug zur Konklusion entscheidend. Dabei finden die Generalisierung und die Ablösung vom konkreten (Zahlen-)Beispiel entweder zu Beginn einer mathematischen Argumentation oder gegen Ende statt (vgl. Abschnitt 7.3). In ikonisch-generischen Argumenten sind die Kommentierungen der Schülerinnen und Schüler mehrfach bereits von *Beginn* an losgelöst vom dargestellten Zahlenbeispiel. Das heißt, die Lernenden sprechen über Beziehungen zwischen mathematischen Objekten und über mathematische Strukturen. Dabei werden figurierte Zahlen somit strukturell interpretiert und es wird mit ihrem Aufbau argumentiert. Beispielsweise argumentiert Robert mittels der Struktur von ungeraden Zahlen, dass die Summe von zwei ungeraden Zahlen gerade ist (Abbildung 8.10): „[…] man kann das in Zweierreihen aufteilen und äh dann bleibt immer einer übrig. Und eins plus eins ergibt zwei und das ist dann eben wieder eine Zweierreihe." (Klasse 1, Stunde 2, Turn 153). Robert stellt diese Beziehung mit einem Punktemuster dar, dabei hebt er die beiden Summanden durch verschiedene Farben hervor (vgl. Abbildung 8.10). Die Darstellung wird als Bauplan eines mathematischen Objekts, in diesem Fall die Summe von zwei ungeraden Zahlen, gedeutet. Frau Petrow bedankt sich im Anschluss bei Robert, adressiert oder rahmt Roberts Ansatz aber nicht weiter. Auch in anderen Klassen und Unterrichtssituationen, bei denen bereits zu Beginn eine Ablösung vom Beispiel stattfindet, entwickelt sich bei der Konstruktion von ikonisch-generischen Argumenten eine vergleichbare Interaktion (siehe bspw. Klasse 3, Episode 1.16).

Wie bereits in einem Beispiel in Abschnitt 8.1.2 (Abbildung 8.3) angedeutet, ist eine Generalisierung auch bei der Konstruktion von ikonisch-generischen Argumenten mit Punktemustern nicht genuin vorhanden. Schülerinnen und Schüler sprechen in einzelnen Unterrichtssituationen (zunächst) über das konkrete (Zahlen-)Beispiel und Strukturen in diesem. Erst auf Nachfrage von Herrn Peters abstrahiert und generalisiert Shane. Lehrkräfte können Generalisierungen also anstoßen (vgl. Abschnitt 7.3). Produktorientierte Deutungen von mathematischen Objekten führen jedoch nicht automatisch zu generalisierten Äußerungen. Gleichzeitig sind Wahrnehmungen von mathematischen Strukturen und damit produkthafte Interpretationen von mathematischen Objekten und ihren Beziehungen erforderlich, damit eine Generalisierung und die Konstruktion von einem allgemeingültigen generischen Argument stattfinden können (vgl. obiges und folgende Beispiele).

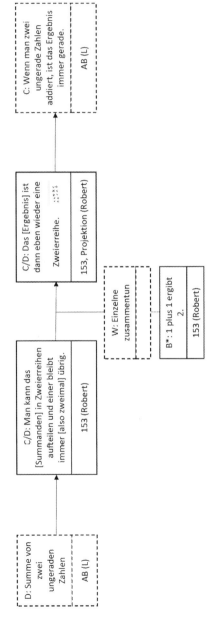

Abbildung 8.10 Ikonisch-generisches Argument zu Maries Behauptung, dass die Summe von zwei ungeraden Zahlen gerade ist (Klasse 1, Episode 2.11)

In *arithmetisch-generischen Argumenten* finden Generalisierungen wiederholt *gegen Ende* der Argumentation statt, sind aber auch zu Beginn möglich (vgl. Abschnitt 7.3). Wenn bereits zu Beginn einer Konstruktion von einem arithmetisch-generischen Argument generalisiert wird, sind Kommentierungen unabhängig von Zahlenbeispielen. Dennoch werden auch prozessorientierte Garanten hervorgebracht. Das folgende Argument stellt ein Beispiel dar (Abbildung 8.11), in dem Herr Peters unabhängig vom konkreten Zahlenbeispiel spricht und sich auch nur implizit auf den Term an der Tafel bezieht. Die Garanten drückt der Lehrer prozessorientiert aus, obgleich der Term strukturell gedeutet werden muss, um ihn mit den Garanten in Beziehung zu setzen. Die Deutung der Terme ist in dieser Situation aber nicht sicher rekonstruierbar, da nicht explizit über die Terme gesprochen wird. Bei der Konstruktion einer solchen Begründung müssen die arithmetischen Terme jedoch so konstruiert werden, dass eine mathematische Struktur durch sie repräsentiert wird. Das heißt, die Verknüpfung der mathematischen Objekte, in diesem Fall die Summe von einer geraden und einer ungeraden Zahl, muss zuvor strukturell erfasst werden. Erst auf Grundlage einer solchen Basis können prozessorientierte Umformungen oder auch produktorientierte Interpretationen der Terme stattfinden.

Findet eine *Generalisierung erst gegen Ende* statt, wird mehrfach erstmal prozessorientiert auf die Umformungen des Beispiels fokussiert (siehe bspw. Klasse 2, Episode 1.15, vgl. Abschnitt 7.3). Strukturelle Interpretationen werden dabei in der Regel zunächst nicht verbalisiert, obgleich auch für die Termumformungen (Teil-) Strukturen in den Termen wahrgenommen werden müssen. Diese (Teil-)Strukturen werden dann neu zusammengefügt (vgl. Struktursinn, Abschnitt 2.4.3). Wie bereits erwähnt, liefern die Schülerinnen und Schüler auf Nachfrage durch die Lehrkraft Begründungen für ihre Termumformungsschritte und interpretieren dabei die Terme auch als einen Bauplan.

In einigen rekonstruierten generischen Argumenten findet jedoch *keine explizite Generalisierung* statt. Das Generische ist zwar implizit in der Darstellung enthalten, muss aber hineingedeutet werden. Solche Argumente sind dann nicht allgemeingültig (vgl. Abschnitt 7.3), wie etwas das Beispiel in Abbildung 8.12. In dem arithmetisch-generischen Argument zu der Summe von zwei geraden Zahlen (vgl. Abschnitt 7.3) wird zudem deutlich, dass oft ein *stetiger Wechsel zwischen einer prozess- und einer produkthaften Interpretation von mathematischen Objekten* in mathematischen Argumentationen stattfindet. Gleichzeitig wird durch eine produktorientierte Deutung, wie bereits erwähnt, nicht automatisch ein gültiges generisches Argument entwickelt, da eine Generalisierung ausbleiben kann.

In einer Argumentation zur Summe von zwei geraden Zahlen hat Tabea den Term „$(2 \cdot 7) + (2 \cdot 10)$" aufgestellt, konstruiert jedoch einen Zirkelschluss (vgl. Abschnitt 7.3; Bredow & Knipping, 2022). Die Lehrkraft fordert die Schülerinnen

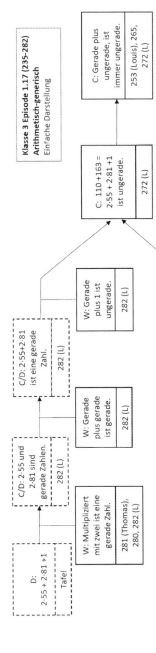

Abbildung 8.11 Arithmetisch-generisches Argument zur Summe von einer geraden und einer ungeraden Zahl (Klasse 3, Episode 1.17, Ausschnitt)

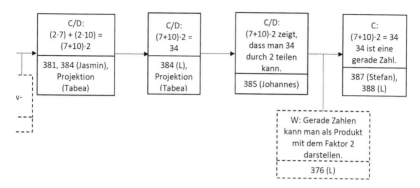

Abbildung 8.12 Arithmetisch-generisches Argument zur Summe von zwei geraden Zahlen (Klasse 2, Episode 1.25, Ausschnitt)

und Schüler auf mit Tabeas Term fortzufahren: „Was wäre denn jetzt der nächste logische Schritt?" (Klasse 2, Stunde 1, Turn 376). Jasmin faktorisiert den Term aus dem ersten Umformungsschritt von Tabea zu „$(2\cdot7) + (2\cdot10) = (7+10) \cdot 2$" und nutzt die von Tabea geschaffene Möglichkeit. Die inhärente Struktur des Zahlenbeispiels wird verwendet und explizit dargestellt. Dies erfordert eine Wahrnehmung von (Teil-)Strukturen des algebraischen Terms und eine strukturelle Interpretation des Gleichheitszeichens. Aber jetzt drängt Frau Kaiser auf eine Berechnung des Terms, indem sie sagt, dass das Produkt 34 ist. Hier wechselt die Lehrkraft also wieder zu einer prozessorientierten Interpretation des Terms und des Gleichheitszeichens. In den letzten beiden Schritten der Argumentation wird die Struktur des Zahlenbeispiels, die in der symbolischen Darstellung abgebildet ist, von den Schülerinnen und Schülern für eine Schlussfolgerung genutzt. Johannes stellt fest, dass der Term „$(7+10) \cdot 2$" zeigt, dass 34 durch zwei teilbar ist, und Stefan folgt daraus, dass 34 eine gerade Zahl ist. Beide nutzen eine Struktur, die in der arithmetischen Darstellung angelegt ist, was auf eine strukturelle Sichtweise hindeutet. In diesen letzten beiden Argumentationsschritten wird also wieder die Struktur des Beispiels verwendet. Aber wie auch bei Tabeas Versuch (vgl. Abschnitt 7.3), fehlt eine Verallgemeinerung – es gibt keine explizite Verbindung zu der Behauptung, dass die Summe von zwei geraden Zahlen gerade ist, die die Klasse zu legitimieren versucht.

Wie rahmt die Lehrerin das arithmetisch-generische Argument und wie adressiert sie die Deutungen der Schülerinnen und Schüler? Nach Jasmins Umformung des Terms wechselt die Lehrkraft zu einer prozessorientierten Berechnung des Ergebnisses. Frau Kaiser leitet die Schülerinnen und Schüler mit ihrer Aussage an, über die konkrete Zahl 34 zu argumentieren. Sie fragt sogar, was der konstruierte Term über die 34 aussagt: „Was sagt uns diese sieben plus zehn mal zwei denn jetzt, was sagt das denn aus über die Vierunddreißig?" (Klasse 2, Stunde 1, Turn 384). Diese Frage fordert die Schülerinnen und Schüler auf, sich auf die konkrete Zahl zu konzentrieren. Das macht es den Lernenden schwer, eine Verallgemeinerung vorzunehmen. Die beiden Schüler bieten eine produktorientierte Interpretation des Terms an, bleiben aber an dem konkreten (Zahlen-)Beispiel „34" verhaftet, anstatt die allgemeine Behauptung zu begründen. Daher ist eine allgemeine Schlussfolgerung, wie beispielsweise „Die Summe von zwei geraden Zahlen ist gerade", in der gesamten Argumentation fehlend. Ein generisches Beispiel wird entwickelt, aber seine Allgemeingültigkeit wird von den Schülerinnen und Schülern und der Lehrkraft nicht diskutiert oder angesprochen. Dieses Beispiel verdeutlicht gleichzeitig, wie die *Gültigkeit eines generischen Arguments* von der Deutung der mathematischen Objekte und ihrer Repräsentationen abhängt.

Wie das obige Beispiel auch andeutet, ist die *Interpretation des finalen Terms* entscheidend, damit eine allgemeine mathematische Aussage geschlussfolgert werden kann. Wird der Term prozesshaft gedeutet und berechnet, findet oft eine Fokussierung auf das Ergebnis statt. Dabei bleibt eine Generalisierung und Loslösung vom Beispiel teilweise aus (vgl. Klasse 2, Episode 1.25, Abbildung 8.12). Lehrkräfte können in solchen Argumentationsprozessen derangierend agieren (vgl. Klasse 2, Episode 1.25) oder auch unterstützen, indem sie beispielsweise Elaborationen einfordern (bspw. Klasse 1, Episode 1.23). Dagegen kann ein Term von den Beteiligten auch strukturell gedeutet werden und so eine allgemeine Konklusion hervorgebracht werden (vgl. Abschnitt 7.3).

Auch bei der *Konstruktion von strukturellen Argumenten* ist eine produktorientierte Deutung von mathematischen Objekten entscheidend, wie im Folgenden ausgeführt wird.

Betrachtet man die hervorgebrachten strukturellen Argumente in Hinblick auf den *Generalisierungsschritt* wird deutlich, dass dieser in der Regel bereits *zu Beginn* stattfindet. Strukturelle Argumente sind unabhängig von Zahlenbeispielen und durchweg verallgemeinert. Kommentierungen sind somit in der Regel ohne Bezug zu konkreten (Zahlen-)Beispielen, obwohl zuvor Zahlenbeispiele berechnet worden sind (vgl. Kapitel 3). In algebraischen Argumenten findet eine Generalisierung bei der *Konstruktion des Terms* statt. Dafür ist eine strukturelle Interpretation der mathematischen Objekte und ihrer Verknüpfungen erforderlich. Nur mit einer strukturellen Deutung können zielführende Terme in Bezug auf den mathematischen Geltungsanspruch konstruiert werden, da ein Bauplan für das mathematische Objekt (beziehungsweise die Verknüpfung dieser) durch den Term repräsentiert werden soll. In den erhobenen Unterrichtssituationen haben die Schülerinnen und Schüler oftmals bereits vor dem Unterrichtsgespräch einen Argumentationsansatz konstruiert und somit einen Term aufgestellt. Im Folgenden werden, unter Rückbezug auf die theoretischen Überlegungen (Abschnitt 2.4), einzelne Unterrichtssituationen, in denen Terme konstruiert wurden, und Reflexionen der rekonstruierten Argumente sowie die Rolle der Prozess-Produkt Dualität bei der Entwicklung von Termen diskutiert.

Um mit einem algebraischen Term eine allgemeine Konklusion zu begründen, muss eine Verknüpfung zwischen dem Term und dem mathematischen Geltungsanspruch hergestellt werden. Eine *Interpretation des finalen Terms* ist erforderlich, um eine mathematische Aussage zu folgern. Das heißt, eine mathematische Struktur muss mit einem Term beschrieben werden und dieser muss umgeformt und interpretiert werden. Dabei werden in den erhobenen Unterrichtssituationen die einzelnen Summanden und auch das Ergebnis etwa als (un-)gerade Zahlen erfasst. Ob Schülerinnen und Schüler die Terme prozess- oder produktorientiert deuten, kann aufgrund des Designs dieser Studie, die nicht auf individuelle Denkprozesse fokussiert, nicht sicher rekonstruiert werden. In mehreren rekonstruierten algebraischen Argumenten benennen die Schülerinnen und Schüler die Eigenschaften des finalen Terms. Beispielsweise wird von Oskar geäußert, dass „2·n + 2·m + 1" eine ungerade Zahl ist (Klasse 2, Stunde 1, Turn 285). Solche Äußerungen deuten eine strukturorientierte Deutung des algebraischen Terms als Bauplan an und eine Verknüpfung zum mathematischen Geltungsanspruch wird vermutlich hergestellt, auch wenn diese Verknüpfung teilweise nicht explizit gemacht wird. Lehrkräfte regen durch Fragen die Hervorbringung von solchen Interpretationen der finalen Terme an (siehe bspw. Klasse 1, Episode 2.22).

Im Folgenden wird die Konstruktion von einem algebraischen Argument zu der Behauptung, dass die Summe von zwei geraden Zahlen gerade ist, in Hinblick auf die Deutungen bezüglich der Prozess-Produkt Dualität von mathematischen Objekten und die Adressierungen der Lehrkraft betrachtet (Bredow & Knipping, 2022). Obige Überlegungen werden an diesem Beispiel illustriert. In der Unterrichtssituation wird gemeinsam ein algebraisches Argument zur Summe von zwei geraden Zahlen konstruiert. Die Entwicklung einer Begründung steht also im Fokus des Argumentationsprozesses.

Das folgende Beispiel veranschaulicht die Konstruktion eines algebraischen Arguments über die Summe zweier gerader Zahlen in einer Klassendiskussion (Abbildung 8.13). Als Ausgangspunkt fordert Frau Petrow die Schülerinnen und Schüler auf eine gerade Zahl mit Variablen auszudrücken. Dabei bezieht sie sich auf ein vorheriges algebraisches Argument, welches auch gerade Zahlen und die Termdarstellungen dieser enthält. Levke benennt „2·n" und „2·x" als Ausdrücke für gerade Zahlen und die Lehrkraft schreibt die Summe der beiden Ausdrücke an die

Tafel. In den Summanden ist eine Eigenschaft von geraden Zahlen sichtbar: Jeder Summand ist ein Produkt mit dem Faktor zwei. Die Interpretation des Terms durch die Schülerinnen und Schüler ist jedoch nicht eindeutig rekonstruierbar, da kein Austausch über den Term stattfindet. Die Situation lässt sowohl eine prozess- als auch eine produktorientierte Interpretation zu.

Frau Petrow fragt nun, was die beiden Summanden gemeinsam haben. Chantal betont, dass beide mit zwei multipliziert werden (Klasse 1, Stunde 1, Turn 288), und weist somit implizit darauf hin, dass das Distributivgesetz hier anwendbar ist. Diese Aussage wird als Stützung* (B*) rekonstruiert, die die Anwendbarkeit des Garanten in diesem Argumentationsschritt legitimiert, anstatt den Garanten im Allgemeinen zu bestärken (vgl. Abschnitt 7.1). Chantals Stützung* (B*) deutet eine prozessorientierte Interpretation des Terms an, da der Rechenprozess fokussiert wird: „Man nimmt beide Summanden mal zwei." (Turn 288). Der von der Lehrerin hinzugefügte Garant „Ausklammern" ist ebenfalls prozessorientiert formuliert (Turn 289). Folglich wird der Term kalkülorientiert in „$2 \cdot n + 2 \cdot x = 2 \cdot (n+x)$" umgeformt. Nun muss der Term „$2 \cdot (n+x)$" interpretiert werden. Johann folgert, dass man diesen Term durch zwei dividieren kann: „Und das kann man auch alles wieder durch zwei teilen." (Turn 292). Er gibt aber keinen Garanten für seine Schlussfolgerung an und bleibt bei einer prozessorientierten Interpretation des Terms. Die entsprechende Schlussregel „Ein Produkt ist durch seine Faktoren teilbar." verbleibt implizit. Frau Petrow ergänzt Johanns Argumentationsschritt durch „2 ist ein Faktor." (Turn 293). Diese Stützung* bezieht die allgemeine Schlussregel auf den konkreten Fall. Die Aussage „2 ist ein Faktor." deutet nun wiederum eine produktorientierte Interpretation an. Der Term wird strukturell als Bauplan wahrgenommen und ein Faktor herausgestellt. Schließlich folgert die Lehrkraft, dass „$2 \cdot (n+x)$" eine gerade Zahl ist (Turn 293) und betont damit erneut eine produktorientierte Interpretation des Terms. Ihre Schülerinnen und Schüler könnten den Term „$2 \cdot (n+x)$" (weiterhin) anders interpretieren. Ob die Lernenden eine Verallgemeinerung und damit eine Verbindung zu der impliziten Konklusion herstellen, kann in dieser Unterrichtssituation nicht eindeutig rekonstruiert werden.

Alles in allem wird der gesamte Argumentationsprozess stark durch Fragen der Lehrkraft gelenkt und die Schülerinnen und Schüler sind in der Unterrichtssituation aufgefordert, diese Fragen zu beantworten. Die Lernenden bringen hauptsächlich prozessorientierte Aussagen hervor, während die Lehrkraft weitere Elemente des Arguments ergänzt und dabei teilweise auf eine strukturelle Ebene wechselt. In diesem Beispiel wird also zwischen einer prozessorientierten und eine produktorientierten Interpretation des Terms und der (Verknüpfungen der) mathematischen Objekte in der mathematischen Argumentation gewechselt. In zwei Momenten

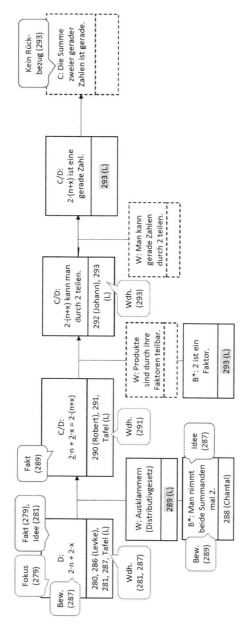

Abbildung 8.13 Algebraisches Argument zur Summe von zwei geraden Zahlen (Klasse 1, Episode 1.26)

äußern die Schülerinnen und Schüler eine prozessorientierte Aussage und die Lehrkraft wechselt zu einer strukturellen Sichtweise. Die Schülerinnen und Schüler reproduzieren diese strukturelle Sichtweise in ihren Beiträgen jedoch nicht. Sie scheinen die von der Lehrkraft vorgeschlagenen strukturellen Ideen nicht (vollständig) zu erfassen. Die Lernenden antworten und argumentieren weiterhin auf eine prozessorientierte Weise.

Es zeigt sich, dass Schülerinnen und Schüler Unterstützung bei der Reflexion von mathematischen Strukturen und bei Verallgemeinerungen brauchen, nicht nur in strukturellen Argumenten. Die Erfassung von mathematischen Strukturen ist ein entscheidendes Kriterium für erfolgreiches, allgemeingültiges mathematisches Argumentieren, jedoch gleichzeitig eine Herausforderung für Schülerinnen und Schüler und ihre Lehrkräfte. Im Folgenden findet ausgehend von den Abschnitten 8.1 und 8.2 eine zusammenfassende Betrachtung der Rolle der Prozess-Produkt Dualität von mathematischen Objekten in mathematischen Argumenten und mathematischen Argumentationen im Übergang von der Arithmetik zur Algebra statt.

8.3   Zusammenfassende Betrachtung

Im folgenden Abschnitt wird zusammengefasst, welche Rolle die Prozess-Produkt Dualität von mathematischen Objekten in mathematischen Argumenten und mathematischen Argumentationen im Übergang von der Arithmetik zur Algebra spielt. Es werden auf der Basis von *Komparationen der gesamten rekonstruierten mathematischen Argumente* dieser Studie (N = 119) Unterschiede und Gemeinsamkeiten in Hinblick auf die Prozess-Produkt Dualität von mathematischen Objekten formuliert. Das heißt, es werden nicht nur Argumente in verschiedenen Repräsentationen (vgl. Abschnitt 8.1), sondern auch mathematische Argumente mit verschiedenen Generalitätsstufen miteinander verglichen (empirisch, generisch, strukturell). Zusätzlich werden die Überlegungen aus Abschnitt 8.2 zur Prozess-Produkt Dualität bei der Entwicklung von mathematischen Argumenten mit einbezogen. Dabei wird insbesondere die Konstruktion von Vermutungen und Begründungen betrachtet.

Empirische Argumente werden in der Regel im Unterricht nicht als allgemeingültig betrachtet. Dabei steht oft zunächst das Berechnen von (Zahlen-)Beispielen im Fokus und die mathematische Argumentation verbleibt teilweise auf einer prozessorientierten Ebene verhaftet. Es wird eine Vermutung konstruiert, die möglicherweise durch einen Vergleich von rechnerischen Ergebnissen hergeleitet wurde, ohne dass dabei strukturelle Deutungen der mathematischen Objekte durch die Schülerinnen und Schüler vorgenommen wurden (vgl. Abschnitt 8.1.1

und 8.2.1). Dies lässt sich zu einer *ersten Hypothese* verdichten: Empirische Argumente bleiben im Mathematikunterricht häufig auf einer prozesshaften Ebene verhaftet und sind in der Regel keine allgemeingültigen Argumente.

Bei der Konstruktion von *generischen Argumenten* verallgemeinern Schülerinnen und Schüler, wenn ein vollständiges und allgemeingültiges mathematisches Argument entwickelt wird. Dabei ist eine strukturelle Deutung der mathematischen Objekte hilfreich oder notwendig, aber nicht ausreichend. Eine Produktorientierung führt dabei nicht von selbst zu einer Verallgemeinerung und kann am konkreten (Zahlen-)Beispiel verhaftet bleiben (vgl. Abschnitt 8.1.2 und 8.2.2). Dies lässt sich zu einer *zweiten Hypothese* verdichten: Gültige generische Argumente beinhalten im Unterricht eine Generalisierung. Dafür ist eine produktorientierte Deutung der mathematischen Objekte hilfreich oder erforderlich, aber nicht ausreichend, da die strukturelle Deutung am konkreten Fall verhaftet bleiben kann. Lehrkräfte können eine Ablösung vom konkreten Fall anstoßen.

In *algebraischen Argumenten,* einer Form von *strukturellen Argumenten,* wird bei der Konstruktion eines Terms eine allgemeine Struktur der mathematischen Objekte und ihrer Verknüpfungen von den Schülerinnen und Schülern dargestellt. Nachdem prozesshafte Umformungen der algebraischen Terme vorgenommen wurden, ist eine Interpretation des finalen Terms als Produkt und damit ein Rückbezug zum mathematischen Geltungsanspruch entscheidend, um ein gültiges mathematisches Argument zu konstruieren (vgl. Abschnitt 8.1.3 und 8.2.2). Lehrkräfte können im Unterrichtsgespräch die Aushandlungen solcher Deutungen von Termen anstoßen und explizite Rückbezüge zu den Geltungsansprüchen initiieren. Dies führt zu einer *dritten Hypothese*: In algebraischen Argumenten wird bereits bei der Konstruktion eines Terms generalisiert und eine Struktur der mathematischen Objekte von den Schülerinnen und Schülern ausgedrückt, obgleich im Verlauf auch prozesshafte Umformungen der Terme erforderlich sind.

Das heißt, vor allem bei generischen und algebraischen (strukturellen) Argumenten ist eine produktorientierte Interpretation der mathematischen Objekte entscheidend für die Konstruktion von gültigen mathematischen Argumenten. Lehrkräfte können durch Nachfragen weitere Ausführungen der Schülerinnen und Schüler initiieren und damit produktorientierte Deutungen der mathematischen Objekte und ihrer Repräsentationen anstoßen.

Wenn es *mehrere Argumentationsstränge* in mathematischen Argumenten gibt, kann dies mit der Prozess-Produkt Dualität von mathematischen Objekten in Verbindung stehen. Bei generischen Argumenten mit zwei Strängen wird in der Regel einerseits ein konkretes Ergebnis berechnet und andererseits die Repräsentation (der Term oder das Punktemuster) in Bezug auf den mathematischen Geltunganspruch gedeutet, der begründet werden soll. Das heißt, es findet eine prozess-

und eine produktorientierte Deutung der Repräsentationen und der mathematischen Objekte statt (vgl. Abschnitt 8.1.2). In algebraischen Argumenten mit zwei Strängen werden dagegen mehrfach verschiedene (Teil-)Strukturen des Terms von den Schülerinnen und Schülern erkannt, sodass unterschiedliche Argumentationsschritte vorgenommen werden. Die Prozess-Produkt Dualität spielt dabei nur eine untergeordnete Rolle, da beide Argumentationsstränge wiederholt entweder auf prozessorientierten Termumformungen *oder* auf strukturellen Interpretationen der Terme basieren (vgl. Abschnitt 8.1.3). Daraus lässt sich die folgende *vierte Hypothese* ableiten: In generischen Argumenten entstehen durch unterschiedliche Deutungen der mathematischen Objekte oftmals verschiedene Argumentationsstränge im Unterricht. Während sich in algebraischen Argumenten zwar auch mehrere Stränge ergeben können, entstehen diese jedoch in der Regel bei gleichen Deutungen der mathematischen Objekte hinsichtlich der Prozess-Produkt Dualität.

Insgesamt zeigt sich im Datenmaterial, dass eine produktorientierte Interpretation von mathematischen Objekten und ihren Repräsentationen oft entscheidend für das Zustandekommen gültiger mathematischer Argumente ist. Gleichzeitig ist eine solche Deutung in den erhobenen Unterrichtssituationen herausfordernd für Schülerinnen und Schüler und ihre Lehrkräfte. Mehrfach finden in den rekonstruierten mathematischen Argumentationen darüber hinaus Umdeutungen von mathematischen Objekten und ihren Repräsentationen statt und somit Perspektivwechsel.

In den erhobenen Unterrichtssituationen wird deutlich, dass das Zusammenspiel zwischen den Interpretationen der Schülerinnen und Schüler und den Rahmungen ihrer Lehrkräfte, etwa durch Fragen, entscheidend ist. Wenn Lehrkräfte selbst produktorientierte Deutungen in das Unterrichtsgespräch einbringen, reproduzieren Lernende solche nur bedingt. Es ist für die Schülerinnen und Schüler in mathematischen Argumentationen von Bedeutung, wie ihre Lehrerinnen und Lehrer die Prozess-Produkt-Dualität von mathematischen Objekten adressieren oder ob sie diese gegebenenfalls auch nicht aufgreifen. Dies lässt sich zu einer *fünften Hypothese* verdichten: Schülerinnen und Schüler brauchen Unterstützung bei der Reflexion von Strukturen mathematischer Objekte und bei Generalisierungen, etwa durch spezifische Fragen der Lehrkraft oder Aufforderungen zu Elaborationen. Die Lehrkraft spielt in solchen Argumentationsprozessen eine besondere Rolle.

Diskussion zum mathematischen Argumentieren im Übergang von der Arithmetik zur Algebra

9

In diesem Kapitel werden die Ergebnisse dieser Arbeit (Kapitel 5, 6, 7, 8) in Hinblick auf die Forschungsfragen dieser Arbeit zusammengefasst und diskutiert. Gegliedert ist dieses Kapitel daher entlang der Forschungsfragen und Ergebniskapitel.

Zunächst werden in Abschnitt 9.1 die Erkenntnisse zu den *Vorstellungen der beteiligten Lehrkräfte* zum mathematischen Argumentieren und zur Prozess-Produkt Dualität von algebraischer Symbolsprache (vgl. Kapitel 5) diskutiert. Anschließend wird in Abschnitt 9.2 auf *Lehrkrafthandlungen* und das Kategoriensystem zur Rekonstruktion von Lehrkrafthandlungen in mathematischen Argumentationen (vgl. Kapitel 6) fokussiert. In Abschnitt 9.3 werden die *Charakteristika der hervorgebrachten mathematischen Argumente* aus Unterrichtssituationen im Übergang von der Arithmetik zur Algebra und die Rahmungen durch die Lehrkräfte (vgl. Kapitel 7) zusammengefasst und diskutiert. Abschließend wird in Abschnitt 9.4 die Bedeutung der *Prozess-Produkt Dualität von mathematischen Objekten in mathematischen Argumenten und Argumentationen* im Übergang von der Arithmetik zur Algebra (vgl. Kapitel 8) betrachtet.

9.1 Vorstellungen der beteiligten Lehrkräfte

In Kapitel 5 sind die Vorstellungen der beteiligten Lehrkräfte zum mathematischen Argumentieren und zur Prozess-Produkt Dualität von algebraischer Symbolsprache herausgearbeitet worden. Forschungsfrage 1 wurde dabei fokussiert:

© Der/die Autor(en), exklusiv lizenziert an Springer Fachmedien Wiesbaden GmbH, ein Teil von Springer Nature 2023
F. Bredow, *Mathematisches Argumentieren im Übergang von der Arithmetik zur Algebra*, Perspektiven der Mathematikdidaktik,
https://doi.org/10.1007/978-3-658-42462-6_9

„Welche Vorstellungen und welche Erfahrungen haben die an der Studie teilneh-menden Lehrkräfte zum mathematischen Argumentieren? Welche Vorstellungen haben sie zur Prozess-Produkt Dualität von algebraischer Symbolsprache?".

Im Folgenden werden zentrale Erkenntnisse kurz benannt, da die Vorstel-lungen der Lehrkräfte nicht den Forschungsfokus dieser Arbeit bilden. Die Lehrkräfte haben unterschiedliche Vorstellungen zum mathematischen Argumen-tieren und die Lehrkräfte stellen verschiedene Erwartungen an ihre Schülerinnen und Schüler beim mathematischen Argumentieren (vgl. Abschnitt 5.4.1). Ins-gesamt wurde in den empirischen Daten deutlich, dass für einige Lehrkräfte mathematisches Argumentieren in enger Verbindung zum Beweisen steht, wäh-rend andere Lehrkräfte mathematisches Argumentieren weniger als Beweisen im engeren Sinne sehen, sondern weiter fassen und beispielsweise das Erklären und Kommunizieren mit einbeziehen. Dagegen waren die Vorstellungen und Einord-nungen der Prozess-Produkt Dualität von algebraischer Symbolsprache bei den beteiligten Lehrkräften eher ähnlich (vgl. Abschnitt 5.4.2). Dennoch erachten die Lehrkräfte unterschiedliche Unterstützungen von Schülerinnen und Schülern in ihrem Mathematikunterricht als notwendig. Somit ist zu vermuten, dass sie auch verschiedene Strategien in ihrem Unterricht verfolgen, um die Prozess-Produkt Dualität von algebraischer Symbolsprache beim mathematischen Argumentieren einzubinden (vgl. Kapitel 8 und 9.4). Für eine detailliertere Übersicht über die Ergebnisse wird auf die Abschnitt 5.4 und 5.5 sowie auf die Themenmatrizen zum mathematischen Argumentieren (Tabelle 5.4) und zur Prozess-Produkt Dualität der algebraischen Symbolsprache (Tabelle 5.5) verwiesen. Zusätzlich wird auf die induktiv erarbeiteten Kategoriensysteme zu den Vorstellungen der Lehrkräfte hingewiesen (Abschnitt 4.3.3).

Auf eine ausführliche inhaltliche Diskussion der Vorstellungen der Lehrkräfte und ihrer Erwartungen an die Schülerinnen und Schüler wird an dieser Stelle verzichtet, da sie nicht das Hauptforschungsinteresse dieser Arbeit darstellen, dennoch sind sie relevant dafür. Die Forschungsfragen 2 bis 4 fokussieren auf den Mathematikunterricht, Interaktions- und Argumentationsprozesse sowie hervor-gebrachte mathematische Argumente. Diese Inhalte werden in der vorliegenden Arbeit und auch in diesem Diskussionskapitel noch einmal fokussiert. Im folgen-den Kapitel werden zunächst die Handlungen von Lehrkräften in mathematischen Argumentationen im Unterricht betrachtet.

9.2 Handlungen der Lehrkräfte in mathematischen Argumentationen

In diesem Abschnitt wird auf die Rolle der Lehrkraft und ihre Handlungen bei der Entwicklung von mathematischen Argumentationen bei Aufgabenanlässen im Übergang von der Arithmetik zur Algebra fokussiert (Forschungsfrage 2). In dieser Arbeit wurde ein Kategoriensystem zur Rekonstruktion von Lehrkrafthandlungen in mathematischen Argumentationen in Kapitel 6 vorgestellt. Dieses basiert auf einem Kategoriensystem von Conner et al. (2014) und wurde durch drei induktive Hauptkategorien und weitere induktive Subkategorien ergänzt. Handlungen und Nicht-Handlungen von Lehrkräften, die mathematische Argumentationsprozesse in Klassengesprächen im Übergang von der Arithmetik zur Algebra rahmen, werden beschrieben (vgl. Forschungsfrage 2.1). Zentrale Erkenntnisse dieser Arbeit sind, dass durch die Komplexität und Vielschichtigkeit der mathematischen Argumentationsprozesse eine Herausforderung für Lehrkräfte entsteht, welche diese gelegentlich auch überfordert. Zudem haben auch die sogenannten Schülerinnen und Schüler Handlungen eine zentrale Bedeutung beim mathematischen Argumentieren im Unterricht (vgl. Abschnitt 6.3 und 6.4). Im Folgenden werden zunächst die wichtigsten Erkenntnisse aus Kapitel 6 benannt, anschließend wird auf die drei induktiv gewonnen Hauptkategorien fokussiert und die Lehrkrafthandlungen werden in die im Mathematikunterricht stattfindenden Interaktionen eingeordnet.

In dieser Studie hat sich gezeigt, dass Lehrkräfte im Mathematikunterricht sehr verschieden agieren, obgleich eine gleiche Aufgabenstellung thematisiert wird. Dabei sind in den Klassen unterschiedliche Argumentationskulturen, Abläufe und Normen etabliert (vgl. Abschnitt 4.2.3 und Kapitel 6). Diese beeinflussen auch die Interaktion zwischen den Schülerinnen und Schülern und ihren Lehrkräften. Die Handlungen von Lehrkräften im Mathematikunterricht, speziell beim mathematischen Argumentieren, sind immer in die im Mathematikunterricht stattfindende Interaktion einzuordnen. Das heißt, Handlungen, Fragen und andere Äußerungen der Lehrkraft werden von den Schülerinnen und Schülern situativ verstanden und interpretiert. Dabei können auch potenziell unterstützende Fragen der Lehrkraft von den Schülerinnen und Schülern in einer Unterrichtssituation nicht aufgegriffen werden oder sogar hinderlich für den Argumentationsprozess sein. Ob die einzelnen Fragen, Äußerungen oder anderen Tätigkeiten der Lehrkraft die mathematischen Argumentationen voranbringen und die Schülerinnen und Schüler unterstützen, ist situations- und kontextabhängig (vgl. Kapitel 6). Mathematische Argumentationen sind also komplex und fordern Lehrkräfte. Lehrkrafthandlungen können zum Vervollständigen von mathematischen Argumenten führen oder auch die Konstruktion von fehler- oder lückenhaften mathematischen Argumenten induzieren (vgl. induktive Kategorie „Derangierende Handlungen", Abschnitt 6.1). Auch bedeutet das Ausbleiben von Lehrkrafthandlungen in Unterrichtssituationen nicht, dass eine Rahmung der mathematischen Argumentation fehlt (vgl. Abschnitt 6.3 und 6.4). Eine eher passive Position der Lehrkraft kann in mathematischen Argumentationen gegenseitige Unterstützungen der Schülerinnen und Schüler (vgl. induktive Kategorie „Schülerinnen und Schüler Handlungen", Abschnitt 6.3), einen „echten" Austausch über verschiedene Ideen und mathematische Inhalte und Autonomie der Schülerinnen und Schüler ermöglichen. Schülerinnen und Schüler Handlungen haben eine zentrale Bedeutung beim mathematischen Argumentieren im Unterricht. Dabei ist entscheidend, dass in der Klassengemeinschaft bereits eine produktive Argumentationskultur etabliert ist und die Lehrkraft den Argumentationsprozess weiterhin begleitet und rahmt (vgl. Abschnitt 6.3 und 6.4). Das heißt, die Lehrkraft greift bei Fragen, Problemen und (unerkannten) Fehlern ein und lenkt das Gespräch. Gleichzeitig kann ein Ausbleiben von Lehrkrafthandlungen aber auch hinderlich für die mathematische Argumentation sein (vgl. Abschnitt 6.1 und 6.4). Solche „Nicht-Handlungen", wie etwa das Ignorieren von falschen Aussagen, werden in der Kategorie „Derangierende Handlungen" gefasst, die im folgenden Abschnitt noch einmal fokussiert wird.

Unter *derangierenden Handlungen* werden in dieser Arbeit Handlungen und Äußerungen von Lehrkräften verstanden, die die mathematischen Argumentationen eher stören, durcheinanderbringen oder verhindern (vgl. Abschnitt 6.1). Es hat sich in den empirischen Daten gezeigt, dass nicht alle Handlungen von Lehrerinnen und Lehrern in mathematischen Argumentationen unterstützend für Schülerinnen und Schüler sind. Anders als im Rahmenwerk von Conner et al. (2014) werden in dieser Arbeit auch solche Handlungen erfasst. Sechs Subkategorien von derangierenden Handlungen wurden in den analysierten Unterrichtssituationen identifiziert (vgl. Abschnitt 6.1). Wie bereits erwähnt, sind dabei auch Nicht-Handlungen der Lehrkraft entscheidend und können die Konstruktion von fehler- oder lückenhaften mathematischen Argumenten begünstigen. Auch können sich Fehlvorstellungen bei den Schülerinnen und Schülern durch die Etablierung von solchen mathematischen Argumenten im Unterricht entwickeln. Derangierende Handlungen von Lehrkräften behindern oder verhindern zudem teilweise den (eigenständigen) Argumentationsprozess der Schülerinnen und Schüler. Beispielsweise führen Unterbrechungen von mathematischen Argumentationen von Lernenden durch Lehrkräfte dazu, dass der Argumentationsprozess der Schülerinnen und Schüler unterbrochen oder abgebrochen wird. Potenzielle

Partizipationsmöglichkeiten der Schülerinnen und Schüler und Lerngelegenheiten verstreichen (vgl. Abschnitt 6.1 und 6.4). Auch können durch derangierende Handlungen der Lehrkraft in einigen Fällen potenziell unterstützende Handlungen unwirksam werden. Beispielsweise wird durch die eigene Beantwortung von Fragen die mathematische Argumentation zwar angereichert, aber die selbstständige Argumentation der Schülerinnen und Schüler wird gleichzeitig unterbunden (vgl. Abschnitt 6.1 und 6.4). Ebenfalls kann eine fachlich korrekte Argumentation durch derangierende Handlungen von Lehrkräften gehemmt werden, etwa indem fehlerhafte Aussagen ignoriert werden. Insgesamt zeigt sich, dass derangierende Handlungen der Lehrkraft die mathematische Argumentation und die Interaktion zwischen den Beteiligten beeinflussen, oftmals ungünstig. Derangierende Handlungen sind daher bei der Rekonstruktion der „Rolle der Lehrkraft beim mathematischen Argumentieren im Übergang von der Arithmetik zur Algebra" zu berücksichtigen.

Eine weitere induktiv gewonnene Kategorie sind sogenannte *Meta-Handlungen*. Meta-Handlungen sind Äußerungen von Lehrkräften in Klassengesprächen, die nicht nur eine konkrete mathematische Argumentation unterstützen, sondern auch für folgende mathematische Argumentationen hilfreich sind. Meta-Handlungen der Lehrkraft vermitteln zusätzliches Wissen an die Schülerinnen und Schüler und erweitern die Argumentationsbasis der Gemeinschaft (vgl. Abschnitt 6.2). Zu den Meta-Handlungen zählen zwei Subkategorien: Fakten- und Methodenwissen. Sie können nicht nur während einer mathematischen Argumentation eingebracht werden, wie die anderen rekonstruierten Lehrkrafthandlungen, sondern sind auch in anderen Phasen möglich (etwa vor oder nach einer mathematischen Argumentation). Beispielsweise kann eine Lehrkraft benötigtes Vorwissen und weitere Konzepte vor dem Beginn einer mathematischen Argumentation wiederholen (Faktenwissen) oder auch im Anschluss an eine mathematische Argumentation die verwendeten Vorgehensweisen und Strategien reflektieren (Methodenwissen). Lehrkräfte können intuitiv oder bewusst im Klassengespräch Fakten- oder Methodenwissen thematisieren und somit die Argumentationsbasis der Klasse inhaltlich oder methodisch erweitern.

Wie bereits erwähnt, sind die Handlungen der Beteiligten in Unterrichtssituationen jedoch auch immer in einen sozialen Zusammenhang eingebettet. Mathematische Argumentationen sind interaktive Situationen (vgl. Abschnitt 2.2). Um die Rolle der Lehrkraft in mathematischen Argumentationen zu verstehen, bedarf es also auch einer Betrachtung der anderen Teilnehmenden – die Schülerinnen und Schüler. Im Folgenden wird zunächst auf die induktiv gewonnene Kategorie „Schülerinnen und Schüler Handlungen" fokussiert (vgl. Forschungsfrage 2.2) und im Anschluss auf die Auswirkungen von den Lehrkrafthandlungen auf die im Unterricht stattfindenden Interaktionsprozesse (vgl. Forschungsfrage 2.3).

In der Kategorie *Schülerinnen und Schüler Handlungen* werden Handlungen und Äußerungen der Schülerinnen und Schüler analog zu den Handlungen der Lehrkräfte gefasst. Die Subkategorien orientieren sich an den Hauptkategorien des Rahmenwerks zu Handlungen von Lehrkräften von Conner et al. (2014). Im empirischen Datenmaterial der vorliegenden Studie konnten sieben Subkategorien von Schülerinnen und Schüler Handlungen identifiziert werden (vgl. Abschnitt 6.3). Die Intentionen der Schülerinnen und Schüler Handlungen sind situativ verschieden. Einerseits geht es bei Nachfragen um ein Nachvollziehen von Lösungen und Argumentationsansätzen der Mitschülerinnen und Mitschüler. Andererseits wird durch diese Nachfragen ein Ausgangspunkt geschaffen, um die Vorgehensweisen oder die Aussagen der anderen zu diskutieren. Gleichzeitig treten aber nicht in allen Klassen und allen verschiedenen Unterrichtssituationen Schülerinnen und Schüler Handlungen in gleichem Umfang auf. Ihr Auftreten ist abhängig von den Argumentationskulturen und Normen in den jeweiligen Klassengemeinschaften. Diese werden durch die Lehrkräfte etabliert und beeinflusst. Lehrkräfte wirken im Mathematikunterricht häufig als ein Vorbild für ihre Schülerinnen und Schüler. Lehrkräfte modellieren, wie man Fragen stellt und Aushandlungsprozesse führt. Im empirischen Datenmaterial dieser Untersuchung hat sich gezeigt, dass Schülerinnen und Schüler das Verhalten und die Fragen ihrer Lehrkräfte teilweise versuchen nachzuahmen. Dafür müssen Lehrkräfte ihnen den Raum in Unterrichtsgesprächen geben und Partizipationsmöglichkeiten eröffnen. Wenn Schülerinnen und Schüler Autonomie entwickelt haben, können sie sich gegenseitig unterstützen und Verantwortung für die Korrektheit von Aussagen und mathematischen Inhalten übernehmen; dann können die Lehrkräfte in den Hintergrund treten. Solche Schülerinnen und Schüler Handlungen sind in mathematischen Argumentationen also von zentraler Bedeutung. In Unterrichtssituationen mit vielen Schülerinnen und Schüler Handlungen sind im Datenmaterial wiederholt nur wenige Handlungen von Lehrkräften rekonstruierbar, obgleich die Lehrkräfte aktive Gesprächsteilnehmende sind. Dennoch treten Lehrkrafthandlungen in den unterrichtlichen Argumentationen auf und rahmen diese Prozesse.

Durch Handlungen von Lehrkräften können Partizipationsmöglichkeiten für Schülerinnen und Schüler entstehen oder verstreichen, wie im Folgenden dargestellt wird (vgl. Abschnitt 6.4). Durch Lehrkrafthandlungen aus den Kategorien „Fragen stellen" und „Andere unterstützende Aktivitäten" (vgl. Abschnitt 4.4.4; Conner et al., 2014) schaffen Lehrkräfte oftmals *Partizipationsmöglichkeiten* für die Schülerinnen und Schüler im Mathematikunterricht. Es zeigt sich dabei aber auch, dass es in Unterrichtssituationen entscheidend ist, ob und wie Schülerinnen und Schüler die Fragen und Handlungen der Lehrkraft in den mathematischen Argumentationsprozess einbeziehen. Mathematische Argumentationen sind komplex und Handlungen wirken nicht immer direkt oder wie intendiert. Nicht alle Lehrkrafthandlungen aus den beiden Kategorien eröffnen daher Partizipationsmöglichkeiten für Lernende.

Lehrkrafthandlungen der Kategorie „Teile des Arguments einbringen" (vgl. Abschnitt 4.4.4; Conner et al., 2014) beeinflussen die Interaktionsprozesse im Mathematikunterricht dagegen eher implizit (vgl. Abschnitt 6.4). Die entwickelten mathematischen Argumente werden in der Regel durch den Beitrag der Lehrkraft angereichert. Das heißt, die mathematische Argumentation wird inhaltlich vorangebracht. Durch das „Vorgeben von Konklusionen" durch Lehrkräfte werden mathematische Argumentationsprozesse initiiert und Interaktionsprozesse können sich entwickeln. Wenn Lehrkräfte „Argumente vervollständigen" werden mathematische Argumentationen dagegen oftmals beendet. Das heißt, interaktive Aushandlungsprozess werden abgeschlossen. Insgesamt werden durch Lehrkrafthandlungen der Kategorie „Teile des Arguments einbringen" mathematische Argumente angereichert, wobei die Auswirkungen auf interaktive Argumentationsprozesse verschieden und situationsabhängig sind.

Durch „Derangierende Handlungen" (vgl. Abschnitt 6.1) von Lehrkräften, etwa das Unterbrechen von Schülerinnen und Schülern, werden dagegen Interaktionsprozesse oftmals frühzeitig abgebrochen und eine gemeinsame mathematische Argumentation und eine Aushandlung im Klassengespräch werden unterbunden (vgl. Abschnitt 6.4). Solche Handlungen stören häufig den Interaktionsprozess und beeinflussen ihn eher negativ (vgl. „Negative Diskursivität", Cohors-Fresenborg, 2012).

In Unterrichtssituationen, in denen „Meta Handlungen" (vgl. Abschnitt 6.2) rekonstruiert wurden, ist zwar ihre Bedeutung für die mathematische Argumentation erkenntlich, nicht jedoch ein direkter Einfluss auf die Interaktion. Implizit werden ausgehend, von der Thematisierung von Fakten- oder Methodenwissen, durch die Etablierung einer gemeinsamen Argumentationsbasis in der Klassengemeinschaft Partizipationsmöglichkeiten für Schülerinnen und Schüler geschaffen.

Das Verhalten der Lehrkraft im Unterricht und die Lehrkrafthandlungen in mathematischen Argumentationen werden auch von den rekonstruierten „Schülerinnen und Schüler Handlungen" beeinflusst (vgl. Abschnitt 6.4). Schülerinnen und Schüler Handlungen können Lehrkrafthandlungen, wie etwa Fragen nach der Allgemeingültigkeit, in Unterrichtssituationen ersetzen. In solchen Situationen nehmen Lehrkräfte in der Regel nur als Zuhörende teil. Handlungen von

Schülerinnen und Schülern der Subkategorie „Andere unterstützende Aktivitäten" deuten an, dass eine positive Argumentationskultur in der Klassengemeinschaft etabliert ist. Es wird in Unterrichtsgesprächen wechselseitig aufeinander Bezug genommen. Dadurch werden Aushandlungsprozesse initiiert und gleichzeitig wird Verantwortung über die mathematische Korrektheit auch von Schülerinnen und Schülern übernommen. Die Lehrkraft kann sich selbst in einer solchen Umgebung oftmals zurücknehmen und den Schülerinnen und Schülern den Vortritt gewähren. Die empirischen Daten haben gezeigt, dass in argumentativen Aushandlungsprozessen aber wiederholt weitere unterstützende Lehrkrafthandlungen neben den Schülerinnen und Schüler Handlungen erforderlich sind, beispielsweise wenn Fehler nicht aufgedeckt werden. Ebenso kann der fachliche Inhalt der Gespräche weitere unterstützende Lehrkrafthandlungen erfordern, um mathematische Argumentationen zu ermöglichen und konstruktive Aushandlungen zu führen. Beispielsweise brauchen die Lernenden Anregungen zur Reflexion von Termen und (mathematischen) Strukturen in ihnen, wie weiter unten ausführlicher thematisiert wird (vgl. Abschnitt 9.4). Gleichzeitig hat sich im Datenmaterial dieser Studie gezeigt, dass das Eingreifen der Lehrkraft in Unterrichtssituationen mit Schülerinnen und Schüler Handlungen in vielen Fällen eher derangierend auf den Argumentationsprozess gewirkt hat (mit Ausnahme von „Bewertungen", wie etwa Korrekturen von Berechnungen).

Die erhobenen Unterrichtssituationen zeigen auch, dass es für Schülerinnen und Schüler keinesfalls einfach ist in interaktiven Argumentationsprozessen aufeinander einzugehen. Bezüge zu den Aussagen von anderen herzustellen, die bereits implizit in den Aussagen angelegt sind, stellt oft eine Herausforderung für Schülerinnen und Schüler dar. Lehrkräfte regen ihre Schülerinnen und Schüler in mathematischen Argumentationsprozessen teilweise dazu an, Zusammenhänge explizit zu machen oder benennen die Zusammenhänge selbst. Dagegen zeigt das Datenmaterial aber auch, dass es teilweise eine große Herausforderung für Lehrkräfte ist, sich auf Ideen der Schülerinnen und Schüler einzulassen.

Unvorhergesehene Ideen der Schülerinnen und Schüler wurden im empirischen Datenmaterial von den Lehrkräften teilweise nicht in den Unterricht einbezogen oder ignoriert. Die Diskussion dieser Ideen hätte oftmals jedoch eine Lerngelegenheit für die Schülerinnen und Schüler eröffnen können. Lehrkräfte müssen in nur wenigen Sekunden entscheiden, ob und wie sie solche unvorhergesehenen Ideen oder auch Fehler in den weiteren Unterrichtsverlauf einbeziehen. Lerngelegenheiten, das Potential und auch die Denkweisen der Schülerinnen und Schüler müssen in der Regel wahrgenommen und nachvollzogen werden, damit die dahinterliegenden Ideen konstruktiv in den Unterrichtsdiskurs einbezogen werden können (vgl. Abschnitt 2.3; Solar et al., 2021). Gerade bei unvorhergesehenen Ideen ist dies für Lehrkräfte oftmals nur begrenzt möglich und erfordert Erfahrung. Es stellt eine enorme Herausforderung für Lehrkräfte dar, sich auf unvorhergesehene Ideen einzulassen, und erfordert Flexibilität und Offenheit. Gleichzeitig ist fachliches Wissen der Lehrkraft dafür unumgänglich. In den empirischen Daten dieser Studie hat sich gezeigt, dass unerwartete Ideen von Schülerinnen und Schülern Lehrkräfte in Unterrichtssituationen überfordern können, sodass potenzielle Lerngelegenheiten verstreichen.

Interaktions- und Argumentationsprozesse im Mathematikunterricht sind vielschichtig und komplex. Mathematisches Argumentieren ist nicht nur für Schülerinnen und Schüler schwierig, sondern für ihre Lehrkräfte umso mehr. Je eigenständiger die Schülerinnen und Schüler sind und je komplexer ihre mathematischen Argumentationen werden, desto herausfordernder ist es für Lehrkräfte solche Unterrichtssituationen angemessen zu rahmen. Welche Lehrkrafthandlungen unterstützend wirken, ist zudem situations- und kontextabhängig. Es bedarf mehr als einzelne Unterstützungshandlungen von Lehrkräften, um eine produktive Argumentationskultur, Abläufe und Normen in den Klassengemeinschaften zu etablieren, die gewinnbringende, gemeinsame mathematische Argumentationen ermöglichen. (Neue) Argumentations-Formate (Krummheuer, 1992) müssen etabliert werden und (neue) Interaktionsmuster (Voigt, 1984) können entstehen (vgl. Abschnitt 2.2.2).

9.3 Rahmungen mathematischer Argumente durch Lehrkräfte

In diesem Abschnitt wird noch einmal auf die hervorgebrachten mathematischen Argumente im Übergang von der Arithmetik zur Algebra fokussiert (vgl. Forschungsfrage 3). Dabei werden Charakteristika der mathematischen Argumente benannt und es wird beschrieben, welche Handlungen der Lehrkraft die hervorgebrachten Argumente rahmen (vgl. Forschungsfrage 3.1 und 3.2). Zunächst wird der Aufbau der rekonstruierten mathematischen Argumente fokussiert (vgl. Abschnitt 7.1). Im Anschluss werden die Charakteristika und Rahmungen der Lehrkräfte von empirischen, generischen und strukturellen Argumenten im Übergang von der Arithmetik zur Algebra diskutiert (vgl. Abschnitt 7.2, 7.3 und 7.4).

Aufbau der Argumente

In dieser Arbeit wurden *Stützungen** als ein neues Element von mathematischen Argumenten eingeführt, die sich von den klassischen Stützungen nach

Toulmin (2003) unterscheiden (vgl. Abschnitt 7.1). Stützungen* spezifizieren ein Merkmal vom Datum und beziehen den allgemeinen Garanten auf den spezifischen Sachverhalt und die konkreten Daten. Durch solche Aussagen Stützungen* wird der Gebrauch des Garanten im konkreten Argumentationsschritt legitimiert. Stützungen (Backings) im Sinne von Toulmin (2003) heben die *allgemeine* Anwendbarkeit und Gültigkeit des Garanten hervor. Dagegen fokussieren diese Stützungen* auf den *konkreten* Fall und Argumentationsschritt. Das heißt, durch Stützungen* wird der Garant im mathematischen Argument spezifiziert und konkretisiert. Im empirischen Datenmaterial konnten Stützungen* sowohl in empirischen als auch in generischen und strukturellen Argumenten rekonstruiert werden (vgl. Abschnitt 7.2, 7.3 und 7.4). Ebenfalls sind sie in mathematischen Argumenten in verschiedenen Repräsentationen enthalten. Lehrkräfte können durch Nachfragen die Entwicklung von Stützungen* durch Schülerinnen und Schüler anstoßen.

Empirische Argumente

Die hervorgebrachten empirischen Argumente im Übergang von der Arithmetik zur Algebra sind überwiegend arithmetisch-empirische Argumente (vgl. Abschnitt 7.2). Im Kontext der Lernumgebung sind Vermutungen ausgehend von Zahlenbeispielen (Rechenaufgaben) entwickelt worden. Teilweise werden die erhobenen mathematischen Geltungsansprüche von den Schülerinnen und Schülern auch explizit als „Vermutung" betitelt, was mit einem Modaloperator im mathematischen Argument rekonstruierbar ist. Die Generalisierungen (Garanten) sind in empirischen Argumenten in der Regel implizit. Sie werden in den rekonstruierten Argumenten oft gestützt durch Aussagen wie etwa „Ich habe keine Gegenbeispiele gefunden.". Empirische Argumente stellen aber noch kein allgemeingültiges Argument zur mathematischen Aussage dar und sind in der Regel keine strukturorientierten Argumente (vgl. Abschnitt 2.4.6). Sie können jedoch als Ausgangspunkt dienen, um die Bedeutung von Beispielen in mathematischen Argumenten zu diskutieren. Ein Gegenbeispiel reicht zur Widerlegung einer Aussage, aber ein Beispiel reicht nicht, um eine Aussage zu begründen. Aushandlungsprozesse über die Reichweite und Gültigkeit von mathematischen Aussagen können im Mathematikunterricht aufbrechen. Lehrkräfte thematisieren in diesem Rahmen oft Methodenwissen zum mathematischen Argumentieren (vgl. Abschnitt 6.2). Lehrkräfte rahmen empirische Argumente in den Unterrichtssituationen mehrfach als Konstruktionen von Vermutungen. Den Schülerinnen und Schülern ist dabei vermutlich bewusst, dass (noch) keine gültigen Argumente konstruiert worden sind. Im Anschluss werden im Unterrichtsverlauf oftmals weitere Begründungen und Argumentationsansätze ausgehend von den empirischen

Argumenten entwickelt, wie etwa generische Argumente. Somit kann eine Verbindung zwischen der Konstruktion der Vermutung, der Begründungsidee und dem mathematischen Argument entstehen (vgl. Abschnitt 2.4.5; Pedemonte 2007a, 2008).

Generische Argumente

Die Konstruktion von generischen Argumenten ist mit Herausforderungen verbunden. Eine zentrale Erkenntnis dieser Arbeit ist, dass die Loslösung vom Beispiel oft schwierig für Schülerinnen und Schüler sowie ihre Lehrkräfte ist. Einerseits stellt die Ablösung eine fachliche Herausforderung für viele Lernende dar. Andererseits darf das Generische in der Argumentation und im Klassengespräch nicht implizit bleiben, wobei Lehrkräfte einen entscheidenden Einfluss haben. Eine weitere Herausforderung ist, dass in generischen Argumenten oft zwei Argumentationsstränge entstehen: die Berechnung vom konkreten (Zahlen-)Beispiel und die inhaltliche Interpretation der Terme oder figurierten Zahlen. In den Unterrichtssituationen dieser Studie wurden arithmetisch-generische und ikonisch-generische Argumente hervorgebracht (vgl. Abschnitt 7.3). In dieser Arbeit und auch in den beforschten Klassen werden solche Argumente als gültige Argumente angesehen, wenn sie inhaltlich korrekt sind. Für eine ausführliche Diskussion über die Gültigkeit von generischen Argumenten wird auf die Arbeit von Kempen (2019) verwiesen. In den generischen Argumenten, die in der vorliegenden Studie rekonstruiert werden konnten, verbleiben die Zielkonklusionen teilweise nur implizit. Das heißt, die Aussage, die begründet werden soll, wird nicht explizit benannt. Die Schülerinnen und Schüler konstruieren zwar eine arithmetische oder ikonische Darstellung zum Sachverhalt und führen sinnvolle Umformungen durch, aber ein Rückbezug zur Aufgabenstellung bleibt aus. Die Interpretation des Ergebnisses und die Bedeutung ihrer Umformungen zu erkennen stellt dabei eine Herausforderung für Schülerinnen und Schüler dar. Auch werden Schlussregeln oftmals nicht explizit von den Schülerinnen und Schülern benannt. Lehrkräfte regen in einigen Unterrichtssituationen durch Nachfragen die Hervorbringung von Schlussregeln an. Sie beeinflussen mit ihren Nachfragen an die Schülerinnen und Schüler somit auch die Reichhaltigkeit und Explizitheit der hervorgebrachten generischen Argumente. Lehrkrafthandlungen sind bei der Konstruktion von generischen Argumenten also entscheidend.

Die rekonstruierten generischen Argumente beinhalten teilweise zwei Stränge. Einerseits wird ein Ergebnis vom Zahlenbeispiel berechnet. Andererseits wird der mathematische Geltungsanspruch geschlussfolgert. Dies steht auch mit der Prozess-Produkt Dualität von mathematischen Objekten in Verbindung, wie weiter unten ausgeführt wird. Zusätzlich verdeutlicht dies auch die Schwierigkeit von generischen Argumenten für Schülerinnen und Schüler. Generische Argumente stellen eine Herausforderung dar, weil im Unterricht oftmals auf zwei Ebenen argumentiert wird. Einerseits wird am konkreten (Zahlen-)Beispiel ein Sachverhalt gezeigt und anderseits wird generalisiert mit allgemeinen Eigenschaften der mathematischen Objekte argumentiert. Wird anhand von Eigenschaften und mit den mathematischen Strukturen der involvierten Objekte argumentiert, entstehen strukturorientierte Argumente (vgl. Abschnitt 2.4.6). Gerade bei arithmetisch-generischen Argumenten wird deutlich, dass die Argumentation mittels allgemeiner Eigenschaften der mathematischen Objekte eine Schwierigkeit für Schülerinnen und Schüler darstellt. Oftmals berechnen sie ein konkretes Ergebnis vom Zahlenbeispiel, was aber nicht notwendig ist, um ein gültiges generisches Argument zu konstruieren. Diese Berechnung behindert oder verhindert in einigen Fällen die Ablösung vom Zahlenbeispiel, also die Generalisierung (vgl. Abschnitt 7.3). Die Lehrkräfte fordern im Datenmaterial wiederholt keinen expliziten Rückbezug zum allgemeinem Geltungsanspruch ein, sodass das Generische teilweise implizit verbleibt. Es wird deutlich, dass die Rahmung und die Begleitung von mathematischen Argumentationsprozessen durch Lehrkräfte bei der Konstruktion von generischen Argumenten von besonderer Bedeutung sind.

Der Generalisierungsschritt kann in generischen Argumenten sowohl zu Beginn stattfinden als auch gegen Ende der mathematischen Argumentation. Ikonisch-generische Argumente sind mehrfach von Beginn an generalisiert, während in arithmetisch-generischen Argumenten eher gegen Ende generalisiert wird. Eine mögliche Erklärung dafür ist, dass es einfacher ist, die ikonischen Darstellungen als generisch zu erfassen und nicht auf das konkrete (Zahlen-) Beispiel zu fokussieren. Pünktchen abzählen ist mühsam, während die Strukturen „sichtbarer" sind. Außerdem haben die Schülerinnen und Schüler in der Lernumgebung, bevor sie ihre Argumentationsansätze entwickeln, bereits einige (Zahlen-)Beispiele berechnet. Die Loslösung könnte bei arithmetisch-generischen Argumenten schwieriger sein, da kein Darstellungswechsel stattfindet. Lehrkräfte können in mathematischen Argumentationsprozessen durch Fragen und Impulse die Konstruktion von Verallgemeinerungen und somit allgemeingültigen, generischen Argumenten initiieren.

Bei einem Vergleich von arithmetisch- und ikonisch-generischen Argumenten wird deutlich, dass verschiedene Garanten einbezogen werden. Die Garanten in arithmetischen Argumenten sind oft ähnlicher und anschlussfähiger zu den Garanten in algebraischen Argumenten im Vergleich zu den Garanten in ikonischen Argumenten. Die Garanten in ikonisch-generischen Argumenten sind in vielen Fällen spezifiziert in Bezug auf Punktemuster. Dies bestätigt, dass ikonische Argumente einer expliziten Einführung bedürfen, gelernt werden müssen und eine Argumentationsbasis in der Klasse etabliert sein muss (vgl. Biehler & Kempen, 2016). Dabei sind aber auch die Rahmungen von Lehrkräften entscheidend. Lehrkräfte können eine Aushandlung über „mathematische Garanten", die anschlussfähig sind, anstoßen oder diese diskutieren.

Strukturelle Argumente

Die aus dem Datenmaterial rekonstruierten strukturellen Argumente sind algebraisch oder narrativ-strukturell (vgl. Abschnitt 7.4). Zentrale Ergebnisse der vorliegenden Arbeit sind, dass ein Rückbezug zum mathematischen Geltungsanspruch und auch Schlussregeln in den rekonstruierten strukturellen Argumenten teilweise implizit verbleiben. Zusätzlich sind narrativ-strukturelle Argumente mehrfach nicht nur unvollständig, sondern auch fehlerhaft.

In den strukturellen Argumenten werden die Zielkonklusionen nicht immer explizit benannt. Das heißt, der mathematische Geltungsanspruch, der begründet werden soll, verbleibt teilweise implizit. In einigen rekonstruierten strukturellen Argumenten werden zudem die Schlussregeln nicht oder nur implizit von den Schülerinnen und Schülern hervorgebracht. Auf Nachfrage der Lehrkraft wird oftmals eine Schlussregel ergänzt. Der Generalisierungsschritt findet in strukturellen Argumenten bereits zu Beginn statt, da sie losgelöst von Beispielen sind. In der Regel wird in den hervorgebrachten strukturellen Argumenten auf die Eigenschaften und die mathematischen Strukturen der involvierten Objekte verwiesen, sodass sie strukturorientierte Argumente (vgl. Abschnitt 2.4.6) darstellen.

Der Aufbau von strukturellen Argumenten ist unterschiedlich je nach Repräsentation. Algebraische Argumente bestehen wiederholt aus mehreren Argumentationsschritten, während narrativ-strukturelle Argumente eher nur wenige oder einen Schritt beinhalten. Dies lässt sich dadurch erklären, dass in algebraischen Argumenten mehrfach mehrere Umformungsschritte vorgenommen werden, die jeweils als ein Argumentationsschritt rekonstruiert werden.

Bei algebraischen Argumenten sind die Konstruktion einer passenden Termdarstellung der mathematischen Aussagen und eine Interpretation des finalen Terms entscheidend, um ein gültiges Argument zu konstruieren. Dabei spielt vor allem beim Umformen der Struktursinn (vgl. Abschnitt 2.4.3) eine Rolle. Zusätzlich ist für die Interpretation vom finalen Term auch der Symbolsinn von Bedeutung (vgl. Abschnitt 2.4.3). Gleichzeitig sind die Konstruktion und die Interpretation von Termen mit Hürden für Schülerinnen und Schüler verbunden. Im Datenmaterial hat sich gezeigt, dass dies unterrichtlich zu begleiten, eine Herausforderung für Lehrkräfte ist und nicht immer gelingt (vgl. Abschnitt 7.4). Dabei spielt auch die Prozess-Produkt Dualität von mathematischen Objekten eine Rolle, wie weiter unten ausgeführt wird.

Die hervorgebrachten narrativ-strukturellen Argumente sind mehrfach unvollständig oder fehlerhaft. Die Konstruktion von narrativ-strukturellen Argumenten ist herausfordernd für viele Schülerinnen und Schüler, weil in der mathematischen Argumentation passende Garanten gewählt werden müssen. Die Garanten sollten mathematisch korrekt sein und als geteiltes Wissen in der Klassengemeinschaft akzeptiert sein. Narrative Argumente werden von den Schülerinnen und Schülern teilweise aber frei, das heißt ohne Bezug zu mathematischen Regeln entwickelt. Die kreativen Ansätze und Ideen der Schülerinnen und Schüler sind für Lehrkräfte herausfordernd, da sie oftmals unerwartet sind. Eine mögliche Erklärung für solche unerwarteten und oft fehlerhaften Ideen ist fehlendes Wissen oder Unsicherheit von Schülerinnen und Schülern. Beispielsweise ist es möglich, dass ihnen notwendiges Vorwissen fehlt oder sie (noch) keine geeignete Argumentationsstrategie kennen. Lehrkräfte können ihre Schülerinnen und Schüler unterstützen, indem sie (weiteres) Fakten- und Methodenwissen im geteilten Wissen der Klassengemeinschaft etablieren oder ebendieses Wissen wiederholen.

Vergleicht man die hervorgebrachten arithmetisch-generischen (siehe oben „Generische Argumente") und algebraischen Argumente zeigt sich, dass beide Varianten mit eigenen Problemen in Bezug auf die Darstellung, (Be-)Rechnung und Verallgemeinerung verbunden sind. Generalisierungen sind dabei eine der größten Hürden. In arithmetisch-generischen Argumenten ist es, wie oben beschrieben, schwierig für Schülerinnen und Schüler losgelöst vom Zahlenbeispiel zu argumentieren. Bei der Konstruktion von algebraischen Argumenten ist das Aufstellen von einem Term eine Herausforderung, die nicht alle Lernenden in dieser Studie angenommen haben, da sie die Repräsentation in den Aufgaben größtenteils selbst wählen durften. Es war also für die Schülerinnen und Schüler teilweise eine Schwierigkeit das mathematische Problem unabhängig vom konkreten Zahlenbeispiel zu betrachten. Sie konnten eine solche Verallgemeinerung oft nur schwer verbalisieren oder darstellen. Im Übergang von der Arithmetik zur Algebra stellt beim mathematischen Argumentieren also zunächst die Ablösung von konkreten Zahlenbeispielen eine Herausforderung dar. Eine unterrichtliche Begleitung durch Lehrkräfte ist entscheidend. Zusätzlich ist das Erkennen von mathematischen Strukturen und auch eine produktorientierte Deutung von mathematischen Objekten wichtig, wie im folgenden Abschnitt ausgeführt wird.

9.4 Prozess-Produkt Dualität beim mathematischen Argumentieren

In diesem Abschnitt wird die Bedeutung der Prozess-Produkt Dualität von mathematischen Objekten in den hervorgebrachten Argumenten fokussiert (vgl. Forschungsfrage 4). Dabei wird beschrieben, wie sich eine prozesshafte oder eine produkthafte Deutung von mathematischen Objekten in den hervorgebrachten Argumenten widerspiegelt und welche Bedeutung diesen Deutungen in den verschiedenen Repräsentationen der Argumente zukommt (vgl. Forschungsfrage 4.1 und 4.2). Ein besonderer Fokus liegt dabei auch auf der Lehrkraft und wie sie die Deutungen der Schülerinnen und Schüler adressiert und rahmt (vgl. Forschungsfrage 4.3).

Zunächst werden in den folgenden Abschnitten die wichtigsten Erkenntnisse dieser Arbeit benannt. Im Anschluss wird die Bedeutung von produktorientierten Interpretationen in mathematischen Argumentationen diskutiert. Außerdem wird auf das Zusammenspiel von mündlichen Argumentationen und schriftlichen Argumenten im Unterricht eingegangen und inwiefern die Prozess-Produkt Dualität von mathematischen Objekten dabei eine Herausforderung für Schülerinnen und Schüler sowie ihre Lehrkräfte darstellt.

Im Folgenden werden zunächst die wichtigsten Erkenntnisse dieser Arbeit beschrieben (vgl. Kapitel 8). Die rekonstruierte Deutung von mathematischen Objekten im Unterricht ist nicht abhängig von der Generalität oder der Repräsentation des mathematischen Arguments. Es sind sowohl prozess- als auch produktorientierte Deutungen in mathematischen Argumenten von Schülerinnen und Schülern im Übergang von der Arithmetik zur Algebra rekonstruierbar. Auch finden sich verschiedene Deutungen von mathematischen Objekten durch Lehrkräfte im analysierten Datenmaterial. Dabei finden auch Wechsel zwischen prozess- und produktorientierten Beschreibungen von mathematischen Objekten in mathematischen Argumentationen statt und sind teilweise auch erforderlich, damit gültige Argumente entstehen.

Bei der Konstruktion von arithmetisch-generischen und algebraischen Argumenten werden Terme herangezogen, die prozess- oder produktorientiert gedeutet werden können. Solche Terme werden von den Schülerinnen und Schülern im Unterricht oft vorgelesen. Dabei werden die Terme prozessorientiert als ein Rechenschema gedeutet, welches man umformen kann. In der Regel fokussieren die Lernenden in ihren mathematischen Argumentationen auf den Umformungsprozess. Lehrkräfte adressieren diese prozessorientierte Deutung in den analysierten Unterrichtssituationen in der Regel nicht. Die Gleichheitszeichen werden dagegen in solchen Argumentationen strukturell gedeutet, als ein Zeichen, das zwischen zwei gleichwertigen Termen steht. Diese Deutung der Gleichheitszeichen wird von den Schülerinnen und Schülern aber nicht explizit verbalisiert, sondern ist implizit angelegt. Lehrkräfte thematisieren auch die (Be-)Deutungen des Gleichheitszeichens in den erhobenen Unterrichtssituationen nicht. Ikonische Darstellungen werden dagegen in den Unterrichtssituationen wiederholt als ein Bauplan für mathematische Objekte wahrgenommen und nur selten explizit ein Ergebnis dabei berechnet. Ikonische Darstellungen werden in den mathematischen Argumentationen der Schülerinnen und Schüler also häufig produktorientiert gedeutet. Insgesamt adressieren Lehrkräfte die Deutungen der Lernenden in den analysierten Unterrichtssituationen nicht oder nur implizit, indem sie ausgewählte Aussagen wiederholen.

In generischen und algebraischen Argumentationen finden teilweise *Wechsel zwischen prozess- und produktorientierten Beschreibungen* von mathematischen Objekten statt. In einzelnen Unterrichtssituationen ergänzen Lehrkräfte Deutungen, die nicht von den Schülerinnen und Schülern hervorgebracht wurden, beispielsweise um das mathematische Argument zu vervollständigen.

Wie bereits erwähnt, sind sowohl in einigen generischen als auch in algebraischen Argumenten zwei Argumentationsstränge enthalten. Dabei spiegeln sich in den generischen Argumenten wiederholt unterschiedliche Deutungen in den Strängen wider. Einerseits wird ein Term prozessorientiert gedeutet und berechnet. Andererseits findet eine strukturelle Deutung statt und es wird der mathematische Geltungsanspruch geschlussfolgert. Bei algebraischen Argumenten mit zwei Argumentationssträngen ist dagegen mehrfach nur eine Deutung rekonstruierbar (entweder prozess- oder produktorientiert). Diese Stränge entstehen oftmals durch verschiedene Strukturierungen der Terme durch die Schülerinnen und Schüler und ihre Lehrkräfte (vgl. Rüede, 2015).

Lehrkräfte initiieren, wie bereits beschrieben, durch Nachfragen die Hervorbringung von Begründungen der Termumformungen (Garanten). Sie können damit eine *Umdeutung von mathematischen Objekten* bei den Schülerinnen und Schülern anstoßen. Um solche Garanten benennen zu können, müssen die Schülerinnen und Schüler (Teil-)Strukturen in den Termen erkennen. Das heißt, es muss eine strukturelle Deutung der Terme stattfinden. Lehrkräfte regen somit ein „Struktur sehen" an (vgl. Janßen, 2016). Ähnliches gilt für die Stützungen* in mathematischen Argumenten. Stützungen* deuten eine strukturelle Interpretation des Terms an. Schülerinnen und Schüler explizieren eine Teil-Struktur des Terms, anstatt ihn zu berechnen. Auch diese Elemente werden von den Schülerinnen und Schülern mehrfach nach einer Aufforderung durch die Lehrkraft ergänzt.

Lehrkräfte regen also teilweise Umdeutungen von mathematischen Objekten an, sodass mathematische Argumentationen vervollständigt werden.

Insgesamt rahmen Lehrkräfte Deutungen von mathematischen Objekten in den mathematischen Argumentationen, indem sie den Schülerinnen und Schülern zustimmen, einzelne Aussagen wiederholen oder kurze Nachfragen stellen. Eine explizite *Adressierung der Deutungen* von mathematischen Objekten ist in den erhobenen Unterrichtssituationen oftmals *nicht* rekonstruierbar. Dagegen wird in mehreren Unterrichtssituationen von den Lehrkräften eine Ablösung von konkreten (Zahlen-)Beispielen und damit eine *Generalisierung eingefordert* (vgl. Abschnitt 7.3). Dabei geht es auch um die Abstraktion der mathematischen Strukturen aus der Darstellung und um eine Begründung der allgemeinen mathematischen Aussage. Es kann eine Umdeutung beziehungsweise ein Perspektivwechsel bei den Schülerinnen und Schülern durch die Aufforderung zur Generalisierung angeregt werden (wenn nicht schon vorher produktorientiert, aber auf das Beispiel bezogen, argumentiert worden ist). Die Prozess-Produkt Dualität von mathematischen Objekten und Generalisierungen stehen in mathematischen Argumenten und Argumentationen also in Verbindung, wie im Folgenden diskutiert wird.

Die Bedeutung von produktorientierten Interpretationen von mathematischen Objekten und Generalisierungen in mathematischen Argumenten und Argumentationen

In den rekonstruierten mathematischen Argumenten hat sich gezeigt, dass eine *produktorientierte Interpretation von mathematischen Objekten oft entscheidend* für die Konstruktion von allgemeingültigen mathematischen Argumenten im Unterricht ist. Die Erfassung der Struktur ist ein entscheidendes Kriterium für erfolgreiches mathematisches Argumentieren. Gleichzeitig stellt eine produktorientierte Deutung von mathematischen Objekten aber eine Herausforderung für Schülerinnen und Schüler sowie ihre Lehrkräfte dar. Schülerinnen und Schüler brauchen Unterstützung bei der Reflexion von Strukturen und bei Verallgemeinerungen.

In den rekonstruierten Argumenten lassen sich einerseits *Deutungen von mathematischen Objekten* (prozess- vs. produktorientierte Deutungen) und andererseits ein *unterschiedlicher Grad der Ablösung vom Beispiel* (beispielverhaftete vs. allgemeine Interpretationen) identifizieren. Beide Aspekte spielen ineinander und sind wichtig beim mathematischen Argumentieren. Prozessorientierte Deutungen sind bei Berechnungen von konkreten Zahlenbeispielen von Bedeutung, aber auch beim Umformen von Termen (mit und ohne Variablen). Produktorientierte Sichtweisen sind oftmals eine *Voraussetzung für Generalisierungen* (vgl. Abschnitt 8.2.2). Beispielsweise kann ein algebraischer Term nur sinnvoll konstruiert werden, wenn die Schülerinnen und Schüler die mathematischen Strukturen des Problems wahrgenommen haben. Gleiches gilt für die Interpretation von Termen und Punktemustern, um Schlussfolgerungen über den mathematischen Geltungsanspruch zu generieren.

In generischen Argumenten ergibt sich *durch strukturelle Perspektiven aber nicht automatisch auch eine Generalisierung* beziehungsweise eine Ablösung vom Beispiel (vgl. Abschnitt 8.2.2). Die Ablösung vom Beispiel ist eine zusätzliche Herausforderung in mathematischen Argumentationen neben der (strukturellen) Deutung von den mathematischen Objekten. Das konkrete (Zahlen-)Beispiel kann strukturell interpretiert werden, ohne dabei *allgemeine* mathematische Strukturen zu benennen. Somit entsteht kein allgemeingültiges generisches Argument, da eine Ablösung vom Zahlenbeispiel ausbleibt, obwohl die mathematischen Objekte strukturell gedeutet werden. Eine strukturelle Perspektive ist also wichtig für die Konstruktion von mathematischen Argumenten und Generalisierungen, aber mit ihr ergibt sich nicht zwangsläufig auch eine Generalisierung. Wie genau Schülerinnen und Schüler bei der Konstruktion solcher Argumente vorgehen, sollte in weiteren Studien analysiert werden. Eine unterrichtliche Begleitung durch Lehrkräfte ist, wie die empirischen Daten gezeigt haben, im Mathematikunterricht erforderlich, aber komplex. Eine weitere Herausforderung in Unterrichtsgesprächen stellt das Zusammenspiel von schriftlichen Notationen oder Argumenten und der mündlichen Argumentationen dar, wie im Folgenden beschrieben wird.

Zusammenspiel von schriftlichen Argumenten und mündlichen Argumentationen

Ein Ziel von Unterrichtsgesprächen und mathematischen Argumentationen ist in der Regel ein schriftliches Argument zu formulieren. Im Unterricht wechseln Schülerinnen und Schüler und Lehrkräfte zwischen der Interpretation der einzelnen Schritte eines *schriftlichen Arguments und der mündlichen Argumentation*, in der jeder Umformungs- oder Argumentationsschritt begründet wird und als sinnvoll und gültig verhandelt wird. In solchen unterrichtlichen Argumentationsprozessen ist also ein Wechselspiel zwischen mündlichen Äußerungen und an der Tafel notierten oder an die Wand projizierten schriftlichen Lösungen der Schülerinnen und Schüler gegeben. Die Repräsentationen der mathematischen Objekte müssen dabei immer wieder von den Schülerinnen und Schülern interpretiert werden oder Deutungen von anderen Teilnehmenden des Gesprächs in den Darstellungen erkannt werden. Repräsentationen werden in der Regel in den Argumentationsprozessen im Unterricht nicht gewechselt. Gleichzeitig sind in mathematischen Argumentationen auch Wechsel zwischen prozess- und produktorientierten Interpretationen der mathematischen Objekte erforderlich, was die Komplexität solcher Unterrichtssituationen erhöht und das Nachvollziehen erschwert.

Im Unterricht wird beispielsweise ein generisches Beispiel an der Tafel notiert. Diese Notation kann dabei von den Schülerinnen und Schülern einerseits als ein Beispiel oder auch generisch, allgemein interpretiert werden. Zusätzlich kann das generische Beispiel prozess- oder produktorientiert gedeutet werden. Neben diesen Deutungen, die in der schriftlichen Darstellung angelegt sind, finden bei der Präsentation der Argumentationsansätze häufig ergänzende sprachliche Kommentierungen der schriftlichen Argumente statt. In diesen mündlichen Äußerungen sind bereits Deutungen von den Darstellungen implizit angelegt, die nachvollzogen werden müssen, um die Aussagen zu verstehen. Die empirischen Daten dieser Studie zeigen, dass es eine enorme Herausforderung für Lehrkräfte darstellt, solche komplexen und vielschichtigen Unterrichtssituationen zu begleiten.

9.5 Mögliche Einschränkungen der Studie

In diesem Abschnitt werden das Untersuchungsdesign und die Grenzen dieser Studie diskutiert. Zunächst wird im folgenden Abschnitt die Analyse und Reichweite der Ergebnisse der Interviews thematisiert. Anschließend wird das methodische Vorgehen in Bezug auf die Unterrichtssituationen betrachtet und die Generalisierbarkeit der Ergebnisse diskutiert.

Die Interviews mit den drei beteiligten Lehrkräften haben einen Zugang zu ihren Vorstellungen gewährt, was ein Ziel dieser Studie war. Diese Studie bietet deskriptive Darstellungen von individuellen Vorstellungen und Vorerfahrungen von drei Lehrkräften in Hinblick auf das mathematische Argumentieren und die Prozess-Produkt Dualität von algebraischer Symbolsprache. Eine vollständige Übersicht über mögliche Vorstellungen von Lehrkräften herauszuarbeiten war nicht das Ziel dieser Studie. Für ein solches Forschungsinteresse wäre eine größere Stichprobe erforderlich, in der zusätzlich zu den hier herausgearbeiteten Vorstellungen noch weitere Vorstellungen denkbar sind.

Die Unterrichtssituationen und die in ihnen rekonstruierten mathematischen Argumentationen wurden mittels verschiedener Methoden analysiert und interpretiert. Der große Umfang dieser Analysen wird im Folgenden noch einmal rekapituliert und diskutiert. In dieser Studie wurden Lehrkrafthandlungen in mathematischen Argumentationen identifiziert (Conner et al., 2014) und die hervorgebrachten Argumente rekonstruiert (Toulmin, 2003). Beide Rekonstruktionen wurden anschließend miteinander vernetzt. Interpretationen der mathematischen Argumente in Hinblick auf die Prozess-Produkt Dualität von mathematischen Objekten haben stattgefunden. Zusätzlich wurden Komparationen und kontrastierende Analysen durchgeführt. Einzelne Unterrichtssituationen und mathematische Argumentationen wurden also intensiv und detailliert analysiert. Eine Tiefe statt Breite wurde bei diesem Vorgehen angestrebt (vgl. Flick, 2013). In dieser Studie konnte daher nur eine kleine Stichprobe von drei Klassen beforscht werden. Zusätzlich wurde ein inhaltlicher Schwerpunkt im Unterricht fokussiert – der Übergang von der Arithmetik zur Algebra. Diverse Charakteristika der hervorgebrachten Argumente, die Bedeutung der Prozess-Produkt Dualität in ihnen und Rahmungen der Lehrkräfte konnten durch dieses Untersuchungsdesign herausgearbeitet werden. Ohne die eben beschriebenen detaillierten und zeitaufwendigen Analysen wären solche tiefgehenden Erkenntnisse nicht möglich gewesen, was den großen Umfang der Analysen rechtfertigt.

Im Folgenden wird die *Generalisierbarkeit der Ergebnisse* reflektiert. Dazu wird auch auf die Abschnitte 4.3.4 und 4.4.8 verwiesen, die die Güte und Qualitätssicherung dieser Studie erläutern. In dieser Arbeit wird zunächst kein Anspruch auf Verallgemeinerbarkeit und auf Replizierbarkeit der Ergebnisse erhoben. Die beschriebenen Ergebnisse sind spezifisch für die drei Lehrkräfte und Klassen, in denen die Lernumgebung im Übergang von der Arithmetik zur Algebra durchgeführt wurde. Durch die Aufgaben der Lernumgebung (vgl. Kapitel 3) wird ein Ausschnitt aus dem Übergang von der Arithmetik zur Algebra fokussiert. In diesem Rahmen werden also bestimmte mathematische Argumentationen und Argumente in den Unterrichtssituationen entwickelt. Es ist aber durchaus zu erwarten, dass auch in anderen Klassen ähnliche Unterrichtssituationen entstehen, auch in anderen thematischen Zusammenhängen. Wie genau die Ergebnisse auf andere Themengebiete der Mathematik übertragbar sind, bleibt jedoch in weiteren Studien zu klären.

Gleichzeitig sind die hier dargestellten Fälle insofern *repräsentativ* für Mathematikunterricht, als dass sie Einblicke in regulären Mathematikunterricht und seine Dynamiken geben. Auch die in dieser Untersuchung bewusst gewählte heterogene Stichprobe ermöglicht ein breites Spektrum von mathematischen Argumentationsprozessen einzufangen und macht weitergehende Aussagen möglich. Zudem sind die Ergebnisse dieser Studie insofern *übertragbar* auf regulären Mathematikunterricht, da Unterrichtssituationen im Kontext von alltäglichem Mathematikunterricht erhoben und analysiert wurden. Auch wurden die Analysen und Interpretationen der mathematischen Argumente und Lehrkrafthandlungen durch die Komparationen und Kontrastierungen gestärkt. Diese haben gezeigt, dass sich die Ergebnisse und lokalen Theorien auf sehr unterschiedliche Episoden anwenden lassen, sodass eine große Reichweite der hier gewonnenen Einsichten angenommen werden kann: „Überzeugend herausgearbeitete Repräsentanz der generierten Begriffe in den Interpretationen der zur Komparation ausgewählten Wirklichkeitsausschnitte zeugen von einer empirisch gehaltvollen Begriffsentwicklung." (Krummheuer & Brandt, 2001, S. 81). Von einer theoretischen Sättigung der Ergebnisse kann jedoch noch nicht ausgegangen werden. Weitere Lehrkrafthandlungen beim mathematischen Argumentieren sind möglich.

In dieser Arbeit wurden ausgehend von Transkripten der Unterrichtssituationen mathematische Argumente und Lehrkrafthandlungen rekonstruiert. Zusätzlich wurden die Deutungen von mathematischen Objekten in den mathematischen Argumenten analysiert. Es kann aber nicht davon ausgegangen werden, dass die sprachlichen Äußerungen (alle) Denkprozesse von Schülerinnen und Schülern abbilden. In dieser Arbeit wird daher kein Anspruch erhoben, die Vorstellungen der Schülerinnen und Schüler in Hinblick auf die Prozess-Produkt Dualität von mathematischen Objekten (vollständig) abzubilden. Es wird dagegen analysiert, wie Schülerinnen und Schüler und auch Lehrkräfte mathematische Objekte in mathematischen Argumentationen und den dabei entstehenden Argumenten einbeziehen. Benutzen sie dabei beispielsweise keine produktorientierten Deutungen der mathematischen Objekte, bedeutet dies nicht zwangsläufig, dass sie diese Objekte nicht auch schon produktorientiert verstehen. Ihre Situationsdefinition (Krummheuer & Fetzer, 2005) innerhalb der Argumentation ist prozesshaft. Um das Verständnis von mathematischen Objekten genauer zu beforschen und auch individuelle Vorstellungen zu erheben, sind andere methodische Zugänge, wie etwa Interviews oder Ansätze aus der kognitiven Forschung, heranzuziehen.

Diese Arbeit leistet einen Beitrag im Themenbereich des mathematischen Argumentierens im Übergang von der Arithmetik zur Algebra, mit einem Fokus auf die Rolle der Lehrkraft, und kann als Grundlage für weitere Forschung dienen. Der Beitrag dieser Arbeit wird in Bezug auf verschiedene Perspektiven der Mathematikdidaktik noch einmal pointiert im abschließenden Kapitel 10 dargestellt.

Fazit und Ausblick

In diesem Kapitel findet sich das Fazit dieser Arbeit und ein Ausblick. Es wird der Beitrag dieser Arbeit für die mathematikdidaktische Forschung und Unterrichtspraxis herausgestellt (Abschnitt 10.1). Daraus werden Folgerungen für die mathematikdidaktische Forschung und Forschungsdesiderate abgeleitet (Abschnitt 10.2). Abschließend werden Folgerungen für den Mathematikunterricht benannt (Abschnitt 10.3). Zunächst wird in den folgenden Absätzen ein Rückbezug zu den in der Einleitung formulierten Zielen dieser Arbeit hergestellt.

Ein Ziel dieser Dissertation ist, die Rolle der Lehrkraft in mathematischen Argumentationen im Übergang von der Arithmetik zur Algebra zu charakterisieren. Damit soll ein Beitrag zum Forschungsstand geleistet werden, wie Lehrkräfte mathematische Argumentationen im Mathematikunterricht rahmen. Dazu wurden die Handlungen und Äußerungen von Lehrkräften bei mathematischen Argumentationen in Klassengesprächen rekonstruiert und vor dem Hintergrund der Unterrichtssituation, der fachlichen Lehr-Lernprozesse und der Dynamik zwischen den Beteiligten eingeordnet. Die Interaktions- und Aushandlungsprozesse während der mathematischen Argumentationen sowie der fachliche Inhalt der Argumente stehen dabei im Fokus der Untersuchung. Daher wurden auch Schülerinnen und Schüler Handlungen, die neben den Lehrkrafthandlungen die mathematischen Argumentationen rahmen, herausgearbeitet. Neben den Argumentationsprozessen wurden die hervorgebrachten mathematischen Argumente analysiert und Charakteristika herausgearbeitet, um auch die fachlichen Lehr-Lernprozesse zugänglich zu machen. Im Übergang von der Arithmetik zur Algebra stellt die Prozess-Produkt Dualität von mathematischen Objekten eine besondere Herausforderung dar, daher wurde ein besonderer Blick auf diese

F. Bredow, *Mathematisches Argumentieren im Übergang von der Arithmetik zur Algebra*, Perspektiven der Mathematikdidaktik, https://doi.org/10.1007/978-3-658-42462-6_10

Dualität gerichtet. Um tiefergehende Einsichten in die Unterrichtsdynamiken und Inhalte der Argumente zu erlangen, wurden Komparationen und Kontrastierungen der Unterrichtssituationen und mathematischen Argumente durchgeführt, mit einem besonderen Blick auf die Rolle der Lehrkraft. Zusätzlich wurde durch Interviews mit den Lehrkräften ein Einblick in ihre Vorstellungen zum mathematischen Argumentieren und zur Prozess-Produkt Dualität von algebraischer Symbolsprache gewonnen, da diese Vorstellungen den Hintergrund für ihre Handlungen im Unterricht darstellen.

10.1   Beitrag zur Mathematikdidaktik

In diesem Abschnitt wird der Beitrag dieser Arbeit zur mathematikdidaktischen Diskussion zusammengefasst. In der vorliegenden Arbeit ist ein Kategoriensystem zu Lehrkrafthandlungen in mathematischen Argumentationen zentrales Thema, dessen Grundlage empirische Daten aus dem Mathematikunterricht sind. Diverse Lehrkrafthandlungen und weitere Einflüsse auf ihre Handlungen wurden identifiziert, um zu verstehen, wie Lehrkräfte mathematische Argumentationen im Übergang von der Arithmetik zur Algebra rahmen. Diese Handlungen werden in die Unterrichtssituation und Dynamik zwischen den Beteiligten eingeordnet und dabei Argumentations- und Interaktionsanalysen miteinander verbunden. Zusätzlich wurden die in diesen Unterrichtssituationen entwickelten mathematischen Argumente betrachtet und Charakteristika herausgearbeitet, die bereits bekannte Ergebnisse aus anderen Studien bestätigen, aber auch neue Erkenntnisse in Bezug auf das mathematische Argumentieren im Unterricht liefern. Diese Arbeit bietet damit eine Grundlage für eine weiterführende Auseinandersetzung mit Möglichkeiten zur Förderung des mathematischen Argumentierens im Schulunterricht durch Lehrkräfte. Auch wird durch die Fokussierung der Prozess-Produkt Dualität von mathematischen Objekten eine neue Perspektive in der mathematikdidaktischen Diskussion zum mathematischen Argumentieren eröffnet und ein Ausgangspunkt für weitere Forschung gelegt.

Die wichtigsten Beiträge dieser Dissertation sind:

- Erweiterung eines Kategoriensystems zu Lehrkrafthandlungen und Nicht-Handlungen bei mathematischen Argumentationen im Unterricht
- Zusammenführung von Argumentations- und Interaktionsanalysen für ein vollumfängliches Verständnis der Rolle der Lehrkraft beim mathematischen Argumentieren im Unterricht

- Identifikation von Charakteristika von mathematischen Argumenten im Übergang von der Arithmetik zur Algebra (Unterscheidung hinsichtlich empirischer, generischer und struktureller Argumente und verschiedener Repräsentationen)
- Einblicke in Vorstellungen von Lehrkräften zum mathematischen Argumentieren und zur Prozess-Produkt Dualität von algebraischer Symbolsprache

Die einschlägigen fachlichen Beiträge sind:

- Rekonstruktion und Diskussion der Bedeutung der Prozess-Produkt Dualität von mathematischen Objekten in Bezug auf mathematische Argumente und Argumentationen; Rekonstruktion der Rolle der Lehrkraft dabei
- Rekonstruktion von zwei entscheidenden Aspekten beim mathematischen Argumentieren im Übergang von der Arithmetik zur Algebra: *Deutungen von mathematischen Objekten* (prozess- vs. produktorientiert) und *Grad der Ablösung vom Beispiel* (beispielverhaftet vs. generalisiert)

Im Folgenden werden diese Punkte kurz ausgeführt. In dieser Studie wurden Handlungen von Lehrkräften in mathematischen Argumentationen identifiziert und das Rahmenwerk von Conner et al. (2014) wurde durch drei induktive Kategorien erweitert (vgl. Kapitel 6). Neben unterstützenden Handlungen von Lehrkräften, konnten in dieser Arbeit auch *derangierende Handlungen* in mathematischen Argumentationen identifiziert werden. Solche derangierenden Handlungen und Äußerungen von Lehrkräften oder auch Nicht-Handlungen behindern oder verhindern den (eigenständigen) Argumentationsprozess von Schülerinnen und Schülern oder eine fachlich korrekte Argumentation. Auch potenzielle Lerngelegenheiten verstreichen bei diesen Handlungen. Zusätzlich wurden anhand der empirischen Daten dieser Arbeit *Meta Handlungen* herausgearbeitet, die nicht nur eine konkrete mathematische Argumentation unterstützen, sondern gleichzeitig auch die Argumentationsbasis der Klassengemeinschaft erweitern. Da die Lehrkrafthandlungen immer in der Dynamik zwischen den Beteiligten rekonstruiert wurden, konnten weitere Einflüsse auf die Lehrkrafthandlungen herausgearbeitet werden, die ein vollständigeres Bild der Rolle der Lehrkräfte in mathematischen Argumentationen ermöglichen. In dieser Arbeit wurden daher auch *Schülerinnen und Schüler Handlungen* rekonstruiert, da diese auch mit den Lehrkrafthandlungen in Verbindung stehen. Lehrkräfte wirken im Mathematikunterricht häufig als ein Vorbild für Schülerinnen und Schüler und initiieren somit Schülerinnen und Schüler Handlungen. Lehrkräfte modellieren, wie man Fragen stellt und

Aushandlungsprozesse und mathematische Argumentationen führt. Wenn Schülerinnen und Schüler eine gewisse Autonomie entwickelt haben, sich gegenseitig unterstützen und Verantwortung für die Korrektheit von Aussagen und mathematischen Inhalten übernehmen, können die Lehrkräfte in den Hintergrund treten. In den in dieser Arbeit analysierten Unterrichtssituationen mit vielen „Schülerinnen und Schüler Handlungen" sind daher mehrfach nur wenige Handlungen von Lehrkräften rekonstruierbar, obgleich sie aktive Gesprächsteilnehmende und -gestaltende sind. In den Schülerinnen und Schüler Handlungen werden jedoch im Unterricht „gespurte" Handlungen deutlich, für die auch die Lehrkräfte durch ihre Handlungen verantwortlich sind, ohne dass dies in jeder Unterrichtssituation rekonstruierbar ist.

In dieser Arbeit konnte auch gezeigt werden, dass Lehrkrafthandlungen nicht immer unterstützend wirken. Die Wirkung von Lehrkrafthandlungen in mathematischen Argumentationen ist situations- und kontextabhängig. Handlungen sind immer in einen sozialen Rahmen einzuordnen, der beim mathematischen Argumentieren im Unterricht von besonderer Bedeutung ist, aber auch fragil. Dabei können Lehrkräfte Möglichkeiten und Räume für Schülerinnen und Schüler zur gegenseitigen Unterstützung schaffen. Somit werden „echte" kollektive mathematische Argumentationen initiiert und Lehrkräfte selbst können sich zurücknehmen. Es ist aber auch möglich, dass dies nicht gelingt.

Es hat sich gezeigt, dass mathematische Argumentationen im Mathematikunterricht enorm vielschichtig und komplex sind, was sowohl für Schülerinnen und Schüler als auch für ihre Lehrkräfte teilweise eine Hürde darstellt.

Auch sind die hervorgebrachten mathematischen Argumente aus den Unterrichtssituationen im Übergang von der Arithmetik zur Algebra teilweise komplex. Die Schülerinnen und Schüler haben empirische, generische und strukturelle Argumente in verschiedenen Repräsentationen konstruiert. Dabei waren nicht alle Argumente fachlich korrekt. Durch *empirische Argumente* wurde mehrfach zunächst ausgehend von konkreten (Zahlen-)Beispielen eine Vermutung konstruiert und noch keine gültige Begründung entwickelt. In den *generischen und strukturellen Argumenten* ist die Zielkonklusion teilweise implizit verblieben, sodass der Rückbezug zur Aufgabenstellung fehlt. Darüber hinaus konnte anhand der empirischen Daten dieser Arbeit bestätigt werden, dass Garanten oftmals implizit verbleiben, jedoch auf Nachfrage der Lehrkräfte ergänzt werden können. Wiederholt regen Fragen der Lehrkräfte die Schülerinnen und Schüler auch zur Hervorbringung von *Stützungen** (vgl. Abschnitt 7.1) an, was gleichzeitig eine strukturelle Deutung der Repräsentationen der mathematischen Objekte anstoßen kann. Die Prozess-Produkt Dualität von mathematischen Objekten stellt eine besondere Herausforderung bei der Konstruktion von mathematischen Argumenten im schulischen Unterricht dar und wird im Folgenden fokussiert. Ausgehend von den Erkenntnissen dieser Arbeit lassen sich die folgenden fünf Hypothesen in Bezug auf die *Bedeutung der Prozess-Produkt Dualität von mathematischen Objekten in mathematischen Argumenten* formulieren (vgl. Abschnitt 8.3):

1. Empirische Argumente bleiben im Mathematikunterricht häufig auf einer prozesshaften Ebene verhaftet und sind in der Regel keine allgemeingültigen Argumente.
2. Gültige generische Argumente beinhalten im Unterricht eine Generalisierung. Dafür ist eine produktorientierte Deutung der mathematischen Objekte hilfreich oder erforderlich, aber nicht ausreichend, da die strukturelle Deutung am konkreten Fall verhaftet bleiben kann.
3. In algebraischen Argumenten wird bereits bei der Konstruktion eines Terms generalisiert und eine Struktur der mathematischen Objekte von den Schülerinnen und Schülern ausgedrückt, obgleich im Verlauf auch prozesshafte Umformungen der Terme erforderlich sind.
4. In generischen Argumenten entstehen durch unterschiedliche Deutungen der mathematischen Objekte oftmals verschiedene Argumentationsstränge im Unterricht. Während sich in algebraischen Argumenten zwar auch mehrere Stränge ergeben können, entstehen diese jedoch in der Regel bei gleichen Deutungen der mathematischen Objekte hinsichtlich der Prozess-Produkt Dualität.
5. Schülerinnen und Schüler brauchen Unterstützung bei der Reflexion von Strukturen mathematischer Objekte und bei Generalisierungen, etwa durch spezifische Fragen der Lehrkraft oder Aufforderungen zu Elaborationen. Die Lehrkraft spielt in solchen Argumentationsprozessen eine besondere Rolle.

Auch konnten in dieser Arbeit weitere Erkenntnisse in Bezug auf die *Bedeutung der Prozess-Produkt Dualität von mathematischen Objekten beim mathematischen Argumentieren* herausgearbeitet werden. Dabei konnten verschiedene Herausforderungen für Schülerinnen und Schüler und ihre Lehrkräfte identifiziert werden. In gültigen mathematischen Argumentationen etwa wird oftmals zwischen prozess- und produktorientierten Deutungen von mathematischen Objekten gewechselt. Diese Wechsel werden im Mathematikunterricht in der Regel nicht offen benannt, sondern implizit vollzogen und sind somit für die Schülerinnen und Schüler schwer zu identifizieren.

Zusätzlich sind *Generalisierungen* eine Herausforderung für Schülerinnen und Schüler, die insbesondere auch mit der Prozess-Produkt Dualität in Verbindung stehen, wie im Folgenden ausgeführt wird. Schülerinnen und Schüler brauchen beim mathematischen Argumentieren Unterstützung durch ihre Lehrkräfte bei der Reflexion von mathematischen Strukturen und Verallgemeinerungen. Beispielsweise ist in generischen Argumenten eine Abstraktion der mathematischen Struktur aus dem konkreten Zahlenbeispiel erforderlich und eine Wahrnehmung von Beziehungen zwischen den Zahlen (mathematischen Objekten) wesentlich. Teilweise gelingt es den Schülerinnen und Schülern im Mathematikunterricht aber nicht, allgemeine Strukturen zu abstrahieren und sich vom konkreten Fall zu lösen. Durch fehlende strukturelle Deutungen der mathematischen Objekte in diesem Kontext kann die Formulierung der Allgemeingültigkeit in mathematischen Argumenten ins Stocken geraten oder ganz ausbleiben. Gleichzeitig konnte in dieser Studie gezeigt werden, dass trotz struktureller Deutungen der mathematischen Objekte in einigen Argumenten keine Loslösung vom konkreten Beispiel und kein Rückbezug zum mathematischen Geltungsanspruch stattfinden kann. Eine strukturelle Perspektive führt also nicht zwangsläufig auch zu einer Verallgemeinerung. Beispielsweise kann das Generische in mathematischen Argumenten implizit oder auch verborgen verbleiben.

Es lassen sich also zwei entscheidende Aspekte beim mathematischen Argumentieren im Übergang von der Arithmetik zur Algebra rekonstruieren, die miteinander in Verbindung stehen: *Deutungen von mathematischen Objekten* (prozess- vs. produktorientiert) und *Grad der Ablösung vom Beispiel* (beispielverhaftet vs. generalisiert).

Beim mathematischen Argumentieren im Übergang von der Arithmetik zur Algebra sind sowohl Struktursinn als auch Symbolsinn notwendig sind. Ein Struktursinn ist beispielsweise bei der Umformung von Termen relevant. Ein Symbolsinn ist zusätzlich gefordert, wenn Terme interpretiert werden und ein Rückbezug zur Aufgabenstellung hergestellt wird, was entscheidend bei der Konstruktion von gültigen mathematischen Argumenten ist. Die Rolle vom mathematischen Argumentieren ist dabei, die *Bezüge zwischen Kontext und Symbolen, Darstellungen und mathematischen Objekten* herzustellen und sichtbar zu machen. Eine unterrichtliche Begleitung durch Lehrkräfte ist, wie diese Studie zeigt, erforderlich, aber komplex.

Lehrkräfte agieren im Mathematikunterricht aufgrund ihrer Vorerfahrungen und bringen ihre fachlichen Vorstellungen in das Unterrichtsgespräch ein. In dieser Arbeit wurden daher auch *Vorstellungen von Lehrkräften* betrachtet (vgl. Kapitel 5). Die drei Lehrkräfte haben unterschiedliche Vorstellungen zum mathematischen Argumentieren und Lehrkräfte stellen verschiedene Erwartungen an ihre Schülerinnen und Schüler beim mathematischen Argumentieren. Dagegen waren die Vorstellungen und Einordnungen der Prozess-Produkt Dualität von algebraischer Symbolsprache bei den drei Lehrkräften ähnlich. Dennoch erachten die Lehrkräfte unterschiedliche Unterstützungen von Schülerinnen und Schüler in ihrem Mathematikunterricht als notwendig. Da die Vorstellungen der Lehrkräfte nicht im Fokus dieser Studie stehen, wird an dieser Stelle für eine detaillierte Zusammenfassung auf das Abschnitt 5.4 und die Themenmatrizen (Tabelle 5.4 und Tabelle 5.5) verwiesen.

Im folgenden Abschnitt 10.2 werden Folgerungen für die mathematikdidaktische Forschung und Forschungsdesiderate aus den eben beschriebenen Ergebnissen dieser Arbeit abgeleitet.

10.2   Folgerungen für die mathematikdidaktische Forschung und Forschungsdesiderate

In diesem Kapitel werden Anknüpfungspunkte für weitere Forschung benannt, die sich aus dieser Untersuchung ergeben. Die vorliegende Studie konzentriert sich auf drei Lehrkräfte und den Mathematikunterricht im Übergang von der Arithmetik zur Algebra. Die Ergebnisse sind daher kontextgebunden, bieten aber Ansatzpunkte für weitere Forschung. In Folgestudien könnte eine größere Stichprobe untersucht werden und das Forschungsdesign quantitativ ausgerichtet werden. So könnten weitere Lehrkrafthandlungen oder Charakteristika von mathematischen Argumenten identifiziert werden. Auch kann die Übertragbarkeit der Ergebnisse auf weitere Inhaltsbereiche der Mathematik und andere Klassenstufen in weiterer Forschung überprüft werden und dabei gegebenenfalls weitere Erkenntnisse ergänzt werden. Es konnte in dieser Arbeit gezeigt werden, dass die Ablösung von konkreten (Zahlen-)Beispielen und Rückbezüge zum mathematischen Geltungsanspruch für Schülerinnen und Schüler beim mathematischen Argumentieren im Übergang von der Arithmetik zur Algebra eine Herausforderung sind. Es ist jedoch zu erwarten, dass in höheren Klassenstufen, also beim mathematischen Argumentieren in der Algebra, Fortschritte in Bezug auf die Ablösung von Beispielen deutlich werden. In höheren Klassenstufen könnten aber andere Schwierigkeiten beim mathematischen Argumentieren auftreten, die in Folgestudien genau zu untersuchen sind. Ob und wie dadurch auch die Rolle der Lehrkraft und Lehrkrafthandlungen variieren, sollte beforscht werden. Dabei sollte auch betrachtet werden, ob sich in anderen Themengebieten, wie beispielsweise der Geometrie, ähnliche Entwicklungen zeigen. Von besonderem Interesse ist dabei auch, inwiefern sich die von den Schülerinnen und Schülern entwickelten Argumente in den Themengebieten unterscheiden und welche Bedeutung der Prozess-Produkt Dualität von mathematischen Objekten in mathematischen Argumenten, etwa in der Geometrie, zukommt. Beispielsweise sind Darstellungen und Skizzen in der Geometrie von essenzieller Bedeutung, was vermutlich zu spezifischen Charakteristika von mathematischen Argumenten in diesem Themenbereich führen wird. Besonders interessant erscheint daher, ob auch in diesem Themenfeld narrative Argumente konstruiert werden und welche Charakteristika diese Argumente haben.

Auch ergeben sich durch die vier Forschungsfragen verschiedene Forschungsschwerpunkte: Vorstellungen von Lehrkräften, Lehrkrafthandlungen, Charakteristika von mathematischen Argumenten und die Prozess-Produkt Dualität von mathematischen Objekten beim mathematischen Argumentieren (vgl. Forschungsfragen 1 bis 4). In weiteren Studien können die Beziehungen zwischen diesen Forschungsschwerpunkten noch weitergehend in den Blick genommen werden und eine explizite *Verknüpfung zwischen den Forschungsfragen* hergestellt werden. Das Potential solcher Verknüpfungen wird im Folgenden ausgehend von den Vorstellungen von Lehrkräften aufgezeigt und damit exemplarisch das Potential weitergehender Studien angedeutet.

In dieser Studie hat sich gezeigt, dass Lehrkräfte unterschiedliche Vorstellungen zum mathematischen Argumentieren besitzen und verschiedene Erwartungen an ihre Schülerinnen und Schüler beim mathematischen Argumentieren herantragen. Die Konsequenzen dieser Vorstellungen und Erwartungen für den Mathematikunterricht müssen in Zukunft noch genauer beforscht werden: Wie beeinflussen die Vorstellungen von Lehrkräften zum mathematischen Argumentieren Unterrichtshandlungen und Argumentationskulturen im schulischen Kontext? (vgl. Abschnitt 2.3.4). Weiterführend können auch hervorgebrachte mathematische Argumente genauer im Zusammenhang mit Vorstellungen von Lehrkräften analysiert werden und dabei mögliche Einflüsse identifiziert werden. Analog können auch die Vorstellungen von Lehrkräften zur Prozess-Produkt Dualität von algebraischer Symbolsprache intensiver beforscht werden. Dabei sind die Auswirkungen und Konsequenzen der Vorstellungen der Lehrkräfte auf den Mathematikunterricht, auf die dort hervorgebrachten mathematischen Argumente und auf die Interpretationen von mathematischen Objekten durch Schülerinnen und Schüler noch genauer zu untersuchen. Die in dieser Arbeit offen gelegten Erkenntnisse liefern dazu solide Anhaltspunkte. Etwa, dass Lehrkräfte ähnliche Vorstellungen in Bezug auf die Prozess-Produkt Dualität besitzen, aber dennoch beim mathematischen Argumentieren im Unterricht diese Dualität unterschiedlich adressieren oder auch nicht aufgreifen.

Auch aus den einzelnen Forschungsschwerpunkten der vorliegenden Arbeit ergeben sich Anknüpfungspunkte für mathematikdidaktische Forschung. Betrachtet man die *Lehrkrafthandlungen* in mathematischen Argumentationen, konnten in dieser Studie diverse Handlungen identifiziert werden, die es noch genauer zu untersuchen gilt. In dieser Arbeit konnte gezeigt werden, dass es situativ und kontextabhängig ist, ob Lehrkrafthandlungen unterstützend wirken. Eine noch weiter zu differenzierende Frage, die sich auch in dieser Studie ergibt, ist somit: In welchen Unterrichtssituationen wirken spezifische Lehrkrafthandlungen unterstützend oder eher derangierend auf den mathematischen Argumentationsprozess? Dabei kann beispielsweise auch ein konkreter Bezug zu Unterstützungsstrategien von kollektiven Argumentationen nach Solar, Ortiz, Deulofeu und Ulloa (2021, Abschnitt 2.3.3) hergestellt werden. Beispielsweise können Kommunikationsstrategien von Lehrkräften beim mathematischen Argumentieren fokussiert werden, zu denen laut Solar et al. (2021) etwa das Stellen von überlegten Fragen zählt. Es könnte dabei noch weiter ausdifferenziert werden, welche spezifischen Fragen (vgl. Kategorie „Fragen stellen") in welchen Unterrichtssituationen unterstützend für Schülerinnen und Schüler oder auch derangierend wirken. Auch haben die empirischen Daten gezeigt, dass es Unterschiede zwischen Handlungen von verschiedenen Lehrkräften in mathematischen Argumentationen gibt. Erkenntnisse aus den Komparationen sind in die Ergebniskapitel eingeflossen. Dabei ist eine Einzelfalldarstellung aber nicht zielführend in Bezug auf das Forschungsinteresse dieser Arbeit. In weiterer Forschung können zudem Handlungen von einzelnen Lehrkräften herausgearbeitet werden, um etwa Handlungsmuster oder Regelmäßigkeiten in Bezug auf Lehrkrafthandlungen beim mathematischen Argumentieren zu rekonstruieren. Diese Regelmäßigkeiten und Muster scheinen für Unterrichtshandlungen von besonderer Bedeutung, da sie (unbewusst) immer wieder auftreten (vgl. Abschnitt 2.2.2).

Ein weiterer Anknüpfungspunkt für zukünftige Studien sind die *Schülerinnen und Schüler Handlungen*. Nicht alle Lehrkrafthandlungen aus dem Kategoriensystem sind auch von Schülerinnen und Schülern hervorgebracht worden. In einer größeren Stichprobe oder auch in einem anderen Themengebiet können möglicherweise weitere Handlungen, wie auch Meta-Handlungen oder derangierende Handlungen, von Schülerinnen und Schülern in mathematischen Argumentationen auftreten. Es wäre lohnend dies zu untersuchen. Auch konnte in dieser Studie nur begrenzt erfasst werden, wie Schülerinnen und Schüler Handlungen im Unterricht entstehen und welche Rolle dabei die jeweilige Argumentationskultur des Unterrichts spielt. In einer Folgestudie könnte ein Blick auf die Argumentationskulturen und die etablierten Normen in Klassen gerichtet werden, die solche

Schülerinnen und Schüler Handlungen ermöglichen und fördern. Dabei ist besonders interessant, wie Lehrkräfte solche Argumentationskulturen und Normen in ihrem Unterricht entwickeln und in der Klassengemeinschaft etablieren. In weiterer Forschung in diesem Bereich kann beispielsweise auch der Unterrichtsstil von Lehrkräften im Zusammenhang mit einer Analyse von Argumentationsmustern und Kommunikationsmustern im Mathematikunterricht herausgearbeitet werden (vgl. Abschnitt 2.2.2). Eine Perspektivenerweiterung bietet zudem die Analyse von Partizipation (vgl. Abschnitt 2.2.3), indem etwa Sprecherrollen und Hörerrollen in mathematischen Argumentationen rekonstruiert werden (Krummheuer & Brandt, 2001). Auswirkungen von identifizierten Mustern auf die Eigenaktivität von Schülerinnen und Schülern und der Zusammenhang zu Schülerinnen und Schüler Handlungen können in solchen Untersuchungen fokussiert werden.

Auch in Bezug auf die *Charakteristika von mathematischen Argumenten* ergeben sich Anknüpfungspunkte für weitere Forschung. Beispielsweise können andere fachliche Themengebiete beforscht werden. In dieser Arbeit konnten erste Erkenntnisse in Bezug auf mathematische Argumente in verschiedenen Repräsentationen und Zusammenhänge zwischen ihnen erarbeitet werden. Weitere Studien können darauf aufbauend detaillierte Analysen von mathematischen Argumenten mit gleicher Generalität in verschiedenen Repräsentationen durchführen. Somit können Lerngelegenheiten und Anknüpfungspunkte, aber auch Hürden von solchen Argumenten, herausgearbeitet werden. Auch der Zusammenhang zum strukturorientierten Denken (Harel & Soto, 2017, vgl. Abschnitt 2.4.6) sollte in weiterer Forschung fokussiert werden.

In den erhobenen Unterrichtssituationen haben die Schülerinnen und Schüler häufig bereits vor dem Unterrichtsgespräch einen Argumentationsansatz konstruiert. Daher könnten Anschlussstudien auf die Prozesse bei der Konstruktion von mathematischen Argumenten fokussieren. Beispielsweise konnte in dieser Studie gezeigt werden, dass die *Prozess-Produkt Dualität von mathematischen Objekten* bei der Konstruktion von algebraischen Argumenten von Bedeutung ist. Die Vorgehensweisen der Schülerinnen und Schüler und ihre Deutungen von mathematischen Objekten bedürfen dabei weiterer Forschung, um ihre Lernprozesse sowie Schwierigkeiten besser zu verstehen. Die vorliegende Studie zeigt, dass Lehrkräfte Schülerinnen und Schüler in Bezug auf die verschiedenen Deutungen von mathematischen Objekten durch Fragen und Aufforderungen zu Elaborationen beim mathematischen Argumentieren unterstützen können. Auch haben die empirischen Daten gezeigt, dass, wenn Lehrkräfte selbst strukturelle Äußerungen in das Gespräch einbringen und damit das mathematische Argument ergänzen, Schülerinnen und Schüler diese Deutung jedoch nicht unbedingt reproduzieren. Eine offene Frage, die sich daraus ergibt, ist: Wie können Lehrkräfte beim mathematischen Argumentieren verschiedene Deutungen in Bezug auf die Prozess-Produkt Dualität von mathematischen Objekten konstruktiv adressieren? Auch können die formulierten *Hypothesen zur Bedeutung der Prozess-Produkt Dualität von mathematischen Objekten in mathematischen Argumenten* (vgl. Abschnitt 8.3) als Anknüpfungspunkte für zukünftige Forschung dienen. Dabei ist beispielsweise die Rolle von produktorientierten Deutungen von mathematischen Objekten in mathematischen Argumenten beim Argumentieren in höheren Klassenstufen oder anderen Themengebieten interessant.

In dieser Studie wurden die Deutungen von mathematischen Objekten hinsichtlich der Prozess-Produkt Dualität über den sprachlichen Ausdruck und den Gebrauch von Verben und Nomen rekonstruiert (Capsi & Sfard, 2012). Inwiefern der sprachliche Ausdruck und das (individuelle) Denken miteinander in Verbindung stehen, sollte genau beforscht werden. Beispielsweise wäre es möglich, dass Lernenden der sprachliche Ausdruck fehlt, um ihre produktorientierte Interpretation von mathematischen Objekten zu beschreiben. Caspi und Sfard (2012) liefern bereits Anhaltspunkte, dass ein Zugang über die Sprache die Deutungen von Lernenden abbilden kann. Anschlussstudien sollten auch klären, ob solche Analysen auch in anderen Sprachen sinnvoll sind und wie sich die Prozess-Produkt Dualität von mathematischen Objekten in weiteren Sprachen einordnet. Ein möglicher Zusammenhang zu Bildungsdisparitäten, die sich etwa in verschiedenen sprachlichen Kenntnissen der Schülerinnen und Schüler ausdrücken, wäre lohnend zu analysieren. Dabei wäre auch Mathematikunterricht in anderen Ländern zu beforschen, denn internationale, vergleichende Untersuchungen schaffen oftmals einen enormen Erkenntniszuwachs. Dabei sollten auch kulturvergleichende Perspektiven eingenommen werden.

Des Weiteren ergeben sich auch konkrete Anknüpfungspunkte in Bezug auf die Forschung zu *Vorstellungen von Lehrkräften*. Bereits in dieser kleinen Stichprobe wurde deutlich, dass die Lehrkräfte verschiedene Abgrenzungen zwischen dem mathematischen Argumentieren, dem Erklären und dem Beweisen vornehmen. Folgestudien können diesen Aspekt fokussieren und Auswirkungen auf den jeweiligen Mathematikunterricht betrachten (vgl. Abschnitt 2.3.4).

Aus den Erkenntnissen dieser Arbeit lassen sich auch Folgerungen für die Praxis von Mathematikunterricht ableiten, die im folgenden Kapitel beschrieben werden.

10.3   Folgerungen für den Mathematikunterricht

Im folgenden Absatz werden Konsequenzen für die Praxis von Mathematikunterricht benannt, die sich aus den Ergebnissen dieser Arbeit ableiten. Wie diese Arbeit zeigt, sind mathematische Argumentationen im Mathematikunterricht enorm vielschichtig, was sowohl für Schülerinnen und Schüler als auch für ihre Lehrkräfte teilweise eine Hürde darstellt.

Im Übergang von der Arithmetik zur Algebra ist beim mathematischen Argumentieren die Ablösung von konkreten (Zahlen-)Beispielen und das Herstellen von Rückbezügen zum mathematischen Geltungsanspruch eine besondere Herausforderung, was die vorliegende Studie zeigt. Lehrkräfte können ihre Schülerinnen und Schüler unterstützen, indem sie die Bedeutung von Darstellungen für Argumente explizit im Unterricht thematisieren. Beispielsweise können Lehrkräfte ihre Schülerinnen und Schüler zu Reflexionen anregen: Was bedeutet dieser Term? Was sagt uns das über die Aussage, die wir zeigen wollen? Solche Fragen können Generalisierungen anstoßen und Schülerinnen und Schüler anregen, Rückbezüge zum mathematischen Geltungsanspruch explizit zu machen.

Beim mathematischen Argumentieren im Übergang von der Arithmetik zur Algebra ist zudem die Prozess-Produkt Dualität von mathematischen Objekten von Bedeutung und eine deutliche Herausforderung für Schülerinnen und Schüler und ihre Lehrkräfte, wie diese Studie zeigt. Darstellungen, wie etwa Terme, können prozess- oder produktorientiert gedeutet werden. Beim mathematischen Argumentieren finden jedoch wiederholt Wechsel zwischen Deutungen statt, die in der Regel nicht explizit gemacht werden. Das macht mathematische Argumentationen im Unterricht komplex und vielschichtig. Die empirischen Daten zeigen, dass Schülerinnen und Schüler Unterstützung bei der Reflexion von mathematischen Strukturen und bei der Interpretation von Termen brauchen. Dazu ist es entscheidend, dass Lehrkräfte selbst mögliche Deutungen von mathematischen Objekten wahrnehmen und sich die Bedeutung der Prozess-Produkt Dualität von mathematischen Objekten bewusst machen. Mathematische Argumentationen können dann als ein Ausgangspunkt für Aushandlungen von Deutungen von mathematischen Objekten dienen und damit neue Perspektiven auf mathematische Objekte eröffnen. Gleichzeitig bieten mathematische Argumentationen Lehrkräften eine Möglichkeit, (Fehl-)vorstellungen und prozess- oder produktorientierte Deutungen von Schülerinnen und Schülern zu identifizieren.

Diese Studie hat bestätigt, dass es gewinnbringend ist, verschiedene Repräsentationen beim mathematischen Argumentieren in den Mathematikunterricht einzubinden. Damit werden unterschiedliche Zugänge zum mathematischen Argumentieren für Schülerinnen und Schüler sowie verschiedene inhaltliche

Argumentationsansätze ermöglicht. Die Aufgaben der Lernumgebung (vgl. Kapitel 3) können vielfältige und auch reichhaltige mathematische Argumentationen anstoßen. Dabei hat sich auch gezeigt, dass es für gelingende gemeinsame Argumentationen unumgänglich ist, Schülerinnen und Schülern Möglichkeiten und Raum zur gegenseitigen Unterstützung und zum wechselseitigen Feedback zu schaffen. Lehrkräfte können solche Unterrichtssituationen beim mathematischen Argumentieren initiieren.

Werden diese Möglichkeiten geschaffen, konstruieren Schülerinnen und Schüler teilweise aber auch für ihre Lehrkräfte „unerwartete" Argumentationsansätze, die Lerngelegenheiten darstellen oder auch neue Argumentationsprozesse anstoßen können. Das Einlassen auf solche „unerwarteten" Ideen und Argumentationsansätze stellt oft eine Herausforderung im Mathematikunterricht dar, insbesondere für die Lehrkräfte, wie die empirischen Daten dieser Studie zeigen. Diese Situationen erfordern seitens der Lehrkraft ein schnelles Durchdringen von Vorstellungen der Schülerinnen und Schüler. Spontane, unerwartete Ideen der Schülerinnen und Schüler müssen von Lehrkräften „ausgehalten" und eingeordnet werden. Dafür ist neben Flexibilität und Offenheit auch ein breites fachmathematisches Wissen von Lehrkräften für gelingende Argumentationen entscheidend. Die empirischen Daten haben bestätigt, dass Lehrkräfte über ausreichendes fachmathematisches Wissen und Vorstellungen zum mathematischen Argumentieren verfügen müssen, um mathematische Argumentationsprozesse auch in diesem Sinne konstruktiv zu rahmen und ihre Schülerinnen und Schüler zu unterstützen.

Diese Studie zeigt, dass Interaktions- und Argumentationsprozesse im Mathematikunterricht vielschichtig und komplex sind. Mathematisches Argumentieren ist nicht nur für Schülerinnen und Schüler eine Herausforderung, sondern für ihre Lehrkräfte umso mehr.

Literaturverzeichnis

Abels, N. (2021). *Argumentation und Metakognition bei geometrischen Beweisen und Beweisprozessen. Eine Untersuchung von Studierenden des Grundschullehramts* [unveröffentlichte Dissertation]. Universität Bremen.

Akinwunmi, K. (2012). *Zur Entwicklung von Variablenkonzepten beim Verallgemeinern mathematischer Muster.* Springer.

Andriessen, J., Baker, M., & Suthers, D. (2003). Argumentation, Computer Support, and the Educational Context of Confronting Cognitions. In J. Andriessen, M. J. Baker & D. Suthers (Hrsg.), *Arguing to Learn: Confronting Cognitions in Computer-Supported Collaborative Learning environments* (S. 1–25). Springer.

Arcavi, A. (1994). Symbol Sense: Informal Sense-Making in Formal Mathematics. *For the Learning of Mathematics, 14*(3), 24–35.

Arcavi, A. (2005). Developing and Using Symbol Sense in Mathematics. *For the Learning of Mathematics, 25*(2), 42–47.

Ayalon, M., & Even, R. (2016). Factors shaping students' opportunities to engage in classroom argumentative activity. *International Journal of Science and Mathematics Education, 14*(3), 575–601. https://doi.org/10.1007/s10763-014-9584-3

Azmon, S., Hershkowitz, R., & Schwarz, B. (2011). The impact of teacher-led discussions on students' subsequent argumentative writing. In B. Ubuz (Hrsg.), *Proceedings of the 35th Conference of the International Group for the Psychology of Mathematics Education: Developing Mathematical Thinking* (Bd. 2, S. 73–87). PME.

Balacheff, N. (1988). Aspects of proof in pupils' practice of school mathematics. In D. Pimm (Hrsg.), *Mathematics, teachers and children* (S. 216–235). Hodder and Stoughton.

Bauersfeld, H. (1978). Kommunikationsmuster im Mathematikunterricht – Eine Analyse am Beispiel der Handlungsverengung durch Antworterwartung. In H. Bauersfeld (Hrsg.), *Fallstudien und Analysen zum Mathematikunterricht* (S. 158–170). H. Schroedel Verlag KG.

© Der/die Herausgeber bzw. der/die Autor(en), exklusiv lizenziert an Springer Fachmedien Wiesbaden GmbH, ein Teil von Springer Nature 2023
F. Bredow, *Mathematisches Argumentieren im Übergang von der Arithmetik zur Algebra*, Perspektiven der Mathematikdidaktik,
https://doi.org/10.1007/978-3-658-42462-6

Bauersfeld, H. (1982). Analysen zur Kommunikation im Mathematikunterricht. In H. Bauersfeld, H. W. Heymann, G. Krummheuer, J. H. Lorenz & V. Reiß (Hrsg.), *Analysen zum Unterrichtshandeln: Untersuchungen zum Mathematikunterricht*. (Bd. 5, S. 1–40). Aulis.

Becker, J. R., & Rivera, F. D. (2008). Generalization in algebra: The foundation of algebraic thinking and reasoning across the grades. *ZDM, 40*(1), 1–1. https://doi.org/10.1007/s11 858-007-0068-6

Berlin, T. (2010). *Algebra erwerben und besitzen: Eine binationale empirische Studie in der Jahrgangsstufe 5*. Universität Duisburg-Essen.

Berlin, T., Fischer, A., Hefendehl-Hebeker, L., & Melzig, D. (2009). Vom Rechnen zum Rechenschema: Zum Aufbau einer algebraischen Perspektive im Arithmetikunterricht. In A. Fritz & S. Schmidt (Hrsg.), *Fördernder Mathematikunterricht in der Sek. 1: Rechenschwierigkeiten erkennen und überwinden* (S. 270–291). Beltz Verlag.

Bersch, S. (2019). Teachers' perspectives on mathematical argumentation, reasoning and justifying in calculus classrooms. In U. T. Janqvist, M. van den Heuvel-Panhuizen & M. Veldhuis (Hrsg.), *Proceedings of the Eleventh Congress of the European Society for Research in Mathematics Education* (S. 128–135). Freudenthal Group & Freudenthal Institute, Utrecht University and ERME.

Bieda, K. N. (2010). Enacting Proof-Related Tasks in Middle School Mathematics: Challenges and Opportunities. *Journal for Research in Mathematics Education, 41*(4), 351–382.

Biehler, R., & Kempen, L. (2016). Didaktisch orientierte Beweiskonzepte: Eine Analyse zur mathematikdidaktischen Ideenentwicklung. *Journal für Mathematik-Didaktik, 37*(1), 141–179. https://doi.org/10.1007/s13138-016-0097-1

Blum, W., & Kirsch, A. (1989). Warum haben nicht-triviale Lösungen von f '= f keine Nullstellen? Beobachtungen und Bemerkungen zum 'inhaltlich-anschaulichen Beweisen'. In H. Kautschitsch & W. Metzler (Hrsg.), *Anschauliches Beweisen* (S. 199–209). Hölder-Pichler-Tempsky/B.G. Teubner.

Blum, W., & Kirsch, A. (1991). Preformal proving: Examples and reflections. *Educational Studies in Mathematics, 22*(2), 183–203. https://doi.org/10.1007/BF00555722

Blumer, H. (1980). Der Methodologische Standort des Symbolischen Interaktionismus. In Arbeitsgruppe Bielefelder Soziologen (Hrsg.), *Alltagswissen, Interaktion und Gesellschaftliche Wirklichkeit* (S. 80–146). VS Verlag für Sozialwissenschaften. https://doi.org/ 10.1007/978-3-663-14511-0_4

Boaler, J., & Humphreys, C. (2005). *Connecting Mathematical Ideas: Middle School Video Cases to Support Teaching and Learning*. Heinemann.

Boero, P. (1999). Argumentation and mathematical proof: A complex, productive, unavoidable relationship in mathematics and mathematics education. *International Newsletter on the Teaching and Learning of Mathematical Proof*, 7–8.

Boero, P., Dapueto, C., Ferrari, P., Ferrero, E., Garuti, R., Lemut, E., Parenti, L., & Scali, E. (1995). Aspects of the mathematics-culture relationship in mathematics teaching-learning in compulsory school. In L. Meira & D. Carraher (Hrsg.), *Proceedings of the Nineteenth Annual Conference of the International Group for the Psychology of Mathematics Education* (Bd. 1, S. 151–166). PME.

Boero, P., Garuti, R., Lemut, E., & Mariotti, M. A. (1996). Challenging the traditional school approach to theorems: A hypothesis about the cognitive unity of theorems. In L. Puig & A. Gutierrez (Hrsg.), *Proceedings of the International Group for the Psychology of Mathematics Education 29* (Bd. 2, S. 113–120). PME.

Bohnsack, R. (1999). *Rekonstruktive Sozialforschung: Einführung in Methodologie und Praxis qualitativer Forschung.* VS Verlag für Sozialwissenschaften.

Bortz, J., & Döring, N. (2006). *Forschungsmethoden und Evaluation für Human- und Sozialwissenschaftler* (4., überarbeitete Auflage). Springer. https://doi.org/10.1007/978-3-540-33306-7

Brandt, B. (2004). *Kinder als Lernende. Partizipationsspielräume und -profile im Klassenzimmer.* Peter Lang.

Brandt, B. (2015). Partizipation in Unterrichtsgesprächen. In H. de Boer & M. Bonanati (Hrsg.), *Gespräche über Lernen – Lernen im Gespräch* (S. 37–60). Springer Fachmedien. https://doi.org/10.1007/978-3-658-09696-0_3

Brandt, B., & Krummheuer, G. (2000). Das Prinzip der Komparation im Rahmen der Interpretativen Unterrichtsforschung in der Mathematikdidaktik. *Journal für Mathematik-Didaktik, 21*(3), 193–226. https://doi.org/10.1007/BF03338919

Branford, B. (1908). *A Study Of Mathematical Education: Including The Teaching Of Arithmetic.* Clarendon Press.

Branford, B. (1913). *Betrachtungen über mathematische Erziehung vom Kindergarten bis zur Universität.* B. G. Teubner.

Bredow, F. (2019a). The role of the teacher in the development of structure-based argumentations. In U. T. Janqvist, M. van den Heuvel-Panhuizen & M. Veldhuis (Hrsg.), *Proceedings of the Eleventh Congress of the European Society for Research in Mathematics Education* (S. 145–146). Freudenthal Group & Freudenthal Institute, Utrecht University and ERME.

Bredow, F. (2019b). Was Lehrkräfte unter mathematischem Argumentieren verstehen. In A. Frank, S. Krauss & K. Binder (Hrsg.), *Beiträge zum Mathematikunterricht 2019* (S. 165–168). WTM Verlag.

Bredow, F. (2020). Unterstützungen von Lehrkräften bei kollektiven Argumentationen im Übergang zur Algebra. In H.-S. Siller, W. Weigel & J. F. Wörler (Hrsg.), *Beiträge zum Mathematikunterricht 2020* (S. 169–172). WTM-Verlag.

Bredow, F., & Knipping, C. (2022). How teachers address process-product dualities in mathematical argumentation processes. In J. Hodgen, E. Geraniou, G. Bolondi & F. Ferretti (Hrsg.), *Proceedings of the Twelfth Congress of the European Society for Research in Mathematics Education (CERME 12)* (pp. 117–124). Free University of Bozen-Bolzano and ERME.

Britt, M. S., & Irwin, K. C. (2008). Algebraic thinking with and without algebraic representation: A three-year longitudinal study. *ZDM, 40*(1), 39–53. https://doi.org/10.1007/s11858-007-0064-x

Bruner, J. S. (1974). *Entwurf einer Unterrichtstheorie.* Berlin-Verlag.

Bruner, J. S. (1987). *Wie das Kind sprechen lernt.* Huber.

Brunner, E. (2013). *Innermathematisches Beweisen und Argumentieren in der Sekundarstufe I: Mögliche Erklärungen für systematische Bearbeitungsunterschiede und leistungsförderliche Aspekte.* Waxmann.

Brunner, E. (2014a). *Mathematisches Argumentieren, Begründen und Beweisen: Grundlagen, Befunde und Konzepte.* Springer Spektrum.

Brunner, E. (2014b). Verschiedene Beweistypen und ihre Umsetzung im Unterrichtsgespräch. *Journal für Mathematik-Didaktik, 35*(2), 229–249. https://doi.org/10.1007/s13138-014-0065-6

Brunner, E. (2019). *Wie lassen sich schriftliche Begründungen von Schülerinnen und Schülern des 5. und 6. Schuljahrs beschreiben?* In A. Frank, S. Krauss & K. Binder (Hrsg.), *Beiträge zum Mathematikunterricht 2019* (S. 1131–1134). WTM-Verlag.

Brunner, E., Lampart, J., & Jullier, R. (2020). Rekonstruktion des Argumentationsprozesses anhand schriftlicher Begründungen von Schülerinnen und Schülern. In H.-S. Siller, W. Weigel & J. F. Wörler (Hrsg.), *Beiträge zum Mathematikunterricht 2020* (S. 189–192). WTM-Verlag.

Brunner, E., & Reusser, K. (2019). Type of mathematical proof: Personal preference or adaptive teaching behavior? *ZDM, 51*(5), 747–758. https://doi.org/10.1007/s11858-019-010 26-y

Buchbinder, O., & Zaslavsky, O. (2013). A Holistic Approach for Designing Tasks that Capture and Enhance Mathematical Understanding of a Particular Topic: The Case of the Interplay between Examples and Proof. In C. Margolinas (Hrsg.), *Task Design in Mathematics Education. Proceedings of ICMI Study 22* (S. 27–35). Oxford Press.

Cai, J., & Knuth, E. (Hrsg.). (2011). *Early Algebraization: A Global Dialogue from Multiple Perspectives.* Springer. https://doi.org/10.1007/978-3-642-17735-4

Caspi, S., & Sfard, A. (2012). Spontaneous meta-arithmetic as a first step toward school algebra. *International Journal of Educational Research, 51–52*, 45–65. https://doi.org/ 10.1016/j.ijer.2011.12.006

Cobb, P., & Bauersfeld, H. (1995). *The emergence of mathematical meaning.* Erlbaum.

Cobb, P., Confrey, J., diSessa, A., Lehrer, R., & Schauble, L. (2003). Design Experiments in Educational Research. *Educational Researcher, 32*(1), 9–13.

Cobb, P., Yackel, E., & Wood, T. (1992). Interaction and learning in mathematics classroom situations. *Educational Studies in Mathematics, 23*(1), 99–122. https://doi.org/10.1007/ BF00302315

Cohors-Fresenborg, E. (2012). Metakognitive und diskursive Aktivitäten: Ein intellektueller Kern im Unterricht der Mathematik und anderer geisteswissenschaftlicher Fächer. In H. Bayrhuber, U. Harms, B. Muszynski, B. Ralle, M. Rothgangel, L.-H. Schön, H. J. Vollmer & H.-G. Weigand (Hrsg.), *Formate fachdidaktischer Forschung. Empirische Projekte – Historische Analysen – Theoretische Grundlegungen* (Bd. 2, S. 145–162). Waxmann.

Cohors-Fresenborg, E., & Kaune, C. (2007). Kategorisierung von Diskursen im Mathematikunterricht bezüglich metakognitiver und diskursiver Anteile. In A. Peter-Koop & A. Bikner-Ahsbahs (Hrsg.), *Mathematische Bildung – Mathematische Leistung* (S. 233–248). Franzbecker.

Collins, A., Brown, J. S., & Newman, S. E. (1989). Cognitive apprenticeship: Teaching the crafts of reading, writing, and mathematics. In L. B. Resnick (Hrsg.), *Knowing, learning, and instruction: Essays in the honour of Robert Glaser* (S. 453–495). Erlbaum.

Conner, A. (2006). *Student teachers' conceptions of proof and facilitation of argumentation in secondary mathematics classrooms.* The Pennsylvania State University.

Conner, A., Edenfield, K. W., Gleason, B. W., & Ersoz, F. A. (2011). Impact of a content and methods course sequence on prospective secondary mathematics teachers' beliefs. *Journal of Mathematics Teacher Education, 14*(6), 483–504. https://doi.org/10.1007/s10 857-011-9186-8

Conner, A., & Singletary, L. M. (2021). Teacher Support for Argumentation: An Examination of Beliefs and Practice. *Journal for Research in Mathematics Education, 52*(2), 213–247. https://doi.org/10.5951/jresematheduc-2020-0250

Conner, A., Singletary, L. M., Smith, R. C., Wagner, P. A., & Francisco, R. T. (2014). Teacher support for collective argumentation: A framework for examining how teachers support students' engagement in mathematical activities. *Educational Studies in Mathematics, 86*(3), 401–429. https://doi.org/10.1007/s10649-014-9532-8

Cramer, J. (2018). *Mathematisches Argumentieren als Diskurs: Eine theoretische und empirische Betrachtung diskursiver Hindernisse.* Springer Spektrum. https://doi.org/10.1007/978-3-658-22908-5

Cramer, J. C., & Knipping, C. (2018). Participation in Argumentation. In U. Gellert, C. Knipping, & H. Straehler-Pohl (Hrsg.), *Inside the Mathematics Class: Sociological Perspectives on Participation, Inclusion, and Enhancement* (S. 229–244). Springer International Publishing. https://doi.org/10.1007/978-3-319-79045-9_11

Cusi, A., & Malara, N. (2009). The Role of the Teacher in developing Proof Activities by means of Algebraic Language. In M. Tzekaki, M. Kaldrimidou & H. Sakonidis (Hrsg.), *Proceedings of the 33rd Conference of the International Group for the Psychology of Mathematics Education* (S. 361–368). PME.

Cusi, A., & Malara, N. (2013). A theoretical construct to analyse the teacher's role during introductory activities to algebraic modelling. In M. A. Mariotti, B. Ubuz & Ç. Haser (Hrsg.), *Proceedings of the 8th Congress of the European Society for Research in Mathematics Education* (S. 3015–3024). CERME.

Cusi, A., Malara, N. A., & Navarra, G. (2011). Early Algebra: Theoretical Issues and Educational Strategies for Bringing the Teachers to Promote a Linguistic and Metacognitive approach to it. In J. Cai & E. J. Knuth (Hrsg.), *Early Algebraization: A Global Dialogue from Multiple Perspectives* (S. 483–510). Springer.

Cusi, A., & Morselli, F. (2016). The teacher's role in promoting students' rationality in the use of algebra as a thinking tool. In C. Csíkos, A. Rausch & J. Szitányi (Hrsg.), *Proceedings of the 40th Conference of the International Group for the Psychology of Mathematics Education* (Bd. 2, S. 187–194). PME.

Cusi, A., & Morselli, F. (2017). The didactician as a model within classroom activities: Investigating her roles. In S. Zehetmeier, B. Rösken-Winter, D. Potari & M. Ribeiro (Hrsg.), *Proceedings of the Third ERME Topic Conference on Mathematics Teaching, Resources and Teacher Professional Development (ETC3, October 5 to 7, 2016)* (S. 288–297). Humboldt-Universität zu Berlin.

Cusi, A., & Sabena, C. (2020). The role of the teacher in fostering students' evolution across different layers of generalization by means of argumentation. *RECME-Revista Colombiana de Matemática Educativa, 5*(2), 93–105.

de Villiers, M. (1990). The Role and Function of Proof in Mathematics. *Pythagoras, 24,* 17–24.

Der Senator für Bildung und Wissenschaft. (2006). *Mathematik. Bildungsplan für das Gymnasium Jahrgangsstufe 5–10.* www.lis.bremen.de/sixcms/media.php/13/06-12-06_mathe_gy.pdf

Die Senatorin für Bildung und Wissenschaft. (2010). *Mathematik. Bildungsplan für die Oberschule. Die Sekundarstufe I im Land Bremen.* http://www.lis.bremen.de/sixcms/media.php/13/2010_BP_O_Ma%20Erlassversion.pdf

Dörfler, W. (2006). Diagramme und Mathematikunterricht. *Journal für Mathematik-Didaktik, 27*(3–4), 200–219. https://doi.org/10.1007/BF03339039

Dörfler, W. (2016). Signs and Their Use: Peirce and Wittgenstein. In A. Bikner-Ahsbahs, A. Vohns, O. Schmitt, R. Bruder & W. Dörfler (Hrsg.), *Theories in and of Mathematics Education* (S. 21–31). Springer, Cham. https://doi.org/10.1007/978-3-319-42589-4_4

Douek, N. (1998). Some Remarks about Argumentation and Mathematical Proof and their Educational Implications. In I. Schwank (Hrsg.), *Proceedings of the CERME-I Conference* (Bd. 1, S. 125–139). CERME.

Douek, N. (2002). Context complexity and argumentation. In A. Cockburn & E. Nardi (Hrsg.), *Proceedings of the 26th Conference of the International Group for the Psychology of Mathematics Education* (Bd. 2, S. 297–304). PME.

Dreyfus, T., Nardi, E., & Leikin, R. (2012). Forms of Proof and Proving in the Classroom. In G. Hanna & M. de Villiers (Hrsg.), *Proof and Proving in Mathematics Education: The 19th ICMI Study* (S. 191–213). Springer. https://doi.org/10.1007/978-94-007-2129-6_8

Duval, R. (1991). Structure du raisonnement deductif et apprentissage de la demonstration. *Educational Studies in Mathematics, 22*(3), 233–261. https://doi.org/10.1007/BF0036 8340

Duval, R. (1995). *Sémiosis et pensée humaine: Registres sémiotiques et apprentissages intellectuels*. P. Lang.

Duval, R. (1999). Representation, Vision and Visualization: Cognitive Functions in Mathematical Thinking. Basic Issues for Learning. In F. Hitt & M. Santos (Hrsg.), *Proceedings of the twenty-first annual meeting of the North American Chapter of the International group for the Psychology of Mathematics Education* (S. 3–26). PME.

Ellis, A., Özgür, Z., & Reiten, L. (2019). Teacher moves for supporting student reasoning. *Mathematics Education Research Journal, 31*(2), 107–132. https://doi.org/10.1007/s13 394-018-0246-6

Erath, K. (2017). *Mathematisch diskursive Praktiken des Erklärens: Rekonstruktion von Unterrichtsgesprächen in unterschiedlichen Mikrokulturen*. Springer. https://doi.org/10. 1007/978-3-658-16159-0

Falkner, K. P., Levi, L., & Carpenter, T. P. (1999). Children's Understanding of Equality: A Foundation for Algebra. *Teaching Children Mathematics, 6*(4), 232–236.

Fetzer, M. (2015). Argumentieren: Prozesse verstehen und Fähigkeiten fördern. In A. S. Steinweg (Hrsg.), *Mathematikdidaktik Grundschule, Band 5: Entwicklung mathematischer Fähigkeiten von Kindern im Grundschulalter* (S. 9–24). University of Bamberg Press.

Fischer, A., Hefendehl-Hebeker, L., & Prediger, S. (2010). Mehr als Umformen: Reichhaltige algebraische Denkhandlungen im Lernprozess sichtbar machen. *Praxis der Mathematik in der Schule, 52*(33), 1–7.

Flick, U. (2012). *Qualitative Sozialforschung. Eine Einführung* (5. Auflage). Rowohlt.

Flick, U. (2013). Design und Prozess qualitativer Forschung. In U. Flick, E. von Kardorff & I. Steinke (Hrsg.), *Qualitative Forschung: Ein Handbuch* (10. Auflage, S. 252–265). Rowohlt.

Freudenthal, H. (1973). *Mathematik als pädagogische Aufgabe* (Bd. 1). Klett.

Fujita, T., Jones, K., & Kunimune, S. (2010). Students' geometrical constructions and proving activities: A case of cognitive unity? In M. M. F. Pinto & T. F. Kawasaki (Hrsg.), *Proceedings of the 34th Conference of the International Group for the Psychology of Mathematics Education* (Bd. 3, S. 9–16). PME.

Glaser, B. G., & Strauss, A. L. (1967). *The Discovery of Grounded Theory: Strategies for Qualitative Research*. Aldine de Gruyter.

Goffman, E. (1981). *Forms of Talk*. University of Pennsylvania Press.

Goldin, G. A. (1998). Representational systems, learning, and problem solving in mathematics. *The Journal of Mathematical Behavior*, *17*(2), 137–165. https://doi.org/10.1016/S0364-0213(99)80056-1

Greeno, J. G. (2006). Authoritative, Accountable Positioning and Connected, General Knowing: Progressive Themes in Understanding Transfer. *The Journal of the Learning Sciences*, *15*(4), 537–547. JSTOR.

Grieser, D. (2017). *Mathematisches Problemlösen und Beweisen: Eine Entdeckungsreise in die Mathematik*. Springer. https://doi.org/10.1007/978-3-658-14765-5

Grundey, S. (2011). Lehrerhandeln in Beweisprozessen im Mathematikunterricht: Auf die richtige Balance kommt es an! In R. Haug & L. Holzäpfel (Hrsg.), *Beiträge zum Mathematikunterricht 2011* (S. 323–326). WTM Verlag.

Grundey, S. (2015). *Beweisvorstellungen und eigenständiges Beweisen: Entwicklung und vergleichend empirische Untersuchung eines Unterrichtskonzepts am Ende der Sekundarstufe*. Springer Spektrum.

Habermas, J. (1981). *Theorie des kommunikativen Handelns. Band 1: Handlungsrationalität und gesellschaftliche Rationalisierung* (2. Auflage). Suhrkamp.

Hanna, G. (1995). Challenges to the Importance of Proof. *For the Learning of Mathematics*, *15*(3), 42–49.

Hanna, G., de Villiers, M., & On behalf of the International Program Committee (2008). ICMI Study 19: Proof and proving in mathematics education. *ZDM*, *40*(2), 329–336. https://doi.org/10.1007/s11858-008-0073-4

Harel, G. (2013). DNR-Based Curricula: The Case of Complex Numbers. *Journal of Humanistic Mathematics*, *3*(2), 2–61.

Harel, G., & Soto, O. (2017). Structural Reasoning. *International Journal of Research in Undergraduate Mathematics Education*, *3*(1), 225–242. https://doi.org/10.1007/s40753-016-0041-2

Harel, G., & Sowder, L. (1998). Students' proof schemes results from Exploratory Studies. In A. H. Schoenfeld, J. Kaput & E. Dubinsky (Hrsg.), *Research on Collegiate Mathematics Education III* (Bd. 7, S. 234–283). American Mathematical Society.

Harel, G., & Tall, D. (1991). The General, the Abstract, and the Generic in Advanced Mathematics. *For the Learning of Mathematics*, *11*(1), 38–42.

Healy, L., & Hoyles, C. (1998). *Technical Report On the Nationwide Survey. Justifying and Proving in School Mathematics*. Institute of Education, University of London.

Healy, L., & Hoyles, C. (2000). A Study of Proof Conceptions in Algebra. *Journal for Research in Mathematics Education*, *31*(4), 396–428.

Hefendehl-Hebeker, L., & Rezat, S. (2015). Algebra: Leitidee Symbol und Formalisierung. In R. Bruder, L. Hefendehl-Hebeker, B. Schmidt-Thieme & H.-G. Weigand (Hrsg.), *Handbuch der Mathematikdidaktik* (S. 117–148). Springer. https://doi.org/10.1007/978-3-642-35119-8_5

Hefendehl-Hebeker, L., & Schwank, I. (2015). Arithmetik: Leitidee Zahl. In R. Bruder, L. Hefendehl-Hebeker, B. Schmidt-Thieme & H.-G. Weigand (Hrsg.), *Handbuch der Mathematikdidaktik* (S. 77–115). Springer. https://doi.org/10.1007/978-3-642-35119-8_4

Heinze, A. (2004). Schülerprobleme beim Lösen von geometrischen Beweisaufgaben – Eine Interviewstudie. *ZDM*, *36*(5), 150–161. https://doi.org/10.1007/BF02655667

Hewitt, D. (2019). "Never carry out any arithmetic": The importance of structure in developing algebraic thinking. In U. T. Janqvist, M. van den Heuvel-Panhuizen & M. Veldhuis (Hrsg.), *Proceedings of the Eleventh Congress of the European Society for Research in Mathematics Education* (S. 558–565). Freudenthal Group & Freudenthal Institute, Utrecht University and ERME.

Hischer, H. (Hrsg.). (1993). *Wieviel Termumformung braucht der Mensch? Fragen zu Zielen und Inhalten eines künftigen Mathematikunterrichts angesichts der Verfügbarkeit informatischer Methoden.* Franzbecker.

Hoch, M., & Dreyfus, T. (2004). Structure Sense in High School Algebra: The Effect of Brackets. In M. Johnsen Høines & A. B. Fuglestad (Hrsg.), *Proceedings of the 28th Conference of the International Group for the Psychology of Mathematics Education* (Bd. 3, S. 49–56). PME.

Hodgen, J., Oldenburg, R., & Strømskag, H. (2018). Algebraic thinking. In T. Dreyfus, M. Artigue, D. Potari, S. Prediger & K. Ruthven (Hrsg.), *Developing Research in Mathematics Education* (S. 32–45). Routledge.

Hopf, C. (2013). Qualitative Interviews – Ein Überblick. In U. Flick, E. von Kardorff, & I. Steinke (Hrsg.), *Qualitative Forschung: Ein Handbuch* (10. Auflage, S. 349–360). Rowohlt.

Inglis, M., Mejia-Ramos, J. P., & Simpson, A. (2007). Modelling mathematical argumentation: The importance of qualification. *Educational Studies in Mathematics, 66*(1), 3–21. https://doi.org/10.1007/s10649-006-9059-8

Janßen, T. (2016). *Ausbildung algebraischen Struktursinns im Klassenunterricht – Lernbezogene Neudeutung eines mathematikdidaktischen Begriffs.* Universität Bremen. https://d-nb.info/1111020892/34

Jung, J. (2019). *Möglichkeiten des gemeinsamen Lernens im inklusiven Mathematikunterricht – Eine interaktionistische Perspektive.* In B. Brandt & K. Tiedemann (Hrsg.), *Mathematiklernen aus interpretativer Perspektive I: Aktuelle Themen, Arbeiten und Fragen* (S. 103–126). Waxmann.

Jungwirth, H. (2003). Interpretative Forschung in der Mathematikdidaktik: Ein Überblick für Irrgäste, Teilzieher und Standvögel. *Zentralblatt für Didaktik der Mathematik, 35*(5), 189–200. https://doi.org/10.1007/BF02655743

Kaput, J. J. (2008). What Is Algebra? What Is Algebraic Reasoning? In J. J. Kaput, D. W. Carraher & M. L. Blanton (Hrsg.), *Algebra In The Early Grades* (1. Auflage, S. 5–17). Routledge. https://doi.org/10.4324/9781315097435-2

Kelle, U., & Kluge, S. (2010). *Vom Einzelfall zum Typus: Fallvergleich und Fallkontrastierung in der qualitativen Sozialforschung* (2., überarb. Aufl). VS Verlag für Sozialwissenschaften.

Kempen, L. (2019). *Begründen und Beweisen im Übergang von der Schule zur Hochschule: Theoretische Begründung, Weiterentwicklung und Evaluation einer universitären Erstsemesterveranstaltung unter der Perspektive der doppelten Diskontinuität.* Springer. https://doi.org/10.1007/978-3-658-24415-6

Kempen, L., & Biehler, R. (2020). Using Figurate Numbers in Elementary Number Theory – Discussing a 'Useful' Heuristic From the Perspectives of Semiotics and Cognitive Psychology. *Frontiers in Psychology, 11*(1180). https://doi.org/10.3389/fpsyg.2020.01180

Kieran, C. (1981). Concepts associated with the equality symbol. *Educational Studies in Mathematics, 12*(3), 317–326. https://doi.org/10.1007/BF00311062

Kieran, C. (1996). The changing face of school algebra. In C. Alsina (Hrsg.), *8th International Congress on Mathematical Education: Selected lecture* (S. 271–290). ICME.

Kieran, C. (2004). Algebraic Thinking in the Early Grades: What Is It? *The Mathematics Educator, 8*(1), 139–151.

Kieran, C. (2020). Algebra Teaching and Learning. In S. Lerman (Hrsg.), *Encyclopedia of Mathematics Education* (S. 36–44). Springer International Publishing. https://doi.org/10. 1007/978-3-030-15789-0_6

Kieran, C., Pang, J., Schifter, D., & Fong Ng, S. (2016). *Early Algebra: Research into its Nature, its Learning, its Teaching.* Springer International Publishing. http://dx.doi.org/ https://doi.org/10.1007/978-3-319-32258-2

Kieran, C., & Sfard, A. (1999). Seeing through Symbols: The Case of Equivalent Expressions. *Focus on Learning Problems in Mathematics, 21*(1), 1–17.

Kirsch, A. (1979). Beispiele für prämathematische Beweis. In W. Dörfler & R. Fischer (Hrsg.), *Beweisen im Mathematikunterricht* (S. 261–274). Hölder-Pichler-Tempsky/ Teubner.

Klöpping, P. M. (2019). Verständnis von Grundschullehrkräften zum mathematischen Argumentieren – eine forschungsmethodische Ergänzung. In A. Frank, S. Krauss & K. Binder (Hrsg.), *Beiträge zum Mathematikunterricht 2019* (S. 425–428). WTM-Verlag.

Knipping, C. (2003). *Beweisprozesse in der Unterrichtspraxis. Vergleichende Analysen von Mathematikunterricht in Deutschland und Frankreich.* Franzbecker.

Knipping, C., & Reid, D. (2015). Reconstructing Argumentation Structures: A Perspective on Proving Processes in Secondary Mathematics Classroom Interactions. In A. Bikner-Ahsbahs, C. Knipping & N. Presmeg (Hrsg.), *Approaches to Qualitative Research in Mathematics Education* (S. 75–101). Springer. https://doi.org/10.1007/978-94-017-918 1-6_4

Knipping, C., & Reid, D. A. (2019). Argumentation Analysis for Early Career Researchers. In G. Kaiser & N. Presmeg (Hrsg.), *Compendium for Early Career Researchers in Mathematics Education* (S. 3–31). Springer International Publishing. https://doi.org/10.1007/ 978-3-030-15636-7_1

Knuth, E. J. (2002a). Secondary School Mathematics Teachers' Conceptions of Proof. *Journal for Research in Mathematics Education, 33*(5), 379–405. https://doi.org/10.2307/414 9959

Knuth, E. J. (2002b). Teachers' Conceptions of Proof in the Context of Secondary School Mathematics. *Journal of Mathematics Teacher Education, 5*(1), 61–88. https://doi.org/ 10.1023/A:1013838713648

Ko, Y.-Y. (2010). Mathematics teachers' conceptions of proof: Implications for educational research. *International Journal of Science and Mathematics Education, 8*(6), 1109–1129. https://doi.org/10.1007/s10763-010-9235-2

Koleza, E., Metaxas, N., & Poli, K. (2017). Primary and secondary students' argumentation competence: A case study. In T. Dooley & G. Gueudet (Hrsg.), *Proceedings of the Tenth Congress of the European Society for Research in Mathematics Education (CERME10, February 1 – 5, 2017)* (S. 179–186). DCU Institute of Education and ERME.

Komatsu, K., & Jones, K. (2022). Generating mathematical knowledge in the classroom through proof, refutation, and abductive reasoning. *Educational Studies in Mathematics, 109,* 567–591. https://doi.org/10.1007/s10649-021-10086-5

Krummheuer, G. (1992). *Lernen mit „Format": Elemente einer interaktionistischen Lerntheorie: diskutiert an Beispielen mathematischen Unterrichts.* Deutscher Studien Verlag.

Krummheuer, G. (1995). The Ethnography of Argumentation. In P. Cobb & H. Bauersfeld (Hrsg.), *The Emergence of Mathematical Meaning* (S. 229–269). Routledge.

Krummheuer, G. (1997). Zum Begriff der "Argumentation" im Rahmen einer Interaktionstheorie des Lernens und Lehrens von Mathematik. *ZDM, 29*(1), 1–11. https://doi.org/10.1007/BF02653126

Krummheuer, G. (2000). Mathematics Learning in Narrative Classroom Cultures: Studies of Argumentation in Primary Mathematics Education. *For the Learning of Mathematics, 20*(1), 22–32.

Krummheuer, G. (2015). Methods for Reconstructing Processes of Argumentation and Participation in Primary Mathematics Classroom Interaction. In A. Bikner-Ahsbahs, C. Knipping & N. Presmeg (Hrsg.), *Approaches to Qualitative Research in Mathematics Education* (S. 51–74). Springer. https://doi.org/10.1007/978-94-017-9181-6_3

Krummheuer, G., & Brandt, B. (2001). *Paraphrase und Traduktion. Partizipationstheoretische Elemente einer Interaktionstheorie des Mathematiklernens in der Grundschule.* Beltz Verlag.

Krummheuer, G., & Fetzer, M. (2005). *Der Alltag im Mathematikunterricht: Beobachten – Verstehen – Gestalten.* Elsevier, Spektrum Akademischer Verlag.

Krummheuer, G., & Naujok, N. (1999). *Grundlagen und Beispiele Interpretativer Unterrichtsforschung.* VS Verlag für Sozialwissenschaften. https://doi.org/10.1007/978-3-322-95191-5

Krumsdorf, J. (2009). Beweisen am Beispiel: Beispielgebundenes Beweisen zwischen induktivem Prüfen und formalem Beweisen. *PM: Praxis der Mathematik in der Schule, 51*(30), 8–13.

Küchemann, D., & Hoyles, C. (2009). From empirical to structural reasoning in mathematics: Tracking changes over time. In D. A. Stylianou, M. L. Blanton & E. J. Knuth (Hrsg.), *Teaching and learning proof across the grades* (S. 171–191). Lawrence Erlbaum Associates.

Kuckartz, U. (2018). *Qualitative Inhaltsanalyse: Methoden, Praxis, Computerunterstützung* (4. Auflage). Beltz Juventa.

Kultusministerkonferenz (2003). *Bildungsstandards im Fach Mathematik für den Mittleren Schulabschluss. Beschluss vom 4.12.2003.* https://www.kmk.org/fileadmin/Dateien/veroeffentlichungen_beschluesse/2003/2003_12_04-Bildungsstandards-Mathe-Mittleren-SA.pdf

Kultusministerkonferenz (2012). *Bildungsstandards im Fach Mathematik für die Allgemeine Hochschulreife. Beschluss vom 18.10.2012.* https://www.kmk.org/fileadmin/Dateien/veroeffentlichungen_beschluesse/2012/2012_10_18-Bildungsstandards-Mathe-Abi.pdf

Kunimune, S., Kumakura, H., Jones, K., & Fujita, T. (2009). Lower secondary school students' understanding of algebraic proof. In Tzekaki, M., Kaldrimidou, M. & Sakonidis, H. (Hrsg.). *Proceedings of the 33rd Conference of the International Group for the Psychology of Mathematics Education* (Bd. 3, S. 441–448). PME.

Legewie, H. (1987). Interpretation und Validierung biographischer Interviews. In G. Jüttemann & H. Thomae (Hrsg.), *Biographie und Psychologie* (S. 138–150). Springer. https://doi.org/10.1007/978-3-642-71614-0_10

Leisen, J. (2007). Unterrichtsgespräch: Vom fragend-entwickelnden Unterricht, dem sokratischen Dialog und Schülergesprächen. In S. Mikelskis-Seifert & T. Rabe (Hrsg.), *Physik Methodik für die Sekundarstufen* (S. 115–132). Cornelsen Verlag Scriptor.

Leiß, D., & Blum, W. (2010). Beschreibung zentraler mathematischer Kompetenzen. In W. Blum, C. Drüke-Noe, R. Hartung & O. Köller (Hrsg.), *Bildungsstandards Mathematik: konkret. Sekundarstufe I: Aufgabenbeispiele, Unterrichtsanregungen, Fortbildungsideen* (4. Auflage, S. 33–50). Cornelsen Verlag Scriptor.

Leron, U., & Zaslavsky, O. (2013). Generic Proving: Reflections on scope and method. *For the Learning of Mathematics, 33*(3), 24–30.

Linchevski, L., & Herscovics, N. (1996). Crossing the cognitive gap between arithmetic and algebra: Operating on the unknown in the context of equations. *Educational Studies in Mathematics, 30*(1), 39–65. https://doi.org/10.1007/BF00163752

Linchevski, L., & Livneh, D. (1999). Structure sense: The relationship between algebraic and numerical contexts. *Educational Studies in Mathematics, 40*(2), 173–196.

Lindmeier, A. M., Brunner, E., & Grüßing, M. (2018). Early mathematical reasoning – Theoretical foundations and possible assessment. In E. Bergqvist, M. Österholm, C. Granberg & L. Sumpter (Hrsg.), *Proceedings of the 42nd Conference of the International Group for the Psychology of Mathematics Education* (Bd. 3, S. 315–322). PME.

Link, M. (2012). Zahlen- und Operationsverständnis. Zwei Bausteine zum flexiblen Rechnen. *Mathematik lehren, 171*, 9–11.

Maier, H., & Voigt, J. (1991). *Interpretative Unterrichtsforschung*. Aulis.

Malle, G. (1993). *Didaktische Probleme der elementaren Algebra*. Vieweg.

Malle, G. (2002). Begründen. Eine vernachlässigte Tätigkeit im Mathematikunterricht. *Mathematik lehren, 110*, 4–8.

Martinez, M. V., & Pedemonte, B. (2014). Relationship between inductive arithmetic argumentation and deductive algebraic proof. *Educational Studies in Mathematics, 86*(1), 125–149. https://doi.org/10.1007/s10649-013-9530-2

Mason, J. (1996). Expressing Generality and Roots of Algebra. In N. Bednarz, C. Kieran & L. Lee (Hrsg.), *Approaches to Algebra* (S. 65–86). Springer.

Mason, J., & Pimm, D. (1984). Generic examples: Seeing the general in the particular. *Educational Studies in Mathematics, 15*(3), 277–289. https://doi.org/10.1007/BF00312078

Mata-Pereira, J., & da Ponte, J.-P. (2017). Enhancing students' mathematical reasoning in the classroom: Teacher actions facilitating generalization and justification. *Educational Studies in Mathematics, 96*(2), 169–186. https://doi.org/10.1007/s10649-017-9773-4

Mayring, P. (2002). *Einführung in die qualitative Sozialforschung: Eine Anleitung zu qualitativem Denken* (5., überarbeitete und neu ausgestattete Auflage). Beltz.

McCrone, S. S. (2005). The Development of Mathematical Discussions: An Investigation in a Fifth-Grade Classroom. *Mathematical Thinking and Learning, 7*(2), 111–133. https://doi.org/10.1207/s15327833mtl0702_2

Mehan, H. (1979). *Learning lessons: Social organization in the classroom*. Harvard University Press.

Meyer, A. (2010). Algebra als Werkzeug – Der Umgang von Neuntklässlern mit einem arithmetisch-algebraischen Problem. In S. Ufer & A. M. Lindmeier (Hrsg.), *Beiträge zum Mathematikunterricht 2010* (S. 605–608). WTM-Verlag.

Meyer, A. (2015). *Diagnose algebraischen Denkens: Von der Diagnose- zur Förderaufgabe mithilfe von Denkmustern*. Springer Spektrum.

Meyer, H. (2014). *Was ist guter Unterricht?* (10. Auflage). Cornelsen Scriptor.

Meyer, M., & Prediger, S. (2009). Warum? Argumentieren, Begründen, Beweisen. *PM: Praxis der Mathematik in der Schule, 51*(30), 1–7.

Meyer, M., & Voigt, J. (2009). Beweisen durch Entdecken. *PM: Praxis der Mathematik in der Schule, 51*(30), 14–20.

Miles, M. B., Huberman, A. M., & Saldaña, J. (2014). *Qualitative data analysis: A methods sourcebook* (3. Auflage). SAGE Publications.

Moschkovich, J., Schoenfeld, A. H., & Arcavi, A. (1993). Aspects of understanding: On multiple perspectives and representations of linear relations and connections among them. In T. A. Romberg, E. Fennema & T. P. Carpenter (Hrsg.), *Integrating Research on the Graphical Representation of Functions* (S. 69–100). Routledge.

Moutsios-Rentzos, A., Shiakalli, M. A., & Zacharos, K. (2019). Supporting mathematical argumentation of pre-school children. *Educational Journal of the University of Patras UNESCO Chair, 6*(1), 216–224. https://doi.org/10.26220/une.2972

National Council of Teachers of Mathematics (Hrsg.). (2000). *Principles and standards for school mathematics*. National Council of Teachers of Mathematics.

Nowińska, E. (2016). *Leitfragen zur Analyse und Beurteilung metakognitiv-diskursiver Unterrichtsqualität*. Forschungsinstitut für Mathematikdidaktik Osnabrück.

Nührenbörger, M., & Steinbring, H. (2009). Forms of mathematical interaction in different social settings: Examples from students', teachers' and teacher–students' communication about mathematics. *Journal of Mathematics Teacher Education, 12*(2), 111–132. https://doi.org/10.1007/s10857-009-9100-9

Opsal, H. (2019). How students in 5th and 8th grade in Norway understand the equal sign. In U. T. Jankvist, M. van den Heuvel-Panhuizen & M. Veldhuis (Hrsg.), *Eleventh Congress of the European Society for Research in Mathematics Education* (S. 638–645). Freudenthal Group and ERME.

Pedemonte, B. (2007a). Structural relationships between argumentation and proof in solving open problems in algebra. In D. Pitta – Pantazi & G. Philippou (Hrsg.), *European Research in Mathematics Education V: Proceedings of The Fifth Congress of the European Society of Research in Mathematics Education (CERME 5, February 22–26, 2007)* (S. 643–652). University of Cyprus and ERME.

Pedemonte, B. (2007b). How can the relationship between argumentation and proof be analysed? *Educational Studies in Mathematics, 66*(1), 23–41. https://doi.org/10.1007/s10649-006-9057-x

Pedemonte, B. (2008). Argumentation and algebraic proof. *ZDM, 40*(3), 385–400. https://doi.org/10.1007/s11858-008-0085-0

Pedemonte, B. (2018). How Can a Teacher Support Students in Constructing a Proof? In A. J. Stylianides & G. Harel (Hrsg.), *Advances in Mathematics Education Research on Proof and Proving* (S. 115–129). Springer International Publishing.

Pinkernell, G. (2011). Warum ist das so? Aufgabenideen zum mathematischen Begründen. *Mathematik lehren, 168*, 8–13.

Prediger, S. (2009). Inhaltliches Denken vor Kalkül. Ein didaktisches Prinzip zur Vorbeugung und Förderung bei Rechenschwierigkeiten. In A. Fritz & S. Schmidt (Hrsg.), *Fördernder Mathematikunterricht in der Sekundarstufe I. Rechenschwierigkeiten erkennen und überwinden.* (S. 213–234). Beltz Verlag.

Prediger, S., Link, M., Hinz, R., Hußmann, S., Thiele, J., & Ralle, B. (2012). Lehr-Lernprozesse initiieren und erforschen. *Mathematischer und Naturwissenschaftlicher Unterricht, 65*(8), 452–457.

Radford, L. (2003). Gestures, Speech, and the Sprouting of Signs: A Semiotic-Cultural Approach to Students' Types of Generalization. *Mathematical Thinking and Learning, 5*(1), 37–70. https://doi.org/10.1207/S15327833MTL0501_02

Radford, L. (2010). Algebraic thinking from a cultural semiotic perspective. *Research in Mathematics Education, 12*(1), 1–19. https://doi.org/10.1080/14794800903569741

Reid, D., & Knipping, C. (2010). *Proof in Mathematics Education: Research, Learning and Teaching.* Sense Publishers.

Reid, D. A., & Vallejo Vargas, E. A. (2019). Evidence and argument in a proof based teaching theory. *ZDM, 51*(5), 807–823. https://doi.org/10.1007/s11858-019-01027-x

Reiss, K. (2002). *Argumentieren, Begründen, Beweisen im Mathematikunterricht.* Universität Bayreuth.

Reiss, K., Hellmich, F., & Thomas, J. (2002). Individuelle und schulische Bedingungsfaktoren für Argumentationen und Beweise im Mathematikunterricht. In M. Prenzel & J. Doll (Hrsg.), *Bildungsqualität von Schule: Schulische und außerschulische Bedingungen mathematischer, naturwissenschaftlicher und überfachlicher Kompetenzen. 45. Beiheft der Zeitschrift für Pädagogik* (S. 51–64). Beltz.

Reiss, K., & Ufer, S. (2009). Was macht mathematisches Arbeiten aus? *Jahresbericht der DMV, 111*(4), 155–177.

Rezat, S. (2019). Extensions of number systems: Continuities and discontinuities revisited. In U. Janqvist, M. van den Heuvel-Panhuizen & M. Veldhuis (Hrsg.), *Proceedings of the Eleventh Congress of the European Society for Research in Mathematics Education (CERME11, February 6 – 10, 2019)* (S. 56–80). Freudenthal Group & Freudenthal Institute, Utrecht University and ERME.

Rittle-Johnson, B., Matthews, P., Taylor, R., & McEldoon, K. (2011). Assessing Knowledge of Mathematical Equivalence: A Construct-Modeling Approach. *Journal of Educational Psychology, 103*, 85–104. https://doi.org/10.1037/a0021334

Rivera, F. D., & Becker, J. R. (2008). Middle school children's cognitive perceptions of constructive and deconstructive generalizations involving linear figural patterns. *ZDM, 40*(1), 65–82. https://doi.org/10.1007/s11858-007-0062-z

Rowland, T., Huckstep, P., & Thwaites, A. (2005). Elementary Teachers' Mathematics Subject Knowledge: The Knowledge Quartet and the Case of Naomi. *Journal of Mathematics Teacher Education, 8*(3), 255–281. https://doi.org/10.1007/s10857-005-0853-5

Rüede, C. (2012). Strukturieren eines algebraischen Ausdrucks als Herstellen von Bezügen. In *Journal für Mathematik-Didaktik, 33*(1), 113–141. https://doi.org/10.1007/s13138-012-0034-x

Rüede, C. (2015). *Strukturierungen von Termen und Gleichungen.* Springer Spektrum.

Rumsey, C. (2012). *Advancing Fourth-Grade Students' Understanding of Arithmetic Properties with Instruction that Promotes Mathematical Argumentation.* Illinois State University.

Rumsey, C., & Langrall, C. W. (2016). Promoting Mathematical Argumentation. *Teaching Children Mathematics*, *22*(7), 412–419. https://doi.org/10.5951/teacchilmath.22.7.0412

Schütte, M., Jung, J., & Krummheuer, G. (2021). Diskurse als Ort der mathematischen Denkentwicklung – Eine interaktionistische Perspektive. *Journal für Mathematik-Didaktik*, *42*(2), 525–551. https://doi.org/10.1007/s13138-021-00183-6

Schwarz, B., Hershkowitz, R., & Azmon, S. (2006). The role of the teacher in turning claims to arguments. In J. Novotná, H. Moraová, M. Krátká & N. Stehlíková (Hrsg.), *Proceedings 30th Conference of the International Group for the Psychology of Mathematics Education* (Bd. 5, S. 65–72). PME.

Schwarzkopf, R. (2003). Begründungen und neues Wissen: Die Spanne zwischen empirischen und strukturellen Argumenten in mathematischen Lernprozessen der Grundschule. *Journal für Mathematik-Didaktik*, *24*(3–4), 211–235. https://doi.org/10.1007/BF0333 8982

Schwarzkopf, R. (2015). Argumentationsprozesse im Mathematikunterricht der Grundschule: Ein Einblick. In A. Budke, M. Kuckuck, M. Meyer, F. Schäbitz, K. Schlüter & G. Weiss (Hrsg.), *Fachlich argumentieren lernen. Didaktische Forschungen zur Argumentation in den Unterrichtsfächern* (S. 31–45). Waxmann Verlag.

Semadeni, Z. (1984). Action Proofs in Primary Mathematics Teaching and in Teacher Training. *For the Learning of Mathematics*, *4*(1), 32–34.

Sfard, A. (1987). Two conceptions of mathematical notions: Operational and structural. In J. C. Bergeron, N. Herscovics & C. Kieran (Hrsg.), *Proceedings of the Eleventh International Conference for the Psychology of Mathematics Education* (Bd. 3, S. 162–169). PME.

Sfard, A. (1991). On the Dual Nature of Mathematical Conceptions: Reflections on Processes and Objects as Different Sides of the Same Coin. *Educational Studies in Mathematics*, *22*(1), 1–36.

Sfard, A. (1995). The development of algebra: Confronting historical and psychological perspectives. *The Journal of Mathematical Behavior*, *14*(1), 15–39. https://doi.org/10.1016/0732-3123(95)90022-5

Sfard, A. (2008). *Thinking as Communicating: Human Development, the Growth of Discourses, and Mathematizing*. Cambridge University Press. https://doi.org/10.1017/CBO 9780511499944

Sfard, A., & Linchevski, L. (1994). The gains and the pitfalls of reification – The case of algebra. *Educational Studies in Mathematics*, *26*(2–3), 191–228.

Siebel, F. (2010). Wie verändert sich das, wenn? Wirkungen analysieren in Rechendreiecken und Zahlenketten. *PM: Praxis der Mathematik in der Schule*, *52*(33), 17–20.

Singletary, L. M., & Conner, A. (2015). Focusing on Mathematical Arguments. *The Mathematics Teacher*, *109*(2), 143–147.

Solar, H. S., & Deulofeu, J. (2016). Condiciones para promover el desarrollo de la competencia de argumentación en el aula de matemáticas. *Bolema: Boletim de Educação Matemática*, *30*(56), 1092–1112. https://doi.org/10.1590/1980-4415v30n56a13

Solar, H. S., Ortiz, A., Deulofeu, J., & Ulloa, R. (2021). Teacher support for argumentation and the incorporation of contingencies in mathematics classrooms. *International Journal of Mathematical Education in Science and Technology*, *52*(7), 977–1005. https://doi.org/10.1080/0020739X.2020.1733686

Sommerhoff, D., Brunner, E., & Ufer, S. (2019). Appraisals for different types of proof. In M. Graven, H. Venkat, A. Essien & P. Vale (Hrsg.), *Proceedings of the 43rd Conference of the International Group for the Psychology of Mathematics Education* (Bd. 4, S. 101). PME.

Stacey, K. (2011). Eine Reise über die Jahrgänge. Vom Rechenausdruck zum Lösen von Gleichungen. *Mathematik lehren, 169*, 8–12.

Star, J. R., Caronongan, P., Foegen, A. M., Furgeson, J., Keating, B., Larson, M. R., Lyskawa, J., McCallum, W. G., Porath, J., & Zbiek, R. M. (2015). *Teaching Strategies for Improving Algebra Knowledge in Middle and High School Students*. National Center for Education Evaluation and Regional Assistance (NCEE), Institute of Education Sciences & U.S. Department of Education.

Steele, M. D., & Rogers, K. C. (2012). Relationships between mathematical knowledge for teaching and teaching practice: The case of proof. *Journal of Mathematics Teacher Education, 15*, 159–180. https://doi.org/10.1007/S10857-012-9204-5

Steinbring, H. (2000). Mathematische Bedeutung als eine soziale Konstruktion – Grundzüge der epistemologisch orientierten mathematischen Interaktionsforschung. *Journal für Mathematik-Didaktik, 21*(1), 28–49. https://doi.org/10.1007/BF03338905

Steinbring, H. (2005). *The construction of new mathematical knowledge in classroom interaction: An epistemological perspective*. Springer.

Steinbring, H. (2013). Mathematische Interaktion aus Sicht der interpretativen Forschung: Fallstudien als Basis theoretischen Wissens. In G. Greefrath, F. Käpnick & M. Stein (Hrsg.), *Beiträge zum Mathematikunterricht 2013* (S. 62–69). WTM-Verlag.

Steinbring, H. (2015). Mathematical interaction shaped by communication, epistemological constraints and enactivism. *ZDM, 47*(2), 281–293. https://doi.org/10.1007/s11858-014-0629-4

Steinke, I. (2013). Gütekriterien qualitativer Forschung. In U. Flick, E. von Kardorff & I. Steinke (Hrsg.), *Qualitative Forschung: Ein Handbuch* (10. Auflage, S. 319–331). Rowohlt.

Straub, J. (1990). Interpretative Forschung und komparative Analyse: Theoretische und methodologische Aspekte psychologischer Erkenntnisbildung. In G. Jüttemann (Hrsg.), *Komparative Kasuistik* (S. 168–183). Asanger.

Strauss, A., & Corbin, J. M. (1990). *Basics of Qualitative Research: Grounded Theory Procedures and Techniques*. SAGE Publications.

Stylianides, A. J. (2007). Proof and Proving in School Mathematics. *Journal for Research in Mathematics Education, 38*(3), 289–321.

Stylianides, A. J. (2016). *Proving in the elementary mathematics classroom*. Oxford University Press.

Stylianides, A. J., Bieda, K. N., & Morselli, F. (2016). Proof and Argumentation in Mathematics Education Research. In Á. Gutiérrez, G. C. Leder & P. Boero (Hrsg.), *The Second Handbook of Research on the Psychology of Mathematics Education* (S. 315–351). Sense Publishers. https://doi.org/10.1007/978-94-6300-561-6_9

Swafford, J. O., & Langrall, C. W. (2000). Grade 6 Students' Preinstructional Use of Equations to Describe and Represent Problem Situations. *Journal for Research in Mathematics Education, 31*(1), 89–112. https://doi.org/10.2307/749821

Tiedemann, K. (2012). *Mathematik in der Familie: Zur familialen Unterstützung früher mathematischer Lernprozesse in Vorlese- und Spielsituationen*. Waxmann.

Tiedemann, K. (2015). Unterrichtsfachsprache. Zur interaktionalen Normierung von Sprache im Mathematikunterricht der Grundschule. *Mathematica didactica, 38*, 37–62.

Toulmin, S. E. (2003). *The Uses of Argument* (aktualisierte Auflage). Cambridge University Press.

Ufer, S., & Heinze, A. (2009). ... mehr als nur die Lösung formulieren. Phasen des geometrischen Beweisprozesses aufzeigen. *Mathematik lehren, 155*, 43–49.

Ufer, S., & Reiss, K. (2010). Inhaltsübergreifende und inhaltsbezogene strukturierende Merkmale von Unterricht zum Beweisen in der Geometrie – Eine explorative Videostudie. *Unterrichtswissenschaft, 38*(3), 47–265.

van Eemeren, F. H., Grootendorst, R., Johnson, R. H., Plantin, C., & Willard, C. A. (1996). *Fundamentals of Argumentation Theory: A Handbook of Historical Backgrounds and Contemporary Developments.* Routledge. https://doi.org/10.4324/9780203811306

Voigt, J. (1984). *Interaktionsmuster und Routinen im Mathematikunterricht: Theoretische Grundlagen und mikroethnographische Falluntersuchungen.* Beltz.

Vollrath, H.-J., & Weigand, H.-G. (2009). *Algebra in der Sekundarstufe.* Springer Spektrum.

Walshaw, M., & Anthony, G. (2008). The Teacher's Role in Classroom Discourse: A Review of Recent Research Into Mathematics Classrooms. *Review of Educational Research, 78*(3), 516–551. https://doi.org/10.3102/0034654308320292

Weber, K., & Alcock, L. (2004). Semantic and Syntactic Proof Productions. *Educational Studies in Mathematics, 56*(2/3), 209–234. JSTOR.

Weber, K., & Alcock, L. (2009). Proof in advanced mathematics classes: Semantic and syntactic reasoning in the representation system of proof. In D. A. Stylianou, M. L. Blanton & E. J. Knuth (Hrsg.), *Teaching and Learning Proof Across the Grades: A K-16 Perspective* (S. 323–338). Routledge.

Wille, A. (2010). Steps towards a structural conception of the notion of variable. In V. Durand-Guerrier, S. Soury-Lavergne & F. Arzarello (Hrsg.), *CERME 6: Proceedings of the Sixth Congress of the European Society for Research in Mathematics Education* (S. 659–667). Institut National de la Recherche Pedagogique (INRP).

Winter, H. (1982). Das Gleichheitszeichen im Mathematikunterricht der Primarstufe. *Mathematica didactica, 5*(4), 185–211.

Wittmann, E. C. (1985). Objekte-Operationen-Wirkungen: Das operative Prinzip in der Mathematikdidaktik. *Mathematik lehren, 11*, 7–11.

Wittmann, E. C. (2014). Operative Beweise in der Schul- und Elementarmathematik. *Mathematica didactica, 37*, 213–232.

Wittmann, E. C., & Müller, N. (1988). Wann ist ein Beweis ein Beweis? In P. Bender (Hrsg.), *Mathematikdidaktik: Theorie und Praxis* (S. 237–258). Cornelsen.

Wood, M. B. (2016). Rituals and right answers: Barriers and supports to autonomous activity. *Educational Studies in Mathematics, 91*(3), 327–348. https://doi.org/10.1007/s10649-015-9653-8

Yackel, E. (2002). What we can learn from analyzing the teacher's role in collective argumentation. *The Journal of Mathematical Behavior, 21*(4), 423–440.

Yackel, E., & Cobb, P. (1996). Sociomathematical Norms, Argumentation, and Autonomy in Mathematics. *Journal for Research in Mathematics Education, 27*(4), 458–477. https://doi.org/10.2307/749877

Zazkis, R., Liljedahl, P., & Chernoff, E. J. (2008). The role of examples in forming and refuting generalizations. *ZDM, 40*(1), 131–141. https://doi.org/10.1007/s11858-007-0065-9

Zhuang, Y., & Conner, A. (2022). Secondary mathematics teachers' use of students' incorrect answers in supporting collective argumentation. *Mathematical Thinking and Learning.* https://doi.org/10.1080/10986065.2022.2067932

Zwetzschler, L. (2015). *Gleichwertigkeit von Termen: Entwicklung und Beforschung eines diagnosegeleiteten Lehr-Lernarrangements im Mathematikunterricht der 8. Klasse.* Springer Spektrum.

Printed in the United States
by Baker & Taylor Publisher Services